Љиљани

Logik und Grundlagen der Mathematik

Herausgegeben von
Prof. Dr. Dieter Rödding, Münster

Band 22

Band 1   L. Félix, Elementarmathematik in moderner Darstellung

Band 2   A. A. Sinowjew, Über mehrwertige Logik

Band 3   J. E. Whitesitt, Boolesche Algebra und ihre Anwendungen

Band 4   G. Choquet, Neue Elementargeometrie

Band 5   A. Monjallon, Einführung in die moderne Mathematik

Band 6   S. W. Jablonski / G. P. Gawrilow / W. B. Kudrawzew
Boolesche Funktionen und Postsche Klassen

Band 7   A. A. Sinowjew, Komplexe Logik

Band 8   J. Dieudonné, Grundzüge der modernen Analysis, Band 1

Band 9   N. Gastinel, Lineare numerische Analysis

Band 10   W. V. O. Quine, Mengenlehre und ihre Logik

Band 11   J. P. Serre, Lineare Darstellungen endlicher Gruppen

Band 12   I. R. Schafarewitsch, Grundzüge der algebraischen Geometrie

Band 13   A. I. Malcev, Algorithmen und rekursive Funktionen

Band 14   P. S. Novikov, Grundzüge der mathematischen Logik

Band 15   M. Denis-Papin / R. Faure / A. Kaufmann / Y. Malgrange
Theorie und Praxis der Booleschen Algebra

Band 16   I. Adler, Gruppen in der Neuen Mathematik

Band 17   J. Dieudonné, Grundzüge der modernen Analysis, Band 2

Band 18   J. Dieudonné, Grundzüge der modernen Analysis, Band 3

Band 19   J. Dieudonné, Grundzüge der modernen Analysis, Band 4

Band 20   E. Cohors-Fresenborg, Mathematik mit Kalkülen und Maschinen

Band 21   J. Dieudonné, Grundzüge der modernen Analysis, Band 5/6

Band 22   W. Rautenberg, Klassische und nichtklassische Aussagenlogik

Wolfgang Rautenberg

Klassische und nichtklassische Aussagenlogik

Mit zahlreichen Figuren

Friedr. Vieweg & Sohn   Braunschweig/Wiesbaden

CIP-Kurztitelaufnahme der Deutschen Bibliothek

Rautenberg, Wolfgang:
Klassische und nichtklassische Aussagenlogik/
Wolfgang Rautenberg. – Braunschweig, Wiesbaden:
Vieweg, 1979.
   (Logik und Grundlagen der Mathematik; Bd. 21)

Dr. *Wolfgang Rautenberg* ist ordentlicher Professor für Mathematik
an der Freien Universität Berlin.

Teile dieses Buches wurden im Rahmen des Forschungsprojektschwerpunktes
Modelltheorie am Fachbereich Mathematik der Freien Universität Berlin verfaßt.

1979

Satz: Vieweg, Wiesbaden
Buchbinderische Verarbeitung: W. Langelüddecke, Braunschweig

ISBN-13: 978-3-528-08385-4   e-ISBN-13: 978-3-322-85796-5
DOI: 10.1007/ 978-3-322-85796-5

Vorwort

Der Fortschritt der Aussagenlogik in jüngster Zeit läßt es sinnvoll erscheinen, einen breiteren Leserkreis mit dieser Entwicklung bekannt zu machen. Obwohl vorliegendes Buch als Lehrbuch, nicht als Monographie für einen engeren Spezialistenkreis konzipiert wurde, soll es in einigen Themen einen tieferen Einblick in den aktuellen Stand der Dinge vermitteln.

Kap. I und ein Teil von Kap. II befassen sich mit der zweiwertigen Aussagenlogik und sind für Leser gedacht, die an Logik interessiert sind, doch noch nicht näher mit ihr befaßt waren. Die etwas breitere Darstellung in diesen Teilen sollte allerdings kein falsches Bild von den wahren Proportionen entstehen lassen. Denn danach nimmt die zweiwertige Aussagenlogik nicht nur innerhalb der Logik insgesamt, sondern schon innerhalb der Aussagenlogik einen Platz ein, der vergleichbar ist mit dem der euklidischen Planimetrie im Rahmen der neueren Geometrie. Lesern mit ausreichenden Vorkenntnissen wird es nichts ausmachen, die anfänglichen Teile zu übergehen und dort zu beginnen, wo Aussagenlogik erst interessant zu werden beginnt, nämlich wo sie den Rahmen zweiwertiger Logik verläßt.

Der Schwerpunkt des Buches liegt im Kap. IV über modale Logik. Hier sind ganz wesentliche Fortschritte erst nach dem Erscheinen des Lehrbuches HUGHES/CRESSWELL [68] erzielt worden. Auch ein großer Teil der Ergebnisse über intuitionistische und verwandte logische Systeme in Kap. V ist erst seit den 60iger Jahren erarbeitet und in der bisherigen Lehrbuchliteratur noch nicht dargestellt worden. Einige Themen werden trotz des Verzichts auf einen mathematisch straff organisierten Stil eingehender behandelt als in bisherigen Darstellungen. Dies betrifft vor allem die Strukturanalyse von Verbänden modaler und intermediärer Logiken. Dafür konnten gewisse andere Themen, z.B. die der relevanten Implikation, der POSTschen und LUKASIEWICZschen Logiken nur am Rande erwähnt werden.

Der Autor hat sich bemüht, den Stil der Darstellung so zu halten, daß der Lernende sich voraussetzungslos in die Materie einarbeiten kann, gleichgültig ob sein Interesse an Logik von mathematischen, philosophischen oder wissenschaftstheoretischen Fragestellungen herrührt.

Aber nicht nur dem Studierenden dieser oder verwandter Fächer, sondern auch dem an allgemeinen Fragen, weniger an technischen und begrifflichen Details der Logik interessierten Leser wird unterschiedliches Themenmaterial dargeboten. Die Kapitel beginnen mit einführenden Darlegungen und erst im weiteren Verlauf der Dinge wird auf die im Anhang beschriebenen Hilfsmittel zurückgegriffen. Durch deren systematische Zusammenstellung erübrigt sich ein Verweis auf anderweitige Literatur außer für ganz spezielle Fragestellungen.

Der Text enthält zahlreiche Beispiele und figürliche Darstellungen zur Veranschaulichung
einiger abstrakter Begriffe. Jeder Abschnitt eines Paragraphen endet mit Übungen zur
Vertiefung und Ergänzung der jeweiligen Thematik, wobei in den meisten Fällen Lösungs-
hinweise beigefügt sind. Einige mit * versehenen Aufgaben erfordern größeren Aufwand
zu ihrer Behandlung und sollen Möglichkeiten selbständiger Weiterführung der Untersuchungen darbieten. Diesem Zweck dient auch das umfangreiche, wenngleich unvollständige Literaturverzeichnis.

Der Autor dankt vor allem den Herrn Prof. K. Schütte (München), Prof. A. Tarski
(Berkeley), Prof. W. Pogorzelski (Katowice), Dr. W. Blok (Amsterdam), Dr. J. Perzanowski,
Dr. A. Wroński (Kraków) und Dr. G. Sambin (Padova) für Anregungen, Bemerkungen
und zahlreiche Hinweise. Ferner sei dem II. Mathematischen Institut der Freien Universität
Berlin für die technische Unterstützung gedankt. Schließlich gilt mein besonderer Dank
dem Vieweg Verlag für sein freundliches Entgegenkommen bei mancherlei Wünschen.

W. Rautenberg

Berlin, Februar 1978

Inhaltsverzeichnis

Einleitung 1

Kap. I   Zweiwertige Aussagenlogik 5

§ 1 **Aussagenlogische Verknüpfungen und Boolesche Funktionen** 6
Die beiden Hauptprinzipien der klassischen Logik 7 — Die sogenannten
Paradoxien der extensionalen Implikation 10 — Übersichtliche
Zusammenstellung der Aussagenverknüpfungen und ihrer Wahrheitswerte-
funktionen 13 — Reduzierbarkeit von Verknüpfungen 15

§ 2 **Aussagenlogische Formeln, Erfüllbarkeit, Allgemeingültigkeit** 17
Der Aufbau aussagenlogischer Formeln 17 — Das Beweisprinzip der
Induktion über den Formelaufbau 20 — Der Wert einer Formel bei
einer Belegung 21 — Erfüllbarkeit 24 — Ein logisch-kombinatorisches
Problem 26 — Allgemeingültigkeit 27

§ 3 **Logische Äquivalenz, Normalformen und funktionale Vollständigkeit** 30
Logische Äquivalenz-Verschärfung und Abschwächung 30 —
Die TARSKI-Algebra 33 — Normalformen und funktionale Voll-
ständigkeit 34 — Funktionale Unvollständigkeit 37

§ 4 **Aussagenlogisches Folgern und der Endlichkeitssatz** 39
Definition und erste Eigenschaften des aussagenlogischen Folgerns 39 —
Der Endlichkeitssatz und Anwendungsbeispiele 41

§ 5 **Interpolation und Definierbarkeit** 46
Der einfache Interpolationssatz 46 — Definierbarkeit 47 — Ein
allgemeiner Interpolationssatz und Anwendungen 49 — Algebraische
Fassung des Definierbarkeitstheorems 51

**Kap. II Aussagenlogische Kalküle und Einführung in die Theorie
der deduktiven Systeme** 53

§ 1 **Der klassische Tableau-Kalkül** 55
Beispiele von Tableaus 55 — Der Tableau-Kalkül 56 — Adäquatheit
des T-Kalküls 58 — Der Tableau-Kalkül als Entscheidungsverfahren 59

§ 2 Klassische Regel-Kalküle und Axiom-Regel-Kalküle 61
Der Kalkül des natürlichen Schließens 61 — Präzisierung des
Kalküls 61 — Grundeigenschaften der Ableitungsrelation 64 —
Beweisbarkeit auf der Grundlage des S-Kalküls 67 — Konsistenz 68 —
Beweis der Vollständigkeit durch Reduktion des Problems auf den
T·Kalkül 69 — Der Kalkül AK 71

§ 3 Deduktive Systeme — ein zweiter Vollständigkeitsbeweis 75
Deduktive Systeme 75 — Der Existenzsatz für relativ maximale
Mengen 79 — J-Systeme und I-Systeme 81 — Relativ maximale und
komplette Mengen-Anwendungen 84

§ 4 Einführung in die Theorie der axiomatischen Systeme 88
Darstellung deduktiver Systeme als axiomatische Systeme 88 — Der
Verband der strukturellen deduktiven Systeme 91 — Die klassischen
sind die größten I-Systeme 93

§ 5 Logische Systeme und der Verband der L-Systeme 96
L-Systeme 96 — Charakterisierung der zu L passenden deduktiven
Systeme 98 — Quasiklassische und hyperklassische Systeme 100

Kap. III Mehrwertige Logik — Einführung in die algebraische Semantik . 103

§ 1 Methodische Einführung anhand dreiwertiger Matrizen 105
Dreiwertige logische Matrizen 105 — Verallgemeinerung von Fragestellungen der klassischen auf dreiwertige Logiken 108 — Andere
dreiwertige Matrizen 110

§ 2 Definition und Anwendungen mehrwertiger Matrizen 114
Der Begriff einer mehrwertigen Matrix 114 — Anwendung auf Fragen
der Unabhängigkeit und Konsistenz 117 — Das Entscheidungsproblem
und die endliche Modelleigenschaft 120

§ 3 Allgemeine Konstruktionsprinzipien logischer Matrizen 123
Existenz von Matrizen für logische Systeme im engeren und weiteren
Sinne 123 — Ein Vollständigkeitssatz für strukturelle Systeme 125 —
Kongruenzen und Homomorphismen logischer Matrizen 128 —
Direkte Produkte 131

§ 4 Implikative und konservative Logiken und Matrizen 133
Implikative Logiken und reduzierte Matrizen 133 — Vollständigkeitssatz
für das reguläre L-System-R-Filter 137 — Konservative Logiken 140 —
POST-vollständige Erweiterungen 142

§ 5 Modale und multimodale Algebren 144
Konservative Modallogiken und Modalalgebren 144 − Normale modale
Matrizen 146 − Beispiele normaler modaler Matrizen 150 − Das
Repräsentationstheorem für **KBA**'s 152 − Der Kongruenzenverband −
subdirekt irreduzible Matrizen 155 − Zeitlogik, Zeitalgebren und
multimodale Matrizen 158

Kap. IV Modal- und Zeitlogik − Relativistische Semantik 161

§ 1 Relativistische Semantik der Modallogik 163
Definition und Beispiele normaler Modallogiken 164 − Präzisierung
der Idee von den möglichen Welten − Modellstrukturen und Gültigkeit
modaler Formeln 167 − Korrespondenzen modaler und struktureller
Eigenschaften 173 − Unterschiedliche Möglichkeiten des Verständnisses
von Implikation und Negation 177

**§ 2 Vollständigkeit der Standardsysteme und das Konzept der verallgemeinerten
relativistischen Semantik** 180
Kanonische Modellstruktur, Substitutionslemma, und die Vollständigkeit
der Standardsysteme 180 − Beziehungen zwischen relativistischer und
algebraischer Semantik 184 − Beispiel einer unvollständigen Modallogik 186 − Das Konzept verallgemeinerter Modellstrukturen und seine
Vollständigkeit 188

§ 3 Modallogische Tableau-Kalküle 192
Definition modaler Tableau-Kalküle und Beispiele der Verwendung 192 −
Iterierte Modalitäten 195 − Korrektheit der modalen Tableau-Kalküle
und Modellgraphen 196 − Modellkonstruktion und Adäquatheit 200

§ 4 Spezielle Modelle − Filtration, Ramifikation und Kontraktion 203
Filtration 203 − Vollständigkeit von G 206 − Ramifikation 209 −
Kontraktionen 213

§ 5 Der Verband der Erweiterungen einer Modallogik L 216
Der Verband $\mathcal{E}$S5 216 − Allgemeine Eigenschaften von $\mathcal{N}$ 219 −
Subverbände endlicher Erweiterungen 221 − Splittings 222 − Die
Sprache $\mathcal{L}^+$ und das Charakterisierungstheorem 228 − Tabulare und
prätabulare Modallogiken 231

§ 6 Zeitlogik und das Konzept der Nachbarschaftssemantik 237
Zeitlogik 237 − Beispiel einer unvollständigen Zeitlogik 240 − Nichtnormale Modallogik − Aktuelle und normale Welten 242 − Nachbarschaftssemantik 243 − Vergleichende Modelltheorie 246

Kap. V   Intuitionistische Logik und verwandte logische Systeme 249

§ 1 Semantik und Vollständigkeit der intuitionistischen und minimalen Logik 251
Das Konzept der Stadien gedanklicher Konstruktionen und seine
Präzisierung 251 — Relativistische Semantik für die Minimallogik 255 —
Vollständigkeit der intuitionistischen und minimalen Logik 257 —
Konstruktiver Charakter der intuitionistischen Disjunktion 259 —
Unabhängigkeit der intuitionistischen Funktoren 261 — Optimale
Situationsketten 263 — Interpretation der intuitionistischen in der
Modallogik 264

§ 2 Der intuitionistische Tableau-Kalkül 268
Der Ti-Kalkül nebst Beispielen 268 — Korrektheit und Adäquatheit
des Ti-Kalküls 272 — Der Sequenzenkalkül 274

§ 3 Algebraische Semantik und verallgemeinerte KRIPKE-Semantik 278
J- und I-Algebren 278 — Beispiele von I-Algebren und der Zusammenhang
mit I-Strukturen 280 — Repräsentationssätze für I-Algebren 284 —
Verallgemeinerte I-Strukturen 286

§ 4 Der Verband der intermediären Logiken 288
Allgemeine Eigenschaften von $\mathcal{H}$ 288 — JANKOVs Lemma und das
Splitting-Theorem 289 — Tabulare und prätabulare intermediäre
Logiken 292 — Die Anzahl der Erweiterungen von **Li** 296 — Beispiele
für Logiken ohne endliche Modelleigenschaft 299 — Intermediäre
Fragmente und Redukte 301

§ 5 Konstruktive Logik 305
Eine Erweiterung des Konzepts der Stadien gedanklicher Konstruk-
tionen 305 — Adäquatheit eines formalen Systems für **Lc** 309 —
Über Beziehungen der Funktoren in **Lc** 312

Kap. VI Anhang — Zusammenstellung von Grundbegriffen 314

§ 1 Mengen und Abbildungen 315
Teilmengen und Mengensysteme 315 — Mengenalgebraische
Operationen 315 — Durchschnitts- und Vereinigungsoperator 317 —
Abbildungen 317 — n-tupel und Produkte 318 — Operationen und
Algebren 318 — Relationen 320

§ 2 Graphen und Strukturen 321
Grundbegriffe und Bezeichnungen 321 — Wichtige Struktur-
eigenschaften und Strukturklassen 324 — Präordnungen 326

§ 3 Verbände 328
Definition und Beispiele von Verbänden 328 — Hüllenverbände und
algebraische Verbände 330 — Distributive Verbände 331 — Irreduzible
Elemente 331 — Implementäre Verbände 332 — J-Algebren und
I-Algebren 333 — Boolesche Algebren 334

§ 4 Subalgebren und Kongruenzen 335
Der Verband der Subalgebren 335 — Kongruenzen und Kongruenz-
filter 335 — Homomorphismen 337 — Der Kongruenzenverband 338 —
Maximale Kongruenzen und Filter 340

VII Verzeichnisse 341

Literaturverzeichnis 341

Symbolverzeichnis 350

Sach- und Namensverzeichnis 352

Einleitung

Aussagenlogik ist jenes Teilgebiet der Logik, das sich mit Aussageverknüpfungen unterschiedlicher Art befaßt und dabei von einer prädikatenlogischen Struktur der Aussagen abstrahiert. Ihre Wurzeln reichen zurück in die Antike, zu den Megarikern und Stoikern. Kernstück ist die *zweiwertige* Aussagenlogik, die nach entscheidenden Beiträgen von G. FREGE und durch die neu entstandene mathematische Logik ihre abschließende Form erhalten hat. Wir sprechen von ihr auch als der *klassischen* Aussagenlogik. Ihr ist in diesem Buch das Kap. I, und ein Teil von Kap. II gewidmet.

Gemessen am Umfang der Problemstellungen heutiger Aussagenlogik nimmt sich die klassische Aussagenlogik sehr bescheiden aus, auch was den Schwierigkeitsgrad der Behandlung ihrer wesentlichen Probleme betrifft. Anderseits nimmt sie gerade wegen ihrer besonderen Einfachheit, aber auch aus mancherlei anderen Gründen eine Sonderstellung ein, die gemessen an ihrer Bedeutung etwa derjenigen entspricht, welche die euklidische „Alltagsgeometrie" im Gesamtrahmen geometrischer Betrachtungen innehat.

In der zweiwertigen Logik läßt sich jedoch nur eine begrenzte Anzahl tatsächlich vorkommender ein- und zweistelliger Aussageverknüpfungen behandeln, oder genauer, durch entsprechende Wahrheitsfunktionen modellieren. Bereits gewisse einstellige Verknüpfungen gestatten in ihrem Rahmen keine sinnentsprechende Analyse. Beispiele sind die Operationen, durch welche einer Aussage A die Aussagen *Notwendig A, Glaubhaft A* usw. zugeordnet werden, und die zu den sogenannten *modalen Operationen* zählen. Abgesehen davon haben nun auch die in üblicher Weise in der zweiwertigen Logik modellierten Standardverknüpfungen *nicht, und, oder, wenn ... so* in ihrem natürlichen Gebrauch nicht immer den Sinn, der ihnen nach den Postulaten zweiwertiger Logik zukommt. Dies betrifft in besonders deutlicher Weise deren Rolle in einer Auffassung von Sprache und Denken, welche man als die *intuitionistische* bezeichnet (Kap. V). Unterschiedliche Verständnismöglichkeiten der Verknüpfungen bedingen aber auch unterschiedliche logische Schlußweisen und voneinander abweichende Argumente ihrer Rechtfertigung. Kurz, „ein streng abgegrenzter Kreis von Formen des Schließens ist in der Sprache eben nicht vorhanden ... Die logischen Verhältnisse werden durch die Sprache fast immer nur angedeutet, dem Erraten überlassen, nicht eigentlich ausgedrückt" (FREGE [1882]).

Aus alle dem zog FREGE die (richtige) Schlußfolgerung, daß Logik nur in einer formel präzisierten Sprache, in einer *Begriffsschrift* nach den Worten FREGE's, unzweideutig wirksam werden kann. FREGE war mit der Aufgabe befaßt, im Zusammenhang mit der Schaffung einer Begriffsschrift die wesentlichen Aspekte zweiwertiger Logik inhaltlich und formal erst einmal zu präzisieren. Die Analyse des von ihm selbst klar beschriebenen Phänomens unterschiedlichen Sinns von sprachlichen Bausteinen mit logischer Funktion konnte erst in Angriff genommen werden, nachdem diese Präzisierung abgeschlossen worden war. Die erwähnte Analyse beginnt damit, das Konzept der Zweiwertigkeit in mannigfacher Weise zu modifizieren und zu erweitern, so daß im Rahmen entsprechend unterschiedlicher Logikkonzepte die zweiwertige nur ein Sonderfall ist. Auf diese Weise gelangt man von einer reinen *Bedeutungslogik*[1]) schrittweise zu einer *Sinnlogik* oder *intensionalen* Logik. Diesen Übergang sichtbar zu machen, ist eines der Hauptanliegen dieses Buches.

Verallgemeinerungen klassischer Logik gehen in wesentlich zwei Richtungen:

a) in Richtung einer Erweiterung klassischer Logik unter Einschluß von Aussageoperationen mit modalem temporalem, deontischem oder anderem Aspekt. Hierauf beziehen sich die Ausführungen in Kap. IV.

b) in Richtung einer Abschwächung klassischer Logik durch wohlbegründete Kritik über ihren Geltungsbereich. Konkret bedeutet dies die Aufgabe wesentlicher Prinzipien der zweiwertigen Logik. Dafür sind die Ausführungen in Kap. V typisch.

Diese Verallgemeinerungen vollziehen sich einerseits formal durch Konstituierung neuer, von den klassischen abweichenden Logikkalkülen, und anderseits durch die Schaffung entsprechender semantischer Konzepte, wobei letzteres in jedem Fall der entscheidende, wenn auch nicht immer der erste Schritt ist. Das älteste Konzept nichtklassischer Semantik ist die von ŁUKASIEWICZ konzipierte mehrwertige Semantik (Kap. III). Ihm hat sich seit den 60-iger Jahren ein wichtiges neues Konzept, das der von KRIPKE entwickelten *relativistischen* Semantik hinzugesellt (Kap. IV, V). Diese Konzepte ermöglichen die Analyse von Phänomenen logischen Charakters, für welche die zweiwertige Logik gar keine Modellierungsmöglichkeiten darbietet. Besonderes Interesse an derartigen Modellierungen entsteht in der Philosophie und Wissenschaftstheorie, in der Linguistik, und neuerdings auch in der Informatik im Zusammenhang mit der semantischen Analyse komplexer Programmiersprachen. Unterschiedliche Interessen dieser Art bestimmen auch unterschiedliche Schwerpunkte einer den klassischen Rahmen überschreitenden Logiktheorie. In jedem Falle führte dieses Vorgehen zu einem tieferen Verständnis der komplexen Struktur sprachlicher Ausdrucksmittel.

Angesichts der unter b) erwähnten Abkehr von gewissen Grundprinzipien klassischer Logik wird man mit Recht die Frage stellen, ob es dem Sinn des Wortes Logik nicht zuwiderläuft, unterschiedliche Arten von Logik überhaupt in Betracht zu ziehen oder nebeneinander gelten zu lassen; müssen nicht logische Gesetze — allein aufgrund ihrer Bestimmung als die allgemeinsten Gesetze des Denkens — eindeutig bestimmt sein? Hier antworten wir kurzgefaßt nur mit dem, was die Geschichte der exakten Wissenschaften stets von neuem lehrt: Nach dem ersten mühsamen Schritt der Schaffung einer einheitlichen Theorie im Ergebnis einer längeren Entwicklungsphase folgt sehr bald immer auch der zweite, der eben diese Theorie wieder negiert, in Frage stellt, relativiert, d.h. in einen allgemeineren Rahmen einordnet. Weitere Bemerkungen hierzu finden sich im Text.

Die Entscheidung, welches logische Fundament einer wissenschaftlichen Betrachtung zugrundezulegen ist, hängt nicht nur von philosophischen, sondern auch von pragmatischen Erwägungen ab. Sie hängen ferner ab vom Blickwinkel der Betrachtung, der konkreten Aufgabenstellung und nicht zuletzt vom Gegenstand selbst. Allerdings wäre es falsch,

---

[1]) Nach der FREGE'schen Unterscheidung ist die *Bedeutung* einer Aussage einer der beiden Wahrheitswerte Wahr und Falsch, die zu unterscheiden ist von ihrem *Sinn,* der grob gesprochen das ist „was sie besagt".

einer Anarchie der Logik in den exakten Wissenschaften das Wort zu reden. Die Mathematik, z.B. die am augenfälligsten von Logik durchdrungene Wissenschaft, hat mit Ausnahme ganz spezieller Problemgruppen ein einheitliches logisches Fundament, die klassische Logik. Ungeachtet dessen sind gerade aus gewissen mathematischen Betrachtungsweisen, nicht nur aus allgemeinen philosophischen Erwägungen heraus, wesentliche Impulse für die Schaffung andersartiger Logikkonzeptionen ausgegangen.

Stellt man sich die Aufgabe, über Logik zu reflektieren, Logik von außen zu beurteilen, so benötigt man über den bloßen Gebrauch der Sprache hinaus auch ein Minimum an Logik, eine *Metalogik*. Es ist dies die Plattform logischer Argumentationen, die den anzustrebenden Urteilen über Logik als Ganzes zugrundeliegt. Diese Metalogik ist in diesem Buch durchweg die klassische, welche in diesem Zusammenhang gewissermaßen die Rolle der „Logik des gesunden Menschenverstandes" spielt. Ohne Einsatz gewisser metalogischer Hilfsmittel könnte weder der erforderliche Begriffsapparat für die Analyse, noch das nötige Maß an Präzision beim Vergleich unterschiedlicher Logikkonzepte geschaffen werden. Darüberhinaus bedienen wir uns einiger elementarer kombinatorischer und mengentheoretischer Hilfsmittel, z.B. der vollständigen Induktion. Solange man nicht gewisse, von der klassischen abweichende Logikkonzepte von innen her studiert, sondern von außen zu beurteilen wünscht, sind derartige Hilfsmittel durchaus legitim. Auf ihnen gründen sich weitere spezifische, z.B. verbandstheoretische Methoden. Ein vielseitig verwendbares Werkzeug einer universellen Metalogik ist vor allem die von A. TARSKI geschaffene Theorie der deduktiven Systeme (Kap. II). Zu weitreichenden Einsichten führt auch die in den Kapiteln IV und V vorgenommene Verschmelzung der algebraischen mit der KRIPKE-Semantik. Hierin liegt insgesamt der Schwerpunkt des Buches.

Kapitel I
Zweiwertige Aussagenlogik

In diesem Kapitel werden die Grundbegriffe der klassischen Aussagenlogik behandelt. Begriffe wie logische Gültigkeit von Formeln, Modelle und die aussagenlogische Folgerungsrelation spielen in allen Gebieten der Logik eine zentrale Rolle. Im vorliegenden Fall sind sie recht einfach handhabbar und sehr geeignet, das Verständnis für die Methodik der abstrakten Logik zu entwickeln.

In § 1 werden im Zusammenhang mit der Diskussion der aussagenlogischen Verknüpfungen die inhaltlichen Voraussetzungen der klassischen Logik erörtert, das Prinzip der Zweiwertigkeit und das Extensionalitätsprinzip. Im Interesse des Anfängers tun wir dies ausführlicher als dies für Leser mit mathematischen oder logischen Vorkenntnissen erforderlich wäre. Aus diesen Prinzipien ergibt sich, daß den Aussageverknüpfungen gewisse Funktionen entsprechen, deren Argumente und Werte die beiden Wahrheitswerte sind, die *Booleschen Funktionen*.

In § 2 wird eine Anzahl fundamentaler semantischer Begriffe erklärt. Anhand eines Beispiels wird dargetan, in welcher Weise die Formalisierung der Aussagenlogik die Lösung komplexer logisch-kombinatorischer Probleme ermöglicht.

Die in § 3 behandelten Normalformen sind ein wichtiges praktisches Hilfsmittel der Logik; sie werden z.B. für einen Beweis der funktionalen Vollständigkeit verwendet. § 4 behandelt den aussagenlogischen Folgerungsbegriff und gipfelt in dem Hauptsatz der klassischen Semantik, dem Endlichkeitssatz. Eine Reihe typischer Anwendungsbeispiele sind ihm angefügt.

§ 5 schließlich ist dem Fragenkreis der Interpolation und Definierbarkeit gewidmet. Eine sehr allgemeine Formulierung des Interpolationstheorems ermöglicht die Rückgewinnung fast aller vorangehenden Resultate.

Abgesehen von der allgemeinen Fassung der Interpolation in § 5 hat das gesamte Material dieses Kapitels traditionellen Charakter. Es findet sich in dieser oder jener Form in allen umfassenderen Darstellungen der Aussagenlogik.

§ 1 Aussagenlogische Verknüpfungen und Boolesche Funktionen

Aussagen sind sprachliche Objekte zur Mitteilung von Sachverhalten. Diese sprachlichen Objekte können unterschiedliche Form haben, eine schriftliche oder gesprochene, in der einen oder anderen Sprache geäußert sein, unter Verwendung dieser oder jener Symbolik mitgeteilt werden, obwohl sie dieselbe *Intension* besitzen.

Charakteristisches Merkmal von Aussagen ist ihre Eigenschaft, wahr oder falsch zu sein; dadurch unterscheiden sie sich von anderen sprachlichen Gebilden wie Fragen, Anweisungen, Redeweisen usw. Nach ARISTOTELES ist eine Aussage wahr, wenn der von ihr behauptete oder beschriebene Sachverhalt zutrifft, sonst ist sie falsch. Diese Definition eines Wahrheitsbegriffes ist bei genauerer Betrachtung ziemlich vage. Sie ist daher nur Leitfaden einer formalen Präzisierung der klassischen oder zweiwertigen Logik.

Aussagen können miteinander durch gewisse sprachliche Partikel zu neuen Aussagen verknüpft werden. Derartige linguistische Operationen heißen *Aussageverknüpfungen* oder *aussagenlogische* Verknüpfungen. Sie dienen der Mitteilung komplexerer Sachverhalte oder sollen logische Beziehungen zum Ausdruck bringen. Typisches Beispiel einer Aussagenverknüpfung ist die *Konjunktion,* deren Anwendung auf die Aussagen *A, B* die Aussage *A und B* ergibt. Die Untersuchung der Aussagenverknüpfung und ihrer Beziehungen ist weniger der Gegenstand, als vielmehr der Ausgangspunkt einer modernen Aussagenlogik. Damit befassen wir uns zuallererst.

Die wichtigsten Aussageverknüpfungen sind die folgenden; bis auf eine Ausnahme handelt es sich hierbei um zweistellige Verknüpfungen.

1. *Die Konjunktion.* Aus den Aussagen *A, B* entsteht die Aussage *A und B.*

In einer nicht ganz korrekten Vereinfachung der Sprechweise bezeichnet man *A und B* als die Konjunktion der Aussagen *A, B* (genau genommen handelt es sich um das *Ergebnis der Anwendung* der Konjunktion oder der konjunktiven Verknüpfung). Eine sinngemäße Bemerkung bezieht sich auch auf die übrigen Verknüpfungen.

2. *Die Disjunktion. A oder B* (auch *Alternative* genannt).

3. Die *Implikation* (auch *Subjunktion* genannt). Aus *A, B* kann man die Aussage *wenn A, so B* bilden.

4. Die *Äquivalenz* (gelegentlich auch *Bijunktion* genannt). Aus *A, B* entsteht die Aussage *A, genau dann, wenn B.*

5. Die *Negation* (eine einstellige Operation). Aus einer Aussage *A* kann die Aussage *nicht A* gebildet werden, die *Negation* (oder das *Negat*) der Aussage *A.*

Es sei darauf hingewiesen, daß die Aussage *A und B* formal von *B und A* zu unterscheiden ist, obwohl beide Aussagen in der Regel dasselbe besagen. Doch zeigen Beispiele, daß beide Aussagen im normalen Sprachgebrauch durchaus unterschiedliche Intensionen haben können. Darauf kommen wir gleich zurück.

Die beiden Hauptprinzipien der klassischen Logik

Die klassische Logik beruht auf zwei Grundprinzipien, dem *Prinzip der Zweiwertigkeit* und dem *Extensionalitätsprinzip*. Auf diesen Prinzipien basiert sowohl die Art und Weise der Präzisierung der klassischen Aussagenlogik, als auch deren Anwendung. Diese überschreiten ja bekanntlich den engeren Bereich der Logik. Sie betreffen z.B. auch die Grundlagen und die Praxis der automatischen Informationsverarbeitung.

Nach dem *Prinzip der Zweiwertigkeit* ist eine Aussage entweder wahr oder falsch. Man sollte dies etwas deutlicher eigentlich wie folgt formulieren: es werden nur solche Aussagenbereiche in Betracht gezogen, welche diesem Prinzip genügen. Gegebenenfalls erzielt man eine Anpassung an das genannte Prinzip durch Idealisierung der tatsächlichen Verhältnisse.

Das Zweiwertigkeitsprinzip gestattet es offenbar, einer Aussage A genau einen von zwei Werten zuzuordnen, und zwar den Wahrheitswert *Wahr* (Symbol **1**) bzw. den Wahrheitswert *Falsch* (Symbol **0**), je nachdem ob A wahr oder falsch ist.

Naturgemäß erhebt sich an dieser Stelle die Frage, was diese Wahrheitswerte sind. Es hat sich nun gezeigt, daß diese Frage für Theorie und Praxis der Logik von ganz unerheblicher Bedeutung ist, und zwar in ganz demselben Sinne, wie heute in der Geometrie die analoge Frage *Was ist ein Punkt* eine nebensächliche ist. Einer der Begründer der modernen Logik, G. FREGE, definiert das Wahre als die Klasse aller wahren Aussagen. Auf die Problematik dieser Definition gehen wir deswegen nicht ein, weil auf diese oder ähnliche Definitionen verzichtet werden kann. Man darf sich sogar auf den extrem formalen Standpunkt stellen, die *Symbole* **0** und **1** als diese Wahrheitswerte zu betrachten. Im Rahmen einer methodologischen Analyse der klassischen Logik ist eine absolute Definition von wahr und falsch nicht nur gar nicht erforderlich, sondern im Hinblick auf den Umfang der Anwendungen sogar hinderlich. Analog wie in der Geometrie bezüglich des Wortes *Punkt*, gibt es in der klassischen Logik bezüglich der Worte *wahr, falsch* eine Vielzahl von Interpretationsmöglichkeiten. Wir sprechen hier absichtlich von *Worten*, nicht von *Begriffen*, denn es gibt keinen wohldefinierten Wahrheitsbegriff a priori.

Die beiden Wahrheitswerte können z.B. im Sinne spezieller Vereinbarungen über Akzeptanz bzw. Refutanz (Widerlegung) von Aussagen verstanden werden. Sie können auch als moralische Wertzuweisungen (gut und böse) interpretiert werden. Eine andere vom ursprünglichen Anliegen der Logik recht entfernte Interpretation besteht in der Zuordnung von **1** und **0** zu Schaltzuständen technischer Systeme; hierbei sind natürlich auch Begriffe wie Aussage und Aussagenverknüpfung entsprechend umzudeuten.

Ungeachtet dieser Zwischenbemerkung (über mögliche Vieldeutungen) ist uns aber der naive Wahrheitsbegriff nach Aristoteles und Frege intuitiver Leitfaden in der Ausarbeitung einer Theorie, die wir auch als eine Theorie über das folgerichtige Schließen im Sinne ursprünglicher Aufgabenstellung der Logik verstehen wollen. Für Anwendungen in der Technik verweisen wir auf die umfangreiche Literatur zur Informatik.

Häufig wird gefragt, ob die „wirkliche" (tatsachengerechte) Logik dem Zweiwertigkeitsprinzip entspricht. Mit gewissen Vorbehalten darf man die Frage in etwa demselben Sinne bejahen, wie die Frage, ob die euklidische Geometrie den realen Raumverhältnissen entspricht. Genau besehen aber ist diese Frage (und ebenso jede Antwort) sehr problematisch.

Zum Beispiel kommt es sehr auf Art und Umfang des Ausschnitts aus der unübersehbaren Mannigfaltigkeit des Wirklichen an. Mit einem Wort, die klassische Logik ist keineswegs die einzig mögliche, wohl aber ist sie — in Analogie zur euklidischen Geometrie — die einfachste und wichtigste.

Das Zweiwertigkeitsprinzip spaltet sich bei genauerem Hinsehen in zwei Teilprinzipien auf, nämlich das *Prinzip vom ausgeschlossenen Widerspruch* und das Prinzip vom *tertium non datur.*

Ersteres besagt, daß eine Aussage nicht zugleich wahr und falsch sein kann. Häufig formuliert man es auch so, daß eine Aussage A nicht zugleich mit ihrer Negation wahr sein kann. Dabei wird stillschweigend unterstellt, daß die Wahrheit von *nicht A* identisch ist mit der Falschheit von A, was der Konvention eines klassischen Gebrauchs der Negation entspricht. Doch gibt es auch andere Verwendungsarten der Negation. Wir werden in den Kap. IV, V Formen der Negation diskutieren, welche dem Prinzip vom ausgeschlossenen Widerspruch nicht genügen.

Das Prinzip vom *tertium non datur* besagt, daß einer Aussage A wenigstens einer der beiden Wahrheitswerte entspricht, d.h. A ist wahr oder falsch. Dieses Prinzip ist jedenfalls erfüllt, solange man üblichen Gepflogenheiten folgend *falsch* mit *unwahr* (= nicht wahr) identifiziert. Umgekehrt ist unter Voraussetzung des Zweiwertigkeitsprinzips eine Aussage A dann und nur dann unwahr, wenn sie falsch ist. Daher rührt die geläufige Gepflogenheit, *falsch* und *unwahr* synonym zu verwenden.

Es mag dem Leser sophistisch vorkommen, daß unwahr = falsch nicht unabhängig von Prinzipiendiskussionen eine Selbstverständlichkeit darstellt. Man betrachte aber z.B. die Aussage A: *Geld verschafft Privilegien.* Der Leser wird ihr zustimmen oder nicht zustimmen, je nachdem, in welcher zeitlichen oder örtlichen Situation er lebt. Kurz gesagt, A ist Beispiel einer Aussage in einem erweiterten Sinne, die weder wahr noch falsch ist. Weil aber A nicht wahr ist, ist A unwahr. Dennoch sind wir eben übereingekommen zu sagen, A sei nicht falsch. Wir werden diese Argumentation bezogen auf das angegebene Beispiel im Rahmen einer *Relativitätslogik* oder *modalen Logik* präzisieren. Dort hängt der Wahrheitswert einer Aussage von einer vorliegenden Situation ab, vgl. Kap. IV. Unter Voraussetzung des Zweiwertigkeitsprinzips ist es jedenfalls legitim, falsch mit unwahr zu identifizieren.

Wir erläutern nun das zweite Grundprinzip, welches in modifizierter Form auch den meisten nichtklassischen Logiken zugrunde liegt, das *Extensionalitätsprinzip.* Es besagt, daß der Wahrheitswert einer zusammengesetzten Aussage nur von den Wahrheitswerten ihrer Bestandteile, nicht aber noch von deren inhaltlichem Sinn (Intension) abhängig ist. Dieses Prinzip hat zur Folge, daß einer Aussagenverknüpfung in eindeutiger Weise eine Funktion entspricht, deren Argumente und Werte die Wahrheitswerte $0, 1$ sind. Gemäß üblichem Gebrauch ist z.B. die Konjunktion: A *und* B ist genau dann wahr, wenn sowohl A als auch B wahr ist, in den übrigen Fällen ist sie falsch. Damit ergeben sich die Wahrheitswerte der konjunktiven Zusammensetzung A *und* B in Abhängigkeit von Wahrheitswerten der Aussagen A, B nach folgender Tabelle:

A	B	$A\ und\ B$
1	1	1
1	0	0
0	1	0
0	0	0

Der Konjunktion entspricht mithin eine durch diese Tabelle gegebene Funktion, welche auch die *et-Funktion* heißt. Wir bezeichnen sie auch mit dem Symbol $\cap$ und schreiben es zwischen die beiden Argumente. Gemäß der Tabelle ist $1 \cap 1 = 1; 1 \cap 0 = 0 \cap 1 = 0 \cap 0 = 0$.

Am übersichtlichsten wird die et-Funktion durch eine *Wertetafel* (links) oder einfach nur durch ihre *Wertematrix* (rechts) beschrieben.

$\cap$ y x	1	0
1	1	0
0	0	0

1	0
0	0

Die et-Funktion ist Beispiel einer *Wahrheitswertefunktion,* auch *Wahrheitsfunktion* oder *Boolesche Funktion* genannt. So heißen die ein- oder mehrstelligen Funktionen, deren Argumente und Werte Wahrheitswerte sind.

Es liegt auf der Hand, daß der Verknüpfung *Sowohl A als auch B* gleichermaßen die Wertetabelle der et-Funktion entspricht. Die et-Funktion ist also das Gemeinsame sprachlich unterschiedlicher, aber logisch äquivalenter (synonymer) Aussageverknüpfungen. Die logische Äquivalenz werden wir an späterer Stelle noch eingehend behandeln.

Mit solchen Konventionen lassen sich jedoch gelegentliche intensionale Bewertungen nicht ausschließen, wie man an folgendem Beispiel einer (im Sinne der zweiwertigen Logik intensionalen) Verwendung von *und* erkennt:

Er verließ das Land und wurde reich.
Er wurde reich und verließ das Land.

Diese, durch das Wörtchen *und* gelegentlich intendierte zeitliche Reihenfolge läßt sich auch formal durch einen binären Funktor in einer temporalen Logik erfassen und extensionalisieren (Kap. IV/§ 6).

Die Disjunktion gehört (in der deutschen Sprache) zu den Verknüpfungen, welche dem Extensionalitätsprinzip nur begrenzt entsprechen. Ob sie in nichtausschließenden oder ausschließenden Sinne gebraucht wird, hängt häufig vom Zusammenhang ab, wie folgende Beispiele zeigen:

Dieses Medikament hilft in Fällen von Kopfschmerzen oder Unwohlsein (Nichtausschließendes oder).

Begünstigung einer schweren Straftat kann mit Gefängnis bis zu einem Jahr oder mit einer Geldbuße bis 10 000 DM bestraft werden (Ausschließendes oder).

Will man sich von Kontextinformationen bei der Beurteilung solcher Äußerungen unabhängig machen, hat man eindeutige Verabredungen über die extensionale Verwendung aussagenlogischer Verknüpfungen zu treffen. Diese sieht in den exakten Wissenschaften wie folgt aus: Die Disjunktion wird ausnahmslos in nichtausschließendem Sinne verwendet, d.h. *A oder B* ist wahr genau dann, wenn wenigstens eine der beiden Aussagen *A, B* wahr ist. Die dieser Verknüpfung entsprechende Wahrheitswertefunktion heißt die *vel-Funktion* und sei mit dem Symbol $\cup$ bezeichnet. Ihre Wertetafel ist folgende

$\cup$ y	1	0
x		
1	**1**	**1**
0	**1**	**0**

Über die Probleme, die mit einem Gebrauch der Implikation in extensionalem Sinne zusammenhängen, wollen wir ausführlicher im nächsten Abschnitt eingehen.

Übungen

1. Die Disjunktion ist eine zweistellige Verknüpfung; daher kann man die Aussage
   A oder B oder C auf zweierlei Weise auffassen: *A oder B oder C* bzw. *A oder B oder C.*
   Man erkläre, warum auf eine derartige Unterscheidung gewöhnlich verzichtet werden kann.
2. Man erkläre die anscheinend sinngleiche Verwendung von *oder, und* in folgenden Beispielen („und-oder Paradoxien"):

   Auf Brücken ist das Parken oder Halten verboten
   Auf Brücken ist das Parken und das Halten verboten

   Studenten oder Rentner zahlen den halben Preis
   Studenten und Rentner zahlen den halben Preis

   Hinweis. Diese „Paradoxien" sind nicht logischer, sondern linguistischer Natur,
   vgl. auch Seite 33.

Die sogenannten Paradoxien der extensionalen Implikation

Aufgrund des Extensionalitätsprinzips ist auch der Wahrheitswert der Aussage *wenn A, so B* nur abhängig von den Wahrheitswerten von *A* und *B*. Sie ist unbestrittenermaßen falsch, wenn *A* wahr und *B* falsch ist. Zwecks Motivierung der Festlegung in den übrigen Fällen betrachte man ein simples Alltagsbeispiel: *Wenn es regnet, ist die Straße naß.*

Es möge abkürzend bedeuten

R: *Es regnet* S: *Die Straße ist naß*

Dann sind die Kombinationen der tatsächlichen möglichen Gegebenheiten die folgenden drei:

R ist wahr und S ist wahr.
R ist falsch und S ist wahr (die Nässe rührt vom letzten Regen her).
R ist falsch und S ist falsch.

Die Aussage *Wenn R, so S* wird nun unbestrittenermaßen — und zwar unabhängig von der im Moment tatsächlich vorliegenden Situation — als wahr empfunden.

Als Fazit dieser Betrachtung ergibt sich: Die Implikation *Wenn A, so B* ist überhaupt nur in einem Falle falsch, nämlich wenn ihr sogenanntes *Antezedent A* wahr, und ihr *Sukzedent B* falsch ist. In allen übrigen Fällen ist sie wahr. Dies entspricht der schon auf den Philosophen PHILO von Megara zurückgehenden Festlegung der Wertetafel für die *extensionale Implikation* oder *materielle Implikation:*

$\rightarrow$	1	0
1	1	0
0	1	1

In den exakten Wissenschaften ist der Gebrauch der Implikation in diesem Sinne heute allgemein übliche Konvention. Allerdings ergeben sich aus ihrem uneingeschränkten Gebrauch gewisse Probleme linguistischer Natur. Es handelt sich hier um die sogenannten Paradoxien der materiellen Implikation, die sich kurz wie folgt beschreiben lassen:

1. In der natürlichen Sprache wird die Verknüpfung *Wenn A, so B* in der Regel nur dann als sinnvoll angesehen, wenn ein tatsächlicher möglicher oder denkbarer Ursache-Wirkungs-Zusammenhang zwischen A und B besteht. Gemäß obiger Festlegung ist hingegen z.B. die Aussage, *Wenn Wasser eine Flüssigkeit ist, so ist Eisen ein Metall* eine sinnvolle und darüberhinaus wahre Aussage. Einwände gegen die Konvention eines Gebrauchs der Implikation im extensionalen Sinne sind mit diesem Argument jedoch schwerlich zu erheben, denn in den Anwendungsfällen der Aussagenlogik kommen derartige Verknüpfungen „sachfremder" Aussagen nicht vor. Im übrigen kann man sich zur Beschreibung einer Kausalbeziehung des Wörtchens *weil* bedienen, damit sich die Aussage ausdrücklich als solche zu erkennen gibt. Die Verknüpfung *A, weil B* hat (in der Regel) keinen extensionalen Charakter und ist mithin nicht Gegenstand der klassischen Aussagenlogik.

In diesem Zusammenhang sei darauf aufmerksam gemacht, daß es häufig ziemlich problematisch ist, ein bloßes „Tatsachenverhältnis" von einem „Ursache-Wirkungsverhältnis" zu unterscheiden. Dies sieht man am Beispiel der Aussagen

Wenn 2 + 2 = 4 ist, so ist 2 · 2 = 4.   *Es ist 2 · 2 = 4, weil 2 + 2 = 4 ist.*

Erstere drückt ein (zutreffendes) Tatsachenverhältnis aus, letztere eine Kausalbeziehung, über deren Sinn auch die Mathematiker geteilter Meinung sein können. Doch lassen sich in der Mathematik Formulierungen der zweiten Art grundsätzlich eliminieren; wenn sie

vorkommen, dann nur als psychologische Hilfestellungen. Es ist eine (vielleicht erstaun-
liche) Tatsache, daß dieser Verzicht einer so weit entwickelten Wissenschaft keinerlei
Nachteile mit sich bringt.

2. Zwei besondere Effekte der extensionalen Implikation haben aus den Zeiten der
scholastischen Philosophie die Namen *verum sequitur quodlibet* (das Wahre folgt dem
Beliebigen) und *ex falso sequitur quodlibet* (aus dem Falschen folgt das Beliebige). Die
folgende gemäß einem extensionalen Gebrauch der Implikation wahre Aussage ist Beispiel
für das erstere.

Wenn Schnee kristallines Wasser ist, dann ist Schnee weiß.

Man gewinnt durch diese Formulierung den Eindruck, als sei die Farbe des Schnees die
logische Folge einer Zustandsform des Wassers, zumindest aber, daß die kristalline Form
des Wassers die *physikalische* Ursache für die Farbe des Schnees darstelle. Das dürfte jedoch kaum als erwiesen gelten.

Einwände gegen die materiale Implikation betreffen den Verzicht, durch sie ein kausales
oder ein sachlich relevantes Verhältnis zwischen Voraussetzung und Behauptung auszudrücken. Damit aber berührt die Kritik in Wahrheit ein teils linguistisches, teils psycholo-
gisches Problem.

Zu gewissen paradox anmutenden Folgerungen gelangt man auch nach dem Rezept des
ex falso sequitur quodlibet:

Wenn auf der Erde keine Mikroben leben, dann kann die Sonne kein Licht aussenden.

Diese Aussage ist wahr, weil ihre Prämisse falsch ist. Angesichts dieser Situation haben
sich einige Logiker mit Erfolg bemüht, neben der materiellen Implikation abweichende
Gebrauchsarten der Implikation nicht nur formal, sondern auch inhaltlich zu präzisieren.
Die ersten Systeme in diesem Sinne waren die der *strikten Implikation* nach LEWIS [20]
und der *strengen* oder *relevanten Implikation* nach ACKERMANN [56] (siehe Kap. IV/§ 1).

Im Sinne der strikten (notwendigen) Implikation wäre z.B. die Aussage *Wenn Schnee
kristallines Wasser ist, dann ist Schnee weiß* zu akzeptieren, wenn das Gesagte *unter allen
Umständen, in allen möglichen Welten* zutrifft, unabhängig davon, ob ein physikalisch
begründbarer Zusammenhang besteht. Dieses Zutreffen unter allen Umständen wäre z.B.
dann gegeben, wenn Schnee als weißfarbenes Pulver definiert ist, denn dann ist Schnee
a priori weiß. Mit dieser Reduktion auf modale Kategorien lassen sich einige, aber nicht
alle der erwähnten Paradoxien ausschalten.

Die Systeme der strengen oder relevanten Implikation beziehen sich auf den recht vagen
Begriff von *Relevanz* zwischen dem Antezedent *A* und dem Sukzedent *B* einer Implikation.
Im Sinne der relevanten Implikation wäre die genannte Aussage nur dann zu akzeptieren,
wenn Schnee nicht nur weiß ist, sondern der physikalische Zustand kristallinen Wassers
für dessen Farbeindruck in einem gewissen, näher zu präzisierenden Sinne mitverantwort-
lich ist.

Übungen

1. Man begründe, daß — unabhängig vom sachlichen Inhalt der Aussagen A, B — folgende Aussage im Sinne der materialen Implikation wahr ist: *Es ist A, oder wenn A, so B.*
2. Man begründe, daß wenigstens eine der Aussagen *Wenn A, so B* und *Wenn B, so A* wahr ist. Damit ist auch die Aussage *Wenn A, so B oder wenn B, so A* stets wahr.

Übersichtliche Zusammenstellung der Aussageverknüpfungen und ihrer Wahrheitswertefunktionen

Die vorstehenden Ausführungen machen eine schon von G. FREGE in allgemeiner Weise vorgenommene Unterscheidung zwischen *Bedeutungsgleichheit* (in unserer Terminologie *logische Äquivalenz*) und *Sinngleichheit* oder *Intensionsgleichheit* von Aussagen plausibel. Die klassische Logik abstrahiert von den intensionalen Aspekten der Sprache. Dies geschieht sehr bewußt aus zweierlei Gründen:

(a) Eine extensionale Logik ist nicht nur theoretisch interessant, sondern auf ihr ruht z.B. das riesige Gebäude der mathematischen Wissenschaft und ihrer Anwendungen in Wissenschaft und Technik.

(b) Die extensionale Logik liefert trotz ihrer relativen Einfachheit das wissenschaftliche Rüstzeug, um die sehr komplexen Probleme einer intensionalen Logik überhaupt in Angriff nehmen zu können. Dies kann natürlich nur schrittweise erfolgen[1].

Wir geben nun eine tabellarische Übersicht über die wichtigen aussagenlogischen Verknüpfungen in unterschiedlichen, aber extensional äquivalenten Formulierungen an. Rechts daneben stehen ihre Bezeichnungen und Symbole. In der dritten Spalte stehen die ihnen entsprechenden Wahrheitswertefunktionen. In der letzten Spalte schließlich sind die Wertetafeln dieser Funktionen angegeben. Nicht aufgeführt in der Tabelle ist die Negation als einer einstelligen Operation. Ihr entspricht die einstellige non-Funktion, die mit \ bezeichnet sei: Es ist \ 1 = 0, \ 0 = 1.

Die in der Tabelle nicht erscheinenden 9 übrigen zweistelligen Wahrheitsfunktionen sind durch die genannten ausdrückbar in einem Sinne, der im nächsten Abschnitt erläutert wird. Der Leser sollte seine Aufmerksamkeit aber nicht mit einer nutzlosen Systematik dieser Funktionen verschwenden. Wir verweisen aber an dieser Stelle schon auf ein anscheinend ungelöstes Problem über Boolesche Funktionen: Ist die Konsequenzrelation über jeder zweiwertigen Matrix mit endlich vielen Axiomen und endlich vielen sequentiellen Regeln axiomatisierbar? (Kap. III, S. 116).

---

[1] vgl. GALLIN [75]

Aussageverknüpfungen in logisch äquivalenten Formulierungen	Name und traditionelle Verknüpfungssymbole	Name und Symbole der entsprechenden Wahrheitswertefunktion	Wertematrix der Wahrheitswertefunktion
A und B; Sowohl A als auch B	Konjunktion $\wedge$; &	et-Funktion $\cap$	1 0 0 0
A oder B A, oder aber B	Disjunktion $\vee$	vel-Funktion $\cup$	1 1 1 0
Wenn A, so B; Aus A folgt B; A impliziert B; B, sofern A; A nur dann, wenn B; A höchstens dann, wenn B[1])	Implikation $\rightarrow$; $\supset$; $\Rightarrow$	seq-Funktion $\rightarrow$	1 0 1 1
A genau dann, wenn B A dann und nur dann, wenn B; A wenn, und nur wenn B	Äquivalenz $\leftrightarrow$; $\equiv$; $\Leftrightarrow$	aeq-Funktion	1 0 0 1
Entweder A oder B; A oder B, jedoch nicht zugleich A und B	Antivalenz	aut-Funktion	0 1 1 0
Weder A noch B Sowohl A nicht als auch B nicht	Nihilition	ni-Funktion (*Peirce*-Funktion)	0 0 0 1
Nicht zugleich A und B Nicht A oder nicht B	Exklusion	sh-Funktion (*Sheffer*-Funktion)	0 1 1 1

---

[1]) Der Leser beachte die andersartige semantische Funktion des Wörtchens *wenn* in den beiden letzten Formulierungen.

Für die Antivalenz, Nihilition und die Exklusion sind keine besonderen Symbole allgemeinbräuchlich, ebensowenig für ihre entsprechenden Wahrheitsfunktionen. Im folgenden Abschnitt wird dargelegt, daß man diese durch die übrigen Funktionen der Tabelle ausdrücken kann.

Von den in der Tabelle angegebenen Wahrheitsfunktionen sind bis auf die seq-Funktion alle Funktionen symmetrisch in ihren Argumenten; z.B. ist offenbar $x \cup y = y \cup x$, während aber $1 \to 0 = 0$ und $0 \to 1 = 1$ ist. Wir erwähnen, daß $x \cap y = \min\{x, y\}$, $x \cup y = \max\{x, y\}$ und $x \to y = \min\{1, 1 - x + y\}$.

Bemerkung. Die Menge $\{0, 1\}$ der Wahrheitswerte zusammen mit den Funktionen $\setminus, \cap, \cup$ ist das einfachste Beispiel einer sogenannten *Booleschen Algebra*. Diese auch mit **2** bezeichnete Algebra heißt auch die *klassische* (zweiwertige) *logische Matrix*. Die Symbole $\setminus, \cap, \cup$ entsprechen den mengentheoretischen Symbolen $\setminus, \cap, \cup$ und dienen zugleich auch als Operationszeichen in Verbänden und Booleschen Algebren. Die Gründe hierfür werden noch klar werden. In Kap. III bezeichnen wir die Interpretation der Aussagenverknüpfungen $\wedge$ in der logischen Matrix M durch $\wedge_M$. Im Sinne dieser Vereinbarung kann man, falls erforderlich, die et-Funktion als zweiwertige Interpretation der Aussagenverknüpfung $\wedge$ auch durch $\wedge_2$ bezeichnen. ●

Übungen

1. Man erstelle die Wahrheitstabellen für die Verknüpfungen *A dann, wenn B* und *A nur dann, wenn B* nach sprachlichem Empfinden und erkläre auf diese Weise die Entstehung der Verknüpfung *A dann und nur dann, wenn B*.

2. Man zeige, es gibt 2^{2^n} n-stellige Boolesche Funktionen.

   Hinweis. Es gibt m^k Abbildungen einer k-elementigen Menge in eine m-elementige Menge.

Reduzierbarkeit von Verknüpfungen

Zwischen den bisher betrachteten Wahrheitsfunktionen gibt es mannigfache Beziehungen in Form von Gleichungen. So ist z.B. für alle $x, y \in \{0, 1\}$

$$\mathrm{ni}(x, y) = \setminus x \cap \setminus y \, .$$

Diese Gleichung besagt nichts anderes, als daß die Aussagen *Weder A noch B* und *A nicht und B nicht* logisch äquivalent oder bedeutungsgleich sind. Mit anderen Worten, diese Aussagen haben — unabhängig von den Wahrheitswerten der Aussagen *A, B* — stets denselben Wahrheitswert. Man kann auch sagen, daß die Verknüpfungen *Weder A noch B* im Prinzip entbehrlich ist, weil sie auf die Negation und Konjunktion reduzierbar ist. Ähnliches gilt auch bezüglich der unmittelbar nachprüfbaren Gleichung

$$x \to y = \setminus x \cup y \, .$$

Sie beinhaltet die logische Äquivalenz der Aussagen *Wenn A, so B* und *Nicht A oder B.*
Die Aussagen *Wenn es regnet, ist die Straße naß* und *Es regnet nicht, oder die Straße
ist naß* sind demnach logisch äquivalent. Der Grund, warum wir nicht ohne weiteres ge-
neigt sind, beide Formulierungen als äquivalent zu empfinden, liegt auf der Hand. Die
zweite Formulierung entkleidet die erste von der Intension einer kausalen Beziehung.

Durch Schachtelung (auch Komposition genannt) der non-, et-, vel- und seq-Funktion
kann man auch mehrstellige Boolesche Funktionen darstellen. Man kann sich nun die
Frage stellen, ob vielleicht nicht schon jede der unendlich vielen Booleschen Funktionen
als Komposition einiger der angegebenen ein- und zweistelligen Funktionen darstellbar ist.
Dies ist in der Tat möglich. Ein System (= Menge) von Wahrheitsfunktionen, die eine Darstellung einer beliebigen der unendlich vielen Booleschen Funktionen ermöglichen, heißt
funktional vollständig. Wir werden in § 4 beweisen, daß es endliche funktional vollständige
Systeme gibt. Beispiel ist das System der beiden Funktionen non, et. Es gibt, wie hieraus
mit Übung 2 leicht folgt, dann sogar funktional vollständige Systeme aus einer einzigen
Funktion, nämlich die Systeme { ni} und { sh}.

Übungen

1. Man überzeuge sich von der Richtigkeit folgender Gleichungen, wobei x, y Variable
   für Wahrheitswerte sind.

   $x \cap y = \setminus (\setminus x \cup \setminus y)$; Reduktion der Konjunktion auf Negation und Disjunktion.

   $aut(x, y) = \setminus aeq(x, y) = (x \cup y) \cap \setminus (x \cap y)$; Reduktion der Antivalenz auf Negation
   und Äquivalenz bzw. auf Konjunktion, Negation und Disjunktion.

   $sh(x, y) = \setminus (x \cap y) = \setminus x \cup \setminus y$; Reduktion der Exklusion auf Negation und Konjunktion bzw. auf Negation und Disjunktion.

   $\setminus x = ni(x, x)$; $x \cup y = ni(ni(x, y), ni(x, y))$. Reduktion von Negation und Disjunktion
   auf die Nihilition.

   $\setminus x = sh(x, x)$; $x \cap y = sh(sh(x, y), sh(x, y))$. Reduktion von Negation und Konjunktion auf die Exklusion.

2. Man überlege sich aufgrund der Gleichungen in Aufgabe 1, daß sämtliche in der Tabelle
   angegebenen Verknüpfungen auf die Nihilition reduzierbar sind. Ebenso zeige man, daß
   alle angegebenen Verknüpfungen auf die Exklusion reduzierbar sind.

   Hinweis. Da Negation und Disjunktion nach Übung 1 auf Nihilition reduzierbar sind,
   genügt es, sämtliche Verknüpfungen auf Negation und Disjunktion zu reduzieren.

§ 2 Aussagenlogische Formeln, Erfüllbarkeit, Allgemeingültigkeit

Wir hatten schon darauf aufmerksam gemacht, daß z.B. die Aussagen *Weder A noch B*
und *A nicht und B nicht* logisch äquivalent in dem Sinne sind, daß ihnen dieselben Wahr-
heitswertetabellen entsprechen. Um die logische Äquivalenz in systematischer Weise zu
untersuchen, ist die Schaffung eines geeigneten Formalismus erforderlich. Die Situation
ist vergleichbar mit derjenigen in der Arithmetik, wo man mittels Formeln arithmetische
Gesetzmäßigkeiten in allgemeiner Weise zum Ausdruck bringen kann.

Die formalen Objekte, die wir gleich definieren werden, sind gewisse Zeichenreihen und
heißen *aussagenlogische Formeln,* auch *Ausdrücke* oder *Aussageformen* genannt.

Alles, was sich auf strukturelle Eigenschaften der Formeln bezieht, nicht aber auf deren
Interpretation Bezug nimmt, zählt zur sogenannten *Syntax.* Zum Beispiel sind die Begriffe *Teilformel* oder *Ableiten mit gewissen Schlußregeln* syntaktischer Natur. Fragen,
die die Interpretation dieser Formeln betreffen, z.B. *Erfüllbarkeit, logische Äquivalenz,
Modelle* usw., gehören zur *Semantik.* Die Formalisierung ermöglicht es, syntaktische und
semantische Begriffe gegenüberzustellen und ihre gegenseitigen Beziehungen zu untersuchen.

Als erstes haben wir den Begriff der *aussagenlogischen Formel* zu definieren. Im Anschluß
daran formulieren wir das Beweisprinzip der Induktion über den Formelaufbau, die wichtigste Beweismethode in der Logik. Dann folgt die Erklärung der elementaren semantischen
Grundbegriffe.

Der Aufbau aussagenlogischer Formeln

Aussagenlogische Formeln sind nichts weiter als Zeichenreihen, die in bestimmter Weise
aus vorgegebenen Grundsymbolen aufgebaut sind. Der Aufbau entspricht der Bildung von
Termen aus Variablen und den Symbolen für die Wahrheitsfunktionen. So ist $\setminus (\setminus x \cup \setminus y)$
Beispiel eines Termes, wie wir sie im letzten Abschnitt verwendet haben. Als *Grundsym-
bole* wählen wir nunmehr folgende:

1. Die Symbole $p_1, p_2, p_3, \ldots$; sie heißen die *Aussagenvariablen* oder einfach nur die
   Variablen. V bezeichnet im folgenden stets die Menge dieser Variablen und p, q, r bezeichnen irgendwelche Elemente aus V.[1]

2. Die *logischen Symbole* $\neg$ (für *nicht*), $\wedge$ (für *und*), $\vee$ (für *oder*), $\rightarrow$ (für wenn … so).
   Diese hießen die *Funktoren.*

3. Die beiden Klammersymbole als technische *Hilfszeichen.*

   Aus diesen Grundsymbolen denke man sich alle endlichen (nichtleeren) Folgen gebildet,
   die wir uns einfach als Folgen nebeneinandergereihter Symbole denken. Daher bezeich-
   net man diese Folgen auch als *Zeichenreihen.* So ist z.B. $\wedge) \neg p_2 \neg p_5 p_2 \rightarrow \wedge$ eine
   Zeichenreihe (der Länge 9).

---

[1] Meistens wird verabredet, die Indizierung der Variablen mit 0 zu beginnen, und später werden auch
wir so verfahren. Unsere gegenwärtige Verabredung hat rein technische Gründe, die mit der Repräsentation Boolescher Funktionen zu tun hat. Mit Ausnahme der Darlegungen über die Anwendungen
des uneingeschränkten Endlichkeitssatzes in § 4 wird stets davon ausgegangen, daß V abzählbar ist.

Aus der Menge der Zeichenreihen werden die Formeln wie folgt schrittweise ausgesondert.

Definition

(a) Die Variablen, also die Elemente von V sind Formeln, und zwar sogenannte *Primformeln* (auch *atomare Formeln* genannt).

(b) Ist die Zeichenreihe P eine Formel, so ist auch $\neg P$ eine Formel, die *Negation* der Formel P. Die atomaren und die Negationen der atomaren Formeln bilden zusammen die *Primärformeln.*

(c) Sind P, Q Formeln, so sind auch die Zeichenreihen $(P \wedge Q)$, $(P \vee Q)$, sowie $(P \to Q)$ Formeln, die *Konjunktion,* die *Disjunktion* bzw. die *Implikation* aus P, Q.

(d) Eine Zeichenreihe ist nur dann eine Formel, wenn sie sich aufgrund der Bildungsgesetze (a)–(c) als eine Formel erweist.

$\mathcal{L}$ bezeichnet die Menge aller Formeln. P, Q, R bezeichnen beliebige Formeln.

Die Zeichenreihen $(p_2 \to (p_1 \vee p_3))$ und $((\neg p \to q) \vee r)$ sind Beispiele für Formeln. $p \wedge q \to r$ ist der Definition nach keine Formel, weil „Klammern fehlen". Später verwenden wir diese Zeichenreihe als Abkürzung für $((p \wedge q) \to r)$.

Bemerkung. Das Symbol $\leftrightarrow$ erscheint nicht in der Liste der Grundsymbole. Dies hat nur den Grund, die Anzahl von Fallunterscheidungen bei Induktionsbeweisen klein zu halten. Ebenso hätten wir allerdings auch $\to$ oder $\vee$ oder beide weglassen können. In gewissem Sinne ist die von uns getroffene Auswahl von Funktoren also willkürlich. •

Die Symbole $\neg, \wedge, \vee, \to$ bilden die *Funktorbasis* unseres Formalismus. Gelegentlich ist es nützlich, gewisse logische Symbole beim Formelaufbau entweder hinzuzufügen oder wegzulassen, oder wie man auch sagt, die Funktorbasis des Formalismus zu ändern. Sehr häufig betrachten wir z.B. Formeln einer Funktorbasis, die außer den genannten Funktoren noch zwei zusätzliche Symbole, nämlich *1* und *0* enthält. Diese werden beim Formelaufbau als atomare Formeln angesehen; sie bezeichnen die beiden Wahrheitswerte **1, 0**. Das Symbol *0* heißt daher auch das *Falsum-Symbol.*

Beispiel 1. $(p \to 1) \vee 0$ ist eine Formel eines aussagenlogischen Formalismus zu dessen Funktorbasis zusätzlich die beiden Symbole *1* und *0* gehören. •

Die im folgenden untersuchten syntaktischen und semantischen Eigenschaften von Formeln oder Formelmengen sind nur in einem ganz unwesentlichen Maße abhängig von der Funktorbasis. Um jedoch konkret zu bleiben, denken wir uns die Formeln in der von uns gewählten Basis, solange nichts anderes gesagt wird.

Der Begriff *Subformel* (auch *Teilformel* genannt) einer Formel ist anschaulich evident und läßt sich induktiv leicht präzisieren. Insbesondere soll P Subformel von sich selbst sein. Die Formeln $p, q, \neg p, (p \wedge \neg q)$ sind sämtliche *echten* Subformeln von $(p \wedge \neg q) \to p)$.

Eine Übersicht über die Subformeln einer Formel P beschafft man sich am schnellsten durch ihren *Konstruktionsbaum.* P selbst ist dessen Wurzel, dann folgen die größten (oder die größte) Subformel von P usw.

Beispiel 2

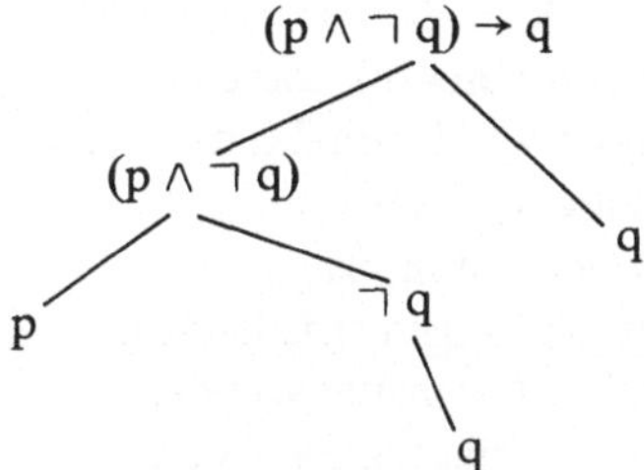

Es ist anschaulich evident, daß eine Formel P ihren Konstruktionsbaum eindeutig bestimmt. Insbesondere kann eine Formel P nicht zugleich in der Form $P = P' \wedge P''$ und $P = Q' \wedge Q''$ mit $P' \neq Q'$ oder $P'' \neq Q''$, oder gar in der Form $R \vee R'$ geschrieben werden. Dies läßt sich streng beweisen (Satz von eindeutigen Rekonstruktionen einer Formel), doch wollen wir uns damit nicht aufhalten.

Die Länge des Konstruktionsbaumes einer Formel P bezeichnet man gelegentlich auch als die *Stufe von P*. Sie ist ein Maß für die *Komplexität* (Kompliziertheit) von P.

Für das expliziete Aufschreiben von Formeln sind einige abkürzungstechnische Vereinbarungen von Vorteil; sie dienen in erster Linie der Klammerersparnis beim Aufschreiben von Formeln. Es bezeichnen P, P', Q, Q' im folgenden stets irgendwelche Formeln.

Abkürzungstechnische Vereinbarungen

(1) Wir verabreden, daß das äußerste Klammerpaar in einer Formel nicht geschrieben zu werden braucht, also ist z.B. $p \vee (q \wedge r)$ Abkürzung für die Formel $(p \vee (q \wedge r))$.

(2) Wir schreiben $P_0 \wedge \ldots \wedge P_n$ oder $\bigwedge_{i \leqslant n} P_i$ für $(P_0 \wedge (P_1 \wedge \ldots P_{n-1} \wedge P_n) \ldots)$.

Zum Beispiel steht $\bigwedge_{i \leqslant 2} P_i$ für $(P_0 \wedge (P_1 \wedge P_2))$. Analoges gilt für den Funktor $\vee$.

$P_i \underset{i < n}{\longrightarrow} Q$ bedeutet $P_0 \to (P_1 \to \ldots (P_{n-1} \to Q) \ldots)$ für $n \geqslant 1$, und Q für $n = 0$.

(3) In der Reihenfolge $\neg, \wedge, \vee, \to, \leftrightarrow$ trennt jeder Funktor stärker als die vorhergehenden. Z.B. ist $p \vee q \to r$ die Formel $((p \vee q) \to r)$.

(4) $p \wedge q \overset{.}{\vee} r$ bzw. $(P \overset{.}{\wedge} P \to Q) \to Q$ steht für $(p \wedge q) \vee r$ bzw. $(P \wedge (P \to Q)) \to Q$, d.h. ein punktierter Funktor trennt stärker als ein nichtpunktierter innerhalb der betreffenden Subformel. Man kann auch sagen, er spart ein Klammerpaar, rechts oder links von ihm beginnend.

Bemerkung. Man kann die aussagenlogischen Formeln auch gänzlich ohne Verwendung von Klammern definieren, und zwar wie folgt: Die Klausel (c) der Formeldefinition wird folgendermaßen modifiziert:

(c') Sind P, Q Formeln, so sind $\wedge PQ$, $\vee PQ$ sowie $\to PQ$ Formeln.

Die Formel $(\neg p \wedge q) \vee r$ schreibt sich dann $\vee \wedge \neg pqr$.

In dieser klammerfreien Notation verwendet man für $\neg, \wedge, \vee, \rightarrow$ auch die Symbole *N, K, A* bzw. *C* und spricht auch von der *Polnischen Notation*. Auch in der klammerfreien Notation, die ihre Vor- und Nachteile hat, gilt der Satz von der eindeutigen Rekonstruktion einer Formel. Wesentlich ist die klammerfreie Notation für die Definition von Formeln, die nicht nur aus ein- und zwei-, sondern auch aus mehrstelligen Funktoren aufgebaut sind.
Die Wahl der Notation entspricht meistens psychologischen Gewohnheiten. Sachlich kommt es nur auf die in $\mathcal{L}$ erklärten, den aussagenlogischen Verknüpfungen entsprechenden Operationen an. Man spricht daher auch von der *Formelalgebra* $\mathcal{L}$, genauer von der *freien Formelalgebra* (frei im Sinne von *frei von irgendwelchen Identifikationen gestaltlich verschiedener Formeln*). ●

Übungen

1. Eine Zeichenreihe R heißt ein *Anfangsstück* einer Zeichenreihe R', wenn RS = R' für eine gewisse Zeichenreihe S. Dabei bezeichnet RS das Ergebnis der *Verkettung* (d.h. des „Hintereinandersetzens") der beiden Zeichenreihen R und S. Die Zeichenreihe R' entsteht also aus R durch Hinzufügen weiterer Symbole von rechts. Zum Beispiel ist)p $\rightarrow$ Anfangsstück von)p $\rightarrow$ q($\wedge$ r). Man zeige, sind P und Q verschiedene Anfangsstücke einer Zeichenreihe R, so ist P Anfangsstück von Q oder Q Anfangsstück von P.

   Hinweis. Vollständige Induktion über die Länge $\ell(R)$ der Zeichenreihe R. Ist $\ell(R) = 1$, ist nichts zu beweisen. Sei $\ell(R) = n + 1$ also R = R'a. Man beachte, daß die Anfangsstücke von R außer R genau die Anfangsstücke von R' sind.

2. Man zeige, daß die Stufe st P einer Formel P identisch ist mit der Anzahl der logischen Symbole von P.

   Hinweis. Induktion über s = st P.

Das Beweisprinzip der Induktion über den Formelaufbau

Zunächst eine Vorbemerkung im Hinblick auf die Rechtfertigung dieses grundlegenden Prinzips, welches eng verwandt ist mit dem Prinzip der vollständigen Induktion für natürliche Zahlen. Die Klausel (d) in der Formeldefinition ist zwar hinreichend klar verständlich, wir wollen sie jedoch in einer etwas anderen Weise formulieren. Zu diesem Zweck betrachte man beliebige Mengen Z von Zeichenreihen mit folgenden Eigenschaften:

(a') alle Primformeln gehören zu Z (bei unserer Wahl der Funktorbasis bedeutet dies $V \subseteq Z$);

(b') Ist $P \in Z$, so ist $\neg P \in Z$;

(c') Ist $P, Q \in Z$, so ist auch $(P \wedge Q) \in Z$, $(P \vee Q) \in Z$ und $(P \rightarrow Q) \in Z$.

Mengen Z von Zeichenreihen mit diesen Eigenschaften nennen wir vorübergehend *zulässige* Mengen. Zum Beispiel ist die Menge *aller* Zeichenreihen zulässig. Es läßt sich ganz einfach nachprüfen, daß der Durchschnitt aller zulässigen Mengen wieder eine zulässige Menge ist. Eben dieser Durchschnitt, sozusagen die „kleinste" Menge mit den Eigenschaften (a')–(c') ist gerade die Formelmenge. Daher kann man die Klausel (d) in der Formeldefinition wie folgt schreiben:

(d') Die Formelmenge ist die kleinste zulässige Menge.

Wir formulieren nun das erwähnte Beweisprinzip, welches eng verwandt ist mit dem bekannten Prinzip der vollständigen Induktion für natürliche Zahlen. Die abkürzungstechnischen Vereinbarungen werden vorerst außer acht gelassen.

Beweisprinzip der Induktion über den Formelaufbau

Es sei E eine Eigenschaft von Formeln[1]), so daß (i) und (ii) gilt:

(i)   Alle atomaren Formeln haben die Eigenschaft E.

(ii) Haben die Formeln P, Q die Eigenschaft E, so haben auch $\neg$ P, sowie (P $\wedge$ Q), (P $\vee$ Q) und (P $\rightarrow$ Q) die Eigenschaft E.

Dann haben alle Formeln die Eigenschaft E.

Die Rechtfertigung dieses Prinzips ist sehr einfach: Es bezeichne Z_E die Menge aller Zeichenreihen, die die Eigenschaft E haben. Man sieht unmittelbar, daß Z_E eine zulässige Menge ist. Nun ist die Formelmenge die kleinste zulässige Menge, also in Z_E enthalten. E trifft also auf alle Formeln zu.

Natürlich muß man den ,,Induktionsschritt" (ii) entsprechend modifizieren, falls andere Funktoren am Formelaufbau beteiligt sind. Es liegt auf der Hand, in welcher Weise dies zu geschehen hat.

Man kann das Induktionsprinzip für Formeln auch leicht einsehen, wenn man den Konstruktionsbaum einer Formel P ansieht. (i) besagt, daß die Enden die Eigenschaft E haben, (ii) besagt, daß ein Knoten die Eigenschaft E hat, sofern dies für die unmittelbar darunter liegenden gilt. Dann hat offenbar die Wurzel P auch die Eigenschaft E. Von jetzt an wird dieses Prinzip permanent verwendet, so daß sich der Leser allmählich hinreichende Vertrautheit im Umgang damit erwirbt.

Übung (nicht für Anfänger)

Man beweise den Satz von der eindeutigen Rekonstruktion einer Formel und zeige zuerst folgenden Hilfssatz: Keine Formel ist echtes Anfangsstück einer anderen Formel.

Hinweis zum Hilfssatz. Man nenne eine Formel P vorübergehend *normal*, wenn sie weder (echtes) Anfangsstück einer Formel ist, noch eine Formel als echtes Anfangsstück enthält. Durch Induktion über den Formelaufbau zeige man, daß alle Formeln normal sind.

Der Wert einer Formel bei einer Belegung

Eigentlich wären die Aussagenvariablen, worauf ja ihre Bezeichnung hinweist, durch Aussagen zu interpretieren, um aus einer Formel eine bestimmte Aussage zu machen. Da es aber in dem uns interessierenden Fragenkreis nur auf die Wahrheitswerte der Aussagen in

---

[1]) oder allgemeiner von Zeichenreihen.

Abhängigkeit von den Wahrheitswerten ihrer Bestandteile ankommt, pflegt man von vornherein die Aussagenvariablen als Variable für Wahrheitswerte zu betrachten. Damit ist intuitiv klar, daß einer Formel bei einer vorgegebenen Zuordnung ihrer Variablen zu Wahrheitwerten ein gewisser Wahrheitswert entspricht. Man denkt sich dabei die logischen Funktoren durch die ihnen entsprechenden Wahrheitsfunktionen „ersetzt". Zum Beispiel erhält die Formel $p \wedge (p \to \neg q)$ den Wert 1, wenn man p und q die Werte 1 bzw. 0 erteilt.

Aus vielerlei Gründen, vor allem im Hinblick auf den später zu erörternden Folgerungsbegriff. empfiehlt sich die Vorstellung von Zuordnungen, die zugleich *allen* Variablen einen Wert erteilen und *Belegungen* genannt werden. Eine Belegung ist also nichts weiter als eine Abbildung $\beta\colon V \to \{0, 1\}$, und man stellt sie sich am einfachsten vor als unendliche Folge $(x_1, x_2, \dots)$ von Wahrheitswerten mit $\beta(p_i) = x_i$. **Mod** bezeichnet in diesem Kapitel die Menge aller Belegungen $\beta\colon V \to \{0, 1\}$.

Durch β wird eine erweiterte Abbildung val_β definiert, deren Definitionsbereich die Menge aller Formeln ist und die wir die von β *induzierte Bewertung* nennen. $\mathrm{val}_\beta P$ heißt der *Wert der Formel P bei Belegung β* und berechnet sich wie folgt:

(a) $\mathrm{val}_\beta p = \beta(p)$;

(b) $\mathrm{val}_\beta \neg P = \overline{\mathrm{val}_\beta P}$,

    $\mathrm{val}_\beta (P \wedge Q) = \mathrm{val}_\beta P \cap \mathrm{val}_\beta Q$,

    $\mathrm{val}_\beta (P \vee Q) = \mathrm{val}_\beta P \cup \mathrm{val}_\beta Q$,

    $\mathrm{val}_\beta (P \to Q) = \mathrm{val}_\beta P \twoheadrightarrow \mathrm{val}_\beta Q$.

Beispiel. $\mathrm{val}_\beta (\neg p \vee q \to p) = 0$, falls β der Variablen p den Wert 0 erteilt.
Denn $\mathrm{val}_\beta (\neg p \vee q) = \mathrm{val}_\beta \neg p \cup \mathrm{val}_\beta q = 1 \cup \mathrm{val}_\beta q = 1$ (man beachte, daß $1 \cup x = 1$ unabhängig vom Wahrheitswert x).
Ferner ist $\mathrm{val}_\beta (\neg p \vee q \to p) = \mathrm{val}_\beta (\neg p \vee q) \twoheadrightarrow \mathrm{val}_\beta p = 1 \twoheadrightarrow 0 = 0$.
Falls auch *0, 1* zu den Primformeln gehören, ist $\mathrm{val}_\beta P$ auch für die Formeln des erweiterten Formalismus definiert. Man setzt selbstverständlich $\mathrm{val}_\beta 0 = 0$, $\mathrm{val}_\beta 1 = 1$. •

Die Definition der Wert-Funktion val_β ist Beispiel einer sogenannten *induktiven Definition* über den Formelaufbau. Es ist klar, daß z.B. $\mathrm{val}_\beta (P \wedge Q)$ in eindeutiger Weise aus $\mathrm{val}_\beta P$ und $\mathrm{val}_\beta Q$ berechnet werden kann; dies wäre kaum möglich, wenn man $(P \wedge Q)$ etwa gleichzeitig in der Form $(P' \vee Q')$ schreiben könnte. Die Rechtfertigung induktiver Definition beruht wesentlich auf dem erwähnten Satz von der eindeutigen Rekonstruktion.

Belegungen $\beta\colon V \to \{0, 1\}$ und Bewertungen $\alpha\colon \mathcal{L} \to \{0, 1\}$ entsprechen sich in natürlicher Weise umkehrbar eindeutig. Es führt nicht zu Mißverständnissen, wenn zwischen Belegungen und Bewertungen nicht streng unterschieden wird. Manche Autoren sagen statt Belegung bzw. Bewertung auch einfach *Modell.* Wir verwenden diese Bezeichnung vornehmlich im Sinne von Modell *für* eine Formelmenge oder Formel (S. 24).

Anschaulich ist klar, daß $\mathrm{val}_\beta P$ nur abhängt von den Werten der Belegung β für die in P effektiv vorkommenden Variablen (Übung 2). Um daher den Wert einer Formel P für eine Belegung β errechnen zu können, benötigt man nur die Werte von β für die in P tatsächlich vorkommenden Variablen.

Es bezeichne $V(P)$ die Menge der in P vorkommenden Variablen und es sei $V_n := \{p_1, ..., p_n\}$. Ist $V(P) \subseteq V_n$ und $(x_1, ..., x_n)$ ein n-tupel von Wahrheitswerten, so schreiben wir auch $\mathrm{val}_{x_1 ... x_n} P$ anstelle von $\mathrm{val}_\beta P$; dabei ist β eine beliebige Belegung, die den Variablen $p_1, ..., p_n$ die Werte $x_1, ..., x_n$ erteilt. Offensichtlich legt die Formel P auf diese Weise eine gewisse n-stellige Boolesche Funktion fest, und zwar diejenige Funktion f, so daß $f(x_1, ..., x_n) = \mathrm{val}_{x_1 ... x_n} P$. Diese auch mit $\lambda_n[P]$ bezeichnete Funktion heißt die *von der Formel P repräsentierte n-stellige Boolesche Funktion.*

Beispiele. $\lambda_1[\neg p_1]$ ist die non-Funktion. $\lambda_1[\neg p_2]$ ist nicht erklärt. Für $P = p_1 \vee p_2 \wedge \neg (p_1 \wedge p_2)$ ist $\lambda_2[P]$ die aut-Funktion. $\lambda_3[P]$ hingegen ist dreistellig und erfüllt die Gleichung $\lambda_3[P](x_1, x_2, x_3) = \lambda_2[P](x_1, x_2) = \mathrm{aut}(x_1, x_2)$. Die aut-Funktion wird natürlich auch von der Formel $\neg (p_1 \leftrightarrow p_2)$ repräsentiert. ●

Bei den vorstehenden Erklärungen ist die Numerierung und Reihenfolge der Variablen sehr wichtig. $\lambda_n[P]$ ist nur erklärt, wenn $V(P) \subseteq V_n$.

Übungen

1. Eine Bewertung $\alpha \colon \mathcal{L} \to \{0, 1\}$ ist eine Abbildung mit den Eigenschaften $\alpha(P \wedge Q) = \alpha P \cap \alpha Q$, $\alpha(P \vee Q) = \alpha P \cup \alpha Q$, $\alpha \neg P = \setminus \alpha P$. Man zeige, sind α, α' Bewertungen und ist $\alpha(p) = \alpha'(p) = \beta(p)$ ($\beta \colon V \to \{0, 1\}$ eine Belegung), so ist $\alpha = \alpha'$ (eine Belegung bestimmt eine Bewertung eindeutig).

   Hinweis. Induktion über den Formelaufbau.

2. Man zeige durch Induktion über den Formelaufbau, daß $\mathrm{val}_\beta P$ nur abhängt von den in P vorkommenden Variablen, genauer sind β, β' Belegungen und ist $\beta(p) = \beta'(p)$ für alle in P vorkommenden Variablen p, so ist $\mathrm{val}_\beta P = \mathrm{val}_{\beta'} P$.

   Hinweis. Die Induktionsvoraussetzung ist wie folgt zu formulieren: Sind β, β' Belegungen und ist $\beta(p) = \beta'(p)$ für alle $p \in V_n$ und alle $n \geqslant 1$ mit $V P \subseteq V_n$, so ist $\mathrm{val}_\beta P = \mathrm{val}_{\beta'} P$.

3. Es seien P, Q Formeln aus Variablen in V_n. P' entstehe aus P dadurch, daß die in P (eventuell) vorkommende Variable p_1 an allen Stellen ihres Vorkommens durch Q ersetzt wird. Sei $f = \lambda_n[P]$, $g = \lambda_n[Q]$. Man zeige, P' repräsentiert die n-stellige Funktion h mit $h(x_1, ..., x_n) = f(g(x_1, ..., x_n), x_2, ..., x_n)$.

   Hinweis. Durch Induktion über P zeige man: $\mathrm{val}_{x_1 ... x_n} P' = \mathrm{val}_{y\, x_2 ... x_n} P$ mit $y = g(x_1, ..., x_n)$.

Erfüllbarkeit

Als nächstes führen wir eine wichtige Redeweise ein.

> **Definition.** β *erfüllt* oder *verifiziert* P, symbolisch $\models_\beta P$, wenn $\mathrm{val}_\beta P = 1$. In diesem Falle heißt β auch ein *Modell für die Formel P*. Mod P bezeichnet die Menge aller Modelle für P. Falls $\mathrm{val}_\beta P = 0$, sagt man, β *falsiziert* die Formel P.

Man kann die Eigenschaft $\models_\beta P$ auch wie folgt charakterisieren

$$\models_\beta p \qquad \text{gdw} \quad \beta(p) = 1$$

$$\models_\beta \neg p \qquad \text{gdw} \quad \not\models_\beta p$$

$$\models_\beta P \wedge Q \quad \text{gdw} \quad \models_\beta P \text{ und } \models_\beta Q$$

$$\models_\beta P \vee Q \quad \text{gdw} \quad \models_\beta P \text{ oder } \models_\beta Q$$

$$\models_\beta P \to Q \quad \text{gdw} \quad \models_\beta P \Rightarrow \models_\beta Q \,.$$

> **Definition.** Eine Formelmenge $X \subseteq \mathcal{L}$ heißt *erfüllbar*, wenn es eine Belegung β gibt mit $\models_\beta P$ für alle $P \in X$, mit anderen Worten, wenn β die Formeln aus X simultan erfüllt. β heißt dann ein *Modell für X*. Mod X bezeichnet die Menge aller Modelle für X. Eine Formelmenge Y heiße eine *Modellmenge*, wenn $Y = \{P \in \mathcal{L} \mid \models_\beta P\}$ für eine gewisse Belegung β.

Beispiel. Es sei $\beta(p) = 1$ für alle $p \in V$. β ist Modell für die Menge aller Formeln, die nur mit $\wedge$ und $\vee$ aufgebaut sind. Derartige Formeln heißen *positive Formeln*. ●

Anhand eines Beispiels im nächsten Abschnitt werden wir auf die praktische Bedeutung der Erfüllbarkeit hinweisen. Erfüllbarkeit von Formelmengen wird sich später auch als grundlegend für viele theoretische Fragestellungen erweisen. Die Modellmengen spielen in Kap. II eine wichtige Rolle. Der folgende Satz gibt eine sehr einfache Charakterisierung. Zuvor vereinbaren wir folgende

> **Definition.** Sei φ einer der Funktoren $\wedge, \vee, \neg, \to$. Eine Formelmenge Y heißt *φ-komplett*, wenn sie die Eigenschaft $[k\varphi]$ hat:
>
> $[k \wedge]$: $\quad P \wedge Q \in Y \quad$ gdw $\quad P \in Y \text{ und } Q \in Y$
>
> $[k \vee]$: $\quad P \vee Q \in Y \quad$ gdw $\quad P \in Y \text{ oder } Q \in Y$
>
> $[k \neg]$: $\quad \neg P \in Y \quad$ gdw $\quad P \notin Y$
>
> $[k \to]$: $\quad P \to Q \in Y \quad$ gdw $\quad P \in Y \Rightarrow Q \in Y$
>
> Y heißt *komplett*, wenn Y φ-komplett für jeden in Y vorkommenden Funktor ist.

Satz. Y ist genau dann Modellmenge, wenn Y komplett ist.

Beweis. Sei Y Modellmenge, also $Y = \{P \mid \models_\beta P\}$ für eine Belegung β. Nach einer Bemerkung zu Beginn ist $\models_\beta P \wedge Q$ gdw $\models_\beta P$ und $\models_\beta Q$, und dies ist gerade Eigenschaft $[k \wedge]$. Völlig analog beweist man auch $[k \vee]$–$[k \to]$.

Die Umkehrung ist auch nicht schwierig. Sei Y komplett. Man definiere eine Belegung β wie folgt: $\beta(p) = 1$ gdw $p \in Y$, also $\beta(p) = 0$ für $p \notin Y$. Induktiv über den Formelaufbau zeigen wir nun

(0) $\models_\beta P$ gdw $P \in Y$

(0) ist klar für Primformeln gemäß Definition von β. Ferner ist

$$\models_\beta P \wedge Q \quad \text{gdw} \quad \models_\beta P \text{ und } \models_\beta Q$$
$$\text{gdw} \quad P \in Y \text{ und } Q \in Y \quad (\text{Induktionsvoraussetzung})$$
$$\text{gdw} \quad P \wedge Q \in Y \quad (Y \text{ ist } \wedge\text{-komplett}).$$

$$\models_\beta \neg P \quad \text{gdw} \quad \not\models_\beta P$$
$$\text{gdw} \quad P \notin Y \quad (\text{Induktionsvoraussetzung})$$
$$\text{gdw} \quad \neg P \in Y \quad (Y \text{ ist } \neg\text{-komplett}).$$

Ganz analog verläuft der Induktionsschritt für alle übrigen Funktoren. Natürlich umfaßt der Beweis auch den Fall, daß nicht alle Funktoren in Y vorkommen. •

Übungen

1. Man zeige

   Mod $\neg P = \setminus$ Mod P (Komplement in Mod);
   Mod $(P \wedge Q) =$ Mod P $\cap$ Mod Q;
   Mod $(P \vee Q) =$ Mod P $\cup$ Mod Q.

2. Sei U eine Formelmenge und $\alpha, \beta \in$ **Mod**. Wir schreiben $\alpha \leqslant_U \beta$, wenn $\mathrm{val}_\alpha P \leqslant \mathrm{val}_\beta P$ für alle $P \in U$. Man zeige die Äquivalenz von (a)–(b). Pos bezeichne die Menge aller positiven Formeln.

   (a): $\alpha \leqslant_V \beta$;   (b) $\alpha \leqslant_{\mathrm{Pos}} \beta$.

   Hinweis. (a) ist gleichwertig mit $\alpha(p) \leqslant \beta(p)$ für $p \in V$. Die Richtung (a) $\Rightarrow$ (b) beweist man durch Induktion über den Aufbau der Formeln aus Pos.

3. Wir betrachten 12 Variablen q_{ij} $(i = 1, 2, 3; j = 1, 2, 3, 4)$ und die Formelmenge X:

   $q_{i1} \vee q_{i2} \vee q_{i3} \vee q_{i4}$ $(i = 1, 2, 3)$;
   $q_{1j} \vee q_{2j} \vee q_{3j}$ $(j = 1, \ldots, 4)$;
   $q_{ij} \rightarrow \neg q_{ik} \wedge \neg q_{mj}$ $(i, m = 1, 2, 3; j, k = 1, 2, 3, 4; j \neq k, i \neq m)$.

   Man zeige, daß X nicht (simultan) erfüllbar ist.

   Hinweis. Man deute diese Aufgabe als Matrixproblem einer 3×4 Matrix aus 0-en und 1-en.

Ein logisch-kombinatorisches Problem

Wir wollen an einem Beispiel den prinzipiellen Nutzen der aussagenlogischen Formalisierungstechnik zur Lösung logisch-kombinatorischer Probleme darlegen. Die effektive Lösung des nachfolgenden Problems kann rein algorithmisch z.B. mit dem Tableau-Kalkül in Kap. II erfolgen. Hier geht es in erster Linie darum, seine prinzipielle Lösbarkeit in bejahendem oder verneinendem Sinne zu begründen.

Das Leitungsgremium einer gesellschaftlichen (oder ökonomischen) Organisation bestehe aus vier Funktionen, *Präsident, Vizepräsident, Sekretär* und *ökonomischer Direktor,* die unter sechs bereits vorgesehenen Kandidaten A, B, C, D, E, F aufzuteilen sind. Durch persönliche Wünsche der Kandidaten ergeben sich eine Anzahl von Randbedingungen, die möglicherweise nicht miteinander zu vereinbaren sind, so daß das Zustandekommen der Leitung in Frage gestellt ist.

(a)　A will nicht ohne B in die Leitung, auf keinen Fall aber Vizepräsident sein.
(b)　B will weder Vizepräsident noch Sekretär sein.
(c)　C will nicht mit B zusammenarbeiten, falls nicht auch F Mitglied der Leitung wird.
(d)　D lehnt es ab, mit E oder mit F zusammenzuarbeiten.
(e)　E will dann nicht in die Leitung, wenn A und B dort gleichzeitig Funktionen erhalten.
(f)　F will höchstens dann mitarbeiten, wenn ihm der Präsidentenposten angetragen wird, jedoch unter der zusätzlichen Bedingung, daß C nicht Vizepräsident wird.
(g)　Die Kandidaten sind sich immerhin darin einig, daß nicht einer von ihnen mehr als höchstens einen Posten übernehmen darf.

Der Situation, daß der Kandidat X die Funktion i erhält, ordnen wir die Variable X_i zu; hierbei bedeutet X eines der Symbole A, ..., F, i eine der Zahlen 1, 2, 3, 4. (Die Zahlen werden den Leitungsfunktionen in der zuerst genannten Reihenfolge zugeordnet.)
Es sei X abkürzend für $X_1 \vee X_2 \vee X_3 \vee X_4$ geschrieben. Dann schreibt sich das obige Bedingungssystem formal folgendermaßen:

(a)　$A \to B \wedge \neg A_2$　　　　(b)　$\neg B_2 \wedge \neg B_3$　　　　(c)　$\neg F \to (C \to \neg B)$
(d)　$D \to \neg E \wedge \neg F$　　　　(e)　$A \wedge B \to \neg E$　　　　(f)　$F \to F_1 \wedge \neg C_2$
(g)　$X_i \to \neg X_j \;(i \neq j)$　　　　(h)　$X_i \to \neg Y_i \;(X \neq Y)$
(k)　$A_i \vee B_i \vee \ldots \vee F_i \;(i = 1, \ldots, 4)$

Die Formeln unter (h) und (k) entsprechen folgenden nicht explizit erwähnten, aber selbstverständlichen Randbedingungen:
Jede Funktion ist zu besetzen; keine jedoch doppelt.

Offenbar ist nun das Zustandekommen eines allen Wünschen und Absprachen gerechtwerdenden Leitungsgremiums mit der simultanen Erfüllbarkeit der Formeln unter (a)–(k) äquivalent.

Bei dem hier vorliegenden relativ komplizierten Bedingungssystem ist nicht von vornherein die positive Lösbarkeit des Problems abzusehen. Das Problem ist lösbar dann, wenn die angegebene Formelmenge ein Modell hat. Diese Frage ist (für jede endliche Formelmenge) prinzipiell entscheidbar, z.B. dadurch, daß alle Belegungen für die 24 Variablen durchgeprüft werden. Das ist natürlich sehr aufwendig. Ein praktikables

Verfahren, das sich auch für die Programmierung auf Rechenanlagen eignet, wird in Kap. II dargelegt. Unser Problem ist im übrigen jedoch noch nicht so schwierig, daß man es nicht aufgrund einer Reihe inhaltlicher Überlegungen lösen könnte.

Übung. Man überlege sich: Wenn überhaupt eine Lösung des Problems existiert, dann kann A in dem Leitungsgremium nicht mitarbeiten.

Allgemeingültigkeit

> **Definition.** Eine Formel P heißt *logisch gültig* oder *allgemeingültig*, symbolisch $\models P$, wenn $\models_\beta P$ für alle $\beta: V \to \{0, 1\}$.
> Eine logisch gültige Formel heißt auch eine *(klassische) Tautologie.*
> **Lk** bezeichne die Menge der Tautologien.

Beispiel. $P \vee \neg P$ ist — unabhängig von der speziellen Gestalt von P — eine Tautologie. Denn es ist

$$\models_\beta P \vee \neg P \quad \text{gdw} \quad \models_\beta P \quad \text{oder} \quad \models_\beta \neg P \quad \text{gdw} \quad \models_\beta P \quad \text{oder} \quad \not\models_\beta P \,.$$

Damit haben wir die Behauptung gewissermaßen in eine Trivialität umgeformt.

Weitere Beispiele für Tautologien sind

$$P \wedge Q \to P; \quad P \wedge (P \to Q) \to Q; \quad (P \to Q) \to P \to P; \quad P \leftrightarrow \neg\neg P;$$
$$P \to Q \to \neg Q \to \neg P; \quad P \to Q \to \neg P \vee Q; \quad P \to \neg P \to \neg P\,.$$

Es gilt $\models P \wedge Q$ genau dann, wenn $\models P$ und $\models Q$ wie unmittelbar aus den Eigenschaften der Relation $\models_\beta$ folgt. Dagegen gilt i.a. nicht $\models P \vee Q$ genau dann, wenn $\models P$ oder $\models Q$. Offensichtlich ist $\models P$ genau dann, wenn $\neg P$ nicht erfüllbar ist.

Wir erwähnen insbesondere folgende Eigenschaft:

Wenn $\models P$ und $\models P \to Q$, so $\models Q$.

Man kann dies so ausdrücken, daß die Menge **Lk** der Tautologien *abgeschlossen* ist gegenüber der Anwendung der sogenannten *Abtrennungsregel,* auch *Modus Ponens* genannt. Der Modus Ponens, auch mit **MP** abgekürzt, ist ein Beispiel einer *Schlußregel* und wird häufig durch die Schreibweise $\dfrac{P \mid P \to Q}{Q}$ symbolisiert. Dadurch wird übersichtlich zum Ausdruck gebracht, daß Q ein Resultat der Anwendung von **MP** auf die Formeln P, P $\to$ Q ist.

Die Anwendung von **MP** und anderer Schlußregeln ermöglicht die Herleitung neuer Tautologien aus bereits gegebenen. In Kap. II wird gezeigt, daß sämtliche Tautologien aus gewissen Ausgangsformeln, den *Axiomen,* durch schrittweise Anwendung von *Schlußregeln* zu gewinnen sind.

Bemerkung. Eine abstrakte Definition des Modus Ponens, die sich analog auf andere Schlußregeln übertragen läßt, ist diese: **MP** ist die Menge aller Tripel $(P, P \to Q, Q)$ von Formeln P, Q. Jedes Tripel repräsentiert eine *Anwendung* dieser Regel auf die *Prämissen* P, P $\to$ Q mit der *Konklusion* (dem Resultat) Q, vgl. auch Kap. II/§ 4. ●

Von grundlegender Bedeutung ist die Abgeschlossenheit von **Lk** gegenüber *Substitu-tionen,* auch *Einsetzungen* genannt.

Definition. Eine *Substitution* ist eine Abbildung s, die jeder Formel P eine Formel sP zuordnet. Dabei ist $s \neg P = \neg sP$; $s(P \wedge Q) = sP \wedge sQ$, und analog für alle übrigen Funktoren.

Die Substitution s ist bestimmt durch die Werte $sp = Q_p$ für $p \in V$. Man macht sich leicht klar, das sP gerade das Ergebnis der simultanen Einsetzung der Formel Q_p für die in P vorkommenden Variablen p ist.

Beispiel. Die Formel $P' = p_2 \rightarrow \neg p_1 \vee p_2 \rightarrow p_2$ ist das Ergebnis einer Substitution s in die Formel $P = p_1 \rightarrow p_2 \rightarrow p_1$. Dabei ist $sp_1 = p_2$ und $sp_2 = \neg p_1 \vee p_2$. Im übrigen ist s beliebig (z.B. $sp_i = p_i$ für $i = 3, 4 \ldots$). •

Wichtig ist der wesentlich auf dem Extensionalitätsprinzip beruhende *Satz über die Abge-schlossenheit von* **Lk** *gegenüber Substitutionen.* Ist $\models P$ und s eine Substitution, so ist auch $\models sP$.

Bezeichnet Sb X die Menge aller Formeln, die man aus den Formeln von $X \subseteq \mathcal{L}$ durch Substitution erhält, so läßt sich dieser Satz auch wie folgt formulieren: Sb **Lk** = **Lk**.

Wegen dieser Abgeschlossenheit besagt die Gültigkeit von $p \rightarrow q \rightarrow p$ praktisch dasselbe wie die des Formelschemas $P \rightarrow Q \rightarrow P$. Durch dieses Formelschema[1]) werden ganz offen-sichtlich sämtliche Formeln angegeben, die man aus der erstgenannten durch Substitution erhält.

Übungen:

1. Man beweise die Allgemeingültigkeit der Formeln

$$P \rightarrow Q \rightarrow P; \qquad\qquad P \wedge \neg P \rightarrow Q; \qquad \neg \neg P \leftrightarrow P;$$
$$\neg (P \vee Q) \leftrightarrow \neg P \vee \neg Q; \quad P \veebar P \rightarrow Q; \qquad P_1 \leftrightarrow P_2 \veebar P_2 \leftrightarrow P_3 \veebar P_1 \leftrightarrow P_3$$

2. Man zeige, daß $\models \bigvee_{i \leq n} P_i \rightarrow \bigwedge_{j \leq n} Q_j$ genau dann, wenn $\models P_i \rightarrow Q_j$ für alle $i \leq n, j \leq m$.

   Hinweis. Man beachte $\models_\beta \bigvee_{i \leq n} P_i$ gdw $\models_\beta P_i$ für gewisses $i \leq n$. Entsprechendes gilt für konjunktiv zusammengesetzte Formeln.

3. P_0 entstehe aus P, indem eine bestimmte Variable p in P durch *0* ersetzt wird, P_1 ent-stehe dadurch, daß dieselbe Variable durch *1* ersetzt wird. Man zeige

$$\models P \rightarrow Q \text{ gdw } \models P_0 \rightarrow Q \text{ und } \models P_1 \rightarrow Q.$$

---

[1]) Wir sprechen dennoch gelegentlich einfach von *der Formel* $P \rightarrow Q \rightarrow P$, obwohl eigentlich das entsprechende Schema gemeint ist. Dies geschieht, um die Terminologie nicht zu sehr zu belasten und ist unproblematisch, solange man dem Zusammenhang klar den Sinn der Bezeichnung ent-nimmt.

Hinweis. Ist β ein Modell für P, so ist β_0 Modell für P_0, wobei $\beta_0\,(q) = \beta(q)$ für $q \neq p$ und $\beta_0\,(p) = \mathbf{0}$.

4. Man beweise, die Menge **Lk** der aussagenlogischen Tautologien ist abgeschlossen gegenüber Substitutionen.

   Hinweis. Sei $sp_i = Q_i$ und $\alpha \in \mathbf{Mod}$ beliebig vorgegeben. Man setze $\beta\,(p_i) = \mathrm{val}_\alpha\,Q_i$ $(i = 1, 2, \dots)$. Durch Induktion über den Formelaufbau läßt sich leicht zeigen, daß $\mathrm{val}_\beta\,P = \mathrm{val}_\alpha\,sP$. Weil $\mathrm{val}_\beta P = \mathbf{1}$, ist auch $\mathrm{val}_\alpha\,sP = \mathbf{1}$.

5. Es seien s_1, s_2 Substitutionen. $s: L \to L$ werde durch $s_1\,(s_2 P)$ definiert. Man zeige, auch s ist Substitution, das *Produkt* der Substitutionen s_1, s_2 genannt. Das Produkt ist assoziativ, aber nicht kommutativ.[1]

---

[1] In algebraischer Terminologie bilden die Substitutionen bezüglich des Produkts gerade die Endomorphismenhalbgruppe der Formelalgebra $\mathcal{L}$.

§ 3 Logische Äquivalenz, Normalformen und funktionale Vollständigkeit

Als nächstes befassen wir uns mit der eingangs bereits erwähnten logischen Äquivalenz. Anschließend werden zu vorgegebenen Formeln logisch äquivalente Normalformen konstruiert. Dabei wird sich herausstellen, daß jede Boolesche Funktion durch eine Formel repräsentiert werden kann. Dies ist die sogenannte funktionale Vollständigkeit.

Logische Äquivalenz – Verschärfung und Abschwächung

Definition. Die Formeln P, Q heißen *logisch äquivalent*, symbolisch $P \equiv Q$, wenn $\mathrm{val}_\beta P = \mathrm{val}_\beta Q$ für alle $\beta \in \mathrm{Mod}$.

Man sieht unmittelbar, daß jede der vier folgenden Bedingungen mit der logischen Äquivalenz von P, Q gleichwertig ist:

(a) $\models P \leftrightarrow Q$

(b) $\models_\beta P \Longleftrightarrow \models_\beta Q$ für alle $\beta \in \mathbf{Mod}$

(c) $\mathrm{Mod}\, P = \mathrm{Mod}\, Q$

(d) P und Q repräsentieren die gleiche n-stellige Boolesche Funktion, wobei n der höchste unter den Variablen von P und Q auftretende Index ist.

Jede dieser Bedingungen darf als Kriterium der logischen Äquivalenz verwendet werden. Der Leser mag sich entweder der Definition oder einer dieser Bedingungen bedienen, um die Äquivalenzen in den nachfolgenden Beispielen zu überprüfen.

Ein sehr bequemer Weg ist die Reduktion auf mengenalgebraische Gleichungen. So ist z.B. $\mathrm{Mod}\,\neg(P \wedge Q) = \backslash\mathrm{Mod}\,(P \wedge Q) = \backslash(\mathrm{Mod}\,P \cap \mathrm{Mod}\,Q) = \backslash\mathrm{Mod}\,P \cup \backslash\mathrm{Mod}\,Q = \mathrm{Mod}\,\neg P \cup \mathrm{Mod}\,\neg Q = \mathrm{Mod}\,(\neg P \vee \neg Q)$. Also $\neg(P \wedge Q) \equiv \neg P \vee \neg Q$.

Es lassen sich auch $\rightarrow$ enthaltende Formeln in diesen „Kalkül" einbeziehen. Wegen $P \rightarrow Q \equiv \neg P \vee Q$ ist $\mathrm{Mod}\,P \rightarrow Q = \mathrm{Mod}\,P \mathbin{\dot{\rightarrow}} \mathrm{Mod}\,Q^{1)}$. Demnach ist z.B. $\mathrm{Mod}\,(P \wedge Q \rightarrow R) = (\mathrm{Mod}\,P \cap \mathrm{Mod}\,Q) \mathbin{\dot{\rightarrow}} \mathrm{Mod}\,R = \mathrm{Mod}\,P \mathbin{\dot{\rightarrow}} (\mathrm{Mod}\,Q \mathbin{\dot{\rightarrow}} \mathrm{Mod}\,R) = \mathrm{Mod}\,P \mathbin{\dot{\rightarrow}} \mathrm{Mod}\,(Q \rightarrow R) = \mathrm{Mod}\,(P \mathbin{\dot{\rightarrow}} Q \rightarrow R)$. Damit ist die häufig benutzte Äquivalenz $P \wedge Q \rightarrow R \equiv P \mathbin{\dot{\rightarrow}} Q \rightarrow R$ bewiesen.

Einige wichtige Äquivalenzen

(1) $P \wedge Q \equiv Q \wedge P$; $\qquad\qquad\qquad$ $P \vee Q \equiv Q \vee P$

(2) $P \wedge Q \wedge R \equiv P \wedge Q \wedge R$; $\qquad\qquad$ $P \vee Q \vee R \equiv P \vee Q \vee R$

(3) $P \wedge Q \vee P \equiv P$; $\qquad\qquad\qquad$ $P \vee Q \wedge R \equiv P$

(4) $P \wedge Q \vee R \equiv P \wedge Q \vee P \wedge R$; $\qquad$ $P \vee Q \wedge R \equiv P \vee Q \wedge P \vee R$

(5) $\neg(P \wedge Q) \equiv \neg P \vee \neg Q$; $\qquad\qquad$ $\neg(P \vee Q) \equiv \neg P \wedge \neg Q$

(6) $\neg\neg P \equiv P$.

---

[1] $\dot{\rightarrow}$ bezeichnet das *relative Komplement*, vgl. Anhang, § 1.

Durch (1) und (2) erhalten Redeweisen wie z.B. *„Bei der Konjunktion kommt es auf die Reihenfolge der Glieder und auf deren Klammerung nicht an"* einen präzisen Sinn. Die Eigenschaften (5) heißen die *Äquivalenzen von de Morgan.*

Logische Äquivalenz ist eine Äquivalenzrelation, d.h. für alle Formeln P, Q, R gelten die Eigenschaften

(r) $P \equiv P$

(s) $P \equiv Q \Rightarrow Q \equiv P$

(t) $P \equiv Q \equiv R \Rightarrow P \equiv R$.

Man verwendet sie laufend bei der sogenannten *schrittweisen äquivalenten Umformung.* Dafür verwendet man aber in der Regel außerdem noch eine andere wichtige Eigenschaft, nämlich die *äquivalente Ersetzbarkeit von Subformeln;* sie wird in dem unten stehenden Ersetzungstheorem genauer formuliert. Die Methode der schrittweisen äquivalenten Umformung erläutern wir an einigen einfachen Beispielen. Die *Ersetzung* ist wohl zu unterscheiden von der früher definierten *Einsetzung* (Substitution).

Beispiele

$$\neg\,(P \to Q) \equiv \neg\,(\neg P \vee Q) \qquad \text{(Ersetzung von } P \to Q \text{ durch } \neg P \vee Q)$$
$$\equiv \neg\,\neg\,P \wedge \neg\,Q \qquad \text{(De Morgan)}$$
$$\equiv P \wedge \neg\,Q \qquad \text{(Ersetzung von } \neg\,\neg\,P \text{ durch P)}$$

$$P \vee Q \to R \equiv \neg\,(P \vee Q) \vee R$$
$$\equiv \neg\,P \wedge \neg\,Q \vee R \qquad \text{(De Morgan)}$$
$$\equiv \neg\,P \vee R \wedge \neg\,Q \vee R \equiv P \to R \wedge Q \to R \qquad \bullet$$

Natürlich kann man in diesen Beispielen die Äquivalenz von Ausgangs- und jeweiliger Endformel auch direkt nachprüfen. Von wesentlichem Nutzen ist die schrittweise Umformung bei Fragestellungen allgemeinerer Natur. So sieht man ganz leicht, daß eine Formel P stets äquivalent ist zu einer solchen, in welcher nur noch die Funktoren $\neg, \vee$ vorkommen: Man ersetzt in P schrittweise alle Subformeln der Gestalt $Q \to Q'$ bzw. $Q \wedge Q'$ durch die dazu äquivalenten Formeln $\neg Q \vee Q'$ bzw. $\neg\,(\neg Q \vee \neg Q')$. Die Rechtfertigung aller dieser Verfahrensweisen gibt das folgende

Ersetzungstheorem. Wenn $Q \equiv Q'$ und P' aus P dadurch entsteht, daß die in P vorkommende Subformel Q (an einer Stelle ihres Vorkommens) durch Q' ersetzt wird, dann ist auch $P \equiv P'$.

Beweis durch Induktion über den Aufbau von P.

(a) Sei $P = p \in V$. Weil in diesem Fall P selbst die einzige ihrer Subformeln ist, muß $Q = P$ und damit $Q' = P'$ gelten. Nach Voraussetzung ist $Q = Q'$ und dies heißt nichts anderes als $P \equiv P'$.

(b) P sei von der Gestalt $\neg R$ und die Behauptung des Theorems sei für die Formel R als richtig angenommen. Sei nun Q eine Subformel von $P = \neg R$. Dann ist entweder $Q = P$ oder Q ist eine Subformel von R. Im Falle $Q = P$ ist $P' = Q'$ und wegen $Q = Q'$ ist die Behauptung $P \equiv P'$ trivialerweise richtig. Im zweiten Falle folgt zunächst $R \equiv R'$ nach

Induktionsvoraussetzung, wobei R' das Ergebnis der Ersetzung von Q durch Q' in der Formel R ist. Nun gilt aber $R \equiv R' \Rightarrow \neg R \equiv \neg R'$. Offensichtlich ist $P' = \neg R'$ und damit ist $P = \neg R \equiv \neg R' = P'$, was zu zeigen war.

(c) Ist P nun von der Form $P_1 \wedge P_2$, so ist entweder $Q = P$ oder Q ist Teilformel von P_1 oder von P_2. Der Fall $Q = P$ ist wieder trivial. Nehmen wir an, daß Q_1 in P_1 vorkommt und dort ersetzt wird, so daß $P' = P_1' \wedge P_2$. Nun prüft man leicht nach, daß $P_1 \wedge P_2 \equiv P_1' \wedge P_2$; folglich ist $P \equiv P'$.

Ebenso behandelt man den Fall, daß die Ersetzung in P_2 vorgenommen wurde. Schließlich sind in völlig analoger Weise auch die Fälle zu diskutieren, daß P von der Form $P_1 \vee P_2$ bzw. von der Form $P_1 \rightarrow P_2$ ist. ●

Die Ersetzbarkeit äquivalenter Formeln gilt in der Regel auch in nichtklassischen Logiken L, wenn dort die logische (semantische) Äquivalenz passend definiert wird. Sie muß nicht immer durch $P \leftrightarrow Q \in L$ charakterisiert sein.[1]

Im Zusammenhang mit der logischen Äquivalenz wollen wir auch kurz auf den Begriff der logischen Abschwächung bzw. Verschärfung von Aussagen eingehen. Was bedeuten z.B. die vor allem in der Mathematik und den exakten Wissenschaften häufig verwendeten Redeweisen: *Man kann die Aussage A zur Aussage A' verschärfen* (auch *verstärken* oder *verallgemeinern*), sowie *Man kann die Voraussetzung (des Antezedent) eines Theorems der Form P → Q abschwächen und erhält auf diese Weise ein schärferes Theorem.* Sie lassen sich wie folgt präzisieren:

Definition. Eine Formel P heißt *schärfer* als eine Formel Q, symbolisch $P \sqsubseteq Q$, falls $\models P \rightarrow Q$ (oder gleichwertig Mod $P \subseteq$ Mod Q). Wenn $P \sqsubseteq Q$, aber nicht $Q \sqsubseteq P$, heißt P *echt schärfer* als Q. *Q ist schwächer als P* bedeutet dasselbe wie P ist schärfer als Q.

$\sqsubseteq$ ist reflexiv und transitiv, also eine Präordnung (siehe Anhang). Falls P und Q gleich scharf sind, ist offenbar $P \equiv Q$ und umgekehrt. Mit anderen Worten, die Äquivalenzklassen der Präordnung $\sqsubseteq$ sind die Klassen der untereinander logisch äquivalenten Formeln. Schwächt man die Prämisse P einer Formel $P \rightarrow Q$ ab (genauer: ersetzt man P durch eine schwächere Formel P'), so entsteht eine schärfere Formel, denn $P \sqsubseteq P' \Rightarrow P' \rightarrow Q \sqsubseteq P \rightarrow Q$ (man vgl. Übung 3). Umgekehrt entsteht durch Verstärkung der Prämisse eine abgeschwächte Implikation.

Beispiel. Wir werden später den sogenannten Endlichkeitssatz in folgender Form beweisen: *Wenn jede Teilmenge einer abzählbaren Formelmenge erfüllbar ist, dann ist X selbst erfüllbar.* Durch Abschwächung der Prämisse erhält man eine wichtige Verschärfung, den uneingeschränkten Endlichkeitssatz: *Wenn jede endliche Teilmenge einer (beliebigen) unendlichen Formelmenge X erfüllbar ist, so ist X selbst erfüllbar.* Unendliche Formelmengen, die nicht abzählbar sind, betrachtet man häufig in wichtigen Anwendungsgebieten der mathematischen Logik, z.B. der *Modelltheorie.* ●

---

[1] Wichtig allein ist, daß es sich um eine *Kongruenz* in der freien Formelalgebra handelt, vgl. Anhang, sowie den nächsten Abschnitt.

Übungen

1. Man beweise $P \wedge Q \to R \equiv P \to R \vee Q \to R$; $P \vee Q \to R \equiv P \to R \wedge Q \to R$. Diese Äquivalenzen sind der Grund für die linguistischen „und-oder-Paradoxien" Seite 10.

2. Man zeige $(\bigwedge_{i=1}^{n} P_i) \to Q \equiv P_i \xrightarrow[i=1]{n} Q$ $(n \geqslant 1)$.

3. Man zeige, ist P eine Formel, deren Variablen zu $V_n = \{p_1, \ldots, p_n\}$ gehören, so existiert ein $P' \equiv P$, so daß P' genau die Variablen $p_1, \ldots, p_n$ enthält. Daraus schließe man, daß es nur endlich viele paarweise nichtäquivalente Formeln gibt, deren Variablen zu V_n gehören, und zwar 2^{2^n} viele ($n \geqslant 1$. Falls man *1, 0* mit in den Formelaufbau einbezieht, gilt dies auch für $n = 0$).

4. Man zeige, zu jeder Formel P existiert ein $P' \equiv P$, in der das Negationssymbol nur noch unmittelbar vor Primformeln steht.

   Hinweis. Schrittweise äquivalente Umformung unter Verwendung der Äquivalenzen von De Morgan.

5. Es sei $P \equiv P'$. Man zeige $\neg P' \equiv \neg P$, sowie

$$P \wedge Q \equiv P' \wedge Q; \qquad Q \wedge P \equiv Q \wedge P'$$
$$P \vee Q \equiv P' \vee Q; \qquad Q \vee P \equiv Q \vee P'$$
$$P' \to Q \equiv P \to Q; \qquad Q \to P \equiv Q \to P'.$$

Diese Eigenschaften umschreibt man mit der Redeweise, *alle Funktoren sind monoton.* Man beachte aber sorgfältig das unterschiedliche Monotonieverhalten: $\wedge, \vee$ sind *aufwärtsmonoton,* $\neg$ ist abwärts monoton. Der Funktor $\to$ hat unterschiedliches Monotonieverhalten (Ursache vieler logischer Fehlschlüsse). Er ist abwärtsmonoton im ersten, und aufwärtsmonoton im zweiten Argument.

Die TARSKI-Algebra

Die in der Formelmenge erklärten Operationen $\wedge, \vee, \neg$ induzieren in natürlicher Weise entsprechende Operationen $\wedge, \vee, \neg$ auf den Äquivalenzklassen nach der logischen Äquivalenz. Bezeichnen wir die durch die Formel P bestimmte Äquivalenzklasse mit $\overline{P}$, so ist z.B. $\overline{P} \wedge \overline{Q} = \overline{P \wedge Q}$. Auf diese Weise entsteht die freie **Lk**-Algebra oder die TARSKI-*Algebra* Θ der klassischen Aussagenlogik[1]). Θ ist eine (unendliche) Boolesche Algebra. Das läßt sich zwar direkt nachrechnen. Aber am einfachsten sieht man es wie folgt:

Die Äquivalenzklassen $\overline{P}$ und die Teilmengen Mod P entsprechen sich umkehrbar eindeutig. Ganz offensichtlich bildet nun aber $B := \{\text{Mod } P \mid P \in \mathcal{L}\}$ eine Mengenalgebra aus Teilmengen von **Mod**, d.h. B ist abgeschlossen gegenüber $\cap, \cup, \backslash$ (siehe Anhang).

---

[1]) Es handelt sich um einen Sonderfall einer allgemeinen Definition in Kap. III/§ 4. Den mitunter verwendeten Namen LINDENBAUM-Matrix reservieren wir für die freie Formelmatrix, Kap. III/§ 3.

Die mengentheoretischen Operationen entsprechen gerade den Operationen in Θ. Folglich ist nicht nur B, sondern auch Θ eine Boolesche Algebra. Das Einselement von Θ ist die Klasse der Tautologien, das Nullelement die Klasse der Kontradiktionen. Außerdem gibt es unendlich viele weitere Klassen, z.B. alle $\bar{p}$ für $p \in V$. Die Verbandsordnung von Θ stellt sich dar als die Ordnung $\leqslant : \bar{P} \leqslant \bar{Q}$ gdw Mod $P \subseteq$ Mod Q (vgl. Anhang für Notation). Damit haben wir eine sehr anschauliche Deutung der Booleschen Algebra Θ: Je näher P am Einselement liegt, um so schwächer ist die Formel P. Am schwächsten sind die Tautologien. Durch sie lassen sich neue Informationen nicht mehr mitteilen; sie sind immer wahr, gleichgültig, was die Elementaraussagen besagen, aus denen sie zusammengesetzt sind.

Bemerkung: Das Konzept der freien L-Algebra für bestimmte logische Systeme L ist um 1928 von A. TARSKI und A. LINDENBAUM entwickelt worden. Dadurch wird es möglich, Fragen der Metalogik gänzlich in algebraische Fragestellungen zu übersetzen und damit sehr rationell zu behandeln. Umgekehrt kann man metalogische Ergebnisse algebraisch formulieren, z.B. entspricht dem sogenannten Endlichkeitssatz der Logik der Ultrafilter-Existenzsatz für Boolesche Algebren. ●

Übungen

1. Man beweise im Detail, daß Θ eine Boolesche Algebra ist.

2. Die Algebra Θ^n der Ordnung n sei als die Boolesche Algebra der Äquivalenzklassen von Formeln in *höchstens* den Variablen $p_1, \ldots, p_n$ definiert. Während Θ unendlich ist, enthält Θ^n genau 2^{2^n} Elemente, denn so viele paarweise nicht äquivalente Formeln in n Variablen gibt es. Man gebe ein Repräsentantensystem von Formeln für die 16 Elemente von Θ^2 an.

3. Man definiere die *Äquivalenz modulo einer Formelmenge X* wie folgt: $P \equiv_X Q$ genau dann, wenn $\mathrm{val}_\beta P = \mathrm{val}_\beta Q$ für alle $\beta \in$ Mod X und zeige, daß alle im letzten Abschnitt formulierten Eigenschaften der logischen Äquivalenz auch für die Äquivalenz mod X gelten.

4. Es bezeichnen Θ_X die Algebra der Äquivalenzklassen nach der Relation $\equiv_X$. Man zeige, daß auch Θ_X eine Boolesche Algebra ist. (Θ_X ist ein homomorphes Bild von Θ.)

5. Sei $q \in V$. Das Ergebnis sP der Substitution s mit sq = Q und sp = p für $p \neq q$ wird häufig mit P(q/Q) bezeichnet. Man zeige $P \equiv_{\{q\}} P(q/1)$ und allgemeiner $X \equiv_{\{q\}} X(q/1)$ ($:= \{P(q/Q) \mid P \in X\}$).

Normalformen und funktionale Vollständigkeit

Eine Konjunktion $P = P_1 \wedge \ldots \wedge P_n$, deren Glieder P_i alle Disjunktionen aus Primärformeln[1]) sind, heißt eine *konjunktive Normalform*. Ein analoger Begriff ist die *disjunktive Normalform*. Das ist eine Disjunktion aus Gliedern, die alle Konjunktionen aus Primärformeln sind.

---

[1]) unnegierte und negierte Primformeln, siehe Seite 18.

Beispiele. $p \wedge q \wedge \neg r$; $p \vee \neg q$; $p \vee q \wedge \neg p \vee r \vee s$ sind konjunktive Normalformen. Die beiden ersten Formeln sind zugleich auch disjunktive Normalformen.

Wir werden gleich zeigen, daß jede Formel sowohl einer konjunktiven als auch einer disjunktiven Normalform logisch äquivalent ist. Dies kann man leicht auch durch eine geringfügige Modifikation von Übung 4, Seite 33 durch schrittweises äquivalentes Umformen zeigen. Gleichzeitig beweisen wir aber eine schärfere Behauptung, nämlich die funktionale Vollständigkeit des Systems der Funktoren $\neg, \wedge, \vee$. Dies geschieht so, daß zu einer beliebig vorgegebenen Booleschen Funktion f eine Normalform P_f angegeben wird, die diese Funktion repräsentiert. Das erstere ergibt sich aus dem letzteren wie folgt:

Sei P eine vorgegebene Formel, deren Variablen unter den Variablen $p_1, \ldots, p_n$ vorkommen mögen. Ferner sei f die von P repräsentierte Funktion, sowie P_f eine die Funktion f repräsentierende Normalform. Dann ist $P \equiv P_f$ weil P und P_f dieselbe Funktion repräsentieren. Damit ist also P_f eine zu P äquivalente Normalform.

Satz von der funktionalen Vollständigkeit von $\neg, \wedge, \vee$. Zu jeder n-stelligen Booleschen Funktion f gibt es eine f repräsentierende disjunktive Normalform P_f in den Variablen $p_1, \ldots, p_n$. Ebenso gibt es eine f repräsentierende konjunktive Normalform.

Beweis. Es ist eine disjunktive Normalform P_f in den Variablen $p_1, \ldots, p_n$ anzugeben, so daß $\mathrm{val}_{x_1, \ldots, x_n} P_f = f(x_1, \ldots, x_n)$ für alle Werte $x_1, \ldots, x_n \in \{0, 1\}$. Ist f identisch 0,

so wähle man $P_f = \bigvee_{i=1}^{n} (p_i \wedge \neg p_i)$, denn der Wert dieser disjunkten Normalform ist 0

für alle Belegungen. Wenn 0 am Formelaufbau beteiligt ist, kann man auch die triviale Normalform $P_f = 0$ wählen. Für das folgende dürfen wir daher voraussetzen, daß f den Wert 1 wenigstens einmal annimmt. Es sei nun

$$P^x = \begin{cases} p, & \text{wenn } x = 1 \\ \neg p, & \text{wenn } x = 0 \end{cases}$$

Wir behaupten, daß f durch die Normalform

$$P_f = \bigvee_{f(x_1, \ldots, x_n) = 1} (p_1^{x_1} \wedge \ldots \wedge p_n^{x_n})$$

repräsentiert wird; die Alternative läuft über sämtliche Argumenttupel $(x_1, \ldots, x_n)$, so daß $f(x_1, \ldots, x_n) = 1$ ist. Falls etwa f die zweistellige aut-Funktion ist, so sind $(1, 0)$ und $(0, 1)$ die sämtlichen Argumentpaare, für die f den Wert 1 hat; in diesem Falle wäre also

$$P_f = (p_1 \wedge \neg p_2) \vee (\neg p_1 \wedge p_2) .$$

Belegt man die Variablen $p_1, \ldots, p_n$ mit Werten $x_1, \ldots, x_n$ und ist $f(x_1, \ldots, x_n) = 1$, so erhält genau ein Alternativglied in P_f den Wert 1. Ist hingegen $f(x_1, \ldots, x_n) = 0$, so erhalten alle Glieder den Wert 0. Folglich ist $\mathrm{val}_{x_1, \ldots, x_n} P_f = f(x_1, \ldots, x_n)$. Damit ist eine f repräsentierende disjunktive Normalform angegeben. Wir empfehlen dem Leser, diese Argumentation anhand des Beispiels der aut-Funktion zu verfolgen.

Analog konstruiert man eine f repräsentierende konjunktive Normalform. Wenn man von dem Sonderfall absieht, daß f konstant den Wert **1** annimmt, ist

$$Q_f = \bigwedge_{f(x_1,\ldots,x_n)\,=\,0} (P_1^{\neg x_1} \vee \ldots \vee p_n^{\neg x_n})$$

eine derartige Normalform. ●

Beispiel. $(0, 0)$ und $(1, 1)$ sind Argumentpaare, für welche die aut-Funktion den Wert **0** hat. Gemäß angegebener Formel repräsentiert also die konjunktive Normalform

$$p_1 \vee p_2 \wedge \neg p_1 \vee \neg p_2$$

die aut-Funktion. ●

Der Beweis des Satzes stellt zugleich ein Konstruktionsverfahren zur Herstellung einer Normalform für eine vorgegebene Formel P dar. Häufig ist es jedoch günstiger, eine Normalform unter Verwendung des Ersetzungstheorems durch schrittweises äquivalentes Umformen von P herzustellen. Wir schildern dieses Verfahren an einem Beispiel zur Konstruktion von Normalformen für $p \leftrightarrow q$.

$p \leftrightarrow q \equiv p \rightarrow q \wedge q \rightarrow p \equiv \neg p \vee q \wedge p \vee \neg q$ (konjunktive Normalform)

$\neg p \vee q \wedge p \vee \neg q \equiv \neg p \wedge p \veebar p \wedge q \veebar \neg p \wedge \neg q \veebar q \wedge \neg q \equiv$

$0 \veebar p \wedge q \veebar \neg p \wedge \neg q \veebar 0 \equiv p \wedge q \veebar \neg p \wedge \neg q$ (disjunktive Normalform).

Übungen

1. Man gebe konjunktive und disjunktive Normalformen für $p \wedge\!\!\!\wedge q$ und $p \veebar\!\!\!\veebar q$ an. Dabei seien $\wedge\!\!\!\wedge$ und $\veebar\!\!\!\veebar$ Symbole für die ni- bzw. sh-Funktion.

2. Man beweise den Satz von der Repräsentierbarkeit Boolescher Funktionen f durch Normalformen durch Induktion über die Stellenzahl von f.

   Hinweis. Zur bequemen Anwendung der Induktions-Voraussetzung setze man
   $f_u(x_1, \ldots, x_n) := f(x_1, \ldots, x_n, u)$ $(u \in \{0, 1\})$.

3. Es seien $x = (x_1, \ldots, x_n)$, $y = (y_1, \ldots, y_n)$ n-tupel von Wahrheitswerten. Man setze $x \leqslant y$, wenn $x_i \leqslant y_i$ für $i = 1, \ldots, n$. Eine n-stellige Boolesche Funktion f heißt (aufwärts) *monoton,* wenn $f(x) \leqslant f(y)$ für alle n-tupel x und y mit $x \leqslant y$. Man zeige: monotone Funktionen haben positive Normalformen.

   Hinweis. Man behandle die Fälle extra, daß f konstant den Wert **0** bzw. **1** hat. Ferner für n = 3: Man suche sich alle „kleinsten" Tripel (x, y, z) mit $f(x, y, z) = 1$. Ist z.B. $(1, 0, 1)$ ein derartiges Tripel, so ist $p_1 \wedge p_3$ ein Disjunktionsglied der gewünschten Normalform. Wenn man **0, 1** im Formelaufbau zuläßt, entfallen die Sonderfälle.

4. Sei Φ ein System von Funktoren, die in wohlbestimmter Weise (zweiwertig) interpretiert sind. Φ heißt funktional vollständig, wenn jede Boolesche Funktion durch

eine aus diesen Funktoren aufgebaute Formel repräsentiert wird. Man beweise die funktionale Vollständigkeit von

(1) $\{\wedge, \neg\}$ (3) $\{\rightarrow, \neg\}$ (5) $\{\barwedge\}^{1)}$
(2) $\{\vee, \neg\}$ (4) $\{\rightarrow, 0\}$ (6) $\{\veebar\}$

Hinweis. Reduktion des Problems auf die funktionale Vollständigkeit von $\neg, \wedge, \vee$ durch äquivalente Ersetzungen.

Funktionale Unvollständigkeit

Das System $\rightarrow, 0$ ist funktional vollständig, weil

$$\neg\, p \equiv p \rightarrow 0$$
$$p \vee p \equiv p \rightarrow q \rightarrow q$$
$$p \wedge q \equiv p \rightarrow (q \rightarrow 0) \rightarrow 0$$

Man kann sich fragen, ob man das Falsum überhaupt benötigt und ob nicht etwa schon das allein aus der seq-Funktion bestehende System funktional vollständig ist. Daß dies nicht der Fall ist, zeigt der folgende Satz. Wir beweisen ihn deswegen, weil dadurch ein verallgemeinerungsfähiges Verfahren beschrieben wird, eine vermutete funktionale Unvollständigkeit eines vorgelegten Funktorsystems nachzuweisen.

Lemma. Jede mit der einzigen Variablen $p = p_1$ und dem Funktor $\rightarrow$ aufgebaute Formel P ist entweder zu p oder zu 1 ($\equiv p \rightarrow p$) logisch äquivalent.

Beweis. Durch Induktion über den Formelaufbau.
(a) Ist P = p, so ist die Behauptung klar.
(b) Sei $P = P' \rightarrow P''$. Gemäß Induktionsvoraussetzung ist P' und P'' zu p oder zu 1 äquivalent. Man hat nun vier Fälle zu prüfen.

   (b1) $P' \equiv p \equiv P''$ (b2) $P' \equiv p;\ P'' \equiv 1$
   (b3) $P' \equiv 1;\ P'' \equiv p$ (b4) $P' \equiv 1 \equiv P''$

Im Falle (b1) ist nach dem Ersetzungstheorem $P \equiv p \rightarrow p \equiv 1$.
Im Falle (b2) ist $P \equiv p \rightarrow 1 \equiv 1$, im Falle (b3) ist $p \equiv 1 \rightarrow p \equiv p$ und im Falle (b4) schließlich $P \equiv 1 \rightarrow 1 \equiv 1$. Folglich gilt die Behauptung auch für die Formel P. ●

Satz. $\{\rightarrow\}$ ist funktional unvollständig.

Beweis. Wir zeigen, daß eine mit $\rightarrow$ und Variablen aufgebaute Formel nicht zu 0 äquivalent ist, mit anderen Worten die konstante Funktion $f = \lambda_1[0]$ (d.h. $f(1) = f(0) = 0$) ist nicht repräsentierbar. Sei etwa $P \equiv 0$ für eine $\rightarrow$-Formel P und sei P' die aus P entstehende Formel, in der man alle in P vorkommenden Variablen durch die Variable p_1 ersetzt. Dann ist auch $P' \equiv 0$ im Gegensatz zum Lemma. ●

---

1) siehe Übung 1.

In diesem Zusammenhang entsteht naturgemäß die Frage nach gegenseitiger Repräsentierbarkeit von Mengen Boolescher Funktionen und ihrer Klassifikation nach Unvollständigkeitsgraden. Wir wollen die wichtigsten aus POST [41] stammenden Ergebnisse hierüber
kurz mitteilen. Diese Resultate sind nicht nur theoretisch interessant, sondern in ihren
Anwendungen z.B. in der Schalttechnik auch praktisch höchst bedeutsam. C_1 bezeichne
die Menge aller Boolescher Funktionen. Für $F \subseteq C_1$ sei $\mathcal{L}_F$ der aussagenlogische Formalismus, der für jedes $f \in F$ genau einen Funktor enthält. Die Menge $\langle F \rangle$ aller durch Formeln
aus $\mathcal{L}_F$ repräsentierbaren Funktionen heiße der *Abschluß* von F. Allgemein heiße $C \subseteq C_1$
abgeschlossen, wenn $C = \langle F \rangle$ für gewisses $F \subseteq C_1$. F heißt dann eine *Basis von* C. Die abgeschlossenen $C \subseteq C_1$ bilden hinsichtlich Inklusion einen abzählbar unendlichen algebraischen Verband $\mathscr{B}$ mit dem größten Element C_1 und dem kleinsten $C_0 = \{\lambda_n[p_i] \mid i \leqslant n \in \omega_+\}$,
den berühmten *POSTschen Graphen* (siehe z.B. JABLONSKI/GAWRILOW/KUDRJAWZEW
[70]). Bemerkenswerterweise hat jedes $C \in \mathscr{B}$ eine endliche Basis, sogar aus nur höchstens
vier Funktionen. $C \in \mathscr{B}$ heißt eine POST-*Klasse* von $C' \in \mathscr{B}$, wenn C ein u.V. (unmittelbarer Vorgänger) von C' bzgl. Inklusion ist. Insbesondere sind die POST-Klassen von C_1
gerade die maximal funktional unvollständigen $C \in \mathscr{B}$. Hiervon gibt es fünf — eine davon
ist $C_2 := \{\langle et, seq \rangle\}$, eine weitere ist $C_3 := \langle \{et, aut\} \rangle$. Die $C \in \mathscr{B}_0 := \mathscr{B} \setminus \{C_1\}$ haben
nur jeweils höchstens vier POST-Klassen.

Übungen

1. Man zeige die funktionale Unvollständigkeit des Systems *1, 0,* $\wedge, \vee$.

   Hinweis. Formeln in *0,* $\wedge, \vee$ repräsentieren monotone Boolesche Funktionen.

2. Man zeige die funktionale Unvollständigkeit von $\wedge, \vee, \rightarrow$.

   Hinweis. Es gibt keine Formel P in den Funktoren $\wedge, \vee, \rightarrow$ mit $P \equiv 0$.

3. Man zeige $\{\leftrightarrow, \neg\}$ ist funktional unvollständig.

   Hinweis. Von den 16 zweistelligen sind nur die folgenden acht Booleschen Funktionen durch Formeln in $p (= p_1)$ und $q (= p_2)$ darstellbar: $aeq = \lambda_2[p \leftrightarrow q]$,
   $aut = \lambda_2[\neg p \leftrightarrow q]$, $\lambda_2[p]$, $\lambda_2[\neg p]$, $\lambda_2[q]$, $\lambda_2[\neg q]$, $\lambda_2[1]$, $\lambda_2[0]$.

4*. Sei $C \in \mathscr{B}_0$. Man zeige, es gibt ein $C' \in \mathscr{B}_0$, $C' \supseteq C$ und C' ist maximal in $\mathscr{B}_0$ (jedes
   $C \in \mathscr{B}_0$ läßt sich zu einem maximal funktional unvollständigen $C' \in \mathscr{B}$ erweitern).
   Ferner zeige man, C_2 ist maximal funktional unvollständig.

   Hinweis. Lemma von ZORN. Beachte $C_1 = \langle \{sh\} \rangle$. Ferner: Zeige zuerst
   $f \in C_2$ gdw $f(x, \ldots, x) = x$ für alle $x (\in \{0, 1\})$, oder $f(x, \ldots, x) = 1$ für alle x.

§ 4 Aussagenlogisches Folgern und der Endlichkeitssatz

Der Folgerungsbegriff geht in Andeutungen auf BOLZANO zurück, wurde aber in allgemeiner Weise erst in TARSKI [30] präzisiert. Es handelt sich hierbei im allgemeinen Falle um eine semantische Relation $\models$ zwischen Formelmengen X und Formeln P folgenden Inhalts: $X \models P$ (gelesen *aus X folgt P*), wenn jede Interpretation die alle Formeln von X wahr macht, auch die Formel P erfüllt.

Im vorliegenden Falle bezieht sich das Folgern auf den sprachlichen Rahmen der Aussagenlogik. Dies ist natürlich eine gewisse Einschränkung gegenüber dem logischen Folgern schlechthin, welches sich in der Prädikatenlogik präzisieren läßt, aber dennoch lassen sich dessen wesentliche Aspekte im Rahmen des aussagenlogischen Folgerns analysieren. Für den Anfänger ist die relative Einfachheit und Übersichtlichkeit des aussagenlogischen Folgerungsbegriffs überdies von beträchtlichem Vorteil. Hauptergebnis dieses Paragraphen ist der sogenannte Endlichkeitssatz, der auch für kompliziertere logisch-semantische Folgerungsbegriffe gilt.

Definition und erste Eigenschaften des aussagenlogischen Folgerns

Simples Beispiel einer Folgerungsbeziehung ist dieses:

Wenn es regnet, ist die Straße naß. Es regnet. Also: *Die Straße ist naß.*

Es handelt sich hierbei um einen Spezialfall einer allgemeineren Folgerungsbeziehung, nämlich $\{P \to Q, P\} \models Q$.

Definition. Aus X *folgt* P, symbolisch $X \models P$, falls jedes Modell für X auch die Formel P erfüllt.

Beispiel 1. $\{p \vee q, \neg p\} \models q$. Denn sei $\models_\beta p \vee q$ und $\models_\beta \neg p$. Dann ist $\not\models_\beta p$. Weil aber $\models_\beta p$ oder $\models_\beta q$, muß $\models_\beta q$ gelten. ●

Beispiel 2. Aus $X = \{p, q, q \to \neg p\}$ folgt jede Formel P, weil kein X-Modell existiert. Gemäß dem Wortlaut der Definition erfüllt also *jedes* X-Modell die Formel P. ●

Wir geben einige Beispiele wichtiger Eigenschaften des klassisch-logischen Folgerns an:

(1) Wenn $X \models P$ und $X \models P \to Q$, so $X \models Q$.

Bezeichnet man die Menge der aus X folgenden Formeln mit Cn X (die Konsequenzenmenge), so besagt (1) die Abgeschlossenheit der Folgerungsmenge Cn X gegenüber der Anwendung des Modus Ponens. Der Beweis ist sehr einfach. Sei β ein Modell für X. Nach Voraussetzung gilt $\models_\beta P$ und $\models_\beta P \to Q$. Hieraus aber folgt unmittelbar, daß auch $\models_\beta Q$ gelten muß, also $X \models Q$. Ebenso einfach beweist man

(2) $X \models P \Rightarrow X \models P \vee Q$.

Dies entspricht einer häufig verwendeten Schlußweise, der sogenannten *disjunktiven Abschwächung*. Hat man z.B. festgestellt, daß eine Zahl a größer als 2 ist, $a > 2$, so folgt auch $a \geqslant 2$, was nichts weiter ist als eine Abkürzung für

„$a > 2$ oder $a = 2$".

(3) $X \models P \wedge Q$ gdw $X \models P$ und $X \models Q$.

(4) $\emptyset \models P \Leftrightarrow \models P$, d.h. Cn $\emptyset$ ist die Menge aller Tautologien.

Man beachte, daß jede Belegung Modell ist für die leere Menge. Ist also $\emptyset \models P$, so heißt dies $\models_\beta P$ für jedes β, d.h. P ist allgemeingültig. Ist umgekehrt $\models P$, so gilt offensichtlich sogar $X \models P$ für jede Formelmenge, denn da jedes Modell die Formel P erfüllt, gilt dies im besonderen für die X-Modelle.

(5) $\{P\} \models Q \Leftrightarrow \models P \to Q$, und allgemeiner $X ; P \models Q \Leftrightarrow X \models P \to Q$.

Dabei verwenden wir — wie auch im folgenden häufig — die kürzere Schreibweise $X ; P$ anstelle von $X \cup \{P\}$. Diese wichtige Eigenschaft heißt das *Deduktionstheorem.*[1])
Wählt man insbesondere $X = \{P_1, \ldots, P_{n-1}\}$, $P = P_n$, so ergibt sich durch schrittweise Anwendung des Deduktionstheorems die Gleichwertigkeit aller nachfolgender Zeilen

$$\{P_1, \ldots, P_n\} \models Q$$
$$\{P_1, \ldots, P_{n-1}\} \models P_n \to Q$$
$$\{P_1, \ldots, P_{n-2}\} \models P_{n-1} \to P_n \to Q \equiv P_{n-1} \wedge P_n \to Q$$
$$\vdots$$
$$\emptyset \models P_1 \wedge \ldots \wedge P_n \to Q$$

Die Äquivalenz $\{P_1, \ldots, P_n\} \models Q \Leftrightarrow \models P_1 \wedge \ldots \wedge P_n \to Q$ zeigt die bemerkenswerte Tatsache, daß sich das Folgern aus einer endlichen Formelmenge $X = \{P_1, \ldots, P_n\}$ völlig auf den Begriff der logischen Gültigkeit reduziert. Dies gilt in einer modifizierten Form auch für unendliche Formelmengen, wie der sogenannte Endlichkeitssatz zeigen wird.

Für den Beweis von (5) sei zuerst $X ; P \models Q$ angenommen. Sei β ein Modell für X. Falls $\models_\beta P$, so ergibt sich $\models_\beta Q$ aus der Voraussetzung, also insgesamt $\models_\beta P \to Q$. Falls $\not\models_\beta P$, so gilt ohnehin in jedem Falle $\models_\beta P \to Q$. Als ist $X \models P \to Q$ gezeigt. Analog beweist der Leser leicht die Umkehrung.

(6) $X \models P$ gdw $X ; \neg P$ ist unerfüllbar.

Der Beweis ist sehr einfach. Sei $X \models P$ vorausgesetzt und angenommen, $X ; \neg P$ sei doch erfüllbar und sei β ein Modell für diese Menge. Dann ist β insbesondere Modell für X, erfüllt aber nicht die Formel P (sondern die Formel $\neg P$), was im Gegensatz zur Annahme $X \models P$ steht. Ist andererseits die Unerfüllbarkeit von $X ; \neg P$ angenommen, und ist β ein Modell für X, so muß β notwendigerweise die Formel P erfüllen, sonst würde β die Formel $\neg P$ erfüllen und wir hätten ein Modell für $X ; \neg P$ im Gegensatz zur Annahme.

---

[1]) In der Literatur wird eigentlich nur eine Hälfte dieser Aussage, nämlich $X ; P \models Q \Rightarrow X \models P \to Q$
als das Deduktionstheorem bezeichnet.

(7) Die folgenden Aussagen sind gleichwertig

  (a) $X \models 0^1)$

  (b) X ist unerfüllbar

  (c) Aus X folgt jede Formel P.

Den Beweis führt man sehr einfach so, daß man (a) $\Rightarrow$ (b), (b) $\Rightarrow$ (c), (c) $\Rightarrow$ (a) zeigt. Damit ist auch die Äquivalenz der drei Aussagen bewiesen (vgl. auch Aufgabe 3).

In Kap. II werden wir uns eingehend mit der strukturellen (formalen) Kennzeichnung der klassischen Folgerungsrelation befassen. Sie ist Beispiel eines *deduktiven Systems,* deren allgemeine Theorie dort eingehend studiert wird.

Übungen

1. Man zeige: Wenn es eine Formel Q gibt, so daß zugleich $X; \neg P \models Q$ und $X; \neg P \models \neg Q$, so gilt $X \models P$. Diese Eigenschaft des Folgerns rechtfertigt die sogenannte Schlußweise der *reductio ad absurdum:* Um P aus X zu folgern, genügt es, aus X, zusammen mit der Annahme $\neg P$, einen Widerspruch zu folgern, d.h. eine Formel zugleich mit ihrer Verneinung.

   Hinweis. Wenn $X; \neg P \models Q, \neg Q$, so hat $X; \neg P$ kein Modell.

2. Man zeige $X; P \models Q$, falls $X; \neg Q \models \neg P$. Dies ist die oft benutzte Schlußweise der *Kontraposition.* Nach (5) ist dies gleichwertig mit $X \models \neg Q \rightarrow \neg P \Rightarrow X \models P \rightarrow Q$.

3. Man zeige $X \models P \Rightarrow X \models Q \rightarrow P$. Die dieser Eigenschaft entsprechende Schlußweise heißt die *Regel der Prämissenbelastung.* Wir werden sie künftig häufig mit MQ bezeichnen. MQ ist die adäquate Formulierung des *verum sequitur quodlibet.*

4. Man zeige $X; P \models Q$ und $X \models P$ impliziert $X \models Q$. In allgemeinerer Formulierung: Wenn $X \models P$ für alle $P \in Y$, und $Y \models Q$, so $X \models Q$ (Abschlußeigenschaft).

5. Wir erinnern an die aus Seite 34 definierte X-Äquivalenz. Man zeige, für den Nachweis der Äquivalenz mod X dreier Formeln P, Q, R reicht der Nachweis von $X \models P \rightarrow Q, Q \rightarrow R, R \rightarrow P$. Dies ist die häufig angewendete *Methode der Implikationskettenbildung zum Nachweis dreier oder mehrerer Eigenschaften.* Wir haben sie z.B. beim Beweis von (7) angewandt und werden sie noch häufig in den metalogischen Überlegungen verwenden.

Der Endlichkeitssatz und Anwendungsbeispiele

Bei vielen Anwendungen der Aussagenlogik hat man die Erfüllbarkeit unendlicher Formelmengen X zu untersuchen. Hier gilt nun ein grundlegender Satz, der sogenannte Endlichkeitssatz. Man kann ihn in verschiedene Formen kleiden und auch auf ganz unterschiedliche Weise beweisen, z.B. mittels des weiter unten formulierten Ultrafilter-Existenzsatzes.

---

[1]) Wenn 0 selbst nicht zur Funktorbasis gehört, gibt man dieser Schreibweise diesen Sinn: 0 ist Abkürzung für die Formel $p_1 \wedge \neg p_1$.

Auch erhält man ihn als Korollar aus der syntaktischen Charakterisierbarkeit des Folgerns, die man auch unabhängig von diesem Satz beweisen kann (Kap. II). In vielen Darstellungen der Logik wird auch so verfahren. Weil dieser Satz aber seiner Natur nach ein semantischer ist, sei er hier unabhängig von syntaktisch-deduktiven Methoden bewiesen.

Er ist stets dort von Nutzen, wo unendliche Formelmengen in die Betrachtungen einbezogen sind und hat zahlreiche Anwendungen bei der Übertragung von Schlußweisen aus dem Endlichen in das Unendliche. Der folgende Beweis geht zwar von der Abzählbarkeit der Variablenmenge aus, doch kann man sich von dieser Voraussetzung leicht befreien. In der allgemeinen Fassung wird er häufig als der *Kompaktheitssatz* bezeichnet.

Endlichkeitssatz für die Erfüllbarkeit. Eine Formelmenge X ist erfüllbar, falls jede endliche Teilmenge von X erfüllbar ist.

Auf ganz einfache Weise kann man zeigen, daß dieser Satz äquivalent ist mit dem

Endlichkeitssatz für das Folgern. Wenn $X \models P$, dann gibt es bereits eine endliche Teilmenge $X' \subseteq X$ mit $X' \models P$.

Letzterer leitet sich wie folgt aus ersterem her: Wenn $X \models P$ so ist offenbar $Y = X \cup \{\neg P\}$ unerfüllbar. Aus dem ersteren Satz ergibt sich die Unerfüllbarkeit einer endlichen Teilmenge $Y' \subseteq Y$, wobei o.B.d.A. $\neg P \in Y'$. Daher ist Y' von der Form $X' \cup \{\neg P\}$ mit $X' \subseteq X$. Die Unerfüllbarkeit von $X' \cup \{\neg P\}$ ergibt aber $X \models P$.

Wird umgekehrt der zweite Satz vorausgesetzt und hat X kein Modell, so ist $X \models 0$ und mithin gibt es schon ein endliches $X' \subseteq X$ mit $X' \models 0$, d.h. es hat dann schon ein endliches $X' \subseteq X$ kein Modell.

Dem Anfänger mag der nachfolgende Beweis des Endlichkeitssatzes etwas weniger einfach vorkommen; daher kann er ihn ohne Nachteil zunächst auch übergehen.

Beweis des Endlichkeitssatzes für die Erfüllbarkeit. Wir erinnern daran, daß $V = \{p_1, p_2, \ldots\}$ und konstruieren nun ein Modell β für X schrittweise wie folgt. Man setze $\beta(p_1) = 1$, wenn jede endliche Teilmenge $X' \subseteq X$ ein Modell hat, welches p_1 den Wert **1** erteilt. Andernfalls sei $\beta(p_1) = 0$. Im letzteren Falle gibt es eine endliche Teilmenge $X_0 \subseteq X$, so daß jedes Modell für X_0 der Variablen p_1 den Wert $0 = \beta(p_1)$ erteilt. Sei $X' \subseteq X$ eine beliebige endliche Teilmenge, dann ist auch $X' \cup X_0$ endlich und hat ein Modell; jedes derartige Modell muß aber p_1 offenbar den Wert **0** erteilen, weil es sich hierbei zugleich um ein Modell für X_0 handelt. Insgesamt ist damit $\beta(p_1)$ so erklärt worden, daß jede endliche Teilmenge $X' \subseteq X$ ein Modell hat, welches p_1 den Wert $\beta(p_1)$ erteilt.

Es sei nun angenommen, daß β für $p_1, \ldots, p_n$ schon definiert ist, und zwar in der Weise, daß jedes endliche $X' \subseteq X$ ein Modell γ hat mit $\gamma(p_i) = \beta(p_i)$, $i = 1, \ldots, n$. Wir zeigen, daß man β so erweitern kann, daß auch $\beta(p_{n+1})$ erklärt ist und die eben genannten Bedingungen auch den Fall $i = n + 1$ einschließen. Man setze $\beta(p_{n+1}) = 1$, wenn jedes endliche $X' \subseteq X$ ein Modell γ hat mit $\gamma(p_i) = \beta(p_i)$ für $i = 1, \ldots, n$, und falls dies nicht der Fall ist, setze man $\beta(p_{n+1}) = 0$. Ganz genau wie im Anfangsschritt zeigt man, daß für jedes endliche $X' \subseteq X$ ein Modell existiert, welches den Variablen $p_1, \ldots, p_{n+1}$ die Werte $\beta(p_1), \ldots, \beta(p_{n+1})$ erteilt. β ist also auf die gewünschte Art erweitert worden und es ist jetzt nur noch eine abschließende Überlegung notwendig, die zeigt, daß β wirklich Modell ist für X. Sei $P \in X$ und sei p_n die Variable mit dem höchsten Index in P.

Gemäß Voraussetzung hat $\{P\}$ ein Modell γ mit $\gamma(p_i) = \beta(p_i)$ für $i = 1, \dots, n$. Wegen $\text{val}_\gamma P = \text{val}_\beta P$ ist also auch β Modell für P. •

Als Beispiel einer einfachen Anwendung beweisen wir den anschaulich evidenten sogenannten

Königschen Graphensatz. Es sei $t = (t, \lhd)$ ein Baum mit der Wurzel U, so daß jeder Knoten nur endlich viele Nachfolger hat. In t möge es beliebig lange endliche Wege geben. Dann gibt es einen unendlichen Weg durch t, der mit U beginnt.

Beweis. Es sei $s_0 = \{U\}$ und s_n die Menge der Knoten, die von U aus durch einen Weg der Länge n erreichbar sind. s_n ist endlich für alle $n \in N$, weil jeder Knoten nur endlich viele Nachfolger hat. Außerdem ist $s_n \neq \emptyset$ für alle $n \in \omega$. Denn wäre z.B. $s_m = \emptyset$, so hätten alle Wege in t höchstens die Länge m, im Gegensatz zur Voraussetzung.

Ein unendlicher von der Wurzel U beginnender Weg w durch den Baum ist offensichtlich durch folgende Eigenschaften gekennzeichnet:

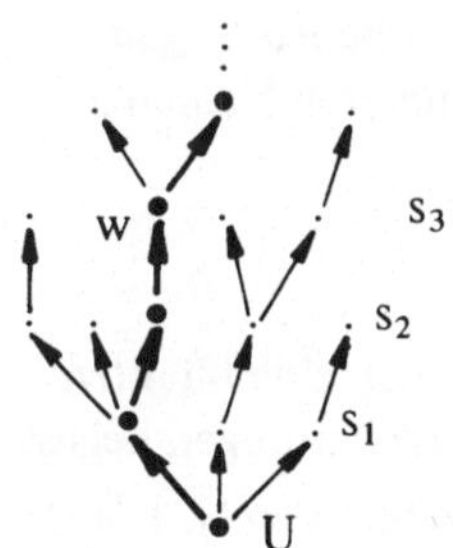

(i) $w \cap s_n$ enthält genau einen Knoten;

(ii) ist S' der Vorgänger von S und $S \in w$, so ist auch $S' \in w$ $(S \in t \setminus \{U\})$.

Um die Existenz einer solchen Teilmenge w zu beweisen, ordnen wir jedem Knoten $S \in t$ genau eine Aussagenvariable p_S zu und betrachten die Menge X aus folgenden Formeln:

$$P_n := \bigvee_{S \in s_n} p_S$$
$$Q_n := \bigwedge_{\substack{S, T \in s_n \\ S \neq T}} \neg (p_S \wedge p_T) \qquad \left. \right\} \quad (n = 0, 1, 2, \dots)$$

$$R_S := p_S \to p_{S'} \qquad (S \in t \setminus \{U\}; \ S' \text{ Vorgänger von } S)$$

Ist β ein X-Modell und setzt man $w = \{S \in t \mid \beta(p_S) = 1\}$, so ist w ein Weg: Die erste Formelzeile besagt, daß w mit jedem s_n $(n \in \omega)$ wenigstens einen gemeinsamen Knoten hat. Die zweite Zeile besagt, daß es höchstens einen gemeinsamen Knoten gibt und die dritte Formelzeile sichert die Bedingung (ii). Um die Existenz eines X-Modells zu zeigen, genügt es, ein Modell β' für jede endliche Teilmenge $X' \subseteq X$ anzugeben. Das aber ist einfach. Sei n die größte Zahl, so daß P_n oder Q_n in X' vorkommt. Man nehme ein $S \in s_n$

und betrachte den von U nach S führenden Weg w_S. Setzt man $\beta'(p_T) = 1$, falls $T \in w_S$, so ist klar, daß β' Modell ist für X'. •

Das Prinzip der Anwendung des Endlichkeitssatzes ist auch in komplizierten Fällen immer dieses: Gesucht ist eine Teilmenge M einer Grundmenge N mit vorgegebenen Eigenschaften. Den Elementen $a \in N$ ordnet man Variable p_a zu und übersetzt die Eigenschaften in aussagenlogische Formeln. Unter Anwendung des Endlichkeitssatzes konstruiert man ein Modell β für die so entstandene Formelmenge und erhält eine gesuchte Menge in all denjenigen $a \in N$, so daß p_a bei β zutrifft. Statt von N kann man auch von ^2N oder ^kN ausgehen und erhält auf diese Weise Relationen mit vorgegebenen Eigenschaften.

Bei Anwendungen auf beliebige (nicht nur abzählbare) transfinite Mengen verwendet man den uneingeschränkten Endlichkeitssatz. Als Beispiel hierfür behandeln wir ein linguistisches Problem, welches übrigens mancherlei andere Interpretationen zuläßt und auch als das „Heiratsproblem" bekannt ist.

Es sei N eine (nichtleere) Menge von *Namen* (linguistischen Objekten) mit *Bedeutungen* in einer Menge B. Ein Name $v \in N$ kann *homonym* sein (d.h. mehrere Bedeutungen in B besitzen), zugleich aber auch *synonym* (bedeutungsgleich) mit anderen Namen aus N sein. Wir gehen von folgenden recht plausiblen Annahmen aus:

(a) Jeder Name $v \in N$ hat nur endlich viele Bedeutungen aus B;

(b) Je k Namen, $k \geqslant 1$, haben mindestens k Bedeutungen.

Die Behauptung ist diese: es gibt eine *Bedeutungsunifizierung* für N, d.h. eine bijektive Abbildung von N auf B, die jedem $v \in N$ eine seiner ursprünglichen Bedeutungen beläßt.

Für endliche Mengen N zeigt man dies durch Induktion über die Anzahl n von N. Die Behauptung ist offensichtlich für $n = 1$. Sei diese nun für alle $k < n$ vorausgesetzt. Man unterscheide zwei Fälle:

1. Je k $(< n)$ Namen haben $k + 1$ Bedeutungen. Man ordne dann einfach einem der Namen eine seiner Bedeutungen zu und verwende die Induktionsvoraussetzung.

2. Es gibt ein $k < n$ und eine Menge M von k Namen mit genau k Bedeutungen. Man ordne jedem $v \in M$ diese Bedeutung zu und überlegt sich leicht, daß von den restlichen $n - k$ Namen je $m \leqslant n - k$ Namen wieder mindestens m Bedeutungen haben, die noch nicht „vergeben" sind. Gemäß Induktionsvoraussetzung hat dann $N \setminus M$ eine Bedeutungsunifizierung, die zusammen mit der schon vorgenommenen Festlegung für M eine solche für N ergibt.

Schließlich wird nun die Behauptung für unendliche Mengen N gezeigt. Man betrachte folgende Formelmenge X:

$$p_{v,a} \vee \ldots \vee p_{v,c} \quad (v \in N;\ a, \ldots, c \text{ die Bedeutungen von } v);$$
$$\neg(p_{v,a} \wedge p_{\mu,b}) \quad ((v, a) \neq (\mu, b);\ v, \mu \in N;\ a, b \in B).$$

Jedes endliche $X' \subseteq X$ hat ein Modell, weil dessen Variable nur endlich viele Namen als Indizes tragen und dieser Fall eben behandelt wurde. Daher hat X ein Modell β, welches einem $v \in N$ genau dann die Bedeutung $b \in B$ erteile, wenn $\beta(p_{v,b}) = 1$. Damit ist die Behauptung allgemein gezeigt.

Übungen

1. Eine Formelmenge A heißt ein *Axiomensystem* für eine Formelmenge X, wenn
   Mod A = Mod X. X heißt *endlich axiomatisierbar,* wenn es ein endliches Axiomensystem für X gibt. Dann gibt es offenbar auch ein Axiomensystem aus einer einzigen
   Formel, der Konjunktion der endlich vielen Formeln von A. Eine Folge $P_1, P_2, \ldots$
   von Formeln heißt *aufsteigend,* wenn $\models P_{n+1} \to P_n$, und *echt aufsteigend,* wenn
   außerdem $\not\models P_n \to P_{n+1}$.

   Zum Beispiel ist die Folge $p_1, p_1 \wedge p_2, p_1 \wedge p_2 \wedge p_3$ echt aufsteigend. Man zeige,
   X ist genau dann nicht endlich axiomatisierbar, wenn X ein Axiomensystem hat,
   das eine echt aufsteigende Folge darstellt. Damit zeige man, daß z.B. die Formelmenge
   $\{p_1, p_1 \to p_2, p_2 \to p_3, \ldots\}$ nicht endlich axiomatisierbar ist.

   Hinweis. Man gehe von einer Aufzählung $Q_1, Q_2, Q_3, \ldots$ aller zu X gehörenden
   Formeln aus und bilde zunächst das aufsteigende Axiomensystem aus den Formeln
   $Q_1, Q_1 \wedge Q_2, Q_1 \wedge Q_2 \wedge Q_3, \ldots$. Dann verwende man den Endlichkeitssatz für das
   Folgern.

2. Es sei $g = (g, \leqslant)$ eine geordnete Menge. Man zeige, es gibt eine *lineare* Ordnung $\leqslant'$
   auf g, die $\leqslant$ erweitert, also

   $$a \leqslant b \Rightarrow a \leqslant' b \quad (a, b \in g).$$

   Da man jede Menge in trivialer Weise als geordnete Menge auffassen kann (nämlich
   die Identitätsrelation ist eine Ordnung), wird durch diesen Beweis auch die Existenz
   linearer Ordnungen für beliebige Mengen bewiesen.

   Hinweis. Man ordne jedem $(a, b) \in {}^2g$ eine Variable $p_{a,b}$ zu und betrachte folgende
   Formelmenge X:

   $$p_{a,b} \quad (a, b \in g, \ a \leqslant b)$$

   $$\left. \begin{array}{l} p_{a,a}; \ p_{a,b} \wedge p_{b,c} \to p_{a,c}; \\ p_{a,b} \vee p_{b,a} \end{array} \right\} \quad (a, b \in g)$$

   Ist β ein X-Modell, setze man $a \leqslant' b$, wenn $\models_\beta p_{a,b}$. Vorher zeige man durch Induktion über die Anzahl, daß jede endliche geordnete Menge eine lineare Erweiterungs-
   ordnung hat. Dann schließe man wie im Text des Abschnitts ausgeführt.

3. *Existenz von Ultrafiltern in Booleschen Algebren.* Der Ultrafilter-Existenzsatz, wie er
   gelegentlich in diesem Buch verwendet wird, besagt: Ist B eine **BA** und $b \in B, b \neq 0$,
   so existiert ein Ultrafilter $U \subseteq B$ (Anhang) mit $b \in U$. Ist B endlich, wähle man ein
   Atom $a \leqslant b$ und betrachte das von a erzeugte Filter $F_a := \{x \in B \mid x \geqslant a\}$, das einen
   Ultrafilter darstellt. Man zeige nun mittels Endlichkeitssatz, daß in jeder $B \in$ **BA** für
   jedes $b \in B, b \neq 0$, ein Ultrafilter $U \subseteq B$ mit $b \in U$ existiert.

   Hinweis. Man betrachte die aus den Variablen p_x $(x \in B)$ gebildete Formelmenge
   $p_1; p_b; p_x \wedge p_y \leftrightarrow p_{x \cap y}; p_x \vee p_y \leftrightarrow p_{x \cup y}; \neg p_x \leftrightarrow p_{\sim x}$ und schließe wie in den
   Beispielen im Text.

§ 5 Interpolation und Definierbarkeit

Man versetze sich in folgende Situation: Es sei A eine elektrodynamische, B eine thermodynamische Aussage und $A \Rightarrow B$ sei wahr. Da A und B sich auf unterschiedliche Begriffssysteme beziehen und nur höchstens solche Begriffe zugleich in A und B vorkommen, die zum allgemeinen Fundament der Physik gehören, ist folgendes naheliegend: Aus A kann zunächst eine Aussage C gefolgert werden, die sich auf allgemein-physikalische Begriffe bezieht. Aus C kann sodann auf B geschlossen werden. Es liegt also nahe, die Existenz einer „interpolierenden" Aussage C zu vermuten, die aber nur Begriffe enthält, die zugleich in A als auch in B vorkommen. In der Tat lassen sich solche Interpolanden in der Aussagenlogik konstruieren. Die aussagenlogischen Interpolationssätze haben auch mancherlei theoretische Anwendungen; sie implizieren Normalform- und Charakterisierungssätze, wie an Beispielen dargelegt wird.

Der einfache Interpolationssatz

$R \in \mathcal{L}$ heiße ein *Interpoland* für das Paar (P, Q), wenn $VR \subseteq VP \cap VQ$ und wenn $\models P \to R$ und $\models R \to Q$. Ist $P = p \wedge q$ und $Q = q \vee r$, so ist z.B. $R = q$ offenbar ein solcher Interpoland. Ist $P = p \wedge q$, Q ganz beliebig mit $\models P \to Q$, und kommt p nicht in Q vor, so kann man $R = q$ wählen.

Der folgende Satz lautet in der Prädikatenlogik analog. Er hat dort jedoch weitreichendere Konsequenzen und ist auch schwieriger zu beweisen. Um bei der Formulierung einschränkende Bedingungen zu vermeiden, ist es bequem anzunehmen, daß die Formeln auch die Symbole *0, 1* enthalten dürfen.

Interpolationssatz I (CRAIG [59]). Es sei $\models P \to Q$. Dann existiert eine Formel R, deren Variablen sowohl in P als auch in Q vorkommen, so daß $\models P \to R$ und $\models R \to Q$.

Beweis durch Induktion über die Anzahl $d(P, Q)$ derjenigen Variablen, die in P, aber nicht in Q vorkommen. Ist $d(P, Q) = 0$ (d.h. kommt jede Variable in P auch Q vor), so genügt es, für R die Formel P zu nehmen.

Es seien nun P, Q Formeln mit $\models P \to Q$ und $d(P, Q) = n + 1$. Sei q eine in P und nicht in Q vorkommende Variable und seien P_0 und P_1 diejenigen Formeln, die aus P durch Ersetzung von q durch *0* bzw. *1* entstehen. Man überprüft sehr einfach, daß $\models P_0 \to Q$ und $\models P_1 \to Q$. Weil $d(P_0, Q)$, $d(P_1, Q) \leqslant n$, dürfen wir die Induktionsvoraussetzung auf die Paare (P_0, Q) und (P_1, Q) anwenden. Danach gibt es Formeln R_0, R_1 mit

(a) $\models P_0 \to R_0$; $\models P_1 \to R_1$ (c) $VR_0 \subseteq VP_0 \cap VQ$

(b) $\models R_0 \to Q$; $\models R_1 \to Q$ (d) $VR_1 \subseteq VP_1 \cap VQ$

Wir behaupten, daß $R = R_0 \vee R_1$ Interpolationsformel für das Paar (P, Q) ist. Offenbar gilt $\models P \to P_0 \vee P_1$ und wegen (a) folgt $\models P_0 \vee P_1 \to R_0 \vee R_1$; also ist $\models P \to R$. Aus (b) folgt außerdem $\models R \to Q$. Ferner ist offenbar $VR \subseteq VP \cap VQ$. $\bullet$

---

[1]) 0, 1 Null- bzw. Einselement von B, siehe Anhang.

Verfolgt man den Beweis, so sieht man, daß er ein konstruktives Verfahren zur Herstellung eines Interpolanden darstellt: Man hat zuerst Interpolanden für (P_0, Q) und (P_1, Q) anzugeben und das Problem damit „vereinfacht".

Übungen

1. Man zeige, ist $\models P \to Q$ und enthalten P und Q keine gemeinsamen Variablen, so ist P unerfüllbar oder Q ist allgemeingültig.

   Hinweis. Das Interpolationstheorem ergibt die Existenz eines Interpolanden, der keine Variablen enthält.

2. Es sei $\models P \to Q$ und P positiv (P enthält nur die Funktoren *0, 1, $\wedge$, $\vee$*). Man zeige die Existenz einer positiven Interpolationsformel. Dasselbe gilt wenn Q positiv ist.

   Hinweis. Man verfolge die Konstruktion der Interpolanden im Beweis des Satzes.

Definierbarkeit

Man denke sich folgende Situation gegeben. Es sei T eine Theorie[1]) und es seien *A, B, C* Aussagen im sprachlichen Rahmen dieser Theorie, so daß in **T** die Aussage $A \leftrightarrow B \vee \neg C$ gilt. Dann kann man sagen, in **T** werde die Aussage *A* durch die Aussagen *B* und *C* *explizit definiert*. Unter diesen Umständen wird in jedem Gegenstandsbereich, welcher die Aussagen von X erfüllt (den sogenannten Modellen von T), die Bedeutung von *A* eindeutig durch die Bedeutung von *B* und *C* festgelegt. Die Frage nach der Umkehrung dieses Sachverhalts ist offenbar eine wichtige wissenschaftstheoretische Frage. Nehmen wir an, die Bedeutung von *A* sei in jedem Modell von T eindeutig durch die Aussagen *B* und *C* festgelegt, kurz, *A* sei implizit durch die Aussagen *B* und *C* definiert. Ist dann *A* schon explizit definierbar? Dies ist unter ziemlich allgemeinen Voraussetzungen tatsächlich der Fall. Im Rahmen der von uns behandelten Aussagenlogik kann man dieses Problem wie folgt präzisieren. Es sei X eine Formelmenge, und q eine in X (genauer, in wenigstens einer Formel von X) vorkommende Variable. V' bezeichne die restlichen Variablen von X (es wird nicht ausgeschlossen, daß V' = $\emptyset$ ist). Die Formelmenge X entspricht der Theorie T in der Vorbetrachtung.

> **Definition.** q heiße *explizit definierbar in X*, wenn es eine Formel Q gibt, so daß $VQ \subseteq V'$ und $X \models q \leftrightarrow Q$.
>
> q heiße *implizit definierbar in X*, wenn für alle $\beta, \beta' \in$ Mod X gilt: ist $\beta p = \beta' p$ für alle $p \in V'$, so ist $\beta q = \beta' q$.

---

[1]) Man denke an eine mathematische oder physikalische Theorie.

Ist q explizit definierbar, so ist q auch implizit definierbar in X. Denn für $\beta, \beta' \in \mathrm{Mod}\, X$ ist $\beta q = \mathrm{val}_\beta\, Q$, $\beta' q = \mathrm{val}_{\beta'}\, Q$, und da Q nur Variablen enthält, auf denen β, β' übereinstimmen, ist $\mathrm{val}_\beta\, Q = \mathrm{val}_{\beta'}\, Q$, also $\beta q = \beta' q$. Der folgende Satz nun besagt, daß auch die Umkehrung gilt:

Definierbarkeitstheorem[1]**.** q ist in X genau dann implizit definierbar, wenn q in X explizit definierbar ist.

Beweis. Wir verwenden den Endlichkeitssatz, da wir keine Voraussetzung darüber machen, ob X endlich ist oder nicht. Bei vorausgesetzter Endlichkeit von X kann man das nachfolgende Argument geringfügig verkürzen. Sei also q implizit in X definierbar. X' entstehe aus X dadurch, daß man in allen Formeln von X die Variable q durch eine neue Variable $q' \notin VX$[2] ersetzt. Die implizite Definierbarkeit von q besagt dann offenbar nichts anderes, als daß $X \cup X' \models q \leftrightarrow q'$. Dann existiert eine endliche Teilmenge $X_0 \subseteq X$, so daß $X_0 \cup X_0' \models q \leftrightarrow q'$. Es sei P die Konjunktion aller Formeln aus X_0, entsprechend sei P' definiert. Offenbar gilt dann $\models P \wedge P' \mathbin{\dot\to} q \to q'$ und durch äquivalente Umformung erhält man hieraus $\models P \wedge q \mathbin{\dot\to} P' \to q'$. Nach dem Interpolationssatz existiert eine Formel Q, die q und q' nicht enthält, so daß $\models P \wedge q \to Q$ und $\models Q \mathbin{\dot\to} P' \to q'$. Letzteres kann nach Rückbenennung der Variablen q' in q auch als $\models Q \mathbin{\dot\to} P \to q$ geschrieben werden. Gleichwertig ist $\models P \mathbin{\dot\to} Q \to q$, also $\{P\} \models Q \to q$, und damit erst recht $X \models Q \to q$.
Aus $\models P \wedge q \to Q$ ergibt sich $\{P\} \models q \to Q$, erst recht also $X \models q \to Q$. Insgesamt haben wir damit die Behauptung $X \models q \leftrightarrow Q$. $\bullet$

Übungen

1. Man überzeuge sich, daß die Variable q in der Formelmenge

$$X = \{\, q \vee \neg\, p_1\,;\ q \vee \neg\, p_2\,;\ \neg\, q \vee p_1 \vee p_2 \,\}$$

implizit definierbar ist. Ferner gebe man eine Formel $Q = Q(p_1, p_2)$ an, so daß

$$X \models q \leftrightarrow Q\,.$$

Hinweis. Man suche zuerst alle Tripel (x_1, x_2, y) von Wahrheitswerten, so daß die Belegung β mit $\beta p_1 = x_1$, $\beta p_2 = x_2$, $\beta q = y$ Modell ist für X. Anhand dieser Tabelle läßt sich die definierende Formel Q erraten. Natürlich kann man auch die explizite Prozedur wählen, die durch das Interpolationstheorem angegeben wird.

2. Es seien die Voraussetzungen des Definierbarkeitstheorems erfüllt, und X sei ein positives Axiomensystem. Man zeige, daß ein positives Q existiert mit $X = q \leftrightarrow Q$.

Hinweis. Man verfolge genau den Beweis des Definierbarkeitstheorems und beachte Übung 2 Seite 47.

---

[1]) BETH [53]. Der BETHsche Satz gilt auch für die Prädikatenlogik, ist dort allerdings weniger einfach zu beweisen.

[2]) VX (oder V(X)) := Menge der in X vorkommenden Variablen. O.B.d.A. $VX \neq V$. Für q' wähle man z.B. neue Variable p_0.

Ein allgemeiner Interpolationssatz und Anwendungen

Man kann den Interpolationssatz so formulieren, daß aus ihm zusammen mit dem Endlichkeitssatz fast alle bisherigen Resultate als Folgerungen zu gewinnen sind. Dazu gehört die Existenz von Normalformen ebenso wie gewisse Varianten und Verschärfungen des Interpolationssatzes I.

Im folgenden bedeute $X \models Y$ abkürzend, daß $X \models P$ für alle $P \in Y$. Mit $X^\vee$ bzw. $X^\wedge$ sei die Menge aller Disjunktionen bzw. Konjunktionen bezeichnet, die aus den Formeln von X aufgebaut sind. Wir erinnern außerdem an folgende Schreibweise: $\alpha \leqslant_U \beta$, wenn $\models_\alpha P \Rightarrow \models_\beta P$ für alle $P \in U$. Ist z.B. U die Menge aller Variablen, so ist $\alpha \leqslant_U \beta$ genau dann, wenn $\alpha \leqslant \beta$, d.h. wenn $\alpha(p) \leqslant \beta(p)$ für alle $p \in V$.

1. Interpolationssatz II. Es seien X, Y, Z, U Formelmengen, und $0, 1 \in U$. Für alle $\alpha, \beta \in \mathrm{Mod}\, X$ gelte: wenn $\alpha \in \mathrm{Mod}\, Y$ und $\alpha \leqslant_U \beta$ so ist $\beta \in \mathrm{Mod}\, Z$. Dann existiert eine Menge $W \subseteq U^\vee$, so daß $X; Y \models W$ und $X; W \models Z$.

Beweis. Es sei $W = \{P \in U^\vee \mid X; Y \models P\}$. Wir behaupten, W leistet das Verlangte. Offenbar ist $X; Y \models W$. Wir werden nun die Annahme $X; W \not\models Z$ in mehreren Schritten zum Widerspruch führen.

Sei also die Existenz eines X-Modells β angenommen, das auch W-Modell, jedoch kein Z-Modell ist. Man setze

$$N = \{\neg Q \mid Q \in U \text{ und } \models_\beta Q\}.$$

Zuerst zeigen wir, daß $X; Y; N$ unerfüllbar ist. Andernfalls sei $\alpha \in \mathrm{Mod}\, X \cap \mathrm{Mod}\, Y \cap \mathrm{Mod}\, N$. Es ist $\alpha \leqslant_U \beta$; denn ist $P \in U$ und $\models_\alpha P$, so ist $\models_\beta P$, weil andernfalls $\neg P \in N$, d.h. $\models_\alpha \neg P$.

Nun ist $\alpha \in \mathrm{Mod}\, Y$ und daher ist nach der Voraussetzung des Satzes $\beta \in \mathrm{Mod}\, Z$ entgegen der Wahl von β. Also ist in der Tat $X; Y; N$ unerfüllbar.

Nach dem Endlichkeitssatz gibt es – weil $N \neq \emptyset$ – ein $n \in \omega$ und Formeln $\neg Q_0, \ldots, \neg Q_n \in N$, so daß $X; Y; \neg Q; \ldots; \neg Q_n$ unerfüllbar ist, also $X; Y \models R$ mit $R := Q_0 \vee \ldots \vee Q_n$. R gehört damit zu W, also $\models_\beta R$. Dies aber widerspricht der Tatsache $\not\models_\beta Q_i$ für $i = 0, \ldots, n$. Damit ist der gewünschte Widerspruch konstruiert. ●

Wir leiten daraus nacheinander eine Reihe von Folgerungen her. Zunächst ist folgendes klar:

Es sei A ein positives Axiomensystem für Y. Dann ist $\mathrm{Mod}\, A = \mathrm{Mod}\, Y$ abgeschlossen gegenüber Modellerweiterung: ist $\alpha \in \mathrm{Mod}\, Y$ und $\alpha \leqslant \beta$, so ist $\beta \in \mathrm{Mod}\, Y$.

Es zeigt sich nun, daß auch umgekehrt jede Menge Y, deren Modellmenge gegenüber Modellerweiterung abgeschlossen ist, stets ein positives Axiomensystem A besitzt. Um diese Behauptung als Korollar aus dem Interpolationssatz II zu erhalten, setze man dort $X = \emptyset$ und $Z = Y$. Ferner sei U die Menge aller Variablen, zuzüglich $0, 1$. Dann sind die Voraussetzungen zur Anwendung des Interpolationssatzes II erfüllt, also existiert eine Menge $W \subseteq U^\vee$ mit $Y \models W$ und $W \models Y$. $A = W$ ist das gesuchte Axiomensystem.

2. Interpolationssatz II $'$. Es seien X, U Formelmengen, P, Q Formeln. Für alle X-Modelle α, β mit $\alpha \leqslant_U \beta$ gelte: wenn $\models_\alpha P$, so $\models_\beta Q$. Dann existiert eine Formel $R \in U^{\vee\wedge}$, so daß $X \models P \to R$ und $X \models R \to Q$.

Beweis. Man setze im Interpolationssatz II $Y = \{P\}$, $Z = \{Q\}$. Dann ist $X;P \models W$ und $X;W \models Q$ für eine Menge $W \subseteq U^\vee$. Mit dem Endlichkeitssatz ergeben sich endlich viele Formeln $R_1, \ldots, R_n \in W$ mit $X;R_1;\ldots;R_n \models Q$, also $X \models R \to Q$ für $R = R_1 \wedge \ldots \wedge R_n \in U^{\vee\wedge}$. Wegen $X;P \models R$ gilt natürlich auch $X;P \models R$, also $X \models P \to R$.

3. Existenz der konjunktiven Normalform. Es sei P eine vorgegebene Formel. Man setze in Satz II$'$ $P = Q$. Ferner sei $X = \emptyset$ und U die Menge aller in P vorkommenden Variablen und deren Negationen. Dann ist leicht zu sehen, daß $\alpha \leqslant_U \beta$ genau dann, wenn $\alpha(p) = \beta(p)$ für alle in P vorkommenden Variablen p. Die Voraussetzung $\models_\alpha P \Rightarrow \models_\beta Q$ ist trivialerweise erfüllt. Die Behauptung ergibt eine Formel $R \in U^{\vee\wedge}$ mit $\models P \to R$ und $\models R \to P$. Offenbar ist R eine zu P äquivalente konjunktive Normalform.

4. Interpolationssatz I. Sei $X \models P \to Q$. U enthalte *0, 1,* sowie alle zugleich in P und Q vorkommenden Variablen und deren Negationen. Da α und β sich nur in den Werten der nicht gleichzeitig in P und Q vorkommenden Variablen voneinander unterscheiden, ist $\models_\alpha P \Rightarrow \models_\beta Q$ erfüllt (man ändere α zu β in zwei Schritten ab). Dann ergibt Interpolationssatz II$'$ die Existenz einer Formel $R \in U^{\vee\wedge}$ mit $\models P \to R$, $\models R \to Q$.

Übungen

1. *Existenz einer negationsfreien Normalform.* Ist P eine Formel, die invariant ist bei Modellerweiterung, so existiert eine zu P äquivalente positive konjunktive Normalform P' ($\neg$ kommt nicht vor). Man beweise dies durch geeignete Festlegungen im Interpolationssatz II$'$.

2. Es sei q eine Variable, die in einer nur mit $\neg, \wedge, \vee$ aufgebauten Formel P an einer gewissen Stelle vorkommt. Man sagt, q kommt an dieser Stelle *positiv* vor, wenn die Anzahl derjenigen Teilformeln von P, die mit $\neg$ beginnen und diese Stelle enthalten, eine gerade Zahl ist.

   Ersetzt man in dieser Definition „gerade" durch „ungerade", so hat man die Definition für das *negative* Vorkommen. Zum Beispiel kommt p in $\neg(p \wedge \neg(q \vee \neg(q \vee p)))$ an der ersten Stelle des Vorkommens negativ und an der zweiten Stelle des Vorkommens positiv vor. Man sagt q komme nur positiv (bzw. negativ) in P vor, wenn q an allen Stellen positiv (bzw. negativ) vorkommt.

   Man beweise die folgende Verschärfung des Interpolationssatzes:

   Es seien P und Q Formeln in $\neg, \wedge, \vee$ *und* $\models P \to Q$. *q sei eine in P und Q vorkommende Variable, die aber in P nur positiv und in Q nur negativ vorkommt. Dann gibt es einen Interpolanden R für das Paar P, Q, der q nicht enthält. Dasselbe gilt, wenn q in P nur negativ und in Q nur positiv vorkommt.*

   Hinweis. Ist p in P nur positiv so $\mathrm{val}_\beta P \leqslant \mathrm{val}_{\beta'} P$, falls $\beta(p) \leqslant \beta'(p)$ und $\beta(q) = \beta'(q)$ für alle übrigen Variablen q. Man wähle im Interpolationssatz II$'$ U passend.

Algebraische Fassung des Definierbarkeitstheorems

Unabhängig vom Interpolationstheorem wollen wir das Definierbarkeitstheorem noch einmal in algebraischer Weise formulieren und beweisen. Dies geschieht vor allem im Hinblick auf Verallgemeinerungen für nichtklassische Logiken. Die explizite Ausführung dieser Verallgemeinerungen überlassen wir allerdings dem Leser, da uns des Umfangs wegen gewisse Grenzen gesetzt sind.

Rufen wir uns noch einmal die Ausgangssituation ins Gedächtnis. Danach ist eine Formelmenge X vorgegeben, die eine Variable q, sowie eventuell weitere in einer Menge V' zusammengefaßte Variable enthält. Wir identifizieren jetzt die mod X äquivalenter Formeln (d.h. wir fassen diese zu Klassen zusammen). Dementsprechend rechnen wir jetzt mit den Elementen $\overline{P}$ der Booleschen Algebra $\Xi := \Theta/X$, anstatt mit Formeln. Offenbar bedeutet die explizite Definierbarkeit von q in X dieses: q liegt in der Subalgebra $\Xi \langle E \rangle$, wobei $E := \{ \overline{p} \in \Xi \mid p \in V' \}$ (siehe Anhang für Notation). Analog läßt sich nun auch die implizite Definierbarkeit beschreiben. Für $\beta \in \text{Mod } X$ sei $U_\beta := \{ \overline{P} \in \Xi \mid \models_\beta P \}$. Nun sieht man leicht, U_α hat die Eigenschaften $[k \setminus] - [k \cup]$ am Schluß des Anhangs, durch welche gerade die Ultrafilter in Ξ gekennzeichnet sind. Ein beliebiges Ultrafilter $U \subseteq \Xi$ bestimmt umgekehrt auch ein Modell β für X, so daß $U_\beta = U$. $\beta: \beta p = 1 \iff p \in U$ leistet nämlich das verlangte, wie man leicht ausrechnet. Damit stellt sich die implizite Definierbarkeit von q in X wie folgt dar: Ist $U \cap E = U' \cap E$ für alle Ultrafilter $U, U' \subseteq \Xi$, so ist $\overline{q} \in U \iff \overline{q} \in U'$. Nun formulieren wir einen algebraischen Satz, der für $B = \Xi$ genau die Äquivalenz der expliziten mit der impliziten Definierbarkeit besagt:

Satz. Sei B eine Boolesche Algebra und $E \subseteq B$. Dann sind für $a \in B$ die folgenden Eigenschaften äquivalent:

(i) $a \in B \langle E \rangle$

(ii) Ist $U \cap E = U' \cap E$, so ist $a \in U \iff a \in U'$ (U, U′ Ultrafilter in B).

Beweis. (i) $\Rightarrow$ (ii) durch Induktion über den Erzeugungsgrad von a in $B \langle E \rangle$. Ist a 0-stufig erzeugt (d.h. $a \in E$, so ist die Behauptung klar. Ferner ist

$\setminus a \in U$ gdw $a \notin U$ (Eigenschaft $[k \setminus]$)

            gdw $a \notin U'$ (Induktionsvoraussetzung)

            gdw $\setminus a \in U'$.

Analog behandelt man die übrigen Induktionsschritte. Sei nun $a \notin B \langle E \rangle$ vorausgesetzt. Wir zeigen (ii) ist verletzt. Man betrachte $F := \{ x \in B \mid a \leqslant b \leqslant x$ für gewisses $b \in B \langle E \rangle \}$. F ist Filter, d.h. F hat die Eigenschaften (i): $1 \in F$, (iii): $x, y \in F \Rightarrow x \cap y \in F$ und (iv): $y \geqslant x \in F \Rightarrow y \in F$. Dies ist einfach nachzurechnen. Es ist $a \notin F$, sonst wäre $a \in B \langle E \rangle$. Also existiert ein Ultrafilter $U \subseteq F$ mit $a \notin U$. Sei $D = U \cap B \langle E \rangle$. Es genügt zu zeigen, daß ein Ultrafilter $U' \supseteq D \cup \{ a \}$ existiert, denn dann ist (ii) verletzt. Dazu ist nur zu zeigen, $b \cap a \neq 0$ für alle $b \in D$. Andernfalls wäre $a \subseteq \setminus b$, also $\setminus b \in F \subseteq U$. Dies ist wegen $b \in U$ aber unmöglich. $\bullet$

Es gibt auch andersartige algebraische Kriterien für Interpolations- und Definierbarkeitseigenschaften. Wir erwähnen z.B. die sogenannte Almagationseigenschaft. Für interessante Anwendungen und weitere Literaturhinweise sie auf MAXIMOVA [77] verwiesen.

Übungen

1. Sei $A \in \mathbf{BA}$. $E \subseteq A$ heißt *Basis für* A, wenn $A = A\langle E\rangle$. Man zeige die Äquivalenz von

   (i) E ist Basis für A

   (ii) $U \cap E = U' \cap E \Leftrightarrow U = U'$ (U, U' Ultrafilter in A).

   Hinweis. Spezialfall des Satzes im Abschnitt.

2. Ist A Verband, $E \subseteq A$, so heiße $F\langle E\rangle := \{x \in A \mid x \geqslant e_1 \cap \ldots \cap e_n$ für gewisse $e_1, \ldots, e_n \in E\}$ das von E in A erzeugte Filter (vgl. Anhang). Sei $B \subseteq A$ abgeschlossen bzgl. $\cap$, sowie $a, b \in A$. Man zeige die Äquivalenz von

   (i)   es gibt eine $c \in B$ mit $a \leqslant c \leqslant b$[1])

   (ii) $b \in F\langle D\rangle$, $D := \{x \in B \mid x \geqslant a\}$.

3. Sei $A \in \mathbf{BA}$, B eine bzgl. $\cap$ abgeschlossene Teilmenge, sowie $a \in A$. Man zeige die Äquivalenz folgender Bedingungen

   (i) $a \in B$

   (ii) Ist U Ultrafilter in A mit $b \in U$ für alle $b \in B$, $b \geqslant a$, so ist $a \in U$.

   Hinweis. Setze $a = b$ in Übung 2.

---

[1]) Für $a = b$ entsteht aus diesem Interpolationskriterium ein Definierbarkeitskriterium. Für zahlreiche Anwendungen in der Modelltheorie sei auf HERRE/RAUTENBERG [70] verwiesen. Für Anwendungen auf Definierbarkeitsfragen in konservativen Erweiterungen der klassischen Logik siehe DAHN [75].

Kapitel II
Aussagenlogische Kalküle und Einführung in die Theorie der deduktiven Systeme

Es erhebt sich die Frage, ob man die aussagenlogischen Tautologien, und allgemeiner, die logischen Konsequenzen einer vorgegebenen Menge X mittels gewisser Regeln schrittweise herleiten kann. Damit hätte man einen Kalkül, d.h. eine mechanisierbare Verfahrensvorschrift zur Herleitung logischer Folgerungen. Dies ist nun in der Tat auf vielfältige Weise möglich und man kennt eine Vielzahl sogenannter Logik-Kalküle. Die Bedeutsamkeit der Darstellung logischer Schlußweisen durch Kalküle sieht man z.B. an folgenden Konsequenzen: Wenn das Folgern durch ein deduktives System mit endlich vielen Schlußregeln zu charakterisieren ist, so heißt dies, daß die Vielfalt der Möglichkeit, logische Schlüsse auszuführen, in Wirklichkeit nur eine scheinbare ist; jeder logische Schluß läßt sich in Einzelschritte zerlegen, die aus einer endlichen Menge von Grundschlüssen stammen. Folgern kann demnach als ein mechanisierbarer Prozeß verstanden werden. Man kann es als eine *ars inveniendi* im Sinne von LEIBNIZ darstellen: Ein Kalkül *erzeugt* oder *axiomatisiert* die aus einer Menge X folgenden logischen Konsequenzen.

Nebenbei sei bemerkt, daß die Axiomatisierbarkeit den Endlichkeitssatz für das Folgern impliziert. Die Herleitung einer Formel mittels Schlußregeln vollzieht sich in endlich vielen Schritten; daher können auch nur endliche viele Formeln im Verlaufe dieser Ableitung verwendet worden sein (vgl. § 2).

Im Zusammenhang mit der Kennzeichnung des aussagenlogischen Folgerns und der logischen Tautologien durch Kalküle spricht man häufig vom *Aussagenkalkül*. Das Wort wird nicht immer eindeutig verwendet. Einige Autoren betrachten jedweden Umgang mit aussagenlogischen Formeln, z.B. das äquivalente Umformen, als Teil des Aussagenkalküls.

§ 1 behandelt den Tableau-Kalkül für die klassische Aussagenlogik. Für die nichtklassischen Systeme der Aussagenlogik liefern seine Verallgemeinerungen sehr einfache Entscheidungsverfahren über die Gültigkeit von Formeln in den betreffenden Systemen. Auch der klassische Tableau-Kalkül stellt ein besonders einfaches Entscheidungsverfahren für die klassische Gültigkeit bzw. Erfüllbarkeit dar.

Tableau-Kalküle sind Beispiele einer *ars iudicandi* im Sinne von LEIBNIZ. Sie stehen in engem Zusammenhang mit der Programmierung logisch-kombinatorischer Probleme auf Rechenanlagen und sind zugleich wichtiges Hilfsmittel einer noch jungen *Theorie des automatischen Beweisens*. Die Tableau-Technik geht auf BETH [59] zurück.

§ 2 behandelt zuerst den Kalkül des natürlichen Schließens, anschließend einen der bekannten Axiom-Regel-Kalküle. Die Adäquatheit wird zuerst durch Reduktion auf den Tableau-Kalkül bewiesen, und noch einmal in § 3 im Rahmen einer recht allgemeinen Theorie über deduktive Systeme. Damit erledigen wir bereits die Hälfte der Adäquatheitsbeweise vieler nichtklassischer Kalküle hinsichtlich der Konzepte der relativistischen Semantik.

Mit der von A. TARSKI begründeten Theorie der deduktiven Systeme befassen wir uns in § 3, und diese Untersuchungen werden in den §§ 4, 5 fortgesetzt. Hier findet der Leser manches, was in traditionellen Lehrbüchern noch nicht enthalten ist. Wir werden die Theorie der deduktiven Systeme später zum Beweis von Repräsentationssätzen für wichtige Klassen logischer Matrizen ausnutzen.

Der Inhalt dieses Kapitels ist durchweg einfach, auch wenn die Darstellung ab § 3 eine abstraktere Form annimmt. Die dort in allgemeiner Weise diskutierten Konsequenzrelationen sind die Grundlage einer universellen Metalogik und spielen in den weiteren Darlegungen eine wichtige Rolle. Dies erscheint plausibel, wenn man folgendes bedenkt: Sowohl in der klassischen als auch in nichtklassischen Logiken interessiert man sich nicht nur für die betreffenden Logiken im engeren Sinne, d.h. für die Menge ihrer Tautologien, sondern ebenso für die *Konsequenzen aus gewissen Annahmen auf der Grundlage der betreffenden Logik.* Meist hat man es mit Konsequenzrelationen zu tun, die dem Endlichkeitssatz genügen. Diese heißen bei uns *deduktive Systeme,* weil sie sich stets formal durch gewisse Regelsysteme darstellen lassen.

§ 1 Der klassische Tableau-Kalkül

Wir schreiben ef X *(ef* von *erfüllbar),* wenn eine Formelmenge X ein Modell hat. Ferner schreiben wir abkürzend ef X;P anstelle von ef $(X \cup \{P\})$ und ef P anstelle von ef $\{P\}$.

Im folgenden sei $\neg, \wedge, \vee$ die Funktorbasis. Man kann jedoch auch eine andere Funktorbasis wählen. Den Pfeil haben wir der Kürze und Übersichtlichkeit wegen zunächst weggelassen.

Offenbar hat ef die folgenden Eigenschaften:

$(E\,\neg\,\neg)$ Wenn ef X; $\neg\,\neg$ P,   so   ef X; P

$(E\,\wedge)$ Wenn ef X; P $\wedge$ Q,   so   ef X; P; Q

$(E\,\vee)$ Wenn ef X; P $\vee$ Q,   so   ef X; P   oder   ef X; Q

$(E\,\neg\,\wedge)$ Wenn ef X; $\neg$ (P $\wedge$ Q), so   ef X; $\neg$ P   oder   ef X; $\neg$ Q

$(E\,\neg\,\vee)$ Wenn ef X; $\neg$ (P $\vee$ Q), so   ef X; $\neg$ P; $\neg$ Q

Diesen Eigenschaften kann man nun als Umformungsregeln endlicher Formelmengen Y verstehen, weil sie jeweils eine Formel aus Y „verkürzen" und damit das Problem der Erfüllbarkeit von Y auf dasjenige einfacherer Formelmengen reduzieren. Auf dieser Idee beruht der mit endlichen Formelmengen operierende Tableau-Kalkül.

Beispiele von Tableaus

Bevor wir den Kalkül präzisieren, sei seine Technik an einem simplem Beispiel demonstriert. Wir wollen die Unerfüllbarkeit von $R = \neg$ (P $\wedge$ Q $\vee \neg$ P $\vee \neg$ Q) und damit die Allgemeingültigkeit von P $\wedge$ Q $\vee \neg$ P $\vee \neg$ Q beweisen.

Man betrachte den folgenden abwärts gerichteten Formelbaum mit der Wurzel $\{R\}$. Unter einem *Formelbaum* sei ein endlicher Baum verstanden, dessen Knoten endliche Formelmengen sind. Dabei schreiben wir abkürzend $P_1 ; \ldots ; P_n$ für $\{P_1, \ldots, P_n\}$.

$$\neg\,((\neg P \vee \neg Q) \vee (P \wedge Q))$$
$$|$$
$$\neg\,(\neg P \vee \neg Q) \;;\; \neg\,(P \wedge Q)$$

$$\neg\,(\neg P \vee \neg Q); \neg P \qquad\qquad \neg\,(\neg P \vee \neg Q); \neg Q$$
$$| \qquad\qquad\qquad\qquad\qquad\qquad |$$
$$\neg\,\neg P; \neg\,\neg Q; \neg P \qquad\qquad \neg\,\neg P; \neg\,\neg Q; \neg Q$$

Dieser Formelbaum, der ein Beispiel eines sogenannten Tableaus darstellt, ist wie folgt entstanden:

Der Übergang von der Wurzel zum Nachfolgeknoten entspricht einer Umformung gemäß Eigenschaft $(E\,\neg\,\vee)$. Der Übergang zu dessen beiden Nachfolgeknoten entspricht $(E\,\neg\,\wedge)$. Von diesen Knoten gelangt man zu den Endknoten gemäß einer Umformung, die in beiden Fällen der Eigenschaft $(E\,\neg\,\vee)$ entspricht.

Wenn man nun annimmt, R sei erfüllbar, dann ist gemäß $(E\,\neg\,\vee)$ auch der Nachfolgeknoten erfüllbar. Daraus folgt gemäß $(E\,\neg\,\wedge)$, daß wenigstens einer von dessen beiden Nachfolgeknoten erfüllbar ist. Ist dies der linke, so ist auch der linke Endknoten erfüllbar.

Dies ist nun aber offenbar unmöglich, denn der Endknoten enthält eine Formel zugleich mit ihrer Negation. Zu genau demselben Widerspruch gelangt man, wenn man die rechte Verzweigung betrachtet.

Damit hat sich die Annahme, R sei erfüllbar, als falsch verwiesen. Wir werden gleich sehen, daß dieses Verfahren stets funktioniert: Ist $\models P$, also $\neg P$ unerfüllbar, dann erhält man ein Tableau mit der Wurzel $\neg P$, so daß jeder Endknoten mindestens eine Formel zugleich mit ihrer Negation enthält. Ist dagegen $\not\models P$, also ef $\neg P$, so gelangt man zu wenigstens einem Endknoten, der nicht von der angegebenen Art ist und darüberhinaus die Konstruktion eines Modells für P ermöglicht. Auch dafür sei ein Beispiel gegeben.

Sei $P = p \vee q \rightarrow p$. Dann ist $\neg P \equiv p \vee q \wedge \neg p$. Man erhält das Tableau

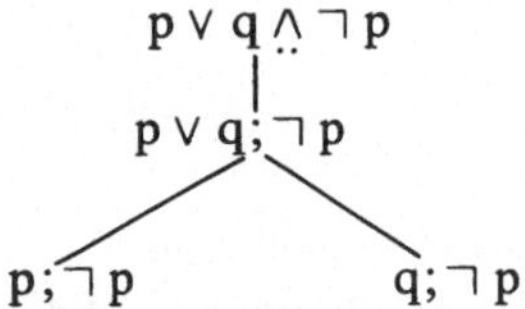

Der rechte Endknoten hat offenbar ein Modell β mit $\beta(q) = 1$, $\beta(p) = 0$. β erfüllt offenbar auch jeden Knoten auf dem Rückweg von rechten Endknoten bis zur Wurzel, insbesondere die Formel P. Man beachte dabei, daß die Implikationen $(E \neg \neg)–(E \neg \vee)$ sämtlich umkehrbar sind.

Übungen

1. Man beweise die Allgemeingültigkeit von $\neg (\neg (\neg p \vee q) \vee p) \vee p$ durch die Aufstellung eines Tableaus für die Negation dieser Formel.
2. Man konstruiere ein Tableau für die Formel $P = \neg (p \vee q \rightarrow p \vee q \rightarrow p)$ und mit dessen Hilfe ein Modell für P.

Der Tableau-Kalkül

Ausgehend von dem bisher gesagten werden wir jetzt den Tableau-Kalkül für die klassische Aussagenlogik beschreiben. Der Kürze wegen beschränken wir die Betrachtung auf die Funktorbasis $\neg, \wedge, \vee$.

Zuallererst führen wir eine wichtige Redeweise ein: Eine Formelmenge heißt *geschlossen*, wenn sie mindestens eine Formel zugleich mit ihrer Negation enthält.

Sei nun X_0 eine endliche Formelmenge in $\neg, \wedge, \vee$.

Definition. Ein endlicher binärer Baum τ, dessen Knoten endliche Formelmengen sind, heißt ein *Tableau für* X_0, falls gilt:

(i) X_0 ist Wurzel von τ,

(ii) der Übergang von einem Knoten zu dem nachfolgenden bzw. den beiden nachfolgenden vollzieht sich ausschließlich gemäß einer der folgenden Regeln:

$$(\neg)\ \frac{X; \neg\neg P}{X; P}$$

$$(\wedge)\ \frac{X; P \wedge Q}{X; P; Q} \qquad\qquad (\neg\wedge)\ \frac{X; \neg(P \wedge Q)}{X; \neg P \mid X; \neg Q}$$

$$(\vee)\ \frac{X; P \vee Q}{X; P \mid X; Q} \qquad\qquad (\neg\vee)\ \frac{X; \neg(P \vee Q)}{X; \neg P; \neg Q}\,,$$

(iii) geschlossene Knoten sind Endknoten,

(iv) auf nichtgeschlossene Endknoten von τ ist eine weitere Anwendung der Regeln unmöglich.

Ein Tableau τ heißt *geschlossen,* wenn sämtliche Endknoten von τ geschlossen sind.

Es ist klar, daß ein nichtgeschlossener Endknoten Y nur aus Primärformeln (Variablen und deren Negationen) besteht, denn andernfalls könnte man auf Y eine der Tableauregeln zum weiteren Abbau anwenden. Die Verwendung dieser Regeln beim Übergang zu dem oder den Nachfolgeknoten ist wie folgt zu verstehen: Hat ein Knoten Y z.B. die Gestalt $X; P \wedge Q$, dann kann ein Nachfolgeknoten der Gestalt $X; P; Q$ gebildet werden. Hat Y die Gestalt $X; \neg(P \wedge Q)$, dann können zwei Nachfolgeknoten $X; \neg P$ und $X; \neg Q$ gebildet werden.

Man hat sich bei der Bildung eines bzw. zweier Nachfolgeknoten aber auf die Anwendung jeweils *einer* Regel zu beschränken. Sind mehrere Regeln anwendbar, so ist eine beliebig auszuwählen.

Beispiele für Tableaus wurden schon im ersten Abschnitt gegeben. Es ist unmittelbar einzusehen, daß für jede endliche Formelmenge X wenigstens ein Tableau für X existiert, weil ja die Formeln von X beim Abarbeiten gemäß den angegebenen Regeln allmählich verkürzt werden. Man gelangt entweder zu geschlossenen Endknoten, oder zu Endknoten die aus Primärformeln bestehen und auf die dann eine weitere Anwendung der angegebenen Regeln nicht mehr möglich ist.

Aus dem ersten Beispiel war schon ersichtlich, daß die geschlossenen Tableaus eine besondere Rolle spielen. Im folgenden ist jetzt zunächst nur von endlichen Formelmengen X, Y, … die Rede.

> **Definition.** X heißt *konsistent* in Tableau-Kalkül, kurz T-*konsistent*, wenn kein Tableau für X geschlossen ist; andernfalls, (d.h. wenn ein geschlossenes Tableau für X existiert), heißt X T-*inkonsistent*. Eine Formel P heißt *beweisbar im* T-*Kalkül*, kurz T-*beweisbar*, wenn $\{\neg P\}$ T-inkonsistent ist.

Es ist anschaulich ziemlich klar, daß die T-konsistenten Formelmengen mit den erfüllbaren Mengen übereinstimmen. Daß dies tatsächlich zutrifft, ist der Inhalt des sogenannten Adäquatheitstheorems für den T-Kalkül. Daraus folgt sofort, daß eine Formel P dann und nur dann T-beweisbar ist, wenn sie allgemeingültig ist. Die T-Beweisbarkeit von P bedeutet ja definitionsgemäß die T-Inkonsistenz von $\neg P$ nach dem Adäquatheitstheorem also die Unerfüllbarkeit von $\neg P$. Letzteres aber ist gleichwertig mit $\models P$.

Übungen

1. Man zeige, ist τ ein Tableau und ist ein Knoten Y erfüllbar, so ist auch der Nachfolgeknoten (falls genau einer existiert) bzw. einer der beiden Nachfolgeknoten erfüllbar. Ist umgekehrt der Nachfolgeknoten oder wenigstens einer der beiden Nachfolgeknoten von Y erfüllbar, so ist Y erfüllbar.

2. $P \rightarrow Q$ werde auf der Basis von $\neg, \wedge, \vee$ wie üblich eingeführt, $P \rightarrow Q := \neg P \vee Q$. Man führe die Verwendbarkeit der beiden „Abbauregeln"

$$(\rightarrow)\ \frac{X; P \rightarrow Q}{X; \neg P \mid X; Q} \qquad\qquad (\neg \rightarrow)\ \frac{X; \neg (P \rightarrow Q)}{X; P; \neg Q}$$

auf die angegebenen Regeln zurück. Auch für $\leftrightarrow$ kann man Abbauregeln verwenden, nämlich

$$(\leftrightarrow)\ \frac{X; P \leftrightarrow Q}{X; P; Q \mid X; \neg P; \neg Q} \qquad\qquad (\neg \leftrightarrow)\ \frac{X; \neg (P \leftrightarrow Q)}{X; P; \neg Q \mid X; Q; \neg P}$$

3. Man zeige, daß folgende Formeln T-beweisbar sind:

$$P \vee \neg P; \quad P \wedge Q \rightarrow P; \quad \neg (P \wedge Q) \leftrightarrow \neg P \vee \neg Q$$
$$\neg (P \vee Q) \leftrightarrow \neg P \wedge \neg Q; \quad P \rightarrow (Q \rightarrow R) \overset{..}{\rightarrow} (P \rightarrow Q) \rightarrow (P \rightarrow R)$$

Adäquatheit des T-Kalküls

Wir zeigen nun den schon angekündigten

Adäquatheitssatz für den T-Kalkül. Eine endliche Formelmenge X ist T-konsistent genau dann, wenn X erfüllbar ist.

Beweis. Zunächst zeigen wir, daß eine erfüllbare Formelmenge X T-konsistent ist; diesen Teil der Aussage des Satzes bezeichnet man als die *Korrektheit* des T-Kalküls.

Sei τ ein beliebiges Tableau für X, und Y ein erfüllbarer Knoten in τ, der kein Endknoten ist. Hat Y nur einen Nachfolger Y', so ist offenbar auch Y' erfüllbar. Hat Y zwei Nachfolger Y' und Y'', so ist wenigstens einer dieser beiden Nachfolger erfüllbar. Daraus ergibt sich offenbar, daß in τ ein Weg von der erfüllbaren Wurzel X über lauter erfüllbare Knoten bis zu einem erfüllbaren Endknoten führt. Nun kann ein erfüllbarer Endknoten natürlich nicht geschlossen sein, also ist τ nicht geschlossen. Damit ist gezeigt, daß eine erfüllbare Menge X T-konsistent ist.

Um die andere Richtung zu beweisen, nehmen wir an, die Formelmenge X sei T-konsistent. Sei τ ein Tableau für X, in welchem dann ja ein nichtgeschlossener Endknoten Y aus Primärformeln vorhanden sein muß.

Man definiere eine Belegung β wie folgt:

$$\beta(p) = \begin{cases} 1, & \text{wenn } p \in Y \\ 0 & \text{sonst .} \end{cases}$$

β ist offenbar ein Modell für Y. Man betrachte den vom Endknoten Y nach der Wurzel X führenden Rückweg im Baum τ. Wir wissen, daß β einen Knoten erfüllt, falls β einen Nachfolgeknoten erfüllt. Daher erfüllt β sämtliche Knoten des von Y nach X führenden Rückweges. Insbesondere erfüllt β damit die Wurzel X. ●

Der Adäquatheitssatz gilt ebenso, falls die Funktorbasis durch die Aufnahme des Funktors $\rightarrow$ erweitert wird. Es sind dann die beiden Regeln $(\rightarrow)$ und $(\neg \rightarrow)$ in die Beweisschritte mit einzubeziehen.

Übungen

1. Man zeige, haben $X;P$ und $Y;\neg P$ geschlossene Tableaus, so auch $X \cup Y$ (Satz vom Schnitt für den T-Kalkül).

   Hinweis. Adäquatheit. Man kann dies auch rein strukturell durch Betrachtungen der Tableaus beweisen.

2. Man erweitere die logische Basis durch Aufnahme des Funktors $\rightarrow$ und beweise die Adäquatheit des um die Regeln $(\rightarrow)$ und $(\neg \rightarrow)$ erweiterten Tableau-Kalküls.

3. Man zeige, daß ef X genau dann gilt, wenn wenigstens ein Tableau für X nicht geschlossen ist. Um also ef X zu beweisen, genügt es, einen Weg in einem Tableau für X zu finden, der ein nichtgeschlossenes Ende hat. Den Rest des Tableaus darf man unberücksichtigt lassen.

Der Tableau-Kalkül als Entscheidungsverfahren

Der T-Kalkül kann verwendet werden, um über die Erfüllbarkeit oder Nichterfüllbarkeit einer endlichen Formelmenge X effektiv zu entscheiden. Man braucht nur ein beliebiges Tableau τ für X zu erstellen (dies allerdings ist eine Besonderheit des klassischen Tableau-Kalküls). Ist τ geschlossen, so ist X unerfüllbar. Ist τ nicht geschlossen, und enthält damit einen nichtgeschlossenen Endknoten aus Primärformeln, so kann man daraus direkt eine erfüllende Belegung für X ablesen. Dieses Verfahren ist — als manuelle Prozedur — besonders übersichtlich.

Im Prinzip stellt natürlich auch die Belegungsmethode ein Entscheidungsverfahren dar. Es besteht darin, sämtliche Belegungen der in X vorkommenden Variablen dahingehend zu prüfen, ob sie die Formeln von X erfüllen oder nicht. Bei größerer Anzahl (≥ 5) von Variablen ist dieses Verfahren offensichtlich mit hohem Rechenaufwand verbunden, weil die Anzahl der Belegungen exponentiell steigt.

Die Suche nach schnellen Algorithmen zur Entscheidung über die Erfüllbarkeit vorgelegter Formeln hat sich überraschenderweise als ein zentrales Problem der einer neueren Disziplin, der *Komplexitätstheorie* erwiesen. Man weiß zur Zeit nicht, ob einige der bekannten Entscheidungsverfahren eventuell optimal sind. Für eine Übersicht über diesen interessanten Problemkreis sei z.B. auf RECKHOFF [75] verwiesen.

Übung. Man gebe ein Tableau für das in Kap. I/§3 formalisierte logisch-kombinatorische Problem an und zeige, daß dieses Problem eine und nur eine Lösung hat.

§ 2 Klassische Regel-Kalküle und Axiom-Regel-Kalküle

Es gibt zahlreiche Kalküle, durch welche die klassische Logik **Lk** bzw. die klassische Folgerungsrelation vollständig beschrieben wird. Als besonders instruktive Beispiele behandeln wir den *Kalkül des natürlichen Schließens* (GENTZEN [34]), sowie den Axiom-Regel-Kalkül AK. Weitere klassisch vollständige Axiom-Regel-Kalküle werden in § 3 unter allgemeinerem Gesichtspunkt beispielhaft behandelt.

Der Kalkül des natürlichen Schließens

Dieser Kalkül ist gewissen natürlichen und häufig verwendeten Schlußweisen besonders angepaßt; daher der Name. Wir bzeichnen ihn kurz als den S-*Kalkül*. Der S-Kalkül ist vom Typ der (reinen) Regel-Kalküle. Kennzeichnend für diese ist, daß sie ausschließlich mit Schlußregeln operieren und nicht noch mit Axiomen. In der Auswahl der Schlußregeln, durch welche ein für die klassische Logik adäquater Kalkül des natürlichen Schließens definiert wird, hat man eine gewisse Freiheit der Wahl. Die gewählten Regeln nennt man daher mitunter auch seine *Grundschlußregeln;* aus ihnen lassen sich dann weitere Schlußregeln herleiten.

Zweck des Kalküls ist die syntaktische Charakterisierung der semantisch definierten Folgerungsrelation $\models$. Daher beziehen sich die Regeln des Kalküls auf eine Relation $\vdash^S$ zwischen Formelmengen X und Formeln P, wobei wir vorerst kürzer $\vdash$ statt $\vdash^S$ schreiben. Natürlich ist die Redeweise *aus* X *ist* P *herleitbar* oder *ableitbar*, symbolisch X $\vdash$ P, noch zu präzisieren.

Hauptziel ist der Nachweis, daß der S-Kalkül die Relation $\models$ vollständig charakterisiert, also X $\vdash^S$ P $\Leftrightarrow$ X $\models$ P. Diese Eigenschaft heißt die *Vollständigkeit* oder *Adäquatheit* des S-Kalküls. Wir werden zwei Vollständigkeitsbeweise führen. Der erste besteht in einer Reduktion des Problems auf die Vollständigkeit des T-Kalküls und ist konstruktiver Natur. Der zweite in § 3 ist vor allem wichtig wegen seiner Verallgemeinerungsfähigkeit für Expansionen dieses Kalküls, sowie für seine Verallgemeinerung auf nichtklassische logische Systeme.

Präzisierung des Kalküls

Das Regelsystem des S-Kalküls umfaßt insgesamt 7 Regeln. Zwei für jeden binären Funktor, und eine Negationsregel.

Regelsystem des S-Kalküls

$$(\to \text{a}): \quad \frac{X \vdash P \mid X \vdash P \to Q}{X \vdash Q} \qquad\qquad (\to \text{b}): \quad \frac{X; P \vdash Q}{X \vdash P \to Q}$$

$$(\wedge \text{a}): \quad \frac{X \vdash P \wedge Q}{X \vdash P, Q^{1)}} \qquad\qquad (\wedge \text{b}): \quad \frac{X \vdash P, Q}{X \vdash P \wedge Q}$$

$$(\vee \text{a}): \quad \frac{X; P \vdash R \mid X; Q \vdash R}{X; P \vee Q \vdash R} \qquad\qquad (\vee \text{b}): \quad \frac{X \vdash P}{X \vdash P \vee Q, Q \vee P}$$

$$(\neg \text{k}): \quad \frac{X; \neg P \vdash Q, \neg Q}{X \vdash P}$$

Die Regel ($\to$ a) ist nichts anderes als der uns wohlbekannte Modus Ponens. Regel ($\neg$ k) ist die sehr häufig verwendete Schlußregel des *indirekten Beweisens* oder der *reductio ad absurdum*. Etwas präziser könnte man sie als die Schlußregel des Beweisens durch *reductio negationis ad contradictionem* bezeichnen. Regel ($\vee$ a) ist die ebenfalls häufig verwendete *Regel der Fallunterscheidung*.

Intuitiv ist klar, daß für konkret gegebene Menge X und eine Formel P die Relation $X \vdash P$ gelten soll, wenn man durch schrittweise Anwendung der angegebenen Regeln zu diesem Ergebnis gelangt ist. Dabei geht man von sogenannten *trivialen Ableitbarkeitsbeziehungen* $Y \vdash Q$ aus, wobei Q Element von Y ist.

Für exakte Untersuchungen über den angegebenen Kalkül ist diese vorläufige Erklärung aber noch etwas präziser zu fassen. Bevor wir dies tun, werden wir den Gebrauch des S-Kalküls an Beispielen erläutern.

Beispiel 1. Es ist $X; P \vdash P$ für beliebiges X, denn dies ist eine triviale Ableitungsbeziehung. Anwendung von ($\to$ b) liefert $X \vdash P \to P$. Im besonderen erhält man z.B. $\emptyset \vdash P \to P$ und $P \vdash P \to P.^{2)}$ ●

Beispiel 2. Wir gehen aus von den trivialen Ableitungsbeziehungen $\{P, P \to Q\} \vdash P, P \to Q$. Anwendung von ($\to$ a) ergibt $\{P, P \to Q\} \vdash Q$. Natürlich ist auch $\{P, P \to Q\} \vdash P$. Eine Anwendung von ($\wedge$ a) ergibt damit $\{P, P \to Q\} \vdash P \wedge Q$. ●

Beispiel 3. Die sogenannte *Abschlußregel*

$$\text{MC}: \quad \frac{X \vdash P \mid X; P \vdash Q}{X \vdash Q}$$

ist aus den angegebenen Grundschlußregeln herleitbar. Aus der Voraussetzung $X; P \vdash Q$ folgt gemäß ($\to$ b) nämlich $X \vdash P \to Q$. Daraus ergibt sich die Behauptung durch Anwen-

---

[1]) $X \vdash P, Q$ steht für $X \vdash P$ und $X \vdash Q$. Genau genommen umfaßt ($\wedge$ a) daher zwei Teilregeln,

nämlich $\dfrac{X \vdash P \wedge Q}{X \vdash P}$ und $\dfrac{X \vdash P \wedge Q}{X \vdash Q}$.

[2]) $P \vdash Q$ ist Abkürzung für $\{P\} \vdash Q$

dung der Regel ($\to$ a). Die Regel MC ist in Kalkülen von der Art des S-Kalküls allerdings auch dann beweisbar, wenn dort die $\to$ $-$ Regeln gar nicht vorkommen. Nur muß dann der Beweis über die Ableitungsstufe geführt werden (siehe weiter unten). •

Wir werden weitere Schlußregeln herleiten, wenn der Monotoniesatz im nachfolgenden Abschnitt bewiesen ist.

Die angegebenen Beispiele zeigen den Weg, wie man den Begriff der Ableitbarkeit im S-Kalkül zu präzisieren hat. Am zweckmäßigsten verwendet man hierfür die *Ableitungsstufe*, sowie den Begriff der *n-stufigen Ableitungsbeziehung* gemäß folgender

> **Definition.** Ist $P \in X$, so heißt P 0-*stufig* aus X ableitbar, symbolisch $X \vdash_0 P$, und das Paar (X, P) heißt eine 0-*stufige* Ableitungsbeziehung. Sei n eine natürliche Zahl > 0 und sei vorausgesetzt, daß der Begriff der k-stufigen Ableitungsbeziehung für alle $k < n$ erklärt sei. Dann ist das Paar (X, P) eine n-*stufige Ableitungsbeziehung* oder P ist n-*stufig aus X ableitbar*, symbolisch $X \vdash_n P$, wenn dieses Paar das Ergebnis einer Anwendung einer der angegebenen Regeln auf Ableitbarkeitsbeziehungen einer Stufe $< n$ ist. Schließlich heißt P aus X *ableitbar*, symbolisch $X \vdash P$, wenn $X \vdash_n P$ für wenigstens ein $n \in \omega$.

Beispiel 4. Offenbar ist $\{P, P \to Q\} \vdash_1 Q$. Im Falle $P = Q$ gilt aber zugleich $\{P, P \to Q\} \vdash_0 Q$, denn im vorliegenden Fall ist dies eine triviale Ableitungsbeziehung. Die Ableitungsstufe ist also i.a. nicht eindeutig bestimmt. •

Ist $X \vdash P$, so gibt es ein kleinstes n mit $X \vdash_n P$. Diese minimale Ableitungsstufe ist ein Maß für die Komplexität einer Ableitungsbeziehung. Es handelt sich hierbei natürlich um ein relatives, auf den S-Kalkül bezogenes Komplexitätsmaß.

Bemerkung. Der S-Kalkül weist eine eigentümliche Unsymmetrie bzgl. der Funktoren $\wedge, \vee$ auf. Für gewisse beweistheoretische Untersuchungen sind von GENTZEN andere Kalküle entworfen worden, die sogenannten *Sequenzenkalküle*, in denen diese Unsymmetrie beseitigt wird (wir ziehen es vor, von *Bisequenzenkalkülen* zu sprechen). Ein solcher Kalkül bezieht sich $-$ anders als der S-Kalkül $-$ auf eine Relation $X \vdash Y$ zwischen Formelmengen. Für genauere Ausführungen siehe S. 275, sowie SHOESMITH/SMILEY [78]. Der S-Kalkül ist Beispiel eines *Konsequenzenkalküls*, und die Relation $\vdash^S$ ist Beispiel einer *Konsequenzrelation* (§ 3). Ein Bisequenzenkalkül hingegen definiert eine *Bisequenzrelation* (vgl. Kap. V). Die semantische Intension einer Konsequenzrelation ist immer diese: *Wenn* $X \vdash P$, *so ist jedes Modell für alle Formeln von* X *auch ein Modell für die Formel* P. Hingegen die einer Bisequenzrelation: *Wenn* $X \vdash Y$, *so ist jedes Modell für alle Formeln von* X *auch Modell für wenigstens eine Formel aus* Y. Es sei erwähnt, daß man sich bei der Präzisierung von Kalkülen dieser Art häufig auf endliche Formelmengen beschränkt, um den Rahmen konstruktiver Betrachtungen nicht unnötig zu überschreiten. Dies gilt speziell für eine besondere logische Disziplin, die sogenannte *Beweistheorie*. •

Übungen

1. Man zeige $\emptyset \vdash P \rightarrow Q \rightarrow P$ und $\emptyset \vdash (P \rightarrow Q) \rightarrow (Q \rightarrow R) \rightarrow (P \rightarrow R)$. Welches sind die minimalen Ableitungsstufen?

2. Man beweise die Folgerungserblichkeit aller sieben Schlußregeln des S-Kalküls. Für $(\wedge\, b)$ bedeutet dies z.B.: Ist $X \models P$ und $X \models Q$, so ist $X \models P \wedge Q$.

3. Man zeige $Q \rightarrow R \vdash P \rightarrow Q \rightarrow P \rightarrow R$ und allgemeiner $Q_i \xrightarrow[i\,\leqslant\,n]{} R \vdash (P \rightarrow Q_i) \xrightarrow[i\,\leqslant\,n]{} (P \rightarrow R)$.

   Hinweis. Induktion über n.

4. Man zeige $X; \neg\,\neg\, P \vdash P$, insbesondere also auch $\{\neg\,\neg\, P\} \vdash P$.

   Hinweis. Eine Anwendung von $(\neg\, k)$ auf $X; \neg\,\neg\, P; \neg\, P$.

Grundeigenschaften der Ableitungsrelation

Das Regelsystem des S-Kalküls ist *korrekt,* d.h. aus X kann keine Formel abgeleitet werden, die nicht schon aus X folgt, kurz $X \vdash P \Rightarrow X \models P$. Später werden wir beweisen, daß umgekehrt auch $X \models P \Rightarrow X \vdash P$. Damit ergibt sich insgesamt $X \vdash P \Leftrightarrow X \models P$. Dies ist die sogenannte *Vollständigkeit* (auch *Adäquatheit*) des S-Kalküls. Zunächst beweist man ohne Umwege die

Korrektheit des S-Kalküls. Wenn $X \vdash P$, so $X \models P$.

Beweis durch Induktion über die Ableitungsstufe von P aus X.

(a) Wenn $X \vdash_0 P$, dann ist $P \in X$, also $X \models P$ trivialerweise.

(b) Sei $X \vdash_k P \Rightarrow X \models P$ vorausgesetzt für alle $k < n$ und sei $X \vdash_n P$.

Man hat sieben Fälle danach zu unterscheiden, welche der Schlußregeln zur Ableitung von P geführt hat.

Fall $(\rightarrow a)$. D.h. P hat sich durch Anwendung von MP ergeben. Es gilt $X \vdash_k Q$ und $X \vdash_m Q \rightarrow P$ für eine gewisse Formel Q und gewisse natürliche Zahlen k, m $< n$; nach Induktionsvoraussetzungen haben wir $X \models Q$ und $X \models Q \rightarrow P$. Daraus aber folgt die Behauptung $X \models P$. Damit ist die Induktionsbehauptung gezeigt.

Fall $(\rightarrow b)$. P hat sich durch Anwendung von $(\rightarrow b)$ ergeben. Dann ist P von der Form $Q \rightarrow R$, wobei aber $X; Q \vdash_k R$ für ein gewisses $k < n$. Nach Induktionsvoraussetzung gilt $X; Q \models R$. Daraus ergibt sich nun aber offensichtlich $X \models Q \rightarrow R (=P)$, was zu zeigen war.

Fall $(\neg\, k)$. Es ist $X; \neg\, P \vdash_k Q$ und $X; \neg\, P \vdash_m \neg\, Q$ für gewisse k, m $< n$. Daraus folgt $X; \neg\, P \models Q, \neg\, Q$ gemäß Induktionsvoraussetzung, d.h. $X; \neg\, P$ ist unerfüllbar. Damit ist aber $X \models P$.

Analog verfährt man in den übrigen Fällen. Man sieht, daß gerade die Folgerungserblichkeit aller Schlußregeln benötigt wird. ●

Als nächstes beweisen wir zwei ziemlich plausible Sätze, den Monotonie- und den Endlichkeitssatz. Die Beweise werden hauptsächlich deshalb präsentiert, um die Methode darzulegen, auf der die Argumentationen in allgemeineren Fällen in § 4 beruhen.

Monotoniesatz. Wenn $X \vdash P$ und $X \subseteq Y$, dann $Y \vdash P$.

Beweis durch Induktion über die Ableitungsstufe.

(a) Ist $X \vdash_0 P$, d.h. $P \in X$, dann folgt $P \in Y$, also $Y \vdash P$.

(b) Sei $X \vdash_n P$. Man hat wieder sieben Fälle zu unterscheiden.

Fall ($\rightarrow$ a). Es gibt eine Formel Q und natürliche Zahlen k, m $<$ n mit $X \vdash_k Q$ und $X \vdash_m Q \rightarrow P$. Gemäß Induktionsvoraussetzung gilt $Y \vdash Q$ und $Y \vdash Q \rightarrow P$. Daraus erhält man nach Anwendung von ($\rightarrow$ a) $Y \vdash P$.

Fall ($\rightarrow$ b). P ist von der Form $Q \rightarrow R$ und $X; Q \vdash_k R$, k $<$ n. Wegen $X \subseteq Y$ gilt auch $X \cup \{Q\} \subseteq Y \cup \{Q\}$, also gilt nach Induktionsvoraussetzung auch $Y; Q \vdash R$. Mit ($\rightarrow$ b) erhält man hieraus $Y \vdash P$.

Analog behandelt man die übrigen Fälle des Induktionsschritts. ●

Eine unmittelbare Konsequenz ist das uns noch häufig begegnende

Deduktionstheorem. $X; P \vdash Q \Leftrightarrow X \vdash P \rightarrow Q$.

Beweis. Richtung von links nach rechts ist gerade Regel ($\rightarrow$ b).

Sei $X \vdash P \rightarrow Q$. Dann ist auch $X; P \vdash P \rightarrow Q$. Trivialerweise ist $X; P \vdash P$ Anwendung von ($\rightarrow$ a) ergibt damit $X; P \vdash Q$. ●

Eine mehrfache Anwendung des Deduktionstheorems ergibt leicht folgende

Erweiterte Fassung des Deduktionstheorems. $X; P_0, \ldots, P_n \vdash Q \Leftrightarrow X \vdash P_i \underset{i \leqslant n}{\longrightarrow} Q$.

Außerdem kann unter Verwendung des Monotoniesatzes eine große Anzahl weiterer Schlußregeln hergeleitet werden.

Beispiel. Die beiden folgenden Negationsregeln verdienen eine besondere Hervorhebung.

$$(\neg\, i): \quad \frac{X \vdash Q, \neg Q}{X \vdash P} \qquad\qquad (\neg\, j): \quad \frac{X; P \vdash Q, \neg Q}{X \vdash \neg P}$$

Wir werden zeigen, daß diese im S-Kalkül herleitbar sind. Die Regel ($\neg$ i) entspricht dem Prinzip *ex falso sequitur quodlibet,* oder eigentlich etwas genauer, dem Prinzip *ex contradictione sequitur quodlibet.* Der Beweis ist einfach. $X \vdash Q, \neg Q$ impliziert $X; \neg P \vdash Q, \neg Q$ nach dem Monotoniesatz. Gemäß ($\neg$ k) folgt hieraus $X \vdash P$. Regel ($\neg$ j) ist eine Beweisregel für negierte Aussagen, und ergibt sich wie folgt. Nach dem Monotoniesatz folgt aus $X; P \vdash Q, \neg Q$ auch $X; \neg\neg P; P \vdash Q, \neg Q$. Nun gilt aber $Y; \neg\neg P \vdash P$ (S. 64). Hieraus folgt $X; \neg\neg P \vdash Q, \neg Q$ nach der Abschlußregel MC, also $X; \neg\neg P \vdash Q, \neg Q$. Anwendung von ($\neg$ k) ergibt die Behauptung $X \vdash \neg P$. ●

Bemerkung. Die Korrektheit (Folgerungserblichkeit) der Regeln ($\neg$ i), ($\neg$ j) und anderer im S-Kalkül beweisbarer Regeln kann zwar direkt nachgeprüft werden, sie kann jedoch auch direkt erschlossen werden. Ihre Herleitungen im S-Kalkül gründen sich nämlich ausschließlich auf die Eigenschaften, die in den Regeln des S-Kalküls zum Ausdruck kommen sowie außerdem dem Monotoniesatz und der Abschlußregel. Alle diese Eigenschaften gelten nun aber auch für die klassische Folgerungsrelation $\models$, und damit ergibt sich aus der Herleitung der Schlußregeln zugleich deren Korrektheit. ●

Durch Induktion über die Ableitungsstufe beweist man auch den

Endlichkeitssatz. Wenn $X \vdash P$, so existiert eine endliche Teilmenge $X' \subseteq X$ mit $X' \vdash P$.

Auch dieser Satz gilt — ähnlich wie der Monotoniesatz — für jeden Kalkül, der durch Schlußregeln bzw. durch Schlußregeln und Axiome definiert wird (siehe auch § 4). Beide Sätze gelten auch für inkorrekte Kalküle, z.B. für den Kalkül, der aus dem S-Kalkül durch Ersetzung der Regel ($\neg$ k) durch die Regel $\dfrac{X \vdash P}{X \vdash \neg P}$ entsteht.

Korrektheitssatz und Deduktionstheorem hingegen nehmen wesentlich Bezug auf die konkrete Gestalt der Regeln. Sie gelten jedoch auch für Kalküle, die sich aus dem S-Kalkül durch Weglassen einzelner Regeln bzw. durch Ersetzung einzelner Regeln durch andere ergeben.

Hier zwei wichtige Beispiele:

Ersetzt man die Regel ($\neg$ k) durch die beiden schwächeren Regeln ($\neg$ j): $\dfrac{X;P \vdash Q, \neg Q}{X \vdash \neg P}$ und ($\neg$ i): $\dfrac{X \vdash Q, \neg Q}{X \vdash P}$, so entsteht ein Kalkül, welcher der Si-*Kalkül* heiße. Es ist dies der *Schlußregelkalkül der intuitionistischen Logik* (nach HEYTING [30]). Streicht man im Si-Kalkül noch die Regel ($\neg$ i), so entsteht der Sj-*Kalkül*, der *Schlußregelkalkül der Minimallogik* (nach JOHANNSON [36]). Den S-Kalkül bezeichnen wir in diesem Zusammenhang deutlicher als den Sk-*Kalkül*. Offenbar ist $X \vdash^{Sj} P \Rightarrow X \vdash^{Si} P \Rightarrow X \vdash^{Sk} P$. Obwohl sich Si- und Sj-Kalkül äußerlich scheinbar nur unwesentlich vom Sk-Kalkül unterscheiden, wird uns der tiefreichende inhaltliche Unterschied dieser drei Kalküle noch eingehend beschäftigen.

Übungen

1. Man leite im S-Kalkül die sogenannten Kontrapositionsregeln her:

$$\text{CP1:}\ \frac{X \vdash P \to Q}{X \vdash \neg Q \to \neg P} \qquad \text{CP2:}\ \frac{X \vdash P \to \neg Q}{X \vdash Q \to \neg P} \qquad \text{CP3:}\ \frac{X \vdash \neg P \to Q}{X \vdash \neg Q \to P} \qquad \text{CP4:}\ \frac{X \vdash \neg P \to \neg Q}{X \vdash Q \to P}$$

Die beiden ersten Regeln sind schwache Regeln; sie gelten auch für den Si- und Sj-Kalkül, nicht hingegen die Regeln CP3 und CP4 (siehe Kap. III).

Hinweis. Man beachte, daß z.B. die Prämisse von CP1 gleichwertig ist mit $X, P \vdash Q$ und die Konklusion mit $X; \neg Q \vdash \neg P$. Sie ergibt sich durch Anwendung von ($\neg$ j) auf $X; \neg Q; P \vdash Q, \neg Q$;

2. Man beweise, daß folgende Regeln im Sj-Kalkül (und damit auch im Si-Kalkül und im Sk-Kalkül gelten):

$$\text{MQ: } \frac{P}{Q \to P} \qquad \text{MT: } \frac{P \to Q \mid Q \to R}{P \to R} \qquad \text{MR: } \frac{P \to Q}{R \to P \mathbin{.\to} R \to Q} \qquad \text{ML: } \frac{P \to P'}{P' \to Q \mathbin{.\to} P \to Q}$$

Dabei steht $\dfrac{P}{Q \to P}$ kürzer für $\dfrac{X \vdash P}{X \vdash Q \to P}$ usw. Dies sind neben MP andere häufig verwendete Implikationsregeln. Sie wurden schon von den Stoikern betrachtet.

Hinweis. Deduktionstheorem und Monotoniesatz.

3. Man zeige, daß die Schlußregeln $\dfrac{\neg P}{P \to Q}$ (Regel des DUNS SCOTUS) und $\dfrac{\neg P \to P}{P}$ (Regel des CLAVIUS)[1]) im S-Kalkül gelten.

4. Der $\vdash^{S}_{*}$-Kalkül entstehe aus dem S-Kalkül durch Hinzufügung der *Substitutionsregel* MS: $\dfrac{X \vdash P}{X \vdash sP}$ (s Substitution). Man zeige $\emptyset \vdash^{S} P \Leftrightarrow \emptyset \vdash^{S}_{*} P$.

Hinweis. Zeige allgemeiner $X \vdash^{S} P \Rightarrow sX \vdash^{S} sP$ $(sX = \{sQ \mid Q \in X\})$.

Beweisbarkeit auf der Grundlage des S-Kalküls

Wir wollen abschließend einen wichtigen Sonderfall der Ableitbarkeit behandeln, die *Ableitbarkeit aus der leeren Menge*. Es ist bequem, dafür eine besondere Bezeichnung zu verwenden.

Definition. Die Formel P heißt *beweisbar* im S-Kalkül, symbolisch $\vdash P$ (oder $\vdash^{S}$), wenn $\emptyset \vdash P$.

Nach dem Monotoniesatz ist dies gleichwertig mit $X \vdash P$ für alle Formelmengen X. Wenn die Vollständigkeit $X \vdash P \Leftrightarrow X \models P$ des S-Kalküls gezeigt ist, so heißt dies im besonderen $\vdash P \Leftrightarrow \models P$. D.h. die beweisbaren Formeln sind allgemeingültig, und umgekehrt ist jede allgemeingültige Formel auch beweisbar.

In diesem Zusammenhang sei darauf hingewiesen, daß viele Autoren zwischen den Bezeichnungen *beweisbar, herleitbar* und *ableitbar* keinen Unterschied machen. Der Leser sollte unsere Verabredung daher im Gedächtnis behalten. Analoge Redeweisen verwenden wir auch für den Si-Kalkül usw.

---

[1]) derartige (in der philosophischen Literatur häufig anzutreffende) Namensverbindungen entspringen einer gewissen scholastischen Tradition der Aussagenlogik.

Übungen

1. Man beweise folgenden

   Reduktionssatz der Ableitbarkeit auf die Beweisbarkeit:

   $X \vdash Q$ gdw es existiert ein $n \in \omega$ und $P_1, \ldots, P_n \in X$ mit $\vdash P_i \xrightarrow[i=1]{n} Q$[1]).

   Hinweis. Allgemeines Deduktionstheorem.

2. Man zeige, die folgenden Formeln sind beweisbar im S-Kalkül. Außer (A7k) sind auch alle beweisbar im Sj-Kalkül.

   (A1): $P \to Q \to P$ (A2): $P \to (Q \to R) \to (P \to Q) \to (P \to R)$

   (A3): $P \wedge Q \to P; P \wedge Q \to Q$ (A4): $(P \to Q) \to (P \to R) \to (P \to Q \wedge R)$

   (A5): $P \to P \vee Q$ (A6): $(P \to R) \to (Q \to P) \to (P \vee Q \to R)$

   (A7k) $\neg Q \to \neg P \to P \to Q$

   Hinweis. Z.B. $P, Q \vdash P$; also $P \vdash Q \to P$, also $\vdash P \to Q \to P$.

3. Für $\emptyset \vdash^{Sj} P$ bzw. $\emptyset \vdash^{Si} P$ schreiben wir kürzer $\vdash^{j} P$ bzw. $\vdash^{i} P$ und nennen P eine **Lj**-Tautologie bzw. **Li**-Tautologie (oder eine *intuitionistische* Tautologie). **Lj** bzw. **Li** bezeichnet auch die Menge aller **Lj**-Tautologien bzw. aller **Li**-Tautologien. **Lj** heißt die *minimale Logik*, **Li** die *intuitionistische Logik*. Damit befassen wir uns systematisch in Kap. V (man vergleiche auch § 3). Offenbar ist **Lj** $\subseteq$ **Li** $\subseteq$ **Lk** (Menge der klassischen Tautologien). Man zeige $\neg (P \wedge \neg P) \in$ **Lj**, $\neg P \vee \neg Q \to \neg (P \wedge Q) \in$ **Lj**, $P \wedge \neg P \to Q \in$ **Li** (aber z.B. $p \vee \neg p \notin$ **Li**, $p \wedge \neg p \to q \in$ **Li****Lj**, Kap. III).

Konsistenz

Ziel der folgenden Darlegungen ist der Nachweis, daß die Ableitungsrelation im S-Kalkül genau die Folgerungsrelation charakterisiert, d.h. für alle $X \subseteq \mathcal{L}, P \in \mathcal{L}$ gilt

$$X \vdash P \Leftrightarrow X \models P.$$

Die Richtung von links nach rechts in dieser Äquivalenz ist die Aussage der Korrektheit des S-Kalküls und bereits gezeigt worden.

Etwas weniger einfach ist die andere Richtung. Wir werden sie auf die Adäquatheit des T-Kalküls zurückführen. Zwar gelingt dies direkt nur für endliche Formelmengen X, doch für den Rest benötigt man nur ein einfaches Zusatzargument mit dem Endlichkeitssatz für das Folgern.

Als erstes wird ein auf den S-Kalkül bezogener Konsistenzbegriff eingeführt, der sich später mit der T-Konsistenz als gleichwertig erweisen wird. Die *widerspruchsfreien* oder *konsistenten* Mengen sollen gemäß anschaulicher Vorstellung diejenigen sein, aus denen sich mit den Mitteln des Kalküls nicht jede Formel herleiten läßt.

---

[1]) $P_i \xrightarrow[i=n]{n} Q$ sei Q für $n = 0$. Der Leser vergegenwärtige sich, daß die rechte Seite für $n = 0$ genau dann erfüllt ist, wenn $\vdash Q$.

> **Definition.** Eine Formelmenge X heißt *konsistent,* genauer S-konsistent, wenn
> nicht jede Formel aus X herleitbar ist. Andernfalls heißt X *inkonsistent.*

Aufgrund der Schlußregel ($\neg$ i) (Seite 65) ist X dann und nur dann konsistent, wenn für keine Formel P zugleich $X \vdash P$ und $X \vdash \neg P$. Diese Kennzeichnung der Konsistenz hängt wesentlich an der Regel ($\neg$ i). In logischen Kalkülen wie z.B. $\vdash^{Sj}$, wo diese Regel fehlt, definiert man Konsistenz immer wie in der obigen Definition, aber die einfache Kennzeichnung durch „Nichtableitbarkeit eines Widerspruchs" entfällt (vgl. auch § 3).

Beispiel 1. $X = \{p, \neg q, p \to q\}$ ist inkonsistent. Denn $X \vdash \neg q$ und $X \vdash q$ (Anwendung von MP). Gemäß ($\neg$ i) also $X \vdash P$ für alle P. ●

Beispiel 2. Jede erfüllbare Formelmenge X ist konsistent. Denn wäre $X \vdash Q, \neg Q$, so ergibt die Korrektheit $X \vDash Q, \neg Q$, und X hätte kein Modell im Gegensatz zur Annahme. Insbesondere ist jedes (endliche) T-konsistente X auch S-konsistent. ●

Der folgende ganz leicht beweisbare, aber wichtige Satz besagt, daß man die Ableitbarkeit auch durch die Konsistenz ausdrücken kann.

Satz. Es ist $X \vdash P$ genau dann, wenn $Y := X \cup \{\neg P\}$ inkonsistent ist.

Beweis. Ist $X \vdash P$, so ist auch $Y \vdash P$. Weil offenbar auch $Y \vdash \neg P$, ist Y also inkonsistent. Die andere Richtung der Behauptung ist eine einfache Anwendung der Schlußregel ($\neg$ k). ●

Übungen

1. Eine Formel P heißt konsistent, wenn $\{P\}$ konsistent ist. Man zeige, P ist dann und nur dann konsistent, wenn $\neg P$ unbeweisbar ist, d.h. wenn $\nvdash \neg P$.

   Hinweis. Obiger Satz.

2. Man zeige, $\{P_1, \ldots, P_n\}$ ist konsistent genau dann, wenn $\neg P_1 \vee \ldots \vee \neg P_n$ unbeweisbar ist.

   Hinweis. Induktion über n. Schlußregel ($\vee$ a).

3. Man zeige, eine Menge X ist dann und nur dann konsistent, wenn jede endliche Teilmenge von X konsistent ist.

   Hinweis. Endlichkeitssatz für die Ableitungsrelation.

Beweis der Vollständigkeit durch Reduktion des Problems auf den T-Kalkül

Wir werden jetzt den Nachweis von $X \vDash P \Rightarrow X \vdash P$ mittels einiger einfacher Hilfssätze auf die Adäquatheit des T-Kalküls, bezogen auf die logische Basis $\neg, \wedge, \vee, \to$, reduzieren. Zwar kann man eine derartige Reduktion im Prinzip auch vermeiden, doch wird der Leser erst nach Abschluß des Beweises übersehen können, in welcher Weise dies geschehen kann.

Zuvor sei noch eine nützliche Redeweise eingeführt. Die über dem Strich einer Schlußregel stehenden Ableitungsbeziehungen einer Schlußregel des S-Kalküls seien ihre *Prämissen,* die darunter stehende die *Konklusion* genannt.

Lemma 1. Wenn $X;P;Q \vdash R$ und $X \vdash P, Q$, so ist $X \vdash R$

Beweis. $X;P;Q \vdash R$ ergibt nach zweimaliger Anwendung von ($\to$ b) $X \vdash P \to Q \to R$.
Zweimalige Anwendung von ($\to$ a) ergibt die Behauptung. ●

Lemma 2. Die folgenden Schlußregeln sind aus den Grundschlußregeln des S-Kalküls
herleitbar:

$$(1) \quad \frac{X;P;Q \vdash R}{X;P \wedge Q \vdash R} \qquad\qquad (2) \quad \frac{X;\neg P \vdash R \mid X;\neg Q \vdash R}{X;\neg (P \wedge Q) \vdash R}$$

$$(3) \quad \frac{X;P \vdash R \mid X;Q \vdash R}{X;P \vee Q \vdash R} \qquad\qquad (4) \quad \frac{X;\neg P;\neg Q \vdash R}{X;\neg (P \vee Q) \vdash R}$$

$$(5) \quad \frac{X;\neg P \vdash R \mid X;Q \vdash R}{X;P \to Q \vdash R} \qquad\qquad (6) \quad \frac{X;P;\neg Q \vdash R}{X;\neg (P \to Q) \vdash R}$$

$$(7) \quad \frac{X;P \vdash R}{X;\neg \neg P \vdash R}$$

Beweis

(1): Es ist $X;P \wedge Q \vdash P, Q$. Damit folgt die Konklusion von (1) nach Lemma 1.

(2): Die Konklusion von (2) ist nach einer der Kontrapositionsregeln gleichwertig mit
$X;\neg R \vdash P \wedge Q$, also genügt Nachweis von $X;\neg R \vdash P, Q$. Dies aber ergibt sich
leicht durch Anwendung einer Kontrapositionsregel auf die Prämissen von (2).

(3): ist identisch mit ($\vee$ b).

(4): Anwendung einer Kontrapositionsregel auf die Ableitungsbeziehungen $X;P \vdash P \vee Q$
und $X;Q \vdash P \vee Q$ ergibt $X;\neg (P \vee Q) \vdash \neg P, \neg Q$. Daraus ergibt sich die Konklusion
von (4) mittels Lemma 1. Analog beweist man auch die restlichen drei Regeln. Dies
aber sei dem Leser überlassen. ●

Eine S-inkonsistente Menge ist unerfüllbar, und damit T-inkonsistent. Nun gilt umgekehrt
auch

Lemma 3. Eine endliche T-inkonsistente Formelmenge X ist S-inkonsistent.

Beweis. Wenn X T-inkonsistent ist, existiert ein geschlossenes Tableau τ für X. Insbesondere sind dann sämtliche Knoten von τ T-inkonsistent. Wir zeigen nun, daß sämtliche
Knoten von τ auch S-inkonsistent sind. Dies gilt zunächst ersichtlicherweise für die Endknoten, denn es ist jede Menge S-inkonsistent, wenn sie eine Formel zugleich mit ihrer
Verneinung enthält. Es sei nun Y ein Knoten von τ, dessen Nachfolger Y' bzw. dessen
beide Nachfolger Y' und Y'' S-inkonsistent sind. Der Satz ist bewiesen, wenn gezeigt ist,
daß dann auch Y eine S-inkonsistente Menge ist.

Es sind eine Reihe von Fällen der Entstehung von Y' (bwz. Y' und Y'') aus Y zu entscheiden.

Sei etwa $Y = X;P \wedge Q$ und $Y' = X;P;Q$. Setzt man für R in Lemma 2 den Spezialfall $R = R' \wedge \neg R'$ ein, so besagen die Schlußregeln insbesondere:

Wenn $Y' = X;P;Q$ S-inkonsistent ist, so auch $Y = X;(P \wedge Q)$ usw. Die Regeln im Lemma 2 entsprechen gerade den sämtlichen Fällen des Induktionsschritts im vorliegenden Lemma. ●

Für endliche Formelmengen bedeutet demnach S-Konsistenz und T-Konsistenz dasselbe. Damit sind wir am Ziel:

Adäquatheitssatz. Es gilt $X \models P$ dann und nur dann, wenn die Formel P im Kalkül des natürlichen Schließens aus der Formelmenge X ableitbar ist.

Beweis. Es ist nur noch $X \models P \Rightarrow X \vdash P$ zu zeigen. Sei $X \models P$ vorausgesetzt und X zunächst endlich. Dann hat $X;\neg P$ kein Modell, ist also T-inkonsistent nach dem Adäquatheitssatz für den T-Kalkül. Nach Lemma 3 ist $X;\neg P$ auch S-inkonsistent. Daraus folgt aber nach dem Satz des letzten Abschnitts $X \vdash P$. Sei nun X eine unendliche Formelmenge. Nach dem Endlichkeitssatz gibt es schon eine endliche Teilmenge $X' \subseteq X$ mit $X' \models P$. Damit sind wir auf den bereits behandelten Fall zurückgekommen, d.h. es gilt $X' \vdash P$. Hieraus ergibt sich aber unmittelbar $X \vdash P$. ●

Die Adäquatheit hat nun auch zur Folge, daß die Konsistenz einer Menge X mit der Erfüllbarkeit von X zusammenfällt (Übung). Manche Autoren verwenden Konsistenz daher auch von vorn herein im Sinne von Erfüllbarkeit. Der Leser sollte sich aber merken, daß bei uns (auch in den weiteren Ausführungen) Konsistenz ein syntaktischer Begriff ist.

Übungen

1. Man zeige, X ist konsistent im S-Kalkül genau dann, wenn X erfüllbar ist.

   Hinweis. Einfache Reduktion auf die Adäquatheit $X \vdash P \Leftrightarrow X \models P$.

2. Man zeige, daß der S-Kalkül, bezogen z.B. auf die logische Basis $\neg, \wedge$ adäquat ist. Dieser „eingeschränkte" Kalkül entsteht durch Weglassen aller nicht auf diese Funktoren bezogenen Regeln. Entsprechend beweist man auch die Adäquatheit einiger anderer Einschränkungen des S-Kalküls.

   Hinweis. Reduktion auf entsprechende Einschränkungen des T-Kalküls.

Der Kalkül AK

Dieser Kalkül ist Beispiel eines Axiom-Regel-Kalküls. Solche Kalküle enthalten neben Schlußregeln auch gewisse in den Ableitungen verwendbare Ausgangsformeln, die man die *Axiome* des Kalküls nennt. Dafür sind die Schlußregeln von besonders einfacher Bauart. Im Normalfall ist der Modus Ponens die einzige Regel, jedenfalls solange man nur mit den üblichen aussagenlogischen Funktoren zu tun hat.

Axiome des AK-Kalküls sind die im folgenden aufgezählten Formeln, deren Gesamtheit
als das *Axiomensystem* Ak bezeichnet sei. Sämtliche Axiome sind klassische Tautologien.
Jedes der Axiome ist eigentlich ein Formelschema, also die Menge aller Formeln, die man
aus einer einzigen Formel durch Substitution gewinnt. Daher könnte man den Kalkül AK
auch mit endlich vielen Axiomen aufbauen, dann aber neben MP auch die Substitutionsregel MS für Ableitungen verwenden. Das Axiom (-schema) (A1) entsteht durch Einsetzung beliebiger Formeln für die Variablen in der Formel $p \dot{\to} q \to p$, welche in der
Literatur die *Prämissenbelastung* heißt. Die (A2) entsprechende Formel
$p \to (q \to r) \dot{\to} (p \to q) \to (p \to r)$ heißt die *FREGEsche Kettenschlußformel* im Unterschied zur gewöhnlichen Kettenschlußformel $(p \to q) \dot{\to} (q \to r) \to (p \to r)$. FREGE hat
erstmals ein Axiomensystem angegeben, welches die klassischen Tautologien vollständig
axiomatisiert. Unser Axiomensystem hat eine heute bevorzugte Form, die einer langen,
auf FREGE, ŁUKASIEWICZ und HILBERT zurückreichenden Tradition entspricht.

(A1): $P \dot{\to} Q \to P$

(A2): $P \to (Q \to R) \dot{\to} (P \to Q) \to (P \to R)$

(A3): $P \wedge Q \to P; P \wedge Q \to Q$

(A4): $(P \to Q) \dot{\to} (P \to R) \to (P \to Q \wedge R)$

(A5): $P \to P \vee Q; Q \to P \vee Q$

(A6): $(P \to R) \dot{\to} (Q \to R) \to (P \vee Q \to R)$

(A7k): $\neg P \to \neg Q \dot{\to} Q \to P$

Einzige Schlußregel des Kalküls ist MP.

Wir wollen uns zuerst vergegenwärtigen, daß der AK-Kalkül in einem engeren Sinne (a),
und in einem weiteren Sinne (b) verwendet werden kann.

(a) Als ein reiner Logik-Kalkül, der lediglich auf die Charakterisierung der Tautologien
abzielt. In diesem Falle beschränkt man sich darauf zu definieren P *ist beweisbar,* symbolisch $\vdash^{AK} P$. Dies heißt nichts weiter, als daß P aus AK in endlich vielen Schritten mittels
MP hergeleitet werden kann. Das Adäquatheitsproblem bestünde dann in dem Nachweis
der Übereinstimmung der beweisbaren mit den klassisch gültigen Formeln.

(b) Als *Konsequenz-Kalkül* zur Ableitung von Formeln aus beliebigen Formelmengen X
unter zusätzlicher Verwendung der logischen Axiome. In diesem Falle definiert man *aus*
X *ist* P *ableitbar (herleitbar),* symbolisch $X \vdash^{AK} P$ oder $X \vdash^{MP}_{Ak}$, wenn P aus der um
die Axiome erweiterten Menge $X \cup Ak$ mittels MP in endlich vielen Schritten abgeleitet
werden kann. $\vdash^{AK}$ zielt auf die Kennzeichnung der Folgerungsrelation ab. Wie im Falle
des S-Kalküls wird die Relation $\vdash^{AK}$ mittels des Begriffs der Ableitungsstufe präzisiert.
Insbesondere heiße P 0-stufig ableitbar aus X, wenn $P \in X \cup Ak$.

Offenbar ist (a) der Spezialfall von (b) für $X = \emptyset$. Überraschenderweise ist es nun keineswegs so, daß der Spezialfall (a) einfacher zu behandeln wäre. Vielmehr ist die Vollständigkeit im Sinne von (b) ist nicht nur einfacher zu beweisen, sondern liefert natürlich auch
ein allgemeineres Resultat. Diese Bemerkung trifft übrigens auch dann zu, wenn man
nicht (wie wir das tun werden) die Vollständigkeit auf einen anderen Kalkül zurückführt.
Wir legen von vornherein die Auffassung (b) zugrunde. Daher haben wir MS auch nicht als
Grundschlußregel des AK-Kalküls gewählt, denn MS gilt im allgemeinen nicht in $\vdash^{AK}$, d.h.
es darf hier nicht etwa von $X \vdash^{AK} P$ auf $X \vdash^{AK} sP$ geschlossen werden (s Substitution).

Zuerst erläutern wir die Verwendung des AK-Kalküls im Sinne (b) an zwei Beispielen. Solange Verwechslungen ausgeschlossen sind, schreiben wir $\vdash$ für $\vdash^{AK}$.

Beispiel 1. Die Schlußregel ($\neg$ i) gilt im AK-Kalkül. Sei $X \vdash Q, \neg Q$ für gewisses Q. Die Behauptung ist $X \vdash P$ für alle P.

$X \vdash \neg P \to \neg Q$ (Regel MQ; diese folgt mittels MP leicht aus (A1))

$X \vdash Q \to P$ (Anwendung von MP auf (A7k))

$X \vdash P$ (Anwendung von MP) •

Beispiel 2. $X \vdash P \to P$;[1]) insbesondere ist damit $\vdash P \to P$.

Man denke sich im Axiom (A2) folgende Einsetzungen vorgenommen: P für R; $Q \to P$ für Q. Dann erhält man

$$X \vdash P \to ((Q \to P) \to P) \to (P \to (Q \to P) \to (P \to P)) \, .$$

Nach (A1) ist $X \vdash P \to (Q \to P) \to P$ und nach Anwendung von MP erhält man $X \vdash P \to (Q \to P) \to (P \to P)$. Nach nochmaliger Benutzung von (A1) und Anwendung von MP ergibt sich $X \vdash P \to P$. •

Wir werden nun die Vollständigkeit des AK-Kalküls auf die des S-Kalküls zurückführen. Schlüssel dieser Reduktion ist das

Deduktionstheorem. $X; P \vdash^{AK} Q \Leftrightarrow X \vdash^{AK} P \to Q$

Beweis. Wenn $X \vdash P \to Q$, so ist nach der Monotonieeigenschaft erst recht $X; P \vdash P \to Q$. Da auch $X; P \vdash P$, folgt $X; P \vdash Q$ durch Anwendung von MP.

Die andere Richtung der Behauptung ist weniger einfach. Der Beweis verläuft durch Induktion über die Ableitungsstufe von Q aus $X; P$.

(a) $X; P \vdash_0 Q$, d.h. $Q \in X \cup Ak \cup \{P\}$. Wir unterscheiden zwei Fälle. Ist $P \neq Q$, so ist bereits $Q \in X \cup Ak$ also $X \vdash Q$. Anwendung der Prämissenbelastungsregel MQ ergibt $X \vdash P \to Q$. Ist $P = Q$, so folgt die Behauptung $X \vdash P \to Q$ aus Beispiel 2. Damit ist der Anfangsschritt gezeigt.

(b) $X; P \vdash_n Q$ ($n \geq 1$). Dann gibt es natürliche Zahlen $m, k < n$ und eine Formel R, so daß $X; P \vdash_m R$ und $X; P \vdash_k R \to Q$, d.h. Q ist durch Anwendung von MP gewonnen worden. Nach Induktionsvoraussetzung ist $X \vdash P \to R$ und $X \vdash P \to R \to Q$. Ferner gilt $X \vdash P \to (R \to Q) \to (P \to R) \to (P \to Q)$, denn die rechts stehende Formel ist Axiom. Damit ergibt sich nach zweimaliger Anwendung von MP die Behauptung $X \vdash P \to Q$. •

Wir vermerken, daß im Beweis des Deduktionstheorems lediglich die Axiome (A1) und (A2) verwendet wurden.

Das Deduktionstheorem ermöglicht schnelle und übersichtliche Beweise von Formeln aus den Axiomen, die man sonst nur mit langwierigen Ableitungen erhalten kann.

---

[1]) Natürlich ist $X; P \vdash P$. Daraus kann aber ohne Deduktionstheorem nicht $X \vdash P \to P$ geschlossen werden, vielmehr dient das Beispiel der Vorbereitung von dessen Beweis.

Beispiel 3. $\vdash (\neg P \to Q) \to (\neg P \to \neg Q) \to P$.

$\neg P;\ \neg P \to Q;\ \neg P \to \neg Q \vdash Q, \neg Q$	(MP)
$\neg P;\ \neg P \to Q;\ \neg P \to \neg Q \vdash \neg(P \to P)$	(eine Anwendung von Beispiel 1)
$\neg P \to Q;\ \neg P \to \neg Q \vdash \neg P \to \neg (P \to P)$	(Deduktionstheorem)
$\neg P \to Q;\ \neg P \to \neg Q \vdash P \to P \to P$	(Axiom (A7k))
$\neg P \to Q;\ \neg P \to \neg Q \vdash P$	(Beispiel 2 und MP)
$\vdash (\neg P \to Q) \to (\neg P \to \neg Q) \to P$	(zweimal Deduktionstheorem verwenden).

Nunmehr sind wir imstande, auf einfache Weise die Adäquatheit des Kalküls $\vdash^{AK}$ zu beweisen, d.h. die Behauptung $\vdash^{AK} = \vDash$. Dies ergibt sich wegen der Adäquatheit von $\vdash^{S}$ offenbar aus folgendem

Satz über die Äquivalenz von $\vdash^{AK}$ und $\vdash^{S}$. $X \vdash^{AK} P \Leftrightarrow X \vdash^{S} P$.

Beweis. $X \vdash^{AK} P \Rightarrow X \vdash^{S} P$ wird durch Induktion über die Ableitbarkeitsstufe von P aus X in $\vdash^{AK}$ bewiesen. Ist $X \vdash^{AK}_{0} P$, so $P \in X \cup Ak$. Dann aber ist auch $X \vdash^{S} P$, denn für $P \in X$ ist $X \vdash^{S} P$ und für $P \in Ak$ ist $\emptyset \vdash^{S} P$, also ebenfalls $X \vdash^{S} P$ nach dem Monotoniesatz. Ist $X \vdash^{AK}_{n+1} P$, so $X \vdash^{AK}_{m} Q$, $X \vdash^{AK}_{k} Q \to P$ für gewisse $m, k \leqslant n$. Dann $X \vdash^{S} Q, Q \to P$ gemäß Induktionsvoraussetzung, also $X \vdash^{S} P$ gemäß ($\to$ a).

Umgekehrt zeigt man $X \vdash^{S} P \Rightarrow X \vdash^{AK} P$ durch Induktion über die Ableitungsstufe in $\vdash^{S}$. Ist $X \vdash^{S}_{0} P$, so ist $P \in X$, also auch $X \vdash^{AK} P$. Ist $X \vdash^{S}_{n+1} P$ und P durch Anwendung von ($\to$ b) entstanden, so ist P von der Form $Q \to R$ und $X; Q \vdash_{n} R$. Dann $X; Q \vdash^{AK} R$, also $X \vdash^{AK} Q \to R$ gemäß Deduktionstheorem. Insgesamt kommt es für die Durchführung aller Fälle des Induktionsschrittes offenbar darauf an, alle Regeln des S-Kalküls für $\vdash^{AK}$ nachzuweisen. Dies ist aber einfach, denn die Axiome (A2)–(A6) sind direkt auf den Beweis der entsprechenden Regeln „zugeschnitten". Lediglich die Negation erfordert einige Aufmerksamkeit. Offenbar ergibt sich ($\neg$ k) unter Verwendung des Deduktionstheorems durch zweimalige Anwendung von MP auf Beispiel 3. ●

Übungen

1. Man ersetze das Axiom (A7k) durch die Axiome

   (A7j): $P \to \neg Q \to Q \to \neg P$,   (A7i): $\neg P \to P \to Q$,   (A7k'): $\neg\neg P \to P$

   und zeige die Adäquatheit des so modifizierten Kalküls.

   Hinweis. Entweder Herleitung von (A7k) aus diesen Axiomen oder, falls dem Leser dies nicht gelingt, direkter Nachweis der Regeln des S-Kalküls.

2. Man betrachte die Einschränkung von $\vdash^{AK}$ auf die auf $\to, \neg$ bezogenen Axiome und beweise die Adäquatheit. Dasselbe beweise man für die Einschränkungen auf $\{\wedge, \vee, \neg\}$, $\{\wedge, \neg\}$, $\{\vee, \neg\}$. Die Adäquatheit gilt z.B. nicht für die Einschränkung auf $\{\to, \wedge, \vee\}$, vgl. § 3.

§ 3 Deduktive Systeme — ein zweiter Vollständigkeitsbeweis

Aus nachfolgenden Ausführungen resultiert ein neuer und sehr verallgemeinerungsfähiger Zugang zum Vollständigkeitsproblem für den S-Kalkül und zahlreiche andere Kalküle für die klassische Logik. Ihr besonderer Zweck aber besteht darin, die Grundlagen für die Analyse nichtklassischer Systeme zu schaffen. Haupthilfsmittel ist die auf A. TARSKI [30], [35] zurückgehende allgemeine Theorie der Konsequenzrelationen.

Eine Logik kann durchweg in einem engeren Sinne als Formelmenge, oder in einem weiteren Sinne als ein deduktives System verstanden werden, wenn ein Folgerungsbegriff auf der Basis der betreffenden Logik gegeben ist. So entsprechen den Erweiterungen der Minimallogik nach JOHANSSON [36] in natürlicher Weise gewisse deduktive Systeme, die wir J-Systeme nennen. Diese stehen im Hinblick auf Anwendungen ab Kap. III im Vordergrund der Betrachtungen. Die relativ maximalen Mengen in J-Systemen werden später als Situationen oder Welten im Sinne der KRIPKE-Semantik gedeutet.

Deduktive Systeme

Der S-Kalkül bezieht sich auf eine Relation $\vdash$ zwischen Formelmengen und Formeln. Von derselben Art ist auch die klassische Folgerungsrelation $\vDash$. Derartige Relationen haben nun eine Reihe allgemeiner Eigenschaften, die wir in Form von Axiomen zusammenfassen wollen. Diese Axiome beziehen sich auf Relationen zwischen Formelmengen und Formeln, die wir in allgemeiner Weise mit $\vdash$ bezeichnen. Dabei machen wir über die Funktorbasis keinerlei spezielle Voraussetzungen.

Axiom I. $X \vdash P$ für jedes $P \in X$.

Axiom II.   Wenn $X \vdash P$ und $X \subseteq Y$, so $Y \vdash P$ (Monotonie).

Axiom III.   Wenn $X \vdash Q$ für jedes $Q \in Y$, und $Y \vdash P$, so $X \vdash P$ (Abschlußeigenschaft).

Axiom IV.   Wenn $X \vdash P$, so existiert ein endliches $X' \subseteq X$ mit $X' \vdash P$ (Endlichkeitssatz).

Unter Verwendung von Axiom IV kann man Axiom III auch etwas einfacher folgendermaßen formulieren: Wenn $X; Q \vdash P$ und $X \vdash Q$, so $X \vdash P$.

Definition. Sei $\mathcal{L}$ die Menge aller Formeln einer gegebenen Funktorbasis. Eine Relation $\vdash$ zwischen Formelmengen $X \subseteq \mathcal{L}$ und Formeln $P \in \mathcal{L}$ welche den Axiomen I–III genügt heiße eine *Konsequenzrelation* oder ein *Konsequenzsystem.* Gilt außerdem Axiom IV, so heiße $\vdash$ ein *deduktives System.* Ω bezeichne die Menge aller Konsequenzrelationen, Δ die Menge aller deduktiven Systeme in $\mathcal{L}$.

X heißt *konsistent* bzgl. $\vdash$, wenn $X \nvdash R$ für wenigstens eine Formel R; in diesem Falle heißt X genauer *R-konsistent.* Ist X konsistent, aber kein $X' \supset X$ mehr konsistent, heißt X (absolut) *maximal.* Ferner heißt X *R-maximal,* wenn X R-konsistent ist, aber keine echte R-konsistente Erweiterung mehr besitzt. X heißt *relativ maximal,* wenn X R-maximal für eine gewisse Formel R ist.

X heißt (deduktiv) *abgeschlossen* bzgl. $\vdash \in \Omega$, wenn $X \vdash P \Leftrightarrow P \in X$. $D\mathcal{L}_{\vdash}$ bezeichnet die Menge aller abgeschlossenen $X \subseteq \mathcal{L}$ im System $\vdash$.

Die Formeln P mit $\emptyset \vdash P$ heißen $\vdash$*-Tautologien.* $\vdash P$ steht abkürzend für $\emptyset \vdash P$. $\mathbf{L}_{\vdash} := \{P \in \mathcal{L} \mid \vdash P\}$ heißt die *Logik* des Systems $\vdash$. Ist $L \subseteq \mathcal{L}$ und $\vdash \in \Delta$ bzw. $\vdash \in \Omega$ mit $\mathbf{L}_{\vdash} = \mathcal{L}$, so heiße $\vdash$ auch ein **L**-*System* bzw. ein **L**-*Konsequenzsystem.* $\vdash$ heiße *konsistent,* wenn $\mathbf{L}_{\vdash} \neq \mathcal{L}$. P ist eine *Kontradiktion* in $\vdash$, wenn $\{P\} \vdash Q$ für alle $Q \in \mathcal{L}$.

Ein Konsequenzsystem $\vdash$ heiße *strukturell,* wenn $X \vdash P \Rightarrow sX \vdash sP$ für alle Substitutionen $s : V \to \mathcal{L}$. Dabei ist $sX := \{sQ \mid Q \in X\}$. Ω^s bezeichne die Menge aller strukturellen $\vdash \in \Omega$ und Σ die Menge aller strukturellen $\vdash \in \Delta$.

Bemerkung. Häufig geht man von der Relation $\vdash$ zur Operation $C_{\vdash}$: $C_{\vdash}X = \{P \in \mathcal{L} \mid X \vdash P\}$ über und spricht dann von einer *Konsequenzoperation* (auch *Hüllenoperation* genannt, vornehmlich, wenn $\mathcal{L}$ nicht wie oben aus Formeln besteht, sondern eine beliebige Menge ist). Von einer Konsequenzoperation $C_{\vdash}$ kann man die zugehörige Konsequenzrelation $\vdash$: $X \vdash P \Leftrightarrow P \in C_{\vdash}X (X \subseteq \mathcal{L}; P \in \mathcal{L})$ zurückgewinnen. Es ist daher im Prinzip gleichgültig, ob man von Konsequenzrelationen oder -operationen ausgeht. Ein Konsequenzsystem $\vdash$ ist auch bestimmt durch das System $D\mathcal{L}_{\vdash}$ der abgeschlossenen Mengen von $\vdash$. Man zeigt nämlich unschwer $X \vdash P \Leftrightarrow P \in \bigcap \{Y \in D\mathcal{L}_{\vdash} \mid X \subseteq Y\}$. $D\mathcal{L}_{\vdash}$ ist ein Hüllenverband, der genau dann algebraisch ist, wenn $\vdash \in \Delta$. Daher heißen die $\vdash \in \Delta$ auch *algebraische Konsequenzrelationen.* Die $\vdash \in \Sigma$ werden in LÓS/SUSZKO [58] auch *Standardsysteme* genannt. Konsequenzrelationen heißen oft auch einfach nur *Konsequenzen.*

Konsequenzrelationen sind vielseitig verwendbar. So nutzen wir sie ab Kap. III in Form von Filterrelationen zum Beweis wichtiger Repräsentationssätze für Matrizen und Algebren. •

Eine besondere Eigenschaft struktureller Systeme ist, daß ihre Logik **L** abgeschlossen ist gegenüber Substitutionen s, d.h. $P \in L \Rightarrow sP \in L$. Allgemein nennen wir Formelmengen **L** mit dieser Eigenschaft daher auch *strukturell*[1]). Diese sind durch die Eigenschaft Sb $L = L$

---

[1]) Einige Autoren nennen solche Formelmengen auch *invariant.*

gekennzeichnet, wobei Sb X die Menge aller Formeln ist, die man durch Substitution aus den Formeln X gewinnt.

Beispiel 1. Der S-Kalkül (genauer $\vdash^S$) ist ein strukturelles deduktives System. Die Axiome I–IV sind offensichtlich erfüllt. Daß $\vdash^S$ strukturell ist, läßt sich leicht durch Induktion über die Ableitungsstufe beweisen. Dafür ist verantwortlich, daß die Regeln des S-Kalküls *strukturell* sind. Das bedeutet z.B. für MP: Ist die Ableitungsbeziehung $X \vdash Q$ durch MP gewonnen worden, also $X \vdash P \to Q$ und $X \vdash P$, und ist s eine Substitution, so gewinnt man sQ durch Anwendung von MP auf $s(P \to Q)$ und sP. ●

Beispiel 2. Man erhält eine Vielzahl deduktiver Systeme durch Weglassen einzelner Regeln des S-Kalküls oder Formulierung neuer Regeln. Von diesen Systemen heben wir besonders hervor die deduktiven Systeme, welche durch den Si-Kalkül bzw. durch den Sj-Kalkül (§ 2) bestimmt sind und die im folgenden mit $\vdash^i$ bzw. $\vdash^j$ bezeichnet und das *intuitionistische System* bzw. das *Minimalsystem* genannt seien. Daß es sich um voneinander verschiedene Systeme handelt, die auch von dem klassischen System $\vdash^k := \vdash^S$ verschieden sind, wird in Kap. III bewiesen. ●

Beispiel 3. Die Allrelation $\vdash^1$ mit $X \vdash^1 P$ für alle X und P, ist das *inkonsistente System*. Denn genau dieses System hat die „Logik" $\mathcal{L}$. $\overset{\circ}{\Omega}$ bezeichnet die Menge der konsistenten $\vdash \in \Omega$; analoges gilt für die Bezeichnung $\overset{\circ}{\Delta}$, $\overset{\circ}{\Sigma}$ usw. Gelegentlich wird das inkonsistente System stillschweigend von der Betrachtung ausgeschlossen. ●

Beispiel 4. Sei $\vdash \in \Omega$ und $\vdash^\Delta$ erklärt durch $X \vdash^\Delta P$ gdw $X' \vdash P$ für gewisses endliches $X' \subseteq X$. Dann ist $\vdash^\Delta$ ein deduktives System, wie man leicht nachweist. $\vdash^\Delta$ heißt das vom Konsequenzsystem $\vdash$ *induzierte deduktive System*. Für $\vdash \in \Delta$ ist $\vdash^\Delta = \vdash$. ●

Für $\vdash, \vdash' \in \Omega$ sei $\vdash \subseteq \vdash'$, falls $X \vdash P \Rightarrow X \vdash' P$ für alle $X \subseteq \mathcal{L}$, $P \in \mathcal{L}$. Ω, ebenso Δ, ist also hinsichtlich $\subseteq$ geordnet. Mehr noch, Ω und Δ sind vollständige Verbände und Δ ist Subverband von Ω. *Warnung:* Δ ist *kein* vollständiger Subverband von Ω; in Ω gilt $\inf \Gamma = \bigcap \Gamma$ für $\Gamma \subseteq \Omega$; in Δ ist $\inf \Gamma = \vdash^\Delta$ für $\Gamma \subseteq \Delta$, wobei $\vdash := \bigcap \Gamma$. Wir zeigen später, daß Σ vollständiger Subverband von Δ ist (Übung 3, S. 90).

Beispiel 5. Sei $\vdash \in \Sigma$. Durch Überprüfung der Axiome zeigt man leicht, daß $\vdash_* : X \vdash_* P \Leftrightarrow SbX \vdash P$ ein deduktives System ist mit derselben Logik wie $\vdash$. $\vdash_*$ heiße das zu $\vdash$ gehörige *Extensionssystem*. Für $\vdash_*$ gilt offenbar die Substitutionsregel MS (S. 67). Wir zeigen, $\vdash_*$ ist das kleinste $\vdash$ enthaltende deduktive System, für das MS gilt: Sei $\vdash \subseteq \vdash'$ und MS gelte für $\vdash'$. Ist $X \vdash_* P$, so $SbX \vdash P$, also $SbX \vdash' P$. Weil aber $X \vdash Q$ für alle $Q \in SbX$, erhält man $X \vdash' P$. Fügt man MS z.B. dem AK-Kalkül hinzu, so besagt das soeben bewiesene, man kann in einer Ableitung zwischendurch verwendete Substitutionen an den Anfang verlegen (Satz von der Vorverlegung der Substitutionen). Wichtig und bemerkenswert ist ferner: $D\mathcal{L}_* := D\mathcal{L}_{\vdash_*}$ ist vollständiger Subverband von $D\mathcal{L} := D\mathcal{L}_\vdash$; denn für beliebiges $\vdash' \supseteq \vdash$ ist $D\mathcal{L}_{\vdash'}$ zwar Teilmenge, doch i.a. kein Subverband von $D\mathcal{L}$: Sei $E \subseteq D\mathcal{L}_*$. Dann ist $\inf E = \bigcap E = \inf_* E$, wobei $\inf$, $\sup$ bzw. $\inf_*$, $\sup_*$ Infima und Suprema in $D\mathcal{L}$ bzw. $D\mathcal{L}_*$ bezeichnen.

Ferner ist

$$P \in \sup_* E \quad \text{gdw} \quad \bigcup E \vdash_* P$$

$$\text{gdw} \quad Sb \bigcup E \vdash P \qquad (\text{Definition von } \vdash_*)$$

$$\text{gdw} \quad \bigcup_{S \in E} SbS \vdash P \quad (\text{weil } Sb \bigcup E = \bigcup_{S \in E} SbS)$$

$$\text{gdw} \quad \bigcup E \vdash P \qquad (\text{weil } S \in D\ell_* \Rightarrow SbS = S)$$

$$\text{gdw} \quad P \in \sup E. \ \bullet$$

Übungen

1. Sei $\vdash \in \Omega$ und $X \dashv\vdash Y$ erklärt durch $Y \subseteq C_\vdash X$ und $X \subseteq C_\vdash Y$. Man zeige
   $X \dashv\vdash Y$ gdw $X \vdash P \Leftrightarrow Y \vdash P$ für alle $P \in \mathcal{L}$.

2. Sei $\vdash$ ein deduktives System, zu dessen Funktoren $\neg$ gehört. Man zeige die Äquivalenz folgender Eigenschaften von $\vdash$:
   - (i) Für $\vdash$ gilt die Regel $(\neg \, i)$.
   - (ii) $X \subseteq \mathcal{L}$ ist konsistent in $\vdash$ genau dann, wenn keine Formel P existiert mit
     $X \vdash P, \neg P$.

3. Sei $\Phi \subseteq \Phi_0$, $\vdash \in \Delta := \Delta_{\Phi_0}$. Das Φ-*Redukt* (= Einschränkung) von $\vdash$ ist erklärt als
   $$\vdash_\Phi : X \vdash_\Phi P \Leftrightarrow X \vdash P \quad (X \subseteq \mathcal{L}_\Phi, P \in \mathcal{L}_\Phi).$$
   Man zeige $\vdash_\Phi \in \Delta_\Phi$ und ferner $\vdash \in \Sigma_{\Phi_0} \Rightarrow \vdash_\Phi \in \Sigma_\Phi$.

4. Sei $\to \in \Phi$. Δ^{Dt} bezeichne die Menge aller $\vdash \in \Delta$, für welche das Deduktionstheorem (§ 2, S. 65) gilt, auch *deduktionstheoretische Systeme* oder kurz Dt-*Systeme* genannt.
   - (a) Die Äquivalenz von (i), (ii), (iii):
     - (i) $\vdash \in \Delta^{Dt}$
     - (ii) für $\vdash$ gelten die Regeln $(\to a)$, $(\to b)$
     - (iii) $X \vdash P \to Q$ gdw $X; Q \vdash R \Rightarrow X; P \vdash R$ für alle $R \in \mathcal{L}$.
   - (b) Ein Dt-System $\vdash$ ist strukturell genau dann, wenn $L_\vdash$ strukturell ist.
   - (c) Für vorgegebenes $L \subseteq \mathcal{L}$ gibt es höchstens ein $\vdash \in \Delta^{Dt}$ mit $L_\vdash = L$.
   - (d) Zu vorgegebenem strukturellen $L \subseteq \mathcal{L}$ gibt es genau dann ein (und gemäß (c) auch nur ein) Dt-System, wenn $(A1), (A2) \in L$ und L abgeschlossen ist gegenüber MP.

5. Sei $\vdash \in \Omega$. Man zeige die Äquivalenz von (i), (ii), (iii) (TARSKI [36]):
   (i) $\vdash \in \Delta$, (ii) $D\ell_\vdash$ ist algebraisch, (ii) $\bigcup K \in D\ell_\vdash$ für jede Kette $K \subseteq D\ell_\vdash$.
   Hinweis. (i) $\Rightarrow$ (ii) sup $E = C_\vdash \bigcup E$. (ii) $\Rightarrow$ (iii). Für endliches $K' \subseteq K$ ist $\bigcup K \subseteq S$ für gewisses $S \in K$. Hieraus folgt sup $K = \bigcup K$. (iii) $\Rightarrow$ (i): Sei $P_0, P_1 \ldots$ Aufzählung von X und setze $Y_n := C_\vdash \{P_0, \ldots, P_n\}$, $Y := \bigcup_{i \in \omega} Y_i$. Dann $Y \in D\ell_\vdash$, $X = Y$, und X erfüllt Aussage von Axiom IV.

Der Existenzsatz für relativ maximale Mengen

Die maximalen und relativ maximalen Mengen spielen eine fundamentale Rolle für die semantische Analyse eines deduktiven Systems, letztere vor allem hinsichtlich einer Art von Semantik, welche die relativistische genannt sei. Aus den Definitionen S. 76 ergibt sich, daß eine Formelmenge X dann und nur dann maximal (bzgl. eines gegebenen deduktiven Systems $\vdash$) ist, wenn X R-maximal ist für jede Formel R mit X $\not\vdash$ R. Anderseits ist eine Menge X, die R-maximal für eine bestimmte Formel R ist, i.a. nicht (absolut) maximal. Nur in bestimmten Fällen ist dies der Fall, z.B. wenn R eine Kontradiktion des Systems ist.

Eine erste wichtige Bemerkung ist die (deduktive) Abgeschlossenheit der relativ maximalen Mengen Y, also Y $\vdash$ P $\Rightarrow$ P $\in$ Y (gleichwertig Y $\vdash$ P $\Leftrightarrow$ P $\in$ Y). Das Argument ist einfach: Sei Y R-maximal und Y $\vdash$ P. Wäre P $\notin$ Y, so wäre Y; P $\vdash$ R. Daraus folgt mit Axiom III aber Y $\vdash$ R im Widerspruch zur R-Konsistenz von Y. Erst recht sind damit die maximalen Mengen abgeschlossen.

Als erstes zeigen wir den folgenden, sehr einfachen aber grundlegenden Existenzsatz für relativ maximale Mengen. Sein Beweis ist ein Beispiel einer sogenannten LINDENBAUM-HENKIN-Konstruktion, wie sie in der Logik häufig Verwendung findet. Es sei bemerkt, daß die Existenz absolut maximaler Mengen für beliebige (strukturelle) deduktive Systeme nicht bewiesen werden kann. Sie gilt aber für eine große Klasse von deduktiven Systemen, zu denen insbesondere $\vdash^S$ gehört. Im folgenden sei $\vdash \in \Delta$.

Existenzsatz relativ maximaler Mengen. Ist X R-konsistent, so existiert eine R-maximale Erweiterung Y $\supseteq$ X.

Beweis. Es sei $P_1, P_2, \ldots$ eine Aufzählung aller Formeln. Wie man eine solche Aufzählung herstellt, ist für das folgende belanglos. Ferner sei

$$X_0 = X; \quad X_{n+1} = \begin{cases} X_n; P_n, & \text{wenn } X_n; P_n \not\vdash R \\ X_n & \text{sonst.} \end{cases}$$

Schließlich sei $Y = \bigcup_{i \in \omega} X_i$.

Wir behaupten, daß Y R-maximal ist. Zunächst sind alle X_i offensichtlich R-konsistent, wie man sich durch schrittweise Betrachtung klarmacht (strikter Beweis durch Induktion über n). Dann ist Y aber auch R-konsistent, denn wäre Y $\vdash$ R, so gibt es nach Axiom IV und II schon ein n mit $X_n \vdash$ R im Widerspruch zur R-Konsistenz von X_n. Um die R-Maximalität von Y zu prüfen, sei P $\notin$ Y angenommen. P hat eine Nummer n in obiger Aufzählung. Dann ist auch $P_n = P \notin Y_{n+1}$. Folglich muß $Y_n; P \vdash$ R gegolten haben, woraus natürlich Y; P $\vdash$ R folgt. Y ist also in der Tat R-maximal. $\bullet$

Für passend gewählte Formeln R ist eine R-maximale Menge häufig absolut maximal, so daß der Satz sich in der Praxis häufig auch zur Konstruktion maximaler Mengen eignet.

Bemerkung: Obwohl die Abzählbarkeit der Formelmenge im Beweis verwendet wird, spielt diese doch keine wesentliche Rolle. Der Beweis ist praktisch derselbe, wenn man statt von einer Abzählung von einer Wohlordnung einer beliebigen Grundmenge ausgeht. Diese Bemerkung ist wichtig im Hinblick auf algebraische Konsequenzrelationen in Kap. III. Wir machen darauf aufmerksam, daß auch die algebraische Struktur der Formelmenge im Beweis keine Rolle spielt. Die Konstruktion im Satz läßt sich verschiedentlich variieren. Bedeutet z.B. R eine beliebige Formelmenge, sowie $X \vdash R$, daß $X \vdash Q$ für gewisses $Q \in R$, so gilt ein völlig analoges Resultat über R-maximale Einbettungen. Dasselbe gilt auch, wenn R aus sequentiellen Regeln besteht (siehe § 4). ●

Übungen

1. Es möge für $\vdash \in \Omega$ eine Kontradiktion R geben. Man zeige X ist maximal gdw X ist R-maximal.

2. Ein deduktives System $\vdash$, für das die Substitutionsregel MS gilt, heiße *extensional*. Man zeige für extensionales $\vdash \in \overset{\circ}{\Delta}$:
   (a) X ist maximal gdw X ist p-maximal $(p \in V)$.
   (b) Jede konsistente Menge ist in eine maximale einbettbar.
   (c) $\vdash$ ist nicht strukturell.
   (d) Für $\vdash$ kann das Deduktionstheorem nicht gelten.

   Hinweis zu (c): Für $\vdash \in \overset{\circ}{\Sigma}$ ist $\{p\}$ konsistent $(p \in V)$. (d) folgt aus (c) und Übung 4c, letzter Abschnitt.

3. Das deduktive System $\vdash$ heiße ein *System mit normaler Negation*, wenn es die Eigenschaften $(\neg\, j)$ und $(\neg\, i)$ hat. Man zeige, in einem System $\vdash$ mit normaler Negation ist jede $\neg$ R-maximale Menge maximal. Daraus schließe man, jede konsistente Menge ist in eine maximale einbettbar.

   Hinweis. Sei X $\neg$ R-maximal. Zeige zuerst $R \in X$ mittels $(\neg\, j)$. Dann $X; P \vdash R \,\neg\, R$ für jedes $P \notin X$. $(\neg\, i)$ ergibt Behauptung.

4. $\vdash \in \Omega$ heiße *absolut*, wenn jedes relativ maximale X absolut maximal ist. Man zeige, gilt für $\vdash$ Regel $(\neg\, k)$, so ist $\vdash$ absolut.[1] Umgekehrt, in absoluten Systemen mit normaler Negation gilt $(\neg\, k)$.

   Hinweis. Zeige für R-maximales Y zuerst $\neg R \in Y$. Dann $Y; P \vdash R, \neg R$ für $P \notin Y$. Folglich $Y; P; \neg Q \vdash R, \neg R$, also $Y; P \vdash Q$.

5. Man zeige, relativ maximale Mengen sind voll irreduzibel in $D\ell_{\vdash}$ (d.h. $X = \cap E$, $E \subseteq D\ell_{\vdash}$ impliziert $X = Y$ für gewisses $Y \in E$, Anhang). Daraus schließe man, für $\vdash \in \Delta$ ist jedes $X \in D\ell_{\vdash}$ Infimum der voll irreduziblen $Y \supseteq X$, $Y \in D\ell_{\vdash}$.

---

[1] insbesondere ist $\vdash^S$ damit absolut.

6. Sei $Y \subseteq Z \subseteq \mathcal{L}$, $R \in Z \setminus Y$. Y heiße R-*maximal in* Z (bzgl. $\vdash \in \Delta$), wenn $Y \nvdash R$, aber $Y; P \vdash R$ für jedes $P \in Z \setminus Y$. Man zeige, ist $X \nvdash R \in Z \supseteq X$, so existiert eine R-maximale Erweiterung Y von X in Z. Ferner: $Z \in D\ell_{\vdash} \Rightarrow Y \in D\ell_{\vdash}$.

Hinweis. Wähle Aufzählung von Z statt von $\mathcal{L}$.

J-Systeme und I-Systeme

Wenn einige oder alle Funktoren $\neg, \wedge, \vee, \rightarrow$ in einem deduktiven System $\vdash$ vorkommen, ist es sinnvoll, gewisse Minimalforderungen von $\vdash$ zu verlangen, die natürlichen Vorstellungen über diese Funktoren entsprechen. Auf diese Weise gelangt man zu deduktiven Systemen, die zu den Erweiterungen der Minimallogik nach JOHANNSON [36] gehören. Nur eine Kleinigkeit mehr wird von den I-Systemen verlangt, die sich als die zu den Erweiterungen der intuitionistischen Logik gehörigen Systeme erweisen werden.

> **Definition.** Ein strukturelles deduktives System $\vdash$ in den Funktoren $\wedge, \vee, \rightarrow, \neg$ heiße ein J-*System*, wenn es die Eigenschaften $(\wedge\, a)$, $(\wedge\, b)$, $(\vee\, a)$, $(\vee\, b)$, $(\rightarrow a)$, $(\rightarrow b)$, $(\neg\, j)$ hat. Gilt außerdem $(\neg\, i)$, so heiße $\vdash$ ein I-*System*.[1]

Wir betrachten gelegentlich auch *fragmentäre J-Systeme* (oder genauer J$_\Phi$-*Systeme*) mit einer Funktorbasis $\Phi \subseteq \{\neg, \wedge, \vee, \rightarrow\}$, wobei aber die vorhandenen Funktoren die auf sie bezogenen Eigenschaften der Definition haben. Eine sinngemäße Bemerkung gilt für fragmentäre I-Systeme. Das meiste, was im folgenden über J-Systeme gesagt wird, gilt gleichermaßen für fragmentäre J-Systeme. Ferner gilt dies auch für *expandierte J-Systeme*, womit wir strukturelle Systeme einer Funktorbasis $\Phi \supseteq \{\neg, \wedge, \vee, \rightarrow\}$ bezeichnen, so daß $\neg, \wedge, \vee, \rightarrow$ die in der Definition formulierten Eigenschaften haben.

Man sollte sich einprägen, daß ein (fragmentäres) J-System mit Implikation wegen der Regeln $(\rightarrow a)$, $(\rightarrow b)$ stets ein Dt-System ist. Die auf S. 66 definierten deduktiven Systeme $\vdash^{\underline{i}}$ und $\vdash^{\underline{j}}$ sind Beispiele für J-Systeme. $\vdash^{\underline{j}}$ ist das kleinste J-System, $\vdash^{\underline{i}}$ das kleinste I-System. Das kleinste I$_\Phi$-System werde mit $\vdash^{i\Phi}$ bezeichnet, dessen Logik mit $\mathbf{Li}_\Phi$.

Rein äußerlich unterscheiden sich die $\vdash^{\underline{i}}$ und $\vdash^{\underline{j}}$ definierenden Kalküle vom S-Kalkül lediglich durch Abschwächungen der auf $\neg$ bezogenen Regeln. Dies hat in erster Linie gewisse philosophische Gründe, die mit den besonders in der Mathematik deutlich werdenden Eigentümlichkeiten der Negation zusammenhängen. Ersetzung von $(\neg\, k)$ durch schwächere Regeln bedeutet (abgesehen von mancherlei anderen inhaltlichen Konsequenzen) eine erhebliche Einschränkung des Prinzips des indirekten Beweisens. Die Forderung $(\neg\, j)$ ist sehr schwach und mit manchen paradox anmutenden Vorkommnissen verträglich, wie wir in Kap. III und V noch sehen werden. Es gibt J-Systeme und darin konsistente Mengen X, die sehr wohl einen „Widerspruch" enthalten (d.h. eine Formel zugleich mit ihrer Negation), obwohl eben wegen der Konsistenz nicht alles ableitbar ist. Dieses Phänomen entspricht einem bestimmten Aspekt der in Kap. V behandelten

---

[1] I von *intermediär*. Es wird sich zeigen, daß die Logiken der I-Systeme zwischen der intuitionistischen und der klassischen Logik liegen (diese beiden Grenzfälle eingeschlossen).

relativistischen Semantik für J-Systeme: Es kann sogenannte nichtnormale Welten oder Situationen geben, die Widersprüche akzeptieren. $X \subseteq \mathcal{L}$ heiße *nichtnormal* in einem J-System $\vdash$, wenn X konsistent ist und zugleich aber $X \vdash P, \neg P$ für gewisses P. Andernfalls heiße X *normal.* Es ist jede Menge bzgl. $\vdash$ normal genau dann, wenn ($\neg$ i) für $\vdash$ gilt, d.h. wenn $\vdash$ ein I-System ist.

Die Logik eines J-Systems nennen wir der Kürze halber eine *J-Logik,* diejenige eines I-Systems eine I-*Logik* oder eine *intermediäre Logik.* Die Logik von $\vdash^i$ bzw. $\vdash^j$ hatten wir an früherer Stelle schon eingeführt und mit **Li** bzw. **Lj** bezeichnet. Gemäß Übung 4, S. 78 bestimmt eine J-Logik **L** *genau* ein zugehöriges J-System $\vdash^L$; es ist $\mathbf{L} \supseteq \mathbf{Lj}$ und **Lj** ist abgeschlossen gegenüber MP und MS. Umgekehrt sieht man leicht, ist $\mathbf{L} \supseteq \mathbf{Lj}$ eine gegenüber MP und MS abgeschlossene Formelmenge, so ist das zugehörige Dt-System ein J-System. Hieraus folgt, daß die J-Logiken gerade aus den abgeschlossenen Mengen des Extensionssystems $\vdash^j_*$ bestehen. Analog sind die I-Logiken gerade die abgeschlossenen Mengen des Systems $\vdash^i_*$. Damit bilden die J-Logiken bzgl. Inklusion einen algebraischen Verband, den *Verband $\mathcal{J}$ der Erweiterungen der Minimallogik.* Die intermediären Logiken bilden einen vollständigen Subverband von $\mathcal{J}$, den *Verband der intermediären Logiken,* der mit $\mathcal{H}$ bezeichnet werde und der in Kap. V ausführlicher untersucht wird.

Hier wollen wir lediglich unter sehr allgemeinen Voraussetzungen die wichtige Tatsache der Distributivität von $\mathcal{J}$ und $\mathcal{H}$ herleiten. Als distributive algebraische Verbände sind sie damit implementär, wie im Anhang dargelegt. Eine andere Möglichkeit dieses Nachweises ergibt sich aus der algebraischen Semantik der J- und I-Logiken. Das folgende direkte und allgemeine Argument ist aber auch für Verbände von Modallogiken usw. von großem Nutzen.

Satz. Gelten für $\vdash \in \Delta$ die Regeln ($\vee$ a), ($\vee$ b), so ist

(a) $C_\vdash X \cap C_\vdash Y = C_\vdash \{P \vee Q \mid P \in X; Q \in Y\}$ $(X, Y \subseteq \mathcal{L})$,

(b) $D\mathcal{L}_\vdash$ ist distributiv.

Beweis. Sei $Z = \{P \vee Q \mid P \in X; Q \in Y\}$. Zu zeigen ist

$(\Rightarrow): X \vdash R, Y \vdash R \Rightarrow Z \vdash R,$ $(\Leftarrow): Z \in R \Rightarrow X \vdash R, Y \vdash R$ $(R \in \mathcal{L})$.

$(\Leftarrow)$ folgt einfach durch Anwendung von ($\vee$ b). Hingegen ist es nicht ganz einfach, $(\Rightarrow)$ direkt aus ($\vee$ a) zu erschließen. Daher verfahren wir indirekt. Angenommen $X \vdash R, Y \vdash R$, doch $Z \nvdash R$ für gewisses R. Sei U eine R-maximale Erweiterung von Z. Offenbar ist weder $X \subseteq U$, noch $Y \subseteq U$. Also $P \notin U$ und $Q \notin U$ für gewisse $P \in X, Q \in Y$ und daher $U, P \vdash R$ und $U; Q \vdash R$. Folglich $U; P \vee Q \vdash R$ gemäß ($\vee$ a). Weil aber $\cdot P \vee Q \in U$, erhalten wir den Widerspruch $U \vdash R$. Damit ist (a) gezeigt.

Folgende Rechnung zeigt die Distributivität von $D\mathcal{L}_\vdash$, wobei $X, Y, Z \subseteq \mathcal{L}$ beliebige Mengen sind, sowie $Y' = \{P \vee Q \mid P \in X, Q \in Z\}$, $Z' = \{P \vee Q \mid P \in X, Y \in Z\}$ gesetzt sei. Ferner sei $S \sqcup T := \sup \{S, T\}$ $(S, T \in D\mathcal{L}_\vdash)$.

$$
\begin{aligned}
C_\vdash X \cap (C_\vdash Y \sqcup C_\vdash Z) &= C_\vdash X \cap C_\vdash (Y \cup Z) \\
&= C_\vdash (Y' \cup Z') \quad \text{(Anwendung von (a))} \\
&= C_\vdash Y' \sqcup C_\vdash Z' \\
&= (C_\vdash X \cap C_\vdash Y) \sqcup (C_\vdash X \cap C_\vdash Z) \quad \text{(Anwendung von (a))}. \;\bullet
\end{aligned}
$$

Hieraus ergibt sich, daß auch der Hüllenverband $D\ell_{\vdash_*}$ des Extensionssystems $\vdash_*$ distributiv ist, wenn $(\vee\,a)$, $(\vee\,b)$ für $\vdash$ gelten. Denn $D\ell_{\vdash_*}$ ist Subverband von $D\ell_{\vdash}$. Insbesondere sind damit $\mathcal{I} = D\ell_{\vdash_*^j}$ und $\mathcal{H} = D\ell_{\vdash_*^i}$ distributiv.

Übungen

1. Man zeige, eine Formelmenge $\mathbf{L} \subseteq \mathcal{L}_{\neg,\wedge,\vee,\to}$ ist genau dann eine J-Logik, wenn (A1)–(A6) und $(\neg\,j)$ (§ 2) zu $\mathbf{L}$ gehören und $\mathbf{L}$ abgeschlossen ist gegenüber MP, MS. Ferner, eine J-Logik $\mathbf{L}$ ist intermediär genau dann, wenn (A7i) $\in \mathbf{L}$. Daraus schließe man, $\mathcal{H}$ ist vollständiger Subverband von $\mathcal{I}$.

2. Für $\vdash \in \Delta$ gelte $(\vee\,a)$, $(\vee\,b)$. Man beweise
   (a$_*$) $C_{\vdash_*}\, X \cap C_{\vdash_*}\, Y = C_{\vdash_*}\, \{P \vee Q \,|\, P \in X, Q \in Y\}$, sofern $V(X) \cap V(Y) = \emptyset$.
   Daraus schließe man $\mathbf{Lj}\,(X) \cap \mathbf{Lj}\,(Y) = \mathbf{Lj}\,(P \vee Q)_{P \in X; Q \in Y}$ für $V(X) \cap V(Y) = \emptyset$.
   Hierbei bezeichnet $\mathbf{Lj}\,(X)$ oder $\mathbf{Lj}\,(P)_{P \in X}$ die kleinste J-Logik $\mathbf{L}'$ mit $\mathbf{L}' \supseteq X$.
   Hinweis. $Z \vdash_* P \Leftrightarrow \mathrm{Sb}\, Z \vdash P$ für alle $Z \subseteq \mathcal{L}$.

3. $\mathbf{L} \in \mathcal{I}$ heißt *e.a. (endlich axiomatisierbar)*, wenn $\mathbf{L} = \mathbf{Li}(X)$ mit endlicher Formelmenge X. Man zeige, mit $\mathbf{L}_1, \mathbf{L}_2 \in \mathcal{I}$ sind auch $\mathbf{L}_1 \sqcup \mathbf{L}_2$ und $\mathbf{L}_1 \cap \mathbf{L}_2$ e.a.

4. Sei $\vdash$ ein Dt-System. Man zeige wie im Text
   (a) $C_{\vdash}\, X \cap C_{\vdash}\, Y = C_{\vdash}\, Z$ mit $Z = \{(P \to R) \to (Q \to R) \to R \,|\, P \in X; Q \in Y; R \in \mathcal{L}\}$,
   (b) $D\ell_{\vdash}$ ist distributiv,
   (c) $D\ell_{\vdash_*}$ ist distributiv und mit $\mathbf{L}_1, \mathbf{L}_2 \in D\ell_{\vdash_*}$ ist auch $\mathbf{L}_1 \cap \mathbf{L}_2$ e.a.
   Also ist $\mathcal{I}_\Phi := D\ell_{\vdash^{j_\Phi}}$ distributiv für alle Φ mit $\vee \in \Phi$ bzw. $\to \in \Phi$. Dies gilt sogar für alle $\Phi \subseteq \{\neg, \wedge, \vee, \to\}$, wie sich später zeigen wird.

5. Sei $\Phi \subseteq \{\dot{\neg}, \wedge, \vee, \to\}$, und $\equiv_j : P \equiv_j Q$ gdw $P \vdash^{j_\Phi} Q$, $Q \vdash^{j_\Phi} P$ $(P, Q \in \mathcal{L}_\Phi)$.[1]
   $\equiv_j : P \equiv_j Q$ gdw $P \vdash^{j_\Phi} Q$, $Q \vdash^{j_\Phi} P$ $(P, Q \in \mathcal{L}_\Phi)$.
   Man zeige für alle Fälle von Φ: $\equiv_j$ ist eine Kongruenzrelation in $\mathcal{L}_\Phi$ und ist $\mathbf{Lj}_\Phi \neq \emptyset$, so ist $\mathbf{Lj}_\Phi$ gerade eine Kongruenzklasse. Analoges gilt auch für
   $\equiv_i : P \equiv_i Q \Leftrightarrow P \vdash^{i_\Phi} Q$, $Q \vdash^{i_\Phi} P$.

6. Für $\vdash$ gelte $(\vee\,a)$, $(\vee\,b)$. Man zeige, $X \in D\ell_{\vdash}$ ist irreduzibel genau dann, wenn X folgende Eigenschaft hat:
   $[k\vee]$ $P \vee Q \in X$ gdw $P \in X$ oder $Q \in X$.

   Ferner zeige man, $\mathbf{L} \in D\ell_{\vdash_*}$ ist irreduzibel in $\vdash_*$ genau dann, wenn $[k\vee_*]$ gilt. Dabei ist $[k\vee_*]$ wie $[k\vee]$, nur daß $V(P) \cap V(Q) = \emptyset$ vorausgesetzt wird. Die irreduziblen $\mathbf{L} \in D\ell_{\vdash_*}$ heißen häufig auch die *HALLDEN-vollständigen* Erweiterungen von $\mathbf{L} = \mathbf{L}_{\vdash}$.

---

[1] genauer müßte man schreiben $\equiv_{j_\Phi}$. In Kap. V wird aber gezeigt, $\equiv_{j_\Phi}$ ist das Redukt von $\equiv_{j_\psi}$, falls $\Phi \subseteq \psi \subseteq \{\neg, \wedge, \vee, \to\}$.

Relativ maximale und komplette Mengen – Anwendungen

Der Schlüssel zur Aufklärung der Struktur eines deduktiven Systems $\vdash$ liegt in der Analyse seiner relativ maximalen Mengen. Wir klären den Zusammenhang zu den in Kap. I, Seite 24 definierten kompletten Mengen und erinnern daran, daß diese mit den Modellmengen übereinstimmen. Es wird sich insbesondere herausstellen, daß die (normalen) maximalen Mengen eines J-Systems komplett sind. Dies ermöglicht auf einfache Weise die Modellkonstruktion sowohl im klassischen als auch im nichtklassischen Fall. Die Konstruktion wird hier aber zunächst nur für den klassischen Fall durchgeführt.

Satz. 1. Eine relativ maximale Menge Y eines J-Systems ist $\wedge$-komplett und $\vee$-komplett, hat also die Eigenschaften $[k\wedge]$ und $[k\vee]$.

Beweis. Ist $P \wedge Q \in Y$, so ist $Y \vdash P \wedge Q$, also $Y \vdash P$ und $Y \vdash Q$. Wegen der Abgeschlossenheit von Y ist $P \in Y$ und $Q \in Y$. Genau so beweist man die andere Richtung von $[k\wedge]$, sowie die Richtung von rechts nach links in $[k\vee]$. Für die andere Richtung sei $P \vee Q \in Y$, aber $P \notin Y$, $Q \notin Y$ angenommen. Dann ist $Y;P \vdash R$, $Y;Q \vdash R$ für ein R, weil Y relativ maximal ist. Wegen $Y \vdash P \vee Q$ folgt mit $(\vee\,a)$ der Widerspruch $Y \vdash R$. Damit ist auch $[k\vee]$ gezeigt. •

Man stellt sofort die Frage, ob in Analogie zu $[k\wedge]$ und $[k\vee]$ nicht auch die Eigenschaften $[k\,\neg]$, $[k\rightarrow]$ für relativ maximale Mengen Y gelten. Dies ist nun im allgemeinen nicht der Fall. Vielmehr ist dies eine charakteristische Eigenschaft der klassischen Systeme. Die Verhältnisse werden durch folgenden Satz beschrieben.

Satz 2. Sei RM das System der relativ maximalen Mengen eines J-Systems $\vdash$. Dann gilt für alle $Y \in$ RM

$$[i\rightarrow]\, P \rightarrow Q \in Y \ \text{gdw} \ P \in Y' \Rightarrow Q \in Y' \ \text{für alle} \ Y' \supseteq Y,\ Y' \in \text{RM}\,,$$

$$[j\,\neg]\, \neg P \in Y \ \text{gdw} \ P \notin Y' \ \text{für alle normalen} \ Y' \supseteq Y,\ Y' \in \text{RM}\,.$$

Beweis. Sei $P \rightarrow Q \in Y$ und $Y' \supseteq Y$. Ist $P \in Y'$, so ist auch $Q \in Y'$ wegen $(\rightarrow b)$. Sei anderseits $P \rightarrow Q \notin Y$. Dann gibt es ein $(P \rightarrow Q)$-maximales $Y' \supseteq Y$. Offenbar ist $Q \notin Y'$, sonst wäre $P \rightarrow Q \in Y'$. Wir behaupten $P \in Y'$. Wäre $P \notin Y'$, so wäre $Y';P \vdash P \rightarrow Q$ also $Y';P \vdash Q$ und damit $Y' \vdash P \rightarrow Q$, Widerspruch. Damit ist ein $Y' \supseteq Y$ gefunden mit $P \in Y'$, $Q \notin Y'$ und $[i\rightarrow]$ ist bewiesen.

Sei $\neg P \in Y$. Dann ist $\neg P \in Y'$ für alle $Y' \supseteq Y$ und damit $P \notin Y'$ für normale $Y' \in$ RM. Sei jetzt $\neg P \notin Y$. Dann gibt es ein $\neg P$-maximales $Y' \supseteq Y$. Y' ist normal, denn $Y' \vdash Q, \neg Q \Rightarrow Y';P \vdash Q, \neg Q \Rightarrow Y' \vdash \neg P$, Widerspruch. Ferner ist $P \in Y'$, weil andernfalls $Y';P \vdash \neg P, P$, also $Y' \vdash \neg P$ im Gegensatz zur Voraussetzung. Damit ist $[j\,\neg]$ gezeigt. •

Es sei vermerkt, daß für den Nachweis der Eigenschaften $[k\wedge]$, $[k\vee]$, $[i\rightarrow]$, $[j\,\neg]$ an keiner Stelle davon Gebrauch gemacht wurde, daß J-Systeme strukturell sind. Diese Bemerkung ist wichtig für die Anwendung obiger Betrachtung bei der Darstellung von J- und I-Algebren in Kap. V.

Es sei nun Y eine absolut maximale Menge eines J-Systems. Y besitzt keine relativ maximalen (oder überhaupt nur konsistenten) Erweiterungen, die von Y verschieden sind. Y erfüllt daher nicht nur [i $\rightarrow$], sondern sogar [k $\rightarrow$]. Ist Y überdies normal, so ist offenbar [k $\neg$] erfüllt. Fassen wir zusammen:

Korollar. Eine maximale Menge Y eines J-Systems ist $\wedge$-, $\vee$- und $\rightarrow$-komplett. Ist Y normal, so ist Y auch $\neg$-komplett. Damit sind in I-Systemen die maximalen Mengen komplett. In absoluten I-Systemen sind dann auch alle relativ-maximalen Mengen komplett. Im besonderen gilt dies für den S-Kalkül.

Betrachten wir nun als erste Anwendung einen neuen und sehr kurzen Adäquatheitsbeweis für den S-Kalkül. Weitere Anwendungen folgen in Beispielen, Übungen und in den späteren Kapiteln. Den Endlichkeitssatz für $\models$ bekommen wir – anders als im Beweis § 2 – diesmal gratis mitgeliefert.

Vollständigkeit des S-Kalküls. $X \vdash^S P \Leftrightarrow X \models P$.

Beweis. $X \vdash^S P \Rightarrow X \models P$ ist die einfach beweisbare Korrektheit. Wir zeigen nun $X \models P \Rightarrow X \vdash^S P$ oder gleichwertig $X \nvdash^S P \Rightarrow X \nvDash P$. Sei $X \nvdash^S P$. Dann existiert ein P-maximales $Y \supseteq X$. $\vdash^S$ ist absolut. Damit ist Y nach dem Korollar im letzten Abschnitt komplett, also eine Modellmenge. Wegen $P \notin Y$ ist damit offensichtlich $Y \nvDash P$. $\bullet$

Der Leser wird bemerken, daß die Vollständigkeit des S-Kalküls wesentlich auf dessen Absolutheit beruht. Dies ist eine charakteristische Eigenschaft von Kalkülen für die klassische Logik, wie auch das nachfolgende Beispiel und die Übungen zeigen. $\vdash^k_\Phi$ bezeichne das klassische System in der Basis $\Phi \subseteq \{\neg, \wedge, \vee, \rightarrow\}$, oder anders ausgedrückt, das Φ-Redukt von $\models$. Z.B. ist $\vdash^k_{\neg,\rightarrow}$ die Einschränkung von $\models$ auf Formeln in $\neg, \rightarrow$. $\models = \vdash^k_{\neg,\wedge,\vee,\rightarrow}$ bezeichnen wir von jetzt an mit $\vdash^k$.

Beispiel 1. Wir betrachten einen Kalkül in $\neg, \rightarrow$ mit den Regeln ($\rightarrow$ a), ($\rightarrow$ b) und ($\neg$ k). Dieser heiße der SCN-*Kalkül*. Wegen ($\neg$ k) ist der Kalkül absolut. Wir behaupten $X \vdash^k_{\neg,\rightarrow} P \Leftrightarrow X \vdash^{SCN} P$, also die Vollständigkeit des SCN-Kalküls. Problematisch ist nur die Behauptung $X \models P \Rightarrow X \vdash P$ ($\vdash := \vdash^{SCN}$). Sei $X \nvdash P$, und Y eine P-maximale Erweiterung von X. $\vdash$ ist absolut, also ist Y maximal und folglich komplett bezüglich der vorkommenden Funktoren. Wegen $P \notin Y$ ist $Y \nvDash^k P$ und die Vollständigkeit des SCN-Kalküls ist bewiesen. $\bullet$
Eine völlig analoge Argumentation zeigt, daß jedes Fragment des S-Kalküls vollständig ist, sofern $\neg$ zu dessen Funktoren gehört, z.B. der SKN-*Kalkül* mit den Regeln ($\wedge$ a), ($\wedge$ b), ($\neg$ k) in den Funktoren $\neg, \wedge$.

Beispiel 2. Wir betrachten einen Schlußregel-Kalkül in $\wedge, \neg$, mit den Regeln ($\wedge$ a), ($\wedge$ b), ($\neg$ i), ($\neg$ j), den SiKN-*Kalkül* (das $\{\neg, \wedge\}$-Fragment des Si-Kalküls). Es ist dies eine Abschwächung des für $\vdash^k_{\neg,\wedge}$ adäquaten SKN-*Kalküls*. Sei $\vdash^0 := \vdash^{SiKN}$ und $\vdash^1 := \vdash^{SKN}$ (siehe oben). Mit den Methoden in Kap. III zeigt man leicht $\vdash^0 \neq \vdash^1$. Überraschenderweise aber definieren beide Systeme dieselbe Logik, also $L_{\vdash^0} = L_{\vdash^1} = Lk_{\neg,\wedge}$, obwohl $\vdash^0$ nicht absolut ist. $L_{\vdash^0} \subseteq Lk_{\neg,\wedge}$ ist klar. Wir zeigen $P \in Lk_{\neg,\wedge} \Rightarrow \vdash^0 P$ durch Induktion über den Aufbau von P. Dies ist klar für $P \in V$, denn dann ist $P \notin Lk$. Für $P = Q \wedge R \in Lk_{\neg,\wedge}$ ist auch $Q, R \in Lk_{\neg,\wedge}$, also $\vdash^0 Q, R$ gemäß Induktionsvoraussetzung, folglich $\vdash^0 Q \wedge R$. Sei $P = \neg Q \in Lk_{\neg,\wedge}$, aber $\nvdash^0 \neg Q$ angenommen, sowie Y eine $\neg Q$-maximale Erweiterung von Y. Gemäß Übung 3, S. 80 ist Y maximal. Nach dem Korollar S. 85 ist Y komplett, also Modellmenge, und $\neg Q \notin Y$. Dies aber ist ein Widerspruch, denn wegen $\neg Q \in Lk$ gilt $\neg Q \in X$ für jede Modellmenge X. In der Tat also $P \in Lk_{\neg,\wedge} \Rightarrow \vdash^0 P$. •

Das Beispiel zeigt, daß *unterschiedliche fragmentäre* I-*Systeme dieselbe Logik haben können, wenn* → *nicht zu diesem Fragment gehört*. Eine wichtige Folgerung der Betrachtung in Beispiel 2 ist der wichtige von GÖDEL [32] bewiesene Satz, wonach die intuitionistischen Tautologien in $\neg, \wedge$ mit den klassischen übereinstimmen. Denn ist $P \in Lk_{\neg,\wedge}$, so ist $\vdash^0 P$, also $P \in Li$. Übrigens wird auf S. 95 folgende bemerkenswerte Tatsache bewiesen: $\vdash^0 = \vdash^{i\neg,\wedge}$ und $\vdash^1 = \vdash^k_{\neg,\wedge}$ sind die einzigen konsistenten $I_{\neg,\wedge}$-Systeme. Hingegen gibt es abzählbar viele $I_{\neg,\wedge,\vee}$-Systeme. Trotz des fehlenden Deduktionstheorems haben diese unerwarteterweise aber jeweils verschiedene Logiken (Kap. V/§ 4).

Beispiel 3. Wir betrachten einen Kalkül der funktional unvollständigen Basis $\{\rightarrow\}$ mit den Regeln (→ a), (→ b) und der *PEIRCE-Regel* $\dfrac{X; P \rightarrow Q \vdash P}{X \vdash P}$.

Dieser heiße der SC-*Kalkül*. Wir zeigen die Adäquatheit des SC-Kalküls, also $\vdash^{SC} = \vdash^k_{\rightarrow}$. $\vdash^{SC} \subseteq \vdash^k_{\rightarrow}$ ist klar. Für $\vdash^k_{\rightarrow} \subseteq \vdash^{SC}$ genügt der Nachweis, daß $\vdash^{SC}$ absolut ist. Sei Y R-maximal. Offenbar ist $Y \vdash R \rightarrow Q$ für alle Q (sonst wäre $Y; R \rightarrow Q \vdash R$, also $Y \vdash R$ gemäß PEIRCE-Regel). Ist nun $P \notin Y$, so ist $Y; P \vdash R$. Wegen $Y; P \vdash R \rightarrow Q$ gilt daher $Y; P \vdash Q$ für beliebiges Q, d.h. Y ist maximal. •

Mit denselben Methoden beweist man auch die Adäquatheit weiterer Axiom-Regelkalküle.

Beispiel 4. Man betrachte einen Kalkül der logischen Basis →, ¬ und den drei folgenden Axiomen, den ACN-Kalkül:

(A1) $P \rightarrow Q \rightarrow P$

(A2) $P \rightarrow (Q \rightarrow R) \rightarrow (P \rightarrow Q) \rightarrow (P \rightarrow R)$

(A7k) $\neg P \rightarrow \neg Q \rightarrow Q \rightarrow P$

Dieser Kalkül ist adäquat, d.h. $\vdash^{ACN} = \vdash^k_{\rightarrow,\neg}$. Diese Behauptung beweist man einfach durch Reduktion auf den entsprechenden SCN-Kalkül: Beispiel 3 zeigt, daß (¬ k) in $\vdash^{ACN}$ gilt. Das Deduktionstheorem gilt natürlich auch für den ACN-Kalkül, weil beim Beweis nur die Formeln (A1) und (A2) verwendet worden sind.

Bemerkung. Es gibt auch Axiomensysteme mit einem einzigen Axiom, die vollständig sind. Z.B. lassen sich mittels MP aus

$$((P_1 \rightarrow P_2 \rightarrow \neg Q_1 \rightarrow \neg Q_2) \rightarrow R_1) \rightarrow R_2 \rightarrow (R_2 \rightarrow P_1 \rightarrow Q_2 \rightarrow P_1)$$

sämtliche klassische Tautologien in →, ¬ herleiten. Für die Ableitung von ca. 60 Hilfsformeln bis zur Herleitung von (A1), (A2) und (A7k) siehe MONK [76].

Außer den in diesem Abschnitt betrachteten Kalkülen ist in der Literatur eine Vielzahl anderer Lk-adäquater Axiom-Regel-Kalküle betrachtet worden, darunter auch solche, in denen MP nicht Grundschlußregel ist. In der Funktorbasis $\vee$, $\neg$ bietet sich z.B. $\dfrac{P \vee Q \,|\, P \vee \neg Q}{P}$ als eine Grundschlußregel an.

Übungen

1. Es sei AC ein Kalkül in $\to$ allein, MP, und den drei Axiomen (A1), (A2) und
   (A2^c): $(P \to Q) \to P \to P$ (PEIRCE-Formel). Man beweise dessen Vollständigkeit.

   Hinweis. Reduktion auf den SC-Kalkül.

2. Die PEIRCE-Regel ist im S-Kalkül wegen dessen Vollständigkeit beweisbar. Sie ist hingegen nicht im $\{\to, \wedge, \vee\}$-Fragment des S-Kalküls beweisbar (Kap. III). Man füge diesem Fragment die PEIRCE-Regel hinzu und beweise die Adäquatheit des resultierenden Kalküls.

3. Der SCF-*Kalkül* habe die (funktional vollständige) Basis $\to$, 0 (Falsum) und die Schlußregeln $(\to$ a), $(\to$ b), sowie $\dfrac{X; P \to 0 \vdash 0}{X \vdash P}$. Man zeige dessen Vollständigkeit.

   Hinweis. Man zeige nacheinander:
   1. X ist konsistent gdw. X ist 0-konsistent.
   2. Ist S P-maximal, so $P \to Q \in S$ für alle Q.

4. Man zeige, $X \vdash^i \neg P \Leftrightarrow X \vdash^k \neg P$. Insbesondere ist damit eine negierte Formel eine intuitionistische Tautologie genau dann, wenn sie klassische Tautologie ist, $\neg P \in \mathbf{Li} \Leftrightarrow \neg P \in \mathbf{Lk}$. Daraus folgere man $P \in \mathbf{Lk} \Leftrightarrow \neg\neg P \in \mathbf{Li}$ (GLIVENKO [28]). Ferner folgere man hieraus die Übereinstimmung der Konsistenz von Formelmengen bzgl. $\vdash^i$ und $\vdash^k$.

   Hinweis. Es ist klar, daß $X \vdash^i \neg P \Rightarrow X \vdash^k \neg P$. Sei nun $X \vdash^i \neg P$ und Y eine $\neg$ P-maximale Erweiterung von X. Gemäß Übung 3, Seite 80 ist Y maximal.

5. $\Phi \subseteq \{\neg, \wedge, \vee, \to\}$ heiße *trivial*, wenn $\Phi \subseteq \{\wedge, \vee\}$ oder $\Phi = \{\neg\}$. Genau in diesen Fällen ist $\mathbf{Lk}_\Phi = \emptyset$ und $\vdash_\Phi^k \subset \vdash_\Phi^e$, wobei $\vdash_\Phi^e$ die (strukturelle) Konsequenz mit der einzigen konsistenten Menge $\emptyset$ bezeichne. Man zeige für alle trivialen Φ: $\vdash_\Phi^e$ ist die einzige konsistente Erweiterung von $\vdash_\Phi^k$ in Ω_Φ^s.

   Hinweis für $\neg$: Sei $X \vdash Q$, $X \vdash_\neg^k Q$. Wegen $\neg\neg P \vdash_\neg^k P$ bestehen X, P o.B.d.A. nur aus Primärformeln, z.B. $\{\neg p, r, \dots\} \vdash \neg q$. Substitution führt auf $\neg p \vdash \neg q$, also $q \vdash p$, also $\vdash \supseteq \vdash_\neg^e$.

§ 4 Einführung in die Theorie der axiomatischen Systeme

Die Ausführungen in § 3 zeigen, daß jedes System von Axiomen und Regeln ein gewisses deduktives System festlegt. Häufig werden dabei dieselben Systeme durch ganz unterschiedliche formale Systeme beschrieben. Wir werden zunächst darlegen, daß jedes deduktive System durch einen gewissen Axiom-Regel-Kalkül dargestellt werden kann. Dabei werden wir vorübergehend den Begriff Axiom dem der Regel unterordnen; Axiome werden durch 0-stellige Regeln vertreten.

Darstellung deduktiver Systeme als axiomatische Systeme

Wir befassen uns zunächst mit einem wichtigen Typus Schlußregeln, insbesondere mit Regeln von der Art des Modus Ponens. Den folgenden Betrachtungen liegt eine beliebige, aber feste Funktorbasis zugrunde.

> **Definition.** Eine n-stellige *relationale Schlußregel* $(n \in \omega)$ ist eine $(n + 1)$-stellige Relation ρ zwischen Formeln. Jedes $(P_1, \ldots, P_n, P_0) \in \rho$ heißt eine *Anwendung von* ρ *auf die Prämissen* $P_1, \ldots, P_n$ mit der *Konklusion* P_0. Ist $\alpha = (P_1, \ldots, P_n, P_0) \in \rho$ und s eine Substitution, so sei $s\alpha := (sP_1, \ldots, sP_n, sP_0)$. Die Regel ρ heißt *strukturell*, wenn $\alpha \in \rho \Rightarrow s\alpha \in \rho$ für alle Substitutionen s.
> $\mathcal{L}^r$ bezeichne die Menge aller relationalen Regeln in $\mathcal{L}$. $X \subseteq \mathcal{L}$ heißt *abgeschlossen* gegenüber $\rho \in \mathcal{L}^r$, wenn für jede Anwendung $\alpha = (P_1, \ldots, P_n; P_0)$ von ρ: Ist $P_i \in X$ für alle $i = 1, \ldots, n$, so ist $P_0 \in X$. ρ heißt dann auch *zulässig* für X.
> ρ heißt *gültig* oder *beweisbar* (auch *konsequenzerblich*) in $\vdash \in \Omega$, wenn für alle X folgendes gilt: Ist $X \vdash P$ für sämtliche Prämissen P einer Anwendung α von ρ, so ist $X \vdash P_0$ für die Konklusion P_0 von α[1]).

Beispiele. MP ist eine zweistellige, MS (Substitutionsregel) ist eine einstellige relationale Regel. Die erste ist strukturell, die zweite nicht. MQ ist eine einstellige strukturelle Regel. Die Regeln (→ b) und (∨ a) gehören nicht zu den relationalen Schlußregeln, sie sind aber strukturell bei sinngemäßer Übertragung der Bezeichnung. •

Die folgenden Darlegungen beziehen sich auf relationale Regeln; daher lassen wir den Zusatz relational i.a. weg. Wir bemerken, daß es auf die Reihenfolge der Prämissen in einer Regel gar nicht ankommt. Obige Definition umfaßt auch den Fall 0-stelliger Regeln. Eine derartige Regel ρ ist nichts weiter als eine Formelmenge. ρ gilt in $\vdash$, wenn $\vdash P$ für alle $P \in \rho$. 0-stellige Regeln spielen in vielerlei Hinsicht eine Sonderrolle, und gelegentlich ist es vorteilhafter, die von den Betrachtungen auszuschließen. Wir nennen sie daher auch *uneigentliche* Regeln, im Gegensatz zu den mindestens einstelligen, den *eigentlichen* Regeln. Für die folgende Darstellung allgemeiner Grundtatsachen ist es jedoch bequem,

---

[1]) Gültigkeit und Beweisbarkeit von Schlußregeln werden demnach synonym verwendet. Man könnte jedoch auch einen formalen Beweisbarkeitsbegriff für Regeln definieren, der die Gültigkeit im angegebenen Sinne formal charakterisiert.

zwischen Regeln und Axiomen nicht zu unterscheiden und letztere gewissermaßen als 0-stellige Regeln anzusehen. In § 5, wo die deduktiven Systeme mit gegebener Logik betrachtet werden, ist es hingegen angebracht, sich bei der Betrachtung von Regelsystemen auf eigentliche Regeln zu beschränken, deren Gesamtheit mit $\mathcal{L}_p^r$ bezeichnet sei.

Ist $R \subseteq \mathcal{L}^r$, so sei das axiomatische System $\vdash^R$ wie folgt bestimmt: es ist $X \vdash^R P$, wenn P aus X mittels der Regeln aus R in endlich vielen Schritten hergeleitet werden kann. Letzteres präzisiert man in derselben Weise, wie dies am Beispiel der Kalküle in § 2 ausführlich beschrieben wurde. Die Logik von $\vdash^R$ bezeichnen wir auch mit L(R); diese heiße die vom Regelsystem R bestimmte *axiomatische Logik*. Zum Beispiel ist L(Ak; MP) = Lk.

Diese Definitionen sind sehr allgemein, weil sie auch den Fall unendlich vieler Regeln umfassen. Bei Beschränkung auf endliche viele Regeln ρ derart, daß von jedem $\alpha = (P_1, \ldots P_n, P_0)$ entschieden werden kann, ob α eine Anwendung von ρ ist oder nicht, spricht man häufig auch von einem (Logik-)*Kalkül*. Derartige Besonderheiten lassen wir indes im folgenden außer acht. Ist $R = E \cup A$ die Aufspaltung von $R \subseteq \mathcal{L}^r$ in die Teilmenge E der eigentlichen Regeln und die Menge A der 0-stelligen Regeln (Axiome), so schreiben wir häufig $\vdash_A^E$ für $\vdash^R$. Es ist $X \vdash_A^E P$ genau dann, wenn P aus $X \cup A$ mittels der Regeln aus E in endlich vielen Schritten herleitbar ist.

Die Betrachtung von MP zeigt noch eine weitere Besonderheit. MP ist die Menge aller Tripel (P, P → Q, Q). Man erhält sie durch Anwendung aller Substitutionen auf das Tripel $\rho = (p_1, p_1 \to p_2, p_2)$. Es empfiehlt sich, ρ ein *Skelett* von MP zu nennen. Auch $(p_5, p_5 \to p_3, p_5)$ ist ein Skelett für MP und man erhält sämtliche Skelette in der Gestalt $(p, p \to q, q)$, $p, q \in V$, $p \neq q$.

Definition. Eine relationale Regel ρ heiße *sequentiell*, wenn ρ die Menge aller $(sP_1, \ldots, sP_n, sP_0)$ ist, wobei s alle Substitutionen durchläuft und $\sigma = (P_1, \ldots, P_n, P_0)$ ein vorgegebenes $(n + 1)$-tupel von Formeln ist. σ heißt ein *Skelett* von ρ.

Gelegentlich verwenden wir auch andere suggestive Schreibweisen, z.B. $\dfrac{P \to Q \mid \neg Q}{\neg P}$ oder $P \to Q; \neg Q / \neg P$ für die sequentielle Regel mit dem Skelett $(p_1 \to p_2, \neg p_2, \neg p_1)$.

Eine sequentielle Schlußregel ist offenbar strukturell. Umgekehrt läßt sich leicht zeigen, daß eine strukturelle Regel immer einer Menge sequentieller Regeln gleichwertig ist.

Die Menge der sequentiellen Regeln in $\mathcal{L}$ bezeichnen wir mit $\mathcal{L}^s$. Eine 0-stellige sequentielle Regel ist nichts weiter als ein Formelschema, d.h. die Menge der Formeln, die man aus einer vorgegebenen Formel (einem Skelett), durch Substitutionen gewinnt.

Bei der Allgemeinheit des Ansatzes wird es nicht überraschen, daß sich jedes deduktive System zu einem axiomatischen System als äquivalent erweist. Danach braucht zwischen deduktiven und axiomatischen Systemen nicht strikt unterschieden zu werden. Sei $R \subseteq \mathcal{L}^r$.

Satz 1. Das axiomatische System $\vdash^R$ ist ein deduktives System. Umgekehrt läßt sich jedes deduktive System $\vdash$ als axiomatisches System darstellen.

Beweis. Es sind die Axiome für deduktive Systeme nachzuprüfen. Die Axiome II und IV sind durch Induktion über die Ableitungsstufe in $\vdash^R$ zu beweisen. Dies verläuft völlig analog zu dem Spezialfall in § 2. Umgekehrt sei $\vdash\, \in \Delta$ gegeben. Wir haben R auf geeignete Weise zu definieren. Das geschieht wie folgt:

Sei $R = \{\rho^n \mid n \in \omega\}$, wobei ρ^n folgende n-stellige Regel sei: Es ist $(P_1, \ldots, P_n, P_0) \in \rho^n$, wenn $\{P_1, \ldots, P_n\} \vdash P_0$. Insbesondere ist ρ^0 die Menge $L_\vdash$. Sei nun $X \vdash P$. Dann ist entweder schon $\emptyset \vdash P$, d.h. $P \in \rho^0$ und mithin $X \vdash^R P$, oder aber es ist $P_1\,; \ldots; P_n \vdash P$ für gewisse $P_1, \ldots, P_n \in X, n \geqslant 1$. Dann aber ist $(P_1, \ldots, P_n, P)$ eine Anwendung von ρ^n, folglich ist wegen $X \vdash P_i$ $(i = 1, \ldots, n)$ auch $X \vdash P$. Damit gilt $X \vdash P \Rightarrow X \vdash^R P$. Die Umkehrung $X \vdash^R P \Rightarrow X \vdash P$ beweist man leicht durch Induktion über die Ableitungsstufe in $\vdash^R$. $\bullet$

Ein analoger Sachverhalt gilt auch für strukturelle Systeme. Der folgende Satz besagt, daß $\vdash\, \in \Sigma$ allein mit sequentiellen Regeln dargestellt werden kann.

Satz 2. Sind alle $\rho \in R$ strukturell, dann ist $\vdash^R \in \Sigma$. Umgekehrt ist jedes $\vdash\, \in \Sigma$ in der Form $\vdash\, = \vdash^R$ darstellbar, wobei sogar $R \subseteq \mathcal{L}^s$.

Der Beweis verläuft wie der von Satz 1. Statt der n-stelligen Regel ρ^n wählt man alle diejenigen n-stelligen sequentiellen Regeln ρ, so daß ρ ein Skelett $(P_1, \ldots, P_n, P_0)$ mit $P_1\,; \ldots; P_n \vdash P_0$ besitzt.

Im allgemeinen enthalten die in den Beweisen obiger Sätze angegebenen Systeme viele überflüssige Regeln. So lassen sich z.B. $\vdash^k$, $\vdash^i$ und $\vdash^j$ als axiomatische Systeme mit MP als eigentlicher Regel, und endlich vielen 0-stelligen Regeln (den Axiomen) darstellen.

So ist $\vdash^k = \vdash^{MP}_{Ak}$ gemäß der auf S. 89 eingeführten Schreibweise. Nach den Ausführungen in § 3 ist $\vdash^j = \vdash^{MP}_{Aj}$ mit $Aj := \{(A1), \ldots, (A6), (A7j)\}$ und $\vdash^i = \vdash^{MP}_{Ai}$ mit $Ai := Aj\,; (A7i)$. Ferner ist $Lj = L(Aj\,; MP)$, $Li = L(Ai\,; MP)$ (Übung 3, S. 83). Man beachte, ist $\vdash\, = \vdash^R_A$ ein L-System, gilt auch $\vdash\, = \vdash^R_L$; denn die $P \in L$ lassen sich als 0-stellige in $\vdash$ gültige Regeln auffassen.

Übungen

1. Man zeige, die relationale Regel ρ gilt in $\vdash\, \in \Omega$ genau dann, wenn $\{P_1, \ldots, P_n\} \vdash P_0$ für jede Anwendung $\alpha = (P_1, \ldots, P_n, P_0)$ von ρ. Daraus folgere man: sind $\vdash\, \subseteq \vdash'$ Konsequenzrelationen und gilt die relationale Regel ρ in $\vdash$, so gilt ρ auch in $\vdash'$. Ferner: Ist $\vdash$ strukturell und ρ sequentiell mit dem Skelett $(P_1, \ldots, P_n, P_0)$, so gilt σ in $\vdash$ genau dann, wenn $\{P_1, \ldots, P_n\} \vdash P_0$. (Analoges gilt i.a. nicht für Regeln vom Typ des S-Kalküls. Zum Beispiel gilt $(\neg j)$ nicht in $\vdash^e_\neg \supset \vdash^k_\neg$, S. 87).

2. Man verallgemeinere den Endlichkeitssatz für das Ableiten von Formeln wie folgt:
   Endlichkeitssatz für sequentielle Regeln. Gilt $\rho \in \mathcal{L}^s$ in $\vdash^R$ $(R \subseteq \mathcal{L}^r)$, so gilt ρ schon in $\vdash^{R'}$ für gewisses endliches $R' \subseteq R$.

   Hinweis. Übung 1.

3. Sei $(\vdash_i)_{i \in I}$ eine Familie von Systemen $\vdash_i \in \Delta$ mit $\vdash_i = \vdash^{R_i} (R_i \subseteq \mathcal{L}^r)$. Man zeige, $\sup (\vdash_i)_{i \in I} = \vdash^R$, wobei $R = \bigcup_{i \in I} R_i$. Daraus folgere man, Σ ist vollständiger Subverband von Δ.

   Hinweis. Satz 2.

4. Sei A vollständiger Verband. $a \in A$ heiße *isoliert*, wenn zu jedem $b < a$ ein $b' \in A$ mit $b \leqslant b' < a$ existiert und b' ist u.V. von a. Man zeige, A ist terminal genau dann, wenn jedes $a \in A$ isoliert ist.

5. $S \in D\ell_{\vdash}$ $(\vdash \in \Delta)$ heiße *e.b. (endlich basiert)*, wenn $S = C_{\vdash} X$ für gewisses endliches X. Man zeige, $S \in D\ell_{\vdash}$ ist e.b. gdw S ist isoliert (in $D\ell_{\vdash}$). Daraus folgere man, ist $D\ell_{\vdash}$ endlich, so ist jedes $S \in D\ell_{\vdash}$ e.b.

Hinweis. Man behandle zunächst den Fall $X = \{R\}$ und wähle für S' eine R-maximale Erweiterung von S_0 in S (Übung 6, S. 81). Fortschreiten durch Induktion über die Anzahl von X. Ist S nicht e.b., so $S = \sup \{S_n \mid n \in \omega\}$, $S_n = C_{\vdash} \{P_0, ..., P_n\}$, wobei $P_0, P_1, ...$ Aufzählung von S ist. Daher ist S nicht isoliert.

Der Verband der strukturellen deduktiven Systeme

In diesem Abschnitt wollen wir uns etwas näher mit dem Verband Σ befassen. Wir bedienen uns hierbei der Theorie der deduktiven Systeme, und zwar in einer Weise, die über deren ursprünglichen Zweck hinausgeht. Man betrachte folgende Relation $\Vdash$ zwischen Mengen $R \subseteq \mathcal{L}^s$ und Regeln $\rho \in \mathcal{L}^s$: $R \Vdash \rho$ gdw ρ gilt in $\vdash^R$.

Man prüft leicht, daß $\Vdash$ alle Axiome für deduktive Systeme erfüllt. Axiom IV ist eine Konsequenz des Endlichkeitssatzes für sequentielle Regeln. Einziger Unterschied zu deduktiven Systemen im üblichen Sinne ist, daß nicht $\mathcal{L}$, sondern die ebenfalls abzählbare Menge $\mathcal{L}^s$ nunmehr Grundmenge für $\Vdash$ ist. Dies aber ist für die Theorie, z.B. die Einbettbarkeit konsistenter Mengen in relativ maximale, unerheblich.

Sei $D = D\ell_{\Vdash}$. Offenbar ist $S_{\vdash} \in D$, wobei $S_{\vdash}$ die Menge der Regeln $\rho \in \mathcal{L}^s$ bezeichnet, die in einem gegebenen $\vdash \in \Sigma$ gelten. Umgekehrt, jedes $S \in D$ bestimmt das System $\vdash^S \in \Sigma$. Darüberhinaus entsprechen die Operationen des Infimums und Supremums beliebiger Familien in D denen in Σ. D liefert damit eine Darstellung von Σ als ein algebraischer Verband und man kann sich die Verbände D und Σ miteinander identifiziert denken.

Diesen Tatsachen entnimmt man eine Anzahl interessanter Eigenschaften von Σ. Gilt $\rho \in \mathcal{L}^s$ nicht in $\vdash \in \Sigma$ (d.h. ist $S_{\vdash} \not\Vdash \rho$), so gibt es eine ρ-maximale Erweiterung $\vdash' \supseteq \vdash$, d.h. ρ gilt auch nicht $\vdash'$, aber in jeder echten Erweiterung von $\vdash'$. Ferner ist die 0-stellige Regel p offenbar eine Kontradiktion in $\Vdash$, denn $\vdash^{\{p\}}$ hat die inkonsistente Logik $\mathcal{L}$ und ist damit inkonsistent. Dies bedeutet, die p-maximalen Systeme in Σ sind *maximal* (= maximal konsistent in Σ). Jedes konsistente $\vdash \in \Sigma$ läßt sich damit zu einem maximalen $\vdash' \in \Sigma$ erweitern. Beispiel eines maximalen Systems ist $\vdash^k$, wie im nächsten Abschnitt bewiesen wird.

Es sei $\vdash \subset \vdash'$ $(\in \Sigma)$, also $S_{\vdash} \subset S_{\vdash'}$. Dann gibt es ein kleinstes $n \in \omega$, so daß eine zu $S_{\vdash'}$ gehörende n-stellige Regel nicht mehr zu $S_{\vdash}$ gehört. Dieses n heiße der *Index* der Erweiterung von $\vdash'$ (über $\vdash$). $\vdash \in \Sigma$ heißt *POST-vollständig*, wenn $\vdash$ konsistent ist und keine Erweiterung (in Σ) vom Index 0 mehr besitzt; kurz, $\vdash' \supseteq \vdash \Rightarrow L_{\vdash'} = L_{\vdash}$. Allgemeiner heiße $\vdash$ n-*vollständig*, wenn $\vdash' \supseteq \vdash \Rightarrow S^n_{\vdash'} = S^n_{\vdash}$, wobei S^n die Menge n-stelligen

Regeln in $S_\vdash$ ist. Da jedes $\vdash \in \Sigma$ in ein maximales $\vdash' \in \Sigma$ eingebettet werden kann, läßt sich $\vdash$ insbesondere in ein $\vdash'$ einbetten, das n-vollständig ist für vorgegebenes n, z.B. POST-vollständig ist.

In diesem Zusammenhang sei bemerkt, daß man für beliebige $\vdash \in \Delta$ unterschiedliche Definitionen des Begriffs *POST-vollständig* in Betracht ziehen kann. Z.B. folgende: $L_\vdash$ ist die einzige konsistente Menge in $\vdash_*$. Für $\vdash \in \Sigma$ bedeutet dies dasselbe wie die vorhin angegebene Definition.

Gemäß Definition ist $\vdash \in \Sigma$ e.b., wenn $\vdash = \vdash^R$ für gewisses endliches $R \subseteq \mathcal{L}^s$. Z.B. ist $\vdash^k$ endlich basiert. Außer MP benötigt man noch einige den Axiomen in Ak entsprechende 0-stellige Regeln. Die e.b. $\vdash$ heißen auch *e.a. (endlich axiomatisierbar[1])*. Jedes e.b. $\vdash \in \Sigma$ ist isoliert in Σ; insbesondere sind damit $\vdash^k$, $\vdash^i$, $\vdash^j$ isoliert. Es wäre interessant zu erfahren, wieviele u.V. diese Systeme in Σ besitzen.

Leider gelten die obenstehenden Ausführungen für Δ nicht mehr. Δ ist zwar Hüllenverband, nicht aber algebraisch.

Übungen

1. Sei $L = L(R) = L(A, S)$ $(A \subseteq L_0^s, S \subseteq L_p^s)$. $\&L$ (oder $\&_SL$) bezeichnet stets den Verband der Erweiterungen $L' = L(A', S)$ mit $A' \supseteq A$ (d.h. die Erweiterung betrifft nur die Axiome, nicht die eigentlichen Regeln). Man zeige, $\&L$ ist isomorph zum Verband $D\mathcal{l}_{\vdash_*}$, wobei $\vdash_*$ das Extensionssystem von $\vdash = \vdash^R$ ist. Damit ist also $\&L$ algebraischer Verband. Daraus schließe man, ist $\&L$ endlich, so ist jedes $L' \in \&L$ e.b. (in $D\mathcal{l}_{\vdash_*}$).

2. Eine axiomatisch definierte Logik $L = L(R)$ $(R \subseteq \mathcal{L}^s)$ heiße *POST-vollständig*, wenn das strukturelle System $\vdash^R$ POST-vollständig ist. Man zeige, L ist POST-vollständig genau dann, wenn keine echte konsistente Erweiterung von L in $\&L$ existiert.

3. Sei $\to \in \Phi$. Man zeige, der Verband Σ^{Dt} der deduktionstheoretischen Systeme ist vollständiger Subverband von Σ. Ferner zeige man, die J-Systeme bzw. I-Systeme bilden jeweils vollständige Subverbände von $\Sigma_{\to, \wedge, \vee, \neg}$.

   Hinweis. $\vdash \in \Sigma^{Dt}$ hat eine Darstellung $\vdash = \vdash^R$, wobei MP, (A1), (A2) $\in R \subseteq \mathcal{L}^s$.

4. Es bezeichne Σ^{dt} die Menge aller $\vdash \in \Sigma$ mit der Eigenschaft (dt): $X; P \vdash Q \Rightarrow X \vdash P \to Q$. Man zeige, das kleinste System in Δ^{dt} ist $\vdash_{Ap}^{MQ}$, wobei Ap aus allen Formeln $P_i \xrightarrow[i \leqslant n]{} Q$ $(n \in \omega; Q = P_i$ für gewisses $i \leqslant n)$ besteht (POGORZELSKI [68]). Ferner zeige man, Δ^{dt} ist vollständiger Subverband von Σ.

   Hinweis. Beweis von (dt) durch Induktion.

---

[1] Einen etwas allgemeineren Begriff endlicher Axiomatisierbarkeit für $\vdash \in \Sigma$ ist dieser: $\vdash$ hat eine Darstellung $\vdash_L^R$, wobei $R \subseteq \mathcal{L}^s$ endlich ist und $L = L(R')$, wobei auch $R' \subseteq \mathcal{L}^s$ endlich ist. Die Regelmengen R und R' müssen nicht übereinstimmen. Es darf aber o.B.d.A. $R \subseteq R'$ vorausgesetzt werden.

5. Eine L-Konsequenz $\vdash$ heiße (strukturell) *saturiert*, wenn $X \not\vdash P$ impliziert $sX \subseteq L$ und $sP \notin L$ für eine gewisse Substitution s. Man zeige, ist $\vdash$ saturiert, so gilt $\vdash' \subseteq \vdash$ für jede strukturelle L-Konsequenz. (Saturiert wird in der Literatur in vielfachem Sinne verwendet. Zum Beispiel heiße $\vdash$ *POST saturiert*, wenn $\not\vdash P$ impliziert sP ist Kontradiktion für eine gewisse Substitution s. $\vdash^k$ ist in dem einen wie dem anderen Sinne saturiert.)

Die klassischen sind die größten I-Systeme

Wir wollen abschließend einen ersten Einblick in die Struktur des Verbandes der I-Systeme gewinnen, und die Frage stellen, durch welche besonderen Eigenschaften $\vdash^k$ unter allen I-Systemen ausgezeichnet ist, z.B., ob $\vdash^k$ etwa das größte strukturelle (konsistente) I-System ist. Dies ist in der Tat der Fall.[1]) Im besonderen ist $\vdash^k$ damit maximal in $\Delta \ (= \Delta_{\neg, \wedge, \vee, \rightarrow})$.

Das gilt auch für die I_Φ-Systeme bei nichttrivialem Φ. Während das Fragment $\vdash^{i\Phi}$ des intuitionistischen Systems der Basis Φ das kleinste I_Φ-System ist, stellt das Redukt $\vdash^k_\Phi$ des Systems $\vdash^k$ auf die Basis $\Phi \subseteq \{\neg, \wedge, \vee, \rightarrow\}$ das größte der konsistenten I_Φ-Systeme dar. Mehr noch, es gilt sogar $\vdash \subseteq \vdash^k_\Phi$ für jede strukturelle Konsequenzrelation in Φ, sofern nur $\vdash^i \subseteq \vdash$. Für triviales Φ gilt dies nicht, weil $\vdash^k_\Phi$ noch die Erweiterung $\vdash^e_\Phi$ (S. 87) besitzt. Dieses ist allerdings für $\Phi = \{\neg\}$ auch kein I_Φ-System mehr. Wir erledigen zuerst den Fall $\neg \in \Phi$, weil $\neg \notin \Phi$ einer andersartigen Behandlung bedarf. Die Ausführungen werden u.a. zeigen, $\vdash^k$ und alle nichttrivialen Redukte sind maximal konsistente Konsequenzrelationen.

Lemma. Sei Φ nichttrivial und $\neg \in \Phi$, $\beta \colon V \rightarrow \{0, 1\}$ und s die Substitution

$$ sp = \begin{cases} R, & \text{wenn } \beta(p) = 1 \\ \neg R, & \text{wenn } \beta(p) = 0 \end{cases} $$

wobei $R \in Li_\Phi$ beliebig gewählt sei. Dann ist $\models_\beta P \Leftrightarrow sP \in Li_\Phi$ für alle P.

Beweis. Durch Induktion über den Aufbau von P beweist man zuerst parallel
(i) $\models_\beta P \Rightarrow sP \equiv_i R$,   (ii) $\not\models_\beta P \Rightarrow sP \equiv_i \neg R$. (Die Kongruenzrelation $\equiv_i$ wurde in Übung 4, S. 83, definiert.) (i), (ii) sind klar für Variable. Sei $\models_\beta P \rightarrow Q$. Falls $\models_\beta P, Q$, ist $P, Q \equiv_i R$ gemäß Induktionsvoraussetzung, also $P \rightarrow Q \equiv_i R \rightarrow R \equiv_i R$. Analog ergibt sich $P \rightarrow Q \equiv_i R$ in den Fällen $\not\models_\beta P, Q$ und $\not\models_\beta P, \models_\beta Q$. Im Falle $\not\models_\beta P \rightarrow Q$ ist $\models_\beta P, \not\models_\beta Q$, also $P \equiv_i R, Q \equiv_i \neg R$. Folglich $P \rightarrow Q \equiv_i R \rightarrow \neg R \equiv_i \neg R$. Analog behandelt man die Induktionsschritte für $\wedge, \vee, \neg$. Die Behauptung des Lemmas ist eine unmittelbare Folge von (i) und (ii). ●

Nachfolgender Satz ist noch erheblich allgemeiner als unsere anfängliche Behauptung. Wir beweisen ihn nur für $\neg \in \Phi$. Der Fall $\neg \notin \Phi$ sei dem Leser in den Übungen überlassen.

---

[1]) Dagegen gibt es zwei größte konsistente J-Systeme, wie sich aus den Darlegungen in Kap. V ergeben wird.

Satz. Sei Φ nichttrivial und $\vdash$ eine konsistente strukturelle Konsequenzrelation in $\mathcal{L}_\Phi$ mit $\vdash^{i\Phi} \subseteq \vdash$. Dann ist $\vdash \subseteq \vdash^k_\Phi$.

Beweis. Sei $X \vdash P$ und $X \nvdash^k_\Phi P$ angenommen. Dann $\models_\beta X$ und $\nvDash_\beta P$ für gewisses $\beta: V \to \{0, 1\}$. Nach dem Lemma ist $sX \subseteq \mathbf{Li}_\Phi$ und $\neg sP = s \neg P \in \mathbf{Li}_\Phi$ für eine gewisse Substitution s. $\vdash$ ist strukturell, also $sX \vdash sP$. Folglich $\mathbf{Li}_\Phi \vdash sP$ und damit $\vdash sP$ wegen $\mathbf{Li}_\Phi \subseteq \mathbf{L}_\vdash$. Ferner ergibt sich $\vdash \neg sP$, was wegen $\vdash sP$ der Konsistenz von $\vdash$ widerspricht. $\bullet$

Man beachte $\mathbf{Li}_\Phi = \mathbf{Lj}_\Phi$ für $\neg \notin \Phi$. In diesem Falle ist also $\vdash^k_\Phi$ auch die größte Konsequenz $\vdash \in \Omega^s_\Phi$ mit $\vdash^{j\Phi} \subseteq \vdash$.

Abgesehen davon, daß man sich nunmehr die Korrektheitsbeweise vieler Kalküle für die klassische Logik ersparen kann, ergibt sich folgende überraschende Kennzeichnung von $\vdash^k$:

Korollar. $\vdash^k$ ist die einzige strukturelle *Konsequenzrelation* in $\mathcal{L}_{\neg, \wedge, \vee, \to}$, für die die Regeln des natürlichen Schließens (§ 2) gelten.

Denn ist $\vdash$ eine derartige Konsequenzrelation, so ist $\vdash^k \subseteq \vdash$, weil nach dem Vollständigkeitssatz $\vdash^k$ die kleinste Konsequenz mit diesen Eigenschaften ist. Andererseits ist nach obigem Satz $\vdash \subseteq \vdash^k$.

In diesem Zusammenhang sei erwähnt, daß sich das Φ-Fragment $\vdash^{i\Phi}$ des intuitionistischen Systems mit dem Φ-Redukt $\vdash^i_\Phi$ als identisch erweist (siehe Kap. V/§ 1). Natürlich gilt $\vdash^i_\Phi \supseteq \vdash^{i\Phi}$. Aber es könnte ja sein, daß mittels der in der Funktorbasis Φ nicht vorkommenden Regeln des Si-Kalküls mehr Formeln aus $\mathcal{L}_\Phi$ herleitbar sind als ohne diese Regeln. Tatsächlich gibt es auch fragmentäre I-Systeme, wo dies vorkommt. Man hat daher i.a. zwischen Fragmentsystemen und Reduktsystemen sorgfältig zu unterscheiden.

Übungen

1. Man beweise den Satz dieses Abschnitts auch für $\neg \notin \Phi$. Dazu beweise man zuerst folgendes

Lemma. Ist $\beta: V \to \{0, 1\}$ und q eine fest gewählte Variable und ist s die Substitution

$$sp = \begin{cases} q \to q, & \text{falls } \beta p = 1 \\ q, & \text{falls } \beta p = 0 \end{cases} \quad (p \in V),$$

so ist $\models_\beta P \Longleftrightarrow sP \equiv_j q \to q$ und $\nvDash_\beta P \Longleftrightarrow sP \equiv_j q$.

Hinweis. $q \to q \mathrel{\vcenter{\hbox{$\cdot$}}\vcenter{\hbox{$\to$}}} q \equiv_j q$; $q \mathrel{\vcenter{\hbox{$\cdot$}}\vcenter{\hbox{$\to$}}} q \to q \equiv_j q \to q$; $q \vee q \to q \equiv_j q \to q$ usw.

2. $\vdash \in \Omega^s$ heiße *streng saturiert*, wenn für jedes $X \subseteq \mathcal{L}$ und jedes $P \in \mathcal{L}$ mit $X \nvdash P$ eine Substitution s existiert mit $sX \subseteq \mathbf{L}_\vdash$ und sP ist Kontradiktion in $\vdash_*$. Man zeige, ist $\vdash \in \Omega^s$ streng saturiert und konsistent, so ist $\vdash$ maximal in Ω^s (d.h. es existiert keine echte konsistente Erweiterung von $\vdash$ in Ω^s). Ferner zeige man, $\vdash^k_\Phi$ ist streng saturiert für alle nichttrivialen Φ und folglich maximal in Ω^s_Φ.

Hinweis. Lemma und Übung 1.

3. Man verschärfe obigen Satz für nichttriviales Φ mit $\neg \in \Phi$ wie folgt: Ist $\vdash \in \Omega^s$ mit $\mathbf{Li}_\Phi \subseteq \mathbf{L}_\vdash$ und ist MI: $\dfrac{p \mid \neg p}{q}$ zulässig für $\mathbf{L}_\vdash$, so ist $\vdash \subseteq \vdash^k$.

4. Man zeige für alle nichttrivialen $\Phi \subseteq \{\neg, \wedge, \vee, \rightarrow\}$: $\vdash_\Phi^k$ ist die einzige strukturelle Konsequenz, die den Regeln des S-Kalküls für diese Funktoren genügt, wobei im Falle $\neg \notin \Phi$ die PEIRCE-Regel hinzuzufügen ist.

Hinweis. $\vdash_\Phi^k$ ist maximal in Ω_Φ^s.

5. Es bezeichne I_Φ^0 die Menge aller konsistenten I_Φ-Systeme und E_Φ^0 die Menge aller konsistenten $\vdash \in \Omega_\Phi^s$ mit $\vdash \supseteq \vdash^{i\Phi}$. Man zeige $I_\neg^0 = \{\vdash^{i\neg}, \vdash_\neg^k\}$ und $E_\neg^0 = \{\vdash^{i\neg}, \vdash_\neg^k, \vdash_\neg^e\}$. Ferner $I_\Phi^0 = E_\Phi^0 = \{\vdash_\Phi^k, \vdash_\Phi^e\}$ für $\Phi \subseteq \{\wedge, \vee\}$.

Hinweis. Sei $\vdash \in E_\neg^0$, $X \vdash Q$, $X \nvdash^i Q$. Nach Übung 4, S. 87 genügt zu zeigen $\neg\neg p \vdash p$ für gewisses $p \in V$, d.h. $\vdash \supseteq \vdash_\neg^k$. Wegen $\neg P \equiv_i \neg\neg\neg P$ besteht X, Q o.B.d.A. aus höchstens zweifach negierten Variablen, z.B. $\{\neg p, r, \dots\} \vdash \neg\neg q$. Substitution ergibt $\neg\neg p \vdash \neg\neg q$, also auch $\neg\neg p \vdash \neg\neg\neg q$, also $\neg\neg p \vdash p$. Für $\Phi \subseteq \{\wedge, \vee\}$ ist der Φ-fragmentäre Si-Kalkül gleich dem Φ-fragmentären Sk-Kalkül und dieser ist vollständig.

6. Man zeige für $\Phi = \{\neg, \wedge\}$: $E_\Phi^0 = I_\Phi^0 = \{\vdash^{i\Phi}, \vdash_\Phi^k\}$ (A. WROŃSKI).

Hinweis. $\vdash_0 := \vdash^{i\Phi}$; $\vdash_1 := \vdash_\Phi^k$. Sei $\vdash \in E_\Phi^0$, $X \vdash Q$, $X \nvdash_0 Q$. Gemäß Übung 3 $\vdash \subseteq \vdash_1$. Q nicht negiert, denn $X \vdash_0 \neg P \Rightarrow X \vdash_1 \neg P \Rightarrow X \nvdash \neg P$. Daher o.B.d.A. $Q = q \in V$. $X \dashv\vdash_0 U \cup N$ für gewisses $U \subseteq V$, $N \subseteq \mathcal{L}_\Phi$, wobei N nur negierte Formeln enthält. Offenbar $q \notin U$. o.B.d.A. $U \cap V(N) = \emptyset$, denn $p; P \dashv\vdash_0 p$; $P(p/1)$ (o.B.d.A. $1 \in \Phi$). Substitution ergibt $N \vdash q$, also $N \vdash_1 q$. Wegen $\neg\neg q$; $\neg Q \dashv\vdash_0 \neg\neg q$; $\neg Q (q/1)$ ist $\neg\neg q$; $N' \vdash q$ mit $N' := N(q/1)$. Wegen $N \nvdash_0 q$ ist N konsistent in $\vdash_0$, also auch in $\vdash_1$. Wegen $N \vdash_1 q$ auch N'. Daher existiert Substitution s mit $sN' \subseteq Li$, $sq = q$. Folglich $\neg\neg q \vdash q$, also $\vdash \supseteq \vdash_1$, also $\vdash = \vdash_\Phi^k$.

§ 5 Logische Systeme und der Verband der L-Systeme

Klassische Logik kann man in einem engeren Sinne als die Tautologiemenge **Lk** oder in einem weiteren Sinne als das deduktive System $\vdash^k$ verstehen. Ähnliches gilt auch für die wichtigen nichtklassischen Systeme. Ein deduktives System bestimmt eindeutig seine Tautologiemenge, aber umgekehrt gibt es zu einer vorgegebenen Logik **L**, die wir uns mit ihrer Tautologiemenge identifiziert denken, eine Vielzahl deduktiver Systeme $\vdash$ mit $L_\vdash$ = **L**. Diese wurden in § 3 als die L-Systeme bezeichnet. Δ**L** bezeichne die Menge aller L-Systeme, die man auch als die zu **L** *passenden* Systeme bezeichnen könnte. Δ**L** bildet gemäß § 4 hinsichtlich der Inklusion einen vollständigen Verband.

Für strukturelles **L** bezeichne Σ**L** die Menge aller strukturellen Systeme mit der Logik **L**. Σ**L** ist vollständiger Subverband von Δ**L**. Das größte System in Σ**L** heißt das *strukturell vollständige* L-System, siehe S. 99.

Für das Studium der Verbände Δ**L** und Σ**L** ist es günstiger, 0-stellige Regeln von den Betrachtungen auszuschließen. Daher meint im folgenden *Regel* stets eine eigentliche relationale bzw. sequentielle Regel.

Im Falle der klassischen Logik **Lk** erweisen sich die beiden von der allgemeinen Theorie her besonders ausgezeichneten **Lk**-Systeme, nämlich das deduktionstheoretische System und das strukturell vollständige System als identisch mit $\vdash^k$. Dies wirft klares Licht auf die Sonderrolle, die die klassische Logik unter möglichen anderen Logiken spielt. Eine andere Besonderheit von $\vdash^k$ ist die, daß $\vdash^k$ eine maximale Konsequenzrelation ist, wie in § 4 bewiesen wurde.

Über die Struktur des Verbandes Σ**L** ist selbst für den Fall **L** = **Lk** wenig bekannt. Die folgenden Ausführungen können daher nur als eine Grundlage weiterführender Untersuchungen angesehen werden.

L-Systeme

Die folgende Definition mag dem Leser zunächst übertrieben allgemein erscheinen. Es trifft z.B. sicher zu, daß die Tautologiemengen aller bekannteren klassischen oder nichtklassischen Logik wenigstens diese Gemeinsamkeit haben: sie sind strukturell. Für die Praxis bedeutet dies jedoch in gewissem Sinne eine Idealisierung der Verhältnisse. Auch vom theoretischen Standpunkt sind bisweilen logische Systeme betrachtet worden, die nicht strukturell sind. Abgesehen davon zeigt sich, daß trotz der größtmöglichen Allgemeinheit der angegebenen Definition interessante Zusammenhänge sichtbar werden. Einschränkungen wären da nur hinderlich. Wir werden uns jedoch auf strukturelle Logiken und Systeme konzentrieren.

> **Definition.** Eine Formelmenge **L** vorgegebener Funktorbasis[1]) heißt eine *Logik* oder ein *logisches System im engeren Sinne*. Ein deduktives System $\vdash$ heißt auch ein *logisches System im weiteren Sinne*.

---

[1]) Der Leser denke vorerst an die üblichen Funktoren; der Definition liegt aber grundsätzlich eine beliebige Funktorbasis zugrunde.

Wird aus wohlbegründeten Erwägungen heraus ein zu einer Logik L passendes deduktives System $\vdash$, d.h. einfach ein L-System besonders bevorzugt, so wird L dadurch zu einer *Logik im weiteren Sinne* und $\vdash$ heißt auch die zu L gehörige Konsequenz oder das zu L *gehörige System*.

Für eine vorgegebene Logik L ist offenbar $\vdash^0: X \vdash^0 P \Leftrightarrow P \in X \cup L$ das kleinste L-System. Denn ist $\vdash$ irgendein L-System, so ist $X \vdash P$ falls $X \vdash^0 P$. $\vdash^0$ ist strukturell, falls L strukturell ist. Andere ausgezeichnete L-Systeme sind das größte L-System, bzw. das größte strukturelle L-System (falls L strukturell ist). Wir kommen auf diese Systeme später zurück. Diese „Extremalsysteme" sind allerdings i.a. nicht die zu L gehörigen Systeme. Dies trifft nur in besonderen Fällen zu.

Beispiel 1. Klassische Logik wird meist als logisches System im weiteren Sinne, d.h. als das deduktive System $\vdash^k$ definiert. Einige Autoren identifizieren klassische Logik aber mit der Tautologiemenge Lk. Das umfaßt jedoch nur einen Teil dessen, was wir in unserer Vorstellung mit klassischer Logik verknüpfen. Diese Vorstellung beinhaltet auch gewisse Schlußweisen, die in Form eines deduktiven Systems näher festgelegt sind. $\vdash^k$ ist aus evidenten Gründen das zu Lk gehörige deduktive System. Wir werden aber weiter unten zeigen, daß es außer den trivialen noch zahlreiche andere zu Lk passende und sogar strukturelle Systeme gibt. $\vdash^k$ ist zugleich das *deduktionstheoretische* Lk-System. Dieses existiert ja und ist auch eindeutig bestimmt für jede Logik L, wenn nur $(A1)$, $(A2) \in L$ und L abgeschlossen ist gegenüber MP. ●

Viele der philosophisch und mathematisch wichtigen logischen Systeme sind ursprünglich als logische Systeme im engeren Sinne definiert worden, und meist in Form von Logik-kalkülen. Man kann die Axiome und Regeln eines solchen Kalküls im Prinzip „vergessen" und das System als durch seine Tautologiemenge L bestimmt ansehen; anders ausge-drückt, L ist ein logisches System im engeren Sinne. Jedoch kann man es nicht ohne besondere Gründe als logisches System im weiteren Sinne verstehen. Dies ist nur dann der Fall, wenn von vornherein klar festgelegt wird, was eine *Konsequenz aus einer Formel-menge X auf der Basis der betreffenden Logik L* sein soll.

Beispiel 2. *Das modallogische System* S4. Man erweitere die übliche Funktorbasis $\{\neg, \wedge, \vee, \rightarrow\}$ um den einstelligen sogenannten *Modalfunktor* $\square$, der wie der Negations-funktor zu handhaben ist. Den so erweiterten Formelbereich nennen wir auch den Bereich der *modalen Formeln*. **S4** wird als Axiom-Regel-Kalkül folgendermaßen be-stimmt.

Axiome:

a) Sämtliche Formeln, die man aus den klassisch gültigen Formen $P \in Lk$ durch Substitu-tion modaler Formeln für die Variablen gewinnt, z.B. ist $\square p \vee \neg \square p$ ein Axiom (Substitution von $\square p$ für p in $p \vee \neg p$).

b) Die spezifischen S4-Axiome $\square (P \rightarrow Q) \rightarrow \square P \rightarrow \square Q;\quad \square P \rightarrow P;\quad \square P \rightarrow \square \square P$.

Regeln: MP und die Schlußregel MN: $\dfrac{P}{\square P}$.

Anwendung von MN ergibt z.B., daß $\square (\square p \vee \neg \square p) \in$ **S4**.

Diese Definition ist gleichwertig mit der ursprünglichen von LEWIS stammenden Definition von **S4** als Logik im engeren Sinne. Hingegen gibt es mehrere mit den üblichen inhaltlichen Vorstellungen über **S4** verträgliche Festlegungen darüber, was eine *Konsequenz aus* X *auf der Basis von* **S4** ist.

Im allgemeinen wird in Analogie zur klassischen Logik vereinbart, daß das zu **S4** passende deduktionstheoretische System die zu **S4** *gehörige* Konsequenz ist. In Kap. IV werden ausreichende Gründe für diese „Erweiterung" von **S4** zu einer Logik im weiteren Sinne genannt; diese ergeben sich aus der relativistischen Semantik für **S4**. •

Im allgemeinen gibt es auch für philosophisch relevante formal präzisierte logische Systeme (im engeren Sinne) keine Gründe a priori dafür, ob z.B. das deduktionstheoretische, oder ein anderes, oder überhaupt ein L-System als die **L** gehörige Konsequenz angesehen werden kann. Es wird sich aber herausstellen, daß für nahezu alle in diesem Buch genauer analysierten Systeme **L** tatsächlich das deduktionstheoretische **L**-System mit wohlbegründbaren Argumenten als die zu **L** gehörige Konsequenz bezeichnet werden kann.

Übungen

1. Sei **L** strukturell und $\vdash$ definiert durch $X \vdash P$ gdw $sX \subseteq \mathbf{L} \Rightarrow sP \in \mathbf{L}$ für alle Substitutionen s. Man zeige $\vdash \in \Omega^s$ und $\vdash$ ist die größte strukturelle **L**-Konsequenz. Ferner zeige man, $\vdash^\Delta$ ist das größte System in $\Sigma\,\mathbf{L}$.

2. Sei $\vdash^d$ das deduktionstheoretische **L**-System (seine Existenz vorausgesetzt). Man zeige, unter allen **L**-Systemen, für welche MP gilt, ist $\vdash^d$ das kleinste, also $\vdash^d \subseteq\,\vdash$.

3. Man zeige, die (eigentliche) Regel $\rho \in \mathcal{L}^r$ gilt in $\vdash \in \Omega$ genau dann, wenn jedes $S \in D\mathfrak{L}_\vdash$ abgeschlossen ist gegenüber ρ.

4. Sei $S^m_\vdash$ die Menge aller in $\vdash$ gültigen m-stelligen Regeln aus $\mathcal{L}^s$ und sei $\Sigma_n \vdash$ die Menge aller Erweiterungen $\vdash'$ von $\vdash$ in Σ, so daß $S^m_{\vdash'} = S^m_\vdash$ für alle $m \leqslant n$. Man zeige, $\Sigma_n \vdash$ ist vollständiger Subverband von Σ.

5. Sei MI: $\dfrac{p\,|\,\neg p}{q}$ und $\vdash^c := \vdash^{MI}_{\mathbf{Lk}}$. Man zeige, $\vdash^c$ ist ein POST-vollständiges **Lk**-System. (Im allgemeinen sind die von $\vdash^k$ verschiedenen **Lk**-Systeme nicht POST-vollständig! Siehe S. 102).

   Hinweis. Gemäß Übung 3 S. 94 ist $\vdash \subseteq \vdash^k$ für $\vdash^c \subseteq\,\vdash\,\in \hat\Omega^s$.

Charakterisierung der zu L passenden deduktiven Systeme

Wir wollen nun eine Antwort geben auf die Frage einer Übersicht über die **L**-Systeme einer Logik **L**.

Eine relationale Regel ρ heiße *zulässig für* $\vdash \in \Omega$, wenn zulässig ist für $\mathbf{L}_\vdash$, d.h. wenn $\mathbf{L}_\vdash$ abgeschlossen ist gegenüber ρ. Zulässig für $\vdash$ darf nicht verwechselt werden mit gültig (= beweisbar) in $\vdash$. Letzteres ist der Fall genau dann, wenn ρ für jedes $S \in D\mathfrak{L}_\vdash$ zulässig ist (Übung 3, oben).

Die Substitutionsregel MS gibt ein instruktives Beispiel. Sie ist zulässig für jedes strukturelle deduktionstheoretische System $\vdash$, kann aber nach Übung 2 Seite 80 nicht gültig sein für $\vdash$. MS ist zwar nicht strukturell, doch zeigt sich, daß es i.a. auch viele strukturelle Regeln gibt, die zulässig für $\vdash$, jedoch nicht gültig im System $\vdash$ sind. Umgekehrt ist allerdings jede im System $\vdash$ gültige Regel auch zulässig für $\vdash$. Im folgenden Satz ist, wie überall hier, nur von eigentlichen Regeln die Rede.

Satz 1. Sei L eine Logik und R eine Menge für L zulässiger relationaler Regeln. Dann ist $\vdash_L^R$ ein L-System. Umgekehrt gibt es zu jedem L-System $\vdash$ eine Menge R von für L zulässigen Regeln, so daß $\vdash = \vdash_L^R$.

Beweis. $\vdash := \vdash_L^R$ ist ein deduktives System und es ist klar, daß $L \subseteq L_\vdash$. Nun ist aber L bereits abgeschlossen gegenüber Anwendung von Regeln aus R, also ist $L = L_\vdash$. Ist umgekehrt $\vdash$ ein L-System, so gibt es nach Satz 1 Seite 89 eine Darstellung $\vdash = \vdash_L^R$ mit $A = L_\vdash = L$, wobei R aus $\vdash$-gültigen Regeln besteht. Diese sind aber alle zulässig für L und der Satz ist bewiesen. ●

Satz 2. Ist L eine strukturelle Logik und R eine Menge von L zulässiger struktureller Regeln, so ist $\vdash_L^R$ ein zu L passendes strukturelles System. Umgekehrt läßt sich jedes strukturelle L-System $\vdash$ in der Form $\vdash = \vdash_L^R$ darstellen, wobei sogar nur aus sequentiellen Regeln besteht, die für L zulässig sind.

Diese beiden Sätze geben Anlaß zu folgender Definition. Beispiele hierfür werden noch angegeben.

Definition. Ein L-System $\vdash$ heißt *regelvollständig*, wenn jede für L zulässige relationale Regel auch im System $\vdash$ gilt. $\vdash$ heißt *strukturell vollständig*, wenn jede für L zulässige *strukturelle* Regel im System $\vdash$ gilt.[1]

Aus den Sätzen 1 und 2 folgt, daß jedes deduktive L-System eine regelvollständige und — vorausgesetzt L ist strukturell — eine strukturell vollständige zu L passende Erweiterung besitzt. Es ist dies gemäß Satz 2 gerade das größte strukturelle L-System.

Korollar. Ist L eine Logik, dann gibt es genau ein regelvollständiges L-System $\vdash_L^r$. Dieses System ist unter allen zu L passenden deduktiven Systemen das größte, d.h. ist $\vdash \in \Delta L$, so ist $\vdash \subseteq \vdash_L^r$. Ist L strukturell, so gibt es genau ein strukturell vollständiges strukturelles L-System $\vdash_L^s$. Dieses System ist unter allen strukturellen L-Systemen das größte.

Damit sind zwei zu einer strukturellen Logik L passende strukturelle Systeme im Lichte der allgemeinen Theorie besonders ausgezeichnet, nämlich

(a) das deduktionstheoretische L-System (sofern die bekannten, ziemlich allgemeinen Voraussetzungen seiner Existenz gelten). In diesem Buch wird dieses System zumeist mit $\vdash^L$ bezeichnet.

---

[1] POGORZELSKI [71]. Dieser Begriff wird hier auf Σ beschränkt. Für das Analogon in Ω^s siehe Übung 1, S. 98.

(b) das größte strukturelle L-System, in welchem alle für **L** zulässigen strukturellen
Regeln gelten.

Nur in Ausnahmefällen sind einige dieser Systeme miteinander identisch. Einen solchen
Ausnahmefall stellt die klassische Logik dar. $\vdash^k$ ist das zu **Lk** passende deduktionstheoretische System und erweist sich zugleich als das größte strukturelle **Lk**-System.

Übungen

1. Man überlege sich folgendes

   Kriterium. Das strukturelle L-System $\vdash$ ist genau dann strukturell vollständig, wenn
   für alle $P_1, \ldots, P_n, P_0$ gilt: Ist $P_1, \ldots, P_n \not\vdash P_0$, so gibt es eine Substitution s mit
   $sP_1, \ldots, sP_n \in L_\vdash$ und $sP_0 \notin L_\vdash$.

   Hinweis. Gilt diese Bedingung für $P_0, \ldots, P_n$ nicht, so gilt $(P_1, \ldots, P_n, P_0)$ nicht in $\vdash$,
   ist aber zulässig für $\vdash$.

2. Man zeige, $\vdash \in \overset{\circ}{\Sigma}$ ist maximal (in Σ) genau dann, wenn $\vdash$ POST-vollständig und
   strukturell vollständig ist (TOKARZ [72]). Da $\vdash^k$ maximal ist, ist $\vdash^k$ also POST-
   vollständig und strukturell vollständig.

   Hinweis. Ist $\vdash \subset \vdash' \in \overset{\circ}{\Sigma}$, n der Index der Erweiterung von $\vdash'$, so ist $\vdash$ POST-unvollständig bzw. strukturell unvollständig, je nachdem ob n = 0 oder n $\neq$ 0.

3. Man zeige, $\vdash \in \Sigma$ ist maximal in Σ genau dann, wenn $\vdash_*$ maximal in Δ ist. Daraus
   schließe man, jedes $\vdash \in \overset{\circ}{\Delta}$ mit struktureller Logik läßt sich in ein maximales $\vdash' \in \Delta$
   einbetten (dies gilt nicht für beliebige $\vdash \in \overset{\circ}{\Delta}$).

4. Man zeige, das I-Fragment $\vdash^h := \vdash^{i \to}$ ist strukturell vollständig (PRUCNAL [72]).
   Dasselbe zeige man für $\vdash^{i \to, \wedge}$. (Dies gilt nicht für $\vdash^{\to, \wedge, \vee}$.)

   Hinweis. Sei s_Q Substitution mit sp = Q $\to$ p. Zeige zuerst $sP \equiv_i Q \to P$ $(P \in \mathcal{L}_{\to, \wedge})$.
   Sei $P_1; \ldots; P_n \vdash^h P_0$ (Kriterium Übung 1). Wähle Substitution $s_{P_1 \wedge \ldots \wedge P_n}$ bzw.
   Produkt der s_{P_i} (i = 1, $\ldots$, n).

5* (Problem). Es läßt sich zeigen, $\vdash^i$ ist strukturell unvollständig. Zum Beispiel ist
   $$\frac{\neg p \to q \vee r}{\neg p \to q \vee \neg p \to r}$$
   zulässig, aber nicht gültig für $\vdash^i$. Man beschreibe das strukturell vollständige **Li**-System. Ist dieses endlich basiert? Anmerkung: Es gibt überabzählbar
   viele $\vdash \in \Sigma_0 \vdash^i$, sogar mit $\vdash_* = \vdash^i_*$.

Quasiklassische und hyperklassische Systeme

Wir wollen abschließend einen Blick auf den Verband Σ **Lk** der strukturellen **Lk**-Systeme
werfen. Das Studium dieser Systeme ist vor allem nützlich hinsichtlich einer gewissen
Einsicht über die Beziehungen klassischer Schlußregeln untereinander. Wir vermerken
zunächst, daß in einem von $\vdash^k$ verschiedenen **Lk**-System MP nicht gelten kann; denn
andernfalls wäre $\vdash^k \subseteq \vdash$ wegen $\vdash^k = \vdash^{MP}_{Lk}$ woraus $\vdash = \vdash^k$ folgt ($\vdash^k$ ist das größte
Lk-System). Solche ungewöhnlichen Systeme existieren in großer Anzahl. Wir wollen
sie als *quasiklassische Systeme* bezeichnen.

Als Beispiel eines quasiklassischen Systems betrachten wir einen Regelkalkül, den s-Kalkül, der außer MP alle übrigen Eigenschaften des S-Kalküls weitgehend bewahrt. Das Regelsystem des s-Kalküls unterscheidet sich von dem des S-Kalküls in folgendem:

(a) Die Regel ($\rightarrow$ a) (= MP) wird durch die Regel ($\rightarrow$ c) $\dfrac{X \vdash P \rightarrow Q, \neg Q}{X \vdash \neg P}$ ersetzt.

(b) Die Regel ($\neg$ k) wird durch die Regeln ($\neg$ i), ($\neg$ j) sowie die Regel

$$(\neg k') \quad \frac{X; \neg P \vdash Q, \neg Q}{X \vdash P} \quad \text{(P zusammengesetzt, d.h. keine Primformel)}[1]$$

ersetzt. Es ist nun so, daß auch im s-Kalkül genau die klassischen Tautologien herleitbar sind, obwohl $\vdash^s$ mit dem klassischen System $\vdash^k$ nachweislich nicht identisch ist. Aus methodischen Gründen beweisen wir diese partielle Vollständigkeit ausführlich.

Lemma. $X \vdash^s P \Leftrightarrow X \vdash^k P$ für alle X und alle zusammengesetzten Formeln P.

Beweis. $X \vdash^s P \Rightarrow X \vdash^k P$ ist klar, denn alle Regeln des s-Kalküls gelten natürlich für $\vdash^k$. Sei nun $X \not\vdash^s R$ für eine zusammengesetzte Formel R. Zu zeigen ist $X \not\vdash^k R$. Sei Y eine R-maximale Erweiterung von X. Dann ist $\neg R \in Y$, denn andernfalls wäre $Y; \neg R \vdash R, \neg R$ und damit $Y \vdash R$ gemäß ($\neg k'$) Widerspruch. Folglich $Y; P \vdash R, \neg R$ für $P \notin Y$, also $Y; P \vdash Q$ gemäß ($\neg$ i), d.h. Y ist maximal. Da der s-Kalkül die üblichen Regeln für $\wedge, \vee$ umfaßt, gelten auch die Eigenschaften [k $\wedge$], [k $\vee$]. Mittels ($\neg$ i), ($\neg$ j) beweist man leicht [k $\neg$]. Schließlich läßt sich auch [k $\rightarrow$] beweisen, obwohl MP nicht zur Verfügung steht. Denn sei $P, P \rightarrow Q \in Y$. Wäre $Q \notin Y$, so wäre $\neg Q \in Y$ gemäß [k $\neg$]. Dann aber folgt $\neg P \in Y$ gemäß ($\rightarrow$ c), was mit $P \in Y$ einen Widerspruch ergibt. Bleibt noch zu zeigen, wenn $P \in Y \Rightarrow Q \in Y$, so $P \rightarrow Q \in Y$. Im Falle $Q \in Y$ gilt $P \rightarrow Q \in Y$ gemäß ($\rightarrow$ b). Im Falle $P \in Y$ ist $Y; P \vdash Q$ und folglich $Y \vdash P \rightarrow Q$. Damit ist Y komplett und folglich Modellmenge, womit $X \not\vdash^k R$ klar ist. ●

Die anfänglich erwähnte partielle Vollständigkeit läßt sich nun leicht beweisen.

Satz. $\vdash^s P \Leftrightarrow P \in \mathbf{Lk}$.

Beweis. $\vdash^s P \Rightarrow P \in \mathbf{Lk}$ ist klar. Sei $P \in \mathbf{Lk}$, dann ist P sicher keine Primformel, und folglich $\vdash^s P$ nach dem Lemma. ●

Im Hinblick auf eine Anwendung im Kap. III sei darauf hingewiesen, daß das Fragment des s-Kalküls in $\neg, \rightarrow$ ein $\mathbf{Lk}_{\neg, \rightarrow}$-System ist. Eine systematische Untersuchung interessanter Klassen quasiklassischer Systeme steht noch aus.

In diesem Zusammenhang noch einige weitergehende Bemerkungen. Ein von $\vdash^k$ verschiedenes $\vdash_0 \in \Sigma \mathbf{Lk}$ ist i.a. nicht POST-vollständig, sondern es kann eine Vielzahl von konsistenten strukturellen Systemen $\vdash \supset \vdash_0$ geben, so daß $\mathbf{L}_\vdash \supset \mathbf{L}_{\vdash_0} = \mathbf{Lk}$. Beispiel: $\vdash^{MQ, MT}_{\mathbf{Lk}}$ hat zahlreiche solche Erweiterungen (wieviele ist unbekannt).

---

[1] Man beachte, daß ($\neg k'$) eine Zusammenfassung folgender struktureller Regeln darstellt:

$$\frac{X; \neg \neg P \vdash Q, \neg Q}{X \vdash \neg P} \quad , \quad \frac{X; \neg (P \circ P') \vdash Q, \neg Q}{X \vdash P \circ P'} \quad \text{für } \circ \in \{\wedge, \vee, \rightarrow\}.$$

Solche Systeme und ihre Logiken seien *hyperklassisch* genannt. Ein konkretes Beispiel ist die Konsequenz der dreiwertigen Matrix D_h in Kap. III/§ 1. Wegen der POST-vollständigkeit von $\vdash^k = \vdash^{MP}_{Lk}$ kann MP in keiner hyperklassischen Logik L zulässige Regel sein. In Übung 5, S. 98 wurde ein von $\vdash^k$ verschiedenes strukturelles POST-vollständiges Lk-System vorgestellt, nämlich $\vdash^c = \vdash^{MI}_{Lk}$. Daher kann auch MI in keiner hyperklassischen Logik zulässig sein. Eine Übersicht über die POST-vollständigen Lk-Systeme wäre ebenso wünschenswert wie eine gewisse Einsicht in die Struktur der hyperklassischen Logiken. Wegen $\vdash^{MI}_{Lk} \subseteq \vdash^s$ ist übrigens auch $\vdash^s$ POST-vollständig. In Kap. III/§ 1 zeigen wir $\vdash^s \neq \vdash^k$, insbesondere damit die Ungültigkeit von MP in $\vdash^s$.

Übungen

1. Man zeige, ist $\vdash$ ein quasiklassisches System, so existiert ein quasiklassisches System $\vdash' \supseteq \vdash$ und $\vdash'$ ist u.V. (unmittelbarer Vorgänger) von $\vdash^k$ im Verband Σ **Lk**.

   Hinweis. $\vdash^k$ ist endlich axiomatisierbar.

2. Man zeige, in $\vdash^s$ gelten MP': $\dfrac{X \vdash P,\, P \to Q}{X \vdash Q}$ (Q keine Primformel), MP'': $\dfrac{X \vdash \neg P,\, \neg P \to P}{X \vdash P}$,

   die man auch in MP*: $\dfrac{X \vdash P,\, P \to Q}{X \vdash Q}$ (Q nicht prim oder $P = \neg Q$) zusammenfassen kann.

   Hinweis. Für MP' verwende man $(\neg k')$. Für MP'' verwende man $(\to c)$, $(\neg i)$.

3. Man zeige, der Axiome-Regelkalkül mit dem Axiomensystem Ak und der Schlußregel MP* axiomatisiert die klassischen Tautologien.

   Hinweis. $\vdash^{MP*}_{Ak} = \vdash^s$. $(\to b)$ beweise man durch Induktion in $\vdash^{MP*}_{Ak}$.

4* (Problem). Man analysiere den Verband Σ **Lk**. Wieviele unmittelbare Vorgänger hat $\vdash^k$ in Σ **Lk**. Sind diese eventuell endlich basiert bzw. POST-vollständig?

5* (Problem). Welche für **Lk** zulässigen sequentiellen Regeln sind in folgendem Sinne stabil: Sie sind in keiner hyperklassischen Logik zulässig.

Kapitel III
Mehrwertige Logik – Einführung in die algebraische Semantik

Die dreiwertige Logik ist von ŁUKASIEWICZ um 1920 mit der Absicht entwickelt worden, eine vom tertium non datur unabhängige Logik zu präzisieren. Es hat sich bald herausgestellt, daß es vom theoretischen Gesichtspunkt ziemlich unerheblich ist, ob man den Werten 1, 0 einen oder mehrere neue Wahrheitswerte hinzufügt. Auf diese Weise kommt man zu einem allgemeinen Konzept einer mehrwertigen Logik, welches äußerst anpassungsfähig hinsichtlich einer Präzisierung unterschiedlich motivierter Logik-Konzeptionen ist.

Die mehrwertige Semantik, auch algebraische Semantik genannt, war bis etwa 1960 Hauptmethode der semantischen Analyse nichtklassischer logischer Systeme. Trotz des enormen Fortschritts, die durch die seither systematisch entwickelte relativistische Semantik erzielt worden ist, und die auch im Mittelpunkt des Interesses in diesem Buch steht, behält die traditionelle algebraische Semantik wegen der Allgemeinheit ihres Ansatzes eine zentrale Bedeutung.

Auch in der Alltagspraxis hat man es andeutungsweise mit mehrwertiker Logik zu tun. So beurteilt man Aussagen gelegentlich anders als anch dem Zweiwertigkeitsprinzip. Man denke an die Notenbewertung von Antworten auf Prüfungsfragen. Man denke ferner an moralische, philosophische oder politische Wertungskonzepte. Wichtige Beispiele sind auch die Bewertungsmaße wissenschaftlicher Hypothesen. Ohne von Wahrscheinlichkeiten überhaupt zu sprechen, kann man z.B. die Teilmenge der Spezialisten, welche eine Hypothese H akzeptieren, als *Wert von* H ansehen. Auf diese Weise kommt man zum Konzept einer Booleschwertigen Logik. Zu diesem Konzept gelangt man auch auf andere Weise, nämlich wenn man Aussagen betrachtet, deren Akzeptanz von einer gegebenen Situation abhängt. Der Wert von A ist dann die Menge aller Situationen, unter denen die Aussage A akzeptiert wird.

In diesem Zusammenhang hört man gelegentlich die Frage, ob die „wirkliche" Logik nun eine zweiwertige oder eine mehrwertige sei. Hier scheint ein Hinweis auf eine analoge Frage in der Geometrie nützlich, nämlich die Frage nach dem Verhältnis von euklidischer und nichteuklidischer zur sogenannten realen Geometrie. Eine kurzgefaßte, natürlich nicht erschöpfende Antwort mag wie folgt aussehen: Alle präzisierten wissenschaftlichen Theorien, die klassische und nichtklassische Logik, ebenso wie z.B. die klassische und nichtklassische Geometrie, betreffen nur einen Ausschnitt aus der unerschöplichen Vielfalt des Wirklichen. Sie sind gedankliche Konstruktionen zur Modellierung gewisser Aspekte realer Gegebenheiten, die sich im Hinblick auf deren Beherrschung bewährt haben. Insofern entsprechen sie der Wirklichkeit. Dieser pragmatische Aspekt hat den Vorteil der Unabhängigkeit von anfechtbaren erkenntnistheoretischen Thesen.

Wir beginnen in § 1 mit einigen beispielhaften Ausführungen über dreiwertige Matrizen.
In § 2 wird an zahlreichen Beispielen die Verwendung logischer Matrizen für Fragen der
Unabhängigkeit und Konsistenz demonstriert. § 3 befaßt sich mit allgemeinen Konstruktionsprinzipien von Matrizen. Wir werden kurz darlegen, wie sich die algebraische Varietätentheorie zu einer Theorie logischer Varietäten (d.h. der Klassen von Matrizen für strukturelle Logiken) modifizieren läßt. Diese Theorie werden wir aber nicht weiterverfolgen,
weil in den Anwendungen in den Kapiteln IV und V nur algebraische Varietäten auftreten.

§ 4 betrifft die Konstruktion spezieller Matrizen für implikative Logiken, zu denen fast
alle in diesem Buch betrachteten Logiken gehören. Ein wichtiger Sonderfall sind die konservativen und modalen Logiken und Matrizen. § 5 befaßt sich dann ausführlicher mit den
normalen modalen Matrizen.

Der Inhalt der §§ 4, 5 ist mathematisch anspruchsvoller als der von Kapitel I und II. Wir
empfehlen dem Studierenden daher, ihn im Zusammenhang mit Kapitel IV zu erarbeiten,
um die Qualität abstrakter Begriffe in ihren Anwendungen beurteilen zu können.

§ 1 Methodische Einführung anhand dreiwertiger Matrizen

Mit dreiwertigen Matrizen lassen sich einige Aspekte der aussagenlogischen Verknüpfungen, welche klassischen Prinzipien nicht gehorchen, schon recht gut modellieren. Im allgemeinen liefert die dreiwertige Logik jedoch nur ziemlich grobe Modelle derartiger Phänomene. Eine umfassende Analyse intensionaler Verknüpfungen erfordert tiefere Hilfsmittel. Diese werden wir, ausgehend von der Betrachtung einiger dreiwertiger Logiken, allmählich entwickeln.

Dreiwertige logische Matrizen

Wir denken uns den beiden Wahrheitswerten $1, 0$ einen dritten Wert $\frac{1}{2}$ im Sinne von *unbestimmt, unentschieden* oder *ungenügend gesichert* hinzugefügt. Sei $D = \{1, \frac{1}{2}, 0\}$ die solcherart erweiterte Menge von Wahrheitswerten. Zunächst wollen wir die klassischen Wahrheitswertefunktionen entsprechend plausiblen Vorstellungen verallgemeinern. Es liegt auf der Hand, eine dreiwertige et-Funktion und eine vel-Funktion wie folgt zu definieren:

$$x \wedge_3 y = \min \{x, y\}; \quad x \vee_3 y = \max \{x, y\}.$$

Zum Beispiel ist $1 \wedge_3 \frac{1}{2} = \frac{1}{2}$[1]. Vom Standpunkt unserer Intuition über den Wert „unbestimmt" hat man hingegen bei der Definition einer non- und einer seq-Funktion eine gewisse Freiheit der Wahl.

Beispiel 1. Eine dreiwertige non-Funktion und seq-Funktion wird durch die Funktionen $\neg_\varrho$ bzw. $\to_\varrho$ mit folgenden Wertetabellen gegeben

x	$\neg_\varrho x$
1	0
$\frac{1}{2}$	$\frac{1}{2}$
0	1

$\to_\varrho$	1	$\frac{1}{2}$	0
1	1	$\frac{1}{2}$	0
$\frac{1}{2}$	1	1	$\frac{1}{2}$
0	1	1	1

et- und vel-Funktion seien die eingangs angegebenen Funktionen $\wedge_3$ bzw. $\vee_3$. D zusammen mit den angegebenen Funktionen heiße die *dreiwertige Matrix* D_ϱ. Man nennt sie auch die dreiwertige ŁUKASIEWICZ-Matrix und spricht in diesem Zusammenhang von der ŁUKASIEWICZschen non-Funktion, seq-Funktion usw. 1 heißt der *ausgezeichnete* Wert der Matrix D_ϱ. Eine derartige Verabredung über die Auszeichnung von Werten gehört zur Fixierung einer logischen Matrix. Sie ist die Grundlage für Bestimmung der durch diese Matrix definierten Logik. ●

---

[1] Ohne daß explizit darauf hingewiesen wurde, ist klar, daß man sich die Wahrheitswerte $0, \frac{1}{2}, 1$ „der Güte nach" angeordnet denkt, also $0 < \frac{1}{2} < 1$. Dann stellen $\wedge_3$ und $\vee_3$ gerade die Verbandsoperationen des dreielementigen Verbandes dar (siehe Anhang). Im Falle von mehr als drei Werten sind diese zwar i.a. nicht mehr linear angeordnet, sie bilden aber in der Regel einen Verband, wobei $\wedge, \vee$ gerade durch die Verbandsoperationen $\cap$ bzw. $\cup$ interpretiert werden.

Beispiel 2. Die dreiwertige intuitionistische Matrix D_i. Negation und Implikation sind durch die Funktionen $\neg_i$ bzw. $\to_i$ zu interpretieren; die übrigen wie in D_ϱ.

x	$\neg_i x$
1	0
$\frac{1}{2}$	0
0	1

$\to_i$	1	$\frac{1}{2}$	0
1	1	$\frac{1}{2}$	0
$\frac{1}{2}$	1	1	0
0	1	1	1

1 ausgezeichnet

Hat man die Wahrheitsfunktionen einmal festgelegt und auf diese Weise aus der Wertemenge $\{1, \frac{1}{2}, 0\}$ eine sogenannte logische Matrix D gemacht, so entspricht jeder Formel P bei einer Belegung $\alpha \colon V \to D$ der Variablen mit Werten aus D ein wohlbestimmter Wert $\mathrm{val}_\alpha^D P \in D$. Die Berechnung von $\mathrm{val}_\alpha^D P$ vollzieht sich in völliger Analogie zur Wertberechnung über der klassischen zweiwertigen Matrix $\mathbf{2}$. Zunächst sei $D = D_\varrho$ oder $D = D_i$.

Ist $\mathrm{val}_\alpha^D P = 1$ für jede Belegung $\alpha \colon V \to D$, so heißt P eine D-*Tautologie*, oder auch *wahr* oder *gültig über der Matrix* D, symbolisch $\models^D P$. Die Matrix D bestimmt damit eine gewisse Logik $L = LD := \{P \in \mathcal{L} \mid \models^D P\}$.

Beispiel 3. Die Formeln $P \to Q \to P$ und $(P \to Q) \to (Q \to R) \to (P \to R)$ sind sowohl D_ϱ- als auch D_i-Tautologien, wie man leicht ausrechnet. Hingegen sind die klassisch gültigen Formeln $p \vee \neg p$ und $(p \to q) \to p \to p$ weder D_ϱ- noch D_i-Tautologien:

Ist α so gewählt, daß $\alpha p = \frac{1}{2}$, so ist

$$\mathrm{val}_\alpha^\varrho (p \vee \neg_\varrho p) = \mathrm{val}_\alpha^\varrho p \vee_3 \mathrm{val}_\alpha^\varrho \neg_\varrho p = \frac{1}{2} \vee_3 \frac{1}{2} = \frac{1}{2} . \qquad (\mathrm{val}_\alpha^\varrho = \mathrm{val}^{D_\varrho}).$$

Über der Matrix D_i ergibt sich derselbe Wert, obwohl die Rechnung anders verläuft:

$$\mathrm{val}_\alpha^i (p \vee \neg p) = \frac{1}{2} \vee_3 \neg_i \left(\frac{1}{2}\right) = \frac{1}{2} \vee_3 0 = \frac{1}{2} . \qquad (\mathrm{val}^i = \mathrm{val}^{D_i}).$$

Das Schema (A7k) $\neg Q \to \neg P \to P \to Q$ ist D_ϱ-gültig, weil man leicht sieht, daß $x \to_\varrho y = \neg_\varrho y \to_\varrho \neg_\varrho x$ für alle $x, y \in D_\varrho$. Hingegen $1 \to_i \frac{1}{2} = \frac{1}{2}$, aber $\neg_i \frac{1}{2} \to_i \neg_i 1 = 0 \to_i 0 = 1$. Folglich ist $\neg q \to \neg p \to p \to q \notin L\, D_i$. Damit haben wir ein Beispiel einer D_ϱ-Tautologie, die keine D_i-Tautologie ist. ●

Aus dem Beispiel wird ersichtlich, daß weder in der D_ϱ- noch in der D_i-Logik das tertium non datur gilt. Das ist allerdings nicht überraschend; der dritte Wahrheitswert wurde ja deswegen hinzugefügt, um logische Systeme zu konstruieren, welche diesem Prinzip nicht genügen. Dies ist nunmehr gelungen.

Man sieht sehr leicht, daß jede D-Tautologie (für jede der beiden dreiwertigen Matrizen) eine klassische Tautologie ist. Die klassischen Belegungen entsprechen nämlich denjenigen speziellen Belegungen über D, bei denen der Wert $\frac{1}{2}$ „ausgelassen" wird. Der allgemeine Hintergrund dieses Arguments ist die Tatsache, daß $\mathbf{2}$ Submatrix von D ist (§ 3).

Ferner ist sowohl $L D_\varrho$ als auch $L D_i$ abgeschlossen gegenüber der Anwendung von MP: Sei $\models^{D_\varrho} P$, $\models^{D_\varrho} P \to Q$ und eine Belegung $\alpha \colon V \to D$ gegeben. Dann ist $\mathrm{val}_\alpha P = \mathrm{val}_\alpha P \to Q = 1$.

Man setze $\mathrm{val}_\alpha Q = x$. Aus $1 = \mathrm{val}_\alpha P \to_\varrho Q = \mathrm{val}_\alpha P \to_\varrho \mathrm{val}_\alpha Q = 1 \to_\varrho x$ folgt $1 \to_\varrho x = 1$.
Ein Blick auf D_ϱ zeigt, es gibt nur einen Wert $x \in D_\varrho$, der dieser Gleichung genügt, näm-
lich $x = 1$. Es ist also $\models^{D_\varrho} Q$. Wörtlich dasselbe Argument kann man für D_i verwenden,
obwohl $\to_i$ mit $\to_\varrho$ nicht übereinstimmt.

Die beiden dreiwertigen Matrizen definieren nicht nur neue Logiken, sondern es läßt sich
auch das klassische Folgern verallgemeinern. Es gibt eventuell unterschiedliche Möglichkeiten der Verallgemeinerung, wie Übung 2 zeigt. Auf das Folgern über Matrizen kommen
wir später im Rahmen der allgemeinen Theorie zurück.

Zu einer sinnvollen Verallgemeinerung der logischen Äquivalenz gelangt man wie folgt.
Man setze $P \equiv_D Q$ (P, Q sind D-*äquivalent* für $D = D_i$ oder $D = D_\varrho$), wenn $\mathrm{val}_\alpha^D P = \mathrm{val}_\alpha^D Q$
für alle Belegungen $\alpha \colon V \to D$. Mit anderen Worten, P, Q sind D-äquivalent, wenn sie die
gleichen „Wahrheitsfunktionen" definieren. Eine einfache Überlegung zeigt, daß bei dieser
Festsetzung das Ersetzungstheorem für $\equiv_D$ in derselben Formulierung gilt wie in der klassischen Logik (Kap. I, S. 31). Man sieht leicht $P \equiv_D Q \iff P \to Q, Q \to P \in LD$, also eine
zum klassischen Fall völlig analoge Kennzeichnung der logischen Äquivalenz[1]).

Beispiel 4. Es ist $p \vee q \equiv_{D_\varrho} (p \to q) \to q$, jedoch nicht wie in der klassischen Logik
$p \vee q \equiv_{D_\varrho} \neg p \to q$. Die vel-Funktion $\vee_3$ ist also durch die ŁUKASIEWICZsche non- und
seq-Funktion darstellbar.
Ferner ist auch $p \wedge q \equiv_{D_\varrho} \neg (\neg p \vee \neg q)$, also ist auch die et-Funktion ausdrückbar.
$\to_\varrho$ und $\neg_\varrho$ würden also als Grundverknüpfungen in D_ϱ ausreichen. ●

In diesem Zusammenhang sei erwähnt, daß es 3^{3^n} n-stellige Funktionen über einer 3-ele-
mentigen Menge gibt, also z.B. bereits 19 683 zweistellige Wahrheitsfunktionen über einer
dreiwertigen Matrix.

Übungen

1. Man zeige (A2): $p \to (q \to r) \to (p \to q) \to (p \to r)$ ist nicht in D_ϱ gültig. Daraus schließe
   man, es gibt kein zu D_ϱ passendes Dt-System.

   Hinweis. Das Finden einer widerlegenden Belegung ist mühsam. Einfacher ist folgender
   Schluß: (A1) und (A7k) gelten über D_ϱ. Wäre (A2) $\subseteq LD_\varrho$, so wäre wegen der MP-
   Abgeschlossenheit von D_ϱ auch $\mathbf{Lk} \subseteq LD_\varrho$, Widerspruch.

2. Man definiere zwei Konsequenzrelationen über D_i wie folgt:
   a) $X \models^{D_i} P$ gdw $\mathrm{val}_\alpha X = 1 \Rightarrow \mathrm{val}_\alpha P = 1$ für alle $\alpha \colon V \to D$;
   b) $X \approx^{D_i} P$ gdw $\mathrm{val}_\alpha X \leqslant \mathrm{val}_\alpha P$ für alle $\alpha \colon V \to D$.

---

[1]) Diese Kennzeichnung gilt nicht allgemein, sondern beruht auf der Tatsache, daß D_i und D_ϱ bereits
reduzierte implikative Matrizen im Sinne von § 4 sind. Im ganz allgemeinen Falle ermöglichen mehrwertige Matrizen unterschiedliche Verallgemeinerungen der klassisch-logischen Äquivalenz.

Dabei sei $\mathrm{val}_\alpha X := \min \{\mathrm{val}_\alpha Q \mid Q \in X\}$ $(\mathrm{val}_\alpha \emptyset := 1)$. Man zeige $\models^{D_i} = {\mid\approx}^{D_i}$. (Analoges gilt nicht für D_ϱ). Man zeige ferner $\models^{D_i} \subset \vdash^k$.

Hinweis für $\models^{D_i} \subseteq {\mid\approx}^{D_i}$: Zu $\alpha: V \to D_i$ betrachte man $\beta: V \to \{0, 1\}$ mit $\beta p = 0 \Leftrightarrow \alpha p = 0$. Zeige $\mathrm{val}_\beta P = 0 \Leftrightarrow \mathrm{val}_\alpha P = 0$ für alle $P \in \mathcal{L}$.

3. Man zeige, die Schlußregeln des Si-Kalküls (Kap. II/§ 3) gelten sämtlich für die Relation ${\mid\approx}^{D_i}$, also $\vdash^i \subseteq {\mid\approx}^{D_i}$, speziell $\mathbf{Li} \subseteq \mathbf{L}D_i$. Damit ist nunmehr $\vdash^i \neq \vdash^k$ gezeigt.

4. Man zeige, für $\equiv_{D_i}$ und $\equiv_{D_\varrho}$ gilt das Ersetzungstheorem.

   Hinweis. Induktion über den Aufbau der Formel, in welcher ersetzt wird (siehe den Beweis im klassischen Fall).

Verallgemeinerung von Fragestellungen der klassischen auf dreiwertige Logiken

Die bisherigen beispielhaften Ausführungen zeigen bereits, wie sich Fragestellungen, Begriffe und Methoden der klassischen Logik auf mehrwertige Logiksysteme übertragen. So können etwa folgende Fragen diskutiert werden:

(1) Ist das System der Wahrheitsfunktionen der Matrix D $(= D_\varrho$ bzw. $D_i)$ funktional vollständig, d.h. kann jede beliebige ein-, zwei- oder mehrstellige Funktion über D durch die gewählten bereits dargestellt werden? Oder – falls dies nicht der Fall ist – kann man zumindest die bisher betrachteten Matrizen aufeinander reduzieren, d.h. die Funktionen der einen durch die Funktionen der anderen ausdrücken?

(2) Sind die D-Tautologien, ähnlich wie die klassischen, in übersichtlicher Weise durch einen Axiom-Regel-Kalkül darstellbar?

Die erste Frage ist in allen Beispielen mit Nein zu beantworten, weil in keinem der beiden Fälle die Konstante $\frac{1}{2}$ durch die angegebenen Funktionen ausdrückbar ist. Um dies einzusehen, wähle man irgendeine Belegung $\alpha: V \to D$ mit $\alpha p \in \{0, 1\}$. Dann ist $\mathrm{val}_\alpha^D P \in \{0, 1\}$ für alle $P \in \mathcal{L}$, denn $\mathbf{2}$ ist Subalgebra von D. Folglich kann es keine Formel P geben, die konstant den Wert $\frac{1}{2}$ annimmt.

Auch der zweite Teil der Frage (1) ist zu verneinen. Zur systematischen Behandlung von Fragen dieser Art sind aber teilweise nicht ganz einfache kombinatorische Überlegungen erforderlich.

Es sei darauf hingewiesen, daß die funktionale Unvollständigkeit der dreiwertigen Matrizen D_ϱ und D_i kein Mangel im Sinne eines unzureichenden Ansatzes ist. Sie ergibt sich zwangsläufig aus unserem Interesse an sinnvollen Verallgemeinerungen der klassischen Wahrheitsfunktionen. Funktionale Unvollständigkeit mehrwertiger Matrizen ist geradezu typisch für mehrwertige Logik, wie wir noch sehen werden.

Die zweite Frage kann in unseren Beispielen mit Ja beantwortet werden. Z.B. ist das linksstehende Axiomensystem zusammen mit dem Modus Ponens als einziger Schlußregel eine vollständige Axiomatisierung für die dreiwertige ŁUKASIEWICZsche Logik in den Funktoren $\neg, \to$ [1]. Die Funktoren $\wedge, \vee$ denken wir uns definitorisch eingeführt, was ja gemäß Beispiel 4, S. 107 möglich ist.

---

[1] WAJSBERG [31]. Wir verweisen ferner auf die klassische Arbeit ŁUKASIEWICZ/TARSKI [30]. Für neuere Untersuchungen konsultiere man WÓJCICKI [77].

Axiomensystem für LD_ϱ	Axiomensystem für LD_i
$P \mathbin{\dot\to} Q \to P$	Ai (Kap. II/§ 4)
$(P \to Q) \mathbin{\dot\to} (Q \to R) \to (P \to R)$	$P \mathbin{\dot\vee} P \to Q \mathbin{\dot\vee} Q \to R$
$(P \to \neg P) \to P \mathbin{\dot\to} P$	
$\neg Q \to \neg P \mathbin{\dot\to} P \to Q$	

Nebenbei bemerkt sind sowohl LD_ϱ als auch LD_i unmittelbare Vorgänger von Lk im Verband der strukturellen Logiken mit MP als zulässiger Regel. D.h. die Adjunktion einer beliebigen nicht zu LD_ϱ oder LD_i gehörenden klassisch gültigen Formel (z.B. $p \vee \neg p$) ergibt bereits Lk. Dies liegt ja keineswegs auf der Hand. Für LD_i beweisen wir dies explizit in Kap. V. Dort wird sich auch die Vollständigkeit des obigen Axiomensystems als Beiprodukt allgemeinerer Betrachtungen ergeben. Es sei darauf hingewiesen, daß das Axiomatisierungsproblem der Logiken über vorgegebenen endlichen Matrizen i.a. kompliziert ist. Nur unter speziellen Voraussetzungen sind generelle Verfahren bekannt, z.B. wenn die betreffende Matrix Funktionen enthält, die den klassischen ähneln.

Es ist so, daß man die Logik jeder funktional vollständigen endlichen Matrix mit endlich vielen Axiomen und außer MS noch MP als einziger Schlußregel axiomatisieren kann.[1] Der Beweis ist nicht wesentlich schwieriger als im klassischen Fall. Mathematisch interessant werden Axiomatisierungsfragen erst für funktional unvollständige endliche Matrizen. Es gibt endliche Matrizen, deren Logik mit endlich vielen Axiomen und endlich vielen (sequentiellen) Regeln nicht endlich axiomatisiert werden kann.[2]

Eine offene Frage hingegen ist, ob es vierwertige oder sogar dreiwertige Matrizen M gibt, die mittels eines endlichen Axiomenschemas und endlich vielen für M zulässigen sequentiellen Regeln nicht axiomatisiert werden können.

1. Sei $\vdash \,\in \mathring{\Sigma}_{\vdash^{MP}}$ und $LD_\varrho \subseteq L_\vdash$. Man zeige $\vdash \,\subseteq\, \vdash^k$. Damit ist insbesondere auch das strukturell vollständige LD_ϱ-System in $\vdash^k$ enthalten und jede für LD_ϱ zulässige Regel $\in \mathcal{L}^s$ ist auch für Lk zulässig. Für LD_i folgt entsprechendes bereits aus den Darlegungen in Kap. II, S. 94.

   Hinweis. Vorgehen wie auf S. 94. Arbeite mit $\equiv_{D_\varrho}$ statt mit $\equiv_i$.

2. Sei D_i^0 das $\{\neg, \wedge\}$-Redukt von D_i. Man zeige $\vdash^{i}{}_{\neg,\wedge} = \models^{D_i^0} \subset \models^{k}_{\neg,\wedge}$. Mit anderen Worten, das $\{\neg, \wedge\}$-fragmentäre intuitionistische System hat eine dreiwertige adäquate Matrix. Hingegen hat $\vdash^i$ nicht einmal eine abzählbare adäquate Matrix, wie in Kap. V/§ 4 gezeigt wird. Wegen $LD_i^0 = Li_{\neg,\wedge} = Lk_{\neg,\wedge}$ und der Zulässigkeit von MI ist $\models^{D_i^0}$ POST-vollständig, aber offenbar strukturell unvollständig. Anderseits ist $\models^{D_i}$ POST-unvollständig, jedoch strukturell vollständig, wie später gezeigt wird.

   Hinweis. Es gibt nur ein konsistentes $\vdash \,\in \Omega^s$ mit $\vdash \,\supset\, \vdash^{i}{}_{\neg,\wedge}$, nämlich $\vdash^k_{\neg,\wedge}$ (Übung 6, S. 95). Beachte $\vdash^{i}{}_{\neg,\wedge} \subseteq \models^{D_i^0} \subset \models^{k}_{\neg,\wedge}$.

---

[1] siehe z.B. ROSSER / TURQUETTE [58], RASIOWA [75] u.a.

[2] Ein fünfwertiges Beispiel wird erstmals in WOJTYLAK [79] angegeben. Jede zweiwertige Matrix ist e.a. (diese Aufgabe ist aber deswegen nichttrivial, weil es gemäß der POST-Klassifikation S. 38 unendlich viele aufeinander nicht reduzierbare zweiwertige Matrizen M mit $LM \neq \emptyset$ gibt). Bemerkenswerterweise läßt sich LM für *jede* endliche Matrix *bei Hinzunahme von* MS endlich axiomatisieren (DYWAN [79]).

Andere dreiwertige Matrizen

Außer den Matrizen D_i und D_ϱ gibt es viele andere dreiwertige Matrizen, die gewisse philosophisch interessante Begriffe zumindest hinsichtlich gewisser Teilaspekte modellieren. Als Beispiel betrachten wir folgende in der Wirklichkeit nicht selten anzutreffende „Spaltung" des Wahrheitsbegriffs. Es bezeichne A eine Autorität (einen herrschenden Apparat), und es symbolisiere B die Gesamtheit der Untergeordneten (die Beherrschten). Wir denken uns Aussagen als Informationen, wobei A eine Art Informationsmonopol hat. A muß gefragt werden, bevor B eine zusammengesetzte Aussage akzeptiert. B verfügt nicht über alle A zur Verfügung stehenden Informationen, aber umgekehrt besitzt A jede Information von B. Aussagen (Informationen) können demnach die folgenden drei Werte haben

1: A, B verfügen gleichermaßen über eine zutreffende Information (die *öffentliche Wahrheit*).

$\frac{1}{2}$: Nur A verfügt über eine Information (die *geheime Wahrheit*).

0: Das Unzutreffende.

Der Einfachheit wegen beschränken wir uns im folgenden gänzlich auf Formeln, die nur die Funktoren $\to, \neg$ enthalten. Sei $\alpha: V \to \{1, \frac{1}{2}, 0\}$ eine Belegung. Um die Werte zusammengesetzter Formeln zu berechnen, betrachten wir zuerst eine Relation $\Vdash$ zwischen den Elementen S von $\{A, B\}$ und Formeln P. $S \Vdash P$ lesen wir S *verfügt über* P (oder S *akzeptiert* P). Im Hintergrund steht dabei eine Zuordnung zwischen den Werten $1, \frac{1}{2}, 0$ und den drei Mengen $\{A, B\}, \{A\}$ und $\emptyset$ in dieser Reihenfolge.

$$\left.\begin{array}{l} S \Vdash p \;\; \text{gdw} \;\; S \in \alpha\, p \;\; (S \in \{A, B\},\; p \in V) \\[4pt] S \Vdash P \to Q \;\; \text{gdw} \;\; A \Vdash P \Rightarrow A \Vdash Q \\[4pt] S \Vdash \neg P \;\; \text{gdw} \;\; A \nVdash P \end{array}\right\} \qquad (*)$$

Beispiel. Sei p eine öffentliche, q eine geheime Wahrheit, oder formal: $\alpha p = 1$, $\alpha q = \frac{1}{2}$ für eine gewisse Belegung α. Dann gilt $A \Vdash p$, $A \Vdash q$, $B \Vdash p$, $B \nVdash q$. Ferner gilt gemäß (*) z.B. $A \Vdash p \to q$, $B \Vdash p \to q$. Wegen $B \nVdash q$ sieht man, daß B nicht den Modus Ponens in der Form $B \Vdash P, P \to Q \Rightarrow B \Vdash Q$ verwenden darf. Sei $\alpha: V \to \{1, \frac{1}{2}, 0\}$ gegeben. Aufgrund der Bedingungen (*) ist für jedes $S \in \{A, B\}$ und jede Formel P festgelegt, ob $S \Vdash P$ oder nicht. Durch Induktion über P beweist man nun leicht $B \Vdash P \Rightarrow A \Vdash P$. Setzt man $\mathrm{val}_\alpha P = \{S \in \{A, B\} \mid S \Vdash P\}$, so heißt dies, $\mathrm{val}_\alpha P$ ist einer der drei Werte $\{A, B\}, \{A\}, \emptyset$ (und nicht etwa $\{B\}$). Aus (*) folgt leicht, daß die Werte von $P \to Q$ und $\neg P$ sich gemäß folgender dreiwertiger Matrix D_s berechnen (Matrix der *gespaltenen Wahrheit*):

$\to_s$	1	$\frac{1}{2}$	0
1	1	1	0
$\frac{1}{2}$	1	1	0
0	1	1	1

$\neg_s$	
1	0
$\frac{1}{2}$	0
0	1

(1 ausgezeichnet)

P heiße *wahr über* D_s, wenn $\text{val}_\alpha P = 1$ für jedes $\alpha: V \to \{1, \frac{1}{2}, 0\}$. Dies bedeutet gerade $S \Vdash P$ für alle $S \in \{A, B\}$ und alle $\alpha: V \to \{1, \frac{1}{2}, 0\}$. Eine über D_s wahre Formel ist eine klassische Tautologie, weil $\mathbf{2}$ Submatrix von D_s ist. Wir werden darüberhinaus zeigen, daß auch umgekehrt jede klassische Tautologie wahr über D_s ist. •

Auffallender Unterschied zwischen den Matrizen D_ϱ und D_i einerseits und der Matrix D_s andererseits besteht in folgendem: Das Argument, welches die Abgeschlossenheit gegenüber MP zeigte, ist nicht mehr zu verwenden. $1 \to_s x = 1$ impliziert nicht $x = 1$. Obwohl man leicht die Gültigkeit sämtlicher Axiome klassisch vollständiger Kalküle über D_s nachrechnet, kann man die Standardkalküle zur Axiomatisierung von **Lk** nicht verwenden, um die Behauptung $\mathbf{Lk} \subseteq L D_s$ nachzuweisen. Dennoch ist $L D_s$ abgeschlossen gegenüber MP, doch gerade dieser Nachweis bereitet Schwierigkeiten. Wir gehen daher wie folgt vor: Zuerst werde eine Relation $\vdash_0$ eingeführt:

$$X \vdash_0 P \quad \text{gdw} \quad \text{val}_\alpha X \leqslant \text{val}_\alpha P \quad \text{für alle} \quad \alpha: V \to D_s \, ,$$

wobei $\text{val}_\alpha X = \min \{\text{val}_\alpha Q \mid Q \in X\}$. Man sieht nun leicht, daß alle Regeln des s-Kalküls (bzgl. $\neg, \to$) in $\vdash_0$ gelten. Folglich ist $X \vdash^s P \Rightarrow X \vdash_0 P$, insbesondere also $\vdash^s P \Rightarrow \vdash_0 P$, denn $\vdash_0$ ist offenbar eine Konsequenzrelation mit der Logik $L D_s$. Nun ist $\vdash^s P$ bekanntlich gleichwertig mit $P \in \mathbf{Lk}$. Daher ist in der Tat $\mathbf{Lk} \subseteq L D_s$. Aus unserer anfänglichen Bemerkung folgt mithin insgesamt $L D_s = \mathbf{Lk}$. Übrigens hat die Relation $\vdash_0$ eine natürliche Beschreibung mittels $\Vdash$. Schreibt man $S \Vdash X$ statt $S \Vdash Q$ für alle $Q \in X$, dann gilt

$$X \vdash_0 P \quad \text{gdw} \quad S \Vdash X \Rightarrow S \Vdash P \quad \text{für alle} \quad S \in \{A, B\}.$$

Das Beispiel zeigt, daß es außer der zweiwertigen auch andere adäquate Matrizen für **Lk** gibt, die nicht einmal Boolesche Matrizen sind (vgl. § 2). Später werden wir zeigen, daß alle bisher betrachteten Konsequenzrelationen über dreiwertigen Matrizen auch deduktive Systeme sind, d.h. es gilt in allen Fällen der Endlichkeitssatz.

Das Beispiel läßt noch eine bereits erwähnte Schlußfolgerung zu, denn $\{p, p \to q\} \nvdash_0 q$, d.h. MP gilt nicht für $\vdash_0$. Damit kann MP auch nicht für den s-Kalkül gelten, denn $\vdash^s \subseteq \vdash_0$. Nebenbei bemerkt ist $\vdash_0$ POST-vollständig, denn das **Lk**-System $\vdash^s (\subseteq \vdash_0)$ ist bereits POST-vollständig.

Es läßt sich auch ohne Hilfe des s-Kalküls $\mathbf{Lk} = L D_s$ beweisen. Zu diesem Zweck sehe man jetzt beide Werte $1, \frac{1}{2}$, als gleichberechtigte *positive* oder *ausgezeichnete* Werte an; von einem qualitativen Unterschied der positiven Wahrheitswerte wird also abstrahiert. Eine Formel werde jetzt als erfüllt angesehen, wenn $\text{val}_\alpha P \in \{1, \frac{1}{2}\}$, symbolisch $\models'_\alpha P$. Ferner sei $\models' P$, falls $\models'_\alpha P$ für alle $\alpha: V \to D_s$.

Nun läßt sich jedem $\alpha: V \to D$ eine Belegung $\beta: V \to \{1, 0\}$ zuordnen, so daß (*) $\models'_\alpha P \Leftrightarrow \models_\beta P$. Man setzt einfach $\beta p = 1$, falls $\alpha p = \frac{1}{2}$; im übrigen bleibt α unverändert. Die Äquivalenz (*) beweist man leicht durch Induktion über P. Ist nun $\nvDash_\alpha P$ für ein $\alpha: V \to D$, so ist auch $\nvDash_\beta P$ für ein $\beta: V \to \{0, 1\}$, mit anderen Worten $P \in \mathbf{Lk} \Rightarrow \models' P$. Nun sieht man leicht $\models' P \Leftrightarrow \models^{D_s}$, weil zusammengesetzte Formeln den Wert $\frac{1}{2}$ gar nicht annehmen. Dieses Vorgehen erhellt, daß es nützlich sein mag, eventuell mehrere Werte als ausgezeichnete, d.h. dem Wert 1 entsprechende Werte anzusehen.

Übungen

1. Wir betrachten eine durch folgenden Aspekt motivierte dreiwertige Logik. Sei A, B wie im Beispiel, A die Autorität. Jetzt jedoch seien Aussagen eine Art von Aufträgen, wobei jeder A obliegende Auftrag auch von B zu erledigen ist, aber nicht umgekehrt. Bei zusammengesetzten Handlungen die B auszuführen hat, ist A zu fragen, in welcher Weise. Dementsprechend haben wir die Wahrheitswerte $1 = \{A, B\}$, $\frac{1}{2} = \{B\}$, $0 = \emptyset$. Die letzten beiden Bedingungen in (*) werden wie folgt modifiziert:

$$S \Vdash P \rightarrow Q \;\; \text{gdw} \;\; A \Vdash P \Rightarrow S \Vdash Q; \quad S \Vdash \neg P \;\; \text{gdw} \;\; A \not\Vdash P.$$

Man zeige $A \Vdash P \Rightarrow B \Vdash P$ für alle Formeln, berechne die zugehörige dreiwertige logische Matrix D_r und untersuche die von D_r definierte Logik.

2. Man beweise, die unten definierte dreiwertige Matrix D_h (HIŻ [59]). Ist ein Beispiel einer sogenannten *hyperklassischen Matrix*, d.h. $\mathbf{Lk} \subset \mathbf{L}D_h$ ($\mathbf{L}D_h$ ist Beispiel einer *hyperklassischen Logik*). Wir beschränken uns auf Formeln in $\neg, \rightarrow$. D_h hat zwei ausgezeichnete Werte, 1 und $\frac{1}{2}$. Die Wertetabellen für die non- bzw. seq-Funktion sind diese:

	$\neg_h$
1	$\frac{1}{2}$
$\frac{1}{2}$	1
0	1

$\rightarrow_h$	1	$\frac{1}{2}$	0
1	1	0	0
$\frac{1}{2}$	1	1	1
0	1	1	1

Damit ist nach allgemeinen Ergebnissen in Kap. II/§ 5 weder MP noch MI zulässig für $\mathbf{L}D_h$. MT und andere klassisch korrekte Regeln sind hingegen zulässig. Übung 3, S. 119 zeigt, daß die Konsequenz über D_h maximal in Ω^s, also auch POST-vollständig und strukturell vollständig ist.

Hinweis. Zu $\alpha\colon V \rightarrow D_h$ erkläre man $\beta\colon V \rightarrow \{0, 1\}$ durch $\beta p = 1 \Leftrightarrow \alpha p = 1$. Zeige $\models_\beta P \Leftrightarrow \mathrm{val}_\alpha P = 1$ für alle $P \in \mathcal{L}_{\neg, \rightarrow}$.

3. Sei $\models^s$ definiert durch $X \models^s P$ gdw $\{\mathrm{val}_\alpha^{D_s} Q \mid Q \in X\} = 1 \Rightarrow \mathrm{val}_\alpha^{D_s} P = 1$ für alle $\alpha\colon V \rightarrow D_s$. Man zeige, $\models^s$ ist ein u.V. von $\models^k$ in $\Sigma\,\mathbf{Lk}$, also ein maximales $\mathbf{Lk}$-System, das MP verletzt. (Den Endlichkeitssatz für $\models^s$ beweisen wir später in allgemeinerem Zusammenhang.)

Hinweis. Sei $\models^s \subset \vdash \subseteq \vdash^k$, $\vdash \in \Omega^s$. Genügt zu zeigen $p; p \rightarrow q \vdash q$. Sei $X \not\models^s Q$, $X \vdash Q$. Lemma S. 101 zeigt o.B.d.A. $Q = q \in V$. Offenbar $q \notin X$. Zeige $p; p \rightarrow q; X \dashv\models^s p$; $p \rightarrow q; X'$ mit $X' := X(q/1)$, $p \notin VX$. Daher $p; p \rightarrow q; X' \vdash q$. Zeige ferner, $sX' \subseteq \mathbf{Lk}$ für gewisse Substitution s, daher $p; p \rightarrow q \vdash q$.

4. Es sei M die Menge der reellen Zahlen x mit $0 \leqslant x \leqslant 1$. Auf M seien Funktionen $\cap, \cup, \rightarrow\!\!\}\, \sim$ wie folgt erklärt:
$$x \cap y = \min\{x, y\}; \quad x \cup y = \max\{x, y\}$$

$$x \rightarrow\!\!\} \, y = \begin{cases} 1 & \text{für } x \leqslant y \\ y & \text{sonst} \end{cases} \qquad\qquad \sim x = \begin{cases} 1 & \text{für } x = 0 \\ 0 & \text{sonst} \end{cases}$$

wir erklären 1 zum einzigen ausgezeichneten Wert und machen M auf diese Weise zu einer logischen Matrix. Die Funktoren $\wedge, \vee, \to, \neg$ werden in dieser Reihenfolge durch $\cap, \cup, \to, \sim$ erklärt.

Man zeige, M ist eine Matrix für die intuitionistische Logik $\mathbf{Li} = \mathbf{L}$ (MP; Ai). Ferner betrachte man Formeln mit einem zusätzlichen Negationsfunktor $\ulcorner$. M werde durch Hinzufügung der Funktion $\ulcorner_e : \ulcorner_e\, a = 1 - a$ zur Matrix M_e expandiert. Man zeige die Funktion $\to_f$ mit

$$a \to_f b = \begin{cases} 1 & \text{für } a \leqslant b \\ 0 & \text{sonst} \end{cases}$$

ist in M_e repräsentierbar. Ebenso ist $\to$ in der Matrix $M_f := (M, \cap, \cup, \ulcorner_e, \to_f)$ repräsentierbar (M_f und M_f sind strukturell äquivalent). LM_f heißt die Logik der "fuzzy concepts" (RESCHER [69]).

5* (Problem). Eine strukturelle Logik $\mathbf{L}$ heißt *tabular*, wenn $\mathbf{L} = LM$ für eine gewisse endliche Matrix M (siehe Definition S. 115). Ist jede hyperklassische Logik tabular?

§ 2 Definition und Anwendungen mehrwertiger Matrizen

Wir definieren zuerst den allgemeinen Begriff einer mehrwertigen (logischen) Matrix. Danach geben wir einige typische Beispiele für Anwendungen auf Fragen der Unabhängigkeit von Formeln und Schlußregeln an. Vieles der folgenden Ausführungen hat den Charakter terminologischer Verabredungen.

Der Begriff einer mehrwertigen Matrix

Unseren nachfolgenden Betrachtungen liegt eine feste, aber beliebig gewählte Funktorbasis Φ zugrunde. Bisher haben wir nur Fälle mit $\Phi \subseteq \{\wedge, \vee, \rightarrow, \neg, 0, 1\}$ betrachtet. Später werden wir diesen Funktoren gelegentlich einen oder mehrere Funktoren der Stellenzahl 1 hinzufügen, z.B. die Modalfunktoren $\square$, $\Diamond$. In allen praktisch bedeutenden Fällen wird die Stellenzahl 2 für Funktoren nicht überschritten, so daß die Formelbestimmung völlig analog wie bisher erfolgt.

Wenn in Φ ein Funktor einer Stellenzahl größer als 2 auftritt, empfiehlt es sich, die Formelbestimmung entsprechend der klammerfreien Schreibweise (Kap. I, Seite 20) vorzunehmen. Diese Schreibweise verwenden wir auch, wenn Φ nicht spezifiziert wird, und zwar aus dem technischen Grund der kürzeren Schreibweise. Der Lernende mag durchaus nur an den Fall der üblichen Funktorbasis $\wedge$, $\vee$, $\rightarrow$, $\neg$ denken. Dies schränkt die Allgemeinheit der Betrachtungen nur unwesentlich ein. $\mathcal{L}$ oder deutlicher $\mathcal{L}_\Phi$ bezeichnet die Menge aller Formeln mit den Funktoren aus Φ.

Definition. Eine *logische Matrix* M bzgl. Φ, kurz eine *Φ-Matrix*, besteht aus folgendem:

(a) einer Menge, deren Elemente die *Wahrheitswerte* von M heißen[1])

(b) einer nichtleeren Teilmenge $M^+ \subseteq M$, der Menge der *ausgezeichneten Wahrheitswerte von* M;

(c) einem System $\{\varphi_M \mid \varphi \in \Phi\}$ von Funktionen über M, den *Grundfunktionen* von M. Dabei hat φ_M die gleiche Stellenzahl wie der Funktor φ. Hat φ_M die Stellenzahl 0, so ist $\varphi_M \in M$ und φ_M heißt eine *Konstante*.

Die Matrix M heiße *trivial,* wenn $M^+ = M$, und *normiert,* wenn sie genau einen ausgezeichneten Wert hat.

Eine Abbildung $\alpha\colon V \rightarrow M$ heißt eine *Belegung in die Matrix* M. α läßt sich in gewohnter Weise zu einer *Bewertung* $\mathrm{val}_\alpha\colon \mathcal{L}_\Phi \rightarrow M$ fortsetzen. Wir sagen α *erfüllt* die Formel P, symbolisch $\models_\alpha^M P$, wenn $\mathrm{val}_\alpha P \in M^+$. P heißt eine M-*Tautologie* oder *wahr* (auch *gültig*) über der Matrix M, symbolisch $\models^M P$, falls $\models_\alpha^M P$ für jede Belegung α in M, d.h. wenn der Wert einer Formel — unabhängig von den Werten der Variablen — ein ausgezeichneter Wahrheitswert ist.

---

[1]) Die Wahrheitswertemenge bezeichnen wir aus Gründen der Kürze ebenfalls mit M, siehe die Verabredungen im Anhang über Algebren.

> Eine Φ-*Matrix* M ist eine Matrix *für* eine Formelmenge L, kurz eine L-*Matrix*,
> wenn $L \subseteq LM$. Dabei bezeichnet LM die Menge der M-Tautologien. M heißt eine
> L-*adäquate Matrix*, wenn $L = LM$.
>
> **Mt** L bezeichnet die Klasse aller Matrizen für L.
>
> Eine Matrix M ist eine Matrix *für* $\vdash \in \Sigma$ (= Menge der strukturellen deduktiven
> Systeme), kurz eine $\vdash$-*Matrix*, wenn $\vdash \subseteq \vDash^{M}$. Dabei bezeichnet $\vDash^{M}$ die sogenannte
> *Matrix-Konsequenz* von M, die folgendermaßen erklärt ist:
>
> $X \vDash^{M} P$ gdw $\mathrm{val}_\alpha P \in M^{+}$ für jede Belegung α, die allen Formeln aus X einen ausge-
> zeichneten Wert $\in M^{+}$ erteilt.
>
> M heißt *adäquat für das deduktive System* $\vdash$, wenn $\vdash = \vDash^{M}$.

Im Sinne unserer Definition dürfen in einer $\{\neg, \wedge, \vee, \rightarrow\}$-Matrix die Funktoren durch
völlig beliebige Funktoren passender Stellenzahl interpretiert sein. Um zu sichern daß M
nicht trivial ist (diesen Fall schließen wir meistens stillschweigend von den Betrachtungen
aus), muß M mindestens zwei Werte enthalten, etwa $1 \in M^{+}$ und $0 \in M \setminus M^{+}$. Es ist aber
nicht gefordert, daß die Funktionen $\wedge_M$ usw. für die Argumente $1, 0$ mit den üblichen
Wahrheitsfunktionen übereinstimmen.

Bemerkung. Auf S. 123 wird gezeigt, daß jede strukturelle Logik eine adäquate Matrix
besitzt. Nicht so jedes beliebige $\vdash \in \Sigma$ (S. 124). Immerhin existiert eine Darstellung
$\vdash = \bigcap \{\vDash^{M_i} \mid i \in I\}$. Die Menge $\{M_i \mid i \in I\}$ läßt sich nach einem Vorschlag von
WÓICICKI [70] durch eine „Multimatrix" M ersetzen. Es sei dies eine Algebra, in der
eine Familie $(D_i)_{i \in I}$ von Teilmengen ausgezeichnet ist. Ist $M(i)$ die gewöhnliche Matrix
mit derselben Algebra wie M und $M(i)^{+} = D_i$, so ist $\vDash^{M}$ als $\bigcap \{\vDash^{M(i)} \mid i \in I\}$ definiert.
Für die Anwendungen in Kap. IV, V ist das traditionelle Matrix-Konzept jedoch aus-
reichend. ●

Es sei darauf hingewiesen, daß die Matrixkonsequenz $\vDash^{M}$ zwar die Axiome I, II, III für
deduktive Systeme erfüllt, i.a. jedoch nicht Axiom IV (den Endlichkeitssatz). $\vDash^{M}$ ist in
der Regel nur eine allerdings stets strukturelle Konsequenzrelation, jedoch kein deduktives
System. Es wird sich aber herausstellen, daß z.B. für alle endlichen Matrizen M die Matrix-
Konsequenz $\vDash^{M}$ immer auch ein deduktives System ist.

Angesichts der Allgemeinheit des Begriffs der logischen Matrix ergibt sich eine unübersehbare Fülle von Möglichkeiten der Konstruktion logischer Systeme im engeren und weiteren
Sinne. Inwieweit hiervon Gebrauch gemacht wird, hängt selbstredend von gewissen Fragestellungen ab, die entweder zur Betrachtung konkreter Matrizen (z.B. der Booleschen
Matrix **2**) oder gewisser Klassen von Matrizen hinführen (siehe § 4 und § 5). Dennoch ergeben sich einige ganz allgemeine Fragen, von denen insbesondere die Frage der endlichen
Axiomatisierbarkeit erwähnenswert ist, die in § 1 im Zusammenhang mit einigen dreiwertigen Matrizen schon angeschnitten wurde. Zur Erinnerung: Die strukturelle Logik L heißt e.a.
(endlich axiomatisierbar), wenn $L = L(R)$ mit endlichem $R \subseteq \mathcal{L}^s$ (= Menge der sequentiellen Regeln). $\vdash \in \Sigma$ heißt e.a., wenn $L = L_\vdash$ e.a. ist und wenn $\vdash = \vdash_L^R$ mit endlichem $R \subseteq \mathcal{L}^s$. Die Regeln zur Axiomatisierung von $L_\vdash$ müssen dabei nur zulässig sein
für $\vdash$.

Eine Matrix M heiße e.a., wenn LM e.a. ist, und e.a. *im strengen Sinne*, wenn $\models^M$ e.a. ist.
Die dreiwertige $\{\circ\}$-Matrix

M:

$\circ$M	1	$\frac{1}{2}$	0
1	1	1	1
$\frac{1}{2}$	1	1	1
0	1	0	1

$\circ$ zweistelliger Funktor.
1 ausgezeichnet

ist e.a. mit den Axiomen PQP, P(QR) und den Regeln P/PQ, P/QP, PQP/PQRP. Dabei sei
$P_1 \ldots P_n = (\ldots(P_1 \circ P_2) \circ \ldots) \circ P_n$. Hingegen ist M nicht e.a. im strengen Sinne (WROŃSKI
[79]). Fraglich ist, ob es zweiwertige Φ-Matrizen für gewisses endliches Φ gibt, die nicht
endlich axiomatisierbar im strengen Sinne sind. Gibt es eine solche, so muß Φ einen
wenigstens dreistelligen Funktor enthalten und es darf keine der Funktionen ni und sh
repräsentierbar sein – sonst wäre M funktional vollständig und wir können die klassischen
Axiomatisierungstechniken verwenden. Ebensowenig dürfen z.B. seq und aeq repräsentierbar sein.

Wir sagen, eine Regel $\rho \in \mathcal{L}^r$ *gilt in einer Matrix* M, wenn sie in $\models^M$ gilt. ρ heißt *zulässig
für* M, wenn ρ zulässig ist für LM. MP ist z.B. zulässig für D_s, gilt aber nicht in D_s. Ist M
zweiwertig, so ist jede für M zulässige Regel $\sigma \in \mathcal{L}^s$ dort auch gültig, sofern LM $\neq \emptyset$.
Kurz, $\models^M$ ist strukturell vollständig und übrigens auch POST-vollständig (Übung 5). Die
Voraussetzung LM $\neq \emptyset$ ist wesentlich, wie das Beispiel des Negationsredukts $\mathbf{2}_\neg$ der
klassischen Matrix $\mathbf{2}$ zeigt. Die Regel $p/\neg p$ ist zulässig, aber nicht gültig in $\mathbf{2}_\neg$.

Übungen

1. Es seien M, N Φ-Matrizen. N heißt *Submatrix* von M, symbolisch N $\subseteq$ M, wenn N Subalgebra von M ist (Anhang), und wenn $N^+ = M^+ \cap N$. Man zeige $\models^M \subseteq \models^N$, also LM $\subseteq$ LN.
   Schlagwort: *Submatrizen definieren stärkere Logiken.*

   Hinweis: Durch Induktion über P zeige man $\mathrm{val}_\alpha^N P = \mathrm{val}_\alpha^M P$ für jede Belegung $\alpha: V \to N$.

2. Eine Boolesche Algebra B, in welcher 1 als einziger ausgezeichneter Wert erklärt wird,
   heißt eine *normierte Boolesche Matrix*. Die klassischen Funktoren werden in natürlicher
   Weise in B interpretiert, $\wedge, \vee, \neg$ durch $\cap, \cup, \setminus$. Der Funktor $\to$ wird durch die Funktion $\dot\to$ mit $a \dot\to b = \setminus a \cup b$ interpretiert (a, b $\in$ B). Man zeige, jede normierte Boolesche
   Matrix ist **Lk**-adäquat. Die klassische Logik besitzt also unendlich viele adäquate Matrizen.

   Hinweis. LB $\subseteq$ **L2**, denn $\mathbf{2}$ ist Submatrix von B. Sei umgekehrt P $\notin$ LB, $\alpha: V \to B$ so
   gewählt, daß $\mathrm{val}_\alpha P \neq 1$. Dann ist $b := \mathrm{val}_\alpha \neg P \neq 0$. Man wähle ein Ultrafilter U
   (Anhang) auf B mit b $\in$ U. Für

   $$\beta: V \to B \quad \text{mit} \quad \beta p = \begin{cases} 1, & \text{wenn } \alpha p \in U \\ 0, & \text{sonst} \end{cases}$$

   zeige man durch Induktion $\models_\beta Q \Leftrightarrow \alpha Q \in U$. Insbesondere ist dann $\not\models_\beta P$.

3. Es sei B eine von n Elementen $a_1, \ldots, a_n$ erzeugte Boolesche Algebra ($n \geqslant 1$), d.h.
   $B = B\langle a_1, \ldots, a_n\rangle$ (Anhang). Man zeige, B hat höchstens 2^{2^n} Elemente.

Hinweis. Man betrachte $\beta: V_n \to B$ mit $\beta p_i = a_i$ $(1 \leqslant i \leqslant n;\ V_n := \{p_1, \ldots, p_n\})$
und überlege zuerst, daß B durch die Werte $\mathrm{val}_\beta P$ ausgeschöpft wird, wobei
$P \in \mathcal{L}^n :=$ Menge der Formeln in den Variablen V_n. Aus Übung 3 schließe man
$P \equiv Q \Rightarrow \mathrm{val}_\beta P = \mathrm{val}_\beta Q$. Nun hat $\mathcal{L}^n$ gerade 2^{2^n} Partitionsklassen mod $\equiv$, Kap. I/§ 3,
Seite 34. Übrigens ist Θ^n (Kap. I) Beispiel einer von n Elementen erzeugten **BA** aus
genau 2^{2^n} Elementen. Θ^n heißt die n-freie **BA**.

4. Es E_m die folgendermaßen bestimmte Algebra, die sogenannte *m-te POST-Algebra.*
Die Grundmenge von E_m ist $\{0, 1, \ldots, m-1\}$. Folgende Funktionen sind die Grundfunktionen von E_m:

a) Die zweistelligen Funktionen $\wedge_m, \vee_m, \to_m$ mit

$$i \wedge_m k = \min \{i, k\};$$
$$i \vee_m k = \max \{i, k\}; \qquad\qquad i \to_m k = \begin{cases} m-1 & \text{für } i \leqslant k \\ k & \text{für } i > k \end{cases}$$

b) Die einstelligen Funktionen $\neg_m$ und d_m^i $(i = 0, \ldots, m-1)$ mit

$$\neg_m i = i \to_m 0; \qquad\qquad d_m^i(k) = \begin{cases} m-1 & \text{für } i \leqslant k \\ 0 & \text{für } i > k \end{cases}$$

c) Sämtliche m 0-stelligen Funktionen (Konstanten).

Sei Φ das Funktorsystem $\wedge, \vee, \neg, \to, d_m^i, e^i$ $(i = 0, \ldots, m-1)$ entsprechender Stellen-
zahlen; die Funktoren denken wir uns in natürlicher Weise in E_m interpretiert, das
Konstantensymbol e^i durch i $(i < m)$. Man zeige, E_m ist funktional vollständig, d.h.
zu jeder Funktion f über E_m gibt es eine diese Funktion repräsentierende Formel P_f
aus $\mathcal{L}_\Phi$. (Wir weisen darauf hin, daß das Problem funktionaler Vollständigkeit nicht
von der Auszeichnung irgendwelcher Wahrheitswerte abhängt.)

Hinweis. m = 2 ist der klassische Fall. Als Vorbereitung behandle zuerst Fall m = 3.

5. Sei M eine (nichttriviale) zweiwertige Matrix und $LM \neq \emptyset$. Man zeige $\models^M$ ist maximal
in Ω^s, gemäß Kap. II/§ 5 also auch POST-vollständig und strukturell vollständig.

Hinweis. $\models^M$ ist streng saturiert.

Anwendung auf Fragen der Unabhängigkeit und Konsistenz

Wir erläutern nun anhand einiger typischer Beispiele, wie man mehrwertige Matrizen für
Fragen der Unabhängigkeit und Konsistenz von axiomatisch definierten logischen Systemen im engeren und weiteren Sinne verwendet.

Beispiel 1. Das Axiomensystem Ai = $\{(A1)-(A6), (A7j), (A7i)\}$ reicht nicht aus, um mit
MP das Schema (A7k) herzuleiten.[1] Alle Axiome von Ai sind nämlich D_i-Tautologien
und wegen der MP-Erblichkeit der D_i-Tautologien sind damit auch alle aus Ai mittels MP
herleitbaren Formeln D_i-Tautologien. Andererseits ist ein Spezialfall von (A7k), nämlich
$\neg q \to \neg p \to p \to q$ keine D_i-Tautologie. Damit ist nunmehr auch gezeigt, daß es klassische

---

[1] Ai ist das Axiomensystem der intuitionistischen Aussagenlogik, Kap. II/§ 4.

Tautologien gibt, die keine intuitionistischen Tautologien sind. Beispiele sind
$\neg q \to \neg p \to p \to q$, $p \vee \neg p$ und alle Formeln, die über D_i falsifiziert werden können.
(Dies heißt aber nicht, daß LD_i bereits die intuitionistische Logik ist, wie wir noch sehen
werden.) ●

Beispiel 2. Das Axiomensystem $Aj = \{(A1), \ldots, (A6), (A7j)\}$ mit $(A7j)$: $P \to \neg Q \to Q \to \neg P$
ist zu schwach, um $(A7i)$, geschweige denn $(A7k)$ herzuleiten. Um dies einzusehen, ändere
man die zweiwertige Matrix $\mathbf{2}$ zur Matrix $\mathbf{2}_\mu$ ab, in dem $\neg$ durch die Funktion μ: $\mathbf{2} \to \mathbf{2}$
mit $\mu 0 = \mu 1 = 1$ interpretiert wird. Dieses Beispiel zeigt auch, daß man dem Axiomen-
system Aj die Gesamtheit aller Formeln $\neg P$ hinzufügen kann, ohne daß mit MP aus dieser
Erweiterung z.B. die Formel $p \wedge \neg p$ herleitbar wäre. ●

Beispiel 3. Sei $S4$ die in Kap. II/§ 5, Beispiel 2, Seite 97, definierte Logik. $S4$ *im weiteren*
Sinne ist das zugehörige deduktionstheoretische System, welches mit $\vdash^{S4}$ bezeichnet
werde. Wir wollen zeigen, $S4$ ist konsistent (nicht jede Formel ist in $S4$ ableitbar). Dies
steht wegen der formalen Definition des Systems ja nicht von vornherein fest. Ferner
wollen wir uns überlegen, daß $\vdash^{S4}$ von dem größeren $S4$-System $\vdash^{S4} := \vdash^{MP,MN}_{S4}$ verschieden ist. MN ist die Schlußregel $P/\square P$.

Man expandiere die klassische Matrix um die Identitätsfunktion ϵ: $\epsilon(x) = x$ ($x \in \{1, 0\}$)
zur Matrix $\mathbf{2}_{10}$. Der Funktor $\square$ werde durch die Funktion ϵ interpretiert. Man sieht ganz
leicht, daß $S4 \subseteq L\mathbf{2}_{10}$, also ist z.B. $p \wedge \neg p \notin S4$, weil diese Formel nicht zu $L\mathbf{2}_{10}$ gehört. Damit ist die Konsistenz von $\vdash^{S4}$ gezeigt.

Eine etwas „größere" Matrix benötigt man, um zu zeigen, daß $\vdash^{S4}$ von $\vdash^{S4}$ verschieden
ist. Man betrachte die vierelementige Boolesche Algebra B_4 und expandiere $B_4 = \{1, 2,$
$3, 0\}$ um die Funktion $\blacksquare$: $B_4 \to B_4$ mit $\blacksquare 1 = 1, \blacksquare 2 = 0, \blacksquare 3 = 3, \blacksquare 0 = 0$. Die so expandierte
Algebra mache man zu einer Matrix A, indem $1, 2$ zu ausgezeichneten Werten erklärt
werden. Man kann nachrechnen, daß alle Axiome und Regeln von $\vdash^{S4}$ auch in $\vdash^{A}$ gelten.
Folglich ist $\vdash^{S4} \subseteq \vDash^{A}$. Allerdings ist A nicht Matrix für $\vdash^{S4}$, denn $p \not\vDash^{A} \square p$ (man wähle
$\alpha p = 2$). Damit erweist sich $\vdash^{S4}$ zugleich als strukturell unvollständig. Es läßt sich zeigen,
daß auch $\vdash^{S4}$ nicht das größte zu $S4$ passende strukturelle deduktive System ist. Dazu
muß $S4$ aber genauer analysiert werden. ●

Die durch die vorstehenden Beispiele verdeutlichte Methode führt nicht etwa zufällig
zum Ziel. Vielmehr wird in § 3 gezeigt werden, daß es sich um eine generell verwendbare
Methode handelt. Mitunter erfordert es jedoch großes kombinatorisches Geschick, eine
Matrix zu konstruieren, mit der man einen vermuteten Unabhängigkeitsbeweis führen
kann. Die Anzahl der Wahrheitswerte muß nicht nur gelegentlich sehr groß sein, sondern
es kann vorkommen, daß die Unabhängigkeit nur mit einer unendlichen Matrix bewiesen
werden kann, nämlich dann, wenn das System nicht die endliche Modelleigenschaft hat
(vgl. nächster Abschnitt, sowie HARROP [76] für explizite Konstruktionen).

Übungen

1. Man zeige, daß die Axiome (A1)–(A6) zusammen mit dem Schema $P \to Q \to \neg Q \to \neg P$
zu schwach sind, um mittels MP daraus das Schema (Aj): $P \to \neg Q \to Q \to \neg P$ herzuleiten.

   Hinweis. Abänderung der zweiwertigen Matrix **2** dahingehend, daß $\neg$ durch die Funktion ν mit $\nu x = \mathbf{0}$ für $x \in \{\mathbf{0}, \mathbf{1}\}$ interpretiert wird.

2. Die Funktorbasis sei wie in Beispiel 4. Man zeige, Matrix **2** läßt sich auf nur eine Weise
so expandieren, daß eine Matrix für $\vdash^{S4}$ entsteht (nämlich zur Matrix $\mathbf{2}_{10}$ in Beispiel 4).
Daraus schließe man, daß keine zweiwertige Matrix zur Unterscheidung von $\vdash^{S4}$ und
$\vdash^{S4}$ ausreicht.

   Hinweis. Wegen $\Box (p \vee \neg p) \in S4$ muß $\blacksquare 1 = 1$ gelten. Ferner beachte man $\Box p \to p \in S4$.

3. Das deduktive System $\vdash$ sei identisch mit der Matrix-Konsequenz $\vDash^M$ wobei M
folgende Eigenschaft hat: jeder Wert $a \in M$ ist *definierbar,* d.h. es gibt eine Formel P_a,
deren Wert für alle Belegungen der vorkommenden Variablen mit a identisch ist (z.B.
haben die Matrizen **2** und $\mathbf{2}_\mu$ diese Eigenschaft). Man sagt auch, M sei *konstantenvoll-*
ständig. Man zeige, $\vdash = \vDash^M$ ist streng saturiert, damit also ein absolut maximales strukturelles System, und insbesondere auch strukturell vollständig und POST-vollständig.
Auch die Matrix D_h S. 112 ist konstantenvollständig.

   Hinweis. Eine Formel, in der alle Variablen durch Formeln der Gestalt P_a substituiert
sind, hat einen festen Wert.

4. In den beiden folgenden Übungen bezieht sich *ableitbar* bzw. *axiomatisierbar* auf die
Schlußregel MP allein.
Wir wissen, daß das Schema $P \vee \neg P$ nicht aus Ai ableitbar ist. Fügt man dieses
Schema dem Axiomensystem hinzu, kann man nunmehr sämtliche klassische Tauto-
logien ableiten. Man zeige, auch das Schema $\neg P \vee \neg \neg P$ ist aus Ai nicht herleitbar.
Ferner zeige man, daß Ai; $\neg P \vee \neg \neg P$ zur Axiomatisierung von **Lk** nicht ausreicht.

   Hinweis. D_i ist zur Falsifizierung von $\neg p \vee \neg \neg p$ unbrauchbar. Man betrachte statt
dessen folgende fünfwertige Matrix M, welche die McKINSEY-Matrix genannt sei.[1]
1 ist der einzige ausgezeichnete Wert. $\neg p \vee \neg \neg p$ wird falsifiziert mit $\alpha(p) = 2$.

$\wedge$	1	2	3	4	5
1	1	2	3	4	5
2	2	2	5	2	5
3	3	5	3	3	5
4	4	2	3	4	5
5	5	5	5	5	5

$\vee$	1	2	3	4	5
1	1	1	1	1	1
2	1	2	4	4	2
3	1	4	3	4	3
4	1	4	4	4	4
5	1	2	3	4	5

$\to$	1	2	3	4	5
1	1	2	3	4	5
2	1	1	3	1	3
3	1	2	1	1	2
4	1	2	3	1	5
5	1	1	1	1	1

	$\neg$
1	5
2	3
3	2
4	5
5	1

Man kann zeigen, daß man mit einer kleineren Matrix zur Behandlung dieses Problems
nicht auskommt.

---

[1] McKINSEY [39]

5. Man füge dem Axiomensystem Ai das Schema $R := P \to Q \veebar Q \to P$ hinzu und zeige

a) R ist aus Ai nicht herleitbar.

b) Ai; R ist schwächer als das klassische Axiomensystem.

Die Logik L (MP; Ai; $P \to Q \veebar Q \to P$) heißt die *lineare Logik* (siehe Kap. V).

Hinweis. $p \to q \veebar q \to p$ kann über der McKINSEY-Matrix falsifiziert werden. Hingegen ist $R \in LD_i$.

Das Entscheidungsproblem und die endliche Modelleigenschaft

Es sei L irgendeine Logik. Das Entscheidungsproblem für L ist die Frage nach einem Algorithmus, der für vorgegebenes P eine Antwort auf die Frage erteilt, ob $P \in L$ ist oder nicht. Analog dazu möchte man in deduktiven Systemen $\vdash$ entscheiden können, ob $X \vdash P$ oder nicht für vorgegebenes X, P. Damit das zuletzt genannte Problem sinnvoll ist, beschränkt man sich von vornherein auf die Betrachtung endlicher Mengen X, denn unendliche Formelmengen X können in einer Weise definiert sein, die nicht einmal eine Entscheidung darüber zulassen, ob $P \in X$ oder nicht.

Das Entscheidungsproblem für Lk und das zugehörige deduktive System $\vdash^k$ (in dem eben genannten Sinne) ist z.B. durch den Tableau-Kalkül lösbar. Es wird sich herausstellen, daß auch für die relevanten nichtklassischen Systeme der Aussagenlogik das Entscheidungsproblem positiv lösbar ist, sowohl für die intuitionistische als auch für alle Standardsysteme der modalen Logik.

Das Entscheidungsproblem beginnt erst dort interessant zu werden, wo Logiken „endlich beschreibbar" sind, d.h. daß Axiom- und Regelsystem in einer Axiomatisierung endlich, zumindest aber rekursiv aufzählbar sind. Noch bis Ende der 60iger Jahre glaubten viele Fachleute, daß jede strukturelle Aussagenlogik mit einem Axiomensystem, welches das intuitionistische umfaßt, und mit MP als einziger Schlußregel, entscheidbar sei. Erst durch die tiefergehende Arbeit JANKOV [68] ist plausibel gemacht worden, daß intermediäre Logiken sehr kompliziert sein können. Kürzlich ist eine e.a. unentscheidbare intermediäre Logik explizit konstruiert worden (SHECHTMAN [77]).

Anderseits kann man unter sehr allgemeinen Voraussetzungen die positive Lösung des Entscheidungsproblems erschließen, wie im folgenden erläutert wird. Wir machen die (unwesentliche) Voraussetzung, daß L strukturell ist.

Definition. L hat die *endliche Modelleigenschaft*, wenn es eine Menge **K** endlicher logischer Matrizen gibt, so daß $P \in L$ genau dann, wenn $P \in LK := \bigcap_{M \in K} LM$. **K** heißt in diesem Fall auch eine **L**-*adäquate Matrizenmenge*.

Im nächsten Paragraphen werden wir zeigen, daß es immer eine L-adäquate Matrizenmenge gibt, sogar eine einzige adäquate Matrix. Doch enthalten die aufgrund allgemeiner Existenzsätze vorhandenen adäquaten Matrizenklassen meistens auch unendliche Matrizen, so daß die endliche Modelleigenschaft stets gesondert nachgewiesen werden muß.

In analoger Weise formuliert man auch, *das strukturelle System* $\vdash$ *hat die endliche Modelleigenschaft*. Dies soll heißen, daß es eine Menge **K** endlicher Matrizen gibt, so daß für alle P und alle endlichen $X \subseteq \mathcal{L}$ $X \vdash P$ genau dann, wenn $X \models^M P$ für alle $M \in$ **K**. Mit anderen Worten, $\vdash = \inf \{\models^M \mid M \in$ **K** $\}$. Es gilt nun der folgende allgemeine Satz, der übrigens in analoger Weise auch seine Gültigkeit für logische Systeme behält, die den Rahmen der Aussagenlogik überschreiten.

Theorem. Ist **L** bzw. $\vdash$ endlich axiomatisierbar und hat **L** (bzw. $\vdash$) die endliche Modelleigenschaft, so ist das Entscheidungsproblem für **L** (bzw. $\vdash$) positiv lösbar.

Wir beschränken uns auf eine allgemeine Darlegung der Grundidee des Beweises, die sehr einfach ist. Zunächst liefert uns die endliche Axiomatisierbarkeit von **L** (d.h. $\mathbf{L} = \{P \in \mathcal{L} \mid \frac{\mathrm{R}}{\mathrm{A}}\}$ mit endlichem R und endlicher Formelmenge A) die prinzipielle Möglichkeit alle **L**-Tautologien in einer Folge $P_1, P_2, \ldots$ effektiv aufzuzählen. Zu diesem Zwecke braucht man einer (hinreichend großen) Maschine ja nur den Auftrag zu erteilen, sämtliche Ableitungen im System $\mathbf{L} = \mathbf{L}(R, A)$ in systematischer Weise auszuführen und die Ergebnisse und damit sämtliche **L**-Tautologien in einer Liste $P_1, P_2, \ldots$ auszudrucken. Dies ist die anfänglich erwähnte ars inveniendi, die aufgrund der endlichen Axiomatisierbarkeit gesichert ist. Nun lassen sich unter den im Theorem angegebenen Voraussetzungen in einer zweiten Folge $Q_1, Q_2, \ldots$ sämtliche Formeln aufzählen, die nicht zu **L** gehören. Dazu muß nur ein Programm erstellt werden, welches die Erfüllbarkeit sämtlicher Formeln in den Matrizen aus **K** schrittweise austestet und die Liste $Q_1, Q_2, \ldots$ der in diesen Matrizen falsifizierbaren Formeln ausdruckt. Dabei ist **K** eine **L**-adäquate Klasse endlicher Matrizen. Gemäß Voraussetzung ist jede nicht zu **L** gehörende Formel in mindestens einem $M \in$ **K** falsifizierbar, und der Automat kann die $M \in$ **K** auch schrittweise produzieren, indem er die Axiome und Regeln von **L** in sämtlichen endlichen Matrizen testet. Damit haben wir aber bereits einen Entscheidungsalgorithmus. Ist nämlich P vorgegeben, so braucht man nur zu warten, ob P in der Liste $P_1, P_2, \ldots$ oder in der Liste $Q_1, Q_2, \ldots$ erscheint.

Natürlich ist diese Entscheidungsprozedur praktisch kaum realisierbar, aber darauf kommt es bei der Fragestellung nicht an. Ist die Existenz eines Entscheidungsalgorithmus gesichert, so gelingt es in den meisten Fällen, günstigere Algorithmen ganz anderer Art zu finden. Das Theorem hat daher ebenso wie viele andere bedeutende metalogische oder metamathematische Sätze eine Art Ermutigungscharakter: ,,Es gibt einen Entscheidungsalgorithmus. Also suche nach einem den vorhandenen Möglichkeiten entsprechenden praktikablen Algorithmus!"

Für den ,,Hausgebrauch" eignen sich am besten die Tableau-Kalküle und Varianten davon, wie wir noch sehen werden. Allerdings gilt auch dies nur, solange die zu entscheidenden Formeln nicht zu lang werden. Für längere Formeln werfen auch die heute schon vorhandenen Programme des automatischen Beweisens ungelöste praktische Probleme auf. Das betrifft auch die anscheinend so simplen Entscheidungskalküle für die klassische Aussagenlogik, wie in Kap. II/§ 1 schon erwähnt wurde.

Übungen

1. Man beschreibe analog zu den obigen Ausführungen einen Entscheidungsalgorithmus
   für ein endlich axiomatisierbares strukturelles deduktives System mit endlicher Modelleigenschaft.

2. Man zeige, hat L bzw. $\vdash$ eine endliche adäquate Matrix, so ist das Entscheidungsproblem für L bzw. $\vdash$ prinzipiell lösbar. Ebenso gilt dies, wenn eine endliche L-adäquate
   Menge von endlichen Matrizen existiert.

3* (Problem). Gibt es einen Algorithmus, der für endliche Matrizen (mit z.B. einem
   binären Funktor) entscheidet, ob LM mit endlich vielen sequentiellen Regeln axiomatisierbar ist?

4* (Problem). Ist das Entscheidungsproblem $Li(P) = Li(Q)$ lösbar?

5* (Problem). $L = L(A, R)$ heißt *streng tabular*, wenn $\vdash = \vdash_A^R$ tabular ist, d.h. es gibt
   eine Darstellung $\vdash = \bigcap_{i \leqslant n} \vDash^{M_i}$, wobei alle M_i Matrizen mit (o.B.d.A.[1])) derselben endlichen Algebra sind. Ist die Frage entscheidbar, ob ein e.a. L in diesem Sinne streng
   tabular ist? Im besonderen beziehe man diese Frage auf intermediäre Systeme.

---

[1]) Haben die Matrizen verschiedene endliche Algebren, so kann für die gemeinsame Algebra das
   direkte Produkt der Algebren gewählt werden, siehe S. 131.

§ 3 Allgemeine Konstruktionsprinzipien logischer Matrizen

Ein einfacher (um 1928 von LINDENBAUM und TARSKI bewiesener) Matrizenexistenzsatz besagt, daß jede (strukturelle) Logik L eine adäquate Matrix M besitzt, also L = LM.
Damit ist gezeigt, daß die im letzten Abschnitt an vielen Beispielen erläuterte Methode
zum Beweis von Unabhängigkeiten eine universelle Methode ist. Wenn L eine Logik und
$P \not\subseteq L$ ist, dann kann dies prinzipiell immer mittels einer Matrix gezeigt werden. Auch die
Ungültigkeit von Schlußregeln im deduktiven System kann prinzipiell mit der Matrizen-
methode gezeigt werden.

Die durch den Matrizenexistenzsatz angegebene Matrix M ist stets unendlich, selbst dann,
wenn L ursprünglich als Logik einer endlichen Matrix bestimmt worden war. Über die
Möglichkeit, auf irgendeine Weise endliche Matrizen für einen in Frage stehenden Unabhängigkeitsbeweis zu konstruieren, sagt der Satz also nichts aus. Mit derartigen Problemen,
die auf eine Verfeinerung der Konstruktionsmethoden hinauslaufen, befassen wir uns
später. Weiteres Thema sind die fundamentalen Operatoren, die aus der Klasse der Matrizen für eine (strukturelle) Logik nicht hinausführen: Homomorphismen, Submatrizen,
Produkte.

Existenz von Matrizen für logische Systeme im engeren und weiteren Sinne

Um die Darstellungen übersichtlich zu halten, betrachten wir von jetzt ab nur strukturelle
Systeme und Logiken, auch wenn dies nicht immer explizit gesagt wird.

Matrizenexistenzsatz. Es sei L eine (strukturelle) Logik vorgegebener Funktorbasis Φ.
Dann existiert eine L-adäquate Matrix M, also L = LM.

Beweis. Die Idee besteht darin, die Matrix aus dem zur Verfügung stehenden Material zu
konstruieren, den Formeln der Funktorbasis Φ. Die Gesamtheit $\mathcal{L}$ dieser Formeln sei die
Grundmenge der zu konstruierenden Matrix. Jedem Funktor $\varphi \in \Phi$ der Stellenzahl k ent-
spricht in natürlicher Weise die k-stellige Operation f über $\mathcal{L}$ mit $f(P_1, \ldots, P_k) = \varphi P_1, \ldots, P_k$[1].
Als ausgezeichnete Wahrheitswerte seien die zu L gehörenden Formeln bezeichnet. Die auf
diese Weise bestimmte Φ-Matrix werde mit Λ bezeichnet. Gemäß Festlegung ist $\Lambda^+ = L$.

Wir behaupten zunächst, daß Λ eine Matrix *für* L ist, d.h. $L \subseteq L\Lambda$. Dazu ist zu zeigen,
daß $\mathrm{val}_\alpha P \in \Lambda^+$ für jede Bewertung $\alpha: V \to \mathcal{L}$, wobei P eine vorgegebene L-Tautologie ist.
α ordnet den Variablen im vorliegenden Falle Formeln zu. Als erstes zeigen wir, daß $\mathrm{val}_\alpha P$
nichts anderes ist als das Ergebnis der Substitution s: sp = αp, also

(∗) $\mathrm{val}_\alpha P = sP$.

Dies ist klar für Primformeln. Ferner ist für $\varphi \in \Phi$ der Stellenzahl k

$$
\begin{aligned}
\mathrm{val}_\alpha\, \varphi P_1 \ldots P_k &= f(\mathrm{val}_\alpha P_1, \ldots, \mathrm{val}_\alpha P_k) \\
&= f(sP_1, \ldots, sP_k) \qquad \text{(Induktionsvoraussetzung)} \\
&= \varphi sP_1 \ldots sP_k = s\varphi P_1 \ldots P_k \quad \text{(Substitutionseigenschaft)}
\end{aligned}
$$

---

[1] Um der Allgemeinheit des Ansatzes Rechnung zu tragen, wird die klammerfreie Schreibweise für
Formeln verwendet. Die Formelmenge $\mathcal{L}$ kann (worauf auch in Kap. I schon hingewiesen wurde)
als Algebra aufgefaßt werden.

Damit ist (∗) gezeigt. Für $P \in \mathcal{L}$ ist nun auch $\mathrm{val}_\alpha P = sP \in L = \Lambda^+$. Demnach ist $L \subseteq L\Lambda$. Auch die Umkehrung $L\Lambda \subseteq L$ ist einfach zu beweisen. Sei $P \not\in L$. Die Belegung κ mit $\kappa p = p$ heiße die *kanonische Belegung*. Gemäß (∗) ist $\mathrm{val}_\kappa P = P$. Wegen $P \not\in L = \Lambda^+$ ergibt sich damit $P \not\in L\Lambda$. •

Die in diesem Beweis konstruierte Matrix $\Lambda = \Lambda_L$ werde die *freie L-Matrix* oder die *Formelmatrix* oder LINDENBAUM-Matrix für L genannt.

Bemerkung. Λ_L heißt auch die *ω-freie L-Matrix* (ω deutet auf das abzählbare Erzeugendensystem p_i, $i \in \omega_+$ hin). Es bezeichne $\mathcal{L}^n$ die Formelmenge in den ersten n Variablen, und es sei $L^n := L \cap \mathcal{L}^n$. Dann erhält man analog die *n-freie L-Matrix* Λ_L^n, deren Elemente die $P \in \mathcal{L}^n$, und deren ausgezeichnete Werte die $P \in L^n$ sind. Auch Λ_L^n ist Matrix für L, i.a. aber nicht adäquat. Wohl aber ist die *Menge* der n-freien Matrizen auch L-adäquat, d.h. es gilt $P \in L$ gdw $\models^{\Lambda_L^n} P$ für alle $n \in \omega_+$. •

Fassen wir zusammen: Mt L, die Klasse aller Matrizen für eine Logik L, enthält stets mindestens eine L-adäquate Matrix. Damit ist auch die Unableitbarkeitsmethode mittels Matrizen eine universelle, d.h. ist L eine Logik und $P \not\in L$, so existiert eine Matrix für L (sogar eine L-adäquate), in welcher P falsifiziert werden kann.

Der Existenzsatz zeigt nun auch, daß für ein vorgegebenes deduktives System $\vdash$ eine Matrix *für* $\vdash$ existiert, denn ist $L = L_\vdash$, $M = \Lambda_L$ so ist $\vdash \subseteq \models^M$, weil jede in $\vdash$ gültige Regel auch in $\models^M$ gilt. Natürlich stellt sich sofort die Frage, ob auch eine $\vdash$-adäquate Matrix existiert. Dies ist nun i.a. nicht der Fall, denn unsere Anforderungen an deduktive (strukturelle) Systeme umfassen nicht vollständig die allgemeinen Eigenschaften einer Matrix-Konsequenzrelation. Abgesehen davon, daß M nicht immer kompakt sein muß (also $\models^M$ nicht immer Axiom IV Kap. II/§ 3 erfüllt) sieht man leicht, daß die folgende Eigenschaft (u) eine notwendige Voraussetzung für diese Darstellung ist.

(u) $X; Q \vdash P \Rightarrow X \vdash P$, falls Q keine Variable enthält, die in X oder in P vorkommt, und falls Q keine Kontradiktion ist.

Definition. Strukturelle Konsequenzsysteme mit der Eigenschaft (u) heißen *uniform*.

Es gilt der folgende Satz, dessen Beweis hier nicht ausgeführt wird. Eine nach diesem Satz existierende adäquate Matrix für $\vdash$ ist — im Gegensatz zur freien L-Matrix — i.a. nicht mehr abzählbar.

Kennzeichnungssatz.[1] Das strukturelle deduktive System $\vdash$ ist genau dann eine Matrix-Konsequenz, wenn $\vdash$ uniform ist.

Das klassische System $\vdash^k$, ebenso wie zahlreiche wichtige nichtklassische Systeme sind uniform. Während aber z.B. $\vdash^k$ eine adäquate zweiwertige Matrix besitzt, gibt es für das intuitionistische System $\vdash^i$ erst eine adäquate Matrix von der Mächtigkeit des Kontinuums[2].

---

[1] ŁOŚ/SUSZKO [58]; (wir weisen darauf hin, daß der Beweis nur für deduktive Systeme, nicht für beliebige Konsequenzsysteme möglich ist, wie in der zitierten Arbeit irrtümlich erwähnt.

[2] WROŃSKI [76], siehe Kap. V/§ 4.

Ist $\vdash$ überhaupt eine Matrix-Konsequenz, so gibt es in der Regel sehr viele verschiedene $\vdash$-adäquate Matrizen. Man sieht dies deutlich am Fall der klassischen Logik $\vdash^k$, die zugleich Matrix-Konsequenz der zweiwertigen als auch Matrix-Konsequenz einer unendlichen Matrix (z.B. der freien **Lk**-Matrix) ist.

Es läßt sich leicht zeigen, daß jedes strukturelle System das Infimum einer Menge von Matrix-Konsequenzen ist. Darüberhinaus zeigen wir im nächsten Abschnitt, daß man sich sogar auf solche Matrizen M beschränken darf, so daß $\models^M$ ein deduktives System ist.

Übungen

1. In Anpassung der für beliebige Konsequenzsysteme getroffenen terminologischen Vereinbarungen ist klar, was es heißt, eine Regel ρ mit dem Skelett $(P_1, \ldots, P_n, P_0)$ ist M-gültig bzw. M-zulässig: Diese Namen beziehen sich auf die Matrixkonsequenz $\models^M$. Man zeige, in der freien **L**-Matrix gilt jede Regel, die für **L** zulässig ist. (Dies bedeutet jedoch nicht, daß $\models^M$ identisch ist mit dem zu **L** gehörenden strukturell vollständigen System!) Man gebe auch eine Matrix an, die MP-zulässig ist, in der MP aber nicht gilt.

2. Man zeige, Matrixkonsequenzen sind uniform.

   Hinweis. Die Erfüllbarkeit einer Formel oder Formelmenge in einer Matrix hängt nur von den Werten der vorkommenden Variablen ab.

3. Sei $\vdash$ ein **L**-System. Man zeige, es gibt ein **L**-System $\vdash^* \supseteq \vdash$, das eine Matrix-Konsequenz ist. Insbesondere ist das strukturell vollständige **L**-System also eine Matrix-Konsequenz.

   Hinweis. Sei $\models$ die Matrix-Konsequenz der **L**-Formelmatrix und $\vdash^*$ das von $\models$ induzierte deduktive System $\models^\Delta$ (S. 77). Mit $\models$ ist auch $\models^\Delta$ uniform.

4. Man zeige $\vdash^k = \models^{\Lambda_k}$ für die LINDENBAUM-Matrix Λ_k der klassischen Logik.

   Hinweis. $\vdash^k$ ist maximales Konsequenzensystem (Kap. II/§ 4 Seite 93).

5. Man zeige, ein I-System $\vdash^L$ (in allen Funktoren) ist uniform.

   Hinweis. Ist Q keine Kontradiktion in $\vdash$, gibt es Substitution s mit $sQ \in \mathbf{Li} \subseteq \mathbf{L}$.

Ein Vollständigkeitssatz für strukturelle Systeme

Es bezeichne **Mt** $\vdash$ die Klasse der Matrizen für das strukturelle System $\vdash$ und **Mc** $\vdash$ die Klasse der kompakten Matrizen für $\vdash$. Dabei heißt M *kompakt,* wenn $\models^M$ ein deduktives System ist.

Vollständigkeitssatz für strukturelle Systeme. Für $\vdash^0 \in \Sigma$ sind die Bedingungen (i), (ii), (iii) für alle X, P äquivalent:

(i) $\quad X \vdash^0 P$

(ii) $\quad X \models^M P$ für alle $M \in \mathbf{Mt}\ \vdash^0$

(iii) $\quad X \models^M P$ für alle $M \in \mathbf{Mc}\ \vdash^0$

Beweis. Offenbar ist (i) $\Rightarrow$ (ii) $\Rightarrow$ (iii). Sei nun (i) verletzt für gewisses X, P, also $X \not\vdash^0 P$. M_0 bezeichne die Formelmatrix mit $M_0^+ = \{Q \mid X \vdash Q\}$. Ferner sei $\vdash^*$ das von $\models^{M_0}$ induzierte deduktive System. Offenbar ist $X \not\vdash^* P$. Man sieht leicht, daß $\vdash^*$ uniform ist und daß $\vdash^0 \subseteq \vdash^*$. Ferner ist $\vdash^* = \models^{M_1}$ für gewisses $M_1 \in \mathbf{Mc}\,\vdash^0$ nach der Kennzeichnung von Matrixkonsequenzen. Damit ist (iii) verletzt; also (iii) $\Rightarrow$ (i). $\bullet$

Man kann sich leicht klarmachen, daß unter den Matrizen in $\mathbf{Mc}\vdash$ mindestens eine adäquate für die Logik L des Systems $\vdash^0$ ist. Daraus folgt unmittelbar, daß das strukturell vollständige L-System eine Matrix-Konsequenz ist, denn es stellt ja das größte strukturelle L-System dar.

Obwohl nach unseren Ergebnissen ein (strukturelles) System nicht immer als Matrix-Konsequenz darstellbar ist, ergibt der obige Satz die generelle Verwendbarkeit der Methode des Nachweises der Ungültigkeit einer strukturellen Regel ρ mittels Matrizen. Dieser Nachweis kann zwar nicht immer mit einer endlichen, immerhin aber mit einer kompakten Matrix geführt werden. Kompakte Matrizen haben eine gewisse Verwandschaft mit den endlichen, wie man den Betrachtungen weiter unten entnehmen kann.

Der schon angekündigte Satz über die Kompaktheit endlicher Matrizen wird jetzt gleich allgemeiner formuliert. Zu diesem Zwecke sei eine Algebra in welcher *zwei* (nichtleere) Teilmengen M^+ und M^- ausgezeichnet sind (die nicht disjunkt oder verschieden sein müssen), eine *Bimatrix* genannt. Eine gewöhnliche Matrix kann man durch die Erklärung $M^- := M \setminus M^+$ auf triviale Weise zu einer Bimatrix machen.

Ferner nennen wir eine Formelmenge X (der betreffenden Funktorbasis) *signiert,* wenn jedem $P \in X$ entweder das Plus- oder das Minuszeichen zugeordnet ist. Je nachdem heißt P *positiv* oder *negativ* signiert.

Definition. Eine signierte Formelmenge X heißt in einer Bimatrix M erfüllbar, wenn es ein $\alpha: V \to M$ gibt, so daß $\mathrm{val}_\alpha P \in M^+$ oder $\mathrm{val}_\alpha P_\alpha \in M^-$, je nachdem, ob P positiv oder negativ signiert ist. α heißt in diesem Falle auch ein *Modell für* X *in* M.

Der gewöhnliche Erfüllungsbegriff ist offenbar ein Spezialfall (alles positiv signieren).

Kompaktheitssatz für endliche Bimatrizen. Sei M eine endliche Bimatrix und X eine signierte Formelmenge. Wenn jede endliche Teilmenge $X' \subseteq X$ ein Modell in M hat, so hat auch X ein Modell in M.

Beweis. Sei $a \in M$. Entweder gibt es für jedes endliche $X' \subseteq X$ ein Modell β mit $\beta p_0 = a$, oder dies ist nicht der Fall. Dann gibt es ein endliches $X_0 \subseteq X$, so daß jedes Modell für X_0 der Variablen p_0 einen Wert $b \in M \setminus \{a\}$ zuordnet. Dann aber hat jedes endliche $X' \subseteq X$ ein Modell β mit $\beta p_0 \in M \setminus \{a\}$ (denn $X' \cup X_0$ hat kein Modell mit $\beta p_0 = a$). Wiederholung der Schlußweise zeigt wegen der Endlichkeit von M, daß es jedenfalls ein $b_0 \in M$ gibt, so daß jedes endliche $X' \subseteq X$ ein Modell β mit $\beta p_0 = b_0$ für das zu konstruierende Gesamtmodell. Auf diese Weise fährt man ganz wie im Beweis des Endlichkeitssatzes für die Matrix 2 (Kap. I) fort und gewinnt ein Modell α für X. $\bullet$

Korollar (Kompaktheitssatz für gewöhnliche endliche Matrizen M). Ist $X \models^M P$, so ist bereits $X' \models^M P$ für gewisses endliches $X' \subseteq X$.

Beweis. Angenommen $X' \not\models^M P$ für alle endlichen $X' \subseteq X$. Dann ist jedenfalls $P \notin X$. Man signiere $Y := X \cup \{P\}$ derart, daß P negativ, und alle $Q \in X$ positiv signiert sind. Ferner mache man aus M eine Bimatrix M', indem man $M^- = M \setminus M^+$ erklärt. Dann besagt die Annahme gerade, daß in M' alle endlichen Teilmengen von Y erfüllbar sind. Folglich hat Y ein Modell in M'. Dies bedeutet aber offensichtlich gerade $X \not\models^M P$. $\bullet$

Mit dieser Verfahrensweise bestätigt man auch den Endlichkeitssatz für die Erfüllbarkeit. Den Satz dieses Abschnitts kann man auch für endliche *Multimatrizen* formulieren und beweisen. In Multimatrizen sind mehrere Teilmengen ausgezeichnet, siehe S. 115.

Übungen

1. Die von der Matrix M bestimmte *Bisequenzenrelation* $\mathrel{\not\!\!\models}^M$ ist eine Relation zwischen Formelmengen und wie folgt definiert: $X \mathrel{\not\!\!\models}^M Y$ gdw. jedes Modell für X erfüllt mindestens ein $Q \in Y$. Man zeige, ist M endlich, so ist die Bisequenz $\mathrel{\not\!\!\models}^M$ kompakt, d.h. ist $X \mathrel{\not\!\!\models}^M Y$, so ist $X' \mathrel{\not\!\!\models}^M Y'$ für gewisse endliche $X' \subseteq X$, $Y' \subseteq Y$.

   Hinweis. Mache M zu einer Bimatrix. Indirekte Argumentation.

2. Es sei $\vdash_0 := \models^{D_s}$ die auf Seite 111 definierte Konsequenz mit $X \models^{D_s} P$ gdw $\mathrm{val}_\alpha X \leqslant \mathrm{val}_\alpha P$ für alle $\alpha: V \to D_s$. Zeige, $\vdash_0$ ist ein deduktives System. Im besonderen gilt für $\vdash_0$ der Endlichkeitssatz. $\vdash_0$ wird gerade durch den s-Kalkül (Kap. II) charakterisiert, beschränkt auf die Funktoren $\neg, \to$.

   Hinweis. $\vdash_0$ ist das Infimum zweier „echter" dreiwertiger Matrix-Konsequenzen, nämlich von $\models^{D_s}$ und $\models^{D_s'}$, wobei D_s' sich von D_s nur darin unterscheidet, daß außer 1 auch der Wert $\frac{1}{2}$ ausgezeichnet ist. Da nach dem letzten Satz $\models^{D_s}$ und $\models^{D_s'}$ Lk-Systeme sind, gilt das auch für deren Infimum.

3. Man zeige, eine normierte Boolesche Matrix M ist kompakt, und es ist $\models^M = \vdash^k$.

   Hinweis. Man zeige zuerst, X ist erfüllbar über M genau dann, wenn X klassisch erfüllbar ist. Sei $\alpha: V \to M$ und $U \subseteq M$ ein Ultrafilter.

   Man setze $\beta(p) = \begin{cases} \mathbf{1} & \text{wenn } \alpha(p) \in U \\ \mathbf{0} & \text{wenn } \alpha(p) \in U \end{cases}$ und zeige $\models_\alpha^M P \Longleftrightarrow \models_\beta P$ durch Induktion über P.

4*. Man zeige, das deduktive System $\vdash^0 := \models^{D_i}$ ist strukturell vollständig und somit das größte strukturelle LD_i-System.

   Hinweis. $\vdash$ ist saturiert. Zum Beweis betrachte man folgende Substitution s:

$$sp = \begin{cases} p_1 \to p_1 & \text{für } \alpha(p) = 1 \\ p_1 \mathbin{\underset{.}{\vee}} p_2 \to p_1 & \text{für } \alpha(p) = \frac{1}{2} \\ \neg(p_1 \to p_1) & \text{für } \alpha(p) = 0 \end{cases}$$

Warnung: Die Matrix D_i ist nicht konstantenvollständig.

Kongruenzen und Homomorphismen logischer Matrizen

Eine logische Matrix ist — abgesehen von der Auszeichnung einer Teilmenge als Menge der positiven Werte — nichts weiter als eine Algebra, also eine Menge mit gewissen dort erklärten Funktionen. Es erscheint daher nur natürlich, Methoden der Universellen Algebra zur Behandlung logischer Probleme zu verwenden. Zentrale Begriffe der Universellen Algebra, wie Kongruenzen und Homomorphismen, werden aber nicht etwa „von außen in die Logik hineingetragen", sondern entstehen dort selbst in natürlicher Weise. Man kann die allgemeine Situation mit einem Schlagwort (etwas grob) wie folgt kennzeichnen: Die Beziehungen zwischen syntaktischen und semantischen Strukturen haben homomorphen Charakter.

Die unten definierten Homomorphismen sind die praktisch wichtigsten. Sie sind *streng* im Sinne der Modelltheorie, wenn Matrizen als Modellstrukturen mit Prädikat M^+ betrachtet werden. Das folgende gilt mit geringen Änderungen jedoch auch dann, wenn (ii) in der Definition durch (ii'): $hM^+ \subseteq N^+$ ersetzt wird. Insbesondere der Satz S. 130. Abbildungen h mit (i), (ii') seien hier *schwache Homomorphismen* genannt.

Definition. Eine Abbildung h: $M \to N$ der Φ-Matrix M in die Φ-Matrix N heißt ein *Homomorphismus,* wenn für alle $\varphi \in \Phi$

(i) $h\varphi_M (a_1, \ldots, a_n) = \varphi_N (ha_1, \ldots, ha_n)$ $(a_1, \ldots, a_n \in M)$

(ii) $hM^+ = N^+ \cap hM$

Dabei sei allgemein $hA = \{ ha \mid a \in A \}$ für $A \subseteq M$. Gilt außerdem

(iii) $h(M \setminus M^+) \subseteq N \setminus N^+$, so heiße h ein *invarianter Homomorphismus*[1]). Ein Homomorphismus h: $M \to N$ bestimmt eine Submatrix $hM \subseteq N$, deren Grundmenge aus allen Bildelementen von h besteht; daher heißt hM die *Bildmatrix.* Ist $N = hM$, so heiße h ein Homomorphismus von M *auf* N und N heiße ein *homomorphes Bild* von M. Ist h zusätzlich invariant und umkehrbar, heiße h ein *Isomorphismus,* und N heiße ein *isomorphes Bild* von M. Eine Äquivalenzrelation $\equiv$ in M heißt eine *Kongruenz,* wenn $a \equiv b \Rightarrow \varphi_M (\ldots, a, \ldots) \equiv \varphi_M (\ldots, b, \ldots)$ $(\varphi \in \Phi;\ a, b \in M;$ siehe Anhang). Eine Kongruenz $\equiv$ in M heiße *invariant,* wenn $a \in M^+ \Leftrightarrow b \in M^+$ für alle $a, b \in M$ mit $a \equiv b$.

Es kann sein, daß das Bild eines in M nicht ausgezeichneten Elements in der Bildmatrix hM ausgezeichnet ist. Nur bei invarianten Homomorphismen ist dies nicht der Fall.

Eine Kongruenz $\equiv$ in M bestimmt eine sogenannte *Faktormatrix* $\overline{M} := M / \equiv$. Die Elemente von M sind die Äquivalenzklassen von M modulo $\equiv$. $\overline{M}^+$ sei die Menge aller $\overline{a} \in \overline{M}$, für die $a \in M^+$ ist.

Homomorphiesatz. Sei h: $M \to N$ ein Homomorphismus von M auf N. Dann ist die Relation $\equiv_h$ mit $a \equiv_h b \Leftrightarrow ha = hb$ eine Kongruenz, die von h *induzierte Kongruenz.* $\equiv_h$ ist invariant genau dann, wenn h invariant ist. Ferner ist die Abbildung k: $M \to \overline{M}$ von M auf die Faktormatrix $\overline{M}$ mit $ka := \overline{a}$ ein Homomorphismus von M *auf* $\overline{M}$, der sogenannte

---

[1]) genauer *konsequenz-invariant* (oder *isologisch*), siehe Satz S. 130.

kanonische Homomorphismus. Schließlich gibt es einen Isomorphismus i von $\overline{\text{M}}$ auf N, so daß h = i ∘ k (h ist Hintereinanderausführung von i und k, siehe Figur).

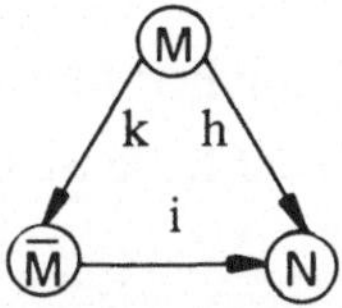

Beweis. Man rechnet leicht die Bedingungen einer Kongruenz für $\equiv_h$ nach, ebenso die Invarianzbehauptung. Damit ist $\overline{\text{M}}$ wohldefiniert. Ferner prüft man leicht die Homomorphiebedingung für k nach. Wir konzentrieren uns auf das „Schließlich …".

Jedes $\overline{\text{a}} \in \overline{\overline{\text{M}}}$ läßt sich in der Form $\overline{\text{a}}$ = ka schreiben. Für $\overline{\text{a}} \in \overline{\text{M}}$ sei i$\overline{\text{a}}$ = ha. Diese Erklärung ist repräsentantenunabhängig und definiert eine Abbildung i: $\overline{\text{M}} \to$ N, wobei offensichtlich i ∘ k = h. Ferner ist

$$i\,\varphi_{\overline{\text{M}}}\,(\overline{\text{a}}_1, \ldots, \overline{\text{a}}_m) = \overline{i\,\varphi_{\text{M}}\,(a_1, \ldots, a_l)} \qquad \text{(Homomorphiebedingung für k)}$$
$$= h\,\varphi_{\text{M}}\,(a_1, \ldots, a_n) \qquad \text{(Erklärung von i)}$$
$$= \varphi_{\text{N}}\,(ha_1, \ldots, ha_n) \qquad \text{(Homomorphiebedingung für h)}$$
$$= \varphi_{\text{N}}\,(i\overline{\text{a}}_1, \ldots, i\overline{\text{a}}_n) \qquad \text{(Erklärung von i)}\,.$$

Damit erweist sich i als ein Homomorphismus. Es ist auch klar, daß das Bild von i ganz N ist. Weiter ist $\overline{\text{a}} \neq \overline{\text{b}} \Rightarrow$ ha $\neq$ hb $\Rightarrow$ i$\overline{\text{a}} \neq$ i$\overline{\text{b}}$, also ist i bijektiv. i ist ein Isomorphismus, wenn nachgewiesen ist, daß sich bezüglich i die ausgezeichneten Elemente von $\overline{\text{M}}$ und N entsprechen. Sei $\overline{\text{a}} \in \overline{\text{M}}^+$ und o.B.d.A. a $\in$ M$^+$. Dann ist i$\overline{\text{a}}$ = ha $\in$ N$^+$. Sei nun i$\overline{\text{a}} \in$ N$^+$, also i$\overline{\text{a}}$ = ha $\in$ N$^+$. Dann gibt es ein b $\in$ M$^+$ mit hb = ha. Weil $\overline{\text{b}} = \overline{\text{a}}$ und $\overline{\text{b}} \in$ M$^+$, ist auch $\overline{\text{a}} \in \overline{\text{M}}^+$. •

Beispiel 1. Man betrachte folgende Äquivalenzrelation $\equiv$ in der dreiwertigen Matrix D_j. Es sei $1 \equiv \frac{1}{2}$, sowie $1 \equiv 1$, $\frac{1}{2} \equiv \frac{1}{2}$, $0 \equiv 0$. Dann ist z.B. $\frac{1}{2} \vee_3 \frac{1}{2} = \frac{1}{2}$ und $1 \vee_3 \frac{1}{2} = 1$, also $\frac{1}{2} \vee_3 \frac{1}{2} \equiv 1 \vee_3 \frac{1}{2}$. Um zu zeigen, daß $\equiv$ eine Kongruenz ist, muß dies sorgfältig für alle Grundfunktionen von D_j und alle Argumente durchgerechnet werden. Diese Aufgabe überlassen wir dem Leser. Die Faktormatrix mod $\equiv$ ist nichts weiter als die klassische Matrix **2**. •

Beispiel 2. Die Abbildung h: h(P) = **Mod** P (Kap. I, Seite 30) ist ein Homomorphismus der LINDENBAUM-Matrix Λ von **Lk** in die Boolesche Algebra der Teilmengen von **Mod**. $\equiv_h$ ist in diesem Fall nichts weiter als die logische Äquivalenz $\equiv$. Wir entnehmen dem Homomorphiesatz, daß $\equiv$ eine Kongruenz ist; dies braucht also gar nicht direkt nachgerechnet werden. Ferner ist die TARSKI-Matrix $\Theta = \Lambda/\equiv$ isomorph zu h$\Lambda \subseteq$ **Mod**, folglich also eine Boolesche Algebra. •

Für den Satz unten benötigen wir ein kleines Lemma, das man leicht durch Induktion über den Aufbau von P beweist.

Lemma. Es sei h: $M \to N$ ein Homomorphismus der Matrix M auf die Matrix N, sowie $\alpha: V \to M$, $\beta: V \to N$ Belegungen mit $h\alpha p = \beta p$ ($p \in V$). Dann ist $h \, val_\alpha P = val_\beta P$ für alle $P \in \mathcal{L}$.

Eine für die Logik besonders wichtige Tatsache formuliert folgender

Satz. Ist h: $M \to N$ ein Homomorphismus von M auf N, so ist $LM \subseteq LN$. Ist h invariant, so ist $\models^M = \models^N$, im besonderen $LM = LN$.

Beweis. Sei $\bar{P} \in LM$ und ein $\beta: V \to N$ gewählt. Da jedes $b \in N$ Bild bei h ist, existiert ein $\alpha: V \to N$ mit $h\alpha p = \beta p$ ($p \in V$). Wegen $val_\beta P = h \, val_\alpha P$ (Lemma) und $val_\alpha P \in M^+$ ist $val_\beta P \in N^+$. Folglich $LM \subseteq LN$.

Nun sei h invariant und $X \models^N P$ vorausgesetzt. Es sei $\alpha: V \to M$ derart, daß $val_\alpha Q \in M^+$ für alle $Q \in X$. Dann ist $val_\beta Q = h \, val_\alpha Q \in N^+$ für alle $Q \in X$. Daher $h \, val_\alpha P = val_\beta P \in N^+$, d.h. $val_\alpha P \in M^+$. Also $X \models^M P$. Die Umkehrung $X \models^M P \Rightarrow X \models^N P$ zeigt man analog. $\bullet$

Ist Λ die freie **Lk**-Matrix, Θ die TARSKI-Matrix von **Lk**, so ist damit insbesondere $\models^k = \models^\Lambda = \models^\Theta$. Denn Θ ist invariantes homomorphes Bild von Λ und $\models^k$ ist konsequenzmaximal.

Beispiel 3. Die dreiwertige Matrix D_s (Seite 111) kann offenbar homomorph auf die Matrix 2 abgebildet werden. (h (1) = h $(\frac{1}{2})$ = 1; h (0) = 0). Man ändere D_s zu D_s' ab, indem neben 1 auch der Wert $\frac{1}{2}$ als ausgezeichnet angesehen wird. Dann ist 2 sogar ein invariantes homomorphes Bild von D_s'. Folglich ist **Lk** = **L2** = **LD**$'$. Hingegen hat z.B. D_ϱ überhaupt keine nichttrivialen Kongruenzen. $\bullet$

Übungen

1. Sei **L** = **LM** und $\equiv_M$ definiert wie auf S. 107. Man zeige, $\equiv_M$ ist invariante Kongruenz in Λ_L und **L** = $L(\Lambda_L / \equiv_M)$. Ebenso ist die Einschränkung $\equiv_M^n$ von $\equiv_M$ auf $\mathcal{L}^n$ invariante Kongruenz in Λ_L^n. Ferner zeige man **L** = $L(\Lambda_L^n / \equiv_M^n)$ und $|\Lambda_L^m / \equiv_M^m| \leqslant m^m$ für $|M| = m$.

   Hinweis. Ferner: Für $P \notin L$ existiert Substitution s: $V \to V_n$ mit $sP \notin L$.

2. Man zeige, eine Logik **L** hat genau dann eine adäquate normierte Matrix, wenn es eine **L**-*Kongruenz* gibt. Eine **L**-Kongruenz ist eine Kongruenzrelation in der Algebra $\mathcal{L}$, so daß **L** gerade eine Kongruenzklasse ist ($L \neq \emptyset$).

   Beispiele: Die logische Äquivalenz in der klassischen Logik. Die Relation $\equiv_L : P \equiv_L Q \Leftrightarrow P \to Q, Q \to P \in L$ für die intuitionistische Logik **Li**.

3. L^0 = $L(A, R)$ sei streng tabular (S. 122). Man zeige $\&_R L^0$ (S. 92) ist endlich und jedes $L' \in \&_R L^0$ ist tabular[1]).

   Hinweis. Sei $\models_A^R = \models^M$, $|M| = m$, $L \in \&_R L^0$. Dann $L = L(\Lambda_{L^0}^m / \equiv_M)$ (Übung 1).

---

[1]) Dasselbe gilt, wenn L^0 in dem Sinne streng tabular ist, daß $\models_L^R = \models^M$ für eine endliche Multimatrix (WÓICICKI [74]). Für Verallgemeinerungen vgl. WROŃSKI [75]. Für tabulares $\models^0 \in \Sigma$ kann es überabzählbar viele $\models \in \Omega^s \models^0$ geben (DZIOBIAK [79]).

4. Es sei M eine Φ-Matrix und f eine k-stellige Funktion über M. f heißt *repräsentierbar* in M, wenn es eine Formel $P \in \mathcal{L}_\Phi$ mit den Variablen $p_1, \ldots, p_k$ gibt, so daß

$$f(a_1, \ldots, a_k) = \mathrm{val}_{a_1, \ldots, a_k} P \quad (a_1, \ldots, a_k \in M) .$$

Man zeige, wenn es einen Homomorphismus k von M gibt, welcher kein Homomorphismus der expandierten Matrix (M, f) ist, dann ist f nicht repräsentierbar in M. Damit zeige man, $\to_\varrho$ ist in der dreiwertigen Matrix D_i nicht repräsentierbar.

Direkte Produkte

Mit Hilfe des direkten Produktes kann man aus gegebenen Matrizen für ein logisches System **L** „größere" Matrizen für **L** gewinnen. Wir gehen nur kurz darauf ein.

Definition. Es seien M, N Φ-Matrizen. Das *direkte Produkt* $K = M \times N$ wird folgendermaßen erklärt: die Elemente von K sind die geordneten Paare (a, b) mit $a \in M$, $b \in N$. Die Funktionen auf $M \times N$ werden komponentenweise erklärt, und zwar ist für alle $\varphi \in \phi$:

$$\varphi_K((a_0, b_0), \ldots, (a_k, b_k)) = (\varphi_M(a_1, \ldots, a_k), \varphi_N(b_1, \ldots, b_k))$$

Ausgezeichnet in K sind die Elemente (a, b) mit $a \in M^+$, $b \in N^+$.

So ist z.B. leicht zu sehen, daß 2×2 isomorph ist zur Booleschen Matrix B_4.

Man kann analog das direkte Produkt $\prod_{i \in I} M_i$ aus Matrizen M_i, $i \in I$, definieren. Der folgende Satz hat dann eine entsprechende Verallgemeinerung. Er besagt u.a., daß das Produkt von **L**-Matrizen wieder eine **L**-Matrix ist. Im besonderen ist das Produkt **L**-adäquater Matrizen wieder **L**-adäquat, also z.B. $LB_4 = Lk$ usw.

Satz. $L(M \times N) = LM \cap LN$

Beweis. M und N sind homomorphe Bilder von $K = M \times N$. (Betrachte h: $K \to M$ mit h(a, b) = a.) Also $LK \subseteq LM \cap LN$. Eine Belegung $\alpha: V \to K$ bestimmt in natürlicher Weise zwei Belegungen $\beta: V \to M$ und $\gamma: V \to N$, so daß $\alpha(p) = (\beta(p), \gamma(p))$. Durch Induktion folgt daraus $\mathrm{val}_\alpha P = (\mathrm{val}_\beta P, \mathrm{val}_\gamma P)$. Dies impliziert leicht die Behauptung. ●

Es ergibt sich damit, daß eine Menge **K** von Matrizen gleichwertig durch eine einzige Matrix ersetzt werden kann, nämlich das direkte Produkt aller Matrizen aus **K**.

Abschließend sei eine Charakterisierung der Klassen **Mt L** für strukturelles **L** angegeben. Die scheinbar einfache Charakterisierung im Satz unten sollte aber nicht über tatsächliche Schwierigkeiten hinwegtäuschen, **Mt L** zu beschreiben. Selbst $\mathbf{Mt\,L}\{2\} = \mathbf{Mt\,Lk}$ ist ungenügend bekannt. Für eine Klasse **K** von Φ-Matrizen sei **H K** die Klasse der schwach homomorphen Bilder der $M \in \mathbf{K}$. Ferner sei $\mathbf{H_i^{-1} K}$ die Klasse der M, so daß $N \in \mathbf{K}$ für ein gewisses invariantes homomorphes Bild von M. Schließlich sei $\mathbf{S\,K}, \mathbf{P\,K}$ die Klasse der Submatrizen bzw. Produkte der $M \in \mathbf{K}$. **K** heiße eine *logische Varietät*, wenn $\mathbf{K} = \mathbf{Mt\,L}$ für gewisses strukturelles $L (\subseteq \mathcal{L}_\Phi)$. **Mt LK** ist die von einer Klasse **K** *erzeugte* logische Varietät. Offenbar ist **HK, H_i^{-1}K, SK, PK** $\subseteq$ **K** für eine logische Varietät **K**. Es gilt nun folgender

Satz. Die von **K** erzeugte logische Varietät ist $HH_i^{-1}SPK$.

Beweis. Nach den Vorbemerkungen genügt für $L = LK$ der Nachweis von
$Mt\, L \subseteq HH_i^{-1}SPSK \subseteq HH_i^{-1}SPK$, wobei die letzte Inklusion wegen $PSK \subseteq SPK$ schon klar ist. Sei $M \in Mt\, L$, $|M| = m$. Λ_L^m bezeichne die Formelmatrix aus Formeln in Variablenmenge V_m mit $|V_m| = m$. Offenbar ist $M \in H\{\Lambda_L^m\}$. Daher reicht für den Beweis die Konstruktion eines invarianten Homomorphismus von Λ_L^m in ein passendes Produkt aus Submatrizen der $M \in K$. Sei I die Menge aller invarianten Homomorphismen h, deren Definitionsbereich eine Formelmatrix Λ_L^m, mit (nicht notwendig strukturellem) $L' \supseteq L$ ist, und dessen Bildmatrix Submatrix eines gewissen $M \in K$ ist. Sei M_h das Bild bei h. Dann ist $\Pi := \prod_{h \in I} M_h \in PSK$. Man betrachte den von $\alpha: V_m \to \Pi$ mit $\alpha p = (hp)_{h \in I}$ bestimmten Homomorphismus $f: \Lambda_L^m \to \Pi$. Wegen $P \in L \Leftrightarrow fP \in \Pi^+$ ist f invariant. ●

Hiernach ist **K** genau dann eine logische Varietät, wenn $HH_i^{-1}SPK = K$. Auch die *logischen Quasivarietäten* **Mt** $\vdash$ ($\vdash \in \Sigma$) lassen sich durch Modifikation der Theorie in MALCEV [73] algebraisch beschreiben. Wir verzichten hierauf, weil darauf nicht zurückgegriffen wird.

Wir weisen abschließend darauf hin, daß **HSP K** gerade die Matrizen von **LK** liefert, welche dieselben Gleichungen erfüllen wie die $M \in K$. Unter besonderen Voraussetzungen entfällt der Operator **P**, z.B. wenn **K** endlich ist und alle $M \in K$ kongruenzdistributiv sind. Auf diese Weise erhält man ein einfaches algebraisches Argument dafür, daß $\&_{MP}LD_\varrho$ nur die konsistente Erweiterung **Lk** besitzt.

Übungen

1. Eine Logik **L** heißt *tabular,* wenn sie eine endliche **L**-adäquate Matrix besitzt. Es seien $L_1, L_2 \subseteq \mathcal{L}_\Phi$ tabulare Logiken. Man zeige, auch $L_0 = L_1 \cap L_2$ ist tabular.

2. Man zeige, ist die Formelmenge X erfüllbar in $M \times N$, so ist

$$X \models^{M \times N} P \quad \text{gdw} \quad X \models^M P \quad \text{und} \quad X \models^N P \,. \text{ Daraus schließe } \models^M, \models^N \subseteq \models^{M \times N}.$$

3. M und M_i ($i \in I$ = Indexmenge) seien Φ-Matrizen. M heißt *subdirektes Produkt* von $(M_i)_{i \in I}$, wenn es eine Einbettung $f: M \to \prod_{i \in I} M_i$ gibt, derart, daß die Abbildung $f_i: M \to M_i$ mit $f_i(a) = (fa)_i$ (= i-te Komponente des Bildes $fa \in \prod_{i \in I} M_i$) ein Homomorphismus von M *auf* M_i ist. Sei $L := L\left(\bigcap_{i \in I} M_i\right) = \bigcap_{i \in I} LM_i$. Man zeige $LM = L$.

   Hinweis. $L \subseteq \bigcap_{i \in I} LM_i$ klar, denn die M_i sind homomorphe Bilder von M. Für die andere Richtung beachte man, daß M Submatrix von $\prod_{i \in I} M_i$ ist.

4* (Problem). Gibt es Erweiterungen einer tabularen Logik, die selbst nicht tabular sind. Im besonderen betrifft dies die hyperklassischen Logiken.

§ 4 Implikative und konservative Logiken und Matrizen

Die in der Literatur betrachteten Logiken sind ihrer Anzahl nach unübersehbar. Gleichwohl lassen sich gewisse Gemeinsamkeiten formulieren, die eine übersichtliche Systematik erlauben.

In allen im Vordergrund des Interesses stehenden Logiken L ist ein Funktor → vorhanden, oder aber so definierbar, daß einige wesentliche auf die Implikation bezogene Eigenschaften gelten. Insbesondere betrifft das die Ersetzungseigenschaften. Sie gestatten die Konstruktion spezieller, sogenannter reduzierter L-Matrizen, auch L-Algebren genannt, darunter eine L-adäquate. Im Einzelfall kommt es nur darauf an, diese L-Algebren zu charakterisieren. Dabei stellt sich heraus, daß bereits bei sehr schwachen Anforderungen an L die L-Algebren sehr gewöhnliche Eigenschaften haben (d.h. Eigenschaften, an die Mathematiker und Logiker gewöhnt sind). Im Falle der konservativen Modallogiken z.B. sind die L-Algebren nichts weiter als um einstellige Operationen expandierte Boolesche Algebren. Im Falle der J-Logiken sind sie implementäre Verbände. Damit wird es möglich, wohlbekannte algebraische Methoden zur Analyse der betreffenden Logiken einzusetzen.

Implikative Logiken und reduzierte Matrizen

Implikative Logiken in dem unten definierten Sinne sind sehr allgemein. Sie umfassen auch die in diesem Buch nur am Rande erwähnten POSTschen Logiken und die ŁUKASIEWICZschen Logiken. Die Definition ließe sich in mannigfacher Hinsicht modifizieren, um z.B. das Fehlen von MQ in Systemen der relevanten Implikation zu berücksichtigen usw. Eine absolute Festlegung von *implikativ* ist daher kaum zweckmäßig. Implikative Logiken in unserem Sinne entsprechen den in RASIOWA [75] definierten implikativen Standardsystemen. Anders als dort definieren wir hier implikative Logiken (nicht Systeme), und zwar um den Rahmen der zur Analyse einer Logik wichtigen deduktiven Systeme offenzuhalten. Die von uns im Detail behandelten Logiken sind nicht nur implikativ, sondern es existiert darüberhinaus das zugehörige deduktionstheoretische System, was manche Betrachtungen vereinfacht.

Die Funktorbasis Φ der im folgenden betrachteten Logiken enthält → und kann sonst beliebig sein. Von praktischer Bedeutung ist jedoch nur der Fall ein- und zweistelliger Funktoren. Φ sei für das folgende fest gewählt.

Definition. Eine strukturelle Logik L heiße *implikativ*, wenn

(a) $P \to P \in L$;

(b) L ist abgeschlossen gegenüber MP, MT und MQ;

(c) L abgeschlossen ist gegenüber folgenden Ersetzungsregeln:

$$\frac{P \to P' \mid P' \to P}{\varphi P_1 \ldots P \ldots P_k \to \varphi P_1 \ldots P' \ldots P_k} \quad \text{für jeden Funktor } \varphi \text{ und jede seiner k Stellen.}$$

Ist darüberhinaus (A1), (A2) $\in L^1)$, heiße L *positiv implikativ*.

---

1) d.h. es existiert das zu L passende deduktionstheoretische System.

Die Notation der Regel unter (c) erklärt sich von selbst. Sie bedeutet z.B.
$$\frac{P \to P' \mid P' \to P}{P \wedge Q \to P' \wedge Q} \; ; \; \frac{P \to P' \mid P' \to P}{Q \wedge P \to Q \wedge P'} \quad \text{für den Funktor } \wedge.$$ Die implikativen Logiken vorgegebener Funktorbasis Φ bilden einen vollständigen Verband. Es gibt also die *kleinste* implikative Logik (bzgl. Φ). Der Leser wird keine Schwierigkeit haben, diese formal zu kennzeichnen.

Schreibt man abkürzend $P \equiv_L P'$ für $P \to P'$, $P' \to P \in L$, so folgt aus (c) unmittelbar $P \equiv_L P' \Rightarrow \varphi P_1 \ldots P \ldots P_k \equiv_L \varphi P_1 \ldots P' \ldots P_k$. $\equiv_L$ ist gemäß (b) auch eine Äquivalenzrelation. Mit (c) folgt hieraus, daß $\equiv_L$ eine Kongruenz in der freien L-Matrix Λ_L ist. Aus $P \equiv_L P'$ ergibt sich mittels MP offenbar $P \in L \Rightarrow P' \in L$. Das bedeutet $\equiv_L$ ist eine invariante Kongruenz in Λ_L. Schließlich ergibt MQ noch, daß die Formeln von L gerade eine Kongruenzklasse bilden, d.h. $\equiv_L$ ist eine **L-*Kongruenz***. Damit ist die Faktormatrix $\Theta_L := \Lambda_L / \equiv_L$ normiert, und nach einem Satz in § 3 ist außerdem $\models^{\Theta_L} = \models^{\Lambda_L}$, weil Θ_L invariantes homomorphes Bild von Λ_L ist. Θ_L heißt auch die *freie L-Algebra* oder die *TARSKI-Algebra*[1]) von L. Θ_L ist damit nicht nur L-adäquat, sondern es gelten darin auch alle in L zulässigen sequentiellen Regeln, insbesondere auch die Regeln unter (b) und (c), deren Gesamtheit mit R^e bezeichnet sei.

$A := \Theta_L$ hat noch eine weitere Besonderheit. Definiert man nämlich
$\leqslant : a \leqslant b \Longleftrightarrow a \to_A b = 1$ (a, b $\in$ A; 1 ausgezeichnetes Element in A), so erweist $\leqslant$ sich als eine *Ordnung* in A mit dem größten Element 1. Denn wegen (a) ist $\leqslant$ reflexiv (belegt man p mit a in $p \to p \in L$, so ist offenbar $a \to_A a = 1$). Wegen MT ist transitiv. Mit MQ folgt $q \to (p \to p) \in L$, also $b \to_A 1 = b \to_A (a \to_A a) = 1$, und folglich ist 1 größtes Element. Aufgrund der Konstruktion von A schließlich ist $\leqslant$ auch antisymmetrisch. Dies motiviert folgende

Definition. Eine normierte L-Matrix A mit ausgezeichnetem Element 1 heißt *reduziert* oder eine **L-*Algebra*,** wenn die Relation

$$\leqslant : a \leqslant b \Longleftrightarrow a \to_A b = 1 \quad (a, b \in A)$$

eine Ordnung von A mit dem größten Element 1 ist. $\leqslant$ heiße die *Werteordnung* von A. Die L^0-Algebren für die kleinste implikative Logik L^0 der Funktorbasis Φ heißen auch *implikative Algebren* (der Funktorbasis Φ). **Md L** bezeichnet die Klasse aller **L-Algebren**.

Jede implikative Logik **L** hat nach obiger Feststellung eine L-adäquate implikative Algebra, z.B. die TARSKI-Algebra von **L**. Man sieht nun leicht, daß die Logik **LA** einer beliebigen implikativen Algebra A implikativ ist. Wir haben damit folgenden Satz bewiesen:

Darstellungssatz. Eine Logik **L** ist genau dann implikativ, wenn es eine implikative Algebra A gibt, so daß **L = LA**.

---

[1]) Einige Autoren nennen Θ_L auch die LINDENBAUM-Algebra von L. Doch verwenden wir diesen Namen für die freie L-Matrix.

Beispiel. Sei **Lj** die Minimallogik (siehe Kap. II), d.h. **Lj** ist die Logik mit den Axiomen (A1)–(A7j) und der Regel MP. $\vdash^{j}$ sei das zu **Lj** gehörige Dt-System (das kleinste J-System). Unter Verwendung des Deduktionstheorems für $\vdash^{j}$ prüft man mühelos nach, daß **Lj** alle Bedingungen für implikative Logiken erfüllt. Die Kongruenzbedingung für den Funktor $\neg$ folgt offensichtlich aus der Regel MK: $\dfrac{P \to Q}{\neg Q \to \neg P}$, die sich unmittelbar aus

$P \to Q \to \neg Q \to \neg P \in$ **Lj** ergibt. Sei nun A eine **Lj**-Algebra und $\leq$ die Werteordnung in A. Im vorliegenden Falle ist $\leq$ sogar eine Verbandsordnung und $a \wedge_A b$ ist gerade das Infimum, $a \vee_A b$ das Supremum der Elemente a, b $\in$ A. Dies prüft der Leser nacheinander, indem er feststellt, daß dies gerade die Aussage der Axiome (A3)–(A6) ist. Zu **L** gehört nun auch die Formel $(r \wedge p \to q) \leftrightarrow (r \to p \to q)$ (Deduktionstheorem verwenden!). Für die **L**-Algebra A bedeutet dies offenbar die Aussage (∗) $c \wedge_A a \leq b \Leftrightarrow c \leq a \to_A b$. Mit anderen Worten $a \to_A b$ ist das Implement von a zu b (siehe Anhang), und die Algebra A ist ein implementierter Verband bzgl. der Funktionen $\cap := \wedge_A$, $\dashv := \to_A$. Sei ferner $\sim := \neg_A$. Wegen des Axioms (A7j) gilt in A $a \dashv \sim b \leq b \dashv \sim a$; aus Symmetriegründen folgt hieraus

(∗∗) $a \dashv \sim b = b \dashv \sim a$.

Nun gilt auch umgekehrt: Ist A ein implementierter Verband mit einer zusätzlichen Funktion $\sim$ mit der Eigenschaft (∗∗), so ist A eine **Lj**-Algebra. Damit sind die **Lj**-Algebren vollständig gekennzeichnet. Außerdem gilt nach dem Darstellungssatz, daß eine Logik **L** in den Funktoren $\neg, \wedge, \vee, \to$ dann und nur dann eine J-Logik ist, wenn **L** = **LA** für eine gewisse J-Algebra A. Die **Li**-Algebren, d.h. die reduzierten Matrizen für die intuitionistische Logik **Li**, unterscheiden sich nur dadurch von den J-Algebren, daß sie ein kleinstes Element **0** besitzen, und daß $\sim a = a \dashv$ **0** (siehe Kap. V). ●

In Kap. II wurde dargelegt, daß der Verband $\mathcal{E}$**L** der Erweiterungen von **L** mit demselben Regelsystem mit $D\ell_{\vdash_*}$ übereinstimmt, wobei $\vdash := \vdash_{\mathbf{L}}^{R}$. Im besonderen gilt dies für implikatives **L** mit $R = R^e$. Ist **L** positiv implikativ, so ist $\vdash$ gerade das deduktionstheoretische **L**-System. Für einen solchen Fall wurde in Kap. II gezeigt, daß $\mathcal{E}$**L** $= D\ell_{\vdash_*}$ distributiv ist. Das Argument beruhte wesentlich auf

(1) $C_{\vdash} X \cap C_{\vdash} Y = C_{\vdash} \{(P \to R) \to (Q \to R) \to R \mid P \in X; Q \in Y; R \in \mathcal{L}\}$.

Diese Darstellung beruht ihrerseits auf dem Deduktionstheorem. Nun kann (1) schon unter wesentlich schwächeren Voraussetzungen bewiesen werden. Ohne daß wir diese hier erörtern, sei darauf hingewiesen, daß sie z.B. auch den Durchschnitt der Minimallogik mit der unendlichwertigen ŁUKASIEWICZschen Logik zutreffen. Dieser ist zwar implikativ, doch nicht positiv implikativ.

Es wäre wünschenswert, natürliche und möglichst schwache Bedingungen für eine Logik **L** mit $\to$ anzugeben, die sichern, daß $\mathcal{E}$**L** distributiv ist. Vermutlich ist $\mathcal{E}$**L** nicht für alle implikativen **L** distributiv.

Die in diesem Buch genauer untersuchten Logiken **L** sind sämtlich positiv implikativ. In einem solchen Fall ist also $\mathcal{E}$**L** ein vollständiger distributiver Verband, dann auch implementär ist (Anhang). Im besonderen betrifft dies alle Verbände von Modal- und Zeitlogiken (Kap. IV) und den Verband der intermediären Logiken (Kap. V).

Das anfangs beschriebene Konstruktionsverfahren einer L-Algebra aus der freien L-Matrix für eine implikative Logik L läßt sich verallgemeinern. Diesem Zweck dient die folgende

> **Definition.** Sei R eine Menge L-zulässiger sequentieller Regeln einer implikativen Logik L. Eine L-Matrix M heißt R-*regulär*, wenn in M alle Regeln aus R gelten (d.h. wenn $\vdash_L^R \subseteq \vDash^M$). M heißt *regulär*, wenn M R^e-regulär ist, wobei R^e die Menge der unter (b) und (c) der Definition implikativer Logiken erwähnten Regeln bezeichnet. M heißt *vollregulär*, wenn M R^a-regulär ist für die Menge R^a aller für L zulässigen sequentiellen Regeln.

L-Algebren sind regulär. Die freie L-Matrix ist Beispiel einer vollregulären L-Matrix.

Es ist unschwer zu prüfen, daß die Konstruktion einer L-Algebra aus einer beliebigen regulären L-Matrix M genau so gelingt wie im Text für den Sonderfall der freien L-Matrix. Die in dieser Weise aus M durch Faktorisierung gewonnene L-Algebra M* heiße die *Reduzierte von* M. Weil M* invariantes homomorphes Bild von M ist, gilt $\vDash^M = \vDash^{M*}$. Wir bemerken ferner, daß M* = M, falls M selbst schon eine L-Algebra ist.

Die Klasse **Md** L der L-Algebren ist wegen der Allgemeinheit implikativer Logiken zwar abgeschlossen gegenüber direkten Produkten und Subalgebren, i.a. jedoch nicht gegenüber Homomorphismen (sie ist eine sogenannte Quasivarietät). Von besonderer Bedeutung für das folgende sind indes die positiven implikativen Logiken. Für diese Logiken L ist die Klasse **Md** L abgeschlossen gegenüber Homomorphismen. Dies kann der Leser sich leicht an den Beispielen **Lk** und **Lj** verdeutlichen (allgemeiner Nachweis Übung 5).

Eine ergänzende Bemerkung betreffend die Kompliziertheit adäquater L-Algebren für vorgegebenes implikatives L. Die freie L-Algebra Θ_L wird offenbar von den abzählbar vielen Elementen $\bar{p}$ erzeugt ($\bar{p}$ ist die Kongruenzklasse von $p \in V$). Es ist daher nicht zu erwarten, daß eine implikative Logik immer eine endlich erzeugte, geschweige denn eine endliche L-adäquate L-Algebra besitzt. Ausgehend von der Folge Λ_L^n (Bemerkung S. 124) konstruiert man jedoch leicht eine L-adäquate Folge $\Theta_L^n = (\Lambda_L^n)^*$ ($n = 1, 2, \ldots$) von endlichen erzeugten L-Algebren, denn es gilt

$$P \in L \quad \text{gdw} \quad P \in L\,\Theta_L^n \quad \text{für } n = 1, 2, \ldots$$

Θ_L^n wird von n Elementen erzeugt und heißt die n-*freie L-Algebra*. Diese Bemerkung ist wichtig für Kap. IV und V. Wichtig ist ferner: Ist $A \in$ **Md** L, $A = A\langle \{a_i \mid i \in \omega\}\rangle$, m.a.W. ist A *abzählbar erzeugt*, so $A \in$ **H** Θ_L (d.h. A ist homomorphes Bild von Θ_L). Denn wegen $P \equiv_L Q \Rightarrow \mathrm{val}_\alpha P = \mathrm{val}_\alpha Q$ ($\alpha p_i = a_i$) ist $h: \bar{P} \mapsto \mathrm{val}_\alpha P$ sinnvoll erklärt und offenbar Homomorphismus von Θ_L auf A. Speziell folgt hieraus **Md**^{n}L $\subseteq$ **H** Θ_L^n, wobei **Md**^{n}L $:= \{A \in$ **Md** L $\mid A = A\langle E\rangle$ für gewisses $E \subseteq A$ mit $|E| = n\}$ die Klasse aller n-elementig erzeugten L-Algebren ist. Beispiel einer Anwendung: $|\Theta_{Lk}^n| = 2^{2^n}$ (Kap. I). **Md Lk** besteht gerade aus den n-elementig erzeugten $B \in$ **BA** (Übung 1); als homomorphes Bild von Θ_{Lk}^n hat B daher höchstens 2^{2^n} Elemente. Vgl. auch Übung 3, S. 116.

Übungen

1. Die klassische Logik **Lk** ist implikativ. Man zeige, die **Lk**-Algebren sind gerade die normierten Booleschen Matrizen (unter Einschluß des relativen Komplements $\to$: $a \to b = \setminus a \cup b$).

   Hinweis. Überlegung wie im Beispiel dieses Abschnitts.

2. Sei **Lp** die Logik von $\models^{\to, \wedge, \vee}$ (*positive Logik* oder HILBERT-Logik). Man zeige, die **Lp**-Algebren sind identisch mit den implementierten Verbänden.

3. Sei **L** implikativ und M reguläre **L**-Matrix. Man zeige

   $$\equiv: a \equiv b \quad \text{gdw} \quad a \to_M b, \ b \to_M a \in M^+ \quad (a, b \in M)$$

   ist eine invariante Kongruenz in M und die Faktormatrix $M^* = M/\!\equiv$ ist eine **L**-Algebra (für die dann offenbar $\models^M = \models^{M^*}$ gilt).

4. Sei **L** positiv implikativ und $A \in$ **Md L**. Man zeige

   (a) $1 \to a = a \quad (\to := \to_M)$

   (b) $a \to b \mathrel{\vdots} (b \to a) \to a = b \to a \mathrel{\vdots} (a \to b) \to b$

   (c) $a \to b \equiv 1 \equiv b \to a \iff a \equiv b \quad (\equiv \text{ Kongruenz in } A)$

   Hinweis für (a): $(q \to q) \to p \equiv_L p$ (Deduktionstheorem). Für (b) betrachte man entsprechende Äquivalenz. (c): $a = 1 \mathrel{\vdots} 1 \to a \equiv a \to b \mathrel{\vdots} (b \to a) \to a =$
   $= b \to a \mathrel{\vdots} (a \to b) \to b \equiv 1 \mathrel{\vdots} 1 \to b = b$. Umkehrung $a \equiv b \Rightarrow a \to b \equiv a \to a = 1$.

5. Sei **L** positiv implikativ. Man zeige **Md L** ist abgeschlossen gegenüber Subalgebren, direkten Produkten und Homomorphismen.

   Hinweis. Für letzteres verwende man Resultate der Übung 4.

Vollständigkeitssatz für das regulare L-System – R-Filter

Auch für implikative Logiken **L** gibt es i.a. zahllose **L**-Systeme, d.h. deduktive Systeme $\vdash$ mit $L_\vdash = L$. Das deduktionstheoretische **L**-System muß dabei nicht einmal existieren (Beispiel: $L = LD_\varrho$). Eines der **L**-Systeme ist jedoch aufgrund der formalen Definition implikativer Logiken besonders ausgezeichnet, nämlich das System $\vdash := \vdash_L^{R^e}$. $\vdash$ heiße das *regulare L-System*. Die $\vdash$-Matrizen sind gerade mit den regulären Matrizen für **L** identisch, weil in diesen gerade die Regeln aus R^e gelten.

> **Definition.** Sei **L** implikativ. *Aus X folgt P im algebraischen Sinne*, symbolisch $X \models^L P$, wenn $X \models^A P$ für jede **L**-Algebra A.

Vollständigkeitssatz für das regulare System. Sei **L** implikativ. Dann ist $X \vdash^L P \iff X \models^L P$.

Beweis. Wir haben folgende Äquivalenzkette

$X \vdash^L P$ gdw $X \models^M P$ für alle $M \in$ **Mt** $\vdash^L$ (Vollständigkeitssatz S. 125)

  gdw $X \models^{M^*} P$ für alle $M \in$ **Mt** $\vdash^L$ (M^* die Reduzierte von M)

  gdw $X \models^A P$ für alle $A \in$ **Md L**   (**Md L** $= \{ M^* \mid M \in$ **Mt** $\vdash^L \}$). ●

Sei **Mk L** $:=$ **Md L** $\cap$ **Mc L**. Die $A \in$ **Mk L** seien die *kompakten L-Algebren* genannt. Mit demselben Argument wie eben erhält man folgende Verschärfung des letzten Satzes

Satz. $\vdash^L = \cap \{ \models^A \mid A \in$ **Mk L** $\}$.

Die **Lk**-Algebren (d.h. die Booleschen Algebren) sind sämtlich kompakt. Doch gilt dies z.B. nicht für alle **Lj**-Algebren.

Die Logik **L** hat eine adäquate **L**-Algebra. Hingegen gibt es nicht immer auch eine $\vdash^L$-adäquate **L**-Algebra. Für die Existenz einer solchen Algebra ist hinreichend und notwendig, daß $\vdash^L$ uniform ist. In der Tat, ist $\vdash^L$ uniform, so $\vdash^L = \models^M$ für gewisses $M \in$ **Mt L**.

Nun ist M offenbar regulär. Daher ist $\vdash^L = \models^M = \models^A$, wobei $A \in$ **Md L** die Reduzierte von A ist.

So ist z.B. das intuitionistische System $\vdash^i$ uniform. Weil $\vdash^i = \vdash^{Li}$, gibt es demnach eine $\vdash^i$-adäquate **Li**-Algebra. Eine solche Algebra ist — anders als die **Li**-adäquate TARSKI-Algebra — nachweislich überabzählbar (siehe Kap. V).

Ein anderes ausgezeichnetes **L**-System ist das Extensionssystem $\vdash^L_*$ (siehe Kap. II). Die abgeschlossenen Mengen dieses Systems entsprechen gerade den Logiken des Verbandes $\mathcal{E}$**L** der Erweiterungen von **L**.

Wir führen jetzt einen nützlichen Begriff ein, der es uns ermöglicht, die allgemeine Theorie der deduktiven Systeme weit über ihren ursprünglichen Zweck hinaus auszunutzen.

Definition. Sei M eine **L**-Matrix und R eine Menge sequentieller Regeln.
$F \subseteq M$ heißt ein R-*Filter*, wenn $M^+ \subseteq F$ und wenn für jede Regel $\rho \in R$ und jede Belegung $\alpha: V \to M$ gilt: Ordnet α den Prämissen von ρ Werte aus F zu, so liegt auch der Wert ihrer Konklusion in F.

So ist z.B. $F \supseteq M^+$ genau dann ein MP-Filter, wenn $a, a \to_M b \in F \Rightarrow b \in F$. Wenn M R-regulär ist, so ist M^+ selbst Beispiel eines R-Filters. Ist M eine **Lk**-Algebra, so ist $\{ 1 \}$ Beispiel eines MP-Filters. Nun sieht man sofort, daß der Durchschnitt von R-Filtern wieder ein R-Filter ist. Daher kann man das von einer Teilmenge $E \subseteq M$ *erzeugte* R-Filter $F \langle E \rangle$ betrachten, das kleinste, E enthaltende R-Filter.

Definition. Sei R eine Menge sequentieller Regeln, M eine Matrix. $a \in M$ heißt eine R-*Folgerung* von $E \subseteq M$, symbolisch $E \vdash^R_M a$, wenn $a \in F \langle E \rangle$. $\vdash^R_M$ heißt auch das R-*Filtersystem* von M.

Man stellt nämlich mühelos fest, daß die Relation $\vdash^R_M$ alle Eigenschaften eines deduktiven Systems (siehe Kap. II/§ 3) hat. Der Unterschied zu den üblichen Systemen dieser Art ist nur der, daß die Grundobjekte jetzt keine Formeln, sondern Elemente von M sind. Das ist jedoch ohne Belang für die allgemeinen Begriffe und Sätze über deduktive Systeme. So dürften wir in analoger Übertragung der Bezeichnung von relativ bzw. absolut maximalen Teilmengen von M reden (alles bezogen auf fest gewähltes R).

Ist $E \vdash_M^R a$, so läßt sich E in ein a-maximales $U \supseteq E$ einbetten. U ist, weil abgeschlossen, sogar ein R-Filter; diese nämlich sind identisch mit den abgeschlossenen Mengen des Filtersystems $\mathcal{F}_M^R$. Im Einzelfall kommt es nur darauf an, R geeignet zu wählen (z.B. R = {MP}). Dann erweist sich die Filterkonsequenz als ein mächtiges Werkzeug, z.B. für den Beweis von Repräsentationssätzen. Wir werden dies an späteren Stellen des Buches häufig nutzen.

Übungen

1. Man zeige, das regulare Lk-System $\vdash^{Lk}$ ist identisch mit $\vdash^k$, und ferner, für eine J-Logik L ist das regulare L-System mit dem deduktionstheoretischen L-System identisch.

2. Sei A eine reduzierte Lk-Matrix, d.h. eine normierte Boolesche Matrix. Man zeige, das MP-Filtersystem $\mathcal{F}_A$ hat alle Eigenschaften des S-Kalküls. Daraus folgt, daß $\mathcal{F}_A$ absolut ist (die Einbettung einer a-konsistenten Menge $E \subseteq A$ in eine maximale Menge $U \supseteq E$ besagt nicht anderes als die Existenz eines a auslassenden E erweiternden Ultrafilters auf A).

3. Eine Teilmenge $F \subseteq A$ einer L-Algebra (L implikativ) heiße ein *Kongruenzfilter* (auch *Kern* einer Kongruenz genannt), wenn $F = \{x \in A \mid x \equiv 1\}$ für eine gewisse Kongruenz $\equiv$ in A. Man zeige, ein R^e-Filter ist ein Kongruenzfilter. Ferner zeige man, ist L positiv implikativ, dann ist jedes Kongruenzfilter auch R^e-Filter.

   Hinweis. Ist F R^e-Filter, dann ist folgende Relation

   $$\equiv : a \equiv b \quad \text{gdw.} \quad a \to_A b, \, b \to_A a \in F \quad (a, b \in A)$$

   Kongruenz in A mit dem Kern F. Beachte auch Übung 4, S. 137.

4. Man zeige, in Lj-Algebren sind Kongruenzfilter mit MP-Filtern identisch (insbesondere gilt dies für Lk-Algebren).

   Hinweis. Gemäß Anhang ist $F \subseteq A$ Kongruenzfilter in einem implementierten Verband genau dann, wenn $1 \in F$ und $a, a \dashv b \in F \Rightarrow b \in F$; dasselbe gilt auch für Lj-Algebren.

5. Sei $A \in \mathbf{Md}\,L$, L positiv implikativ, X eine relativ maximale Menge des Filtersystems $\mathcal{F} := \mathcal{F}_A^{R^e}$. Man zeige, die Faktormatrix von A nach der Kongruenz

   $$\equiv : a \equiv b \quad \text{gdw.} \quad a \to_A b, \, b \to_A a \in X \quad (a, b \in A)$$

   ist s.i. (subdirekt irreduzibel).

   Hinweis. Ist X relativ maximal bzgl. $\mathcal{F}$, so ist X voll irreduzibel in $D\ell_{\mathcal{F}}$.

Konservative Logiken

Eine implikative Logik L, deren Funktorbasis Φ die klassischen Funktoren $\neg, \wedge, \vee, \rightarrow$ enthält, heiße *konservativ* (oder auch eine *konservative Erweiterung der klassischen Logik*), wenn L die Schemata (A1)–(A7k) umfaßt. Der Name rührt daher, daß (für konsistentes L) $P \in L \Leftrightarrow P \in Lk$ für Formeln P, die höchstens die Funktoren $\neg, \wedge, \vee, \rightarrow$ enthalten. $P \in Lk \Rightarrow P \in L$ ist klar. Ferner erinnern wir uns, daß Lk POST-vollständig ist. Wäre also $P \in L$ und zugleich $P \notin Lk$ für eine derartige Formel, so könnte man mittels der für L gemäß Voraussetzung zulässigen Regel MP alle Formeln aus L herleiten, was der Konsistenz von L widerspricht. Beispiel einer konservativen Logik ist die bereits mehrfach erwähnte Logik S4.

Bemerkung. Die angegebene Definition mag vielleicht insofern etwas eingeschränkt empfunden werden, als konservativ bei uns a fortiori implikativ bedeutet. Denn einige Modallogiken haben nicht die Ersetzungseigenschaften implikativer Logiken, bewahren aber die klassischen Tautologien in demselben Sinne wie die konservativen Logiken im obigen Sinne. Wir sprechen in diesen allgemeineren Fällen von *klassisch fundierten Logiken.* Der Grund für unsere Terminologiewahl liegt in der hervorragenden Bedeutung der konservativen Logiken im obigen Sinne unter allen klassisch fundierten Logiken. Wir weisen in diesem Zusammenhang auf gewisse Unterschiede zu der von SEGERBERG [71] verwendeten Terminologie hin. •

Die Äquivalenz $P \in L \Leftrightarrow P \in Lk$ für Formeln P in $\neg, \wedge, \vee, \rightarrow$ läßt die Frage entstehen, ob ein zusätzlicher Funktor in einer konservativen Logik L überhaupt etwas wesentliches bewirkt. Denn die klassische Matrix ist ja funktional vollständig und das Hinzufügen z.B. eines einstelligen Funktors $\square$ könnte in dem Sinne überflüssig sein, daß $\square p \equiv_L Q$ für eine gewisse Formel Q in $\neg, \wedge, \vee, \rightarrow$ allein.

Das wäre jedoch ein Trugschluß. Es ist vielmehr so, daß schon durch die Hinzufügung eines einzigen einstelligen Funktors eine praktisch unübersehbare Vielzahl von konservativen Logiken konstruiert werden kann. Ein einfaches konkretes Beispiel geben wir unten. Mehr noch, nahezu alle unter dem Oberbegriff der Aussagenlogik zusammengefaßten Logiken ließen sich in einer solchen aussagenlogischen Sprache durch geeignete Definition ihrer Funktoren interpretieren.

Um die L-Algebren für konservative Logiken zu beschreiben, verwenden wir den Begriff einer *expandierten Booleschen Algebra* B: Zu den Booleschen Operationen $\setminus, \cap, \cup, \rightarrow$ gesellen sich noch weitere Operationen über B, die hinsichtlich Anzahl und Stellenzahl gerade der den Betrachtungen zugrundeliegenden Funktorbasis Φ entsprechen. Der kürzeren Schreibweise wegen heiße B eine Φ**BA**. Zugleich bezeichnet Φ**BA** auch die Klasse der gemäß der erweiterten Funktorbasis Φ expandierten Booleschen Algebren. Ferner vereinbaren wir, mit $\overset{\circ}{B}$ das *Boolesche Redukt* von $B \in \Phi$**BA** zu bezeichnen, d.h. wir streichen alle Funktionen φ_B für $\varphi \in \Phi \setminus \{\neg, \wedge, \vee, \rightarrow\}$ von der Liste der Grundfunktionen von B. Beispiele für expandierte Boolesche Algebren wird der Leser in Form der Modalalgebren noch in ausreichender Anzahl kennenlernen (siehe auch das Beispiel unten).

Der Bereich konservativer Logiken ist unvorstellbar groß und noch wenig erforscht. Er umfaßt Logiken unter Einschluß zusätzlicher binärer Funktoren mit temporalen, kausalen oder deontischen Aspekten. Mit ihrer Hilfe lassen sich intensionale Aspekte der natürlichen Sprache modellieren, von denen die klassische, und auch die traditionellen nichtklassischen Logiken (z.B. die intuitionistische) abstrahieren müssen[1]).

Nunmehr können wir gleich das Hauptergebnis dieses Abschnitts formulieren.

Darstellungssatz. Sei Φ eine $\neg, \wedge, \vee, \rightarrow$ einschließende Funktorbasis. Eine Logik L (auf der Basis von Φ) ist dann und nur dann konservativ, wenn $L = LB$ für gewisses $B \in \Phi\mathbf{BA}$.

Beweis. Daß LB konservativ ist, rechnet man mühelos nach. Umgekehrt, ist L konservativ, so ist nach dem allgemeinen Darstellungssatz für implikative Logiken $L = LB$ für eine gewisse L-Algebra B. Diese muß wegen $Lk \subseteq L$ aber hinsichtlich der Operationen $\cap = \wedge_B, \ldots \setminus = \neg_B$ eine Boolesche Algebra sein, denn allein schon die Lk-Algebren sind Boolesche Algebren. ●

Anschließend wollen wir noch das in gewissem Sinne einfachste Beispiel eine konservative Logik mit zusätzlichem einstelligen Funktor □ angeben, in der □ durch $\neg, \wedge, \vee, \rightarrow$ nicht definierbar ist. Allgemein heißt □ in L durch $\neg, \wedge, \vee, \rightarrow$ *definierbar,* wenn $\square p \equiv_L Q(p)$ für eine Formel Q mit der einzigen Variablen p und den Funktoren $\neg, \wedge, \vee, \rightarrow$.

Beispiel. Sei B die vierelementige $\mathbf{BA}$, $B = \{1, 2, 3, 0\}$. B' bezeichne die Expansion von B um die Funktion $\blacksquare: B \rightarrow B$ mit $\blacksquare 1 = 1, \blacksquare a = 0$ für alle $a \neq 1$. Sei $L = LB'$ und sei $\square p \equiv_L Q(p)$ angenommen für gewisses Q in den Funktoren $\neg, \wedge, \vee, \rightarrow$. Daraus folgt leicht $\blacksquare a = val_a \, Q(p)$ für alle $a \in B$, d.h. die Repräsentierbarkeit von $\blacksquare$ im Booleschen Redukt B von B'. Nun ist die Abbildung h mit $h1 = 1, h2 = 1, h3 = 0, h0 = 0$ ein Homomorphismus von B auf $\mathbf{2}$, jedoch ist $h \blacksquare 2 = h0 = 0$, aber $\blacksquare h2 = \blacksquare 1 = 1$. Also ist h kein Homomorphismus von B'. Folglich kann nach Übung 4, S. 131 die Funktion $\blacksquare$ nicht repräsentiert werden. Die vierwertige Logik LB' ist bereits in den Anfängen der Modallogik diskutiert worden (vgl. LEWIS/LANGFORD [32], Seite 412) und heiße die *Logik einer alternativen Situation* (Kap. IV).

Übungen

1. Sei L eine konservative Logik mit einem zusätzlichen einstelligen Funktor □. Dieser heißt *wesentlich nicht definierbar in* L, wenn er in keiner konsistenten Erweiterung L' von L definierbar ist. Man konstruiere eine konservative Logik in $\wedge, \vee, \neg, \square$ über der vierwertigen Booleschen Matrix B mit zusätzlicher Funktion, in welcher □ bzgl. $\wedge, \vee, \neg$ wesentlich nicht definierbar ist.

   Hinweis. Man setze $\blacksquare 1 = 2, \blacksquare 2 = 0, \blacksquare 0 = 3, \blacksquare 3 = 1$ (siehe Figur)

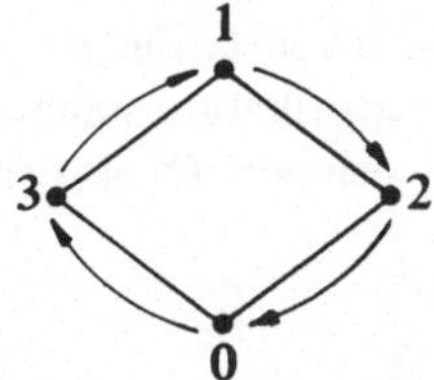

---

[1]) Konservative Logiken unter Einschluß binärer Funktoren mit deontischen bzw. temporalen Aspekten werden z.B. in LEWIS [74] und Von WRIGHT [68] betrachtet.

2. Ein strukturelles deduktives System $\vdash$, dessen Funktoren $\neg, \wedge, \vee, \rightarrow$ einschließen, heißt konservativ, wenn $X \vdash^k P \Leftrightarrow X \vdash P$ für Formelmengen X und Formeln P, welche nur die Funktoren $\wedge, \vee, \rightarrow, \neg$ enthalten. Man zeige (a) $L_\vdash$ ist konservative Erweiterung von **Lk**. (b) das zu einer konservativen Logik L passende deduktionstheoretische System $\vdash^L$ ist ein konservatives L-System. (c) für das System $\vdash^L$ gelten alle Regeln des natürlichen Schließens der klassischen Logik (Regeln des S-Kalküls). Insbesondere ist $\vdash^L$ damit absolut.

3. Sei **L** konservativ und $A \in$ **Md** **L**. Man zeige, daß MP-Filtersystem $\mathcal{f}_A$ hat alle Eigenschaften des S-Kalküls und ist damit absolut. Ferner zeige man, die maximalen Mengen U von $\mathcal{f}_A$ stimmen mit den Ultrafiltern des Booleschen Redukts von A überein, d.h. sie haben die Eigenschaften $[k \cap]$, $[k \cup]$, $[k \setminus]$, $[k \rightarrow]$, siehe Anhang. Diese U heißen auch *Boolesche Ultrafilter* von A.

4. Sei $A \in \Phi$**BA** und $\overset{\circ}{F\ell}\, A$ der Verband der MP-Filter. Man zeige, $\overset{\circ}{F\ell}\, A$ ist distributiv. Ist insbesondere A die TARSKI-Algebra einer konservativen Logik der Funktorbasis Φ, so heißt $F \in \overset{\circ}{F\ell}\, A$ *strukturell*, wenn $\overline{P} \in F \Rightarrow \overline{sP} \in F$ ($\overline{P}$ Äquivalenzklasse der Formel P, s Substitution). Man zeige ferner, die strukturellen Filter bilden einen Subverband $\overset{\circ}{F\ell}{}^* A$ von $\overset{\circ}{F\ell}\, A$.

5. Man zeige, die konservativen Logiken der Funktorbasis $\Phi \supseteq \{\neg, \wedge, \vee, \rightarrow\}$ bilden einen distributiven Verband $\mathscr{C}_\Phi$.

   Hinweis. $\&$**L** ist distributiv für jede positiv implikative Logik, siehe S. 135.

POST-vollständige Erweiterungen

Eine konsistente strukturelle Logik $L_0 = L(A, R)$ mit dem sequentiellen Regelsystem R bestimmt den Verband $\&L_0$ (genauer $\&_R L_0$) der Erweiterungen von L_0 bzgl. R. Beispiele sind die verschiedenen Typen implikativer Logiken und die in § 5 betrachteten Verbände modaler Logiken. Die unmittelbaren Vorgänger des Einselements $\mathcal{L}$ von $\&L_0$ bilden gerade die POST-vollständigen Erweiterungen von L_0 bzgl. R, deren Gesamtheit mit PcL_0 bezeichnet sei. Jedes $L \in \&L_0 \setminus \mathcal{L}$ ist in einem $L' \in PcL_0$ enthalten. Die Anzahl der $L \in PcL_0$ heißt die *POST-Zahl* von L_0. Diese läßt sich unter gewissen Voraussetzungen mit folgender Methode bestimmen, die für den Spezialfall modaler Logiken auf MAKINSON/SEGERBERG [74] zurückgeht. Für zahlreiche Anwendungsfälle sind folgende Voraussetzungen bequem:

(a) L_0 ist implikativ.[1]

(b) $\mathcal{L}$ enthält ein 0-stelliges Symbol 0 und die Regel $\dfrac{\vdash 0}{\vdash P}$ gehört zu R.

Es sei $\mathcal{L}^0$ die Menge der variablenfreien Formeln von $\mathcal{L}$. Für $A \in$ **Md** L_0 bezeichnet $Q \in \mathcal{L}^0$ offenbar ein gewisses Element von A. Nach Identifikation solcher Formeln in $\mathcal{L}^0$, die die gleichen Elemente von A bezeichnen, läßt sich von $\mathcal{L}^0$ als der kleinsten Subalgebra von A sprechen.

---

[1] Diese Voraussetzung ist nicht wesentlich. Nur muß man dann im Satz unten die Voraussetzung so formulieren, daß A irgendeine für L adäquate R-reguläre Matrix ist.

Satz. Es gibt eine umkehrbare Korrespondenz zwischen den Logiken $L \in PcL_0$ und den maximalen R-Filtern der kleinsten Subalgebra A^0 von A, wobei A irgendeine adäquate L_0-Algebra ist.

Beweis. Offenbar ist $Q \in L_0 \Leftrightarrow Q \in A^+$ für alle $Q \in \mathcal{L}^0$. Sei $L \in PcL_0$ und $L^0 = L \cap \mathcal{L}^0$. L^0 ist ein R-Filter in A^0, wie man leicht prüft. Ist $Q \in \mathcal{L}^0 \setminus L^0$, so ist $L(Q)$ (= kleinste Q enthaltende Erweiterung von L in $\&L_0$) inkonsistent, denn $L \in PcL_0$. Daher ist $L; Q = Sb(L; Q) \vdash 0$ mit $\vdash := \vdash_L^R$. Nun ist $\vdash$ strukturell. Substitution von 0 für alle Variablen ergibt $L^0; Q \vdash 0$, d.h. 0 gehört zu dem von $L^0; Q$ in A^0 erzeugten R-Filter. Folglich ist L^0 maximales R-Filter. Ist ferner F irgendein maximales R-Filter in A^0, wobei wir uns alle Elemente von F als Formeln $\in \mathcal{L}^0$ geschrieben denken, so ist $L_0(F)$ konsistent, denn $L_0(F) \vdash 0$ ergibt nach Substitution $F \vdash 0$. Folglich besitzt $L_0(F)$ eine POST-Vervollständigung L und es ist $L^0 = F$. Bleibt noch zu zeigen: Ist $L_1, L_2 \in PcL_0$ und $L_1 \neq L_2$ so ist $L_1^0 \neq L_2^0$. Wegen $L_1, L_2 \in PcL_0$ ist $L_1 \sqcup L_2 = \mathcal{L}$. Also existiert eine Herleitung von 0 aus $L_1^0 \sqcup L_2^0$, d.h. $L_1^0 \sqcup L_2^0 \vdash 0$. Dann aber ist $L_1^0 = L_2^0$ unmöglich, sonst nämlich wäre schon $L_1^0 \vdash 0$. •

Im besonderen folgt hieraus, daß eine implikative Logik L_0 mit endlicher adäquater Matrix nur endlich viele POST-Vervollständigungen besitzt, obwohl der Verband aller Erweiterungen von L_0 selbst unendlich sein kann. In vielen Fällen der praktischen Anwendung empfielt es sich, die 0-freie L_0-Algebra Λ^0 und deren maximale Filter zu bestimmen. Ist L_0 konservativ und $R = \{MP\}$, so sind die maximalen Filter von Λ^0 nichts anderes als die Ultrafilter der Booleschen Algebra Λ^0. Zur Berechnung von deren Anzahl in einigen komplizierteren Fällen modaler Logiken sei auf SAMBIN/VALENTINI [78] verwiesen.

Übungen

1. Sei L_0 eine (konsistente) intermediäre Logik. Man zeige $Pc\,L_0 = \{Lk\}$.

   Hinweis. Ist A L_0-adäquat, so ist A ein implementierter Verband $\neq \mathbf{1}$, deren kleinste Subalgebra $\mathbf{2}$ ist.

2. Die konservativen Logiken in den Funktoren $\neg, \wedge, \vee, \rightarrow, \square$ ($\square$ einstellig) bilden den Verband $\mathscr{C}$ der konservativen Modallogiken (vgl. § 5). Fügt man 0 als 0-stelligen Funktor hinzu, so wird durch die Axiome $\square(p \rightarrow q) \rightarrow \square p \rightarrow \square q$ und $\neg \square 0$, sowie die Regeln $\dfrac{\vdash 0}{\vdash P}$ und $\dfrac{\vdash P}{\vdash \square P}$ eine Logik $L_0 \in \mathscr{C}$ definiert, die identisch ist mit der später definierten deontischen Logik D. Man zeige, L_0 hat innerhalb $\mathscr{C}$ nur die Postvervollständigung $L\,\mathbf{2}_{10}$, wobei $\mathbf{2}_{10}$ die klassische Matrix, expandiert um die Funktion $\blacksquare$ mit $\blacksquare 1 = 1$, $\blacksquare 0 = 0$ ist.

3. Sei L strukturell und $R \subseteq \mathcal{L}_p^s$ eine Menge für L zulässiger Regeln. L heiße *POST-stabil* bzgl. R, wenn für alle $S \supseteq R$, so daß alle $\sigma \in S \subseteq \mathcal{L}_p^s$ zulässig sind für L, gilt, daß $Pc_R L = Pc_S L$. Man zeige $Pc_{MI}\,LD_\varrho = \{Lk\}$ und LD_ϱ ist POST-stabil bzgl. MI (ebenso bzgl. MP).

   Hinweis. $\mathbf{2}$ ist kleinste Subalgebra von D_ϱ und $\{1\}$ ist einziges echtes Filter.

4*. Man zeige, $\mathscr{C}$ enthält überabzählbar viele POST-vollständige Logiken.

   Hinweis. Die 0-freie Algebra für die kleinste Logik in $\mathscr{C}$ ist eine unendliche Boolesche Algebra mit überabzählbar vielen Ultrafiltern.

§ 5 Modale und multimodale Algebren

Im Hinblick auf Kap. IV entwickeln wir nun die Theorie der modalen Matrizen, insbesondere für normale Modallogiken. Wir empfehlen dem Leser paralleles Arbeiten in Kap. IV, denn hier wird nur der algebraisch-semantische Aspekt modaler Logik behandelt. Ihren philosophischen und sachlichen Hintergrund diskutieren wir erst in Kap. IV.

Konservative Modallogiken und Modalalgebren

Den Modallogiken liegt eine Funktorbasis Φ, bestehend aus den üblichen Funktoren $\wedge, \vee, \neg, \to$ und einem zusätzlichen einstelligen Funktor $\square$ zugrunde. Es ist dies der Prototyp einer *multimodalen* Funktorbasis ($\wedge, \vee, \neg, \to$ und mehrere zusätzliche einstellige Funktoren). Die Formeln in $\wedge, \vee, \neg, \to, \square$ bezeichnen wir auch als die *modalen Formeln*. $\mathcal{L}$ bezeichnet jetzt die Menge aller modalen Formeln.

> **Definition.** Eine Modallogik **L** ist eine strukturelle Logik in den Funktoren $\neg, \wedge, \vee, \to, \square$, so daß
>
> (a) $\mathbf{Lk} \subseteq \mathbf{L}$
> (b)   **L** ist abgeschlossen gegenüber der Regel MP.
>
> Ist **L** auch abgeschlossen gegenüber ME: $\dfrac{P \to Q \mid Q \to P}{\square P \to \square Q}$, heiße **L** *konservativ*.

$\mathscr{A}$ bezeichne die Menge aller Modallogiken, $\mathscr{C}$ die Menge aller konservativen Modallogiken. Jedes $\mathbf{L} \in \mathscr{C}$ ist eine konservative Erweiterung der klassischen Logik und damit implikativ. Folglich ist eine **L**-Algebra eine Boolesche Algebra **B** mit einem zusätzlichen Operator $\blacksquare: \mathbf{B} \to \mathbf{B}$.

> **Definition.** Eine Boolesche Algebra **B** mit einem zusätzlichen Operator $\blacksquare: \mathbf{B} \to \mathbf{B}$ heißt eine *Modalalgebra* oder eine **OBA**.

Einfachste Beispiele sind die vier zweielementigen **OBA**'s, nämlich die Expansionen $\mathbf{2}_1, \mathbf{2}_{10}, \mathbf{2}_0, \mathbf{2}_{01}$ der klassischen Matrix $\mathbf{2}$ um die Funktionen $\blacksquare_1$ ($\blacksquare_1 1 = 1, \blacksquare_1 0 = 1$); $\blacksquare_{10}$ ($\blacksquare_{10} 1 = 1, \blacksquare_0 \blacksquare_{10} 0 = 0$); $\blacksquare_0$ ($\blacksquare_0 1 = \blacksquare_0 0 = 0$); $\blacksquare_{01}$ ($\blacksquare_{01} 1 = 0, \blacksquare_{01} 0 = 1$). Es ist nun leicht zu sehen, daß die Logik **LA** für beliebiges $\mathbf{A} \in \mathbf{OBA}$ auch zu $\mathscr{C}$ gehört. Daher ergibt sich folgender

Darstellungssatz. **L** ist genau dann eine konservative Modallogik, wenn $\mathbf{L} = \mathbf{LA}$ für gewisses $\mathbf{A} \in \mathbf{OBA}$.

$\mathscr{C}$ ist bzgl. Inklusion ein vollständiger und nach den allgemeinen Ausführungen § 4, S. 135 sogar ein distributiver Verband. $\mathscr{C}$ ist überaus reichhaltig und enthält überabzählbar viele Logiken. Welche besonderen Eigenschaften der Operator $\blacksquare$ in den **L**-Algebren ($\mathbf{L} \in \mathscr{C}$) hat, hängt natürlich in starkem Maße von **L** ab. So ist offensichtlich die Modallogik **L** abgeschlossen gegenüber der Regel MN: $\dfrac{P}{\square P}$ genau dann, wenn in den **L**-Algebren $\blacksquare 1 = 1$ gilt. Ferner ist **L** abgeschlossen gegenüber der Monotonieregel MM: $\dfrac{P \to Q}{\square P \to \square Q}$ genau dann, wenn der Operator in den **L**-Algebren monoton ist (d.h. wenn $a \leqslant b \Rightarrow \blacksquare a \leqslant \blacksquare b$). Diese Logiken heißen auch *monoton*. $\mathcal{M}$ bezeichne die Menge aller monotonen Modallogiken und **MBA** die Klasse der entsprechenden Algebren. Eine monotone Modallogik ist natürlich konservativ. Die monotonen Logiken finden das größte Interesse in der Literatur, insbesondere gilt dies für die wichtige Teilklasse der normalen Modallogiken, die wir im nächsten Abschnitt und ausführlich in Kap. IV behandeln werden.

Für multimodale Logiken gilt ein dem obigen völlig analoger Satz. Die reduzierten Matrizen sind dann Boolesche Matrizen mit mehreren zusätzlichen Funktionen. Beispiele hierfür stellen die sogenannten Zeitlogiken (Kap. IV) bzw. die entsprechenden Booleschen Matrizen mit einem Paar konjungierter Operatoren dar, die wir am Schluß dieses Paragraphen behandeln. Andere Beispiele sind Logiken, in denen einer der zusätzlichen Funktoren einen modalen, ein anderer deontischen Aspekt besitzt.

Übungen

1. Man zeige die Äquivalenz folgender Eigenschaften von $\blacksquare$ in $B \in$ **OBA**

   (k0): $\blacksquare a \cap \blacksquare b = \blacksquare (a \cap b)$[1]
   (k0'): $\blacksquare a \cap \blacksquare b \leqslant \blacksquare (a \cap b)$ und $\blacksquare$ ist monoton
   $(\overrightarrow{k0})$: $\blacksquare (a \to b) \leqslant \blacksquare a \to \blacksquare b$ und $\blacksquare$ ist monoton

   Hinweis. (k0) $\Longrightarrow$ (k0'): Man beachte $a \leqslant b \Longleftrightarrow a \cap b = a$. (k0') $\Longrightarrow (\overrightarrow{k0})$: $\blacksquare (a \to b) \cap \blacksquare a \leqslant \blacksquare (a \to b \cap a) \leqslant \blacksquare b$, also $\blacksquare (a \to b) \leqslant \blacksquare a \to \blacksquare b$. $(\overrightarrow{k0}) \Longrightarrow$ (k0): $\blacksquare (a \cap b) \leqslant \blacksquare a \cap \blacksquare b$ wegen Monotonie. Ferner $\blacksquare a \leqslant \blacksquare (b \to a \cap b) \leqslant \blacksquare b \to \blacksquare (a \cap b)$. Also $\blacksquare a \cap \blacksquare b \leqslant \blacksquare (a \cap b)$.

2. Man zeige, das reguläre **L**-System $\vdash^{\mathbf{L}}$ von $\mathbf{L} \in \mathscr{C}$ ist identisch mit dem System $\vdash_{\mathbf{L}}^{\mathrm{MP,ME}}$. Nach dem allgemeinen Vollständigkeitssatz für implikative Systeme ist damit $X \vdash_{\mathbf{L}}^{\mathrm{MP,ME}} P$ gdw $X \vDash^{A} P$ für alle $A \in$ **Md L**.

3. Man zeige, für eine Teilmenge $F \subseteq A$ von $A \in$ **OBA** sind folgende Eigenschaften äquivalent:

   (a)   F ist ein $\{\mathrm{MP}, \mathrm{ME}\}$-Filter von A, d.h. F hat die Eigenschaften

   (i) $1 \in F$; (ii) $a, a \to b \in F \Rightarrow b \in F$; (iii)[e] $a \to b, b \to a \in F \Rightarrow \blacksquare a \to \blacksquare b \in F$.

   (b)   F ist ein Kongruenzfilter.

   Ferner zeige man ein analoges Resultat für **MBA**'s, indem man (iii)[e] durch die stärkere Bedingung (iii)[m] $a \to b \in F \Rightarrow \blacksquare a \to \blacksquare b \in F$ ersetzt.

   Hinweis. (a) $\Rightarrow$ (b): $\equiv_F$: $a \equiv_F b \Longleftrightarrow a \to b, b \to a \in F$ ist eine Kongruenz mit dem Filter F (nachrechnen!).

   (b) $\Rightarrow$ (a): $a \equiv 1$ und $a \to b \equiv 1$ impliziert $b = 1 \to b \equiv 1$. Sei nun $a \to b, b \to a \equiv 1$. Dann $a \equiv a \cap 1 \equiv a \cap a \to b = a \cap b = b \cap b \to a \equiv b \cap 1 \equiv b$; also $\blacksquare a \equiv \blacksquare b$. Folglich $1 = \blacksquare a \to \blacksquare a \equiv \blacksquare a \to \blacksquare b$, folglich $\blacksquare a \to \blacksquare b \in F$.

---

[1] Bei nicht zusammengesetzten Bezeichnungen der Argumente von $\blacksquare$ unterlassen wir i.a. dessen Klammerung. Dann ist $\blacksquare a \cap \blacksquare b$ als $\blacksquare (a) \cap \blacksquare (b)$ zu lesen, nicht etwa als $\blacksquare (a \cap \blacksquare (b))$. Kurz, einstellige Funktoren binden enger als zweistellige.

4. Man zeige, ist $L \in \mathcal{M}$ konsistent ($L \neq \mathcal{L}$), so ist $L \subseteq L2_{10}$ oder $L \subseteq L2_1$ oder $L \subseteq L2_0$[1]). Mit anderen Worten, der Verband $\mathcal{M}$ hat drei obere Atome, oder $L2_{10}$, $L2_1$, $L2_0$ sind die drei maximalen konsistenten Logiken in $\mathcal{M}$. Man kann dieses Ergebnis auch wie folgt interpretieren: $\square$ ist in jedem $L \in \mathcal{M}$ schwach definierbar, und zwar durch $\square p \equiv p$ oder $\square p \equiv p \vee \neg p$ oder $\square p \equiv p \wedge \neg p$.

Hinweis. Sei A eine L-adäquate **MBA**.

Fall 1: $\blacksquare 1 = 1$, $\blacksquare 0 = 0$. Dann ist 2_{10} Subalgebra von A, also $L \subseteq L2_{10}$.

Fall 2: $\blacksquare 0 \neq 0$ also $a := \backslash \blacksquare 0 \neq 1$. Man betrachte eine a-maximale Menge U im MP-Filtersystem $\mathcal{f}_A$. U ist maximales Filter im Booleschen Redukt $\mathring{A}$, also $\mathring{A}/U \simeq 2$ (Anhang, § 4). Nun erweist sich U (überraschenderweise) auch als maximales Kongruenzfilter von A und man sieht leicht $A/U = 2_1$. Daher $L \subseteq L2_1$.

Fall 3: $\blacksquare 1 \neq 1$. Sei U $\blacksquare 1$-maximale Menge in $\mathcal{f}_A$. Dann ist $A/U \simeq 2_0$.

5. Eine Logik L in den Funktoren $\wedge, \vee, \neg, \rightarrow, \square$ heißt eine *modale J-Logik,* wenn

  (I) $Aj \subseteq L$ (Aj Axiomensystem für die Minimallogik (Kap. II/§ 3));

  (II) L ist abgeschlossen gegenüber MP und ME: $\dfrac{P \rightarrow Q \mid Q \rightarrow P}{\square P \rightarrow \square Q}$.

Ist $Ai \subseteq L$, heißt L eine *modale I-Logik.*

Man zeige (a) L ist implikativ, (b) Die modalen J-Logiken bilden einen vollständigen distributiven Verband $EJ^\square$, (c) Die modalen I-Logiken und die konservativen Modallogiken bilden vollständige Subverbände von $EJ^\square$.

Hinweis für (b). $L_1 \sqcup L_2 = Lj(P \vee Q)_{P \in L_1; Q \in L_2}$. Dabei ist $Lj(X)$ die Formelmenge, die man aus $Sb(Aj \cup X)$ mittels MP herleiten kann. Für den Beweis dieser Gleichung verwende man das Deduktionstheorem.

Normale modale Matrizen

Wir befassen uns jetzt mit den L-Algebren sogenannter normaler Modallogiken. Dabei heißt eine Modallogik L *normal,* wenn gilt:

  (i)   Die Formel $(\square\vec{0}): \square(p \rightarrow q) \mathbin{\dot\rightarrow} \square p \rightarrow \square q$ gehört zu L;
  (ii) L ist abgeschlossen gegenüber der Regel MN: $P/\square P$.

$\mathcal{N}$ bezeichne den vollständigen Verband aller normalen Modallogiken. Die Struktur des Verbandes $\mathcal{N}$ studieren wir eingehend in Kap. IV/§ 5.

$\square$ soll den Begriff des *notwendigen* präzisieren, doch verweisen wir den Leser für nähere Erläuterungen auf Kap. IV. Aus (i), (ii) folgt die Abgeschlossenheit von L gegenüber MM, denn $P \rightarrow Q \in L \Rightarrow \square(P \rightarrow Q) \in L \Rightarrow \square P \rightarrow \square Q \in L$ gemäß MN und Anwendung von MP auf (i). Eine normale Modallogik ist also monoton und konservativ. Folgende Definition dient der Kennzeichnung der reduzierten Matrizen für normale Modallogiken.

---

[1]) MAKINSON [71]

Definition. Es sei B eine Boolesche Algebra. Eine Funktion $\blacksquare$: B → B heißt ein *Kernoperator*, wenn

(k0): $\blacksquare$ a $\cap$ $\blacksquare$ b = $\blacksquare$ (a $\cap$ b)   (k1): $\blacksquare$ 1 = 1

Eine Boolesche Algebra mit zusätzlichem Kernoperator heißt eine **KBA**[1]).

Einfache Beispiele für Kernoperatoren in B sind die identische Funktion $\blacksquare_\epsilon$ mit $\blacksquare_\epsilon$ a = a für alle a $\in$ B. sowie die Funktion $\blacksquare_\mu$ mit $\blacksquare_\mu$ a = 1 für alle a $\in$ B. Ein etwas weniger triviales Beispiel ist die Funktion $\blacksquare_\delta$ mit

$$\blacksquare_\delta \, a = \begin{cases} 1 & \text{für } a = 1 \\ 0 & \text{für } a \neq 1 \end{cases}$$

Kernoperatoren sind monoton. Denn sei a $\leqslant$ b. Dann ist a = a $\cap$ b, also $\blacksquare$ a = $\blacksquare$ (a $\cap$ b) = $\blacksquare$ a $\cap$ $\blacksquare$ b, folglich $\blacksquare$ a $\leqslant$ $\blacksquare$ b. Ferner gilt (k0'): $\blacksquare$ (a → b) $\leqslant$ $\blacksquare$ a → $\blacksquare$ b. Umgekehrt folgt aus (k1) und (k0') auch leicht (k0). Denn (k0), (k0') implizieren Monotonie. Der Rest ergibt sich dann aus Übung 1 des letzten Abschnitts.

Da (k0') genau der Formel ($\square$0) entspricht, haben wir den

Satz. L $\in$ $\mathcal{N}$ gdw L = LA für gewisses A $\in$ **KBA**.

Aus diesem Satz folgt unter Umgehung jeder formalen Betrachtung, daß $\square$ P $\wedge$ $\square$ Q $\equiv_L$ $\square$ (P $\wedge$ Q) in einer normalen Modallogik L. Denn der Äquivalenz entspricht gerade die Gleichung (k0) in der freien L-Algebra. Umgekehrt sieht man mit demselben Argument, daß in der Definition normaler Modallogiken das Axiom ($\overrightarrow{\square 0}$) durch das (von gewissem Aspekt her plausiblere) Axiom ($\square$0) ersetzt werden kann. Dann allerdings hat man die Regel MM zu den Regeln hinzu zufügen.

Solange man an die Funktion $\blacksquare$ in einer reduzierten modalen Matrix keine besonderen Forderungen stellt, ist es problemlos, modale Matrizen aufzuschreiben. Wenn man hingegen vor die Aufgabe gestellt wird, modale Matrizen explizit anzugeben, in denen $\blacksquare$ gewisse vorgegebene Forderungen erfüllt, wird dieses Problem sehr viel schwieriger.

Um derartige Aufgaben zu erleichtern, beschreiben wir im nächsten Abschnitt eine Art geometrisches Konstruktionsverfahren zur Erzeugung von Modalalgebren mit vorgegebenen Eigenschaften.

Sind $\blacksquare$, $\blacklozenge$ einstellige Funktionen in einer Booleschen Algebra B, so heißt das Paar $\blacksquare$, $\blacklozenge$ *dual* und $\blacklozenge$ heißt auch *dual zu* $\blacksquare$, sowie $\blacksquare$ *dual zu* $\blacklozenge$, wenn $\blacklozenge$ a = \ $\blacksquare$ \ a für alle a $\in$ B. Wie man leicht sieht, gilt dann auch $\blacksquare$ a = \ $\blacklozenge$ \ a, sowie \ $\blacksquare$ a = $\blacklozenge$ \ a und \ $\blacklozenge$ a = $\blacksquare$ \ a.

Definition. Ist $\blacksquare$ ein Kernoperator in einer Booleschen Algebra B, so heißt der zu $\blacksquare$ duale Operator $\blacklozenge$ auch der zu $\blacksquare$ gehörende *Hüllenoperator*. Allgemein heißt $\blacklozenge$: B → B ein *Hüllenoperator*, wenn

(h0): $\blacklozenge$ (a $\cup$ b) = $\blacklozenge$ a $\cup$ $\blacklozenge$ b   (h1): $\blacklozenge$ 0 = 0

---

[1]) Ein Kernoperator in unserem Sinne ist eine Verallgemeinerung des Begriffs *topologischer Kernoperator*. Diese kommen noch zur Sprache.

Man sieht leicht, daß der zu einem Kernoperator ■ gehörende Hüllenoperator wirklich ein Hüllenoperator im Sinne der Definition ist. Umgekehrt läßt sich auch sehr leicht ausrechnen, daß der zu einem Hüllenoperator duale Operator wieder ein Kernoperator ist. Nicht nur die Kernoperatoren, sondern auch die Hüllenoperatoren sind monoton, also $a \leqslant b \Rightarrow \blacklozenge a \leqslant \blacklozenge b$, wie sich leicht zeigen läßt.

Beispiel eines Hüllenoperators ist die Funktion $\blacklozenge_1$ mit $\blacklozenge_1 a = 0$ für alle $a \in B$. Es ist dies der zu $\blacksquare_1$ duale Operator.

Aufgrund der Dualität zwischen Hüllen- und Kernoperatoren ist es mithin gleichgültig, welchen der beiden zueinander dualen Operatoren man in einer **KBA** als den Basisoperator betrachtet. Dies entspricht einer alternativen Erklärungsmöglichkeit der Modallogiken. Statt des Funktors □ läßt sich ein einstelliger Funktor ◇ (gelesen *möglich*) als Basisfunktor betrachten. Bei unserer Wahl pflegt man diesen Funktor allerdings definitorisch einzuführen: ◇ ist Abkürzung für ¬ □ ¬.

In Kap. IV werden Formeln wie z.B. (□ d) □ p → ◇ p; (□ r) □ p → p; (□ t): □ p → □ □ p

eine wichtige Rolle spielen. Betrachtet man z.B. Modallogiken **L**, die (□ r) als Axiom enthalten, so ist klar, daß die **L**-Algebren die Eigenschaft ■ $a \leqslant a$ haben. Besonders wichtig sind die folgendermaßen erklärten **TBA**'s, die mit den **S4**-Matrizen identisch sind.

Definition. $A \in$ **KBA** heißt eine **TBA** *(Boolesche Algebra mit topologischem Kernoperator[1])*, wenn der Kernoperator ■ die Eigenschaften (kr): ■ $a \leqslant a$ und (kt): ■ $a \leqslant$ ■ ■ a hat.

Zusammen mit (kr) ist (kt) auch mit ■ $a =$ ■ ■ a ($a \in A$) gleichwertig. Man beweist sehr leicht, daß ■ dann und nur dann ein topologischer Kernoperator ist, wenn der zu ■ duale Operator ♦ die Eigenschaften (h0), sowie (hr): $a \leqslant$ ♦ a und (ht): ♦ ♦ $a \leqslant$ ♦ a hat.

Ein Hüllenoperator mit den Eigenschaften (hr), (ht) heißt auch ein *topologischer Hüllenoperator*.

Für viele Zwecke ist eine Kennzeichnung der Kongruenzfilter einer **KBA** wichtig, denn diese bestimmen deren Kongruenzen. Unabhängig von speziellen Eigenschaften des Operators ■ in $A \in$ **KBA** gilt: $F \in F\ell A$ genau dann, wenn $F \subseteq A$ die Eigenschaften (i) $1 \in F$, (ii) $a, a \rightarrow b \in F \Rightarrow b \in F$, (iii) $a \in F \Rightarrow$ ■ $a \in F$ hat, m.a.W. wenn F ein $\{MP, MN\}$-Filter ist. Dies beweist man wie Übung 3, S. 145. $b \in A$ gehört zu dem von $X \subseteq A$ erzeugten Filter $F\langle X\rangle \in F\ell A$ genau dann, wenn $m(a_1 \cap ... \cap a_n) \leqslant b$ für gewisse $a_1, ..., a_n \in X$. Dabei sei $mx = x \cap$ ■ $x \cap ... \cap$ ■$^m x$ ($m \in \omega$; $x \in A$). $0x = x$.

Wir stellen anschließend in einer Liste einige wichtige Teilklassen von Modalalgebren zusammen. Ein Pluszeichen bedeutet, daß die Algebren der betreffenden Klasse die Eigenschaft haben, ein Minuszeichen, daß sie diese Eigenschaft nicht haben müssen. Die Herkunft der Namen in der Spalte links erklärt sich im nächsten Abschnitt (vgl. auch Kap. IV).

---

[1]) Auch Topologische Boolesche Algebren genannt, vgl. RASIOWA/SIKORSKI [68].

Name	$a \leqslant b \Rightarrow \blacksquare a \leqslant \blacksquare b$	$\blacksquare(a \cap b) = \blacksquare a \cap \blacksquare b$	$\blacksquare 1 = 1$	$\blacksquare a \leqslant \blacklozenge a$	$\blacksquare a \leqslant a$	$\blacksquare a = \blacksquare\blacksquare a$	$a \leqslant \blacklozenge\blacksquare a$
OBA	–	–	–	–	–	–	–
MBA	+	–	–	–	–	–	–
KBA	+	+	+	–	–	–	–
DBA[1]	+	+	+	+	–	–	–
RBA	+	+	+	+	+	–	–
TBA	+	+	+	+	+	+	–
SMA	+	+	+	+	+	–	+
EBA[2]	+	+	+	+	+	+	+

Übungen

1. Man zeige, daß der zum Kernoperator $\blacksquare$ gehörende Hüllenoperator $\blacklozenge$ in einer **RBA** B die Eigenschaft (hr).

   Ist B eine **TBA**, so hat $\blacklozenge$ außerdem die Eigenschaft

   (ht): $\blacklozenge\blacklozenge a \leqslant \blacklozenge a$.

   Umgekehrt denken wir uns in B einen Operator $\blacklozenge$ mit den Eigenschaften (h0), (h1), (hr), (ht) gegeben. Man zeige (k0), (k1), (kr), (kt) für den dualen Operator $\blacksquare$: $\blacksquare a = \backslash\, \blacklozenge\, \backslash a$. Ferner zeige man (ht) ist gleichwertig mit (ht): $\blacklozenge\blacklozenge a = \blacklozenge a$.

2. Es sei B eine **TBA**. Ein Element $a \in B$ heißt *abgeschlossen*, wenn $\blacklozenge a = a$, und *offen*, wenn $\blacksquare a = a$. Man zeige, die abgeschlossenen Elemente sind gerade die Komplemente der offenen und umgekehrt. **0** und **1** sind Beispiele von Elementen, die zugleich offen und abgeschlossen sind. Ferner zeige man, die offenen Elemente bilden einen Subverband von B.

3. Man zeige, ist $L \in \mathcal{N}_0 := \mathcal{N} \setminus \mathcal{L}$, so ist $L \subseteq L\mathbf{2}_1$ oder $L \subseteq L\mathbf{2}_{10}$. Letzteres ist genau dann der Fall, wenn $\square p \to \Diamond p \equiv \Diamond(p \vee \neg p) \in L$, d.h. $L \supseteq D$.

   Hinweis. Übung 4, S. 146.

4. Man zeige, $A \in$ **KBA** ist eine **DBA** genau dann, wenn $\blacksquare 0 = 0$. Hieraus folgere man wie in Übung 3: Für $L \in \mathcal{N}$ gilt *entweder* $L \subseteq L\mathbf{2}_{10}$ oder $L \supseteq D$.

   Hinweis. Ist $\blacksquare 0 = 0$, so $0 = \blacksquare a \cap \blacksquare \setminus a = \blacksquare a \cap \setminus \blacklozenge a$, also $\blacksquare a \leqslant \blacklozenge a$.

5. $A \in$ **KBA** heiße eine $\mathbf{K}^m\mathbf{BA}$ ($m \in \omega$), wenn $ma \leqslant \blacksquare^{m+1}a$, wobei
   $$ma := a \cap \blacksquare a \cap \blacksquare\blacksquare a \cap \ldots \cap \blacksquare^m a.$$
   Man zeige, in einer $\mathbf{K}^m\mathbf{BA}$ ist m ein topologischer Operator, d.h. es gelten die Eigenschaften $ma \leqslant a$, $a \leqslant b \Rightarrow ma \leqslant mb$ und $mma = ma$. Die Elemente der Form ma heißen deren *offene* Elemente. Man beachte $ma \leqslant na$ für alle n.

---

[1] Deontische Modalalgebren. Die entsprechende Logik ist die Basislogik vieler deontischer Einzelsysteme.

[2] Auch *monadische Algebren* genannt, siehe z.B. HALMOS [62]. Die monadischen Algebren sind identisch mit den **S5**-Algebren (siehe Kap. IV).

Beispiele normaler modaler Matrizen

In diesem Abschnitt wollen wir anhand einiger Beispiele Verfahren zur Konstruktion von **KBA**'s und **TBA**'s kennenlernen. Es sei $g = \{S, T, \dots\}$ eine endliche oder unendliche Menge und $\lhd$ eine beliebige binäre Relation auf g; kurz $g \in \mathbf{G}$ ist eine *Struktur* (Anhang). Sei ferner B die Boolesche Algebra aller Teilmengen von g. Für $a \in B$ sei ■ a die Menge aller $S \in g$, so daß $S' \in a$ für alle $S' \rhd S$. Man überzeugt sich leicht davon, daß $A^+ g := (B, ■)$ eine **KBA** ist. $A^+ g$ heißt auch die *Strukturalgebra* von g. Die zu ■ duale Operation ♦ stellt sich wie folgt dar: zu ♦ a gehören alle diejenigen Punkte $S \in g$, so daß $S \lhd S'$ für mindestens ein $S' \in a$. Dies alles läßt sich leicht beweisen. Es leuchtet auch ein, daß gewisse strukturelle Eigenschaften von g (z.B. Reflexivität, Transitivität usw.) ihren Ausdruck in gewissen Eigenschaften der Strukturalgebra finden.

Beispiel 1. $g = (\{U, V, W\}, \leqslant)$ sei die in der Figur links dargestellte Ordnung. g hat die acht Teilmengen $1 := g$, $2 := \{V, W\}$, $3 := \{U, W\}$, $4 := \{U, V\}$, $5 := \{V\}$, $6 := \{W\}$, $7 := \{U\}$ und $0 := \emptyset$ mit dem Ordnungsdiagramm in der Mitte. Rechts ist das Paar der von g herrührenden dualen Operatoren tabuliert. ■ ist ein topologischer Kern- und ♦ ein topologischer Hüllenoperator. Daß ♦ ein topologischer Hüllenoperator ist, kann man durch (ziemlich langwieriges) Rechnen natürlich direkt bestätigen. Ausgehend von ♦ $a = \{S \in g \mid S \leqslant T$ für gewisses $T \in a\}$ läßt sich aber wie folgt verifizieren, daß ♦ ein topologischer Hüllenoperator ist, sofern g eine Präordnung darstellt: Ist $S \in a$, so ist wegen $S \leqslant S$ auch $S \in ♦\, a$, also gilt (hr): $a \leqslant ♦\, a$. Um auch (ht) zu überprüfen, sei $S \in ♦♦\, a$ angenommen, also $S \leqslant S'$ für ein $S' \in ♦\, a$. Dann gilt auch $S' \leqslant S''$ für ein gewisses $S'' \in a$. Nun ist $\leqslant$ transitiv, also $S \leqslant S'' \in a$, folglich ist $S \in ♦\, a$.

Umgekehrt läßt sich zeigen, daß g auch eine Präordnung ist, falls $A^+ g$ eine **TBA** darstellt.

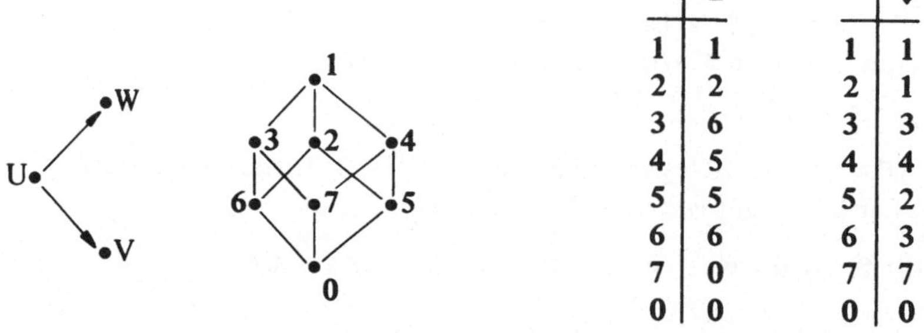

	■			♦
1	1		1	1
2	2		2	1
3	6		3	3
4	5		4	4
5	5		5	2
6	6		6	3
7	0		7	7
0	0		0	0

Beispiel 2. Es sei B die Boolesche Algebra aller Teilmengen von $\mathbb{R}$, der Menge aller reellen Zahlen. Ist $a \in B$, sei ♦ a die abgeschlossene Hülle von a im Sinne der üblichen Topologie auf $\mathbb{R}$. ♦ a besteht aus den Punkten (Zahlen) von $\mathbb{R}$, zusätzlich sämtlichen Häufungspunkten von a. Man überlegt sich leicht, daß ♦ ein topologischer Operator in B ist, also bestimmt ♦ eine gewisse **TBA** mit überabzählbar vielen Elementen, nämlich die sämtlichen Teilmengen von $\mathbb{R}$. Der einer Menge $a \in B$ zugeordnete *Kern* ■ a besteht aus sämtlichen Punkten, die mitsamt einer gewissen Umgebung zu a gehören. Solche Punkte heißen *innere Punkte* von a.

Beispiel 2 kann man wie folgt verallgemeinern. Es sei g eine Menge, deren Elemente *Punkte* heißen. Jeder Teilmenge $a \subseteq g$ sei eine Menge $\blacksquare\, a \subseteq g$ zugeordnet und $\blacksquare$ sei ein topologischer Kernoperator auf dem Teilmengenbereich von g. Dann heißt das Paar (g, $\blacksquare$) auch ein *topologischer Raum* mit dem Kernoperator $\blacksquare$. Der zu $\blacksquare$ duale Operator $\blacklozenge$ heißt auch dessen Hüllenoperator. Die Menge $a \subseteq g$ heißt *offen*, wenn $a \subseteq \blacksquare\, a$, und *abgeschlossen*, wenn $\blacklozenge\, a \subseteq a$. Daher die topologischen Bezeichnungen. Aus dem Darstellungssatz im nächsten Abschnitt wird übrigens folgen, daß die endlichen **TBA**'s mit den endlichen topologischen Räumen übereinstimmen. Es ist klar, daß jeder topologische Raum eine **TBA** bestimmt, deren Elemente die Punktmengen dieses Raumes sind. Eine **TBA** bestimmt aber in dem angegebenen Sinne nicht immer einen Raum. Der Begriff der **TBA** ist mithin eine Verallgemeinerung des Begriffs topologischer Raum.

Die Präordnung in Beispiel 1 bestimmt eine gewisse **TBA**, und damit auch einen gewissen endlichen topologischen Raum (aus den drei Punkten U, V, W). Man überzeugt sich anhand der Tabelle für $\blacksquare$, daß außer **1** und **0** die Mengen (oder Elemente, je nach Betrachtung) **3, 4, 7** abgeschlossen und demnach ihre Komplemente **5, 6, 2** offen sind. Die **TBA** in Beispiel 2 hat noch eine andere Eigenschaft.

Definition. Eine **KBA** B mit dem Kernoperator $\blacksquare$ heißt eine K_0BA, wenn für alle $a, b, c \in B$ folgendes gilt:

Wenn $\blacksquare\, c \leqslant a \Leftrightarrow \blacksquare\, c \leqslant b$ für alle $c \in B$, dann ist $a = b$.

Entsprechend ist eine R_0BA und eine T_0BA definiert.

Ein topologischer Raum heißt ein T_0-Raum, wenn er, als **TBA** betrachtet, eine T_0BA ist.

Man zeigt leicht, ist $g \in \mathbf{Q}$ (Klasse der Präordnungen), so ist $A^+ g$ dann eine T_0BA, wenn g sogar eine Ordnung ist. Die Präordnung in Beispiel 2 ist natürlich auch eine Ordnung. Die Figur zeigt zwei Präordnungen, die keine Ordnungen sind.

Daher sind ihre Strukturalgebren auch nur **TBA**'s, und keine T_0BA's, oder anders ausgedrückt, die von ihnen bestimmten Räume sind auch keine T_0-Räume.

Bemerkung. Der von einer Präordnung herrührende topologische Raum ist i.a. kein HAUSDORFF-Raum. Er ist vielmehr durch die in der Topologie häufig als „pathologischen Sonderfall" betrachtete Eigenschaft gekennzeichnet, daß der Durchschnitt beliebig vieler offener Mengen wieder offen ist. Im besonderen gehören dazu die endlichen topologischen Räume.

Es sind bisher keine Formeln bekannt, um die Anzahl der n-punktigen topologischen Räume, d.h. die Anzahl der nichtisomorphen **TBA**'s der Ordnung n auszurechnen. Im nächsten Abschnitt wird sich zeigen, daß dies gleichwertig ist mit der Berechnung der Anzahl der nichtisomorphen Präordnungen aus n Knoten. Es handelt sich hierbei um eines der bekanntesten ungelösten Anzahlprobleme der Kombinatorik. ●

Übungen

1. Man bestimme sämtliche vierelementigen **TBA**'s (bis auf Isomorphie) und gebe die Tabellen für die Paare $\blacksquare$, $\blacklozenge$ dualer topologischer Operatoren an.

   Hinweis. Es gibt drei nichtisomorphe Präordnungen auf einer zweielementigen Menge.

2. Es sei $(g, \leqslant)$ eine Präordnung und $A^+ g$ ihre Strukturalgebra, die ja eine **TBA** ist. Man zeige, $a \subseteq g$ ist dann und nur dann offen, (d.h. ein offenes Element von A^+g), wenn a generierte Substruktur von g ist (d.h. $S \in a \Rightarrow S' \in a$ für alle $S' \geqslant S$).

3. Man zeige $A^+ g$ ist eine **DBA** genau dann, wenn g definal ist.

4. Es sei $A = A^+ g$ die Strukturalgebra von $g \in G$.

   Man zeige, $\blacksquare$ bestimmt die Relation $\lhd$ eindeutig, und zwar ist für alle $S, S' \in g$:

   (1) $S \lhd S'$ gdw $S \in \blacksquare a \Rightarrow S' \in a$ für alle $a \in A$.

   Ferner beweise man auch folgende Kennzeichnung von $\lhd$:

   (2) $S \lhd S'$ gdw $S' \in a \Rightarrow S \in \blacklozenge a$ für alle $a \in A$.

   Daraus schließe man $g \in \mathbf{Gr}$ (d.h. ist g reflexiv) genau dann, wenn $A^+ g$ eine **RBA** ist.

5. Sei g endlich. Man zeige, $A^+ g$ erfüllt $\blacksquare^n 0 = 1$ für gewisses n genau dann, wenn g keine Kreise enthält ($g \in \mathbf{Gf}$).

   Hinweis. $\blacksquare^n 0 = 1 \Leftrightarrow \blacklozenge^n 1 = 0$. $\blacklozenge^n a = \{S \in g \mid S \lhd^n T$ für gewisses $T \in a\}$.

6. Sei $g = g_1 \cup g_2$ die disjunkte Summe zweier Strukturen. Man zeige $A^+ g \simeq A^+ g_1 \times A^+ g_2$. Analoges gilt für beliebige disjunkte Summen.

Das Repräsentationstheorem für KBA's

Man wird nicht erwarten können, daß jede **KBA** die Strukturalgebra einer gewissen Struktur g ist, so wie auch z.B. abzählbare Boolesche Algebren nicht volle Mengenalgebren sein können. Es gilt aber ein völlig analoger Einbettungssatz.

Definition. Sei $A \in$ **KBA** und g_A die Menge aller Ultrafilter des Booleschen Redukts von A, sowie

$\lhd: S \lhd T$ gdw $\blacksquare a \in S \Rightarrow a \in T$ für alle $a \in A$ $(S, T \in g_A)$.

Dann heiße g_A, versehen mit der Relation $\lhd$, die *kanonische Struktur* von A. $f: A \to A^+ g_A$ mit $fa = \{S \in g_A \mid a \in S\}$ heiße die *kanonische Abbildung*.

Der folgende Satz zeigt, daß die kanonische Abbildung eine Einbettung von A in $A^+ g_A$ darstellt. f hat eine Reihe zusätzlicher Eigenschaften (vgl. Übung 4). Diese besagen grob gesprochen, daß A mit $A^+ g_A$ „nahezu übereinstimmt". Man kann sich A mit fA identifiziert denken, also kann $A \in$ **KBA** o.B.d.A. als Subalgebra von $A^+ g$ für gewisses $g \in G$ aufgefaßt werden.

Repräsentationssatz.[1]) Die kanonische Abbildung f von $A \in$ **KBA** in $A^+ g$ ($g := g_A$) ist eine Einbettung von A in $A^+ g$. Ist A endlich, so ist f ein Isomorphismus, also $A \simeq A^+ g$.

Beweis. g besteht gerade aus den abgeschlossenen Mengen des MP-Filtersystems von A, das mit $\vdash$ bezeichnet sei. Dieses hat die Eigenschaften $[k \cap]$, $[k \cup]$, $[k \setminus]$, $[k \rightarrow]$ in Kap. II. Es gilt nun darüberhinaus

$$[k \blacksquare]: \quad \blacksquare a \in S \quad \text{gdw.} \quad a \in S' \qquad \text{für alle } S' \rhd S \qquad (S, S' \in g) \, .$$

Die Behauptung links $\Rightarrow$ rechts ergibt sich unmittelbar aus der Definition von $\lhd$. Sei nun $\blacksquare a \notin S$ und $E := \{ b \in A \,|\, \blacksquare b \in S \}$. Dann ist $\blacksquare E \subseteq S$ mit $\blacksquare E := \{ \blacksquare a \,|\, a \in E \}$. Wir behaupten $E \not\vdash a$. Andernfalls wäre $b_1 \cap \ldots \cap b_n \leqslant a$ für gewisse $b_1, \ldots, b_n \in E$. Damit wäre $\blacksquare b_1 \cap \ldots \cap \blacksquare b_n = \blacksquare (b_1 \cap \ldots \cap b_n) \leqslant \blacksquare a$, also $\blacksquare E \not\vdash \blacksquare a$, folglich $S \not\vdash \blacksquare a$, Widerspruch. Sei S' eine a-maximale Erweiterung von E. Dann ist offensichtlich $S \lhd S'$, und die rechte Seite von $[k \blacksquare]$ ist verletzt.

Es erweist sich nun f: $A \rightarrow A^+ g$ mit $fa = \{ S \in g \,|\, a \in S \}$ ($a \in A$) in der Tat als eine Einbettung. Dazu ist zunächst zu zeigen, daß $S \in f(a \cap b) \Leftrightarrow S \in fa \cap fb$ usw.

$$
\begin{aligned}
S \in f(a \cap b) \quad &\text{gdw} \quad a \cap b \in S \quad (\text{Definition von f}) \\
&\text{gdw} \quad a \in S \text{ und } b \in S \quad ([k \cap]) \\
&\text{gdw} \quad S \in fa \text{ und } S \in fb \\
&\text{gdw} \quad S \in fa \cap fb \, .
\end{aligned}
$$

Analog verlaufen die Beweise für $\cup, \setminus, \rightarrow$. Ferner ist

$$
\begin{aligned}
S \in f \blacksquare a \quad &\text{gdw} \quad \blacksquare a \in S \\
&\text{gdw} \quad a \in S' \text{ für alle } S' \rhd S \quad (\text{Eigenschaft } [k \blacksquare]) \\
&\text{gdw} \quad S' \in fa \text{ für alle } S' \rhd S \quad (\text{Definition von f}) \\
&\text{gdw} \quad S \in \blacksquare fa \quad (\text{Definition des Operators } \blacksquare \text{ in } A^+ g).
\end{aligned}
$$

Nun ist f auch injektiv, denn ist $a \neq b$, so ist o.B.d.A. $a \not\leqslant b$, d.h. $\{a\}$ besitzt eine b-maximale Erweiterung S bzgl. $\vdash$; dann ist $S \in fa$, $S \notin fb$, also $fa \neq fb$. Damit ist der erste Teil des Satzes bewiesen.

Für den zweiten Teil muß man sich nur überlegen, daß f eine Abbildung *auf* $A^+ g$ ist. Mit A ist g endlich und alle $S \in g$ sind endlich. Sei $d \subseteq g$, a_S das kleinste Element in S und $a = \bigcup_{S \in d} a_S$. Wir behaupten $fa = d$. Sei $U \in d$. Wegen $a_U \in U$ ist $a \in U$, d.h. $U \in fa$. Ist anderseits $U \in fa$, d.h. $a \in U$, so ist $a_S \in U$ für mindestens ein $S \in d$. Folglich ist $S \subseteq U$. Dann aber ist $S = U$, denn S ist maximal. Mit anderen Worten, $U \in d$. Damit ist $fa = d$ gezeigt. $\bullet$

Mit diesem Satz ist auch der Repräsentationssatz für Boolesche Algebren bewiesen. Man braucht nur alles unter den Tisch fallen zu lassen, was sich auf $\blacksquare$ bezieht. Die Ideen dieses Beweises werden uns auch bei Vollständigkeitsbeweisen in Kap. IV wiederbegegnen.

---

[1]) JÓNSSON/TARSKI [51]. Diese Arbeit enthält mathematisch übrigens fast alles, was zur Behandlung der relationalen Semantik erforderlich ist.

Übungen

1. Man verallgemeinere $(k\,\blacksquare)$ im Repräsentationssatz für beliebiges $n \in \omega$ zu

   (kn) $S \lhd^n T$ gdw $na \in S \Rightarrow a \in T$ für alle $a \in A$ $(S, T \in g_A)$.

   Hinweis für Induktionsschritt. Sei $S \ntriangleleft^{n+1} T$. Dann $U \ntriangleleft^n T$ für $S \lhd U$. Also existiert $a_U \notin T$, $b_U := ma_U \in S$. $E \cup \{\neg b_U \mid U \in S\} \nvdash \mathbf{0}$, also $E \nvdash \bigcup_{U \in f} b_U$ für endliches $f \subseteq \{U \in g_A \mid U \rhd S\}$. Für $c := \bigcup_{U \in f} a_U$ gilt $E \nvdash \bigcup_{U \in f} b_U \nvdash \bigcap_{i \leqslant n} \blacksquare^i c$, also $S \nvdash \bigcap_{i \leqslant n} \blacksquare^{i+1} c$. Existiert $d \in S$, $d \notin T$. Für $a := c \cup d$ schließlich $(n+1)\,a \in S$, $a \notin T$.

2. Man zeige $A \in \mathbf{TBA} \Leftrightarrow g_A \in Q$. Ferner zeige $A \in \mathbf{K}^m\mathbf{BA}$ gdw g_A ist m-transitiv. Daraus schließe $T \in \delta S$ gdw $ma \in S \Rightarrow a \in T$ für alle $a \in A$ $(S, T \in g_A)$.

   Hinweis. $\Rightarrow$: Ist $S \lhd T \lhd U$ $(S, T, U \in g_A)$, $\blacksquare a \in S$, so $\blacksquare^2 a \in S$, also $\blacksquare a \in T$, also $a \in U$, also $S \lhd U$. $\Leftarrow$: Ist $g_A \in \mathbf{Q}$, so A einbettbar in $A^+ g_A \in \mathbf{TBA}$, also $A \in \mathbf{TBA}$. Sei $A \in \mathbf{K}^m\mathbf{BA}$, $S \lhd^n T$ $(S, T \in g_A, n \in \omega)$, $ma \in S$. Dann $na \in S$ wegen $ma \leqslant na$. Also $a \in T$ gemäß (kn); folglich $S \lhd^m T$ gemäß (km) Übung 1.

3. Sei $A \in \mathbf{KBA}$, $g \in G$. Eine Einbettung $': A \to A^+ g$ heiße *verfeinert*, wenn folgende Bedingungen gelten

   (o): $S = T$ gdw $S \in a' \Leftrightarrow T \in a'$ für alle $a \in A$ $(S, T \in g)$,

   (i) $S \lhd T$ gdw $S \in \blacksquare a' \Rightarrow T \in a'$ für alle $a \in A$.

   Für $B \subseteq A$ sei $B' = \{b' \mid b \in B\}$. Gilt außerdem noch

   (ii) $\bigcap D' = 0$ impliziert $\bigcap E' = 0$ für gewisses endliches $E \subseteq D$ $(D \subseteq A)$, so heiße $'$ *kompakt*. Man zeige, die kanonische Einbettung $f: A \to A^+ g_A$ ist kompakt.

4. Man zeige, ist $': A \to A^+ g$ kompakte Einbettung, so ist $g \simeq g_A$, und zwar ist $*: g \to g_A$ mit $S* = \{a \in A \mid S \in a'\}$ ein Isomorphismus.

   Hinweis. $S* \in g_A$, denn $a \in S* \Leftrightarrow S \in a'$. Ist $U \in g_A$, so $\bigcap U' \neq \emptyset$ gemäß (ii). Für $S \in \bigcap U$ gilt $a \in U \Leftrightarrow S \in a'$ $(a \in A)$ und damit $S, S' \in \bigcap U \Rightarrow S = S'$, sowie $(\bigcap U)* = U$. $S \lhd T$ gdw $S \in \blacksquare a' \Rightarrow T \in a'$ für alle $a \in A$ gdw $\blacksquare a \in S* \Rightarrow a \in T*$ für alle $a \in A$ gdw $S* \lhd T*$.

5*. A heiße eine *volle* $\mathbf{KBA}$, wenn eine Darstellung $A \simeq A^+ g$ existiert. Man zeige, A ist voll genau dann, wenn A als Verband vollständig ist, zu jedem $x \in A \setminus \{0\}$ ein Atom $a \leqslant x$ existiert und

   $\blacksquare \inf D = \inf \{\blacksquare a \mid a \in D\}$ $(D \subseteq A)$.

   Hinweis. Sei At(x) Menge der Atome $a \leqslant x$ $(x \in A)$, $g = $ At(1) und $\lhd_g: S \lhd_g T$ gdw $S \leqslant \blacklozenge T$ $(S, T \in g)$. Dann ist $f: A \to A^+ g$ mit $f(x) = $ At(x) Isomorphismus. Beachte $\blacklozenge x = \sup \{\blacklozenge a \mid a \in$ At$(x)\}$, daher $f \blacklozenge x = \blacklozenge fx$.

Der Kongruenzenverband – subdirekt irreduzible Matrizen

Jede Algebra A und auch jede Matrix bestimmt ihren Kongruenzenverband $C\ell$ A. Im
Falle $A \in$ **OBA** ist dieser nun relativ übersichtlich, was an der Isomorphie zwischen Kon-
gruenzen- und Filterverband liegt. Anstelle des Kongruenzenverbandes kann man sich den
Filterverband $F\ell$ A anschauen. Dies vereinfacht die Analyse der **OBA**'s nicht unerheblich.
Wir beschränken uns indes auf die **KBA**'s. Insbesondere wollen wir uns die s.i. (subdirekt
irreduziblen) **KBA**'s näher anschauen, und zwar im Hinblick auf zahlreiche Anwendungen
in Kap. IV.

Bekanntlich heißt eine Algebra A s.i. *(subdirekt irreduzibel),* wenn der Kongruenzenverband $C\ell$ A genau ein (unteres) Atom besitzt. Eine gleichwertige Formulierung: Es gibt
eine kleinste unter allen echten (von der Identität verschiedenen) Kongruenzen von A.
Für $K \subseteq$ **KBA** bezeichne $K_{s.i.}$ im folgenden die Klasse der s.i. $A \in$ **K**.

Beispiel. Wir betrachten die auf Seite 150 bereits diskutierte 8-elementige **TBA**

$A = A^+$ 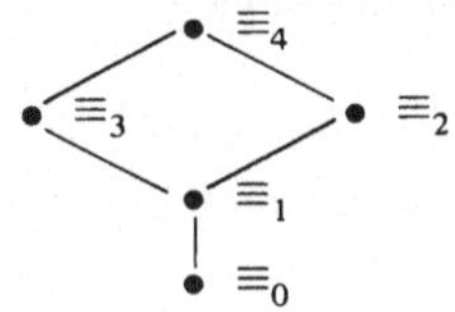 . Diese hat die Filter $F_0 := \{1\}$, $F_1 := \{1, 2\}$, $F_2 := \{1, 2, 3, 6\}$,

$F_3 := \{1, 2, 4, 5\}$ und $F_4 := A$. Dies läßt sich einfach durch Nachrechnen aus den
Wertetabellen bestätigen. Damit sieht also der Kongruenzenverband so aus, wie ihn die

Figur zeigt, wobei $\equiv_i := F_{\equiv_i}$. A ist folglich s.i. und $\equiv_0$ ist die Identitätsrelation. Also
ist $A/\equiv_0 = A$. $\equiv_4$ ist die Allrelation, folglich ist $A/\equiv_4 = \mathbf{1}$ (ausgeartete **TBA**). $\equiv_1$ ist das
einzige Atom und man prüft leicht nach, daß $A/\equiv_1 \simeq A^+$ ⌈ · ⌉ . Ferner ist
$A/\equiv_2 \simeq A/\equiv_3 \simeq \mathbf{2}_{10} \simeq A^+ \Box$. ●

Die Bedeutung der s.i. Algebren besteht darin (und zwar unabhängig davon, daß es sich
hier um **KBA**'s handelt), daß sie in der Algebra eine ähnliche Rolle spielen wie die Prim-
zahlen in der Zahlentheorie. Nach einem Satz von BIRKHOFF nämlich ist jede Algebra
subdirektes Produkt s.i. Algebren. In gewissem Sinne ist dies der „Primzahlsatz der Universellen Algebra". Daraus folgt $L = L Md_{s.i.} L$ (L positiv implikativ), wobei $Md_{s.i.} L$ die
Klasse der s.i. L-Algebren ist. Kurz, $L \in \mathcal{N}$ ist schon bestimmt durch die s.i. L-Algebren.
Diese wichtige Tatsache können wir mit unseren Mitteln sogar relativ einfach beweisen.
$L \subseteq L Md_{s.i.} L$ ist klar. Sei $P \notin L$, A die TARSKI-Algebra von L. Dann ist $\not\models$ a, wobei a
die Äquivalenzklasse von P, $\mathcal{F}$ das R^e-Filtersystem von A ist. Ist X a-maximal, so ist
$A' = A/X$ s.i. (Übung 5, S. 139) und man kann leicht sehen, daß $P \notin LA'$. Wegen
$A' \in Md_{s.i.} L$ ist damit auch die Umkehrung $P \notin L \Rightarrow P \notin Md_{s.i.} L$ gezeigt.
Wie sieht man nun einer **KBA** A an, ob sie s.i. ist? Die Antwort gibt folgendes

Kriterium.[1] $A \in$ **KBA** ist genau dann s.i., wenn ein $c \in A$, $c \neq 1$ existiert, so daß für alle
$b \in A$, $b \neq 1$ ein $n \in \omega$ existiert mit $n\, b \leqslant c$.

---

[1] RAUTENBERG [77]

Beweis. Für $A \in \mathbf{KBA}$ und $b \in A$ hat $F\langle b \rangle \in F\ell\, A$ offenbar die Darstellung
$F\langle b \rangle = \{x \in A \mid x \geqslant nb$ für gewisses $n \in \omega\}$. Sei nun $A \in \mathbf{KBA}_{s.i.}$, $F\ell_0\, A := F\ell\, A \setminus \{1\}$.
Wegen $C\ell\, A \simeq F\ell\, A$ gibt es ein $F^* \in F\ell_0\, A$ mit $F^* \subseteq F$ für alle $F \in F\ell_0\, A$.
Sei $c \in F^*$, $c \neq 1$. Ist $b \in A \setminus \{1\}$ beliebig, so ist $F^* \subseteq F\langle b \rangle$, also $c \in F\langle b \rangle$, d.h. $c \geqslant nb$
für gewisses n. Sei umgekehrt die Bedingung des Kriteriums mit $c \in A \setminus \{1\}$ erfüllt,
und $F \in F\ell_0\, A$. Ist $b \in F \setminus \{1\}$, so $c \geqslant mb$ für gewisses m, also $nc \geqslant (n+m)\,b \in F$.
Folglich $nc \in F$ für beliebiges n, d.h. $F\langle c \rangle \subseteq F$. •

Der folgende Satz liefert eine besonders anschauliche Beschreibung der $A \in \mathbf{K}^m\mathbf{BA}_{s.i.}$.
Dazu folgende Verabredungen. Falls es unter den offenen Elementen $\neq 1$ von $A \in \mathbf{K}^m\mathbf{BA}$
(S. 149) ein größtes gibt, heiße dieses Element das *Opremum* von A. A' sei das isomorphe
Bild von A bei der kanonischen Einbettung $' : A \to A^+ g_A$, a' das Bild von $a \in A$. g^i be-
zeichne die (eventuell leere) Menge der Initialpunkte von $g \in \mathbf{G}$.

Satz. Für $A \in \mathbf{K}^m\mathbf{BA}$ sind folgende Bedingungen äquivalent:

(i) $A \in \mathbf{K}^m\mathbf{BA}_{s.i.}$,

(ii) A besitzt ein Opremum,

(iii) g_A ist initial und $g_A^i \in A'$.

Beweis. Die Gleichwertigkeit von (i) und (ii) ist ein einfacher Spezialfall des obigen
Kriteriums. Wir beweisen (ii) $\Longleftrightarrow$ (iii).

(ii) $\Rightarrow$ (iii): Sei d das Opremum von A, $c := \setminus\, d$. Wir behaupten $c' = g_A^i$, womit wegen
$c \neq 0$ auch (iii) bewiesen wäre. Übung 2, S. 154 zeigt, daß folgende Bedingungen für beliebige $S, T \in g_A$ gleichwertig sind:

(1) $T \in \delta S$,

(2) $S \in ma' \Rightarrow T \in a'$ für alle $a \in A$.

Sei nun $S \in c'$ und $T \in g_A$ beliebig. Wir zeigen (2), womit auch (1) und zunächst $c' \subseteq g_A^i$
bewiesen wäre. Für $a = 1$ ist alles klar. Ist $a \neq 1$, so ist $ma \leqslant d$, d.h. $ma' \subseteq d'$. Wegen
$S \notin d'$ ist $d \notin S$, daher auch $ma \notin S$, d.h. (2) ist trivialerweise erfüllt. Sei nunmehr $S \in g_A^i$,
also $T \in \delta S$ für alle $T \in g_A$. Dann gilt auch (2) für alle $T \in g_A$. Wir behaupten $S \in c'$.
Andernfalls wäre $S \in d'$ und wegen $md = d$ wäre gemäß (2) $d \in T$ für alle $T \in g_A$. Dies
ergibt einen Widerspruch zu $\{T \mid T \in g_A\} = 1$. Also $c' = g_A^i$.

(iii) $\Rightarrow$ (ii): Sei $d \in A$ dasjenige Element mit $d' = g_A \setminus g_A^i$. Ist $b \in A \setminus \{1\}$,
also $a := \setminus\, b \in A \setminus \{0\}$, so ist $g_A^i \subseteq \bigcup_{i \leqslant m} \blacklozenge^i a'$, also $d' \geqslant mb'$. Dies zeigt, d ist Opremum
von A. •

Dieser Satz gilt insbesondere für alle endlichen $A \in \mathbf{KBA}$, denn $A \in \mathbf{K}^m\mathbf{BA}$ für gewisse m,
wegen $A \simeq A^+ g_A$ ist $A \in \mathbf{KBA}_{f.s.i.}$ genau dann, wenn g_A initial ist. Für $A \in \mathbf{TBA}$ speziali-
siert sich der Satz zur Aussage

$\quad A \in \mathbf{TBA}_{s.i.}$ gdw g_A ist initial und $g_A^i \in A$.

Aus den Ausführungen über expandierte Verbände im Anhang geht hervor, daß $C\ell\, A$
($A \in \mathbf{KBA}$) ein distributiver Verband ist. Damit ist die Voraussetzung für die Anwendung
eines Satzes von JÓNSSON [67] über kongruenz-distributive Varietäten erfüllt. Dies ist

die folgende Aussage (a). Die Aussagen (b) und (c) ergeben sich hieraus als einfache Folgerungen. Für den Begriff Ultraprodukt sei der Leser z.B. auf SCHWABHÄUSER [72] verwiesen.

(a) $\mathbf{Md}_{s.i.}\,\mathbf{L}\mathbf{K} \subseteq \mathbf{HSP}_u\,\mathbf{K}$ ($\mathbf{K} \subseteq \mathbf{KBA}$; $\mathbf{P}_u$ Ultraproduktoperator)

(b) $\mathbf{Md}_{s.i.}\,(\mathbf{L}_1 \cap \mathbf{L}_2) = \mathbf{Md}_{s.i.}\,\mathbf{L}_1 \cup \mathbf{Md}_{s.i.}\,\mathbf{L}$

(c) $\mathbf{Md}_{s.i.}\,\mathbf{L}\mathbf{A} = \mathbf{HS}\,\mathbf{A}$ für endliches $\mathbf{A} \in \mathbf{KBA}$.

Auch wenn der Leser mit dem Begriff des Ultraprodukts nicht vertraut ist, wird er (b) und (c) ohne Schwierigkeiten anwenden können. Anwendungsbeispiele werden in den Übungen in Kap. IV gegeben.

Übungen

1. Wir sagen, $\mathbf{A} \in \mathbf{KBA}$ *hat die Disjunktionseigenschaft,* wenn für alle $a, b \in A$ gilt: Ist $na \cup nb = 1$ für alle Zahlen $n \in \omega$, so ist $a = 1$ oder $b = 1$. Man zeige $\mathbf{A} \in \mathbf{KBA}_{s.i.}$ hat die Disjunktionseigenschaft. Insbesondere leite man daraus her, daß eine s.i. **TBA** die Eigenschaft hat: Ist $\blacksquare\, a \cup \blacksquare\, b = 1$, so ist $a = 1$ oder $b = 1$.

   Hinweis. Ist $a, b \neq 1$, so $na, ma \leqslant c$ (Kriterium) für gewisse $n, m \in \omega$. O.B.d.A. $n = m$. Dann $na \cup nb \leqslant c$, Widerspruch.

2. Man zeige, $\mathbf{A} \in \mathbf{KBA}$ ist simpel (d.h. A hat keine nichttrivialen Kongruenzen) genau dann, wenn zu jedem $a \in A$, $a \neq 1$ ein n mit $na = 0$ existiert.

   Hinweis. $C\mathcal{l}A \simeq F\mathcal{l}A$.

3. Man zeige, $\mathbf{A}^+ g$ ($g \in \mathbf{Gf}$) ist dann und nur dann simpel, wenn $g^i = g$.

   Hinweis. Übung 2.

4. Man zeige, für $\mathbf{A} \in \mathbf{EBA}$ sind folgende Eigenschaften äquivalent:
   (1) A ist simpel, (2) A ist s.i., (3) g_A ist kantenvollständig,
   (4) $\blacksquare\, a = 0$ für alle $a \in A \setminus \{1\}$.

   Hinweis. (1) $\Rightarrow$ (2): trivial. (2) $\Rightarrow$ (3): $\mathbf{A} \in \mathbf{TBA}$, Text. (3) $\Rightarrow$ (4): $\blacklozenge\, g = g$.

5*. Man zeige, für endliches $\mathbf{A} \in \mathbf{SBA}$ sind äquivalent:
   (i)   A ist simpel,
   (ii)   A ist s.i.,
   (iii)   A ist direkt irreduzibel,
   (iv) g_A ist zusammenhängend.

   Hinweis. $\mathbf{A} \in \mathbf{K}^m \mathbf{BA}$ für gewisses $m \in \omega$.

Zeitlogik, Zeitalgebren und multimodale Matrizen

Es sei **L** eine Logik, zu deren Funktorbasis außer der üblichen klassischen nunmehr *zwei* mit ▭- und -▭ bezeichnete Modalfunktoren gehören. Dabei wird auf folgende inhaltliche Deutung abgezielt: ▭- P bedeutet, daß P künftig unter allen Umständen akzeptiert wird. -▭ P heißt, daß P in der Vergangenheit (d.h. unter den damals gegebenen Umständen) immer akzeptiert gewesen war. Näheres hierüber wird in Kap. IV gesagt.

> **Definition.** Eine Logik **L** mit den üblichen Funktoren plus zwei Modalfunktoren ▭-, -▭ heißt eine (normale) *temporale* Logik, wenn (a) **L** bezüglich jedes der beiden Funktoren eine normale Modallogik ist. (b) die Formeln $P \to ▭\text{-} -\!\Diamond P$ und $P \to -▭ \Diamond\text{-} P$ zu **L** gehören, wobei $\Diamond\text{-} P$ abkürzend für $\neg ▭\text{-} \neg P$ und $-\!\Diamond P$ für $\neg -▭ \neg P$ steht.

Der Sinn der Formel unter (b) ist evident. Die erste besagt z.B.: Wenn P jetzt akzeptiert ist, so wird künftig stets akzeptiert werden, daß P einmal akzeptiert gewesen ist.

Aus den Ergebnissen über modale Matrizen folgt sofort, daß eine reduzierte **L**-Matrix $M = (B, \blacksquare\text{-}, \text{-}\blacksquare)$ mit $\blacksquare\text{-} := ▭\text{-}_M$ und $\text{-}\blacksquare := -▭_M$ folgende Eigenschaften hat

(1)   B ist eine Boolesche Algebra und $(B, \blacksquare\text{-})$ und $(B, \text{-}\blacksquare)$ sind **KBA**'s.

(2) $a \leqslant \blacksquare\text{-} \blacklozenge\text{-} a$ und $a \leqslant \text{-}\blacksquare \text{-}\!\blacklozenge a$.

Man kann die Eigenschaft unter (2) etwas anders unter Verwendung von $\blacksquare\text{-}, \text{-}\blacksquare$ allein formulieren. Diesem Zweck dient folgende

> **Definition.** Ein Paar $\blacksquare\text{-}, \text{-}\blacksquare$ von Kernoperatoren in einer Booleschen Algebra B heißt *konjugiert* (und $\text{-}\blacksquare$ heißt auch *konjugiert* zu $\blacksquare\text{-}$ und umgekehrt), wenn $\blacksquare\text{-} a \cup b = 1 \Leftrightarrow a \cup \text{-}\blacksquare b = 1$. Ein Paar $\blacklozenge\text{-}, \text{-}\!\blacklozenge$ von Hüllenoperatoren heißt *konjugiert*, wenn $\blacklozenge\text{-} a \cap b = 0 \Leftrightarrow a \cap \text{-}\!\blacklozenge b = 0$.

Man sieht leicht, ist $\blacksquare\text{-}, \text{-}\blacksquare$ ein Paar konjugierter Kernoperatoren, so ist das Paar $\blacklozenge\text{-}, \text{-}\!\blacklozenge$ der zu $\blacksquare\text{-}$ bzw. $\text{-}\blacksquare$ dualen Hüllenoperatoren auch konjugiert. Denn aus $\blacklozenge\text{-} a \cap b = 0$ folgt zunächst $\backslash \blacklozenge\text{-} a \cup \backslash b = 1$ und wegen $\backslash \blacklozenge\text{-} a = \blacksquare\text{-} \backslash a$ also $\blacksquare\text{-} \backslash a \cup \backslash b = 1$. Dann aber ist $\backslash a \cup \text{-}\blacksquare \backslash b = 1$ und damit $a \cap \backslash \text{-}\blacksquare \backslash b = 0$. Wegen $\text{-}\!\blacklozenge b = \backslash \text{-}\blacksquare \backslash b$ also $a \cap \text{-}\!\blacklozenge b = 0$. Analog beweist man die Umkehrung. Und in derselben Weise zeigt man auch, daß die Kernoperatoren $\blacksquare\text{-}, \text{-}\blacksquare$ konjugiert sind, wenn sie die dualen Operatoren eines Paares $\blacklozenge\text{-}, \text{-}\!\blacklozenge$ konjugierter Hüllenoperatoren sind.

> **Definition.** Eine Boolesche Algebra B mit einem Paar $\blacksquare\text{-}, \text{-}\blacksquare$ konjugierter Kernoperatoren heißt eine **ZBA** *(Zeitalgebra oder temporale Boolesche Algebra)*.

Aus den obigen Darlegungen folgt, daß man auch eine Boolesche Algebra mit einem Paar konjugierter Hüllenoperatoren als eine **ZBA** auffassen kann. Gelegentlich ist es einfacher zu zeigen, daß $\blacklozenge\text{-}, \text{-}\!\blacklozenge$ konjugiert sind.

Satz. M ist dann und nur dann eine reduzierte temporale Matrix, wenn M = (B, ■-, -■), eine **ZBA** ist.

Beweis. Es sei M = (B, ■-, -■) eine reduzierte temporale Matrix. Um zu zeigen, daß M eine **ZBA** ist, genügt es nachzuweisen, daß die zu ■-, -■ dualen Operatoren ◆-, -◆ konjugiert sind. Sei also ◆- a ∩ b = 0. Dann ist b ≤ \ ◆- a, also -◆ b ≤ -◆ \ ◆- a und daher \ -◆ \ ◆- a ≤ \ -◆ b. Wegen der Formeln unter (b) ist a ≤ -■ ◆- a = \ -◆ \ ◆- a, also a ≤ \ -◆ b, und folglich a ∩ -◆ b = 0. Analog beweist man ◆- a ∩ b = 0 aus a ∩ -◆ b = 0. Für die Umkehrung des Satzes genügt der Nachweis von a ≤ ■- ◆- a und a ≤ -■ ◆- a. Für b = \ ◆- a ist offenbar ◆- a ∩ b = 0, folglich a ∩ -◆ b = 0. Es ist aber -◆ b = -◆ \ ◆- a = \ -■ ◆- a. Daher ist a ≤ -■ ◆- a. Analog zeigt man a ≤ ■- ◆- a. ●

Wir geben jetzt das gewissermaßen typische Beispiel einer **ZBA** an.

Beispiel. Es sei g eine Struktur und B die Boolesche Algebra aller Teilmengen von g. Für a ∈ B sei

$$\text{■- } a := \{\, S \in g \mid S' \in a \ \text{für alle } S' \vartriangleright S \,\}$$
$$\text{-■ } a := \{\, S \in g \mid S' \in a \ \text{für alle } S' \vartriangleleft S \,\}$$

Nach den vorhergehenden Ausführungen ist klar, daß (B, ■-) und (B, -■) **KBA**'s sind. Man kann nun ohne Schwierigkeiten auch nachrechnen, daß die beiden Kernoperatoren ■-, -■ konjugiert sind, also ist B = A$^{\pm}$g eine **ZBA**, die sogenannte *bimonadische Strukturalgebra* von g oder einfach die **ZBA** von g.

Die zu ■-, -■ gehörenden konjugierten Hüllenoperatoren haben folgende Darstellung, was leicht bewiesen werden kann:

$$\text{◆- } a = \{\, S \in g \mid S' \in a \ \text{für ein gewisses } S' \vartriangleright S \,\}$$
$$\text{-◆ } a = \{\, S \in g \mid S' \in a \ \text{für ein gewisses } S' \vartriangleleft S \,\}$$

Um das Beispiel zu konkretisieren, wählen wir g = {V, G, Z} (Vergangenheit, Gegenwart, Zukunft) und betrachten die Ordnung auf g mit V ≤ G ≤ Z. Die **ZBA** B := A$^{\pm}$(g, ≤) enthält die acht Elemente 1 := {V, G, Z}, 2 := {G, Z}, 3 := {V, G}, 4 := {V, Z}, 5 := {G}, 6 := {Z}, 7 := {V}, und 0 := ∅. Dann ergeben sich folgende Tabellen für die Funktionen in B.

```
┌───────────────┐
│ • → • → •     │
│ V   G   Z     │
└───────────────┘
```

x	■-	-■	◆-	-◆
1	1	1	1	1
2	2	0	1	2
3	0	3	3	1
4	7	7	1	1
5	0	0	3	1
6	6	0	1	6
7	0	7	7	1
0	0	0	0	0

Die Relation $\leqslant$ ist eine Präordnung (sogar eine Ordnung), daher sind ■-, -■ ein Paar konjugierter *topologischer* Kernoperatoren. Eine derartige Boolesche Algebra mit zwei konjugierten topologischen Kernoperatoren heiße eine **ZTBA**.

Es läßt sich zeigen, daß genau wie eine endliche **KBA** auch eine endliche **ZBA** A eine Darstellung $A = A^{\pm}g$, $g \in$ **Gf** besitzt, d.h. jede endliche **ZBA** ist die bimonadische Strukturalgebra eines endlichen Graphen. Ein ähnlicher, nur leicht modifizierter Darstellungssatz gilt auch für unendliche **ZBA**'s (JÓNSSON/TARSKI [51]). Damit verfügt man über ein sehr wirkungsvolles und relativ anschauliches Instrument zur Klassifikation der **ZBA**'s. Wir überlassen es an dieser Stelle jedoch dem Leser, sich in die interessante algebraische Theorie der **ZBA**'s weiter zu vertiefen. Die bisherigen Ausführungen lassen es als natürlich erscheinen, die Begriffe der Modallogik oder Zeitlogik einem allgemeineren Schema unterzuordnen, nämlich dem einer *multimodalen* Modallogik mit $r \in \omega$ (statt einem oder zwei) Modalfunktoren. Es ist völlig klar, wie man einen solchen Begriff zu definieren hat. Ebenso ist klar, wie sich die reduzierten Matrizen derartiger Logiken darstellen. Dies führt zu folgender

> **Definition.** Eine um r Kernoperatoren expandierte Boolesche Algebra heißt eine *normale Modalalgebra von Rang* r, oder eine **K$_r$BA**.

Für die Algebren $A \in$ **K$_r$BA** gibt es Repräsentationssätze, die denen der **KBA**'s völlig entsprechen. Das typische Beispiel einer Modalalgebra von Rang r ist die Strukturalgebra A^+g von $g = (g, \triangleleft_1, \ldots, \triangleleft_r)$. g ist eine Struktur aus r binären Relationen, und A^+g ist die Boolesche Algebra der Teilmengen von g, expandiert um die Kernoperatoren, die zu den einzelnen Relationen gehören.

Allen was bisher über die **KBA**'s und **ZBA**'s gesagt wurde, läßt sich nun auch fast wörtlich für **K$_r$BA**'s formulieren und beweisen. Einiges jedoch ändert sich auch beim Übergang von $r = 1$ zu $r > 1$. So sind $2_{10} := A^+ \boxed{\cdot}$ und $2_1 := A^+ \boxed{\times}$ „die gröbsten" von der trivialen Algebra **1** verschiedenen **KBA**'s, genauer $LA \subseteq L2_{10}$ oder $LA \subseteq L2_1$ für jedes $A \in$ **KBA**. Das hierfür verwendete Argument läßt sich schon auf den Fall $r = 2$ nicht mehr ausdehnen. In der Tat lassen sich leicht Zeitalgebren konstruieren, welche 2_{10} und 2_1 nicht als homomorphes Bild oder Substruktur enthalten. Näheres darüber in Kap.IV/§ 6.

Übungen

1. Man beweise den Repräsentationssatz für **ZBA**'s: Jede **ZBA** A ist isomorph einbettbar in die bimonadische Strukturalgebra $A^{\pm}g$ einer Struktur $g \in$ **G**. Ist A endlich, so ist A als bimonadische Strukturalgebra darstellbar.

2. Man zeige für $A := A^{\pm}g$, $g \in$ **Gf**, die Äquivalenz von

   (i) A ist s.i.,   (ii) A ist simpel,   (iii) g ist zusammenhängend.

3. Man beweise den Repräsentationssatz für $A \in$ **K$_r$BA**: A ist einbettbar in A^+g, wobei g eine Struktur mit r Relationen ist.

Kapitel IV
Modal- und Zeitlogik – Relativistische Semantik

Modallogik im engeren Sinne befaßt sich mit der Analyse der Termini *notwendig* und *möglich* in ihren Beziehungen zu aussagenlogischen Verknüpfungen. Erste Versuche, diese verschwommenen Begriffe zum Gegenstand logischer Untersuchungen zu machen, reichen bis in die Antike zurück. Aber erst mit der umfassenden Inangriffnahme eines Programms der Formalisierung der Logik zu Beginn unseres Jahrhunderts zeigten sich Erfolge. Die Systeme S1–S5 von LEWIS haben über Jahrzehnte das Interesse von Philosophen und Logikern gefunden. Nebenbei bemerkt, bestand das ursprüngliche Ziel von LEWIS darin, mit ihrer Hilfe intensionale Aspekte der Implikation zu erfassen.[1] Historisch gesehen lassen sich in der Entwicklung seit 1920 grob drei Hauptphasen nennen:

1. Die Phase Formulierung und Untersuchung der axiomatischen Beziehungen formaler Systeme der Modallogik bis etwa 1960. Diese Zeit war durch die Erfindung immer neuer Systeme gekennzeichnet, deren Nomenklatur allmählich unübersichtlich wurde.

2. Die Erfolgsphase der relativistischen Semantik in der Analyse lange vorher definierter formaler Systeme (bis etwa 1970). Dies betrifft sowohl die relationale (oder KRIPKE-) Semantik, als auch verallgemeinerte Konzepte. Mit ihrer Hilfe wurden frühere oft schwerfällig formulierte Ergebnisse durchsichtig gemacht, und wesentliche neue hinzugefügt. Zugleich wurde die ältere algebraisch-topologische Semantik[2] in ein neues Licht gerückt.

3. Die Phase ab etwa 1970 ist durch einen verstärkten Einsatz entwickelter Methoden der mathematischen Logik gekennzeichnet. Während man sich vorher auf die Untersuchung einzelner Systeme konzentrierte, betrachtet man seither die unübersehbare Vielfalt modaler, deontischer, temporaler usw. Systeme in ihrem Gesamtzusammenhang.

Modallogik im weiteren Sinne beschränkt sich nun keineswegs darauf, klassische Modalitäten wie *notwendig, möglich*, Modalitäten ethischen oder pragmatischen Charakters wie z.B. *es ist gut so daß* ..., oder Modalitäten mit temporalem Aspekt wie z.B. *es wird immer so sein daß* ... zu analysieren und eventuell formal zu erfassen. In der Mathematik z.B. treten Modalitäten von ganz anderem Charakter auf. Klassisches Beispiel ist der Operator *„es ist beweisbar daß* ..., den Gödel in [32] verwendete, um intuitionistische Logik auf der Basis klassischer Auffassungen verständlich zu machen. Von ähnlicher Intension ist eine Interpretation von $\Box P$ im Sinne eines Zutreffens des Beweisbarkeitsprädikats auf eine zahlentheoretische Aussage P. Bedeutende metamathematische Sätze wie GÖDEL's Unvoll-

---

[1] LEWIS/LANGFORD [38]

[2] deren Ausarbeitung wurde in mehreren Arbeiten von McKINSEY und TARSKI vorgenommen.

ständigkeitstheoreme und LÖB's Theoreme wiederspiegeln ihre gegenseitigen Beziehungen
im Rahmen eines formalen modalen Systems **G**, das im Text mehrfach zur Sprache kommt.
G hat u.a. die merkwürdige Eigenschaft $\vdash^G \square P \rightarrow P \Rightarrow \vdash^G P$ hat, die nichts anderes ist als
eines der LÖB'schen Sätze. In **G** hat der Funktor $\square$ mit den traditionellen Modalitäten
nichts mehr zu tun.

Da dieses Buch nicht speziell der Modallogik gewidmet ist, muß eine gewisse Auswahl des
Stoffes „in der Breite" erfolgen. Wir konzentrieren uns auf die normale Modallogik, verzichten aber weitgehend auf traditionelle formale Betrachtungen. Dies gestattet uns
dafür eine ausführlichere Darstellung der Methodenvielfalt. Auf diese Weise hoffen wir,
dem interessierten Leser ein tieferes Eindringen in die Problematik modaler Logik (im
allgemeinen Sinne des Wortes) zu ermöglichen. Für einige vorwiegend mathematisch
interessante Einzelheiten, z.B. den ausführlichen Vergleich der Relations- und der Nachbarschaftssemantik betreffend, sei der Leser auf SEGERBERG [71] und GABBAY [76]
verwiesen.

In § 1 wird die relativistische Semantik einiger modaler Systeme behandelt; diese werden
entsprechend ihrer historischen Entstehung zunächst formal eingeführt. Im Vordergrund
stehen dabei die bekanntesten Systeme, die man heutzutage am einfachsten als die
Standardsysteme der (normalen) Modallogik bezeichnen kann. Es handelt sich um die
vielfältig untersuchten Systeme **S4, S5** (LEWIS [32]), **M** (FEYS [37]), **S4.3** (DUMMET/
LEMMON [59]), **B** (KRIPKE [63]), **K** (so bezeichnet zu Ehren von KRIPKE, vgl.
SEGERBERG [71]), **G** (zu Ehren von GÖDEL, vgl. SOLOVAY [76]). Einige andere
Systeme, z.B. **K4, S4.2, S2, S3** werden beispielhaft behandelt. Darunter auch einige Systeme, die künftig vor allem im Lichte neuerer semantischer Untersuchungen Interesse
beanspruchen dürften, nämlich die Systeme $\mathbf{Gr} = \mathbf{K}\,(\square\,(\square\,(p \rightarrow \square\, p) \rightarrow p) \rightarrow p)$, sowie
$\mathbf{K}^m = \mathbf{K}\,(p \wedge \square\, p \wedge \dots \wedge \square^m\, p \rightarrow \square^{m+1} p)$ und $\mathbf{K}_n$ (S. 172).

In § 2 wird die Vollständigkeit einiger Standardsysteme bezüglich bestimmter Konzepte
der relativistischen Semantik bewiesen. Außerdem wird dort auch das Konzept der verallgemeinerten KRIPKE-Semantik (MAKINSON [70]) behandelt und seine generelle Vollständigkeit bewiesen. § 2 enthält abschließend ein einfaches Beispiel einer unvollständigen
Modallogik.

§ 3 behandelt Tableau-Kalküle für einige Standardsysteme, die besonders übersichtliche
Entscheidungsverfahren liefern und enthält einen konstruktiven Beweis ihrer Vollständig-
keit. Die Betrachtungen werden dann in § 4 zu Methoden der Konstruktion spezieller
Modelle verallgemeinert, z.B. endlicher, oder baumartiger Modelle.

§ 5 befaßt sich hauptsächlich mit dem Verband $\mathcal{N}$ der normalen Modallogiken und gewisser Subverbände, z.B. dem Verband der normalen Erweiterungen von **S4**. Hier kommt
eine Reihe neuerer Ergebnisse und Methoden zur Sprache.

§ 6 schließlich behandelt die Grundlagen der temporalen, und allgemeiner der multimodalen Logik. Außerdem enthält § 6 ein Exposé des Konzepts der Nachbarschaftssemantik
nach R. MONTAGUE und D. SCOTT. Man hätte dieses Konzept natürlich ebensogut an
den Anfang stellen können. Die relationale Semantik hat jedoch den Vorteil größerer
Anschaulichkeit. Im übrigen ist es eine Angelegenheit der Routine, Begriffe, Methoden
und Ergebnisse der relationalen auf die Nachbarschaftssemantik zu übertragen.

§ 1 Relativistische Semantik der Modallogik

Der formale Rahmen sämtlicher im folgenden behandelten Kalküle ist gegeben durch die klassischen Funktoren $\neg, \wedge, \vee, \rightarrow$ und den Modalfunktor $\square$ (notwendig). Der duale Funktor $\lozenge$ (möglich) wird definitorisch eingeführt durch

$$\lozenge P := \neg \square \neg P .$$

Man könnte $\lozenge$ natürlich auch als unabhängigen Funktor behandeln, oder anstelle von $\square$ als Basisfunktor zugrundelegen.

Der Begriff der aussagenlogischen Formel in Kap. I wird erweitert zum Begriff der *modallogischen Formel*, wie schon in Beispielen in Kap. III verschiedentlich dargelegt. Die Funktoren $\square, \lozenge$ werden wie der Negationsfunktor gehandhabt.

$\square^n P$ steht für $\underbrace{\square \ldots \square}_{n} P$ $(n \in \omega)$, insbesondere sei $\square^0 P = P$. Analoges gilt für $\lozenge$.

Bis einschließlich § 4 dieses Kapitels bezeichnet $\mathcal{L}$ die Menge aller modallogischen Formeln. Die Formel $\square P$ wird gelesen „notwendig P". Ebensogut könnte sie aber auch „Kästchen P" gelesen werden. Eine unserer Absicht ist es zwar, den Sinn des *Notwendigen* und *Möglichen* zu präzisieren, vorerst sind diese Namen aber nicht mehr als linguistische Floskeln. Dazu einige allgemeine Vorbemerkungen.

Richtet man die Betrachtung auf das Ziel einer möglichst eindeutigen Präzisierung intuitiver Vorstellungen über das Notwendige und Mögliche, so empfindet man zweifellos Formeln wie z.B. $\square P \rightarrow P$; $\square P \wedge \square Q \rightarrow \square (P \wedge Q)$, $\lozenge (P \vee Q) \leftrightarrow \lozenge P \vee \lozenge Q$ als zutreffend, anders wie etwa $\lozenge P \rightarrow \square P$ als unzutreffend. Jedoch ist man bei Formeln wie $P \rightarrow \square \lozenge P$, $\square \lozenge P \rightarrow \lozenge \square P$, $\lozenge \square P \rightarrow \square P$, u.a. entweder im Zweifel, zumindest aber verwirrt über die vermutliche Schwierigkeit einer solchen Aufgabe. Kritisches Nachdenken führt recht schnell zu der Überzeugung, daß man über die Akzeptanz derartiger Formeln mit gutem Recht geteilter Meinung sein kann. Die Ursache dafür ist die semantische Vieldeutigkeit, mit welcher einige abstrakte Termini wie die obigen im Alltag, in der Wissenschaft und in der Philosophie anscheinend prinzipiell behaftet sind. Daher ist erklärlich, daß sich unterschiedliche, aufeinander nicht reduzierbare Möglichkeiten einer formal-axiomatischen Definition einer modalen Logik im engeren Sinne des Wortes ergeben.

Die Frage ist, ob eine solche Vielfalt der Bedeutung zweckmäßig ist. Im Sinne einer positivistischen Philosophie ist sie es kaum, im Sinne eines pragmatischen Standpunktes jedoch meistens sehr wohl, und ebenso aus gewissen theoretischen Gründen, die im einzelnen darzulegen hier zu weit führen würde. Zunächst einmal darf die Tatsache nicht ignoriert werden, daß die natürliche Sprache in Struktur und Funktion pragmatisch ist. Sie enthält einen stetig wachsenden Bestand an vieldeutigen abstrakten Begriffen. Dies gilt auch für den mathematischen Sprachgebrauch. Worte wie „Raum" oder „Struktur" haben in der Mathematik mit voller Absicht keine konkrete Bedeutung. Nicht wesentlich anders verhält es sich mit Termini wie *notwendig* und *möglich*.

Es empfiehlt sich, eine formale Definition modaler Kategorien, ebenso wie z.B. den klassischen Wahrheitsbegriff (Kap. I) nicht von vornherein unnötig einzuengen, sondern entsprechend vielfältiger Verwendung auch eine Vielzahl von Interpretationsmöglichkeiten zuzulassen, von denen einige einleitend erwähnt wurden.

Definition und Beispiele normaler Modallogiken

Die „Hintergrundlogik" der im folgenden betrachteten modalen Systeme ist klassisch. Man spricht daher gelegentlich auch von *konservativer Modallogik.* Hinzu kommt, je nach Bedarf eine Anzahl spezifischer modaler Axiome. Außer dem Modus Ponens verwenden wir noch die in Kap. III bereits erwähnte Regel MN: $\frac{P}{\Box P}$, welche für die sogenannten normalen Modallogiken kennzeichnend ist. Im Zusammenhang mit der Definition einzelner Modalsysteme betrachten wir häufig folgende Formeln, deren Bezeichnung später erklärt werden wird.

$$(\Box\,\vec{0}):\quad \Box\,(p \to q) \to \Box\,p \to \Box\,q$$

$$(\Box\,\ell v):\ \Diamond\,\Box\,p \to \Box\,\Diamond\,p;\ (\Box\,e):\ \Box\,\Diamond\,p \to \Diamond\,\Box\,p$$

$$(\Box\,d):\quad \Box\,p \to \Diamond\,p$$

$$(\Box\,\ell x):\ \Diamond\,p \wedge \Diamond\,q \to \Diamond\,(p \wedge q) \vee \Diamond\,(p \wedge \Diamond\,q) \vee \Diamond\,(\Diamond\,p \wedge q)$$

$$(\Box\,r):\quad \Box\,p \to p$$

$$(\Box\,0i\tau):\ \Box\,(\Box\,p \to p) \to \Box\,p$$

$$(\Box\,s):\quad p \to \Box\,\Diamond\,p$$

$$(\Box\,0r\tau):\ \Box\,(\Box\,(p \to \Box\,p) \to p) \to p$$

$$(\Box\,t):\quad \Box\,p \to \Box\,\Box\,p$$

$$(\Box\,t^{m}):\ \bigwedge_{i \leqslant m} \Box^{i}p \to \Box^{m+1}p$$

Gelegentlich benutzen wir die Abkürzungen $1 := p_0 \to p_0$, $0 := \neg\,1$.

Nach den Definitionen in Kap. IV/§ 5 heißt $L \subseteq \mathcal{L}$ eine *normale Modallogik,* wenn **L** folgende Eigenschaften hat

(I)   **L** enthält die Formelschemata (A1)–(A7k) Kap. II, bezogen jedoch auf modallogische Formeln.

(II) $(\Box\,0)$ gehört zu **L**.

(III) **L** ist abgeschlossen gegenüber den Schlußregeln MP und MN.

$\mathcal{N}$ bezeichnet die Menge aller normalen Modallogiken. Ist $L \in \mathcal{N}$, so bezeichnet $L(X)$ für $X \subseteq \mathcal{L}$ die Modallogik bestehend aus allen Formeln $P \in \mathcal{L}$, die man aus $L \cup SbX$ mittels MP und MN herleiten kann; hierbei ist SbX die Menge aller Formeln, die man aus X mittels Substitution gewinnt. Ist $X = \{P\}$, schreiben wir auch $L(P)$ für $L(X)$.

Weiter werden folgende Bezeichnungen eingeführt: **K** die kleinste normale Modallogik, mit anderen Worten, die Menge aller Formeln, welche man mittels MP und MN aus den Substitutionen in $Ak \cup \{(\Box\,\vec{0})\}$ herleiten kann. Ferner ist

$$\mathbf{D} := \mathbf{K}\,(\Box\,d); \qquad \mathbf{M} := \mathbf{K}\,(\Box\,r); \qquad \mathbf{K4} := \mathbf{K}\,(\Box\,t); \qquad \mathbf{S4} := \mathbf{M}\,(\Box\,t);$$

$$\mathbf{S5} := \mathbf{S4}\,(\Box\,s); \qquad \mathbf{B} := \mathbf{M}\,(\Box\,s); \qquad \mathbf{S4.2} := \mathbf{S4}\,(\Box\,\ell v); \qquad \mathbf{S4.3} := \mathbf{S4}\,(\Box\,\ell x);$$

$$\mathbf{K}^{m} := \mathbf{K}\,(\Box\,t^{m}); \qquad \mathbf{G} := \mathbf{K}\,(\Box\,0i\tau); \qquad \mathbf{Gr} := \mathbf{K}\,(\Box\,0r\tau); \qquad \mathbf{S4.1} = \mathbf{S4}\,(\Box\,e)\,.$$

Die Menge $\mathcal{L}$ aller modalen Formeln heiße die *inkonsistente* oder *ausgeartete Modallogik.*

Das mit $\vdash^{L}$ bezeichnete deduktionstheoretische L-System heißt das zu $L \in \mathcal{N}$ *gehörende Modalsystem.* Wenn vom *Modalsystem* **L** gesprochen wird, ist $\vdash^{L}$ gemeint. Man beachte, daß $\vdash^{L} = \vdash^{MP}_{L}$ gemäß Kap. II/§ 3.

Jede Logik $L \in \mathcal{N}$ ist konservativ im Sinne von Kap. III/§ 4 und besitzt eine adäquate L-Algebra $A \in \mathbf{KBA}$ (Kap. III/§ 5). Insbesondere gilt $P \in Lk \Rightarrow P \in L$ für alle $P \in L$, falls P keine Modalfunktoren enthält. Für Ableitungen in L darf offenbar auch jede Regel verwendet werden, die in der klassischen Logik zulässig ist, z.B. MT, MQ usw. **L** ist ferner abgeschlossen gegenüber MM: $\dfrac{P \to Q}{\Box P \to \Box Q}$, worauf in Kap. III/§ 5 schon hingewiesen wurde. Mehrfache Anwendung von MM zeigt, daß in L die allgemeinere Regel

$$\text{MM}': \quad \frac{\vdash P_i \underset{i \leqslant n}{\longrightarrow} Q}{\vdash \Box P_i \underset{i \leqslant n}{\longrightarrow} \Box Q}$$

gilt. Hingegen gelten MN, MM i.a. nicht für $\vdash^L$!

Es gelten für $\vdash^L$ aber alle für $\vdash^k$ gültigen Regeln, z.B. alle Regeln des S-Kalküls. Darüberhinaus gilt für $\vdash = \vdash^L$

$$(\Box\, k) \quad \frac{X \vdash P}{\Box X \vdash \Box P}, \quad \text{wobei } \Box X = \{\Box\, Q \mid Q \in X\}.$$

Denn ist $X \vdash P$, so $\vdash P_i \underset{i \leqslant n}{\longrightarrow} Q$ für gewisses $n \in \omega$ und $P_i \in X$. Daher $\vdash \Box P_i \underset{i \leqslant n}{\longrightarrow} \Box P$ gemäß MM', und folglich $\Box X \vdash \Box P$. Falls $n = 0$, benötigt man gerade (MN).

Umgekehrt ergibt sich auf der Basis des Deduktionstheorems aus $(\Box\, k)$ leicht das Axiom $(\Box\, 0)$. Daher lassen sich normale Modalsysteme einfach als strukturelle deduktive Systeme in $\neg, \wedge, \vee, \to, \Box$ definieren, die den Regeln des natürlichen Schließens (Kap. II/§ 2), sowie der Regel $(\Box\, k)$ genügen. $\mathcal{N}$ besteht gerade aus den Logiken dieser Systeme.

Übrigens werden später ausreichende inhaltliche Gründe dafür angegeben, warum wir gerade $\vdash^L$ und nicht irgendein anderes L-System, z.B. $\vdash_L^{MP,\,MN}{}^{1)}$, als das zu $L \in \mathcal{N}$ gehörende System bezeichnen. Bevor wir aber zu semantischen Fragestellungen übergehen, zunächst einige beispielhafte Deduktionen. $\vdash^L P$ bedeutet wie gewöhnlich $\emptyset \vdash^L P$, d.h. $P \in L$.

Beispiel 1. Wir zeigen $\vdash^M P \to \Diamond P$. Denn $\vdash^M \Box \neg P \to \neg P$, also $\Box \neg P \vdash^M \neg P$. Folglich $P \vdash^M \neg \Box \neg P$ gemäß (CP 2), also $P \vdash^M \Diamond P$, daher $\vdash^M P \to \Diamond P$.

Normale Modallogiken L sind implikativ. Daher ist

$$\equiv_L: \ P \equiv_L Q \Leftrightarrow P \to Q, Q \to P \in L$$

eine L-Kongruenz und man kann das Ersetzungstheorem verwenden.

Beispiel 2. Wir zeigen $\Box (P \wedge Q) \equiv_L \Box P \wedge \Box Q$. Denn $P \wedge Q \vdash^L P, Q$, also $\Box (P \wedge Q) \vdash^L \Box P, \Box Q$ gemäß $(\Box\, k)$. Folglich $\Box (P \wedge Q) \vdash^L \Box P \wedge \Box Q$. Ferner $\Box P \wedge \Box Q \vdash^L \Box P, \Box Q \vdash^L \Box (P \wedge Q)$ gemäß $(\wedge\, a), (\wedge\, b), (\Box\, k)$. Also $\Box P \wedge \Box Q \vdash^L \Box (P \wedge Q)$.

Beispiel 3. Wegen $P \equiv_L \neg \neg P$ ist $\Box P \equiv_L \Box \neg \neg P$, also $\neg \Box P \equiv_L \neg \Box \neg \neg P = \Diamond \neg P$. Ebenso ist $\neg \Diamond P \equiv_L \Box \neg P$. Wegen $(\Box\, r), (\Box\, t)$ ist ferner $\Box P \equiv_{S4} \Box \Box P$. Ebenso $\Diamond P \equiv_{S4} \Diamond \Diamond P$, erst recht also $\Diamond P \equiv_{S5} \Diamond \Diamond P$. Substitution in $(\Box\, s)$ ergibt $\vdash^{S5} \Diamond P \to \Box \Diamond \Diamond P$. Wegen $\Box \Diamond \Diamond P \equiv_{S5} \Box \Diamond P$, also $\vdash^{S5} \Diamond P \to \Box \Diamond P$. Auch ist $\vdash^{S5} \Box \Diamond P \to \Diamond P$ (Substitution in $(\Box\, r)$). Also $\Box \Diamond P \equiv_{S5} \Diamond P$. Ebenso gilt $\Diamond \Box P \equiv_{S5} \Box P$.

---

[1]) $X \vdash_L^{MP,\,MN} P$ gdw P ist mittels MP, MN aus $X \cup L$ herleitbar, siehe auch S. 165.

Beispiel 4. Wir zeigen $\vdash^G \Box p \to \Box \Box p$. Es ist $p \wedge \Box p \vdash^K p, \Box p$, also
$\Box (p \wedge \Box p) \vdash^K \Box p, \Box \Box p$. Ferner $p, \Box (p \wedge \Box p) \vdash^K p \wedge \Box p$, also $p \vdash^K \Box (p \wedge \Box p) \to p \wedge \Box p$.
Folglich $\Box p \vdash^K \Box (\Box (p \wedge \Box p) \to p \wedge \Box p) \vdash^G \Box (p \wedge \Box p)$ gemäß ($\Box$ k) und Axiom ($\Box 0 i \tau$).
Daher $\Box p \vdash^G \Box (p \wedge \Box p) \vdash^K \Box \Box p$ und folglich $\Box p \vdash^G \Box \Box p$, d.h. $\vdash^G \Box p \to \Box \Box p$.

Beispiel 5. $\vdash^{Gr} \Box p \to p$. Es ist $p \vdash^K \Box (p \to \Box p) \to p$, also $\Box p \vdash^K \Box (\Box (p \to \Box p) \to p)$,
womit wegen ($\Box 0 r \tau$) $\Box p \vdash^{Gr} p$ folgt.

Beispiel 6. $\vdash^{Gr} \Box p \to \Box \Box p$. Sei $Q := p \wedge \Box p \to \Box \Box p$. Nach PEIRCE ist
$\Box p \to \Box \Box p \dot{\to} \Box p \vdash^K \Box p$, mithin $p; p \to (\Box p \to \Box \Box p \dot{\to} \Box p) \vdash^K \Box p$. Also $p; Q \to \Box p \vdash^K \Box p$,
daher $\Box p; \Box (Q \to \Box p) \vdash^K \Box \Box p$, also $\Box (Q \to \Box p) \vdash^K \Box p \to \Box \Box p$. Folglich
$p; \Box (Q \to \Box Q) \vdash^K Q$, also $\Box p \vdash^K \Box (\Box Q \to \Box Q) \to Q) \vdash^{Gr} Q$. Im besonderen
$\Box p \vdash^{Gr} \Box p \to \Box \Box p$, d.h. $\Box p \vdash^{Gr} \Box \Box p$. Dieses und Beispiel 5 zeigen, daß $\mathbf{Gr} \supseteq \mathbf{S4}$.

Für die Standardlogiken ergibt sich folgendes Inklusionsdiagramm, wobei aber bisher
noch nicht bewiesen ist, daß alle erwähnten Logiken voneinander verschieden sind.

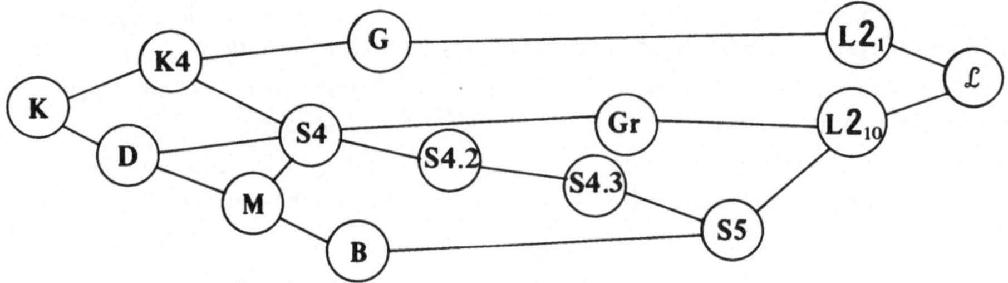

An dieser Stelle sei darauf hingewiesen, daß für das Studium von $\mathcal{N}$ ein zweites L-System
($L \in \mathcal{N}$) besonders geeignet ist, nämlich

$$\vdash^L : X \vdash^L P \quad \text{gdw} \quad X \vdash^{MP, MN}_L P \,.$$

Für dieses im Kap. III sogenannte regulare L-System gilt $X \vdash^L P$ gdw $X \vdash^A P$ für jede
L-Algebra A. Unter Verwendung von $\vdash^K$ läßt sich z.B. ohne Rückgriff auf die algebraische
Semantik die Distributivität von $\mathcal{N}$ nachweisen (Übungen). $\mathcal{N}$ besteht gerade aus den ab-
geschlossenen Mengen des Systems $\vdash^K_*$.

Wegen der Regeln (∨ a), (∨ b) ist $D\ell_{\vdash K}$ und damit auch $D\ell_{\vdash_* K}$ distributiv.[1]

Die $L \in D\ell_{\vdash_* K}$ heißen auch *quasinormale* Modallogiken. $\mathcal{Q}$ bezeichne deren Gesamtheit.

Übungen

1. Man zeige, das S4-System $\vdash^{S4}$ ist charakterisiert durch die Regeln des natürlichen
   Schließens für $\neg, \wedge, \vee, \to$, die Regel ($\Box$ k), sowie

$$(\Box \, n): \frac{X \vdash \Box P}{X \vdash P} \qquad\qquad (\Box \, i): \frac{X \vdash \Box P}{X \vdash \Box \Box P}$$

---

[1] Kap. II/§ 3, S. 82

2. Man zeige $\vdash^G \Box \Diamond p \to \Box q$. (Daher z.B. $\vdash^G \Box \Diamond p \to \neg \Diamond p$.)
   Daraus schließe $\Diamond 1 \equiv_G \Diamond \Box^i 0$ $(i > 0)$.

   Hinweis. $\Box \Diamond p \vdash^K \Box (\Box \neg p \to \neg p) \vdash^G \Box \neg p \vdash^G \Box \Box \neg p \equiv \Box \neg \Diamond p$.
   Ferner $\Box P, \Box \neg P \vdash^K \Box Q$.

3. Zeige $G = G'$, wo $G' = L$ $(K4; MP, MN, ML)$ und $ML: \dfrac{\vdash \Box P \to P}{\vdash P}$ (LÖB-Regel).

   Hinweis. Für $G \subseteq G'$: Für $Q = (\Box 0 i \tau)$ ist $\Box Q; \Box (\Box p \to p) \vdash^{K4} \Box p$.

4. Man beweise $X \vdash^L P \Leftrightarrow \boxed{\omega} \, X \vdash^L P$, wobei $\boxed{\omega} \, X = \{\Box^n P \mid P \in X, n \in \omega\}$. (Satz von
   der Vorverlegung der Regel MN.) Daraus erschließe man folgende Version eines
   Deduktionstheorems für $\vdash^L$:

   $X; P \vdash^L Q$ gdw es gibt es in $n \in \omega$, so daß $X \vdash^L \text{\small\textcircled{n}} P \to Q$ $(L \in \mathscr{N})$.

   Dabei sei $\text{\small\textcircled{n}} P := P \wedge \Box P \wedge \ldots \wedge \Box^n P$ ($\text{\small\textcircled{0}} P = P$).

   Hinweis. Zeige $\vdash: X \vdash P \Leftrightarrow \boxed{\omega} \, X \vdash^L P$ ist kleinstes $\vdash^L$ enthaltendes deduktives
   System, für welches MN gilt.

5. Man zeige, $D\ell_{\vdash K}$ ist vollständiger Subverband von $D\ell_{\vdash K}$. Daraus erschließe man die
   Distributivität von $\mathscr{N}$. Ferner zeige man $L(X) \cap L(Y) = L(\Box^n P \vee \Box^m Q)_{P \in X; Q \in Y; n, m \in \omega}$,
   falls $V(X) \cap V(Y) = \emptyset$.

   Hinweis. Sei $D \subseteq D\ell_{\vdash}$ und $\bigcup D \vdash^K P$. Dann $\bigcup D = \bigcup\limits_{X \in D} \boxed{\omega} \, X = \boxed{\omega} \, \bigcup D \vdash^K P$.

   $D\ell_{\vdash K}$ ist distributiv, damit auch $D\ell_{\vdash_* K}$ und dessen Subverband $D\ell_{\vdash_* K}$.

   Ferner: $L(X) \cap L(Y) = D\ell_{\vdash_* K} X \cap D\ell_{\vdash_* K} Y = D\ell_{\vdash_* K} \boxed{\omega} \, X \cap D\ell_{\vdash_* K} \boxed{\omega} \, Y =$

   $D\ell_{\vdash_* K} \{P \vee Q \mid P \in \boxed{\omega} \, X; Q \in \boxed{\omega} \, Y\}$ (Satz, Kap. II, S. 82).

6. Man zeige, ist $\vdash^L$ uniform, so auch $\vdash^L$. (Später werden wir zeigen können, daß z.B.
   $\vdash^{S4}$, und damit auch $\vdash^{S4}$ uniform ist; gemäß Kap. III existiert also eine $\vdash^{S4}$-adäquate
   S4-Algebra.)

Präzisierung der Idee von den möglichen Welten — Modellstrukturen und Gültigkeit modaler Formeln

Die grundlegende Problematik einer modalen Semantik kann man sich wie folgt verdeutlichen: Betrachtet man Aussagen P, für die $\Box$ P nicht schon dasselbe bedeutet wie einfach nur das Zutreffen von P, so ist eine solche Aussage nicht von vornherein einfach nur wahr oder falsch. Ihr Zutreffen kann vielmehr von einer vorliegenden Situation abhängen. Ein Beispiel ist die Aussage *Geld verschafft Privilegien*. Soweit man unsere gegenwärtige engere Umwelt betrachtet, kann man dies wohl akzeptieren, doch sind offenbar Situationen möglich, in denen dieselbe Aussage falsch ist. Kurz, die Aussage *es ist notwendig so, daß Geld Privilegien verschafft* ist nicht schlechthin wahr, weil sie *in gewissen Situationen* nicht akzeptiert wird.

Je nachdem, wie eng oder weit man den Situationsbegriff faßt, erhält man verschiedene
Semantiken modaler Systeme. Dies ist der Ausgangspunkt der relativistischen Semantik.

Man betrachte eine Menge g, deren Elemente S, T, …*Situationen* oder *Welten* heißen
mögen. Eine derartige Situationsgesamtheit g erhält man, wenn man sich die Elemente
von g als denkbare *Realitätssituationen* vorstellt, oder in der Terminologie von LEIBNIZ,
als *mögliche Welten*. Der Wahrheitswert einer Aussage ist abhängig von der Situation S,
er wird gewissermaßen *relativiert*. Wenn 1 der Wahrheitswert einer Aussage P in einer
Situation $S \in g$ ist, sagen wir auch, P *werde in* S *akzeptiert* oder S *akzeptiert* P. Die einfachste Möglichkeit besteht nun offenbar in der Festlegung, daß $\Box$ P dann und nur dann
in S akzeptiert wird, wenn P in allen Situationen $S' \in g$ akzeptiert wird. Eine solche Erklärung würde (für unendliche g) gerade eine Semantik für **S5** liefern.

Im Zuge einer einheitlichen Darstellung der relativistischen Semantik aber werden wir den
Ansatz noch etwas erweitern. Zunächst entspricht es offenbar plausiblen Vorstellungen,
den Situationsbereich mit einer Struktur, d.h. mit einer binären Relation zu versehen,
die in allgemeiner Weise mit $\lhd$ bezeichnet sei.

So liefert etwa eine zeitbedingte Abfolge von Situationen eine derartige Strukturierung,
d.h. $S \lhd S'$ bedeutet, S ist eine der Situation S' vorangehende Situation. In einem solchen
Falle liegt es nahe, sich $\lhd$ als eine Ordnung, oder sogar eine lineare Ordnung vorzustellen,
wenn man von der Annahme ausgeht, daß die Entwicklung determiniert verläuft.

Eine besondere Art des Situationsverständnisses ist folgende: Wir stellen uns die Elemente
von g vor als *Wissenssituationen* oder *Erkenntnisstadien*. $S \lhd S'$ soll bedeuten, daß das
Wissen in S im Wissen von S' „aufgehoben" ist, oder daß S' mindestens so viel weiß wie S'.
Die Aussage $\Box$ P wird in S akzeptiert, wenn P in allen Situationen $S' \rhd S$ akzeptiert wird.

Spezifiziert man diese Vorstellung auf Erkenntnisstadien in der Mathematik, so läßt sich
damit ein schon von GÖDEL und KOLMOGOROFF stammender Vorschlag präzisieren:
Danach besteht eine Deutung von $\Box$ P darin, daß in S ein Beweis von A mit Hilfsmitteln
erbracht worden ist, die über jeden Zweifel erhaben sind, und auch in künftigen Erkenntnisstadien nicht mehr angezweifelt werden. Eine solche Interpretation, entspricht etwa
der Deutung von **S4**, wenn man noch annimmt, daß in jeder Situation durchweg unendlich viele alternative Möglichkeiten der Weiterentwicklung bestehen, und jedes $S \in g$
damit einen sich in das Unendliche fortpflanzenden Baum der künftigen Möglichkeiten
bestimmt. Aus diesem Grunde kann **S4** auch als *die Logik der alternativen Entwicklung
der Möglichkeiten* bezeichnet werden.

Schließlich kann man von viel schwächeren Voraussetzungen ausgehen, als in den Beispielen oben angedeutet. $S \lhd S'$ soll bedeuten, daß die Situation S die Situation S' in
einem (näher zu spezifizierenden Sinne) *beeinflußt* oder eine gewisse Wirkung von S
auf S' übertragen wird. Die Situationen können dabei eine abstrakte, aber auch sehr konkrete Bedeutung haben, z.B. kann g als die Gesamtheit der Zustände eines gewissen kybernetischen Systems verstanden werden. In einer derartigen Auffassung wird $\lhd$ i.a. nicht
mehr transitiv sein. Um der angedeuteten Vielzahl der Interpretationsmöglichkeiten
Rechnung zu tragen, verwenden wir gelegentlich die folgende sprachlich neutrale Redeweise: wenn $S \lhd S'$, sagen wir S' *sei von* S *aus erreichbar* und nennen $\lhd$ auch die *Erreichbarkeitsrelation (Akzessibilitätsrelation)* von g. Bei diesem allgemeinen Ansatz gibt es
offenbar zwei Extremfälle:

(a) $\lhd$ ist die Identitätsrelation, d.h. keine Situation ist von anderen Situationen aus erreichbar (oder in der Praxis: eine gegenseitige Einflußnahme der Situationen wird außer acht gelassen). Dieser Fall entspricht dem der klassischen Logik, wie wir noch sehen werden.

(b) Alle Situationen sind gegenseitig erreichbar. Wenn dann noch die Situationsgesamtheit unendlich ist, so entspricht dies gerade der Logik **S5**, welche man daher auch als eine Logik der *alternativen Möglichkeiten einer unendlichen Situationsvielfalt* bezeichnen kann.

Um nunmehr konkret zu werden, wählen wir für das folgende eine feste, aber beliebige Struktur $g = (g, \lhd)$ aus der Klasse **G** aller Strukturen (vgl. Anhang). g heißt in diesem Zusammenhang auch eine *Modellstruktur*[1]) oder **K**-*Struktur (KRIPKE-Struktur)*.

Jede Aussage p bestimmt intuitiv die Teilmenge αp derjenigen Situationen von g, in welchen p akzeptiert wird, ihre sogenannte *Akzeptanzmenge*. Daher ist plausibel, daß wir die Aussagenvariablen der modalen Sprache $\mathcal{L}$ nunmehr mit Teilmengen von g belegen, die den jeweiligen Akzeptanzmengen entsprechen.

Definition. Es sei $\alpha : V \to 2^g$ eine Belegung der Variablen $p \in V$ in die Teilmengen von g. Das Paar $\mu := (g, \alpha)$ heißt ein **K**-*Modell* (KRIPKE-Modell) und α heißt auch die *Realisierung von μ*, sowie g die *Modellstruktur* von μ.

Als nächstes kommt es darauf an festzulegen, in welcher Weise sich die Werte zusammengesetzter Formeln in dem gegebenen Modell μ fortpflanzen. Zu diesem Zweck führen wir eine Relation $\Vdash$ (genauer $\Vdash_\mu$ oder $\Vdash_\alpha$) zwischen Situationen und Formeln ein, welche die von μ bestimmte *Akzeptanzrelation*[2]) heiße.

Definition. Die von einem **K**-Modell $\mu = (g, \alpha)$ bestimmte Akzeptanzrelation ist die folgendermaßen induktiv definierte Relation $\Vdash$ zwischen Situationen $S \in g$ und Formeln $P \in \mathcal{L}$.

$$
\begin{array}{lll}
S \Vdash p & \text{gdw} & S \in \alpha p \quad (p \in V) \\
S \Vdash P \wedge Q & \text{gdw} & S \Vdash P \text{ und } S \Vdash Q \\
S \Vdash P \vee Q & \text{gdw} & S \Vdash P \text{ oder } S \Vdash Q \\
S \Vdash P \to Q & \text{gdw} & S \Vdash P \Rightarrow S \Vdash Q \\
S \Vdash \neg P & \text{gdw} & S \nVdash P \\
S \Vdash \Box P & \text{gdw} & S' \Vdash P \text{ für alle } S' \in g \text{ mit } S \lhd S'
\end{array}
$$

In der letzten dieser sogenannten *Akzeptanzbedingungen* findet die Verzahnung der Akzeptanz von P in den einzelnen Situationen ihren Ausdruck. Sie heiße *die kritische Akzeptanzbedingung*. Beim Übergang zu sogenannten nichtklassischen Modallogiken ändern sich auch einige der Akzeptanzbedingungen, die die Booleschen Funktoren be-

---

[1]) engl. frame; russ. шкала. Eine Modellstruktur ist also nichts weiter als eine Struktur, vgl. Anhang.

[2]) Auch Erzwingungsrelation oder Forcing-Relation genannt wegen ihrer Ähnlichkeit mit den Forcing-Relationen in der Mengenlehre.

treffen, zum Beispiel in der Weise, wie dies in Kap. V bei der Begründung einer nicht-klassischen Semantik aussagenlogischer Verknüpfungen geschieht. In der konservativen Modallogik wird aber — unabhängig von den einzelnen Systemen — immer von den in obiger Definition angegebenen Akzeptanzbedingungen ausgegangen.

Aus der Definition ergibt sich die Akzeptanzbedingung für $\Diamond$:

$$S \Vdash \Diamond P \quad \text{gdw} \quad S' \Vdash P \quad \text{für ein gewisses } S' \in g \text{ mit } S \triangleleft S'.$$

Und zwar durch die folgenden äquivalenten Umformungen der Akzeptanz der Formel $\Diamond P = \neg \Box \neg P$:

$$
\begin{aligned}
S \Vdash \Diamond P \quad &\text{gdw} \quad S \nVdash \Box \neg P \\
&\text{gdw} \quad S' \nVdash \neg P \quad \text{für gewisses } S' \triangleright S \\
&\text{gdw} \quad S' \Vdash P \quad\ \ \text{für gewisses } S' \triangleright S .
\end{aligned}
$$

$S \Vdash \Diamond P$ bedeutet also übereinstimmend mit der intuitiven Vorstellung über das mögliche, daß P in wenigstens einer der erreichbaren Welten akzeptiert wird.

Wir kommen nun zu einigen grundsätzlichen Festlegungen über Gültigkeit. In § 2 wird dargelegt werden, wie sich auch diese Begriffe denen der mehrwertigen (im vorliegenden Falle booleschwertigen) Semantik unterordnen.

Definition. P heißt *gültig im Modell* μ, symbolisch $\models^\mu P$, wenn $S \Vdash_\mu P$ für alle $S \in \mu^1)$.

P heißt *gültig in der Modellstruktur* g oder eine g-*Tautologie*, symbolisch $\models^g P$, wenn $\Vdash^\mu P$ für alle **K**-Modelle $\mu = (g, \alpha)$ auf der Basis von g. **Lg** bezeichnet die Menge aller g-Tautologien. Ist $P \in \mathbf{Lg}$, so heiße g auch eine P-*Struktur*.

$g \in \mathbf{G}$ heißt eine **L**-Struktur$^2)$ $(L \in \mathcal{N})$, wenn $L \subseteq \mathbf{Lg}$. Eine Formel P heißt **L**-*gültig*, symbolisch $\models^L P$, wenn $\models^g P$ für jede **L**-Struktur g, kurz, jede **L**-Struktur ist eine **P**-Struktur.

Gemäß Definition ist klar, daß jedes $P \in L$ auch L-gültig ist. Die Frage nach der Umkehrung dieses Sachverhalts ist das *Vollständigkeitsproblem für* **L**. Darauf gehen wir erst in § 2 näher ein. Sei nun irgendeine K-Struktur g gegeben. Man überprüft sehr leicht, daß die Menge **Lg** der g-Tautologien abgeschlossen ist gegenüber Substitutionen und den beiden Schlußregeln MP und MN. Ferner sieht man auch leicht, daß alle klassischen Tautologien zu **Lg** gehören, denn wenn man den modalen Funktor außer acht läßt, stimmen die Akzeptanzbedingungen mit den Erfüllungsbedingungen (Kap. I, Seite 24) überein. Um also zu zeigen, daß **Lg** eine normale Modallogik ist, braucht man sich nur zu überzeugen, daß das Axiom $(\Box \vec{0})$ zu **Lg** gehört.

$^1)$ genauer $S \in g$, wobei g die Modellstruktur von μ ist.

$^2)$ Diese Wortwahl steht in Übereinstimmung mit der Bezeichnung der $g \in \mathbf{G}$ als K-Strukturen, denn Beispiel 1 wird zeigen, daß $K \subseteq \mathbf{Lg}$ für jedes $g \in \mathbf{G}$. Nebenbei bemerkt ist die leere Struktur $\emptyset$ trivialerweise L-Struktur, denn offenbar ist $L\emptyset = \mathcal{L}$. Aus Gründen der Übersicht wird $\emptyset$ jedoch i.a. von den Betrachtungen ausgeschlossen; daher meint eine L-Struktur g solange eine nichttriviale L-Struktur $(g \neq \emptyset)$, wie nichts anderes gesagt wird.

Dies zeigt folgendes

Beispiel 1. Es ist $\vdash^g \Box (P \to Q) \to \Box P \to \Box Q$ $(g \in \mathbf{G})$.
Sei (g, α) ein **K**-Modell, und $S \in g$. Ferner sei $S \Vdash \Box (P \to Q)$, also

(1) $S' \Vdash P \to Q$ für alle $S' \rhd S$.

Es ist zu zeigen $S \Vdash \Box P \to \Box Q$, d.h. $S \Vdash \Box P \Rightarrow S \Vdash \Box Q$. Sei $S \Vdash \Box P$, also $S' \Vdash P$
für alle $S' \rhd S$. Gemäß (1) gilt dann auch $S' \Vdash Q$ für alle $S' \rhd S$, d.h. $S \Vdash \Box Q$, was zu
zeigen war. ●

$\vdash^g$ läßt sich übrigens in natürlicher Weise als eine Konsequenz verstehen, indem man er-
klärt: $X \vdash^g P$ gdw $S \Vdash_\alpha X \Rightarrow S \Vdash_\alpha P$ für alle $\alpha: V \to 2^g$, $S \in g$. ($S \Vdash_\alpha X$ bedeute $S \Vdash_\alpha Q$
für alle $Q \in X$). Dieser auf die Einzelsituation bezogene Konsequenz erfüllt alle S. 165
genannten Regeln des natürlichen Schließens für normale Modalsysteme. Nur gilt i.a. nicht
der Endlichkeitssatz. Wir kommen in § 2 darauf zurück. Für $g = \boxdot$ kann $\vdash^g$ offenbar als
die klassische Konsequenz $\vdash^k$ aufgefaßt werden, indem man $\Box P$ mit P identifiziert.

Beispiel 2. Es bezeichne a_2 die Struktur $\boxed{\dot{G} \longrightarrow \dot{Z}}$ (die „Gegenwart-Zukunft-Struktur")

mit den beiden Situationen G und Z. Wir zeigen $\not\vdash^{GZ} p \to \Box p$. Sei α eine Realisierung
mit $\alpha p = \{G\}$. Dann gilt $G \Vdash p$, aber $Z \not\Vdash p$, also $G \not\Vdash \Box p$ gemäß der kritischen
Akzeptanzbedingung. Folglich ist $G \not\Vdash p \to \Box p$, und damit ist die Behauptung gezeigt.
Zugleich ist damit bewiesen, daß die Formel $p \to \Box p$ nicht **K**-gültig ist und damit auch
nicht zu **K** gehören kann. ●

Das Modell, welches in diesem Beispiel zur Widerlegung der Formel $p \to \Box p$ konstruiert
wurde, heißt auch ein *Gegenmodell* für diese Formel. Die Methode der Konstruktion von
Gegenmodellen im Rahmen der relativistischen Semantik ist, ähnlich wie die Matrizen-
methode, wirkungsvolles Instrument in der Untersuchung der gegenseitigen Beziehungen
modaler Systeme.

Beispiel 3. Wir zeigen, $\Box P \to P$ ist in jeder reflexiven Modellstruktur g gültig. Sei $\alpha: V \to 2^g$
und $S \in g$ derart, daß $S \Vdash \Box P$. Dann gilt $S' \Vdash P$ für alle $S' \rhd S$. Wegen $S \rhd S$ ergibt
sich insbesondere $S \Vdash P$. Damit ist $S \vdash \Box P \to P$ gezeigt. (g, α) und $S \in g$ waren beliebig, womit die Behauptung bewiesen ist. Nun gilt auch umgekehrt, daß jede Struktur g,
in welcher $(\Box r)$ gilt, notwendigerweise reflexiv ist, denn sei angenommen $S \in g$ und
$S \not\rhd S$. Man betrachte eine Realisierung α mit $\alpha p = g \setminus \{S\}$, also ist $S \not\Vdash p$, aber $S' \Vdash p$
für alle $S' \rhd S$. Dann gilt $S \Vdash \Box p$ und damit $S \not\Vdash \Box p \to p$ im Widerspruch zur Voraussetzung. ●

Beispiel 3 ergibt sofort folgende Kennzeichnung: $g \in \mathbf{G}$ ist genau dann eine **M**-Struktur
(d.h. $\mathbf{M} \subseteq \mathbf{L}g$), wenn g reflexiv ist. Es dürfte einleuchten, daß eine analoge Kennzeichnung
der **L**-Strukturen für die wichtigen Modalsysteme **L** von erheblichem philosophischen
Interesse ist, denn es handelt sich hier um die Frage, welche Logik welchen Struktureigenschaften der möglichen Welten entspricht.

Beispiel 4. Wir zeigen $g \in \mathbf{G}$ ist genau dann symmetrisch, wenn $\models^g (\Box\, s)$. Sei g symmetrisch und $\alpha : V \to 2^g$ eine Belegung, $S \in g$, sowie $S \Vdash p$. Zu zeigen ist $S \Vdash \Box \Diamond p$, also $T \Vdash \Diamond p$ für beliebiges $T \rhd S$. Nun gilt auch $T \lhd S$ und wegen $S \Vdash p$ in der Tat $T \Vdash \Diamond p$.

Zwecks Beweis der Umkehrung sei angenommen, g verletze die Symmetrie, also $S \lhd T$, aber $T \ntriangleleft S$ für gewisse $S, T \in g$. Man betrachte eine Belegung α mit $\alpha p = \{S\}$, also $S \Vdash p$, jedoch $S' \nvDash p$ für alle $S' \neq S$. Dann ist $T \nVdash \Diamond p$, denn ist $T' \rhd T$, so ist $T' \nVdash p$. Folglich $S \nVdash \Box \Diamond p$, obwohl $S \Vdash p$. Damit ist auch die Richtung von links nach rechts bewiesen. $(\Box\, s)$ charakterisiert also die $g \in \mathbf{G}$ der Tiefe 1 (Anhang). •

Übungen

1. Man zeige, g ist genau dann eine **D** -Struktur (d.h. $\models^g \Box p \to \Diamond p$), wenn g definal ist (d.h. wenn für alle $S \in g$ ein $S' \in g$ mit $S' \rhd S$ existiert, Anhang).

   Hinweis. Ist $S \in g$ derart, daß kein $S' \rhd S$ existiert, so ist $S \Vdash \Box P$ für beliebige $P \in \mathcal{L}$.

2. Man zeige g ist genau dann eine **K4**-Struktur, wenn g transitiv ist.

3. Man zeige, ist g genau dann eine **S4**-Struktur, wenn g eine Präordnung (reflexiv und transitiv) ist.

4. Man zeige g ist eine $\mathbf{K}^m$-Struktur genau dann, wenn g m-transitiv ist (siehe Anhang).

   Hinweis. Man untersuche zuerst genau die Fälle $m = 0$, $m = 1$. Beachte, eine 0-transitive Struktur ist disjunkte Vereinigung von Einpunktstrukturen.

5. Man zeige

(a) $\quad \nvDash^{S4} \Diamond p \to \Box \Diamond p$	(b) $\quad \models^{S5} \Diamond p \to \Box \Diamond p$
(c) $\quad \nvDash^{S4} \Diamond \Box p \to \Box \Diamond p$	(d) $\quad \models^{S5} \Diamond \Box p \to \Box \Diamond p$
(e) $\quad \nvDash^{B} \Box \Diamond p \to \Diamond \Box p$	(f) $\quad \nvDash^{S5} \Box \Diamond p \to \Diamond \Box p$

   Hinweis. (a): Es gibt Gegenmodell auf $\boxed{\cdot \longrightarrow \cdot}$. (c): Es gibt Gegenmodell auf

   $\boxed{\cdot \overset{\cdot}{\underset{\cdot}{\Longleftarrow}}}$ (Struktur des „alternativen Fortschritts"). (e), (f): Gegenmodell auf

   $\boxed{\cdot \rightleftarrows \cdot}$ (Struktur mit Alternativsituation).

6. Sei P^n wie folgt induktiv erklärt: $P^1 = p_0 \to \Box \Diamond p_0$; $P^{n+1} = p_n \to \Box (\Diamond p_n \vee P^n)$.
   Für $L \in \mathcal{N}$ sei $L_0 := L$ und $L_n := L(P^n)$ $(n \geqslant 1)$. Zum Beispiel ist $M_1 = B$, $S4_1 = S5$. Die $L \supseteq L_n$ heißen *Erweiterungen von L der Tiefe* n. Man zeige $g \in \mathbf{Ms}\, \mathbf{K}_n \Leftrightarrow t(g) \leqslant n$. Insbesondere haben $S4_n$-Strukturen höchstens n aufeinanderfolgende Lokalklassen. Dasselbe gilt für $\mathbf{K}_n^m = \mathbf{K}^m \cap \mathbf{K}_n$.

   Hinweis. Induktion. Geringfügige Verallgemeinerung von Beispiel 4.
   Ist $S_0 < S_1 \ldots < S_m$, so $S_0 \Vdash P^{n+1} \Rightarrow S_1 \Vdash P^n$.

Korrespondenzen modaler und struktureller Eigenschaften

Die bereits erwähnte Frage, welche Struktureigenschaften einer **K**-Struktur g welchen Eigenschaften der Logik Lg entspricht, ist nicht nur philosophisch interessant. Sie wird sich auch für die Behandlung des Vollständigkeitsproblems als wichtig erweisen. Für eine Reihe wichtiger Fälle wird die Antwort durch folgende Tabelle gegeben. Es steht jeweils eine modale Eigenschaft von g (d.h. eine in g gültige Formel) in der linken Spalte einer ihr äquivalenten strukturellen Eigenschaft in der rechten Spalte gegenüber.

Korrespondenzen modaler und struktureller Eigenschaften für $g \in \mathbf{G}$	
$(\Box\, d)\colon \Box\, p \to \Diamond\, p$	definal[1]
$(\Box\, r)\colon \Box\, p \to p$	reflexiv
$(\Box\, s)\colon p \to \Box\, \Diamond\, p$	symmetrisch
$(\Box\, t)\colon \Box\, p \to \Box\, \Box\, p$	transitiv
$(\Box\, t^m)\colon \bigwedge\limits_{i \leqslant m} \Box^i p \to \Box^{m+1} p$	m-transitiv $(\delta S \subseteq \delta_m S)$
$(\Box\, \ell v)\colon \Diamond\, \Box\, p \to \Box\, \Diamond\, p$	lokal konvex
$(\Box\, \ell x)$ S. 164	lokal konnex
$(\Box\, 0i\tau)\colon \Box\, (\Box\, p \to p) \to \Box\, p$	irreflexive terminale Ordnung
$(\Box\, 0r\tau)\colon \Box\, (\Box\, (p \to \Box\, p) \to p) \to p$	terminale Ordnung
$\Box^n p \to \Box^{n+1} p$	$S \lhd^{n+1} T \Rightarrow S \lhd^n T$
$\Diamond\, p \to \Box\, \Diamond\, p$	$S \lhd T, T' \Rightarrow T \lhd T'$ (euklidisch)

Es sei dem Leser empfohlen, auch die übrigen Äquivalenzen der Tabelle im Detail zu überprüfen. Die Richtung von rechts nach links ist in fast allen Fällen einfach, bei der anderen Richtung kommt es darauf an, durch geschickte Wahl von Belegungen unter Annahme einer Verletzung der jeweiligen Struktureigenschaft ein Gegenmodell für die Formel links zu konstruieren.

Es ist nicht immer einfach, eine vorgegebene Formel $P \in \mathcal{L}$ zu „identifizieren", d.h. ihren Sinn in der relationalen Semantik zu erfassen. Selbst einfach gebaute Formeln drücken gelegentlich recht ungewöhnliche Eigenschaften aus. Die Formel $(\Box\, e)\colon \Box\, \Diamond\, p \to \Diamond\, \Box\, p$ besagt z.B., daß zu keinem $S \in g$ disjunkte nichtleere Teilmengen $a, b \subseteq g$ existieren, so daß jedes $T \rhd S$ sowohl einen Nachfolger in a als auch in b besitzt. In Verbindung mit $(\Box\, t)$ hingegen besagt $(\Box\, e)$, daß zu jedem S ein $T \rhd S$ existiert, so daß $T' = T''$ für alle $T, T' \rhd T$ (zur genaueren Analyse von $(\Box\, e)$ siehe FINE [75] und GOLDBLATT [76]).

Gelegentlich lassen sich einer Formel P aber zumindest einige Eigenschaften der P-Strukturen entnehmen. Im Hinblick auf eine spätere Anwendung betrachten wir als Beispiel die Formel $(\Box\, \rho)\colon \Diamond\, p \wedge \Box\, (p \to \Box\, p) \to p$, *Regressionsformel* genannt.

---

[1] Die in diesem Abschnitt ohne Erklärung erwähnten Begriffe sind im Anhang definiert.

Wir werden jetzt zeigen, ist $\models$ ($\Box\,\rho$), so ist g regressiv. Die Methode hierfür ist, auf nichtregressivem g ein Gegenmodell für ($\Box\,\rho$) zu konstruieren. Sei also g nicht regressiv. Dann existieren $S_0, S_1 \in$ g mit $S_0 \lhd S_1$ und $S_0 \notin \delta S_1$ (δS_1 ist die von S_1 in g generierte Substruktur, siehe Anhang). Wir betrachten eine Realisierung α mit $\alpha p = \delta S_1$. Dann ist $S_0 \not\Vdash p$, wohl aber ist $S_0 \Vdash \Diamond\, p$ (denn $S_1 \Vdash p$). Nun ist auch $S_0 \Vdash \Box\, (p \to \Box\, p)$. Denn ist $S \rhd S_0$ und $S \in \delta S_1$, so ist $S \Vdash \Box\, p$ (und damit $S \Vdash p \to \Box\, p$), weil $S' \in \delta S_1$ für alle $S' \rhd S$. Ist $S \notin \delta S_1$, so ist $S \Vdash p \to \Box\, p$, weil $S \not\Vdash p$. Also $S_0 \Vdash \Diamond\, p \wedge \Box\, (p \to \Box\, p)$, jedoch $S_0 \not\Vdash p$, d.h. es gibt ein Gegenmodell für ($\Box\,\rho$) auf g.

An der Tabelle fällt auf, daß rechts einige wichtige Struktureigenschaften wie irreflexiv, antisymmetrisch, lineare Ordnung allein nicht auftauchen. Die Erklärung liegt darin, daß diese durch modale Formeln nicht adäquat wiedergegeben werden können, sie sind modal nicht auszudrücken. Für einige Eigenschaften beweisen wir dies konkret in § 4.

Andererseits läßt sich unschwer einsehen, daß z.B. die sogenannte LÖB-Formel ($\Box\,0i\tau$) ebenso wie die Regressionsformel ($\Box\,\rho$) einer strukturellen Eigenschaft zweiter Stufe entspricht, die durch eine Eigenschaft 1.Stufe nicht ausgedrückt werden kann. Daraus entnimmt man, daß eine Klassifikation nach modalen Eigenschaften „quer durch" die übliche Sprachschichtung der strukturellen Eigenschaften binärer Relationalstrukturen geht. Näheres darüber wird am Schluß von § 6 gesagt.

Aus der Tabelle S. 173 entnimmt man für sämtliche anfänglich definierten Standardsysteme **L** eine genaue strukturelle Kennzeichnung der **L**-Strukturen, die für einige Standardsysteme in einer zweiten Tabelle zusammengestellt sei. Der Leser kann diese Tabelle mittels Tabelle S. 173 leicht auch auf die nicht erwähnten Standardsysteme erweitern. Zum Beispiel sind die **K4**-Strukturen gerade die transitiven Modellstrukturen.

Ms L bezeichne die Klasse der **L**-Strukturen. Es sei bereits an dieser Stelle darauf hingewiesen, daß die strukturelle Kennzeichnung von **Ms L** noch nicht die Vollständigkeit von **L** bzgl. **Ms L** impliziert. Wir kommen darauf zurück.

L	**L**-Strukturen
K	Keine Einschränkung, jedes g $\in$ **G** ist **K**-Struktur
D	definal
M	reflexiv
S4	Präordnung (reflexiv und transitiv)
S5	Äquivalenzrelation (reflexiv, symmetrisch, transitiv)
B	reflexiv symmetrisch
S4.2	lokal konvexe Präordnung
S4.3	lokal lineare Präordnung
G	irreflexiv terminale Ordnung
Gr	terminale Ordnung

Bevor wir uns mit dem Vollständigkeitsproblem für die Standardsysteme auseinandersetzen, erörtern wir noch einige andere wichtige Fakten allgemeiner Natur. Die Menge Lg der g-Tautologie ist für jedes $g \in G$ eine normale Modallogik. Darüberhinaus bestimmt nun aber auch eine beliebig vorgegebene Klasse $H \subseteq G$ eine gewisse Logik, nämlich $LH := \bigcap_{g \in H} Lg$. Damit hat man durch geeignete Wahl von H praktisch unbegrenzte Möglichkeiten der Konstruktion modallogischer Systeme. Verschiedene Klassen $H, H' \subseteq G$ können gegebenenfalls jedoch dieselbe Logik bestimmen. So werden wir z.B. zeigen $K = LG = LGf$, wobei Gf die Klasse aller endlichen Strukturen (Graphen) bezeichnet.

Es sei darauf aufmerksam gemacht, daß die Möglichkeit der Definition von Modallogiken durch Klassen von Strukturen nur scheinbar allgemeiner ist als ihre Darstellung durch einzelne Strukturen. Man sieht nämlich ziemlich leicht ein, daß $LH = Lg^*$, wobei g^* die disjunkte Summe aller Strukturen in H ist. Kurz, die Logik einer Klasse von Strukturen läßt sich immer durch eine einzige, wenn auch „sehr große" Struktur gleichwertig darstellen (Übung 3).

Grund hierfür ist die anschaulich klare Tatsache, daß die Akzeptanz einer Formel P in einer Situation S nur von den Nachfolgesituationen von S abhängt, d.h. den Situationen in der von S generierten Substruktur. Gilt also P in $g_0 =$ [·—→·<:·:], so ist P auch gültig in [·<:·:], [:] und [□]. Kurz, die Gültigkeit von P vererbt sich auf die generierten Subgraphen von g_0. Andererseits hingegen ist die Behauptung allgemein falsch, daß eine in g gültige Formel P in jeder Substruktur der Struktur g gültig ist. Dies trifft i.a. nur zu für die generierten Substrukturen von g, wie der Leser sich leicht überlegen kann. Umgekehrt ist $P \in Lg$, falls P für jedes $S \in g$ in der von S generierten Substruktur von g gültig ist.

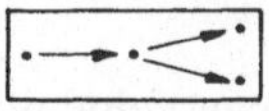

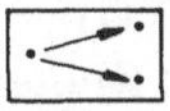

Aus diesen Bemerkungen geht hervor, daß es hinsichtlich der L-Gültigkeit de facto nur auf die initialen L-Strukturen ankommt. Es bezeichne $Msi\ L$ die Klasse der initialen L-Strukturen, $Msif\ L$ die Klasse der endlichen $g \in Msi\ L$.

Die Abgeschlossenheit von $Ms\ L$ gegenüber Bildung generierter Substrukturen hat eine einfache aber wichtige Konsequenz: Man nenne eine Eigenschaft E von Strukturen *modal beschreibbar*, wenn ein $L \in \mathcal{N}$ existiert mit $Ms\ L = \{g \in G \mid g$ hat die Eigenschaft $E\}$. Offenbar sind dann „auf die Vergangenheit gerichtete Eigenschaften" wie z.B.: *Jedes* $S \in g$ *hat einen Vorgänger* i.a. modal nicht beschreibbar. Näheres hierüber in § 4, § 6.

Übungen

1. Sei $\mu = (g, \alpha)$ ein K-Modell und g' eine generierte Substruktur von g (d.h. $S \in g' \Rightarrow S' \in g'$ für alle $S' \rhd S$). Die Realisierung $\alpha': V \to 2^g$ mit $\alpha'p = \alpha p \cap g'$ heißt die *Einschränkung* von α auf g', und $\mu' = (g', \alpha')$ heißt ein *generiertes Submodell* von μ. Man zeige, ist μ' generiertes Submodell von μ und $S \in \mu'$, so ist $S \Vdash_{\mu'} P \Leftrightarrow S \Vdash_{\mu} P$ für alle $P \in \mathcal{L}$. Damit begründe man die Behauptungen im Text.

2. Man beweise die Äquivalenzen in der Tabelle Seite 174.

   Hinweis. Analog zum Vorgehen im Text dieses und des vorigen Abschnitts.

3. Man zeige

(a) $L\,\omega^* = \bigcap_{n\in\omega} L a_n$, wobei $\omega^* =$ ⟦$\dots\,\longrightarrow\!\bullet\,\longrightarrow\!\bullet\,\longrightarrow\!\bullet$⟧ isomorph ist zur natür-

lichen Ordnung der nichtpositiven ganzen Zahlen, und

$a_n =$ die lineare Ordnung aus n Elementen ist.

(b) $Lg = LE$, wo **E** die Klasse der initial generierten Substrukturen von g bezeichnet (g' ist *initial generierte Substruktur* von g, wenn $g' = \delta S$ für gewisses $S \in g$).

(c) $L(g_1 \,\dot\cup\, g_2) = Lg_1 \cap Lg_2$ und allgemeiner, $LH = Lg$, wobei $H \subseteq G$ und g die disjunkte Summe aller $h \in H$ bezeichnet.

Hinweis. Sei $\mu = (g, \alpha)$ ein **K**-Modell und $\mu' = (g', \alpha')$, wobei $g' \subseteq g$ und α' die Einschränkung von α auf g' bezeichnet. Dann ist $S \Vdash_\alpha P \Longleftrightarrow S \Vdash_{\alpha'} P$ für alle $S \in g'$. Für (b) beachte man, daß g_1, g_2 generierte Substrukturen von $g_1 \,\dot\cup\, g_2$ sind.

4. Man zeige $\models^L P$ gdw. $\models^g P$ für alle $g \in \textbf{Msi}\,L$.

Hinweis. Übung 3.

5. Es werde auf **Q** (Anhang) eine binäre Operation $*$ wie folgt erklärt $(g, g' \in \textbf{Q})$: $g * g'$ entstehe aus der disjunkten Summe $g \,\dot\cup\, g'$, indem man einen neuen Knoten $S_0 \notin g \,\dot\cup\, g'$ hinzufügt und $S_0 \lhd S$ setzt für alle $S \in g \,\dot\cup\, k$ (siehe Figur). Damit zeige man, ist $\models^{S4} \Box P \vee \Box Q$, so ist $\models^{S4} P$ oder $\models^{S4} Q$ (Disjunktionseigenschaft für **S4**). Dasselbe beweise man für $L = \textbf{K, K4, M, G, Gr, K}^m$

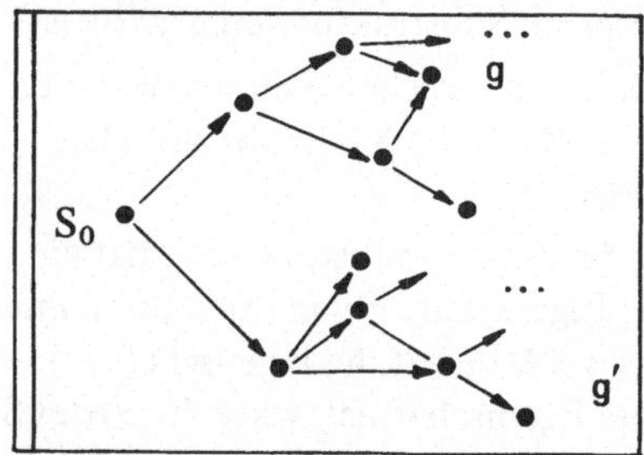

Hinweis. Seien (g, α, S) und (g', α', S') initiale Gegenmodelle für P bzw. Q; Man bastle daraus ein **S4**-Gegenmodell für $\Box P \vee \Box Q$ auf der Struktur $g * g'$. Beachte, für die genannten **L** führt $*$ aus **Ms** L nicht heraus.

Unterschiedliche Möglichkeiten des Verständnisses von Implikation und Negation

Wir werden jetzt anhand einiger Beispiele wenigstens andeuten, in welcher Weise einzelne immer wieder auf dem Podium philosophischer Diskussion stehende Probleme logisch-linguistischer Natur mit Hilfe der Modallogik analysiert werden können. Das gilt vor allem für Probleme der Negation, deren Vieldeutigkeiten in einigen philosophischen Richtungen zu einer unwissenschaftlichen Mystifizierung geführt haben.

Beginnen wir mit der Implikation. Wir hatten bereits angedeutet, daß einer der Anlässe zur Entwicklung modaler Systeme in dem Problem bestand, neben der extensionalen Implikation andere Verwendungsarten der Implikation formal zu erfassen. Es bietet sich offenbar von selbst an, in einem modallogischen System L eine Implikation $\twoheadrightarrow$ wie folgt zu definieren.

$$P \twoheadrightarrow Q =_{df} \neg \Diamond (P \wedge \neg Q) \, .$$

In sinngemäßer Bedeutung: *Es ist unmöglich, daß P zutrifft und Q falsch ist.* Wegen $\neg \Diamond (P \wedge \neg Q) \equiv_K \Box (P \rightarrow Q)$ ist diese Definition gleichwertig mit *Es ist notwendigerweise so, daß Q von P impliziert wird.*

Welche Eigenschaften $\twoheadrightarrow$ bezüglich der übrigen Funktoren hat, hängt natürlich vom gewählten System L ab. In jedem Falle wollen wir sie nach LEWIS/LANGFORD [38] die *strikte Implikation auf der Basis des Systems* L nennen. Ist $L \supseteq M$, so sieht man leicht, daß L abgeschlossen ist gegenüber dem Modus Ponens $MP^{\twoheadrightarrow}: \dfrac{P \mid P \twoheadrightarrow Q}{Q}$ bezogen auf die strikte Implikation.

Betrachtet man z.B. die strikte Implikation auf der Basis von $S4$, so ist folgende Formelmenge ein Axiomensystem für die Gesamtheit $S4_{\twoheadrightarrow}$ aller S4-Tautologien in strikter Implikation allein. Aus ihr sind mittels $MP^{\twoheadrightarrow}$ alle $P \in S4_{\twoheadrightarrow}$ herleitbar.[1]

$$P \twoheadrightarrow P$$
$$(P \twoheadrightarrow Q \twoheadrightarrow R) \twoheadrightarrow (P \twoheadrightarrow Q) \twoheadrightarrow (P \twoheadrightarrow R)$$
$$(P \twoheadrightarrow P') \twoheadrightarrow Q \twoheadrightarrow (P \twoheadrightarrow P')$$

Zwar gilt die *Formel* $p \twoheadrightarrow q \twoheadrightarrow p$ der Prämissenbelastung nicht mehr in $S4_{\twoheadrightarrow}$ aber es gilt noch die *Regel* der Prämissenbelastung $MQ^{\twoheadrightarrow}: \dfrac{P}{Q \twoheadrightarrow P}$ und damit ist die in Kap. I diskutierte Paradoxie des *verum sequitur quodlibet* nicht restlos beseitigt.

Dieses Beispiel motiviert die Betrachtung von Modallogiken, in denen MN nicht mehr gilt, denn diese Regel ist verantwortlich für die Herleitung von $MQ^{\twoheadrightarrow}$ (Übung 1). Solche Systeme heißen *anormal* und dazu gehören solche Systeme wie $S1, S2, S3$ und zahllose andere in der Literatur betrachtete Modallogiken. In § 6 werden wir die prinzipielle Idee einer relativistischen Semantik für derartige Systeme kurz beschreiben.

Wir wollen in diesem Zusammenhang insbesondere zwei (der Einfachheit wegen auf die Implikation allein bezogene) Systeme erwähnen, welche man zum Kreis der Systeme

---

[1] HACKING [63].

einer *relevanten Implikation* zählt[2]): das System **E**↠ ist eines der von ACKERMANN [56] angegebenen Systeme. **R**↠ ist ein schon früher von QUINE u.a. betrachtetes System. Im allgemeinen läßt sich durch definitorische Einführung vermittels □ P := P ↠ P ⇸ P die Verbindung zur Modallogik herstellen (Übung 3).

Axiome von **E**↠	Axiome von **R**↠
P ↠ P	P ↠ P
(P ↠ Q) ⇸ (Q ↠ R) ↠ (P ↠ R)	(P ↠ Q) ⇸ (Q ↠ R) ↠ (P ↠ R)
(P ⇸ Q ↠ R) ⇸ (P ↠ Q) ↠ (P ↠ R)	(P ⇸ Q ↠ R) ⇸ (P ↠ Q) ↠ (P ↠ R)
(P ↠ P′) ⇸ (P ↠ P′ ⇸ Q) ↠ Q	(P ⇸ Q ↠ R) ↠ (Q ⇸ P ↠ R)

Nun zu den „Mysterien" der Negation. Unterschiedliche Argumentationen führen bekanntlich gelegentlich zu gegensätzlichen Urteilen, welche sich zumeist auf die Form bringen lassen *ein Objekt* a *hat eine Eigenschaft* E *und hat sie zugleich auch wieder nicht.*

Beispiele. Das Weltall ist endlich; das Weltall ist unendlich. Die Regierung ist progressiv; die(selbe) Regierung ist reaktionär.

Phänomene dieser Art führten in der Vergangenheit und teils auch noch heute zu philosophischen Diskussionen und Erörterungen aller Art. Tatsächlich aber haben gegensätzliche Urteile nicht das geringste mit einer der objektiven Realität innewohnenden Widersprüchlichkeit zu tun, sondern sind Ausdruck gewisser Unzulänglichkeiten unserer gedanklichen und sprachlichen Strukturen. Jedes Urteil bedingt einen Aspekt des Urteilenden über das zu Beurteilende. Aber selbst wenn die subjektive Urteilskomponente durch sorgfältigen Sprachgebrauch weitgehend ausgeschaltet wird, ist nicht gewährleistet, daß die natürliche Sprache in ihren Ausdrucksmöglichkeiten der Komplexität objektiver Realitätsverhältnisse in vollem Umfange gerecht zu werden vermag; darüberhinaus aber ist eine gewisse Tendenz nachweisbar, die der sprachlichen Differenzierung fortgeschrittenen Erkenntnissen entsprechend entgegenzuwirken scheint, wobei viele abstrakte Termini fortlaufend erweiterte und damit vielschichtigere Bedeutungen erhalten.

Es lassen sich semantisch z.B. eine Unzahl von Funktionen definieren, welche der klassischen Negation ähneln. Trotz unterschiedlicher Intensionen lassen sie sich sprachlich nur schwer differenzieren. Daß dies letztlich zu sprachlichen Kollisionen aller Art führt, ist verständlich.

Legen wir unseren (kurzgefaßten) Betrachtungen eines der Systeme **S5**, **S4**, **B** oder **M** zugrunde, die jeweils mehr oder weniger einengende Intensionen über das Modalitätenpaar notwendig-möglich widerspiegeln. Betrachten wir ferner die folgende Negationsform

⌐ P := □ ◇ ¬ P ,

welche die *dialektische* (im Unterschied zur klassischen) Negation genannt sei. In **L** = **M** oder **L** = **S4** z.B. hat ⌐ folgende Eigenschaften:

---

[2]) Siehe ANDERSON/BELNAP [75] für unterschiedliche Formulierungen und Plausibilitätsbetrachtungen. *Relevant* im Sinne einer relevanten Beziehung zwischen Antezedent und Sukzedent einer Implikation.

(a)   Es gibt ein L-Modell für $p \wedge \lrcorner p$ und Situationen, in denen zugleich p und $\lrcorner p$ akzeptiert wird. Folglich gilt das Prinzip vom ausgeschlossenen Widerspruch nicht uneingeschränkt für die dialektische Negation.

(b)   Es gibt keine L-Struktur und keine Formel P, so daß $P \wedge \lrcorner P$ in allen Situationen akzeptiert wird, das Prinzip vom ausgeschlossenen Widerspruch kann also nicht generell (d.h. in der Logik) verletzt werden.

Außerdem gilt die Formel $p \vee \lrcorner p$ der tertium non datur für die dialektische Negation zwar in **S5** und **B**, jedoch nicht auf der Basis von **S4** und **M**.

Daß eine Negation in dem angegebenen Sinne tatsächlich verwendet wird, verbirgt sich in vielfältigen Formulierungen. So mag das Urteil „Die Welt ist nicht endlich" wie folgt interpretiert werden: „Welchen Standpunkt man auch immer einnimmt, es lassen sich Argumente für Aspekte einer Betrachtungsweise beibringen, welche die Annahme der Endlichkeit der Welt widerlegen."

Die vorstehenden Betrachtungen dürften hinreichend deutlich machen, daß die mit der Negation zusammenhängenden Widersprüchlichkeiten ihre Wurzeln nicht in Widersprüchen objektiver Natur haben, sondern in ihren unterschiedlichen linguistischen Funktionen. Das Problem besteht in einer klaren gedanklichen (und möglichst klaren sprachlichen) Differenzierung ihres Gebrauchs.

Übungen

1. Man zeige, **S4** ist abgeschlossen gegenüber $MP^{\twoheadrightarrow} : \dfrac{P \mid P \twoheadrightarrow Q}{Q}$ und $MQ^{\twoheadrightarrow} : \dfrac{P}{Q \twoheadrightarrow P}$ (diese Regeln gelten jedoch nicht für das deduktive System $\vdash^{S4}$).

2. Man zeige $\not\models^{S4} p \dashrightarrow q \twoheadrightarrow p$, aber $\models^{S4} (P \twoheadrightarrow P') \dashrightarrow Q \twoheadrightarrow (P \twoheadrightarrow P')$.

3. Sei $L \in \mathscr{C}$. Formeln P, P' heißen L-äquivalent, symbolisch $P \equiv_L P'$, wenn $P \to P' \in L$ und $P' \to P \in L$. Dies ist für $L \in \mathscr{C}$ gleichwertig mit $P \twoheadrightarrow P', P' \twoheadrightarrow P \in L$ (Regel MN). Man zeige $\square P \equiv_L P \twoheadrightarrow P \twoheadrightarrow P$ und $\diamond P \equiv_L \neg (P \twoheadrightarrow \neg P)$. Diese Äquivalenzen ermöglichen die Definition modaler Systeme mittels strikter Implikation anstatt mittels Modalfunktoren. Tatsächlich wurden die Modalsysteme **S1—S5** von LEWIS ursprünglich auf diese Weise eingeführt.

    Hinweis. Die Akzeptanzbedingung für $P \twoheadrightarrow Q$ lautet

    $S \Vdash P \twoheadrightarrow Q$ gdw $S' \Vdash P \Rightarrow S' \Vdash Q$ für alle $S' \rhd S$.

4. Der durch $P \leftrightarrow\!\!\!\twoheadrightarrow Q := P \twoheadrightarrow Q \wedge Q \twoheadrightarrow P$ definitorisch eingeführte Funktor $\leftrightarrow\!\!\!\twoheadrightarrow$ heißt der Funktor der *strikten Äquivalenz*. Man zeige $\models^{S4} Q \leftrightarrow\!\!\!\twoheadrightarrow Q' \dashrightarrow P \leftrightarrow\!\!\!\twoheadrightarrow P'$, wobei P' aus P durch Ersetzung der Subformel Q durch Q' (an einer Stelle) hervorgeht. Ein analoges Theorem gilt nicht für $\to$!

5. Man zeige $P \equiv_{S5} \lrcorner \lrcorner P$. Man konstruiere Gegenbeispiele für diese Äquivalenz auf der Basis von **S4**. Ferner zeige man $\lrcorner (P \wedge Q) \equiv_{S5} \lrcorner P \vee \lrcorner Q$.

§2 Vollständigkeit der Standardsysteme und das Konzept der verallgemeinerten relativistischen Semantik

In § 1 wurde der Begriff der L-Struktur für eine normale Modallogik $L \in \mathcal{N}$ definiert und es wurden für eine Reihe von Standardsystemen die L-Strukturen durch ihre strukturellen Eigenschaften gekennzeichnet. L heißt *vollständig* (bzgl. des Konzepts der relativistischen Semantik), wenn $P \in L$ genau dann, wenn $\models^L P$. Diese Vollständigkeit gilt nun nicht generell, wie anhand von Gegenbeispielen in THOMASON [74] und FINE [74] explizit gezeigt wurde (vgl. auch das Beispiel S. 186). Sie gilt aber glücklicherweise für die wichtigsten Modallogiken, darunter alle in § 1 erwähnten Standardsysteme.

Bezeichnet man eine Formel P als **L-*gültig im algebraischen Sinne***, wenn $\models^A P$ für jede reduzierte L-Matrix A (Kap. III/§ 5), so stimmen die L-gültigen Formeln in diesem Sinne jedenfalls mit den L-Tautologien $P \in L$ überein. Das erwähnte Unvollständigkeitsphänomen kann man daher auch mit einem Schlagwort so umschreiben: Die relativistische Semantik ist — im Gegensatz zur algebraischen Semantik — nicht in allen Fällen weich genug.

Die Beziehung zwischen relativistischer und algebraischer Semantik ist leicht zu beschreiben. Dies geschieht im Anschluß an die Vollständigkeitsbeweise und führt auf natürliche Weise zu einer Verschmelzung der semantischen Konzepte in einer *verallgemeinerten relativistischen Semantik*. Diese Semantik wird sich dann tatsächlich als vollständig in einem noch näher zu präzisierenden Sinne erweisen.

Kanonische Modellstruktur, Substitutionslemma, und die Vollständigkeit der Standardsysteme

Bevor wir das Vollständigkeitsproblem für die Standardsysteme in Angriff nehmen, wollen wir den Gesichtspunkt noch etwas erweitern. Wir hatten einer normalen Modallogik $L \in \mathcal{N}$ das deduktionstheoretische L-System $\vdash^L$ zugeordnet. Es ist plausibel, daß dieses sich auf einen Folgerungsbegriff bezieht. Ein solcher modallogischer Folgerungsbegriff wird nun auf natürliche Weise in folgender Weise präzisiert:

> **Definition.** Sei $\mu = (g, \alpha)$ ein L-Modell, d.h. g eine L-Struktur und $\alpha: V \to 2^g$ eine Belegung. Ist $S \in g$, sowie $S \Vdash_\alpha P$ für alle $P \in X$, so heißt das Paar (μ, S) auch ein L-Modell *für* die Formelmenge X. Aus X *folgt* P *auf der Basis von* L, symbolisch $X \models^L P$, wenn jedes L-Modell für X auch ein Modell für P ist. L heißt *vollständig im strengeren Sinne*, wenn $X \vdash^L P \Leftrightarrow X \models^L P$.

Offenbar ist gerade $\models^L = \cap \{\models^g \,|\, g \in \mathbf{Ms}\,L\}$; insbesondere ist $\models^{Lg} = \models^g$.
Ist $g = \square$, haben wir im wesentlichen gerade den klassischen Folgerungsbegriff vor uns. Modallogisches Folgern ist also eine Verallgemeinerung des klassischen Folgerns. Wie dort, so gilt auch jetzt offenbar $\emptyset \vdash^L P \Leftrightarrow \vdash^L P$. $\vdash^L$ ist eine Konsequenzrelation im Sinne von Kap. II/§ 3, d.h. es gelten die Axiome I, II, III. Der Endlichkeitssatz (Axiom IV) kann jedoch allgemein nicht bewiesen werden. Dies zeigt das in § 4 betrachtete Beispiel der Logik $\mathbf{Ga}\,(\supseteq \mathbf{G})$, die im gewöhnlichen Sinne vollständig, jedoch wegen der Nichtkompaktheit von $\models^{Ga}$ im strengeren Sinne unvollständig ist. Den tieferen Grund

hierfür erörtern wir am Schluß von § 5. Auch andere Konsequenzen sind i.a. nicht kompakt, z.B. die in § 6 diskutierte Konsequenz

$$\vDash^{L}_{*}: X \vDash^{L}_{*} P \quad \text{gdw} \quad X \subseteq Lg \Rightarrow P \in Lg \quad \text{für alle} \quad g \in \mathbf{Ms}\, \mathbf{L}\,.$$

Die obige Präzisierung des modalen Folgerns entspricht plausiblen Vorstellungen. Sie erklärt auch, warum wir das deduktionstheoretische L-System $\vdash^{L}$ als das zu L gehörige System bezeichnen. Die Absicht ist es, den auf die Einzelsituation bezogenen Folgerungsbegriff formal zu erfassen. Man darf sich nicht wundern, wenn dies nicht für alle $L \in \mathcal{V}$ gelingt. Wahrheitswerte sind beliebige Teilmengen von g, daher sind wesentliche Begriffe der relationalen Semantik ihrem Charakter nach von 2. Stufe.

Das deduktive System $\vdash^{L}$ ist absolut, weil die Regeln des klassischen S-Kalküls, insbesondere Regel ($\neg$ k), für $\vdash^{L}$ gelten. Aus diesem Grunde müssen wir zwischen relativ und absolut maximalen Mengen im System $\vdash^{L}$ nicht unterscheiden; sie seien die *L-maximalen* Mengen genannt. Für diese gelten die Eigenschaften

$$[k \wedge],\ [k \vee],\ [k \neg],\ [k \rightarrow] \quad (\text{Kap. II}/\S\ 3)\,.$$

Wir erinnern ferner daran, daß eine L-maximale Menge S abgeschlossen ist, d.h. $S \vdash^{L} P \Leftrightarrow P \in S$. Analog wie im klassischen Fall werden sich diese maximalen Mengen als die Modellmengen erweisen. Ein wesentlicher Begriff in diesem Zusammenhang ist der folgende[1]:

Definition. Es sei g_L die Menge aller L-maximalen Mengen S, T, ... versehen mit der Relation

$$\vartriangleleft : S \vartriangleleft T \quad \text{gdw} \quad \Box P \in S \Longrightarrow P \in T \quad \text{für alle } P \in L \quad (S, T \in g_L)\,.$$

Die Modellstruktur g_L heißt die *kanonische Modellstruktur* von L.

Setzt man $X_\Box = \{P \in \mathcal{L} \mid \Box P \in X\}$, läßt sich die Bedingung in der Definition auch so formulieren: $S \vartriangleleft T \Leftrightarrow S_\Box \subseteq T$ $(S, T \in g_L)$. Die Frage, ob g_L eine L-Struktur ist, hängt wesentlich mit dem Vollständigkeitsproblem von L zusammen.

Die Fundamentaleigenschaften der kanonischen Modellstruktur von L werden in den beiden folgenden Lemmata formuliert.

Lemma 1. Ist g die kanonische Modellstruktur von L, so gilt
$$[k\Box]: \Box P \in S \quad \text{gdw} \quad P \in S' \text{ für alle } S' \vartriangleright S \quad (P \in \mathcal{L}; S \in g)\,.$$

Beweis. Ist $\Box P \in S$ und $S \vartriangleleft S'$, so ist $P \in S'$ gemäß Definition von $\vartriangleleft$. Sei andererseits $\Box P \notin S$. Ferner sei $X := S_\Box$. Wir behaupten zuerst $X \nvdash^{L} P$. Andernfalls nämlich ist $\Box X \vdash \Box P$ gemäß ($\Box$ k), und wegen $\Box X \subseteq S$ erhält man $S \vdash \Box P$, also $\Box P \in S$ im Gegensatz zur Voraussetzung. Sei nun S' eine P-maximale Erweiterung von X. Offensichtlich ist $P \notin S' \vartriangleright S$ und $[k \Box]$ ist bewiesen. •

Ferner gilt das folgende wichtige Lemma, das wir erst später voll ausschöpfen werden.

---

[1] LEMMON/SCOTT |66|

Lemma 2 (Substitutionslemma). Es sei $s: V \to \mathcal{L}$ eine Substitution. Ferner sei $\sigma = \sigma_s$ die sogenannte s-kanonische Belegung mit $\sigma p = \{S \in g_L \mid sp \in S\}$. Dann gilt für alle $P \in \mathcal{L}$

(1) $S \Vdash_\sigma P$ gdw $sP \in S$.

Beweis. (1) ist gemäß Definition von σ unmittelbar klar für Variable. Wir schreiben kürzer $\Vdash$ für $\Vdash_\sigma$. Dann ist ferner

$S \Vdash P \wedge Q$ gdw $S \Vdash P$ und $S \Vdash Q$
           gdw $sP \in S$ und $sQ \in S$ (Induktionsvoraussetzung)
           gdw $sP \wedge sQ \in S$ ([k $\wedge$])
           gdw $s(P \wedge Q) \in S$ (Substitutionseigenschaft) .

Analog verläuft der Induktionsschritt für $\neg, \vee, \to$. Ferner ist

$S \Vdash \square P$ gdw $S' \Vdash P$ für alle $S' \rhd S$
           gdw $sP \in S'$ für alle $S' \rhd S$ (Induktionsvoraussetzung)
           gdw $\square sP \in S'$ ([k $\square$], siehe Lemma 1)
           gdw $s\square P \in S$. $\bullet$

Der identischen Substitution $s: sp = p$ entspricht die Belegung κ mit $\kappa p = \{S \in g_L \mid p \in S\}$, welche die *kanonische Belegung* genannt sei.

Als Spezialfall des Substitutionslemmas ergibt sich damit das sogenannte

Lemma über kanonische Modelle. Ist κ die kanonische Belegung in die kanonische Modellstruktur von L, so ist $S \Vdash_\kappa P \Leftrightarrow P \in S$.

Die Lemmata 1 und 2 sind allgemeiner Natur. Für Vollständigkeitsfragen kommt es nun wesentlich darauf an, ob die kanonische Modellstruktur von L eine L-Struktur ist. Dies ist z.B. trivialerweise der Fall für $L = K$, gilt aber nicht generell.

Lemma 3. Für $L = M, D, K4, B, S4, S5, S4.2, S4.3, K_n, K^m$ ist g_L eine L-Struktur.

Beweis. Sei $g = g_M$ und $S \in g$. Weil $\square P \to P \in S$, ist mit $\square P \in S$ auch $P \in S$, also ist aufgrund obiger Definition $S \lhd S$. Damit ist g eine M-Struktur (siehe Tabelle in § 1).

Sei nun $g = g_{S4}$; wegen $M \subseteq S4$ ist natürlich auch $S \lhd S$ für alle $S \in g$. Sei $S, T, U \in g_{S4}$, und $S \lhd T \lhd U$, sowie $\square P \in S$. Dann ist wegen $(\square t) \in S4$ auch $\square \square P \in S$, also $\square P \in T$, und folglich $P \in U$. Daher ist $S \lhd U$, also ist g_{S4} überdies transitiv. Folglich ist g_{S4} eine S4-Struktur.

In analoger Weise behandelt man auch sämtliche übrigen Systeme; wir überlassen dies aber dem Leser. Weniger einfach ist der Nachweis nur für K^m (Übung 1). $\bullet$

Damit sind die entscheidenden Hilfsmittel bereitgestellt und man beweist mühelos den

Adäquatheitssatz. Sei L eines der in Lemma 3 erwähnten Standardsysteme. Dann gilt $X \vdash^L P \Leftrightarrow X \vDash^L P$ für alle Formelmengen X und alle Formeln P.

Beweis. Die Korrektheit $X \vdash^L P \Rightarrow X \vDash^L P$ wird wie üblich durch Induktion über die Ableitungsstufe von $X \vdash P$ bewiesen. Der Induktionsanfangsschritt ist $P \in X \cup L$, und ist deswegen klar, weil die zu betrachtenden Modellstrukturen L-Strukturen sind. Induktionsschritt ist lediglich über MP zu führen und problemlos. Zwecks Beweis der Umkehrung sei $X \not\vdash^L P$ angenommen und S_0 eine P-maximale Erweiterung von X, die dann auch L-maximal ist. Sei κ die kanonische Belegung auf der kanonischen Modellstruktur g, welche für die Standardsysteme L ja eine L-Struktur ist. Dann ist $S \Vdash_\kappa Q \Leftrightarrow Q \in S$ für alle $S \in g$ und alle $Q \in \mathcal{L}$. Es gilt also $S_0 \Vdash_\kappa Q$ für alle $Q \in X$, jedoch $S_0 \not\Vdash_\kappa P$; mit anderen Worten, S_0 (genauer, (g, κ, S_0)) ist Modell für X, jedoch nicht für P, was zu zeigen war. ●

Dieser Beweis zeigt allgemeiner, daß L jedenfalls im engeren und weiteren Sinne vollständig ist, wenn die kanonische Modellstruktur für L eine L-Struktur ist. Dieser Nachweis kann in einzelnen Fällen sehr schwierig, ja sogar unmöglich sein. Zum Beispiel fällt auf, daß das System G im Adäquatheitssatz nicht erwähnt ist. Der Vollständigkeitsbeweis wird im § 4 auf andere Weise erbracht werden. Dabei wird sich herausstellen, daß g_G keine G-Struktur ist!

Wir erwähnen abschließend, daß $L \in \mathcal{A}$ vollständig ist, falls L die endliche Modelleigenschaft hat (also $L = LK$, K die Klasse der endlichen L-Algebren). Dies ergibt sich leicht aus dem Darstellungssatz für endliche **KBA**'s in Kap. III. Leider ist der Nachweis der endlichen Modelleigenschaft in der Regel nicht einfacher als ein direktes Vollständigkeitsargument.

Übungen

1. Man zeige, g_L ist nichts anderes als die kanonische Struktur g_Θ der freien L-Algebra Θ. Mittels (kn) S. 154 schließe man hieraus

$$S \triangleleft^n T \text{ gdw } \textcircled{n} P \in S \Rightarrow P \in T \text{ für alle } P \in \mathcal{L} \quad (S, T \in g_L).$$

   Hieraus folgt sehr einfach die Vollständigkeit von K^m.

2. Man verschärfe den Vollständigkeitsbeweis für K_n wie folgt: $A \in Md\ K_n \Leftrightarrow t(g_A) \leqslant n$. Diese Beispiele machen die enge Verbindung zwischen der Vollständigkeit von L und Repräsentation der L-Algebren deutlich.

3. Man zeige, hat $L \in \mathcal{A}$ (z.B. $L = S4$) die Disjunktionseigenschaft

   $(\square \vee)\ \square P \vee \square Q \in L$ impliziert $P \in L$ oder $Q \in L$,

   so ist $\{\square P \to P \mid P \in L\}$ konsistent in $\vdash^L$ und g_L besitzt einen reflexiven Punkt.

   Hinweis. $(\square \vee)$ impliziert, daß $\dfrac{\vdash \square P}{\vdash P}$ für L gilt.

4. $L \in \mathcal{A}$ heiße $\dot{\vee}$-*vollständig*,[1] wenn $P \vee Q \in L$ und $V(P) \cap V(Q) = \emptyset$ impliziert, daß $P \in L$ oder $Q \in L$. Man zeige, folgende Eigenschaften sind gleichwertig

   (a) L ist $\dot{\vee}$-vollständig,
   (b) L ist irreduzibel im Verband $\mathcal{Q}$ der quasinormalen Modallogiken,
   (c) $\vdash^L$ ist uniform.

   Hinweis. In $\mathcal{Q}$ gilt $L_1 \cap L_2 = L\{P \vee Q \mid P \in L_1; Q \in L_2\}\ (V(P) \cap V(Q) = \emptyset)$, denn $Q = D\ell_{\vdash_*^K}$, siehe § 1.

---

[1] Auch HALLDEN-vollständig genannt.

5. Man zeige $\vdash^{S5}$ (und damit auch $\nvdash^{S5}$) ist uniform.

Hinweis. **S5** ist $\dot{\vee}$-vollständig. Denn haben P, Q Gegenmodelle α, β auf g, k $\in$ **Msi S5**. Sei h $:= g \cup k \cup \{S_0\}$ ($S_0 \in g \cup k$), S $\lhd$ T für alle S, T $\in$ h. Man konstruiere ein Gegenmodell für P $\vee$ Q auf h in S_0.

Beziehungen zwischen relativistischer und algebraischer Semantik

Sei **L** = **Lg** die Logik einer Modellstruktur g. Nach allgemeinen Ergebnissen in Kap. III hat **L** zugleich eine adäquate reduzierte Matrix A, wobei A eine **KBA**, d.h. eine Boolesche Algebra mit Kernoperator $\blacksquare$: A $\to$ A ist. Die Frage nach den Beziehungen zwischen beiden Arten der Semantik wird durch den nachfolgenden Satz beantwortet.

Es sei zuvor an den Begriff der Strukturalgebra A^+g erinnert, deren Elemente die sämtlichen Teilmengen von g sind. A^+g ist Beispiel einer **KBA**, und zwar einer *vollen* **KBA**. Nun läßt sich eine Realisierung $\alpha: V \to 2^g$ offenbar zugleich als Belegung in A $:= A^+$g auffassen, und liefert einen Wert $\mathrm{val}_\alpha^A P \in A^+$g.

Satz. Sei g eine Modellstruktur, $\alpha: V \to A^+$g eine Belegung. Dann ist

(1) $S \Vdash_\alpha P \Leftrightarrow S \in \mathrm{val}_\alpha P$ ($S \in g$, $\mathrm{val}_\alpha P := \mathrm{val}_\alpha^{A^+g} P$) .

Damit ist **Lg** = **L**A^+**g**.

Beweis. (1) gilt offenbar für Variable. Ferner ist

$$S \Vdash_\alpha P \wedge Q \quad \text{gdw} \quad S \Vdash_\alpha P \text{ und } S \Vdash_\alpha Q$$

gdw $S \in \mathrm{val}_\alpha P$ und $S \in \mathrm{val}_\alpha Q$ (Induktionsvoraussetzung)

gdw $S \in \mathrm{val}_\alpha P \cap \mathrm{val}_\alpha Q$

gdw $S \in \mathrm{val}_\alpha (P \wedge Q)$ (Wertberechnung in A^+g)

Analog verläuft der Induktionsschritt für $\vee, \neg, \to$. Schließlich ist

$$S \Vdash_\alpha \square P \quad \text{gdw} \quad S' \Vdash_\alpha P \text{ für alle } S' \rhd S$$

gdw $S' \in \mathrm{val}_\alpha P$ für alle $S' \rhd S$

gdw $S \in \blacksquare \mathrm{val}_\alpha P$ (Definition der Operation $\blacksquare$)

gdw $S \in \mathrm{val}_\alpha \square P$ (Wertberechnung in A^+g)

Damit gilt (1). Daraus folgt **Lg** = **L**A^+**g**, denn

$$P \in \mathbf{Lg} \quad \text{gdw} \quad S \Vdash_\alpha P \text{ für alle } S \in g \text{ und alle } \alpha$$

gdw $P \in \mathrm{val}_\alpha P$ für alle $S \in g$ und alle α

gdw $\mathrm{val}_\alpha P = g$ für alle α

gdw $P \in \mathbf{L}A^+\mathbf{g}$. $\bullet$

Nebenbei bemerkt steht die Gleichung $\mathcal{L} = \mathbf{L}\emptyset = \mathbf{L1}$ (**1** die triviale **KBA**) in Übereinstimmung mit der Tatsache $A^+\emptyset = \mathbf{1}$.

Den obigen Satz kann man in mancherlei Hinsicht vorteilhaft verwenden. In Kap. III wurde z.B. bewiesen, daß jedes konsistente $L \in \mathcal{N}$ entweder in $\mathbf{L2}_{10}$ oder in $\mathbf{L2}_1$ enthalten ist, wobei $\mathbf{2}_{10}$ und $\mathbf{2}_1$ die beiden 2-elementigen **KBA**'s sind. Nun gilt $\mathbf{2}_{10} = A^+ \boxdot$,

$\mathbf{2}_1 = A^+ \boxtimes$, wobei $\boxdot$ und $\boxtimes$ die reflexive bzw. die irreflexive Einpunktstruktur sind. Folglich sind $\mathbf{L} \boxdot$ und $\mathbf{L} \boxtimes$ die beiden „größten" unterhalb $\mathcal{L}$ liegenden Modallogiken, also $\mathbf{L} \subseteq \mathbf{L} \boxdot$ oder $\mathbf{L} \subseteq \mathbf{L} \boxtimes$ für jede konsistente Modallogik $\mathbf{L} \in \mathcal{N}$. Diesen Sachverhalt könnte man ohne Zuhilfenahmen von Matrizen nur mit Mühe beweisen. Lediglich für vollständige Logiken $\mathbf{L}$ ist ein einfaches Argument (mittels Kontraktionen, § 4) möglich.

In diesem Zusammenhang erhebt sich die Frage, ob eines der Standardsysteme $\mathbf{L}$ eventuell eine endlich $\mathbf{L}$-adäquate Matrix hat, oder ob $\mathbf{L}$ *tabular* ist wie man sich ausdrückt. Die Antwort ist in allen Fällen nein. Die meisten der angegebenen Systeme sind in $\mathbf{S5}$ enthalten, und wir beschränken uns im Beweis auf diesen Fall.

Satz (DJUGUNDJI [40]). Kein $\mathbf{L} \subseteq \mathbf{S5}$ ist tabular.

Beweis. Angenommen $\mathbf{L} = \mathbf{LM}$, wobei M n Elemente hat. O.b.d.A. gibt es zu jedem $a \in M^+$ ein $P \in L$, $\alpha: V \to M$ mit $\mathrm{val}_\alpha P = a$ (sonst könnte man auf die Auszeichnung von a verzichten). Hieraus ergibt sich $a \vee_M b \in M^+$, falls $a \in M^+$ oder $b \in M^+$, denn $P \in L \Rightarrow P \vee q, q \vee P \in L$. Ebenso ergibt sich $a \wedge_M b \in M^+$ für $a, b \in M^+$. Wegen $p \to p \in L$ ist auch $a \to_M a \in M^+$ für alle $a \in M$, und daher auch $a \leftrightarrow_M a \in M^+$. Schließlich ist $\blacksquare a \in M^+$ für $a \in M^+$. Man betrachte $Q := \bigvee_{i < j \leqslant n} \square (p_i \leftrightarrow p_j)$. Für jedes $\alpha: V \to A$ ist $\mathrm{val}_\alpha Q = 1$, denn von den $n + 1$ Variablen $p_0, \ldots, p_n$ müssen wenigstens zwei den gleichen Wert erhalten. Mithin ist $Q \in L$, also $Q \in \mathbf{S5}$. Dies aber ist ein Widerspruch, denn ist g der n-elementige kantenvollständige Graph, so ist $Q \notin \mathbf{Lg}$, wie man mühelos sieht; anderseits aber $Q \in \mathbf{S5} \subseteq \mathbf{Lg}$. ●

Jedes $\mathbf{L} \in \mathcal{N}$ läßt sich bekanntlich in der Form $\mathbf{L} = \mathbf{LA}$, $A \in \mathbf{KBA}$ schreiben, und es wurde gezeigt, daß $\mathbf{L} = \mathbf{Lg}$, sofern A die Strukturalgebra einer Modellstruktur g ist. Dies muß nun nicht immer der Fall sein; doch wäre dies noch kein Grund, warum eine Darstellung $\mathbf{L} = \mathbf{Lg}$ unmöglich sein sollte, zumal dem Anschein nach die modallogische Sprache recht ausdrucksarm ist (sie entspricht dem Gleichungsfragment 1. Stufe für Modalalgebren, siehe § 6).

Leider ist nun eine Darstellung $\mathbf{L} = \mathbf{Lg}$ i.a. tatsächlich unmöglich. Ein konkretes Beispiel einer unvollständigen Logik wird im nächsten Abschnitt angegeben.

Für $L_0 \in \mathcal{N} \setminus \{\mathcal{L}\}$ sei $L_0^* := \mathbf{L} \mathbf{Ms} L_0$. Es ist $\mathbf{Ms} L_0 \neq \emptyset^{1)}$, weil stets $\boxdot \in \mathbf{Ms} L_0$, oder $\boxtimes \in \mathbf{Ms} L^0$, wie oben festgestellt wurde. L_0^* ist gewissermaßen die nächste nach L_0 kommende vollständige Logik. Offenbar ist L_0 vollständig genau dann, wenn $L_0 = L_0^*$.

Im allgemeinen gibt es viele Logiken $L \in \mathcal{N}$, so $L^* = L_0^*$, selbst wenn L_0 vollständig ist. Um die Verhältnisse klarer darzustellen, nennen wir $\mathbf{Fs} L_0 := \{L \in \mathcal{N} \mid \mathbf{Ms} L = \mathbf{Ms} L_0\}$ das *FINE-Spektrum* von L_0. Ist $\bigcap \mathbf{Fs} L^0 \in \mathbf{Fs} L^0$, so ist $\mathbf{Fs} L_0$ ein Intervall, d.h. von der Form $\{L \in \mathcal{N} \mid L^1 \subseteq L \subseteq L^2 \}$; dabei ist L^2 die vollständige Logik L_0^*, und $L^1 = \bigcap \mathbf{Fs} L_0$. Für überabzählbar viele $L_0 \in \mathcal{N}$ enthält $\mathbf{Fs} L_0$ selbst überabzählbar viele Logiken (BLOK [77]). Falls $\mathbf{Fs} L_0 = \{L_0\}$, so heiße L_0 *strikt vollständig*. Trivialerweise ist $\mathbf{K}$ strikt vollständig. Andere Beispiele strikt vollständiger Logiken lernen wir in § 5 kennen.

---

[1]) Dies ist ein wesentlicher Unterschied zur Zeitlogik, siehe § 6. $\mathbf{Ms} L_0 \neq \emptyset$ impliziert, daß mit L_0 auch L_0^* konsistent ist.

Übungen

1. Sei $g \in \mathbf{G}$ und $\beta : V \to 2^g$ eine Realisierung und $\mathrm{val}_\beta\, P := \{S \in g \,|\, S \Vdash P\}$.
   Man zeige, $\{\mathrm{val}_\beta\, P \,|\, P \in \mathcal{L}\}$ ist eine Subalgebra von $\mathbf{A}^+ g$, und zwar die von $\{\beta p \,|\, p \in V\}$ in $\mathbf{A}^+ g$ erzeugte Subalgebra.

2. Obwohl nicht tabular, hat jedes der Standardsysteme die endliche Modelleigenschaft, wie später gezeigt wird, d.h. $\mathbf{L} = \mathbf{LC}$, $\mathbf{C}$ eine Menge endlicher $\mathbf{A} \in \mathbf{Md\, L}$. Man zeige, hat $\mathbf{L}$ die endliche Modelleigenschaft, so ist $\mathbf{L}$ vollständig.

   Hinweis. Jedes endliche $\mathbf{A} \in \mathbf{KBA}$ hat Darstellung $\mathbf{A} \simeq \mathbf{A}^+ g$, Kap. III/§ 5.

3. Man zeige, es gibt 10 (konsistente) $\mathbf{L} \in \mathcal{N}$ mit höchstens vierwertiger adäquater Matrix. Gemäß Repräsentationssatz für endliche $\mathbf{KBA}$'s (Kap. III/§ 5) sind dies die Logiken über höchstens zweiknotigen Graphen. Die Figur zeigt das Inklusionsdiagramm dieser 10 Logiken.

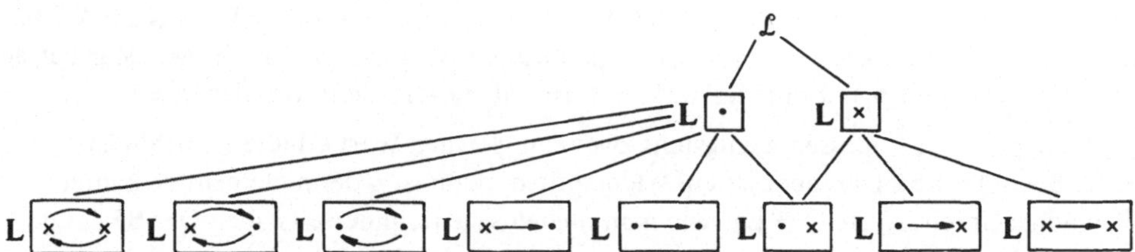

   Es ist dies zugleich der obere Teil des Verbandes der normalen Erweiterungen von $\mathbf{K}^1 = \mathbf{K}(p \wedge \Box\, p \to \Box^2 p)$ bis zur Dimension 2 (siehe § 5).

4. Man zeige, $\mathbf{2}_1$ ist die einzige simple $\mathbf{G}$-Algebra. Daraus schließe man $\mathbf{L} \subseteq \mathbf{L}\, \boxtimes$ für alle konsistenten $\mathbf{L} \supseteq \mathbf{G}$.

   Hinweis. In $\mathbf{A} \in \mathbf{Md\, G}$ gilt $a \neq 0 \implies \blacksquare\, a \neq 0$; daher ist $F\langle a \rangle$ echt. Jedes echte $F \in F\mathcal{l}\, \mathbf{A}$ läßt sich zu einem maximalen erweitern.

Beispiel einer unvollständigen Modallogik

Um die folgenden Betrachtungen übersichtlich zu halten, beschränken wir diese vorübergehend auf Logiken $\mathbf{L} \supseteq \mathbf{M}$, deren Modellstrukturen reflexiv sind. Für jedes solche $\mathbf{L}$ gilt $\mathbf{L} \subseteq \mathbf{L}^* \subseteq \mathbf{L}\, \boxdot$. Die Frage nach der Existenz unvollständiger Logiken läßt sich offensichtlich zu der Frage verschärfen, ob es schon unvollständige Logiken $\mathbf{L} \in \mathcal{N}$ mit $\mathbf{L} \subset \mathbf{L}^* = \mathbf{L}\, \boxdot$ gibt. Dies ist in der Tat der Fall. Die ersten Beispiele dieser Art wurden von BLOK und Van BENTHEM [78] konstruiert.
Es sei

$$\mathbf{R} := \mathbf{K}((\Box\, \rho), (\Box\, r), \Box\, \Diamond\, p \to \Diamond\, \Box\, \Box\, p) = \mathbf{K}(\Diamond\, p \wedge \Box\, (p \to \Box\, p) \to p; \; \Box\, p \to p; \; \Box\, \Diamond\, p \to \Diamond\, \Box\, \Box\, p).$$

$\mathbf{R}$ ist konsistent, denn $\mathbf{R} \subseteq \mathbf{L}\, \boxdot$.

Ein anderes Modell für **R** ergibt folgende Betrachtung, die im nächsten Abschnitt zu einem erweiterten Konzept einer relationalen Semantik führt. Sei ω^r die Struktur mit der Grundmenge ω und der Relation $\lhd: n \lhd m \Leftrightarrow n \leqslant m + 1$ $(n, m \in \omega)$.

Die Figur vermittelt eine Vorstellung der Struktur ω^r, die in der Literatur auch die *Rezessionsstruktur* (recession frame) genannt wird.

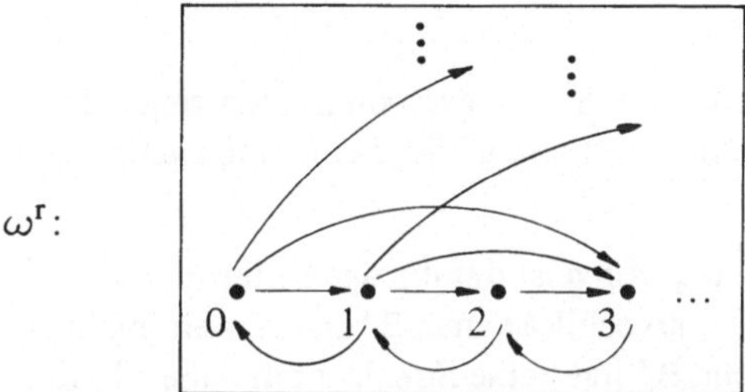

ω^r ist reflexiv, aber nicht transitiv; dafür aber regressiv. In gewissem Sinne verletzt ω^r „nur geringfügig" die Transitivität. Aber dies ist wesentlich für die Konstruktion, denn ein analoger Ansatz mit einer transitiven Modellstruktur würde nicht zum Erfolg führen (vgl. die Darlegungen über die Erweiterungen von **S4** in § 5).

Es sei nun B* die **KBA** der endlichen und koendlichen Teilmengen von ω^r. Daß B* Subalgebra von $A^+ \omega^r$ darstellt, ist leicht zu prüfen, (vgl. auch Übung 2). ω^r ist **R**-Struktur, also $\mathbf{R} \subseteq \mathbf{L}\,\omega^r \subseteq \mathbf{L}\,B^*$. In B* (nicht aber in ω^r) gilt darüberhinaus die Formel $\Box \Diamond p \to \Diamond \Box \Box p$, wie man leicht prüft. Folglich ist $\mathbf{R} \subseteq \mathbf{L}\,B^*$. Damit ergibt sich $p \to \Box p \notin \mathbf{R}$, denn $p \to \Box p$ gilt nicht in B* (man betrachte $\alpha: \alpha p = \{0\}$). Der Satz unten aber besagt, daß $p \to \Box p$ in allen initialen (und folglich in allen) **R**-Strukturen gilt. Damit erweist sich **R** als ein sehr einfaches, endlich axiomatisierbares Beispiel einer unvollständigen Modallogik.

Satz. ⊡ ist die einzige initiale **R**-Struktur.

Beweis. Sei g irgendeine initiale **R**-Struktur, $S_0 \in g$ eine Initialsituation. g ist regressiv gemäß § 1, S. 174. Wir betrachten die Realisierung $\alpha: \alpha p = \bigcup_{i \in \omega} r_{2i} S_0$, wobei $r_n S_0$ die Menge aller $S \in g$ der Regressionsordnung n (immer bzgl. S_0) bezeichnet. Wir stellen zunächst fest, daß kein $S \neq S_0$ mit $S \Vdash \Box p$ existiert. Denn andernfalls ist $S \Vdash p$, also $S \in r_n S_0$ für gewisses $n > 0$. Ferner gibt es gewiß ein $S' \rhd S$, $S' \in r_{n-1} S_0$, und wegen $S \Vdash \Box p$ gilt $S \Vdash p$, $S' \Vdash p$. Dies widerspricht nun aber der Bestimmung von α.

Sei nun $S \rhd S_0$. Dann ist S von gewisser Regressionsordnung n. Ist n gerade, so ist $S \Vdash \Diamond p$ (weil $S \Vdash p$); ist n ungerade, so ist $S' \Vdash p$ für gewisses $S' \rhd S$, also auch $S \Vdash \Diamond p$. Damit ist $S_0 \Vdash \Box \Diamond p$, und folglich $S_0 \Vdash \Diamond \Box \Box p$, also $S_1 \Vdash \Box \Box p$ für gewisses $S_1 \rhd S_0$. Da auch $S_1 \Vdash \Box p$ folgt $S_1 = S_0$. Ist $S \rhd S_0$ $(= S_1)$, so gilt wegen $S_1 \Vdash \Box \Box p$ auch $S \Vdash \Box p$ also $S = S_0$. Folglich kann es überhaupt kein von S_0 verschiedenes $S \rhd S_0$ geben, m.a.W. $g = \{S_0\}$. ●

Es sei ergänzend bemerkt, daß man unendlich viele Logiken $\mathbf{L} \in \mathcal{N}$ konstruieren kann, so daß $\mathbf{L}^* = \mathbf{L}\,⊡$ (d.h. ⊡ ist die einzige initiale **L**-Struktur). Darunter gibt es aus allgemeinen Gründen mindestens einen u.V. von $\mathbf{L}\,⊡$. Es gibt sogar unendlich viele unvollständige u.V. von $\mathbf{L}\,⊡$.

Übungen

1. Sei L unvollständig und $\boxdot$ die einzige initiale L-Struktur. Man zeige, es gibt eine unvollständige Logik L' mit $L \subseteq L' \subset L\,\boxdot$, und L' ist ein unmittelbarer Vorgänger von $L\,\boxdot$.

   Hinweis. Mit L ist auch jedes L' mit $L \subseteq L' \subset L\,\boxdot$ unvollständig. $L\,\boxdot$ ist endlich axiomatisierbar.

2. Sei $g \in \mathbf{G}$, so daß zu jedem $S \in g$ nur endlich viele $S' \lhd S$ existieren. Man zeige, das System B der endlichen und koendlichen Teilmengen von g bildet eine Subalgebra von $A^+ g$.

3. Man zeige, das Filter U der koendlichen $a \subseteq \omega_\rho$ von g ist das einzige Filter in der Algebra B^* im Text[1]), und U ist maximal. Daraus schließe man B^* hat nur ein nichttriviales homomorphes Bild. Ferner zeige man, B^* hat keine Subalgebren außer $\mathbf{1}, \mathbf{2}_{10}$ und B^*.

4. Die modale Komplexität $\kappa\,P$ $(P \in \mathcal{L})$ ist die Maximalzahl der geschachtelten Vorkommen von $\square, \diamond$ in P, z.B. $\kappa\,(\square\,r) = \kappa\,(\square\,d) = 1$, $\kappa\,(\square\,t) = \kappa\,(\square\,\rho) = 2$ (vgl. auch § 4). Man konstruiere eine unvollständige Modallogik, deren Axiome alle die Komplexität $\leqslant 2$ haben.

   Hinweis. $M((\square\,\rho), (\square\,e), (\square\,\ell x))$ ist unvollständig, VanBENTHEM [78].

5*. Man zeige, hat $L \in \mathcal{N}$ nur Axiome der Komplexität $\leqslant 1$, dann ist L vollständig.

   Hinweis. VanBENTHEM [78]

Das Konzept verallgemeinerter Modellstrukturen und seine Vollständigkeit

Ein genereller Nachweis von $L = Lg_L$ mit der kanonischen Modellstruktur g_L scheitert daran, daß g_L i.a. die Konstruktion von zu vielen Gegenmodellen gestattet. Es liegt daher nahe, die Wahl von Modellen auf g_L gewissen Beschränkungen zu unterwerfen. Darauf beruht die Idee einer verallgemeinerten relativistischen Semantik. Es werden nicht *alle*, sondern nur *gewisse* Teilmengen von $g \in \mathbf{G}$ als Belegungswerte der Variablen erlaubt. Die Menge B aller dieser „zulässigen" Belegungswerte muß mindestens so beschaffen sein, daß bei der Übertragung der Gültigkeitsdefinition eine normale Modallogik entsteht. Dafür ist nun offenbar notwendig und hinreichend, daß B eine Subalgebra der vollen Strukturalgebra $A^+ g$ ist. Weitere philosophisch plausible Anforderungen diskutieren wir im Anschluß an die allgemeinen Ausführungen.

---

1) $L B^*$ ist ein Beispiel eines unvollständigen u.V. von $L\,\boxdot$ (BLOK [77])

Beginnen wir mit folgender

Definition. Ein Paar $\gamma = (g, B)$, wobei $B \subseteq A^+g$ eine Subalgebra bildet, heißt eine *verallgemeinerte Modellstruktur*. B heißt auch der *Zulässigkeitsbereich* von γ. γ heißt *voll*, wenn $B = A^+g$. P heißt *gültig über* γ, symbolisch $\models^\gamma P$, wenn $S \Vdash P$ für jedes $S \in g$ und jedes $\alpha: V \to B$. $L\gamma$ bezeichnet die Menge der über γ gültigen Formeln. Sei $X \models^\gamma_\alpha P$ gdw $S \Vdash_\alpha X \Rightarrow S \Vdash_\alpha P$ für alle $S \in g$ ($\alpha: V \to B$).
Aus X *folgt* P *auf der Basis von* γ, symbolisch $X \models^\gamma P$, wenn $X \models^\gamma_\alpha P$ für jedes $\alpha: V \to B$.

Die vollen Modellstrukturen entsprechen gerade denjenigen im bisherigen Sinne. Im Extremfall enthält die Algebra B nur zwei Elemente, nämlich $\emptyset$ und g.

Zunächst wollen wir uns überlegen, daß $L\gamma$ jedenfalls eine normale Modallogik ist. Jede Belegung $\alpha: V \to B$ läßt sich in doppeltem Sinne als Belegung in die Algebra B und als Belegung in die Modellstruktur g deuten. Die Akzeptanzmenge $\{S \in g \mid S \Vdash_\alpha P\}$ einer Formel P ist nach früheren Ausführungen identisch mit $\mathrm{val}_\alpha P$, liegt also jedenfalls wieder im Zulässigkeitsbereich von γ. Aus der Erklärung der Gültigkeit über γ ergibt sich ferner, daß diese mit der Gültigkeit über der Matrix B übereinstimmt, $L\gamma = LB$. Also ist $L\gamma$ eine normale Modallogik. Nun zeigt sich umgekehrt, daß jede normale Modallogik $L \in \mathcal{N}$ auch eine Darstellung $L = L\gamma$ besitzt, mit einer verallgemeinerten Modellstruktur γ. Das modifizierte semantische Konzept ist also von der erwünschten Allgemeinheit.

Im Prinzip könnte man diese Tatsache aus dem in Kap. III bewiesenen Darstellungssatz für **KBA**'s entnehmen, wonach jede **KBA** als Subalgebra einer Strukturalgebra A^+g für gewisses $g \in G$ dargestellt werden kann. Wir wollen indes einiges mehr zeigen.

Sei g die kanonische Modellstruktur von L und sei $a_P := \{S \in g \mid P \in S\}$. Nach Übung 1 im vorletzten Abschnitt ist $B = \{a_P \mid P \in \mathcal{L}\}$ eine Subalgebra von A^+g, denn $a_P = \{S \in g \mid S \Vdash_\kappa P\} = \mathrm{val}_\kappa P$, wobei κ die kanonische Realisierung ist.

Definition. Die verallgemeinerte **K**-Struktur $\nu_L := (g_L, B_L)$ mit $B_L = \{a_P \mid P \in \mathcal{L}\}$ heiße die *natürliche Modellstruktur von* **L**.

Die natürliche Modellstruktur erweist sich nun als **L**-adäquat. Mehr noch, es gilt folgender

Adäquatheitssatz. Ist $L \in \mathcal{N}$ und $\nu = (g, B)$ die natürliche Modellstruktur von L, so ist
$$X \models^L P \Longleftrightarrow X \models^\nu P.$$

Beweis. Sei $X \models^L P$ und $\alpha: V \to B$ eine Belegung, so daß $S \Vdash_\alpha X$. Wir dürfen schreiben $\alpha p = a_Q$, wobei $Q = Q_p$ eine von p abhängige Formel ist. Ist $s: p \to Q_p$, so gilt nach dem Substitutionslemma $S \Vdash_\alpha Q \Longleftrightarrow sQ \in S$ für alle $Q \in \mathcal{L}$. Wegen $S \Vdash_\alpha X$ ist also $sX \subseteq S$. S ist deduktiv abgeschlossen, denn S ist maximal. Wegen $X \models^L P$ ist $sX \models^L sP$, denn $\models^L$ ist strukturell. Folglich ist $sP \in S$. Abermalige Anwendung des Lemmas über Substitutionsmodelle ergibt $S \Vdash_\alpha P$. Damit ist $X \models^L P \Rightarrow X \models^\nu P$ bewiesen.

Die Umkehrung verläuft wie beim Vollständigkeitsbeweis für **S4** usw. Sei $X \not\Vdash^L P$ und S eine P-maximale Erweiterung von X. Nach dem Lemma über das kanonische Modell ist $S \Vdash_\kappa X$, aber $S \not\Vdash_\kappa P$ und damit $S \not\models^\nu P$, was noch zu zeigen war. ●

Übrigens ist die Tatsache $L = LB_L$ kein Wunder, denn B_L ist nichts anderes als Θ_L.

Aus der Konstruktion der natürlichen Modellstruktur $\nu = (g, B)$ für L ergibt sich, daß diese die beiden Separationseigenschaften (0) und (1) hat, die auch für jede volle Modellstruktur gelten. Sie besagen, daß die Subalgebra B „ziemlich umfangreich" gewählt werden darf und sind auch vom Standpunkt intuitiver Betrachtung sehr plausibel:

(0)   Wenn $S \in a \Leftrightarrow S' \in a$ für alle $a \in B$, dann ist $S = S'$.

(1)   Wenn $S \in \blacksquare\, a \Longrightarrow S' \in a$ für alle $a \in B$, dann ist $S \vartriangleleft S'$.

Ist nämlich $S \neq S' (S, S' \in g_L)$, sei o.B.d.A. $P \in S, P \notin S'$. Dann ist $S \in a_P, S' \notin a_P$ und $a_P \in B$. Ferner ergibt sich auch (1) ganz einfach aus der Definition von $\vartriangleleft$ in g_L (man beachte, daß $a \in B$ die Darstellung $a = a_P$ für gewisses $P \in \mathcal{L}$ hat, und $S \in a$ gleichwertig ist mit $P \in S$).

> **Definition.** Eine verallgemeinerte Modellstruktur γ mit den Eigenschaften (1), (2) heißt eine *verfeinerte Modellstruktur* (THOMASON [72]: refined frames). Falls $L \subseteq LB_\gamma$ heiße γ *verfeinerte L-Struktur*. Dabei ist $\gamma = (g_\gamma, B_\gamma)$.

Die verfeinerten Modellstrukturen sind u.a. ein ausgezeichnetes Hilfsmittel bei der Analyse der Verbandsstruktur für die Erweiterungsverbände einzelner Logiken, wie wir noch darlegen werden.

Ist $\gamma = (g, B)$ eine verallgemeinerte K-Struktur und $g' \subseteq g$ generiert, so heiße $\gamma' = (g', B')$ eine *generierte Substruktur* von γ, wobei $B' = \{a \cap g' \,|\, a \in B\}$. Man sieht leicht, daß B' Subalgebra von $A^+ g'$, und daß $a \mapsto a \cap g'$ ein Homomorphismus von B auf B' darstellt. Wie im Falle der vollen Modellstrukturen ist $L\gamma \subseteq L\gamma'$. Jede verallgemeinerte Modellstruktur γ ist zur Menge Γ ihrer initial generierten Substrukturen gleichwertig, d.h. $L\gamma = L\Gamma$. Die einfachen Beweise hierfür seien dem Leser in den Übungen überlassen.

Häufig ist es bequem mit den initialen Substrukturen von ν_L zu arbeiten. Denn es gilt folgende leichte Verallgemeinerung des Adäquatheitssatzes

Satz. $\models^L = \bigcap \{\models^\gamma \,|\, \gamma \in \Gamma\}$ für eine gewisse Menge Γ initialer verfeinerter L-Strukturen.

Übungen

1. Sei $\gamma = (g, B)$ eine verallgemeinerte Modellstruktur und $\gamma' = (g', B')$ eine initial generierte Substruktur von γ. Man zeige, mit γ ist auch γ' verfeinert. Ferner zeige man $L\gamma \subseteq L\gamma'$. Daraus schließe man, für jedes $L \in \mathcal{N}$ gibt es eine L-adäquate Klasse Γ initialer verfeinerter K-Strukturen.

2. Eine verallgemeinerte K-Struktur mit der Eigenschaft (0) heiße *differenziert*. Man zeige, ist g_γ endlich, so ist γ differenziert genau dann, wenn γ voll ist.

Hinweis. Man zeige durch schrittweise „Trennung" von Knoten, daß $\{S\} \in B$ für alle $S \in g$. Damit ist $a \in B$ für alle $a \subseteq g$.

3. $\gamma = (g, B)$ heiße *kompakt* (in GOLDBLATT [76] auch *deskriptiv* genannt), wenn γ neben (0), (1) auch noch folgende Eigenschaft hat

(2) Ist $\bigcap_{i \in I} a_i = \emptyset$, so $\bigcap_{i \in I^0} a_i = \emptyset$ für gewisses endliches $I^0 \subseteq I$ $(a_i \in B)$.

Kurz, die identische Einbettung von B in $A^+ g$ ist kompakt (Kap. III/§ 4). Man zeige, ν_L ist kompakt. Ferner zeige man die Gleichwertigkeit folgender Eigenschaften einer verfeinerten **K**-Struktur $\gamma = (g, B)$

(a) γ ist kompakt

(b) $U \in g_L$ ist von der Form U_S für gewisses $S \in g$, wobei $U_S := \{a \in B \mid S \in a\}$.

Schließlich zeige man $D \cap \delta_m S = \emptyset$ impliziert $E \cap \delta_m S = \emptyset$ für ein endliches $E \subseteq D (\subseteq A)$. Daraus schließe, initial generierte Substrukturen kompakter $\mathbf{K}^m$-Strukturen sind wieder kompakt.

Hinweis. Nachweis von (2) für ν_L: Sei $a_i = a_{P_i} \cdot \bigcap_{i \in I} a_i = \emptyset$ ist äquivalent mit der Inkonsistenz von $\{P_i \mid i \in I\}$ in $\vdash^L$.

4. Man zeige für alle im Lemma 3, S. 182 erwähnten Standardsysteme **L**: Ist γ kompakte **L**-Struktur, so ist g_γ **L**-Struktur. Daraus schließe man, jedes dieser **L** hat eine Darstellung $L = L\Gamma$, Γ eine Menge initialer verfeinerter **L**-Strukturen γ mit $g_\gamma \in \mathbf{Ms\ L}^1)$.

Hinweis. Analog zum Nachweis, daß $g_L \in \mathbf{Ms\ L}$.

5. Ist $L \supseteq \mathbf{S4}$, so existiert eine Menge Γ von verallgemeinerten Modellstrukturen $\gamma = (g, B)$, so daß $L = L\Gamma$ und jedes g ist eine initiale Präordnung. Man zeige, Γ kann so gewählt werden, daß $g^i \in B$, wobei $g^i =$ Menge der Initialpunkte von g.

Hinweis. **L** hat eine adäquate Menge s.i. **S4**-Algebren. Sodann Satz S. 156.

6. Sei $B \subseteq A^+ g$ eine Subalgebra und $a \in B$ für alle endlichen $a \subseteq g$ (gleichwertig ist, daß B alle *Singletons* $\{S\}$ für $S \in g$ enthält). Man zeige, ist B^* eine Ultrapotenz von B, so ist B^* in die entsprechende Ultrapotenz g^* von g einbettbar, und B^* enthält auch alle Singletons $\{S^*\}$, wo S^* das kanonische Bild von $S \in g$ in g^* ist.

Hinweis. B^* bewahrt alle elementar definierbaren Eigenschaften von B, z.B. „Atom sein". Damit werden auch die elementaren Struktureigenschaften von g bewahrt.

7* (Problem). Eine verfeinerte **S4**-Struktur γ heiße *separabel*, wenn gilt (1^s): Zu jedem $S \in g_\gamma$ gibt es ein $a \in B_\gamma$ mit $S \notin a$ aber $T \in a$ für alle $T > S$. Hat jedes $L \supseteq \mathbf{S4}$ eine Darstellung $L\ L\Gamma$, alle $\gamma \in \Gamma$ separabel?

$^1)$ Für einige **L**, z.B. $L = \mathbf{M, K4, S4, S5}$ ist bereits $g_\gamma \in \mathbf{Ms\ L}$ für eine verfeinerte **L**-Struktur γ. Für $L = \mathbf{G}$ gibt es verfeinerte (sogar kompakte) **L**-Strukturen γ, ohne daß $g_\gamma \in \mathbf{Ms\ L}$. Die kanonische Struktur für **G** ist nämlich keine **G**-Struktur (§ 4).

§ 3 Modallogische Tableau-Kalküle

Es ist wünschenswert, für eine gegebene Modallogik **L** einen Kalkül nicht nur zur Erzeugung der **L**-gültigen Formeln zu haben, sondern darüberhinaus zur Entscheidung, ob eine vorgelegte Formel **L**-gültig ist oder nicht. Ein derartiger Kalkül heißt ein *Entscheidungsverfahren* oder ein *Entscheidungsalgorithmus für* **L**.

Das Problem ist jetzt grundsätzlich anders als in der zweiwertigen Logik, wo ja das Durchprüfen aller Belegungen ein Entscheidungsverfahren ist. Bisher haben wir aber nur für einzelne Formeln P direkt beweisen können, daß $P \in$ **S4**, oder Gegenmodelle angegeben, die zeigen, daß $P \notin$ **S4**.

Der klassische Tableau-Kalkül läßt sich nun für alle modalen Standardsysteme **L** zu einem modalen Tableau-Kalkül erweitern, dem TL-Kalkül. Dieser liefert nun nicht nur ein Entscheidungsverfahren, sondern hat außerdem die endliche Modelleigenschaft zur Folge, die in Kap. III schon in allgemeiner Weise diskutiert worden ist: Jede **L**-erfüllbare Formel hat bereits ein endliches **L**-Modell (es ist ja gleichgültig, ob man hiermit Matrizenmodelle oder relativistische Modelle meint). In § 4 werden wir noch einmal unter sehr allgemeinem Gesichtspunkt auf die endliche Modelleigenschaft zurückkommen und ein allgemeines Verfahren zu ihrem Nachweis beschreiben, die Filtration.

Definition modaler Tableau-Kalküle und Beispiele der Verwendung

Wir befassen uns im folgenden ausführlich nur mit Tableau-Kalkülen für die Systeme **S4** und **M**. Der Leser wird aber keine grundsätzlichen Schwierigkeiten haben, die Methoden und Beweise auch auf andere Modalsysteme zu übertragen. Für **K, D, S5** werden Tableau-Kalküle als Beispiele angegeben. Die Definitionen des Tableaus als Baum endlicher Formelmengen der geschlossenen Menge, der Konsistenz und Inkonsistenz sowie der Beweisbarkeit sind analog denen des klassischen T-Kalküls. Nur sprechen wir jetzt von **L**-*Tableaus*, TL-*Beweisbarkeit* (für **L** = **S4**, **L** = **M**).

So heißt P TL-*beweisbar,* wenn $X = \{\neg P\}$ TL-inkonsistent ist, was bedeutet, daß ein geschlossenes TL-Tableau mit der Wurzel X existiert. Anders als im klassischen Fall müssen jetzt nicht auch alle übrigen TL-Tableaus geschlossen sein, so daß für den Nachweis der TL-Konsistenz sämtliche Tableaus erstellt werden müssen!

Alle Regeln werden in kurzer und prägnanter Weise bezeichnet, denn es empfiehlt sich, die jeweils verwendete Regel an die Übergangswege komplizierterer Tableaus anzuschreiben.

Etwas anders als im klassischen T-Kalkül werden die Regeln des TL-Kalküls jetzt als „Hinzufügungsregeln von Subformeln (oder deren Negationen)" gedeutet. Enthält z.B. X eine Formel P, so bedeutet die Anwendung von $(\neg)$ die Hinzufügung von P zu X. Ein Knoten Y ist Endknoten, wenn er geschlossen ist, oder aber wenn eine weitere Anwendung der Regeln nichts neues mehr liefert, d.h. einen schon vorhandenen Knoten reproduziert. Um einzusehen, daß die Konstruktion jedes mit X startenden Tableaus wirklich endet, sei X^s die Menge aller Subformeln von X, sowie $X^t = \{\neg P \mid P \in X^s\}$ und schließlich $X^* = X^s \cup X^t$. Dann ist klar, daß jeder Knoten eines mit X beginnenden Tableaus in der endlichen Menge X^* liegt, also muß der Konstruktionsprozeß neuer Knoten abbrechen.

Die maschinelle Programmierung kann in einigen Punkten verbessert werden. Zum Beispiel können die klassischen Regeln doch als Abbauregeln verwendet werden; es müssen nicht alle Knoten bewahrt werden usw.

Regelsysteme für den TL-Kalkül für $L = S4$ und $L = M$

$$(\neg) \quad \frac{\neg\neg P \in X}{X;P}$$

$$(\wedge) \quad \frac{P \wedge Q \in X}{X;P;Q} \qquad\qquad (\neg\wedge) \quad \frac{\neg(P \wedge Q) \in X}{X;\neg P \,|\, X;\neg Q}$$

$$(\vee) \quad \frac{P \vee Q \in X}{X;P \,|\, X;Q} \qquad\qquad (\neg\vee) \quad \frac{\neg(P \vee Q) \in X}{X;\neg P;\neg Q}$$

$$(\to) \quad \frac{P \to Q \in X}{X;\neg P \,|\, X;Q} \qquad\qquad (\neg\to) \quad \frac{\neg(P \to Q) \in X}{X;P;\neg Q}$$

$$(\Box) \quad \frac{X;\Box P}{X;P} \qquad\qquad (\neg\Box) \quad \frac{X;\neg\Box P}{X_L;\neg P}$$

$$X_{S4} = \{\Box P \,|\, \Box P \in X\}; \quad X_M = X_\Box = \{P \,|\, \Box P \in X\}$$

Da $(\neg\Box)$ die einzige Regel ist, in der sich TS4- und TM-Kalkül voneinander unterscheiden, sei sie die *kritische Regel* genannt.

Den semantischen Hintergrund aller dieser Regeln klären wir im nächsten Abschnitt auf. Vorher erläutern wir den Gebrauch des TL-Kalküls an einigen Beispielen, wobei an die Übergangswege der Knoten die jeweils verwendeten Regeln angeschrieben wurden.

Beispiel 1. Wir zeigen $\vdash^{TM} \Box(P \wedge Q) \to \Box P \wedge \Box Q$.

$$\neg(\Box(P \wedge Q) \to \Box P \wedge \Box Q)$$
$$\big|\ (\neg\to)$$
$$\Box(P \wedge Q);\ \neg(\Box P \wedge \Box Q)$$
$$\big|\ (\neg\wedge)$$

$\Box(P \wedge Q);\neg\Box P$	$\Box(P \wedge Q);\neg\Box Q$
$\big|\ (\neg\Box)$	$\big|\ (\neg\Box)$
$(P \wedge Q);\neg P$	$(P \wedge Q);\neg Q$
$(\wedge) \big|$	$(\wedge) \big|$
$P;Q;\neg P$	$P;Q;\neg Q$

Das Tableau ist geschlossen und damit ist die Behauptung gezeigt. Andere Tableaus für dieselbe Formel müssen nicht notwendig geschlossen sein. Im vorliegenden Fall haben wir die Knoten des Tableaus nicht vollständig aufgeschrieben, d.h. die Regeln wie Abbauregeln verwendet. Solange es auch so gelingt, ein geschlossenes Tableau zu erstellen, darf man offenbar so verfahren.

In praktischen Fällen hat man meistens Formeln zu prüfen, die die Funktoren $\Diamond$ und $\leftrightarrow$ enthalten und es ist ziemlich umständlich, die beiden Funktoren vorher „rückzuübersetzen". Es empfiehlt sich daher den bisher angegebenen Regeln noch Abbauregeln für diese beiden Funktoren hinzuzufügen. Es sind dies die Regeln

$$(\leftrightarrow) \quad \frac{X;P \leftrightarrow Q}{X;P;Q \mid X;\neg P;\neg Q} \qquad\qquad (\neg \leftrightarrow) \quad \frac{X;\neg(P \leftrightarrow Q)}{X;P;\neg Q \mid X;\neg P;Q}$$

$$(\Diamond) \quad \frac{X;\Diamond P}{X_L;P} \qquad\qquad (\neg \Diamond) \quad \frac{X;\neg \Diamond P}{X;\neg P}$$

Man kann diese leicht auf die ursprünglichen Regeln zurückführen.

Beispiel 2. Wir zeigen $\vdash^{TS4} \Box \Diamond \Box \Diamond P \leftrightarrow \Box \Diamond P$. Bei der Darstellung des folgenden Tableaus haben wir einige Knoten übersprungen; die jeweils verwendeten Regeln sind an den Übergangswegen notiert.

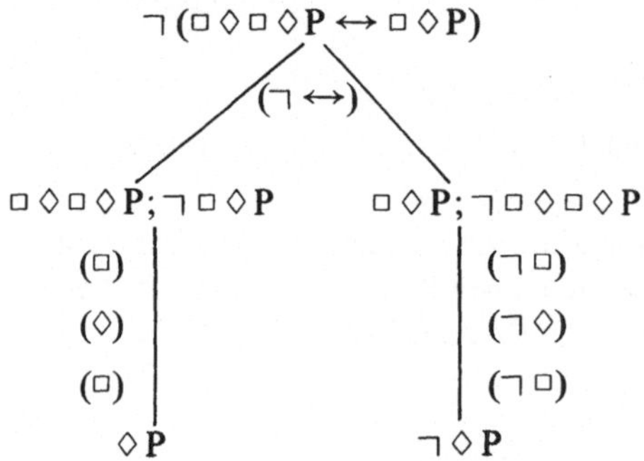

Beispiel 3. $\Diamond(\Diamond p \rightarrow \Box p)$ ist nicht **TS4**-beweisbar (diese Formel gehört aber zu **S5**). Sei $Q = \neg \neg \neg \Box \neg (\Diamond p \rightarrow \Box p)$. Zu zeigen ist, es gibt kein geschlossenes Tableau für Q. Hier ist eines der Tableaus für Q, wobei einige Knoten übersprungen wurden. Das Tableau ist nicht mehr fortsetzbar, weil eine weitere Anwendung von Regeln schon vorhandene Formelmengen reproduziert. Ebenso wie dieses sind auch alle übrigen Tableaus nicht geschlossen.

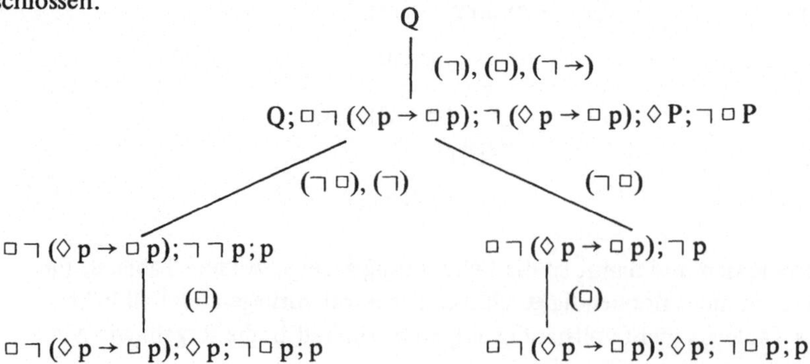

Wir wollen wenigstens erwähnen, wie die Tableau-Kalküle für einige andere Modalsysteme aussehen.

1. **TS5** ist wie **TS4**, jedoch mit einer zusätzlichen Regel, nämlich

$$\frac{X;\Diamond\,\Box\,P}{X;P}\quad.$$

2. **TD** ist wie **TM**, nur daß die Regel ($\Box$) durch die Regel

$$\frac{X;\Box\,P}{X_\Box;P}$$

ersetzt wird. Sie wird dadurch zu einer „kritischen Regel".

3. **TK** ist wie **TM**, nur daß die Regel ($\Box$) durch folgende „aufspaltende" Regel ersetzt wird.

$$\frac{X;\Box\,P}{X\,|\,X_\Box;P}$$

Übungen

1. Man zeige, die Formeln $\Box\,(P \wedge Q) \leftrightarrow \Box\,P \wedge \Box\,Q,\ \Diamond\,(P \vee Q) \leftrightarrow \Diamond\,P \vee \Diamond\,Q$ und $\Box\,(P \leftrightarrow Q) \to (\Box\,P \leftrightarrow \Box\,Q)$ sind **TM**-beweisbar.

2. Man zeige, die Formeln $\Diamond\,\Box\,P \to \Box\,\Diamond\,P$ und $\Box\,\Diamond\,P \to \Diamond\,\Box\,P$ sind nicht **TS4**-beweisbar, die erstere ist jedoch **TS5**-beweisbar.

3. Man zeige, die Formeln $\Diamond\,\Box\,\Diamond\,\Box\,P \leftrightarrow \Diamond\,\Box\,P$ und $\Diamond\,\Box\,P \to \Diamond\,\Box\,\Diamond\,P$ sind **TS4**-, aber nicht **TM**-beweisbar. Die Formeln $\Diamond\,\Box\,P \leftrightarrow \Box\,P$ und $\Box\,\Diamond\,P \leftrightarrow \Diamond\,P$ sind **TS5**-, aber nicht **TS4**-beweisbar.

4. Man schränke die Bezeichnung *geschlossen* auf Mengen von Primärformeln ein und zeige die Gleichwertigkeit eines entsprechend modifizierten TL-Kalküls mit dem ursprünglichen ($\mathbf{L = S4, M}$). Unter Verwendung der Adäquatheit läßt sich damit leicht die Interpolationseigenschaft für **S4** und **M** beweisen.

Iterierte Modalitäten

Formeln P, Q heißen TL-*äquivalent*, wenn $P \leftrightarrow Q$ TL-beweisbar ist. Wenn die Adäquatheit des TL-Kalküls gezeigt worden ist, wird sich die TL-Äquivalenz natürlich einfach mit der L-Äquivalenz als gleichwertig erweisen.

Eine Formel der Gestalt $o_1 o_2 \ldots o_n p$, wobei o_i ein beliebiges der Symbole $\Box, \Diamond, \neg$ bezeichnen soll ($n \in \omega$), heißt eine *iterierte Modalität* [1]. Man kann sich nun die Frage stellen, wieviel paarweise nicht L-äquivalente iterierte Modalitäten es für ein vorgege-

---

[1] o.B.d.A. ist höchstens o_1 das Negationssymbol, denn man kann $\neg$ in einer iterierten Modalität „nach vorne schieben".

benes Modalsystem **L** gibt. Die Antwort läßt sich für die Standardsysteme mit dem Instrument der TL-Kalküle leicht finden. Natürlich kann man dies auch mit (ziemlich langwierigen) semantischen Überlegungen beweisen.

Satz. Es gibt bis auf **S4**-Äquivalenz nur die vierzehn Modalitäten $p, \Box p, \Diamond p, \Diamond \Box p, \Box \Diamond p,$ $\Box \Diamond \Box p, \Diamond \Box \Diamond p$ und deren Negationen[2]. Bezüglich **TS5**-Äquivalenz sind alle iterierten Modalitäten zu einer der sechs Formeln $p, \neg p, \Box p, \Diamond p, \neg \Box p, \neg \Diamond p$ äquivalent. Hingegen gibt es unendlich viele iterierte Modalitäten bzgl. **M**.

Der Beweis sei dem Leser in Aufgabe 1 überlassen. Dabei darf die im nächsten Abschnitt bewiesene Tatsache verwendet werden, daß die TL-Äquivalenz von Formeln P, Q mit deren L-Äquivalenz gleichwertig ist.

Übungen

1. Man beweise den Satz dieses Abschnitts.

   Hinweis. Zuerst bringe man die Negationszeichen durch L-äquivalente Umformung nach vorne. Dann betrachte man Beispiel 3 und Aufgabe 3 des vorigen Abschnitts.

2. Man zeige Implikationsdiagramm links für die sechs positiven iterierten Modalitäten in **S4**, das wie folgt zu verstehen ist: $\vdash^{T\,S4} \Box P \to \Box \Diamond \Box P$, $\vdash^{T\,S4} \Box \Diamond \Box P \to \Diamond \Box P$ usw. Ferner zeige man, daß es bis auf **S5**-Äquivalenz nur die iterierten Modalitäten $p, \Box p,$ $\Diamond p$ gibt. Das entsprechende Inklusionsdiagramm wird trivial (Figur rechts)

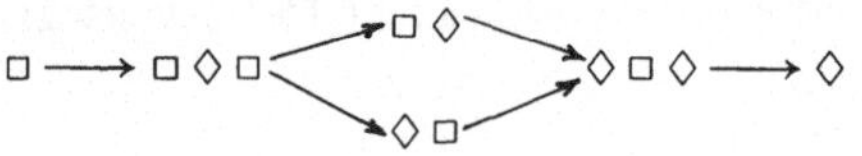

$$\Box \longrightarrow \Box \Diamond \Box \begin{array}{c} \nearrow \Box \Diamond \searrow \\ \\ \searrow \Diamond \Box \nearrow \end{array} \Diamond \Box \Diamond \longrightarrow \Diamond \qquad\qquad\qquad \Box \longrightarrow \Diamond$$

3. Man zeige, in **M** gibt es unendlich viele iterierte Modalitäten, z.B. $p, \Box p, \Box \Box p, \dots$

   Hinweis. Tableau-Kalkül für **M** (und dessen Vollständigkeit).

4. Man beweise folgendes Inklusionsdiagramm der iterierten Modalitäten in
   S4.2 = S4 $(\Diamond \Box p \to \Box \Diamond p)$:

$$\Box \longrightarrow \Diamond \Box \longrightarrow \Box \Diamond \longrightarrow \Diamond$$

   Hinweis. Zum Beispiel $S \Vdash \Diamond \Box \Diamond p \Rightarrow S \Vdash \Box \Diamond \Diamond p \Rightarrow S \Vdash \Box \Diamond p \Rightarrow S \Vdash \Diamond \Box \Diamond p$, also $\Diamond \Box \Diamond p \equiv_{S4.2} \Box \Diamond p$.

Korrektheit der modalen Tableau-Kalküle und Modellgraphen

Unser Ziel ist der Nachweis, daß eine Formel dann und nur dann L-gültig ist, wenn sie TL-beweisbar ist. Das macht es unumgänglich, vorher die TL-Konsistenz semantisch zu kennzeichnen. Im klassischen Fall bedeutet die T-Konsistenz einer (endlichen) Menge nichts anderes als ihre Erfüllbarkeit, und so verhält es sich auch im vorliegenden Fall.

---

[2]) BECKER [30]. Dies folgt bereits aus einem entsprechenden Satz von KURATOWSKI [22].

Eine Menge X modallogischer Formeln ist **L**-*erfüllbar,* wenn sie ein Modell S hat, wobei genauer gesagt S einer gewissen L-Struktur g angehört, auf welcher eine Belegung α der Variablen erklärt ist, so daß $S \Vdash_\alpha P$ für alle $P \in X$.

Die Korrektheit des TM-Kalküls besagt, daß jede **M**-erfüllbare Menge auch TL-konsistent ist. Darüberhinaus besagt die *Adäquatheit,* daß die L-erfüllbaren (endlichen) Formelmengen genau mit den L-konsistenten Mengen übereinstimmen. Aus der Korrektheit folgt unmittelbar, daß jede TL-beweisbare Formel P auch L-gültig ist. Andernfalls wäre P erfüllbar und damit TL-konsistent, was der TL-Beweisbarkeit von P widerspricht. Man sieht unmittelbar, daß man gerade die Gleichwertigkeit der TL-Konsistenz mit der L-Erfüllbarkeit benötigt, um auch die Umkehrung zu erhalten.

Als erstes zeigen wir den

Korrektheitssatz. Eine (endliche) **L**-erfüllbare Formelmenge Z ist TL-konsistent.

Beweis. Offenbar genügt es zu zeigen, daß ein beliebiges L-Tableau τ für Z folgende Eigenschaft hat: Ist X ein L-erfüllbarer Knoten von τ, der kein Endknoten ist, dann ist der nachfolgende oder mindestens einer der beiden nachfolgenden Knoten L-erfüllbar. Hat man nämlich dies gezeigt, dann kann man einen von der L-erfüllbaren Wurzel Z beginnenden, bis an einen Endknoten führenden Weg in τ finden, der nur aus erfüllbaren Knoten besteht. Insbesondere ist der Endknoten dieses Weges dann L-erfüllbar und kann damit offensichtlich nicht geschlossen sein.

Sei also Y ein erfüllbarer Knoten von τ. Wir haben neun Fälle zu unterscheiden, je nachdem, welche der angegebenen Regeln von Y zu seinem bzw. seinen Nachfolgern geführt hat. Betrachten wir etwa den Fall der Regel (∨), d.h. $P \vee Q \in X$ und $X' = X; P$, sowie $X'' = X; Q$ sind die beiden Nachfolger. Gemäß Voraussetzung gibt es ein L-Modell S für X. Nach den Akzeptanzbedingungen gilt $S \Vdash P$ oder $S \Vdash Q$, mit anderen Worten, S ist Modell für X' oder Modell für X''. Damit ist wenigstens einer der beiden Nachfolger L-erfüllbar.

Der einzige weniger triviale Fall ist die Entstehung des Nachfolgers X' gemäß der kritischen Regel. Betrachten wir zuerst den Fall dieser Regel für den TS4-Kalkül. Sei also $\neg \Box P \in X$ und S ein Modell für X. Wegen $S \nVdash \Box P$ gibt es ein $S' \rhd S$ mit $S' \nVdash \neg P$. Nun ist offenbar $S' \Vdash \Box Q$ für alle $\Box Q \in S$, also akzeptiert S' alle Formeln von $X_{S4}; \neg P$; diese Menge ist also erfüllbar. Am Beweis dieses Induktionsschritts erkennt man deutlich, daß X_{S4} gewissermaßen die ,,auf spätere Situationen übertragbare Information" darstellt. Der Induktionsschritt über die kritische Regel für **M** verläuft analog. ●

Unser nächstes Ziel ist der Adäquatheitsbeweis. Wir streben einen konstruktiven Beweis an, d.h. der Beweis soll zugleich ein Verfahren beschreiben, um zu einer (endlichen) konsistenten Menge ein endliches Modell effektiv herzustellen. Im Hinblick auf dieses Ziel werden wir in unserem Konstruktionsverfahren neuartige Begriffe zu verwenden haben; sie sind – anders als z.B. der nichtkonstruktive Begriff der maximalen Menge – *konstruktiver Natur.* Die unter einen konstruktiven Begriff fallenden Objekte können konkret vorgelegt werden. Im folgenden sei **L** eines der Systeme **S4** oder **M**. Für andere Systeme sind die nachfolgenden Begriffe geringfügig zu modifizieren. Der Leser wird keine Schwierigkeiten haben, nach Abschluß der Betrachtungen diese Modifikationen selbst vorzunehmen.

Definition. Eine Formelmenge X heiße TL-*saturiert*, wenn sie TL-konsistent ist
und folgende Eigenschaften hat:

$$\neg\,\neg\,P \in X \;\;\Rightarrow\;\; P \in X$$
$$(P \wedge Q) \in X \;\;\Rightarrow\;\; P, Q \in X$$
$$\neg\,(P \wedge Q) \in X \Rightarrow \neg\,P \in X \;\;\text{oder}\;\; \neg\,(P \wedge Q) \in X \Rightarrow \neg\,Q \in X$$
$$P \vee Q \in X \Rightarrow P \in X \;\;\text{oder}\;\; P \vee Q \in X \Rightarrow Q \in X$$
$$\neg\,(P \vee Q) \in X \;\;\Rightarrow\;\; \neg\,P, \neg\,Q \in X$$
$$P \rightarrow Q \in X \Rightarrow \neg\,P \in X \;\;\text{oder}\;\; P \rightarrow Q \in X \Rightarrow Q \in X$$
$$\neg\,(P \rightarrow Q) \in X \;\;\Rightarrow\;\; P, \neg\,Q \in X$$
$$\Box P \in X \;\;\Rightarrow\;\; P \in X.\text{[1]}$$

Der Kürze halber sprechen wir in diesem Abschnitt auch einfach nur von *saturierten
Mengen* bzw. *konsistenten Mengen*, lassen den Vorsatz TL- also weg.

Man kann sich zu jeder (endlichen) konsistenten Formelmenge X leicht eine X enthaltende
saturierte Formelmenge folgendermaßen konstruieren:

Es sei irgendeine Formel aus X hergenommen, und diese sei z.B. von der Gestalt $P \vee Q$.
Wenn dann nicht schon eine der beiden Formeln P, Q (eventuell auch beide) in X liegt,
so ist jedenfalls X;P oder X;Q konsistent. Im ersten Falle füge man P zu X hinzu, im
anderen Falle Q. Falls beide Formeln mit X konsistent sind, wähle man eine aus. So ver-
fahre man schrittweise weiter, bis alle Formeln von X „abgearbeitet" sind. Sodann setze
man dies Verfahren fort mit den neu hinzugefügten Formeln, die nun aber schon kürzer
geworden sind. Jedenfalls muß dieser Prozeß nach endlich vielen Schritten abbrechen,
weil ja nur mit Subformeln oder deren Negationen operiert wird, die zu Formeln aus X
gehören. Das Ergebnis dieses Konstruktionsprozesses ist offenbar eine saturierte Menge
$Y \supseteq X$.

Eine in der angegebenen Weise aus X entstehende saturierte Menge Y heiße eine *saturierte
Hülle von* X. Es handelt sich hierbei um eine minimale saturierte Menge Y mit $Y \supseteq X$.

Beispiel 1. Die Einermenge $X = \{\Box \Diamond p \wedge \Box \Diamond \neg p\}$ ist offenbar TM-konsistent. Die
folgende Menge Y ist M-saturiert und die (im vorliegenden Falle zufällig eindeutig be-
stimmte) saturierte Hülle von X.

$$Y \begin{cases} \Box \Diamond p \wedge \Box \Diamond \neg p \\ \Box \Diamond p ; \Box \Diamond \neg p \\ \quad \Diamond p ; \Diamond \neg p \,(= \neg \Box \neg \neg p) \end{cases}$$

Offenbar ist eine saturierte Hülle von X immer in X^* enthalten. Es folgt nun die entscheidende Definition im Zusammenhang mit der Modellkonstruktion. In dieser Definition kann L an sich beliebig sein, jedoch beschränken wir uns auf den Fall $L = S4$ oder
$L = M$, weil nur für diesen Fall die Saturiertheit erklärt wurde.

---

[1]) diese Bedingung entfällt z.B. bei nichtreflexiven Modallogiken.

> **Definition.** Sei X_0 eine endliche TL-konsistente Formelmenge. Eine endliche
> L-Struktur $g = (g, \lhd)$ derart, daß die $S \in g$ verschiedene endliche saturierte
> Formelmengen sind, heißt ein **L-*Modellgraph*** für X_0, wenn folgendes gilt:
>
> (i) Es gibt einen Knoten $S_0 \supseteq X_0$ in g.
> (ii) Ist $S \lhd T$ und $\square P \in S$, so ist $P \in T$ ($S, T \in g; P \in \mathcal{L}$).
> (iii) Ist $\neg \square P \in S \in g$, so gibt es ein $S' \rhd S$ in g mit $\neg P \in S$.

Betrachten wir zunächst den Fall **L = M**. Es ist leicht zu sehen, daß zu jeder TL-konsistenten Menge X ein Modellgraph existiert. Zunächst konstruiert man eine saturierte
Hülle S_0 von X_0. Dabei sei $S_0 \lhd S_0$ gesetzt.

Wenn es kein P mit $\neg \square P \in S_0$ und $\neg P \not\subseteq S_0$ gibt, sind wir schon fertig, denn die Bedingungen (i)–(iii) sind alle erfüllt. Andernfalls sei $\neg \square P \in S_0$ und $\neg P \not\subseteq S_0$ für gewisses P. Offenbar ist $S_0 ; \neg P$ konsistent, und wir konstruieren eine saturierte Hülle T
von $S_0 ; \neg P$. Um Bedingung (iii) zu sichern, setzen wir $S \lhd T$; dann ist auch (ii) erfüllt,
wie man unmittelbar sieht. In dieser Weise wird fortgefahren, wobei die neu konstruier-
ten Knoten immer mit den vorigen zwecks Übereinstimmung verglichen werden. Dabei
bleibt man gänzlich im endlichen Bereich X^* aller Subformeln von X und deren Negationen. Folglich bricht der Konstruktionsprozeß nach endlich vielen Schritten ab und
ein Modellgraph für X ist konstruiert. Damit haben wir bewiesen:

Satz. Zu jeder endlichen TL-konsistenten Menge X_0 kann ein L-Modellgraph für X_0
effektiv konstruiert werden.

Beispiel 2. Ausgehend von Beispiel 1 konstruiert man einen **M**-Modellgraphen für die
Formel $\square \lozenge p \wedge \square \lozenge \neg p$ (d.h. für die Einermenge $\{\square \lozenge p \wedge \square \lozenge \neg p\}$) gemäß Figur. Die
Formeln $\lozenge p$ und $\lozenge \neg p$ in den Nachfolgeknoten der Wurzel stammen aufgrund der
Definition von X_M von den Formeln $\square \lozenge p$ bzw. $\square \lozenge \neg p$.

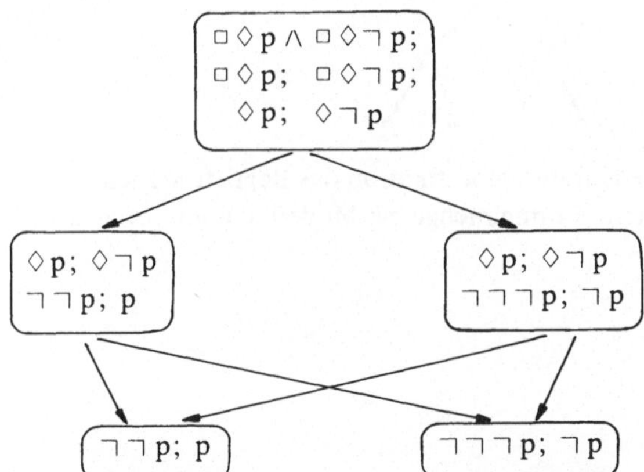

Der nach dem obigen Verfahren konstruierte Modellgraph ist nun auch im Falle **L = S4**
i.a. nur reflexiv, aber nicht transitiv. Betrachtet man nun das Transit $\leqslant$ der Relation $\lhd$,
so erkennt man sofort, daß die Bedingungen (i), (ii) und (iii) auch für den Modellgraphen

$(g, \leqslant)$ erfüllt sind, der dann auch eine **S4**-Struktur ist. Dies liegt an der Besonderheit der kritischen Abbauregel für **S4**, die die Information $\square$ P ja überträgt.

Im nächsten Abschnitt werden wir sehen, wie man mittels der Modellgraphen Modelle für endliche konsistente Formelmengen konstruiert.

Übungen

1. Man beweise die Korrektheit der Tableau-Kalküle für **S5**, **D** und **K**, und konstruiere darüberhinaus einen korrekten Tableau-Kalkül für **B**.

2. Man konstruiere **S4**-Modellgraphen für die Formeln $\lozenge \square p \wedge \lozenge \square \neg p$ bzw. $\square \lozenge p \wedge \square \lozenge \neg p$ (Negation von $\square \lozenge p \rightarrow \lozenge \square p$).

   Hinweis. Es gibt Modellgraphen folgender Struktur:

3. Man zeige, für eine (endliche) **TM**-konsistente Formelmenge existiert ein antisymmetrischer Modellgraph. Zugleich überlege man anhand von Übung 1, daß dies für **S4** i. a. nicht möglich ist.

4. Man zeige, es gibt für endliche **TM**-konsistente Formelmengen X_0 ein Modell, das sogar ein Baum ist.

   Hinweis. Man modifiziere die Definition des Modellgraphen geringfügig und zwar so, daß verschiedene Knoten des Modellgraphen eventuell durch die gleichen Formelmengen repräsentiert werden. Für die Formel $\square \lozenge p \wedge \square \lozenge \neg p$ erhält man auf diese Weise einen **M**-Modellbaum der Struktur

   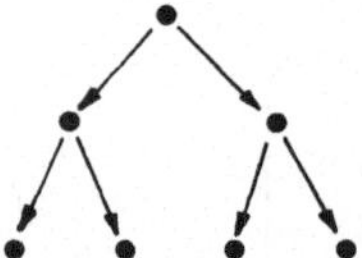

5. Man zeige, mit der unter Übung 4 angedeuteten Modifikation des Begriffs Modellgraph erhält man für eine **TS4**-konsistente Formelmenge ein Modell, das ein (eventuell unendlicher) Baum ist.

Modellkonstruktion und Adäquatheit

Zweck und Ziel der vorstehenden Betrachtungen ist folgender

Modellkonstruktionssatz. Ist X eine endliche **TL**-konsistente Formelmenge, so ist X erfüllbar, und zwar in einem **L**-Modellgraphen für X (**L** = **M** bzw. **L** = **S4**).

Beweis. Sei g ein L-Modellgraph für X und β: $\beta(p) = \{S \in g \,|\, p \in S\}$. In dem so erklärten Modell $\mu = (g, \beta)$ zeigen wir nun durch Induktion

(+) $\quad P \in S \Rightarrow S \Vdash P$

(−) $\quad \neg P \in S \Rightarrow S \nVdash P$.

Diese Bedingungen sind eine raffinierte Verfeinerung einer entsprechenden Eigenschaft im Substitutionslemma in § 2. (+) und (−) sind für Variable p offenbar erfüllt, denn die $S \in g$ sind sämtlich TL-konsistent und enthalten daher eine Formel nicht zugleich mit ihrer Negation.

Sei jetzt P von der Gestalt $\neg Q$ und $\neg Q \in S$. Gemäß Induktionsvoraussetzung und (−) ist $S \nVdash Q$, also $S \Vdash \neg Q = P$; damit ist (+) überprüft. Falls $\neg P = \neg \neg Q \in S$, so ergibt die Saturiertheit von S offenbar $Q \in S$ und damit $S \Vdash Q$ gemäß Induktionsvoraussetzung. Wegen $S \Vdash Q \Rightarrow S \nVdash \neg Q$ ist damit auch (−) bewiesen. In ähnlicher Weise zeigt man die Induktionsschritte für alle übrigen aussagenlogischen Funktoren.

Nun der kritische Induktionsschritt. Sei $P = \square Q \in S$. Dann ist $Q \in S'$ für alle $S' \rhd S$ nach Eigenschaft (ii) des Modellgraphen. Gemäß Induktionvoraussetzung ist $S' \Vdash Q$, damit $S \Vdash \square Q$ und folglich (+). Ist $\neg \square P \in S$, so ist $\neg P \in S'$ für gewisses $S' \rhd S$ gemäß Konstruktion, und damit $S' \nVdash P$ gemäß Induktionsvoraussetzung, d.h. $S \nVdash \square P$. Man kann diesen Induktionsbeweis auch anhand des Modellbaums in Beispiel 3 des letzten Abschnitts klar verfolgen.

Der Rest des Beweises ist nun unproblematisch. Weil $S \supseteq X$, gilt $S \Vdash P$ für alle $P \in X$ gemäß (+), und die Situation S erweist sich demnach als Modell für X. ●

Die Adäquatheit des **TM**- und des **TS4**-Kalküls ist eine unmittelbare Konsequenz dieses Satzes. Insbesondere ist damit gezeigt, daß TL-Beweisbarkeit zusammenfällt mit der Beweisbarkeit im Sinne von § 1.

Die explizite Konstruktion eines endlichen Modells hängt natürlich in hohem Maße von der Komplexität einer gegebenen Formelmenge ab. Sie läßt sich aber im voraus abschätzen, denn schaut man noch einmal auf die Konstruktion, erkennt man, daß eine **M**-erfüllbare Formel P ein höchstens 2^{2^n}-elementiges Modell hat, wobei n die Anzahl der Subformeln von P ist.

Durch die nun zum Abschluß gebrachten Konstruktionen ist übrigens mehr erreicht als nur die Vollständigkeit und die Entscheidbarkeit der durch Tableau-Kalküle erfaßten Modallogiken.

Sie haben nämlich die Konsequenz, daß jedes dieser Systeme die endliche Modelleigenschaft hat, d.h. $\mathbf{L}(= \mathbf{M}, \mathbf{S4}, \ldots)$ hat die Darstellung $\mathbf{L} = \mathbf{LF}$, wobei **F** die Klasse der endlichen L-Strukturen ist. In § 2 wurde gezeigt, daß die endlichen Modellstrukturen den endlichen modalen Matrizen entsprechen. L hat also auch die endliche Modelleigenschaft im Sinn der Matrizentheorie.

Es sei erwähnt, daß nicht alle Logiken $\mathbf{L} \in \mathcal{N}$ die endliche Modelleigenschaft haben, auch nicht alle entscheidbaren $\mathbf{L} \in \mathcal{N}$[1]). Aber die sämtlichen hier behandelten Standard-

---

[1]) vgl. Kap. V/§ 4 für explizite Konstruktionen.

systeme haben diese Eigenschaft, und sind damit auch entscheidbar (man vergleiche die allgemeinen Ausführungen in Kap. III). Für einige Standardsysteme beweisen wir die endliche Modelleigenschaft durch neuartige Konstruktionen in § 4.

Unter Umständen hat nicht nur L, sondern auch jede Erweiterung von L die endliche Modelleigenschaft, wofür kurz $\mathrm{efm}(L)$ geschrieben werde. Beispiele geben wir später. Hinreichend (aber nicht notwendig) für $\mathrm{efm}(L)$ ist die sogenannte *lokale Endlichkeit* von L, was bedeute, daß alle endlich erzeugten L-Algebren endlich sind. Es bezeichne $\mathbf{Md}^n\,L$ die Klasse der n-elementig erzeugten L-Algebren. Nach S. 136 ist $L^0 = L \bigcup_{n \in \omega} \mathbf{Md}^n L^0$.
Danach ist in der Tat $\mathrm{efm}(L)$ für lokal endliches L, denn die endlich erzeugten L'-Algebren kommen für $L' \supseteq L$ unter denen von L vor. $\mathrm{efm}(L)$ impliziert wiederum die *wesentliche Vollständigkeit* von L, d.h. L und alle Erweiterungen von L sind vollständig. Äquivalent mit der lokalen Endlichkeit von L ist

(∗)   Jedes $A \in \mathbf{Md}^n_{\mathrm{s.i.}}\,L$ ist endlich, und $\mathbf{Md}^n_{\mathrm{s.i.}}\,L$ ist endlich für alle $n \in \omega$[1]).

In vielen Fällen beweist man die lokale Endlichkeit am einfachsten durch den Nachweis von (∗). Übrigens gilt $\mathrm{efm}(L)$ schon dann, wenn nur die erste Hälfte von (∗) bewiesen wurde. Denn nach den Ergebnissen von Kap. III hat jede positiv implikative Logik eine adäquate Menge endlich erzeugter s.i. L-Algebren.

Übungen

1. Sei $L = \mathbf{M}$ oder $\mathbf{S4}$. Man zeige, eine Formel P ist L-gültig genau dann, wenn P in allen endlichen L-Strukturen gilt.

   Hinweis. Konstruktionen endlicher Gegenmodelle möglich.

2. Man zeige, eine $\mathbf{M}$-erfüllbare Formel P hat ein höchstens 2^{2^n}-elementiges Modell, wobei n die Anzahl der Subformeln von P ist.

3. Man zeige, $P \in \mathbf{M}$ gdw. $P \in Lt$ für alle endlichen Bäume t.

   Hinweis. Übung 4, letzter Abschnitt.

4. Sei L implikativ und tabular. Man zeige, L ist lokal endlich.

   Hinweis. Θ^n_L ($\simeq \Lambda^n_L / =^n_M$, S. 130) ist endlich, wobei $L = LM$, $|M| = n$.

---

[1]) genauer, es gibt nur endlich viele Isomorphietypen in $\mathbf{Md}^n_{\mathrm{s.i.}}\,L$. (∗) folgt aus einem allgemeineren Satz: Für $L = L\,\{A_i\,|\,i \in I\}$ ist Θ^n_L einbettbar in $\prod_{i \in I} A_i^{m_i}$ mit $m_i = |A_i|^n$, siehe MALCEV |73|, S. 283.

§ 4 Spezielle Modelle — Filtration, Ramifikation und Kontraktion

Im folgenden beschreiben wir verschiedene Methoden, um aus gegebenen Modellen andere, mit gewünschten Eigenschaften zu konstruieren. Die Filtrationsmethode gestattet die Konstruktion von Modellen auf endlichen Modellstrukturen für eine gegebene endliche konsistente Menge modallogischer Formeln. Auf diese Weise kann man für eine Reihe modaler Systeme, darunter die Standardsysteme, die endliche Modelleigenschaft zeigen. Auch kann man damit Vollständigkeitsbeweise erbringen, wo andere Methoden, z.B. die kanonische Modellkonstruktion (§ 2) versagen. Die Methode geht zurück auf LEMMON/ SCOTT [66] (siehe SEGERBERG [71]).

Ramifikation ist eine Methode zur Konstruktion baumartiger Modelle. Die Kontraktion schließlich gestattet die Konstruktion kleinerer Modellstrukturen aus gegebenem g, und zwar so, daß Formeln $P \in Lg$ auch in den kontrahierten Modellen gültig bleiben. Alle diese Methoden sind Hilfsmittel, um besonders einfache Klassen von Modellstrukturen zur Darstellung einer Logik zu gewinnen.

Filtration

Gemäß einer früher eingeführten Redeweise hat eine Logik L die endliche Modelleigenschaft, wenn L eine L-adäquate Klasse endlicher Matrizen besitzt. Für eine Modallogik L ist dies gleichwertig mit der Existenz einer L-adäquaten Klasse endlicher Modellstrukturen, denn diese entsprechen umkehrbar den endlichen (reduzierten) Matrizen. Die endliche Modelleigenschaft ist gleichwertig mit der Eigenschaft, daß jede in einem L-Modell erfüllbare Formel schon in einem endlichen L-Modell erfüllbar ist. Sie hat für axiomatisch gegebene Logiken L deren Entscheidbarkeit zur Folge. In § 3 wurde für einige Systeme durch den Tableau-Kalkül die endliche Modelleigenschaft nebenbei mitbewiesen (dort liefert allerdings der Tableau-Kalkül selbst schon ein Entscheidungsverfahren).

Für den Nachweis der endlichen Modelleigenschaft einer größeren Klasse von Logiken ist die Methode der Tableau-Kalküle etwas zu speziell. Daher werden wir jetzt ein weiterreichendes Verfahren beschreiben. Die Idee beruht darauf, alle Situationen eines Modells (g, α), die sich hinsichtlich der Akzeptanz von Formeln einer vorgegebenen interessierenden Formelmenge X nicht unterscheiden, zu Klassen zusammenzufassen, und diese Klassen auf geeignete Weise zu einem Modell zu machen.

Definition. Sei $\mu = (g, \lhd, \alpha)$ ein **K**-Modell und X eine gegebene Formelmenge, die abgeschlossen ist gegenüber der Bildung von Subformeln. Es sei ferner $S \equiv_X S'$, wenn $S \Vdash P \Leftrightarrow S' \Vdash P$ für alle $P \in X$ $(S, S' \in g)$, sowie f die Menge aller Äquivalenzklassen $\overline{S}$ mod $\equiv_X$. Auf f sei ein **K**-Modell $\varphi = (f, \lhd, \beta)$ wie folgt bestimmt:

(1) $\lhd$ sei eine beliebige Relation auf f, so daß für alle $S, T \in g$:

     (i) $S \lhd T \Rightarrow \overline{S} \lhd \overline{T}$

     (ii)   Wenn $\overline{S} \lhd \overline{T}$, so $S \Vdash_\alpha \Box P \Rightarrow T \Vdash_\alpha P$ für alle $\Box P \in X$.

(2) $\beta p = \begin{cases} \{\overline{S} \in f \mid S \in \alpha p\}, & \text{falls } p \in X \\ \emptyset & \text{sonst.} \end{cases}$

Dann heißt das **K**-Modell $\varphi := (f, \lhd, \beta)$ eine *Filtrierung von* μ mod X, und $\lhd$ heißt dessen *Filtrierungsrelation*, $f = (f, \lhd)$ die *filtrierte Struktur*.

Die Definition läßt die Frage offen, ob es überhaupt eine Filtrierung gibt, d.h. eine den Bedingungen (i) und (ii) genügende Relation auf f. Nun gibt es im allgemeinen eine Vielzahl solcher Relationen, und wir geben gleich zwei für die Anwendungen besonders wichtige Beispiele an. Man betrachte die folgenden Relationen $\lhd^0$ und $\lhd^1$ auf f.

$$\overline{S} \lhd^0 \overline{T} \quad \text{gdw} \quad S' \lhd T' \text{ für gewisse } S' \equiv_X S, \, T' \equiv_X T$$
$$\overline{S} \lhd^1 \overline{T} \quad \text{gdw} \quad S \Vdash_\alpha \Box P \Rightarrow T \Vdash_\alpha P \text{ für alle } \Box P \in X \qquad (S, T \in g).$$

Es ist leicht zu prüfen, daß $\lhd^0$ und $\lhd^1$ die Bedingungen (i) und (ii) erfüllen; die Ausführung sei dem Leser überlassen. Außerdem ist zu bestätigen, daß die Definition von $\lhd^1$ korrekt, also repräsentantenunabhängig ist. Die Filtrierung mit der Relation $\lhd^0$ heiße die *untere*, die Filtrierung mit $\lhd^1$ die *obere* Filtrierung von μ mod X. Die Voraussetzung der Abgeschlossenheit der Formelmenge X gegenüber Subformeln ist vor allem wichtig, damit *Induktionen über den Aufbau der Formeln aus* X (nicht wie bisher der gesamten Formelmenge) geführt werden können. Einfach, aber grundlegend ist der

Filtrationssatz. Sei $\mu = (g, \lhd, \alpha)$ ein **K**-Modell und φ eine Filtrierung von μ mod X. Dann ist für alle $P \in X, S \in g$

$$\overline{S} \Vdash_\varphi P \Leftrightarrow S \Vdash_\mu P.$$

Beweis. Gemäß Definition von α ist dies klar für Variable $p \in X$.

$$\begin{aligned} \overline{S} \Vdash_\mu P \wedge Q \quad &\text{gdw} \quad \overline{S} \Vdash_\mu P \text{ und } \overline{S} \Vdash_\mu Q \\ &\text{gdw} \quad S \Vdash_\mu P \text{ und } S \Vdash_\mu Q \qquad \text{(Induktionsvoraussetzung)} \\ &\text{gdw} \quad S \Vdash_\mu P \wedge Q. \end{aligned}$$

Analog verläuft der Induktionsschritt über $\vee, \neg, \rightarrow$. Sei nun eine Formel der Gestalt $\Box P \in X$ gegeben und $\overline{S} \Vdash \Box P$, d.h. $\overline{T} \Vdash_\varphi P$ für alle $\overline{T} \rhd \overline{S}$. Sei irgendein $S_1 \rhd S$ gegeben. Nach (i) ist $\overline{S}_1 \rhd \overline{S}$ also $\overline{S}_1 \Vdash_\varphi P$. Gemäß Induktionsvoraussetzung ist $S_1 \Vdash_\mu P$. Damit ist $S \Vdash_\mu \Box P$ gezeigt. Sei umgekehrt $S \Vdash_\mu \Box P$, und irgendein $\overline{T} \rhd \overline{S}$ gegeben. Nach (ii) ist $T \Vdash_\mu P$ und gemäß Induktionsvoraussetzung ist $\overline{T} \Vdash_\varphi P$. Damit ist auch $\overline{S} \Vdash_\varphi \Box P$ gezeigt. $\bullet$

Damit ist eine in (g, α, S) akzeptierte Formel in jedem Filtrationsmodell mod X akzeptiert (und zwar in der Situation $\overline{S}$), und auch umgekehrt.

Beispiel. Sei $\mu = (g, \leqslant, \alpha)$ ein **S4**-Modell, bestehend aus einer Situationsfolge $S_0, S_1, \ldots$ mit $S_i \leqslant S_j$ für $i \leqslant j$. α sei so festgelegt, daß $S \Vdash_\alpha p$ genau dann, wenn n gerade ist; p ist eine gegebene Variable. Man überzeugt sich leicht, daß $S_i \Vdash Q$ mit $Q := \Box \Diamond p \wedge \Box \Diamond \neg p$. $X = \{Q; \Box \Diamond p; \Box \Diamond \neg p; \Diamond p; \Diamond \neg p; \Box \neg p; \Box \neg \neg p; \neg \neg p; \neg p; p\}$ ist die Menge aller Subformeln von Q. Man prüft mühelos nach, daß $S_i \equiv_X S_j$ genau dann, wenn i, j beide gerade, oder beide ungerade sind. Daher besteht f nur aus den beiden Situationen $S^0 := S_0$ und $S^1 := \overline{S}_1$. Ist $\lhd$ eine beliebige Filtrierungsrelation von μ mod X, so ist $S^0 \lhd S^1$ wegen $S_0 \leqslant S_1$, und $S^1 \lhd S^0$ wegen $S_1 \leqslant S_2$ (Bedingung (i)). Aus demselben Grunde ist auch $S^i \lhd S^i$ (i = 1, 2). Im vorliegenden Falle gibt es demnach höchstens eine Filtrierungsrelation, nämlich die Allrelation auf $\{S^0, S^1\}$. Diese muß auch Filtrationsrelation sein, weil es ja wenigstens eine gibt. Eine Überprüfung von (ii) erübrigt sich demnach. Die Figur gibt eine bildliche Vorstellung des endlichen Filtrationsmodells für die Formel Q.

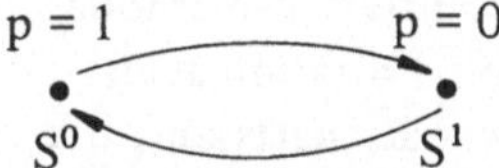

Bemerkung. Gelegentlich tritt das Problem auf, die Äquivalenz $\overline{S} \Vdash_\varphi P \Leftrightarrow S \Vdash_\mu P$ für mehr als nur die Formel $P \in X$ zur Verfügung zu haben. Sie gilt auch für Formeln $P \in B \langle X \rangle$, die Menge aller Formeln, die man aus X durch Anwendung der Booleschen Funktoren $\neg, \wedge, \vee, \rightarrow$ gewinnt, und die das *Boolesche Erzeugnis* von X heißen. Dies beweist man leicht durch Induktion über Zusammensetzungen mit den Booleschen Funktoren. ●

Für die Filtrierung nach endlichen Formelmengen gilt nun der folgende Satz, der in Übung 3 noch etwas verallgemeinert wird.

Satz über endliche Filtrierung. Ist φ eine Filtrierung von μ modulo einer endlichen Formelmenge X, so ist φ endlich.

Beweis. Die Abbildung i: $f \rightarrow 2^X$ mit $i\overline{S} = \{P \in X \mid S \Vdash_\mu P\}$ ist nicht nur repräsentantenunabhängig, sondern auch injektiv, wie man leicht nachprüft. Daher kann f nicht mehr Elemente enthalten als die Potenzmenge von X. ●

Eine direkte Folge dieses Satzes ist ein neuer Beweis für die in § 3 schon bewiesene endliche Modelleigenschaft für **K**. Eine in einem **K**-Modell überhaupt erfüllbare Formel hat schon ein endliches K-Modell (d.h. dessen Modellstruktur ist endlich). Bei der Übertragung dieser Argumentation auf andere Logiken $L \in \mathcal{N}$ kommt es nun wesentlich darauf an, ob die Filtrierung eines L-Modells wieder ein L-Modell ist. Ein ähnliches Problem trat ja auch schon im Zusammenhang mit den kanonischen Modellstrukturen auf. In der Regel ist dies nicht der Fall, obwohl man durch die Allgemeinheit des Ansatzes in der Definition die Möglichkeit hat, die Filtrierungsrelation zu variieren. Dadurch kann gewissen Erfordernissen eventuell Rechnung getragen werden.

Im allgemeinen ist z.B. die Filtrierung eines **S4**- oder eines **K4**-Modells nicht wieder ein **S4**- bzw. **K4**-Modell, weil die Transitivität bei ungeschickt gewählter Filtrierung verloren gehen kann. Es gibt jedoch glücklicherweise eine Filtrierung, welche die Transitivität erhält, nämlich die Relation

$$\lhd^t: S \lhd^t T \quad \text{gdw} \quad S \Vdash \Box P \Rightarrow T \Vdash \Box P \land P \quad \text{für alle } \Box P \in X.$$

Man prüft leicht nach, daß $\lhd^t$ eine Filtrierungsrelation ist, sofern g transitiv ist. (Für (i) beachte man, daß $S \Vdash \Box Q \Rightarrow T \Vdash \Box Q$ $(S, T \in g; S \lhd T; Q \in \mathcal{L})$). Diese für transitive Modelle erklärte Filtrierung heiße die *LEMMON-Filtrierung* von $\mu = (g, \alpha)$ mod X. Eine Anwendung ist folgender Beweis für die endliche Modelleigenschaft von **S4**, der sehr viel kürzer (allerdings weniger konstruktiv) ist, als der in § 3. Sei $P_0 \notin$ **S4** und X die Menge aller Subformeln von P_0, sowie $\varphi = (f, \lambda)$ die LEMMON-Filtrierung des kanonischen **S4**-Modells $\chi = (g, \kappa)$. f ist transitiv, wie oben festgestellt, aber auch reflexiv, denn (i) zeigt, daß die Filtrierung eines reflexiven Modells in jedem Falle wieder reflexiv ist. Damit ist φ ein endliches **S4**-Modell, weil auch X endlich ist. Es gibt ein $S_0 \in g$ mit $S_0 \not\Vdash_\chi P_0$, und folglich $\overline{S}_0 \not\Vdash_\varphi P$ nach dem Filtrierungssatz. φ liefert also ein endliches Gegenmodell für P_0.

An einem Beispiel im nächsten Abschnitt legen wir dar, wie mit der Filtrationsmethode auch Vollständigkeitsbeweise geführt werden können. Man kann diese Filtration auch andersartigen Konzepten der relativistischen Semantik, z.B. der Nachbarschaftssemantik, anpassen, und sie auch sonst in verschiedener Weise modifizieren (vgl. z.B. GABBAY [76]).

Übungen

1. Man zeige, daß die im Text definierten Relationen $\lhd^0$ und $\lhd^1$ Filtrierungsrelationen sind. Außerdem zeige man $\lhd^0 \subseteq \lhd \subseteq \lhd^1$ für jede Filtrierungsrelation $\lhd$ von μ mod X.

   Hinweis. Für $\lhd^0 \subseteq \lhd$ Bedingung (i). Für $\lhd \subseteq \lhd^1$ Bedingung (ii).

2. Man zeige, die Filtrierung eines initialen **K**-Modells ist wieder ein initiales **K**-Modell.

   Hinweis. Bedingung (i).

3. Man zeige mittels Filtrierung die endliche Modelleigenschaft der Logiken $\mathbf{K}^m$ und $\mathbf{K}_n$.

4. Sei $\varphi = (f, \beta)$ die Filtrierung von γ mod X (X endliche Formelmenge). Man zeige, zu jedem $a \subseteq f$ existiert eine a-*charakteristische Formel* P_a, d.h. $S \in a \Leftrightarrow S \Vdash_\varphi P_a$ für alle $S \in f$. P_a liegt im Booleschen Erzeugnis von X.

Vollständigkeit von G

Als ein Beispiel für die Anwendung der Filtrierung für kompliziertere Vollständigkeitsbeweise zeigen wir folgenden

Satz[1]) $\mathbf{G} = \mathbf{LOif}$.

Hierbei ist $\mathbf{G} = \mathbf{S4}$ $(\Box (\Box p \to p) \to \Box p)$, sowie **Oif** die Klasse aller endlichen irreflexiven Ordnungen. Natürlich gilt dann erst recht $\mathbf{G} = \mathbf{LOi}\tau$ für die Klasse $\mathbf{Oi}\tau$ der irreflexiv terminalen Ordnungen.

---

[1]) SEGERBERG [71]

Es ist klar, daß die Behauptung des Satzes auf die Aufgabe hinausläuft, für eine Formel $P_0 \not\in G$ ein Gegenmodell in **Oif** zu konstruieren. Sei also $P_0 \not\in G$, und $\chi = (g, \kappa)$ das kanonische Modell von **G**, von dem wir nicht wissen, ob es ein **G**-Modell ist. χ ist jedenfalls ein schwaches **G**-Modell und Gegenmodell für die Formel P_0. $\lhd$ sei die Relation in g.

Sei X_0 die Menge aller Subformeln von P_0 und X das Boolesche Erzeugnis von X_0. Schließlich sei $\varphi := (f, \beta)$ die LEMMON-Filtrierung von $\chi \bmod X$. φ ist ein endliches transitives Modell, denn χ ist transitiv. Möglicherweise aber existieren in φ reflexive Knoten. Unser Ziel besteht darin, die Relation $\lhd$ auf f so zu ändern, daß ein zu φ gleichwertiges irreflexives Modell entsteht.

Lemma. Zu jeder nichtleeren Teilmenge $k \subseteq f$ gibt es ein $\overline{U} \in k$, so daß $\overline{U}' \not\in k$ für alle $U' \rhd U$.

Beweis. Es sei Q eine für das Komplement $f \setminus k$ charakteristische Formel aus X, also $\overline{T} \in f \setminus k \Leftrightarrow \overline{T} \Vdash_\varphi Q$ ($\overline{T} \in f$; vgl. Übung S. 206), sowie $\overline{S} \in k$. Entweder ist schon $\overline{S} \not\in k$ für alle $S' \rhd S$ oder aber $\overline{T} \in k$ für gewisses $T \rhd S$. Wegen $\overline{T} \not\Vdash_\varphi Q$ ist $\overline{S} \not\Vdash_\varphi \square Q$. Nach dem Filtrationssatz folglich $S \not\Vdash_\chi \square Q$. Daher $S \not\Vdash_\chi \square (\square Q \rightarrow Q)$, denn χ ist schwaches Modell für ($\square$ **Oi**τ). Damit ist also $U \Vdash_\chi \square Q$, $U \not\Vdash_\chi Q$ für gewisses $U \rhd S$. Wegen $\overline{U} \not\Vdash_\varphi Q$ ist $\overline{U} \in k$. Ist $U' \rhd U$, so $U' \Vdash_\chi Q$, also $\overline{U}' \Vdash_\varphi Q$, und folglich $\overline{U}' \not\in k$. •

Wir betrachten jetzt die Lokalklassen $k \subseteq f$ (es ist $\overline{S} \lhd \overline{T}$ und $\overline{T} \lhd \overline{S}$ für alle $\overline{S}, \overline{T} \in k$, siehe Anhang). In jeder Lokalklasse k zeichnen wir ein Element $\overline{U} = \overline{U}_k$ aus, so daß $\overline{U}' \not\in k$ für alle $U' \rhd U$. Außerdem sei eine beliebige irreflexive Ordnung $<_k$ auf k gewählt, so daß $\overline{U}$ letztes Element dieser Ordnung ist. Schließlich definieren wir auf der Menge f eine neue Relation $<$ wie folgt: $\overline{S} < \overline{T}$ gdw $\overline{S}, \overline{T}$ liegen in verschiedenen Lokalklassen und $\overline{S} \lhd \overline{T}$ oder aber $\overline{S}, \overline{T}$ liegen in derselben Lokalklasse k und $\overline{S} <_k \overline{T}$.

$e := (f, <)$ ist eine irreflexive Ordnung, wobei $\overline{S} < \overline{T} \Rightarrow \overline{S} \lhd \overline{T}$, sowie $\overline{U}_k \lhd \overline{T} \Rightarrow \overline{U}_k < \overline{T}$ ($\overline{U}_k$ größtes Element in der Lokalklasse k). Es zeigt sich nun, daß die Modelle φ und $\eta := (e, \beta)$ gleichwertig sind in Bezug auf die Formeln aus X. Dies beweist man durch Induktion über die Formeln aus X. Die Induktionsschritte für $\neg, \wedge, \vee, \rightarrow$ sind klar, ebenso im kritischen Induktionsschritt die Richtung $\overline{S} \Vdash_\varphi \square P \Rightarrow \overline{S} \Vdash_\eta \square P$.
Sei also $\overline{S} \Vdash_\eta \square P$, k die von $\overline{S}$ bestimmte Lokalklasse, und $\overline{U} = \overline{U}_k$. Dann haben wir folgende Implikationskette.

Wenn $\overline{S} \Vdash_\eta \square P$, so $\overline{U} \Vdash_\eta \square P$ (η ist transitiv)

so $\overline{T} \Vdash_\eta P$ für alle $\overline{T} > \overline{U}$

so $\overline{T} \Vdash_\varphi P$ für alle $\overline{T} > \overline{U}$ (Induktionsvoraussetzung)

so $\overline{T} \Vdash_\varphi P$ für alle $\overline{T} \rhd \overline{U}$ ($\overline{T} \rhd \overline{U} \Rightarrow \overline{T} > \overline{U}$)

so $T \Vdash_\mu P$ für alle $T \rhd U$ (Filtrationssatz)

so $U \Vdash_\mu \square P$

so $\overline{U} \Vdash_\varphi \square P$ (Filtrationssatz)

so $\overline{S} \Vdash_\varphi \square P$ (φ ist transitiv).

η liefert damit das gewünschte Gegenmodell für P_0 in **Oif**. •

Die Vollständigkeit von **G** ergibt u.a., daß auch **G** die Eigenschaft ($\Box \lor$) (S. 183) hat. Gemäß Übung 3, S. 183 enthält g_G damit einen reflexiven Punkt, ist also keine **G**-Struktur! Man kann auch zeigen, g_G ist nicht terminal (F. MONTAGNA). Die in § 2 verwendete Methode zum Vollständigkeitsnachweis versagt damit für **G** und viele andere Logiken, z.B. **Ga** := **G** ($\Box \, \ell x$) (Übung 1).

Ohne Beweis sei mitgeteilt, daß **Ga** und damit auch **G** nicht lokal endlich ist. Wohl aber ist G_n für alle n lokal endlich. Der Beweis ist eine nur unwesentliche Modifikation des Verfahrens, das in Übung 3, S. 218 zum Nachweis č !okalen Endlichkeit von $S4_n$ vorgestellt wird. Daraus ergeben sich weitere, später erörterte Struktureigenschaften von &**G**.

Übungen

1. Sei **Ga** = **G** ($\Box \, \ell x$)[1]. Man zeige **Ga** = **L** $\{ a_n^x \mid n \in \omega \}$ mit $a_n^x = \boxed{\underbrace{x \to x \to \ldots \to x}_{n}}$

   Also ist **Ga** vollständig. Ferner zeige man $\models^{Ga}$ ist nicht kompakt (C. SMORYNSKI), folglich ist **Ga** unvollständig im strengeren Sinne. Vermutlich gilt das auch für $\models^{G}$.

   Hinweis. Methode wie im Text. Ferner: $X_n := \{ \Box^i p_i \land \Diamond \neg\, p_{i+1} \mid i \leqslant n \}$ hat Modell auf a_n^x, doch $X := \bigcup_{n \in \omega} X_n$ hat kein Modell auf **Ga**-Struktur (das sind terminale $g \in$ **Oil**).

2. Man zeige **Gr** = **L Or**τ = **L Orf**, wo **Or**τ die Klasse aller terminalen, **Orf** die Klasse aller endlichen Ordnungen bezeichnet.

   Hinweis. Methode wie im Text (SEGERBERG [71]).

3. ($\Box \, \omega$) := $\Box \, (\Box \, (p \to \Box \, p) \to p) \land \Diamond \Box \, p \to p$ ist eine Abschwächung von ($\Box$ **Or**τ). Es sei **S4.4** = **S4.3** ($\Box \, \omega$)[2]. **Oℓd** sei die Klasse der linearen Ordnungen, in denen kein ω-Weg beschränkt ist (Beispiel ist die Ordnung ω selbst). Man zeige, **S4.4** = **L Oℓd** = **L**ω.

   Hinweis. $P \notin$ **S4.4** $\Rightarrow P \in$ **L**ω analog wie im Text.

4. Sei **S4.1** := **S4** ($\Box \Diamond \, p \to \Diamond \Box \, p$). Man zeige, **S4.1** ist vollständig bzgl. aller $g \in$ **Qf**, so daß zu jedem $S \in g$ ein $T \rhd S$ mit $T' \rhd T \Rightarrow T' = T$ existiert.

5*. Sei $\mathcal{L}^a$ die Menge aller Aussagen der arithmetischen Sprache 1.Stufe und $N \subseteq \mathcal{L}^a$ das PEANOsche Axiomenschema. Für $\varphi \in \mathcal{L}^a$ sei $\ulcorner \varphi \urcorner$ die GÖDELnummer und Bw das Beweisbarkeitsprädikat (Bw ($\ulcorner \varphi \urcorner$) bedeutet „$\varphi$ ist beweisbar aus N"). Jede Belegung $\tau_0 : V \to \mathcal{L}^a$ der Aussagenvariablen mit arithmetischen Aussagen erzeugt eine *Interpretation* $\tau : \mathcal{L} \to \mathcal{L}^a$ der modalen Sprache $\mathcal{L}$ in der arithmetischen gemäß folgender Vorschrift: $(P \land Q)^\tau = P^\tau \land Q^\tau$, $(\neg P)^\tau = \neg\, P^\tau$; $(\Box \, P)^\tau = \text{Bew}(\ulcorner P^\tau \urcorner)$. $P \in \mathcal{L}$ heiße *arithmetisch gültig*, wenn $N \vdash P^\tau$ für jede Interpretation τ. Man zeige P ist arithmetisch gültig genau dann, wenn $P \in$ **G** (SOLOVAY [76]).

---

[1]) Die Logik **Ga** ist eine von den prätabularen Erweiterungen von **G**, vgl. § 5.

[2]) Obiges **S4.4** ist nicht identisch mit **S4.4** = **S4.3** ($p \land \Box \Diamond \, p \to \Box \, p$) nach SOBOCIŃSKI [64].

Ramifikation

Bereits in einer Übung am Schluß von § 3 wurde kurz angedeutet, wie man durch eine
gewisse Modifikation der dort geschilderten Modellkonstruktion zu einem endlichen
Baummodell gelangen kann. Diese Methode werden wir jetzt systematisch entwickeln;
sie kann in verschiedener Hinsicht modifiziert werden; wir beschränken uns indes auf
die Darstellung zweier wesentlicher Varianten.

Die zuerst behandelte Methode heiße die *irreflexive Ramifikation,* wobei wir den Zusatz
irreflexiv im folgenden weglassen. Die zweite Methode heiße die *transitive Ramifikation.*
Sie führt, ausgehend von transitiven Modellen, zu transitiven Baummodellen.

Ist b ein Baum mit der Wurzel w, so bezeichne b(m) im folgenden die Menge der Knoten
der Höhe m. Die Wurzel w hat die Höhe 0, die Nachfolger von w die Höhe 1, usw. b *hat
die Höhe* n, wenn b(n + 1) leer ist. Die Punkte $S \in b(n)$ heißen dann die Endknoten
von b.

Zu einer gegebenen Modellstruktur im engeren Sinne (d.h. g ist initial generiert und hat
eine ausgezeichnete Initialsituation S_0) wird eine Folge $(b_i)_{i \in \omega}$ von irreflexiven Bäumen
definiert. b_n heißt der n-te *Ramifikationsbaum von* g und ist von der Höhe n. Während
die Elemente von g wie üblich mit großen Buchstaben S, T, ... bezeichnet werden, verwenden wir jetzt für die Elemente von b_n ausnahmsweise kleine Buchstaben s, t, ...
Im übrigen bedienen wir uns nach Bedarf anschaulichen graphentheoretischen Redeweisen.

Der Ramifikationsbaum b_n von g hat die beiden folgenden, mittels einer Abbildung
$\cdot : b_n \to g$ beschriebenen Eigenschaften. Durch sie ist b_n übrigens eindeutig bestimmt.
Die Relation in g sei ◁, während diejenige von b_n mit < bezeichnet sei.

(a) $\dot{w} = S_0$ (w die Wurzel von b_n);

(b)   Ist $s \in b_n$ kein Endknoten und ist $\dot{s} = S \in g$, so gibt es zu jedem $T \triangleright S$ genau
       ein $t > s$ mit $\dot{t} = T$. Umgekehrt ist $\dot{t} \triangleright \dot{s}$ für jedes $t > s$.

Ist $\dot{s} = S$, sagen wir auch s *vertritt* S. Im allgemeinen ist $S \in g$ in b_n mehrfach vertreten,
unter Umständen in jeder Schicht $b_n(m)$ von b_n.

Beispiel. Die Figur zeigt links einen Graphen g, rechts daneben den Ramifikationsbaum b_2
von g. Die Knoten $S \in g$ sind mit Zahlen durchnumeriert. Ein Knoten $s \in b_n$ wird durch
die Nummer derjenigen Situation in g dargestellt, die er vertritt.

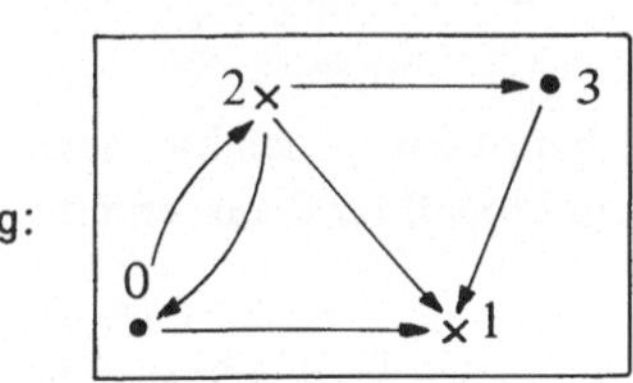

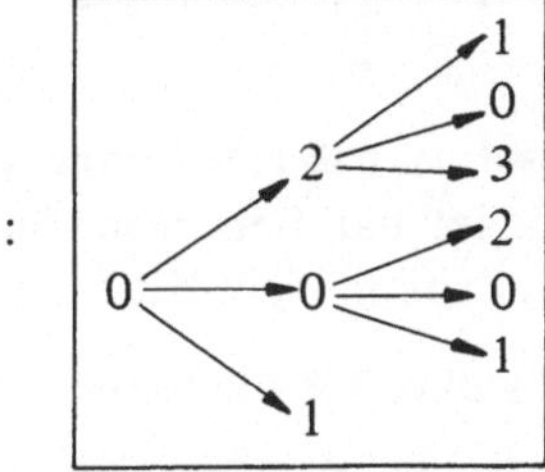

Die Folge b_n bricht nur dann ab, wenn g keine Kreise (auch keine 1-Kreise, d.h. keine
reflexiven Knoten) enthält, und wenn jeder von S_0 ausgehende Weg nach endlich vielen

Schritten endet. Aus der Konstruktion geht auch hervor, daß der von $s \in b_n(m)$ $(m \leqslant n)$ in b_n generierte Subgraph gerade der k-te Ramifikationsbaum der von S in g generierten Substruktur ist; dabei ist $k = n - m$ und $\dot{s} = S$.

Als nächstes definieren wir die *modale Komplexität* der Formel P wie folgt:

$$\kappa\, p = 0 \quad (p \in V);$$
$$\kappa \neg P = \kappa\, P; \kappa\, (P \wedge Q) = \kappa\, (P \vee Q) = \kappa\, (P \to Q) = \max\{\kappa\, P, \kappa\, Q\};$$
$$\kappa \,\square P = \kappa\, P + 1.$$

Man bekommt die Formeln der Komplexität $\leqslant n$ durch aussagenlogische Zusammensetzung aus Formeln der Gestalt $\square\, P$, wobei P eine Komplexität $< n$ hat.

Es sei g eine K-Struktur im engeren Sinne, und b_n sei der n-te Ramifikationsbaum von g. Ist $\alpha: V \to 2^g$ eine Belegung in g, setze man $\alpha_n p = \{s \in b_n \mid \dot{s} \in \alpha p\}$. Dann heißt $\beta_n := (b_n, \alpha_n)$ das n-te *Ramifikationsmodell* von $\gamma = (g, \alpha)$.

Ramifikationssatz I. Sei $\gamma = (g, \alpha)$ ein K-Modell im engeren Sinne und β_n das n-te Ramifikationsmodell von γ. Dann ist für alle $s \in b_n(m)$ und alle Formeln P der Komplexität $\leqslant k := n - m$

$$(n) \; s \Vdash_n P \Longleftrightarrow S \Vdash P \quad (S := \dot{s}; \Vdash_n := \Vdash_{\beta_n}; \Vdash := \Vdash_\gamma).$$

Beweis durch Induktion über n. Die Behauptung ist klar für $n = 0$, wie man durch Induktion über die Formel der Komplexität 0 leicht nachweist. Sei nun (n') für alle $n' < n$ vorausgesetzt. Man betrachte β_n und ein $s \in b_n$.

Fall I: $s \in b_n(m)$ für $m > 0$. Sei β' das von s in β_n generierte Submodell. β' ist gerade das k-te Ramifikationsmodell von γ'. Dabei ist $k = n - m$ und γ' das von $\dot{s}$ in γ generierte Submodell. Daher ist $s \Vdash_{\beta'} P \Longleftrightarrow S \Vdash P$ für Formeln der Komplexität $\leqslant k$ gemäß Induktionsvoraussetzung. Nun gilt aber $s \Vdash_{\beta'} P \Longleftrightarrow s \Vdash_\beta P$, weil β' ja generiertes Submodell von β ist. Folglich gilt (n) im vorliegenden Falle.

Fall II: $s = w = $ Wurzel von b_n. (n) ist klar für Variable und die Induktion über aussagenlogische Zusammensetzungen ist klar. Ferner ist für die Formel P mit $\kappa\, P < n$

$$
\begin{aligned}
s \Vdash_n \square P \quad &\text{gdw} \quad t \Vdash_n P \quad &&\text{für alle } t > s \\
&\text{gdw} \quad \dot{t} \Vdash P \quad &&\text{für alle } t > s \quad &&\text{(Induktionsvoraussetzung)} \\
&\text{gdw} \quad T \Vdash P \quad &&\text{für alle } T \rhd S \quad &&\text{(Definition von } \beta_n) \\
&\text{gdw} \quad S \Vdash \square P \quad &&\bullet
\end{aligned}
$$

Aus diesem Satz folgt sofort, daß eine Formel P, wenn sie überhaupt ein Modell hat, auch ein irreflexives Baummodell hat. Geht man von einem endlichen Modell für P aus, erhält man auch ein endliches Baummodell. Mit anderen Worten:

Korollar 1. $\mathbf{K} = \mathbf{L}\,\mathsf{Tif}$, wobei Tif die Klasse aller irreflexiven endlichen Bäume bezeichnet.

Beweis. Ist $P \in \mathbf{K}$, so $P \in \mathbf{L}g$ für alle $g \in \mathbf{G}$, insbesondere für die endlichen irreflexiven Bäume. Ist $P \notin \mathbf{K}$, so gibt es wegen der Vollständigkeit von $\mathbf{K}$ ein endliches K-Modell $\mu = (g, \alpha, S_0)$, welches P nicht erfüllt, d.h. $S_0 \nVdash P$. $\neg P$ gilt dann auch auf dem von S_0

in μ generierten Submodell. Anwendung des Ramifikationssatzes ergibt, daß $\neg$ P in einem b $\in$ **Tif** gilt, also P $\not\subseteq$ **L Tif**, was zu zeigen war. ●

Korollar 2. Eine Eigenschaft E, welche nicht für alle g $\in$ **G**, wohl aber für alle b $\in$ **Tif** gilt, kann nicht adäquat durch eine modale Formel beschrieben werden, d.h. es gibt kein P $\in$ $\mathcal{L}$, so daß die P-Strukturen genau diejenigen sind, welche die Eigenschaft E haben. Insbesondere gilt dies für folgende Eigenschaften: Irreflexivität; Antisymmetrie; Asymmetrie; es gibt ein letztes Element in g; g ist kreislos.

Beweis. Sei **K** die Klasse der Strukturen mit der Eigenschaft E und angenommen g $\in$ **K** $\Leftrightarrow$ P $\in$ **Lg** für eine gewisse Formel P. Es gibt ein g $\notin$ **K**, und damit ein Gegenmodell für P. Nach dem Ramifikationssatz hat P dann ein Gegenmodell auf einem b $\in$ **Tif** $\subseteq$ **K**, und dies ist ein Widerspruch. ●

Beschränkt man die vorstehenden Ausführungen gänzlich auf reflexive Modellstrukturen, so wünscht man, daß auch die Ramifikationsstrukturen reflexiv sind. Dies erreicht man sehr leicht durch eine geringfügige, unmittelbar auf der Hand liegende Modifikation der Konstruktion. Auf diese Weise erhält man aus einem initial generierten reflexiven K-Modell für P ein reflexives Baummodell für P *(reflexive Ramifikation)*.

Wir behandeln nun kurz auch den Fall der transitiven Ramifikation. Die zu Beginn definierte Baumfolge (b_n) bestimmt offensichtlich in eindeutiger Weise einen Limesbaum $b = \lim_{n \to \infty} b_n$. Ausgehend von einer transitiven initialen Struktur g betrachten wir nun b als einen transitiven Baum, d.h. wir ersetzen die ursprüngliche Nachfolgerrelation durch ihr Transit. Ein Modell $\mu = (g, \alpha)$ bestimmt dann ein transitives Baummodell $\varphi = (b, \beta)$, wobei β wie anfangs erklärt ist. φ heiße die *transitive Ramifikation* von g. Ganz wie oben beweist man leicht den

Ramifikationssatz II. Ist φ die transitive Ramifikation des initial generierten transitiven Modells μ, so ist $\dot{s} \Vdash_\mu P \Leftrightarrow S \Vdash_\varphi P$ für alle P $\in$, S $\in$ g, s $\in$ b, so daß $\dot{s} = S$.

Es läßt sich — ausgehend von reflexiv-transitiven Strukturen auch eine *geordnete Ramifikation* erklären. Das Ergebnis ist dann ein geordneter Baum. Auf diese Weise erhält man z.B. aus einem **S4**-Modell für die Formel P ein **S4**-Modell auf einer geordneten Baum *(geordnete Ramifikation)*.

Mittels der Ramifikationstechnik läßt sich eine ganze Serie modelltheoretischer Charakterisierungen einzelner Standardsysteme angeben. Wir erwähnen insbesondere das folgende

Korollar. **S4** = **L Tor**, wobei **Tor** die Klasse aller (reflexiv) geordneten Bäume ist.
K4 = **L Toi**, wo **Toi** die Klasse der irreflexiv geordneten Bäume ist.

Obwohl **S4** = **L Tor**, hüte man sich vor dem Schluß, daß **S4** = **L Torf** (Klasse der endlichen geordneten Bäume), denn die geordneten Ramifikationsstrukturen von endlichen Präordnungen sind i.a. unendlich!

Beispiel. g = [Diagramm] . Die geordnete Ramifikationsstruktur von g ist der transitive

Baum [Diagramm] .

Sucht man eine syntaktische Charakterisierung von **L Torf**, so lautet die Antwort wie folgt: **L Torf** = **Gr** := **S4** (Orτ). Denn **Gr** = **L** Orτ, wobei **Orf** die Klasse der endlichen Ordnungen ist (Übung 2, S. 208). Ferner ist unschwer einzusehen, daß die geordnete Ramifikation einer endlichen Ordnung ein endlicher Baum ist. Daher ist **L Orf** $\supseteq$ **L Torf**. Die Inklusion **L Tor** $\supseteq$ **L Orf** ist trivial.

Man darf **Gr** = **L Torf** mit einigem Recht als die *Logik der schließlichen Entscheidung* bezeichnen. Wie auch immer die Entwicklung verläuft (d.h. welchen Weg man auf einem Situationsbaum man auch immer wählt), es wird ein Endzustand erreicht, welcher „keine Fragen mehr offen läßt". Wir wollen hier indes nicht verweilen, obwohl sich aus obigen Resultaten mancherlei philosophisch interessante Anknüpfungspunkte ergeben.

Übungen

1. Man präzisiere die reflexive Ramifikation. Damit zeige man mittels der durch Filtration leicht beweisbaren endlichen Modelleigenschaft von **M**, daß **M** = **L Trf**.

2. Man zeige, die geordnete Ramifikation einer (initialen) endlichen irreflexiv geordneten Modellstruktur ist endlich. Damit beweise man **L Toif** = **G**.

3. Es ist **S4** = **M** ($\square$ t), ($\square$ t) = $\square$ p $\rightarrow$ $\square\square$ p. Man zeige, es kann nicht **S4** = **M** (Q) gelten, wobei Q eine modale Komplexität $\leqslant$ 1 hat.

   Hinweis. Annahme **S4** = **M** (Q). Q hat reflexives Gegenmodell, das nach Ramifikationssatz o.B.d.A. ein reflexiver Baum der Höhe 1 ist; dieser ist automatisch transitiv, Widerspruch.

4. Sei $\mathcal{N}^\times := \{L \in \mathcal{N} \mid L \not\subseteq L \boxdot\}$. Man zeige $Lg \in \mathcal{N}^\times$ mit $g \in$ **Tif**. Hieraus schließe man $\cap \mathcal{N}^\times = $ **K**. (Hingegen ist $\cap \mathcal{N}^\bullet = $ **D**, wobei $\mathcal{N}^\bullet := \{L \in \mathcal{N} \mid L \not\subseteq L \boxtimes\}$, vgl. § 5, S. 222)

   Hinweis. $\square^n \, 0 \in Lg$ für gewisses n, aber $\neg \square \, 0 \in L \boxdot$. Ferner **K** = **L Tif** gemäß Korollar 1, S. 210.

5*. Es sei κ P = 2. Man zeige, die Frage ob **M** (P) $\supseteq$ **S4** ist effektiv entscheidbar. Es gibt also einen Algorithmus, etwa in Form eines Maschinenprogramms, daß auf die Frage ob **M** (P) $\supseteq$ **S4** nach endlicher Rechenzeit Auskunft gibt. Demnach ist auch das Problem entscheidbar, ob **M** (P) = **S4** (zusätzlich P $\in$ **S4** testen).

   Hinweis. Es gibt eine endliche Menge **K** reflexiver nichttransitiver initialer Graphen, so daß **M** (P) $\supseteq$ **S4** gdw. P hat ein Gegenmodell im Initialknoten eines jeden $g \in$ **K**. **K** enthält u.a. die Graphen

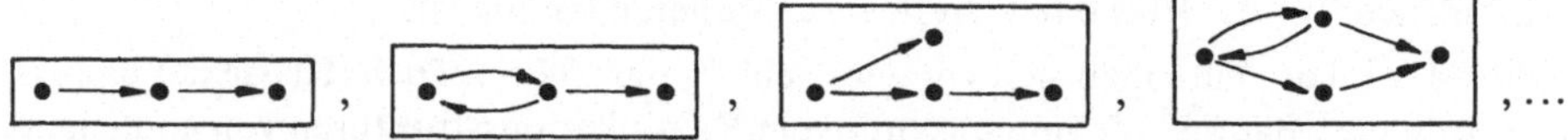

Es gibt weniger als 100 solcher nichttransitiven Graphen. Allerdings erfordert es viel Geduld, diese alle aufzulisten ohne einen zu vergessen.

6*. Man zeige, jede Logik $L \in \mathcal{N}$ der Komplexität ≤ 1 ist endlich axiomatisierbar (d.h. es gibt ein Axiomensystem bzgl. MS, MP, MN, dessen Formeln alle die Komplexität ≤ 1 haben. Man beschreibe sämtliche Logiken der Komplexität ≤ 1.

Hinweis. Van BENTHEM [77]. Es lassen sich auch die Methoden dieses Abschnitts verwenden.

Kontraktionen

Durch Kontraktion werden Situationen einer Modellstruktur g, ähnlich wie bei der Filtration, „identifiziert", während sie bei der Ramifikation ja „multipliziert" werden. Anders als bei der Filtration hängt jedoch eine Kontraktion von g nicht von einem Modell auf g ab.

Kontraktionen entsprechen denjenigen Homomorphismen der Struktur g, welche die Gültigkeit von Formeln übertragen.

> **Definition.** Sei $\zeta: g \to k$ eine Abbildung auf $k\,(g, k \in \mathbf{G})$ ζ heißt eine *Kontraktion*, wenn
>
> (i) $S \lhd S' \Rightarrow \zeta S \lhd \zeta S'$
>
> (ii) $\zeta S \lhd T \Rightarrow T = \zeta S'$ für gewisses $S' \rhd S$ $(S \in g;\ T \in k)$.

Ein $T \in k$ denken wir uns identifiziert mit der Menge der $S \in g$, so daß $\zeta S = T$, die auch eine *Kontraktionsklasse* heiße. Von den Elementen dieser Klasse sagen wir auch, sie seien auf den Knoten T *kontrahiert* worden.

Beispiel 1. Sei ζ eine Kontraktion gemäß nebenstehender Figur, d.h. $\zeta S_0 = \zeta S_1 = T_0$ und $\zeta S_2 = \zeta S_3 = T_1$. Bedingung (i) ist offensichtlich. (ii) prüft man mit Durchspielen aller Möglichkeiten. So ist $\zeta S_0 \lhd T_1$, aber $T_1 = \zeta S_2$ und $S_0 \lhd S_2$. Man überzeugt sich leicht, daß das Ergebnis dieser Kontraktion nicht weiter kontrahierbar ist. •

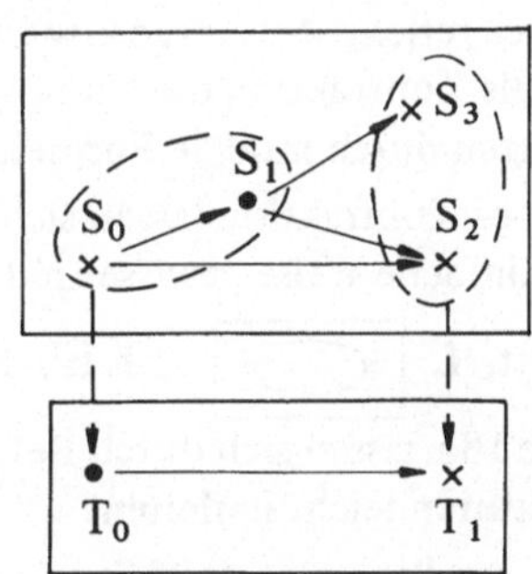

Beispiel 2. $(\omega, \leq)$ läßt sich wie folgt auf $k = $ [Figur: $T_0 \to T_1$] kontrahieren. Setze $\zeta S_i = T_0$, wenn i gerade, $\zeta S_i = T_1$, wenn i ungerade. Man prüft mühelos die Bedingungen (i) und (ii). •

Beispiel 3 (Verallgemeinerung von Beispiel 2). Ist b die transitive Ramifikation von $g \in P$, so ist $\zeta: \zeta s = \dot{s}$ eine Kontraktion von b auf g. Dasselbe gilt auch für $b = \lim_{n \to \infty} b_n$, wo b_n die übliche Ramifikation einer beliebigen initialen Struktur g ist. •

Beispiel 4. Sei g eine durch S_0 generierte Präordnung, die nicht kantenvollständig, also keine **S5**-Struktur ist. Mit anderen Worten heißt dies, $k = $ [Figur: $\bullet \longrightarrow \bullet$] ist Substruktur von g. Es gibt eine Kontraktion von g auf k. Sei $\zeta S = S_0$, wenn $S \lhd S_0$, und $\zeta S = S_1$ sonst. Man prüft leicht die Bedingungen (i) und (ii).

Es zeigt sich nun, daß die Logik **Lk** einer Kontraktion k von g mindestens so stark ist wie **Lg**. Dies folgt aus dem

Kontraktionssatz. Ist $\zeta: g \to k$ eine Kontraktion und sind $\alpha: V \to g$ und $\beta: V \to k$ Belegungen, so daß $S \in \alpha p \Leftrightarrow \zeta S \in \beta p$ $(p \in V)$, dann ist $S \Vdash_\alpha P \Leftrightarrow \zeta S \Vdash_\beta P$ $(S \in g;$ $P \in \mathcal{L})$.

Beweis. Die Behauptung ist klar für Variable, und die Induktionsschritte für $\wedge, \vee, \to, \neg$ verlaufen wie üblich. Ferner ist

$$
\begin{aligned}
S \Vdash_\alpha \Box P \quad &\text{gdw} \quad S' \Vdash_\alpha P \quad &&\text{für alle } S' \rhd S \\
&\text{gdw} \quad \zeta S' \Vdash_\beta P \quad &&\text{für alle } S' \rhd S \quad \text{(Induktionsvoraussetzung)} \\
&\text{gdw} \quad T \Vdash_\beta P \quad &&\text{für alle } T \rhd \zeta S \quad \text{(Bedingungen (i) und (ii))} \\
&\text{gdw} \quad T \Vdash_\beta P \quad &&\text{für alle } T \rhd \zeta S \\
&\text{gdw} \quad \zeta S \Vdash_\beta \Box P. \; \bullet
\end{aligned}
$$

Eine direkte Folge des Satzes ist das

Korollar. Ist $\zeta: g \to k$ eine Kontraktion, so ist $\vdash^g \subseteq \vdash^k$, insbesondere $\mathbf{Lg} \subseteq \mathbf{Lk}$.

Beweis. Sei $X \not\vdash^k P$, $S \Vdash_\beta X$, $S \not\Vdash_\beta P$, $S \in k$, $\beta: V \to 2^k$. Man wähle α passend für die Anwendung des Kontraktionssatzes. Dann erhält man offenbar $X \not\vdash^g P$. $\bullet$

Man sieht sofort, daß die Kontraktion einer reflexiven bzw. transitiven Modellstruktur wieder reflexiv bzw. transitiv ist. Irreflexivität bleibt i.a. nicht erhalten, so daß man auch mittels Kontraktion die Unmöglichkeit der äquivalenten Beschreibung gewisser Eigenschaften durch modale Formeln beweisen kann.

Mit der Kontraktion lassen sich in Verbindung mit den generierten Substrukturen häufig auf einfache Weise gewisse Inklusionsbeziehungen von Logiken bestimmen. So sieht man sofort, $\mathbf{L} \boxed{x \rightleftarrows x} \subseteq \mathbf{L} \boxdot$. Sämtliche Beziehungen des Inklusionsdiagramms auf Seite 186 lassen sich durch Betrachtung geeigneter Kontraktionen und generierter Substrukturen leicht herleiten.

Ist γ verallgemeinerte K-Struktur, so heiße eine Kontraktion ζ von γ (genauer, von g_γ) *zulässig*, wenn $\zeta g \in \mathbf{Gf}$ und jede Kontraktionsklasse von g_γ zu B_γ gehört. Ebenso wie Korollar 1 beweist man

Korollar 2. Ist ζ zulässige Kontraktion von γ, so ist $\mathbf{L}\gamma \subseteq \mathbf{L}\zeta g_\gamma$.

Als eine erste interessante Anwendung zeigen wir ein Kriterium für die Frage, wann die Hinzufügung eines Axioms P zu **S4** die Logik **S5** liefert.

Kriterium. $\mathbf{S4}(P) = \mathbf{S5}$ gdw $P \in \mathbf{S5}$ und $P \notin \mathbf{L} \boxed{\, \bullet \longrightarrow \bullet \,}$.

Beweis. Sei $a_2 = \boxed{\begin{smallmatrix} \bullet & \longrightarrow & \bullet \\ S & & T \end{smallmatrix}}$. Ist $\mathbf{S4}(P) = \mathbf{S5}$, so ist sicher $P \in \mathbf{S5}$ und $P \notin \mathbf{L}a_2$, denn

$a_2 \notin \mathbf{Ms}\,\mathbf{S5}$. Wir zeigen nun $\mathbf{L} \not\supseteq \mathbf{S5} \Rightarrow \mathbf{L} \subseteq \mathbf{L}a_2$ für jedes $\mathbf{L} \supseteq \mathbf{S4}$. Für $\mathbf{L} = \mathbf{S4}(P), P \in \mathbf{S5}$ und $P \notin \mathbf{L}a_2$ wäre sodann $\mathbf{L} \not\subseteq \mathbf{L}a_2$, also $\mathbf{L} \supseteq \mathbf{S5}$ und folglich $\mathbf{L} = \mathbf{S5}$. Sei also $\mathbf{L} \not\supseteq \mathbf{S5}$.

L hat eine Darstellung $\mathbf{L} = \mathbf{L}\Gamma$, so daß $g_\gamma \in \mathbf{Msi}\,\mathbf{S4}$ und $g^i \in B_\gamma$ für alle $\gamma \in \Gamma$ (Übung 5, S. 191). Es kann nicht $g^i_\gamma = g_\gamma$ gelten für alle γ, sonst wäre $g_\gamma \in \mathbf{Ms}\,\mathbf{S5}$ für alle $\gamma \in \Gamma$, also $\mathbf{L} \supseteq \mathbf{S5}$. Daher ist a_2 Substruktur von g_γ für gewisses $\gamma \in \Gamma$, wobei o.B.d.A. $S \in g^i_\gamma$. Die Kontraktion von g_γ auf a_2, bei welcher g^i_γ auf S, der Rest auf T kontrahiert wird, ist zulässig; also $\mathbf{L}\gamma \subseteq \mathbf{L}a_2$ gemäß Korollar 2, d.h. $\mathbf{L} \subseteq \mathbf{L}\gamma \subseteq \mathbf{L}a_2$. $\bullet$

Mit dem Kriterium läßt sich effektiv entscheiden, ob ein Axiom P ausreicht, um bei Hinzufügung zu **S4** die Logik **S5** zu liefern. Zum Beispiel ist $\mathbf{S5} = \mathbf{S4}\,(\Diamond\,\square\,p \to \square\,p)$, denn $\Diamond\,\square\,p \to \square\,p$ gehört zu **S5**, gilt aber nicht in $\boxed{\bullet \longrightarrow \bullet}$. Analog ist z.B.

$$\mathbf{S5} = \mathbf{S4}\,(\square\,p \veebar \square\,(\square\,p \to \square\,q)) = \mathbf{S4}\,(\square\,\Diamond\,\square\,p \to \square\,p)^{1)}$$

Übungen

1. Man zeige, es gibt genau dann eine Kontraktion von $g \in \mathbf{Or}$ auf a_n (n-elementige Ordnung), wenn a_n Substruktur von g ist.

2. Man zeige $\mathbf{HS}\,\mathrm{A} = \mathbf{SH}\,\mathrm{A}$ $(\mathrm{A} \in \mathbf{KBA})$.

   Hinweis. Ist $\equiv\, \in\, C\ell\,\mathrm{B}$, $\mathrm{B} \in \mathbf{S}\,\mathrm{A}$, so läßt sich $\equiv$ zu einer Kongruenz $\equiv' \in C\ell\,\mathrm{A}$ erweitern $(\mathrm{A} \in \mathbf{KBA}$ hat die *Kongruenz-Erweiterungs-Eigenschaft*).

3. Es sei tr^ω der reflexive Baum, in welchem jeder Knoten abzählbar viele Nachfolger hat und **Trf** die Menge der endlichen reflexiven Bäume. Man zeige, es gibt eine Kontraktion von tr^ω auf ein beliebiges $\mathrm{t} \in \mathbf{Trf}$. Daraus schließe man $\mathbf{M} = \mathbf{L}\,\mathrm{tr}^\omega$.

   Hinweis. Induktion über die Anzahl der Endknoten von t. Ferner $\mathbf{M} = \mathbf{L}\,\mathbf{Trf}$.

4. Sei to^2 der geordnete Binärbaum, d.h. jedes $S \in \mathrm{to}^2$ hat genau 2 u.N. Man zeige $\mathbf{S4} = \mathbf{L}\,\mathrm{to}^2$. (Übung 4, S. 274 wird aber zeigen, $\mathbf{LB} \supset \mathbf{S4}$, wobei **B** die Menge aller endlichen Binärbäume ist!)

   Hinweis. Geordnete Ramifikation einer endlichen Präordnung ist ein Baum b mit endlich vielen u.N. für jeden Punkt. Daher genügt Nachweis, es gibt Kontraktion von to^2 auf b. $S_0 :=$ Wurzel von b; $S_1, \ldots, S_n$ die u.N. von S_0 usw. $W :=$ Wurzel von to^2; $S1, S0$ die beiden u.N. von $S \in \mathrm{to}^2$; $S1^n := \underbrace{S1\ldots1}_{n}$. $S1^\infty := \{S1^n \mid n \in \omega\}$. Analog $S0^n$ usw. Kontrahiere „rechten Ast" $W1^\infty$ auf S_0. Ferner $\bigcup\limits_{i \in \omega} W1^{i \cdot m}\,01^\infty$ auf S_1, $\bigcup\limits_{i \in \omega} W1^{i \cdot m + 1}\,01^\infty$ auf $S_2, \ldots, \bigcup\limits_{i \in \omega} W1^{i \cdot m + m - 1}\,01^\infty$ auf S_m und fahre in dieser Weise mit der Konstruktion fort.

5. Man zeige, sind k, g kantenvollständige Strukturen und hat k nicht mehr Elemente als g, so gibt es eine Kontraktion von g auf k. Ferner zeige man $\mathbf{S5} = \mathbf{L}\,g$ für jede unendliche **S5**-Struktur g.

6. Sei $g \in \mathbf{Gf}$ und $\mathrm{A} := \mathrm{A}^+g$. Man zeige $\mathrm{B} \in \mathbf{S}\,\mathrm{A}$ gdw $\mathrm{B} \simeq \mathrm{A}^+k$ für eine gewisse Kontraktion k von g (genauer, es gibt eine Kontraktion $\zeta: g \to k$). Ferner zeige man, $\mathrm{B} \in \mathbf{HS}\,\mathrm{A}$ gdw $\mathrm{B} \simeq \mathrm{A}^+k$ für gewisses k, das generierte Substruktur einer Kontraktion von g ist.

   Hinweis. Kontraktionssatz.

---

1) $\mathbf{S4}\,(\square\,\Diamond\,\square\,p \to \square\,p)$ wurde in PARRY [39] **S4.5** genannt. In DUMMETT/LEMMON [59] wurde **S4.5** = **S5** gezeigt.

§ 5 Der Verband der Erweiterungen einer Modallogik L

Es bezeichne $\&\,L$ den Verband der Logiken $L' \in \mathcal{N}$ mit $L' \supseteq L$. Im besonderen ist
$\mathcal{N} = \&\,K$. Es ist zu erwarten, daß $\&\,L$ um so komplizierter ist, je *weiter* L, d.h. je größer
die Klasse der L-Strukturen ist. Recht einfach ist die Strukturanalyse des Verbandes $\&\,S5$.
Hingegen hat $\&\,S4$, und erst recht natürlich $\mathcal{N}$, eine sehr komplizierte Struktur. Die zentralen Resultate dieses Paragraphen sind der Interpretationssatz und das Splitting-Theorem,
mit deren Hilfe sich zahlreiche interessante Einzelprobleme lösen lassen. Struktureigenschaften der Erweiterungsverbände für einzelne Standardsysteme, z.B. S4, ergeben sich
daraus als einfache Folgerungen.

Der Verband $\&\,S5$

Es bezeichne c_n den kantenvollständigen Graphen aus n Knoten. c_ω sei die abzählbare
kantenvollständige Struktur. Hauptergebnis ist der Nachweis, daß die Logiken $L\,c_n$ ($n \in \omega$)
die sämtlichen echten Erweiterungen von S5 sind. S5 selbst hat die Darstellung $S5 = L\,c_\omega$
(Übung letzter Abschnitt). S5 ist somit ein Beispiel einer sogenannten *prätabularen Logik*,
d.h. S5 ist nicht tabular, hat aber nur tabulare echte Erweiterungen. Weil $L\,c_{n+1} \subseteq L\,c_n$
wie man durch Kontraktion leicht zeigt, und weil die Formel $D_n := \bigvee\limits_{i < j \leqslant 2^n} \square\,(p_i \leftrightarrow p_j)$
in c_n, aber nicht in c_{n+1} gilt, sieht die Struktur von $\&\,S5$ wie folgt aus:

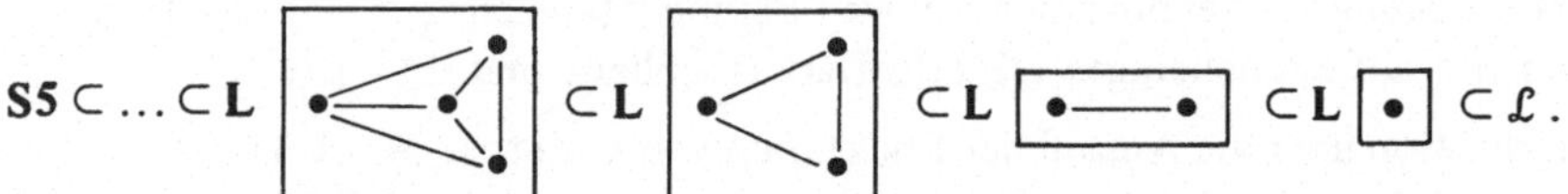

$$S5 \subset \ldots \subset L \quad \boxed{} \subset L \quad \boxed{} \subset L \quad \boxed{\bullet\!\!-\!\!\bullet} \subset L \quad \boxed{\bullet} \subset \mathcal{L}.$$

Darüberhinaus verwenden wir die verallgemeinerte KRIPKE-Semantik auch für den Beweis
eines berühmten Satzes aus SCROGGS [51], wonach S5 außer den genannten normalen
auch im Verband $\mathcal{A}$ aller Modallogiken keine anderen Erweiterungen besitzt (Übung 5).
Übrigens ist erstgenanntes Ergebnis auch eine direkte Folge der beiden Fakten
(i): $EBA_{f.s.i.} = \{A^{+}c_n \mid n \in \omega\}$ (Kap. III). (ii): $L^0 = S5$ ist lokal endlich (Übung 2).
Denn dann gilt $efm(L^0)$ (S. 202) und wegen $L = L\,Md_{f.s.i.}\,L$ und $Md_{f.s.i.}\,L \subseteq Md_{f.s.i.}\,L^0$
hat man L dann sozusagen „in der Hand". Vorteil der folgenden Methode ist jedoch
ihre Unabhängigkeit von (ii), nebst ihrer geometrischen Anschaulichkeit. (ii) gilt z.B.
nicht für die auf S. 218 betrachtete prätabulare Logik S4a. Zwar gilt tatsächlich $efm(S4a)$,
aber das müßte vorher bewiesen werden.

Eine verfeinerte Modellstruktur (g, B), so daß g eine unendliche kantenvollständige
Struktur (d.h. eine initial generierte S5-Struktur) ist, heiße in diesem Abschnitt eine
U-*Struktur.*

Lemma 1. Sei (g, B) eine U-Struktur und $n \in \omega$. Dann existieren Elemente
$b_0, \ldots, b_n \in B$, so daß $(b_i)_{i \leqslant n}$ eine Partition von g ist.

Beweis. Man wähle $S_0, S_1 \in g$ und ein $a_0 \in B$ mit $S_0 \in a_0$, $S_1 \notin a_0$. Sagen wir a_0 ist
unendlich. Man wähle ein $S_2 \in a_0$ und ein $a_1 \in B$ mit $S_2 \in a_1$, $S_0 \notin a_1$. Setzt man
$b_0 = \backslash\,a_0$, $b_1 = \backslash\,a_1 \cap a_0$, $b_2 = a_1 \cap a_0$, dann liefert a_0, a_1, a_2 eine Partition in drei
Klassen (vgl. Figur). Es ist vollkommen klar, wie die Konstruktion weitergeht. ●

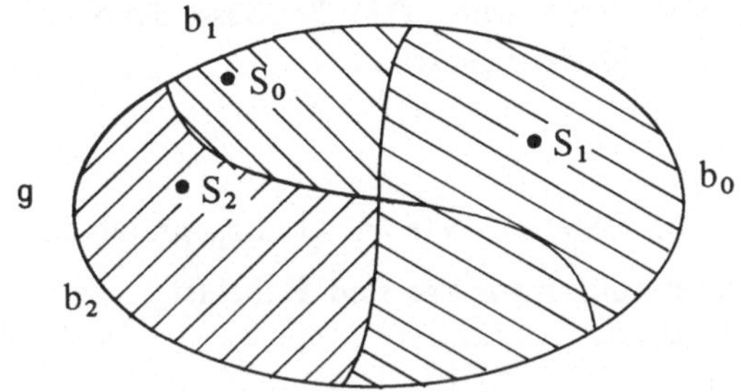

Lemma 2. Ist $\gamma = (g, B)$ eine U-Struktur, so ist $L\gamma = S5$.

Beweis. $S5 \subseteq L\gamma$ ist klar. Zum Beweis der Umkehrung beachte man zuerst $S5 = Lg$
(Übung 5, S. 215). Sei $P_0 \notin S5$, also $S_0 \nVdash_\alpha P_0$ für gewisses $\alpha: V \to 2^g$, sowie
$VP \subseteq V_m := \{p_0, \ldots, p_{m-1}\}$. Es gibt eine Partition $(a_i)_{i \leqslant n}$ von g aus höchstens $n \leqslant 2^m$
Klassen, so daß $S \Vdash_\alpha p \Leftrightarrow S' \Vdash_\alpha p$ für $p \in V_m$ und alle $S, S' \in a_i$. Sei nun $(b_i)_{i \leqslant n}$ eine
Partition von g mit $b_i \in B$ (Lemma 1), sowie E_k $(k = 0, \ldots, n)$ die Menge der Indizes
$j \leqslant n$, so daß $S \Vdash p_j$ für $S \in a_k$. Man setze $\beta p_k := \bigcup_{j \in E_k} b_j$. Dann beweist man mühelos
durch Induktion über P

$$S \Vdash_\alpha P \Leftrightarrow T \Vdash_\beta P \qquad (S \in a_i; T \in b_i; i \leqslant n) .$$

Weil $S_0 \nVdash_\alpha P_0$, ist auch $T \nVdash_\beta P_0$ für ein $T \in g$, und damit $P_0 \notin L\gamma$, was zu zeigen war. ●

Satz[1]). Ist $L \supseteq S5$, so ist $L = Lc_n$ für gewisses $n \leqslant \omega$.

Beweis. $L = L\Gamma$, wobei Γ eine Klasse initial generierter verfeinerter S5-Strukturen ist.
Jedes endliche $\gamma \in \Gamma$ ist eine volle Struktur. Nun läßt sich gemäß Lemma 2 jede U-Struktur
in Γ gleichwertig durch c_ω ersetzen. Also $L = LM$, **M** eine Klasse voller S5-Strukturen.
Enthält **M** eine unendliche Struktur, ist $L = S5$; ebenso ist $L = S5$, wenn **M** keine unendliche, aber eine aufsteigende nichtabbrechende Folge endlicher Strukturen enthält. Im
anderen Falle ist $L = Lc_n$, wo c_n die größte Struktur in **M** ist. ●

So einfach wie hier vorgeführt ist die Strukturanalyse von $\&L$ für die anderen Standardsysteme **L** leider nicht. Aber für gewisse wichtige Fälle läßt sich unser Vorgehen für **S5**
verallgemeinern. Es kommt immer darauf an, für eine gegebene verfeinerte L-Struktur
(g, B) und eine Partition $(a_i)_{i < n}$ eine Partition $(b_i)_{i < n}$ so zu finden, daß $S \triangleright S' \Leftrightarrow T \triangleright T'$
für alle $S \in a_i$, $S' \in a_j$, $T \in b_i$, $T' \in b_j$, $i, j < n$ und außerdem $b_i \in B$ für alle $i < n$.
Eine derartige (obwohl etwas kompliziertere) Konstruktion ist z.B. möglich für **S4.3** und
man kann die Strukturanalyse von $\&$**S4.3** etwa analog durchführen. Ist $\gamma = (g, B)$ eine
verfeinerte **S4.3**-Struktur, so ist g eine lineare Präordnung, bestimmt also eine lineare
Ordnung g' der Lokalklassen von g. Auch in diesem Falle läßt sich zeigen $L(g, B) = Lg$.
Hieraus ergibt sich folgender

---

[1]) SCROGGS [51]; der ursprüngliche Beweis ist algebraisch.

Satz. Ist $\mathbf{L} \supseteq \mathbf{S4.3}$, so ist $\mathbf{L} = \mathbf{L}K$ für gewisses $K \subseteq \mathfrak{Q}\ell\mathbf{f}$, wobei $\mathfrak{Q}\ell\mathbf{f}$ die Klasse der endlichen $g \in \mathfrak{Q}\ell$ ist. Jedes $\mathbf{L} \supseteq \mathbf{S4.3}$ hat die endliche Modelleigenschaft.[1])

Übungen

1. Man beweise nach dem Muster der Analyse von &S5, daß $\mathbf{S4a} := \bigcap_{n\in\omega} \mathbf{L}a_n$ prätabular ist, und daß $\mathbf{L}a_n$ die sämtlichen echten Erweiterungen von **S4a** sind. Dabei ist

(a) 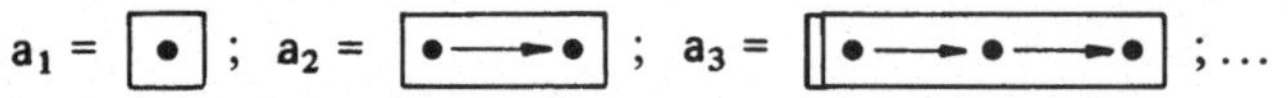

Dasselbe zeige man für **S4b**, **S4d** und **S4e**, die folgenden Strukturfolgen entsprechen. Es ist $\mathbf{S4b} := \bigcap_{n\in\omega} \mathbf{L}b_n, \ldots, \mathbf{S4e} := \bigcap_{n\in\omega} \mathbf{L}e_n$. (**S4c** = **S5**).

(b): 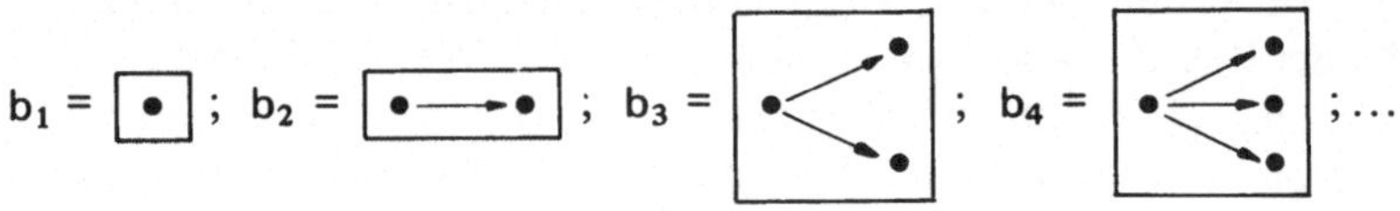

(d): 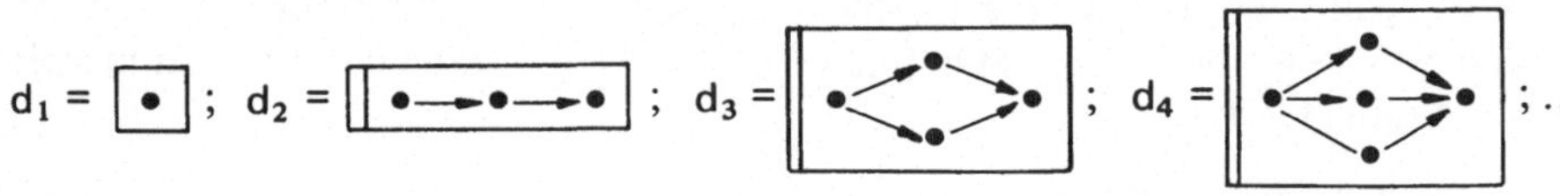

(e): 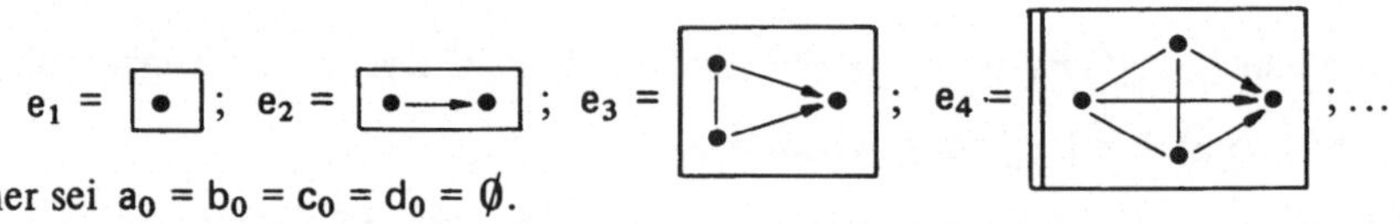

Ferner sei $a_0 = b_0 = c_0 = d_0 = \emptyset$.

2. Man zeige, **S5** ist lokal endlich[2]).

Hinweis. Prüfe (∗), S. 202. Sei $A \in \mathbf{Md}^m_{s.i.}\, \mathbf{S5}$, $A = A\langle E\rangle$, $|E| = m$. Wegen $\blacksquare\, a = \mathbf{0}$ für $a \neq \mathbf{1}$ (S. 157) ist schon $A = \mathring{A}\langle E\rangle$. Letzteres bedeute, A wird allein schon durch Boolesche Operationen aus E erzeugt. Daher $|A| \leqslant 2^{2^m}$ (S. 136).

3. Man zeige, $\mathbf{S4}_n$ ist lokal endlich (MAXIMOVA [75b]).

Hinweis. $\mathbf{S4}_1 = \mathbf{S5}$. Induktion. Sei $A \in \mathbf{Md}^m_{s.i.}\, \mathbf{S4}_{n+1} \setminus \mathbf{Md}\, \mathbf{S4}_n$. $A = A\langle E\rangle$, $|E| = m$. Gemäß Übung 2, S. 183 ist $t(g_A) = n + 1$. Sei d Opremum von A. d auch Opremum von $A^+ g_A$ (S. 156), läßt sich also als generierte Substruktur d von g_A betrachten. $B := \{a \cap d \mid a \in A\}$ ist – betrachtet als Subalgebra von $A^+ d$ – homomorphes Bild von A (S. 190). Also $B \in \mathbf{Md}^m\, \mathbf{S4}_{n+1}$. Wegen $t(d) = n$ sogar $B \in \mathbf{Md}^m\, \mathbf{S4}_n$. Also $|B| \leqslant k\ (= k_n)$. Beachte $\blacksquare\, a \subseteq d$ für alle $a \in A \setminus \{\mathbf{1}\}$ und schließe hieraus $A = A\langle E \cup B\rangle$. Also $|A| \leqslant 2^{2^{m+k}}$.

---

1) BULL [66]. Dies wurde in FINE [74] wesentlich verallgemeinert durch den Nachweis, daß $\mathbf{L} \in \&\mathbf{K4}$ die endliche Modelleigenschaft hat, falls zu **L** eine Formel U_n gehört, welche ausdrückt, daß höchstens n paarweise unvergleichbare $T \rhd S$ existieren ($S, T \in g \in \mathbf{Ms}\,\mathbf{L}$, $n \in \omega_+$). Alle diese **L** sind damit vollständig.

2) CARNAP [47]. Die n-freie **EBA** Θ^n_{S5} (also die gewissermaßen „größte von n Elementen erzeugte **EBA**") enthält $2^{2\cdot 2^n - 1}$ Elemente, siehe z.B. HALMOS [62].

4. Sei (g, B) differenziert, g kantenvollständig, $\alpha: V \to 2^g$, $S_0 \in g$, $P \in \mathcal{L}$ und $S_0 \Vdash_\alpha P$. Man zeige, zu jedem $S \in g$ gibt es ein $\beta: V \to B$ mit $S \Vdash_\beta P$.

Hinweis. Leichte Verallgemeinerung von Lemma 2.

5. Man zeige $\vdash_*^{S5} = \vdash_*^{S5}$ (siehe § 1). Daraus schließe man, jede quasinormale Erweiterung von **S5** ist normal (2. SCROGGsches Theorem).

Hinweis. Genügt zu zeigen, ist Sb X = X, so X $\nvdash^{S5}$ □P ⇒ X $\nvdash^{S5}$ P. Sei S □P-maximale Erweiterung von X, γ = (g, B) die von S in der natürlichen Modellstruktur ν für **S5** generierte Substruktur. Wegen □P $\notin$ S hat ¬ P Modell in gewissem $S_0 \in g$. Gemäß Übung 4 gilt auch S $\Vdash_\sigma$ ¬ P für gewisses $\sigma: V \to B$. Ist s die zu σ entsprechende Substitution, so gilt nach Substitutionslemma wegen sX $\subseteq$ X auch $S_0 \Vdash_\beta$ X. Folglich $S_0 \nvDash^\nu$ P, daher X $\nvdash^{S5}$ P nach Adäquatheitssatz S. 189.

6*. Man zeige für **L = S5, S4b, S4d, S4e**: $\vdash^L$ hat eine abzählbare adäquate **TBA**.

Hinweis. Die ω-freie **BA** läßt sich zu A $\in$ **Md L** expandieren, so daß alle B $\in$ **Md**$_{\text{f.s.i.}}$ in A einbettbar sind.

Allgemeine Eigenschaften von $\mathcal{N}$

Der Verband $\mathcal{N}$ und die Subverbände $\& L^0 = \{ L \in \mathcal{N} \mid L \supseteq L^0 \}$ für einige wichtige $L^0 \in \mathcal{N}$ sind ein wichtiger Gegenstand logischer Betrachtungen. Es läßt sich mit einigem Recht sagen, daß alle Untersuchungen zur normalen Modallogik letztlich darauf abzielen, etwas mehr über die Struktur von $\mathcal{N}$ zu erfahren. Wir werden uns auf die Herleitung einiger wesentlicher Eigenschaften von $\mathcal{N}$ und einiger seiner Subverbände beschränken, die in dieser Allgemeinheit übrigens erst seit kurzem überhaupt bekannt sind. Einige darüberhinausgehende Fragen werden u.a. in BLOK [78], [79] und RAUTENBERG [77] erörtert.

Wie in Kap. III schon festgestellt, ist der algebraische Verband $\mathcal{N}$ distributiv und daher auch implementär. Grundsätzlich läßt sich die Analyse von $\mathcal{N}$ in das algebraische Klassifikationsproblem der Subvarietäten der Varietät **KBA** übersetzen. Doch wollen wir im folgenden die rein mathematischen Aspekte nicht überbetonen. Besonders nützlich für eine mit der Anschauung möglichst konforme Behandlung einzelner Fragen ist die in § 2 als vollständig nachgewiesene verallgemeinerte KRIPKE-Semantik.

Wir hatten gezeigt, $\& S5$ ist terminal, d.h. jede aufsteigende mit **S5** beginnende Kette von Logiken bricht nach endlich vielen Schritten ab. Dies gilt nun nicht mehr für den Verband $\& S4$, geschweige dann für $\mathcal{N}$, der ebenso wie bereits $\& S4$ überabzählbar ist. Diese Tatsache erhält man aus entsprechenden Eigenschaften des Verbandes $\mathcal{H}$ der intermediären Logiken (Kap. V).

Ist $L \in \mathcal{N}$ und eine Kette $L = L_0 \subset L_1 \subset \ldots \subset L_n = \mathcal{L}$ gegeben, die nicht mehr verfeinert werden kann (d.h. es können keine Glieder „zwischengesetzt werden), spricht man von einer *Maximalkette.* In distributiven Verbänden gilt nun ein (leicht beweisbarer) Satz von R. DEDEKIND: Hat **L** überhaupt eine Maximalkette von der Länge n, so hat jede von **L** ausgehende aufsteigende Kette höchstens die Länge n, auch wenn sie woanders „langläuft".

n heiße die *Dimension von* **L** (diese Bezeichnung kommt aus der projektiven Geometrie). Bezüglich der Logiken endlicher Dimension gibt es nun zwei bemerkenswerte Tatsachen: (1) die tabularen $\mathbf{L} \in \mathcal{N}$ haben endliche Dimension. (2) Für viele wichtige Logiken $\mathbf{L}^0$ (z.B. $\mathbf{L}^0 = \mathbf{S4}$), sind die tabularen auch die einzigen Logiken endlicher Dimension innerhalb $\&\,\mathbf{L}^0$. Dies gilt jedoch nicht mehr für ganz $\mathcal{N}$, denn es gibt in $\mathcal{N}$ schon nichttabulare Logiken der Dimension 2 (Übung 1, S. 188). (1) ist eine einfache Konsequenz des Interpretationssatzes im übernächsten Abschnitt. (2) hingegen ist ein tiefliegendes Resultat, die wir nach einer Reihe von Vorbereitungen am Schluß beweisen werden.

KBA ist kongruenz-distributiv[1]), d.h. jedes $\mathbf{A} \in \mathbf{KBA}$ hat einen distributiven Kongruenzenverband. Als Konsequenz erwähnten wir in Kap. III schon den Satz von JÓNSSON. Beispiele einer weiteren Konsequenz ist die endliche Axiomatisierbarkeit jeder tabularen Logik $\mathbf{L} \in \mathcal{N}$. Im Interesse des Lesers wollen wir uns jedoch auf allgemeine Tatsachen dieser Art nicht berufen, sondern direkte Beweise unserer Behauptungen angeben. Als wesentliches Hilfsmittel verwenden wir u.a. die in McKENZIE [72] entwickelte Theorie der Splittings. Auf diese Weise wird es gelingen, genauere Informationen über den oberen Teil des Verbandes $\mathcal{N}$ zu gewinnen.

Einige die Struktur von $\mathcal{N}$ betreffende Fragen können noch nicht als ausreichend geklärt angesehen werden. $\mathbf{L} \in \mathcal{N}$ heißt *irreduzibel* bzw. *voll irreduzibel,* wenn eine Darstellung $\mathbf{L} = \bigcap_{i \in I} \mathbf{L}_i$ impliziert, daß $\mathbf{L} = \mathbf{L}_i$ für wenigstens ein $i \in I$, wobei I eine endliche bzw. eine beliebige Indexmenge ist. Jedes $\mathbf{L} \in \mathcal{N}$ ist gemäß Kap. II Durchschnitt voll-irreduzibler Logiken. Für tabulare Logiken stimmen die voll-irreduziblen mit den reduziblen Logiken überein, die weiter unten bestimmt sind als die $\mathbf{Lg}$ mit initialem $g \in \mathbf{Gf}$. Hingegen sind die nichttabularen voll irreduziblen **L** noch nicht befriedigend charakterisiert. Ferner sei auf die Frage hingewiesen, welche der $\mathbf{L} \in \mathcal{N}$ das CRAIGsche Interpolationstheorem (Kap. I) erfüllen, sowie eine modelltheoretische Beschreibung der Interpolationseigenschaft. Die entsprechende Fragestellung für den Verband $\mathcal{H}$ ist kürzlich vollständig gelöst worden (MAXIMOVA [77]).

Übungen

1. $\mathbf{L} \in \mathcal{N}$ heiße $\dot{r}$-*vollständig,* wenn $P, Q \notin \mathbf{L}$ und $V(P) \cap V(Q) = \emptyset$ impliziert, daß $\square^n P \vee \square^m Q \notin \mathbf{L}$ für gewisse n, m. Man zeige **L** ist irreduzibel genau dann, wenn **L** $\dot{r}$-vollständig ist.

   Hinweis. Nach § 1 ist $\mathbf{L}(P) \cap \mathbf{L}(Q) = \mathbf{L} (\square^n P \vee \square^m Q)_{n,m \in \omega}$ $(V(P) \cap V(Q) = \emptyset)$. $= \mathbf{L} (\square^n P \dot{\vee} \square^m Q)_{n,m \in \omega}$.

2. Man zeige, $\mathbf{K}, \mathbf{M}, \mathbf{D}, \mathbf{S4}, \mathbf{G}, \mathbf{Gr}$ sind Beispiele irreduzibler, aber nicht voll irreduzibler Logiken.

   Hinweis. Wie für **S4** beweist man, daß alle diese Logiken die Eigenschaft $(\square \vee)$ haben. Sie sind daher erst recht $\dot{r}$-vollständig. Ferner beachte man die endliche Modelleigenschaft.

---

[1]) Jedes $\mathbf{A} \in \mathbf{KBA}$ ist als expandierter Verband kongruenz-distributiv, siehe Anhang.

3. Man zeige, ist $g \in \mathbf{G}$ initial, so ist $\mathbf{L}g$ irreduzibel.

   Hinweis. Haben P, Q Gegenmodelle auf g, so hat $\square^n P \vee \square^m Q$ Gegenmodell in einem Initialpunkt von g für gewisse $n, m \in \omega$.

4. Man zeige, ist **L** voll-irreduzibel, so $\mathbf{L} = \mathbf{L}A$ für gewisses endlich erzeugtes $A \in \mathbf{KBA}_{s.i.}$.

   Hinweis. Jedes $\mathbf{L} \in \mathcal{N}$ hat Klasse **K** endlich erzeugter s.i. $A \in \mathbf{MdL}$ mit $\mathbf{L} = \mathbf{L}\,\mathbf{K}$.

Subverbände endlicher Erweiterungen

$\mathbf{L} \in \mathcal{N}$ heißt eine *endliche Erweiterung* von $\mathbf{L}^0$, wenn eine Darstellung $\mathbf{L} = \mathbf{L}^0(X)$ mit endlicher Formelmenge X möglich ist. Die endlichen Erweiterungen von **K** heißen auch die e.a. *(endlich axiomatisierbaren)* Logiken von $\mathcal{N}$. Alle Standardsysteme z.B. sind e.a. Zum Beispiel ist $\mathbf{S4} = \mathbf{K}\,(Ak; (\square\,\vec{0}), (\square\,r), (\square\,t), MP, MN)$, vgl. § 1. Ein besonderer Vorzug der e.a. Logiken ist, daß ihr Entscheidungsproblem lösbar ist, wenn sie nur die endliche Modelleigenschaft haben. Es ist klar, daß eine endliche Erweiterung einer e.a. Logik wieder e.a. ist. Aus diesem und anderen Gründen ist es nützlich, eine gewisse Übersicht über die Menge $\mathcal{E}^e\mathbf{L}^0$ der endlichen Erweiterungen von $\mathbf{L}^0 \in \mathcal{N}$ zu besitzen. Zunächst ist klar, daß das Supremum von $\mathbf{L}_1, \mathbf{L}_2 \in \mathcal{E}^e\mathbf{L}$ wieder zu $\mathcal{E}^e\mathbf{L}$ gehört. Leider kann dies generell für das Infimum nicht bewiesen werden, d.h. $\mathcal{E}^e\mathbf{L}^0$ ist nicht immer Subverband von $\mathcal{E}\mathbf{L}^0$. Für $\mathbf{L} = \mathbf{S4}$, und andere wichtige Standardsysteme ist dies jedoch der Fall, wie die nachfolgenden Betrachtungen zeigen.

$\mathbf{L} \in \mathcal{N}$ heiße m-*transitiv*, wenn $\mathbf{L} \supseteq \mathbf{K}^m$. Wichtige Standardsysteme wie **S4** und **K4** sind schon 1-transitiv. Offenbar ist $\mathbf{K}^1 \supset \mathbf{K}^2 \supset \ldots$ Die $\mathbf{K}^m$ beanspruchen u.a. deswegen besonderes Interesse, weil sie in gewisser Weise verwandt sind mit **S4**. Dies liegt hauptsächlich daran, daß sich der Funktor $\textcircled{m}: \textcircled{m} P = P \wedge \square P \wedge \ldots \wedge \square^m P$ in $\mathbf{K}^m$ ähnlich benimmt wie $\square$ in **S4**. Wie $\mathbf{TBA}_{s.i.}$ ist auch $\mathbf{K}^m\mathbf{BA}_{s.i.}$ elementar usw. $\mathbf{L} \in \mathcal{N}$ heiße *schwach-transitiv*, wenn **L** m-transitiv ist für gewisses $m \in \omega$. Außer **K4, S4, S5** sind alle tabularen $\mathbf{L} \in \mathcal{N}$ Beispiele hierfür.

Satz. Ist $\mathbf{L}^0$ schwach transitiv, so bilden die endlichen Erweiterungen von $\mathbf{L}^0$ einen Subverband von $\mathcal{E}\mathbf{L}^0$.

Beweis. Sei $\mathbf{L}_1 = \mathbf{L}^0(X), \mathbf{L}_2 = \mathbf{L}^0(Y), X, Y$ endlich, $VX \cap VY = \emptyset, \mathbf{L}_1, \mathbf{L}_2 \supseteq \mathbf{K}^m$. Dann ist $\mathbf{L}_1 \sqcup \mathbf{L}_2 = \mathbf{L}^0(X \cup Y)$, also eine endliche Erweiterung von $\mathbf{L}^0$. Ferner ist $\mathbf{L}_1 \cap \mathbf{L}_2 = \mathbf{L}^0\,(\textcircled{m} P \vee \textcircled{m} Q)_{P \in X; Q \in Y'}$, weil $\textcircled{n} P \vee \textcircled{k} P \equiv \textcircled{m} P \vee \textcircled{m} P$ für $n, k \geqslant m$ und $\textcircled{m} P \rightarrow \textcircled{n} P \in \mathbf{K}$ für $n \leqslant m$. Damit ist klar, daß $\mathbf{L}_1 \cap \mathbf{L}_2$ endliche Erweiterung von $\mathbf{L}^0$ ist. $\bullet$

Übungen

1. Man zeige, auch **S4.3** ist irreduzibel, aber nicht voll irreduzibel.

   Hinweis. **S4.3** hat ebenso wie **S5** nicht Eigenschaft ($\square\vee$). Doch gibt es zu g, k$\in$ **Msi S4.3** ein h$\in$ **Msi S4.3** mit **Lk**$\subseteq$**Lg**$\cap$**Lh**.

2. Man zeige, ist **L**$\in\mathcal{N}$ irreduzibel aber nicht voll irreduzibel, so hat **L** keinen u.N. in $\mathcal{N}$ (Beispiele: **S4, S5, S4.3, G, Gr** u.a.).

   Hinweis. Annahme **L**^{1} ist u.N. von **L**. Sei $\mathbf{L} = \bigcap_{i\in I}\mathbf{L}_i$, $\mathbf{L}_i$ voll irreduzibel. Dann $\mathbf{L}_i \not\supseteq \mathbf{L}^1$ für gewisses i$\in$I, also $\mathbf{L}_i \cap \mathbf{L}^1 \neq \mathbf{L}^1$, also $\mathbf{L}^i \cap \mathbf{L}^1 = \mathbf{L}$, Widerspruch.

3. **L**$^0 \in \mathcal{N}$ heiße *präendlich axiomatisierbar*, wenn **L**^{0} selbst nicht, aber jede echte Erweiterung von **L**^{0} e.a. ist. Man zeige, jedes nicht e.a. **L**$\in\mathcal{N}$ ist in einem präendlich axiomatisierbaren **L**$^0\in\mathcal{N}$ enthalten.

   Hinweis. Lemma von ZORN. Ferner: Kap. II/§ 4.

4. Man zeige, **S4** ist $\dot{\vee}$-vollständig. Damit sind $\vdash^{S4}$, $\vdash^{S4}$ uniform und **S4** ist auch in $\mathcal{Q}$ irreduzibel (Übung 4, S. 183).

   Hinweis. Man bastle aus endlichen Gegenmodellen auf g, k für P bzw. Q ein Gegenmodell für P $\vee$ Q auf h (Figur). Gestrichelte Linie deutet Kontraktion an. Anmerkung: **G** ist wegen $\lozenge\square$p $\vee \square$q$\in$**G** (S. 167) nicht $\dot{\vee}$-vollständig.

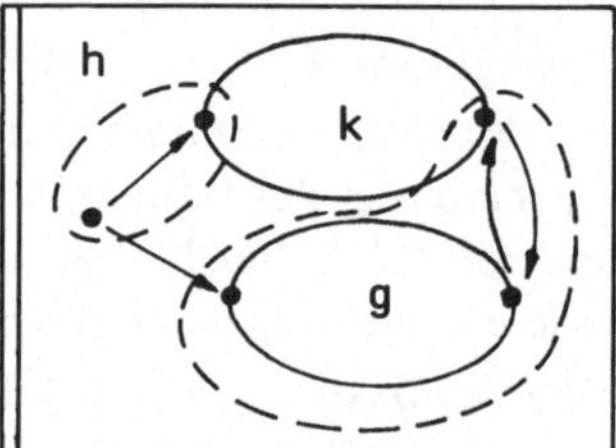

5* (Problem). Man konstruiere ein präendlich axiomatisierbares **L**$\in\mathcal{N}$ und ein solches in **&S4**.

Splittings

Ziel der nun folgenden Ausführungen ist ein tieferes Eindringen in die Struktur von $\mathcal{N}$. Betrachten wir zur Einführung in die Problematik zwei Beispiele.

Beispiel 1. Offenbar ist **L**$\supseteq$**D** gdw **L** = **LA** für gewisses A$\in$**KBA** mit ■0 = 0. Ist **L**$\not\supseteq$**D**, so also **L** = **LA** für gewisses A$\in$**KBA** mit ■0$\neq$0. Daher gilt A/F$\langle\square$0$\rangle \simeq \mathbf{2}_1$ in diesem Falle, woraus **L**$\subseteq$**L2**$_1$ = **L**$\boxtimes$ folgt. Kurz, entweder **L**$\supseteq$**D**, oder aber **L**$\subseteq$**L2**$_1$, d.h. $\mathcal{N}$ wird durch das Paar (**L**$\boxtimes$, **D**) in die Teile $\{$**L**$\in\mathcal{N}|$**L**$\supseteq$**D**$\}$ und $\{$**L**$\in\mathcal{N}|$**L**$\subseteq$**L2**$_1\}$ aufgespalten. ●

Beispiel 2. Sei a$_2$ = $\boxed{\bullet \longrightarrow \bullet}$. Der Beweis des Kriteriums S. 214 zeigt **L**$\not\supseteq$**S5** $\Leftrightarrow$ **L**$\subseteq$**La**$_2$. Mit anderen Worten, entweder **L**$\supseteq$**S5** oder aber **L**$\subseteq$**La**$_2$ für jedes **L**$\in$**&S4**. Also zerfällt **&S4** in die Teile $\{$**L**$\in$**&S4**$|$**L**$\subseteq$**La**$_2\}$ und **&S5**.

Dieses Phänomen wollen wir zunächst einmal allgemein präzisieren.

Definition. Es sei $L^0 \in \mathcal{N}$ und $L^1 \in \mathcal{E}L^0$. Wir sagen L^1 *spaltet* $\mathcal{E}L^0$, wenn ein $L^2 \in \mathcal{E}L^0$ existiert, so daß für alle $L \in \mathcal{E}L^0$ entweder $L \subseteq L^1$ oder aber $L \supseteq L^2$ (Figur). L^2 ist eindeutig bestimmt und heiße die von L^1 (in $\mathcal{E}L^0$) *erzeugte Split-logik*. Das Paar (L^1, L^2) heiße ein *Splitting* von $\mathcal{E}L^0$.

In diesem Sinne ist $(L \boxtimes, D)$ ein Splitting von $\mathcal{N}$, und $(L\boxed{\bullet \longrightarrow \bullet}, S5)$ ein Splitting von $\mathcal{E}S4$. Der Verband $\mathcal{E}M$ wird in trivialer Weise von $L \boxdot$ gespalten. Denn offenbar ist $L \subseteq L \boxdot$ für alle $L \in \mathcal{E}M \setminus \mathcal{L}$, also $M/\boxdot = \mathcal{L}$.

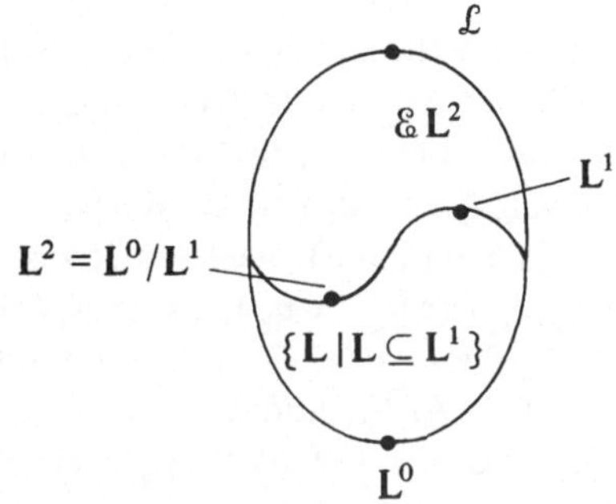

Es läßt sich unschwer zeigen: Hat L^0 die endliche Modelleigenschaft und wird $\mathcal{E}L^0$ von L^1 gespalten, so ist $L^1 = LA$ für gewisses $A \in \mathbf{Md}_{\mathrm{f.s.i.}} L^0$. Daher bezeichnen wir die von LA erzeugte Splitlogik auch mit L^0/A (bzw. mit L^0/g, falls $A = A^+g$), und sagen, A (bzw. g) *spalte* $\mathcal{E}L^0$. Um nun einen gewissen Überblick zu erhalten, welche L_1 welche $\mathcal{E}L^0$ spalten, sei daran erinnert, daß sich für $A \in \mathbf{K}^m\mathbf{BA} = \mathbf{Md}\,\mathbf{K}^m$ der Operator m: $ma = a \wedge \blacksquare a \wedge \ldots \wedge \blacksquare^m a$ wie ein topologischer Operator verhält. Für endliches $C \in \mathbf{KBA}$ existiert ein $m \in \omega$, so daß $C \in \mathbf{K}^m\mathbf{BA}$. Das kleinste m dieser Art heiße der *Index* von C.

Nach Ergebnissen in Kap. III/§ 5 ist $A \in \mathbf{K}^m\mathbf{BA}_{\mathrm{s.i.}}$ genau dann, wenn es unter den offenen Elementen $\neq 1$ ein größtes Element $\mathbf{d}$ gibt. $\mathbf{d}$ wurde das Opremum von A genannt. Es spielt in nachfolgenden Ausführungen eine wichtige Rolle, die aus folgendem resultiert: Ist $h: A \to B$ ein echter Homomorphismus (d.h. ist h nicht injektiv), so ist das Bild des Opremums $\mathbf{d}$ in jedem Falle das Einselement in B; $\mathbf{d}$ liegt nämlich in jedem echten Kongruenzfilter $F \in F\mathcal{L}A$.

Sei nun $C \in \mathbf{KBA}_{\mathrm{f.s.i.}}$. Jedem $a \in C$ sei jetzt genau eine Variable $p_a \in V$ zugeordnet; den Elementen $1, 0, \mathbf{d}$ (Opremum) insbesondere die Variablen $p_1, p_0, p_\mathbf{d}$. Das *Diagramm* ΔC von C sei die Konjunktion aller Formeln

$$p_a \wedge p_b \leftrightarrow p_{a \cap b}; \qquad p_a \vee p_b \leftrightarrow p_{a \cup b}$$
$$\neg p_a \leftrightarrow p_{\setminus a}; \qquad \Box p_a \leftrightarrow p_{\blacksquare a} \qquad (a, b \in C)$$

Ferner heiße $\mathcal{A}C := m\Delta C \to p_\mathbf{d}$ die *JANKOV-Formel*[1]) von C, wobei m der Index von C sei.

---

[1]) In Anlehnung an eine grundlegende, von JANKOV [63] stammende Konstruktion für HEYTING-Algebren, die in Kap. V erörtert wird.

Lemma. Für $C \in \mathbf{K}^m \mathbf{BA}_{f.s.i.}$ und beliebiges $A \in \mathbf{K}^m \mathbf{BA}$ sind folgende Bedingungen äquivalent:

(i) $C \in \mathbf{SH}\,A$ (d.h. C ist Subalgebra eines homomorphen Bildes von A)

(ii) $LA \subseteq LC$

(iii) $\mathfrak{A}C \not\in LA$.

Beweis. (i) $\Rightarrow$ (ii) ist trivial. Für (ii) $\Rightarrow$ (iii) beachte man, daß $\mathfrak{A}C \not\in LC$; denn wählt man $\alpha\colon V \to C$ mit $\alpha p_a = a$ $(a \in C)$, so ist $\mathrm{val}\,\widehat{m}\,\Delta C = m\,\mathrm{val}_\alpha \Delta C = m\,1 = 1$, aber $\alpha p_d = d \neq 1$. Wegen $LA \subseteq LC$ ist auch $\mathfrak{A}C \not\in LA$. (iii) $\Rightarrow$ (i): Sei $\alpha\colon V \to A$ derart, daß $\not\vDash_\alpha^A \mathfrak{A}C$, also $e := m\,\mathrm{val}_\alpha \Delta C = \mathrm{val}_\alpha \widehat{m}\,\Delta C \not\leqslant \alpha p_d$. Das Hauptfilter $F\langle e\rangle$ in A hat die Darstellung $F\langle e\rangle = \{x \in A \mid x \geqslant e\}$, weil e offen ist. Ferner ist $e \leqslant \mathrm{val}_\alpha (p_{a \cap b} \leftrightarrow p_a \wedge p_b)$, also $e \leqslant \alpha p_{a \cap b} \to (\alpha p_a \cap \alpha p_b)$, $e \leqslant (\alpha p_a \cap \alpha p_b) \to \alpha p_{a \cap b}$, m.a.W. $\alpha p_{a \cap b} \equiv_e \alpha p_a \cap \alpha p_b$, wobei $\equiv_e$ die zu $F\langle e\rangle \in F\ell\,A$ gehörende Kongruenz bezeichne. Analoges gilt für $\cup, \setminus, \blacksquare$. Sei nun $B := A/\equiv_e$, und a/e die Kongruenzklasse von $a \in A$ mod $\equiv_e$. Dann ist die Abbildung $h\colon C \to B$ mit $ha = \alpha p_a/e$ ein Homomorphismus; denn z.B. ist

$$h(a \cap b) = \alpha p_{a \cap b}/e = (\alpha p_a \cap \alpha p_b)/e = \alpha p_a/e \cap \alpha p_b/e = ha \cap hb\ .$$

Eine analoge Rechnung gilt für $\cup, \setminus, \blacksquare$. Nun ist h sogar injektiv, denn das Opremum d von C wird nicht auf das Einselement von B abgebildet, weil $hd = \alpha p_d \not\in F\langle e\rangle$. O.B.d.A. ist damit C Subalgebra des homomorphen Bildes B von A, d.h. $C \in \mathbf{SH}\,A$. $\bullet$

Hieraus ergibt sich leicht das Hauptresultat dieses Abschnitts:

Splitting-Satz[1]). Sei $m \in \omega$, $L^0 \in \&\,\mathbf{K}^m$ und $C \in \mathbf{Md}_{f.s.i.}\,L^0$. Dann wird $\&\,L^0$ von C gespalten. Es gilt $L^0/C = L^0\,(\mathfrak{A}C)$, d.h. L^0/C ist endliche Erweiterung von L^0. Allgemeiner gilt

$$L^0(Q) = L^0/C \ \text{gdw}\ Q \not\in LC\ \text{und}\ Q \not\in LA \Rightarrow C \in \mathbf{SH}\,A\ \text{für alle}\ A \in \mathbf{Md}\,L^0\ \ (Q \in \mathcal{L})\ .$$

Beweis. Sei $L \supseteq L^0$ und A eine L-adäquate $\mathbf{K}^m \mathbf{BA}$, $L = LA$. Nach dem Lemma ist $L \subseteq LC \Leftrightarrow \mathfrak{A}C \not\in L$, d.h. entweder $L \subseteq LC$ oder $\mathfrak{A}C \in L$, m.a.W. entweder $L \subseteq LC$ oder $L \supseteq L^0\,(\mathfrak{A}C)$. Damit ist $L/C = L^0\,(\mathfrak{A}C)$. Ferner ist

$$
\begin{aligned}
L^0/C = L^0\,(Q) \quad &\text{gdw}\quad \text{entweder}\ L^0(Q) \subseteq L\ \text{oder}\ L \subseteq LC\ \text{für alle}\ L \in \&\,L^0\\
&\text{gdw}\quad \text{entweder}\ Q \in LA\ \text{oder}\ LA \subseteq LC\ \text{für alle}\ A \in \mathbf{Md}\,L^0\\
&\text{gdw}\quad \text{entweder}\ Q \in LA\ \text{oder}\ C \in \mathbf{SH}\,A\ \text{für alle}\ A \in \mathbf{Md}\,L^0\ \text{(Lemma)}\\
&\text{gdw}\quad Q \not\in LA \Leftrightarrow C \in \mathbf{SH}\,A\ \text{für alle}\ A \in \mathbf{Md}\,L^0\\
&\text{gdw}\quad Q \not\in LC\ \text{und}\ Q \not\in LA \Rightarrow C \in \mathbf{SH}\,A\ \text{für alle}\ A \in \mathbf{Md}\,L^0\,. \quad \bullet
\end{aligned}
$$

Beispiel 3. Wir zeigen $S4/f = S4.2$. Dabei ist $f := \boxed{\overset{\textstyle\cdot}{\underset{\textstyle\cdot}{<}}\ \cdot}$ die „Forke".

Sei $(\square\,\ell v) \not\in L$ und ein $S_0 \in g_L$ gewählt mit $\Diamond\,\square\,p \wedge \Diamond\,\square\,\neg\,p \in S_0$. Ferner sei γ die von S_0 in der natürlichen Modellstruktur ν_L generierte Substruktur. Dann ist $g_\gamma = a \cup b \cup c \cup d$,

---

[1]) RAUTENBERG [77].

mit $a := a_{\diamond\square p \wedge \diamond\square\neg p}$, $b := a_{\diamond\square p \wedge \square\diamond p}$, $c := a_{\square\diamond\neg p \wedge \diamond\square\neg p}$, $d := a_{\square\diamond\neg p \wedge \square\diamond p}$

$(a_P = \{S \in g_\gamma \mid P \in S\})$. Hieraus folgt $f = \boxed{\begin{smallmatrix} & \cdot S_1 \\ S_0 & \\ & \cdot S_2 \end{smallmatrix}}$ ist Substruktur von g_γ, wo $S_0 \in a$,

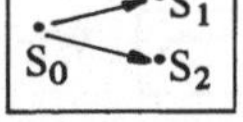

$S_1 \in b$, $S_2 \in c$ beliebig gewählt sind (man beachte $a, b, c \neq \emptyset$, denn $\emptyset \neq a_{\square p} \subseteq b$,
$\emptyset \neq a_{\square\neg p} \subseteq c$). Die Kontraktion von a auf S_0, b auf S_1, $c \cup d$ auf S_2 ist zulässige Kontraktion von γ auf f. Folglich $L \subseteq L\gamma \subseteq Lf$.

Beispiel 3 ergibt ganz analog wie auf S. 214 das folgende

Kriterium. $S4(P) = S4.2$ gdw $P \in S4.2$ und $P \notin L\,\boxed{\prec\!\cdot}$.

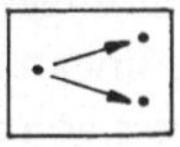

Danach ist z.B. $S4.2 = S4\,(\diamond\square p \to \square\diamond\square p)$. Dieses Axiom ist äquivalent zur GÖDELschen Übersetzung der intuitionistischen Formel $\neg p \vee \neg\neg p$, während das Axiom $\diamond\square p \to \square\diamond p$ die TARSKIsche Übersetzung von $\neg p \vee \neg\neg p$ ist, siehe Kap. V.

Eine andere Methode zur Berechnung der Splitlogik L^0/C beruht auf der im Theorem formulierten algebraischen Charakterisierung von $L(Q) = L/C$. Dies verdeutlicht folgendes

Beispiel 4. $S4/\boxed{\cdot\!\!\rightleftarrows\!\!\cdot} = S4.1$ $(= S4\,(\square\diamond p \to \diamond\square p))$. Nach dem Theorem ist zu zeigen

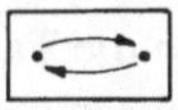

(i): $\square\diamond p \to \diamond\square p \notin L\,\boxed{\cdot\!\!\rightleftarrows\!\!\cdot}$, und (ii): Ist $\square\diamond p \to \diamond\square p \notin LA$, so ist $C \in \mathbf{SH}\,A$

wobei $C := A^+\,\boxed{\cdot\!\!\rightleftarrows\!\!\cdot}$ und $A \in \mathbf{TBA}$. (i) ist klar. Zum Nachweis von (ii) sei $\alpha: V \to A$
so gewählt, daß $a \not\leqslant b$, wobei $a := \alpha\square\diamond p$ und $b := \alpha\diamond\square p$. a ist offen, also
$b \notin F\ell A = \{x \in A \mid x \geqslant a\}$. Daher ist $\{a\} \not{\vdash} b$, wobei $\vdash$ die $\{MP, MN\}$-Filterrelation
von A bezeichnet, deren abgeschlossene Mengen gerade die Kongruenzfilter von A darstellen. Sei F eine b-maximale Erweiterung von $\{a\}$ bzgl. $\vdash$. Es ist $F \in F\ell A$. Für $e := \alpha p$
ist $a = \blacksquare\blacklozenge e$. Wegen $a \in F$ gilt $\blacklozenge e \in F$. Doch ist $e \notin F$; andernfalls wäre $b = \blacklozenge\blacksquare e \in F$,
Widerspruch. Auch ist $\blacklozenge \setminus e \notin F$, denn andernfalls wäre $F; \blacklozenge \setminus e \vdash b$, also
$F \vdash \blacksquare\blacklozenge \setminus e \to b = \blacklozenge\blacksquare e \cup b = b \cup b = b$, Widerspruch. Hieraus ergibt sich leicht, daß
$1, 0, e, \setminus e$ paarweise inkongruent mod F sind. Wegen $\blacklozenge e \equiv_F 1 \equiv_F \blacklozenge \setminus e$ sind
$1, 0, e, \setminus e$ mod F zugleich gegenüber allen Operationen abgeschlossen; kurz, $\overline{1}, \overline{0}, \overline{e}, \setminus\overline{e}$
bilden eine Subalgebra B von A/F ($\overline{x}$ die Kongruenzklasse von x mod F). Darüberhinaus ist unmittelbar klar, daß B zur 4-elementigen **EBA** C isomorph ist. $\bullet$

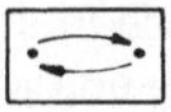

In ähnlicher Weise zeigt man z.B. $S4.3 = S4.2/\boxed{\cdot\!\prec\cdot\succ\!\cdot}$ und $Gr = S4.1/\boxed{(\cdot\,\succ\!\cdot}$.

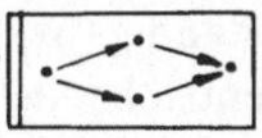

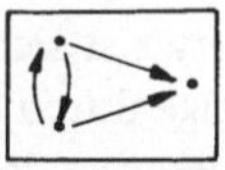

Diese und weitere Beispiele (Übungen) zeigen, daß die bevorzugten Erweiterungen von **S4** gerade durch „Abspalten" oder „Auslassen" der einfachsten **S4**-Strukturen entstehen.
S4 selbst entsteht z.B. aus **K4** durch Abspaltung der **K4**-Strukturen $\boxtimes$ und $\boxed{\text{x}\!\longrightarrow\!\cdot}$.

Beispiel 3 ergibt folgendes erwähnenswerte Axiomatisierungskriterium.

Kriterium. $S4(P) = S4.1$ gdw $P \in S4.1$ und $P \notin L\,\boxed{\cdot\!\!\rightleftarrows\!\!\cdot}$.

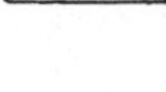

Hiernach ist z.B. $S4.1 = S4\,(\Box\,\Diamond\,\Box\,(p \to \Box\,p)) = S4\,(\Box\,\Diamond\,(\Diamond\,p \to \Box\,p)) =$
$S4\,(\Box\,\Diamond\,p \wedge \Box\,\Diamond\,q \to \Diamond\,(p \wedge q))$[1] usw. Denn alle diese Formeln gelten über allen S4.1-Strukturen und besitzen Gegenmodelle auf $\boxed{\cdot\!\rightleftarrows\!\cdot}$. Wir erwähnen auch

$$S4\,(P) = \mathbf{Gr} \ \text{ gdw } \ P \in \mathbf{Gr} \ \text{ und } \ P \notin L\,\boxed{\cdot\!\rightleftarrows\!\cdot}\ \cup\,L\,\boxed{\text{(}\!\triangleright\!\cdot}$$

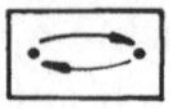

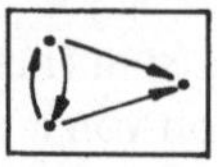

Danach ist z.B. auch $\mathbf{Gr} = S4\,((\Box\,(p \to \Box\,q) \to \Box\,q) \wedge (\Box\,(\neg\,p \to \Box\,q) \to \Box\,q) \to \Box\,q)$.

Beispiel 5. In den weiteren Ausführungen benötigen wir eine Kennzeichnung der Splitlogik $S4/a_n$, wobei a_n die n-elementige lineare Ordnung ist $(n \in \omega_+)$. Eine leichte Verallgemeinerung der Betrachtung zum Nachweis von $S4/a_2 = S5$ zeigt $S4/a_{n+1} = S4_n$ (BLOK [76]). $S4_n$ ist vollständig und $\mathbf{Ms}\,S4_n$ besteht gerade aus denjenigen $g \in \mathbf{Q}$, in denen eine echt aufsteigende Folge von Lokalklassen höchstens die Länge n hat. Insbesondere ist $S4_1 = S5$. Darüberhinaus sind die $S4_n$ auch lokal endlich (siehe S. 218).

Für $L^0 = S5, S4.3, S4, K4, G, K^m$ u.a. wird $\&\,L^0$ nach dem Splitting-Satz von allen $A \in \mathbf{Md}_{f.s.i.}\,L^0$ gespalten. Hingegen besitzt $\&\,M$ nur das triviale Splitting $(L\,\boxdot,\,\mathcal{L})$.[1] Um sämtliche Splittings des ganzen Verbandes $\mathcal{N}$ zu bestimmen, sei an die Tatsache $K = L\,\mathbf{Tif}$ (§ 4) erinnert. Es sei nun angenommen, $g \in \mathbf{G}$ (genauer, Lg) spalte $\mathcal{N}$. Es kann nicht $\mathcal{N}/g \subseteq Lt$ für alle $t \in \mathbf{Tif}$ gelten, sonst wäre $\mathcal{N}/g \subseteq L\,\mathbf{Tif} = K$ im Widerspruch zu $K \subseteq Lg$. Also $Lt \subseteq Lg$ für gewisses $t \in \mathbf{Tif}$. Nun gilt in t und damit auch in g die Formel $\Box^n\,\theta$ für gewisses $n \in \omega$, $\theta := p_0 \wedge \neg\,p_0$. Damit enthält g keine Kreise und ist im besonderen irreflexiv (Übung 5, Kap. III, S. 152). Sei $\mathbf{Gkl}$ die Klasse der initialen kreislosen Graphen. Es läßt sich nun auch unschwer zeigen, g spaltet $\mathcal{N}$ für alle $g \in \mathbf{Gkl}$.[2] Damit sind sämtliche Splittings von $\mathcal{N}$ vollständig beschrieben. Wir erwähnen ferner, daß die Splitlogik $\mathcal{N}/g$ die endliche Modelleigenschaft hat, also vollständig ist.

Splittings geben auch wichtige Informationen über strikte Vollständigkeit. Für $L \in \&\,L^0$ $(L^0 \in \mathcal{N})$ heiße $\mathrm{Fs}_{L_0}\,L := \mathrm{Fs}\,L \cap \&\,L^0$ das *FINE-Spektrum von L bzgl.* L^0. $L \in \&\,L^0$ heiße *strikt vollständig bzgl.* L^0, wenn $\mathrm{Fs}_{L_0}\,L = \{L\}$. Es werde nun L^0 von $A \in \mathbf{Md}_{f.s.i.}\,L^0$ gespalten. Wir behaupten, mit $L \supseteq L^s := L^0/A$ ist auch $\mathrm{Fs}_{L_0}\,L \subseteq \&\,L^s$. Denn $L' \in \mathrm{Fs}_{L_0}\,L$ und $L' \notin \&\,L^s$ impliziert $L' \subseteq LA$, also $L'^* \subseteq LA$, da LA vollständig ist. Dies ergibt $L^* = L'^* \subseteq LA$, also den Widerspruch $L \subseteq LA$. L^0/A ist also strikt vollständig bzgl. L^0, sofern überhaupt vollständig.

Damit erweist sich D als strikt vollständig (bzgl. K), denn $D = K/\boxtimes$ ist vollständig. D ist die einzige durch Spaltung von $\mathcal{N}$ entstehende Logik unter den Standardsystemen und unter diesen in der Tat auch die einzige strikt vollständige Logik, abgesehen vom Trivialfall K. Weitere Beispiele strikt vollständiger Logiken sind alle Splitlogiken K/A $(A \in \mathbf{Gkl})$, denn diese sind vollständig gemäß obiger Bemerkung.

---

[1] Dies ist die ursprüngliche Definition von **S4.1** nach McKINSEY [39]. Die anderen Axiome wurden in SOBOCIŃSKI [64a] angegeben.

[2] BLOK [79]. Die JANKOV-Formel für A^+g $(g \in \mathbf{Gkl})$ lautet im vorliegenden Fall $\mathfrak{A}C = \triangle C \to \Box^n\,p_0$. Dabei ist n die größte Zahl, so daß $\Box^n\,\theta \notin Lg$. Im übrigen verläuft der Beweis analog wie im Text.

Nach obigen Ausführungen sind z.B. **S5**, **S4.3**, **Gr** u.a. Erweiterungen von **S4** strikt vollständig bzgl. **S4**, sogar bzgl. **K4**, denn diese Logiken entstehen durch sukzessives Spalten aus **K4**. Zum Beispiel ist $\mathbf{S5} = \mathbf{K4}/\boxed{\times} / \boxed{\times \longrightarrow \bullet} / \boxed{\bullet \longrightarrow \bullet}$, wie Übung 3 zeigt. Offen ist, ob **S4**/A für alle $\mathsf{A} \in \mathbf{TBA}_{\mathrm{f.s.i.}}$ vollständig ist. Falls ja, würde sich nicht nur die explizite Berechnung von Splittings vereinfachen, sondern man erhielte zahlreiche weitere Beispiele bzgl. **S4** strikt vollständiger Erweiterungen von **S4**. Die analoge Frage betrifft auch **G**, **K4** und andere Logiken.

Übungen

1. Man zeige (a) $\mathbf{S5} \cap \mathsf{L} \boxed{\bullet \longrightarrow \bullet}$ ist der einzige u.V. von **S5** in $\&\,\mathbf{S4}$.

   Hinweis. $\mathbf{S4}/\boxed{\bullet \longrightarrow \bullet} = \mathbf{S5}$.

2. Die Logiken $\mathsf{L} \in \&\,\mathbf{S4.3}$ heißen *linear*. Man beweise folgendes

   Kriterium. $\mathbf{S4}(\mathsf{P})$ ist linear gdw $\mathsf{P} \notin \mathsf{Lf}$ und $\mathsf{P} \notin \mathsf{Ld}$.

   Dabei ist f die Forke und $\mathsf{d} := \boxed{\bullet \!\!<\!\!\cdots\!\!>\!\! \bullet}$ der „Drachen". Hieraus folgt

   $\mathbf{S4}(\mathsf{P}) = \mathbf{S4.3}$ gdw $\mathsf{P} \notin \mathsf{Lf}$ und $\mathsf{P} \notin \mathsf{Ld}$ und $\mathsf{P} \in \mathbf{S4.3}$.

   Hinweis. Sei Bedingung des Kriteriums erfüllt. Nach Beispiel 3 ist $\mathbf{S4}(\mathsf{P}) \supseteq \mathbf{S4.2}$. Ferner zeige man $\mathbf{S4.2}/\mathsf{d} = \mathbf{S4.3}$.

3. Es ist $\mathbf{K4} \supseteq \mathbf{K}^1$, also wird $\&\,\mathbf{K4}$ von jedem $\mathsf{C} \in \mathbf{Md}_{\mathrm{f.s.i.}}$ **K4** gespalten. Man zeige $\mathbf{K4}/\boxed{\times} = \mathbf{D4} := \mathbf{K4}\,(\Diamond\,1)$. Ferner zeige man $\mathbf{K4}/\boxed{\odot} = \mathbf{K4}^{\times} := \mathbf{K4}\,(\Diamond\,1 \to \Diamond\,\Box\,0)$ und $\mathbf{D4}/\boxed{\times \longrightarrow \bullet} = \mathbf{S4}$.

   Hinweis. $\mathbf{K}/\boxed{\times} = \mathbf{D}$. Es ist $\mathbf{K}(\mathsf{P})/g = \mathbf{K}/g\,(\mathsf{P})$ für $\mathsf{P} \in \mathsf{Lg}$. Ferner: Ist $\Box\,\Diamond\,1 \to \Box\,0 \notin \mathsf{LA}$, wähle $\blacksquare\,0$-maximales Kongruenzfilter $\supseteq \{\blacksquare\,\blacklozenge\,1\}$ und zeige $\blacksquare^2 0 \in \mathsf{F}$ und $\blacklozenge\,1 \equiv 1 \bmod \mathsf{F}$. Hieraus folgt leicht $\mathbf{2}_{10} \in \mathbf{SH}\,\mathsf{A}$. Ähnlich zeige man $\mathbf{D4}/\boxed{\times \longrightarrow \bullet} = \mathbf{S4}$.

4. Sei $\mathsf{a}_n^{\times} := \boxed{\underset{1}{\times} \to \underset{2}{\times} \to \ldots \to \underset{n}{\times}}$. Man zeige $\mathbf{G}/\mathsf{a}_{n+1}^{\times} = \mathbf{G}\,(\Box^n\,0)\ (= \mathbf{G}_n)$.

   Hinweis. Sei $\Box^n\,0 \notin \mathsf{LA}$, $\mathsf{A} \in \mathbf{Md}\,\mathbf{G}$. Dann $0 < \blacksquare\,0 < \ldots < \blacksquare^n\,0 < \blacksquare^{n+1}\,0 \leqslant 1$ in A wegen $(\Box^i\,0 \to \Box^{i-1}\,0) \to \Box^i\,0 \in \mathsf{LA}$ $(1 \leqslant i \leqslant n)$. Sei $\mathsf{B} := \mathsf{A}/\mathsf{F}\,\langle \Box^{n+1}\,0 \rangle$. $\mathsf{C} := \mathsf{A}^+ \mathsf{a}_{n+1}^{\times}$ wird von $\mathsf{E} := \{\blacksquare^i\,\emptyset \mid i = 1, \ldots, n\}$ erzeugt. Setze $\mathsf{h}\,\blacksquare^i\,\emptyset = \blacksquare^i\,0$. Zeige (a): hat Fortsetzung zu Booleschem Homomorphismus $\mathsf{h}\colon \mathsf{C} \to \mathsf{B}$ (d.h. Homomorphismus des Booleschen Redukts von C). (b): h ist Homomorphismus. Dazu reicht Nachweis von $\mathsf{h}\,\blacksquare\,\mathsf{a} = \blacksquare\,\mathsf{ha}$, $\mathsf{h}\,\blacklozenge\,\mathsf{a} = \blacklozenge\,\mathsf{ha}$ für alle $\mathsf{a} \in \mathsf{E}$. Übung 2, S. 167 zeigt in B gilt $\setminus\,\blacksquare\,0 = \blacklozenge\,\blacksquare^i\,0$ $(i > 0)$. Daher $\mathsf{h}\,\blacklozenge^i\,\emptyset = \mathsf{h}\,\{1, \ldots, n\} = \mathsf{h}\setminus\{n+1\} = {} = \mathsf{h}\setminus\,\blacksquare\,\emptyset = \setminus\,\blacksquare\,0 = \blacklozenge\,\blacksquare^i\,0 = \blacklozenge\,\mathsf{h}\,\blacksquare^i\,\emptyset$. (c): h ist Einbettung.

5. Es ist $\mathbf{Gr} = \mathbf{K4}/\boxed{\times} / \boxed{\times \longrightarrow \bullet} / \boxed{\bullet \longrightarrow \bullet} / \boxed{\langle\rangle \!\!\!\!\gg\!\! \bullet}$. Man zeige, **G** läßt sich nicht als endliche Folge von Splitlogiken bzgl. **K4** erhalten.

   Hinweis. Betrachte die Strukturen $\boxed{\underset{0}{\bullet} \to \underset{1}{\times} \to \underset{2}{\times} \cdots \to \underset{n}{\times}}$.

Die Sprache $\mathcal{L}^+$ und das Charakterisierungstheorem

Ein weiterer wichtiger Schritt für die Analyse von $\mathcal{N}$ ist die Verwendung einer Sprache $\mathcal{L}^+$, die in ihren Ausdrucksmitteln über die modale Sprache hinausgeht[1]), aber in gewissem Sinne in ihr interpretierbar ist. Der Einsatz von $\mathcal{L}^+$ ermöglicht die Lösung einer Serie von Einzelproblemen. Die modale Sprache bezeichnen wir in diesem Abschnitt mit $\mathcal{L}^\square$.

Grundsymbole von $\mathcal{L}^+$ sind

(a)   Eine Menge $U = \{x_i \mid i \in \omega\}$ von *Individuenvariablen*
(b)   das Relationssymbol $\leqslant$;
(c)   Funktionssymbole $\cap, \cup, \setminus, \blacksquare$ (mit üblicher Stellenzahl)
(d)   die logischen Symbole $\mathbb{A}, \mathbb{V}$ (für *und, oder*), die aus technischen Gründen von den üblichen logischen Symbolen $\wedge, \vee$ unterschieden werden.

Wir weisen besonders darauf hin, daß das Negationssymbol nicht unter den logischen Symbolen von $\mathcal{L}^+$ vorkommt.

Aus den Individuenvariablen werden mittels der Funktionszeichen $\setminus, \cap, \cup, \blacksquare$ zunächst *Terme* aufgebaut (auch *Polynome* genannt). Dies geschieht in völliger Analogie zu den Formeln von $\mathcal{L}^\square$. Die dem Term π aus $\mathcal{L}^+$ entsprechende Formel aus $\mathcal{L}^\square$ wird mit P_π bezeichnet. Für den Term $\pi := \blacksquare x_2 \cup x_1$ z.B. ist P_π die Formel $\square p_2 \vee p_1$. Die *Formeln* von $\mathcal{L}^+$ haben kein Analogon in $\mathcal{L}^\square$. *Primformeln* von $\mathcal{L}^+$ sind Formeln der Gestalt $\pi \leqslant \sigma$, wobei π, σ Terme sind. Aus den Primformeln entstehen die *Formeln von* $\mathcal{L}^+$ durch Verknüpfungen mit den Funktoren $\mathbb{A}, \mathbb{V}$, und zwar in derselben Weise, wie die aussagenlogischen Formeln in Kap. I. φ, ψ bezeichnen Formeln aus $\mathcal{L}^+$.

Die Interpretation der $\mathcal{L}^+$-Formeln in einer **KBA** A geschieht wie folgt. Sei $\alpha: U \to A$ eine Belegung. Dann ist für einen Term π in natürlicher Weise $\mathrm{val}_\alpha \pi \in A$ definiert. Nun werde eine Relation $\models^A_\alpha \varphi$ (α *erfüllt* φ) induktiv wie folgt erklärt:

$$\models^A_\alpha \pi \leqslant \sigma \quad \text{gdw} \quad \mathrm{val}_\alpha \pi \leqslant \mathrm{val}_\alpha \sigma \quad (\pi, \sigma \text{ Terme in } \mathcal{L}^+)$$

$$\models^A_\alpha \varphi \mathbb{A} \psi \quad \text{gdw} \quad \models^A_\alpha \varphi \text{ und } \models^A_\alpha \psi$$

$$\models^A_\alpha \varphi \mathbb{V} \psi \quad \text{gdw} \quad \models^A_\alpha \varphi \text{ oder } \models^A_\alpha \psi .$$

Schließlich sei $\models^A \varphi$ (φ ist *gültig* in A), wenn $\models^A_\alpha \varphi$ für alle $\alpha: U \to A$.

In $\mathcal{L}^+$ wird die Identität definitorisch eingeführt, und zwar steht $\pi = \sigma$ abkürzend für $\pi \leqslant \sigma \mathbb{A} \sigma \leqslant \pi$.

Beispiel 1. Sei $\eta_n = \bigvee_{i < j \leqslant 2^n} x_i = x_j$. Die Formel η_n ist in $A \in$ **KBA** genau dann wahr, wenn A höchstens 2^n Elemente enthält. Die Formel $\lambda = \blacksquare x_1 \leqslant \blacksquare x_2 \mathbb{V} \blacksquare x_2 \leqslant \blacksquare x_1$ ist in einer **TBA** genau dann wahr, wenn in ihr zwei offene Mengen vergleichbar sind.
Sei $\lambda_n := x_1 = 1 \mathbb{V} \blacksquare x_1 \leqslant \blacksquare x_2 \mathbb{V} \ldots \mathbb{V} \blacksquare x_{n-1} \leqslant \blacksquare x_n$. Dann ist $\models^A \lambda_n$ gdw A enthält höchstens n offene Elemente, die zudem linear geordnet sind ($A \in$ **TBA**). ●

---

[1]) Es handelt sich um das positive universale Fragment der Sprache 1. Stufe für Modalalgebren mit Funktionssymbolen.

Mit den Formeln aus $\mathcal{L}^+$ kann man demnach Eigenschaften beschreiben, deren adäquate Beschreibung durch modale Formeln in Frage steht. Nun besagt aber der Charakterisierungssatz unten, daß man diese Eigenschaften relativ zu einem beliebigen $\mathbf{K}^m$ oder zu jeder Erweiterung von $\mathbf{K}^m$ im wesentlichen auch modal beschreiben kann.

$m \in \omega$ sei fixiert. Wir definieren eine Übersetzung $\tau \colon \mathcal{L}^+ \to \mathcal{L}^\square$, die von m abhängt, $\tau = \tau_m$. Jeder Formel $\varphi \in \mathcal{L}^+$ wird eine Formel $\varphi^\tau \in \mathcal{L}^\square$ zugeordnet, und zwar gemäß folgender Tabelle:

$\varphi \in \mathcal{L}^+$	$\varphi^\tau \in \mathcal{L}^\square$
$\pi \leqslant \sigma$	$P_\pi \to P_\sigma$
$\varphi \mathbin{\text{\large$\mathbb{\wedge}$}} \psi$	$\varphi \wedge \psi$
$\varphi \mathbin{\text{\large$\mathbb{\vee}$}} \psi$	$\textcircled{m}\, \varphi^\tau \vee \textcircled{m}\, \psi$

Beispiel 2. Für die Formel λ in Beispiel 1 ist λ^τ **S4**-äquivalent zu $\square\,(\square\, p_1 \to \square\, p_2) \vee \square\,(\square\, p_2 \to \square\, p_1)$. Die Formel η_n^τ ist wegen

$$\textcircled{m}\,(\textcircled{m}\, p \vee \textcircled{m}\, q) \equiv_{\mathbf{K}^m} \textcircled{m}\, p \vee \textcircled{m}\, q \quad \text{zu} \quad \bigvee_{i < j \leqslant 2^n} \textcircled{m}\,(p_i \leftrightarrow p_j)$$

äquivalent. ●

Charakterisierungssatz. Für $A \in \mathbf{K}^m \mathbf{BA}_{\text{s.i.}}$ ist $\vDash^A \varphi \Leftrightarrow\, \vDash^A \varphi^\tau$ $(\varphi \in \mathcal{L}^+)$.

Beweis. Es genügt zu zeigen, daß für alle $\varphi \in \mathcal{L}^+$

(1) $\vDash_\alpha^A \varphi \Leftrightarrow\, \vDash_\beta^A \varphi^\tau$ $(\alpha \colon U \to A;\ \beta \colon V \to A;\ \alpha x_i = \beta p_i;\ i \in \omega)$.

Für Primformeln ist (1) offensichtlich. Auch der Induktionsschritt für $\mathbb{\wedge}$ ist problemlos. Schließlich ist

$$\vDash_\alpha^A \varphi \mathbin{\text{\large$\mathbb{\vee}$}} \psi \quad \text{gdw} \quad \vDash_\alpha^A \varphi \ \text{oder}\ \vDash_\alpha^A \psi$$

(a)   gdw $\vDash_\beta^A \varphi^\tau$ oder $\vDash_\beta^A \psi^\tau$ (Induktionsvoraussetzung)

(b)   gdw $\vDash_\beta^A \textcircled{m}\, \varphi^\tau \vee \textcircled{m}\, \psi^\tau$.

Der Übergang von (a) zu (b) ist problemlos. Umgekehrt folgt aus (b) zunächst $\vDash_\beta^A \textcircled{n}\, \varphi^\tau \vee \textcircled{n}\, \psi^\tau$ für alle $n \in \omega$, weil $\textcircled{m}\, P \equiv_{\mathbf{K}^m} \textcircled{n}\, P$ für $n \geqslant m$ und $\textcircled{m}\, P \to \textcircled{n}\, p \in \mathbf{K}^m$ für $n \leqslant m$. Sei $a := \mathrm{val}_\beta^A \varphi^\tau$, $b := \mathrm{val}_\beta^A \psi^\tau$. Dann ist $na \cup nb = 1$ für alle $n \in \omega$, und damit $a = 1$ oder $b = 1$, denn A hat die Diskunktionseigenschaft (Kap. III/§ 5, Seite 157). Daher gilt auch (a). ●

Der Beweis zeigt außerdem $\vDash^A \varphi \Rightarrow\, \vDash^A \varphi^\tau$ für beliebiges $A \in \mathbf{KBA}$.

Mittels dieses Satzes überlegt man sich z.B. leicht $\mathbf{S4.3} = \mathbf{S4}(\lambda^{\tau 1}) = \mathbf{S4}(\square\,(\square\, p \to \square\, q) \vee \square\,(\square\, q \to \square\, p))$. Denn λ besagt gemäß Beispiel gerade die Vergleichbarkeit der offenen Elemente einer **TBA**.

Von zahlreichen Konsequenzen dieses Theorems erwähnen wir nur die folgende Kennzeichnung der tabularen Logiken in $\mathscr{N}$. Es heiße

$$E_m := \bigvee_{i < j \leqslant 2^m} \textcircled{m} \, (p_i \leftrightarrow p_j) \wedge (\Box \, t^m) \quad (\equiv_K \eta_m^\tau \wedge (\Box \, t^m))$$

die m-te *charakteristische Formel*. Dann gilt folgendes

Kriterium. $L \in \mathscr{N}$ ist tabular gdw $E_m \in L$ für ein gewisses $m \in \omega$.

Beweis. Sei L tabular, $L = LA$ für gewisses endliches $A \in$ **KBA** aus 2^m Elementen. Aus einer Darstellung $A = A^+g$ entnimmt man, daß $m_A \leqslant m$ für den Index m_A von A. Folglich $\models^A (\Box \, t^m)$. Ferner ist offensichtlich $\models^A \eta_m$, also $\models^A \eta_m^\tau$. Sei nun $E_m \in L$, $A \in$ **Md**$_{s.i.}$ L. Dann ist $A \in$ **K**^{m}**BA** und $\models^A \eta_m^\tau$, folglich $\models^A \eta_m$. Daher hat A höchstens 2^m Elemente. Nun gibt es natürlich nur endlich viele **KBA**'s aus höchstens 2^m Elementen. Daher ist **Md**$_{s.i.}$ L endlich, etwa **Md**$_{s.i.}$ $L = \{A_0, \ldots, A_k\}$. Offenbar ist dann $\prod_{i \leqslant k} A_i$ eine endliche L-adäquate Matrix. ●

Der Beweis zeigt außerdem, daß **Md**$_{s.i.}$ L für tabulares $L \in \mathscr{N}$ endlich ist und alle $A \in$ **Md**$_{s.i.}$ L endlich sind. Unter Beachtung der Äquivalenz von (i) und (ii) im Lemma S. 224 ergibt sich damit folgender

Satz. Ist $A \in$ **KBA**$_{f.}$, so ist **Md**$_{s.i.}$ $LA \subseteq$ **HS** $A^1)$, insbesondere also endlich.

Gemäß § 4 entsprechen die $B \in$ **HS** A den generierten Substrukturen der Kontraktionen von g, wobei $g \in$ **Gf** initial ist und $A = A^+g$. Diese Tatsache liefert nicht nur ein einfaches Verfahren zur Bestimmung von **Md**$_{s.i.}$ L für tabulares L, sondern zugleich eine einfache Methode zur Bestimmung sämtlicher Erweiterungen einer tabularen Logik $L \in \mathscr{N}$. Damit befaßt sich der nächste Abschnitt.

Übungen

1. Man zeige $L \supseteq$ **S4** ist tabular genau dann, wenn $\bigvee_{i < j < m} \Box (p_i \leftrightarrow p_j) \in L$ für gewisses $m \in \omega$.

2. Sei $D_n := \Box \, p_0 \vee \Box (\Box \, p_0 \to \Box \, p_1) \vee \ldots \vee \Box (\Box \, p_{n-1} \to \Box \, p_n)$. Man zeige, die **S4**$(D_n)$-Strukturen sind die linearen Präordnungen aus höchstens n Lokalklassen. Insbesondere ist **S4**$(D_1) =$ **S5**.

   Hinweis. Man betrachte $\lambda_n = x_0 = 1 \, \bigvee \, \blacksquare \, x_0 \leqslant \blacksquare \, x_1 \, \bigvee \ldots \bigvee \, \blacksquare \, x_{n-1} \leqslant \blacksquare \, x_n$. Die Formel λ_n beschreibt die Eigenschaft einer **TBA**, höchstens n offene Elemente zu enthalten, die zudem linear geordnet sind.

3. Man zeige, sind $A, B \in$ **KBA**$_{f.s.i.}$ und ist $LA = LB$, so ist $A \simeq B$. Daraus folgere man, sind $g, f \in$ **Gf** initial und ist $Lg = Lf$, so ist $g \simeq f$.

   Hinweis. $A \in$ **SH** B und $B \in$ **SH** A gemäß Satz des Abschnitts.

$^1)$ Diese Tatsache folgt auch aus dem Satz von JÓNSSON, Kap. III. Daher gelten dieser Satz und seine Konsequenzen (z.B. die Sätze 1, 2, 3 S. 231) auch für $\mathscr{C}$. Sie gelten sogar für $\mathscr{A}$.

4. Man zeige, hat $L^0 \in \mathcal{N}$ die endliche Modelleigenschaft (wie z.B. alle Standardsysteme) und wird $\mathcal{E} L^0$ von L^1 gespalten, so ist $L^1 = LC$ für gewisses $C \in \mathbf{Md}_{f.s.i.} L$. Allgemeiner: wird $\mathcal{E} L^0$ von $L^1 \supseteq L^0$ gespalten, so ist L^1 voll irreduzibel in $\mathcal{E} L^0$.

Hinweis. Es gibt endliches $A \in \mathbf{Md}\, L$ mit $L^0/L^1 \not\subseteq LA$. Also $LA \subseteq L^1$. Gemäß Satz des Abschnitts gilt $LA = L\{C_0, \ldots, C_n\}$, $C_i \in \mathbf{Md}_{f.s.i.} LA$. Aus der Annahme $L^1 \neq LC_i$ für alle $i \leqslant n$ leite man Widerspruch her.

Tabulare und prätabulare Modallogiken

Viele der tieferen Sätze über tabulare und prätabulare $L \in \mathcal{N}$ lassen sich als Folgerungen des Splitting-Theorems und des Charakterisierungssatzes gewinnen. Im folgenden beschränken wir uns aber im wesentlichen auf Erweiterungen von **S4**, obwohl sich vieles sinngemäß auf reichere Verbände überträgt, insbesondere auf $\mathcal{E}$**K4**.

$\mathcal{N}^t$ bezeichne die Menge der tabularen $L \in \mathcal{N}$, und $\mathcal{E}^t L := \mathcal{E} L \cap \mathcal{N}^t$. $L \in \mathcal{N}$ heiße *prätabular*, wenn L selbst nicht tabular ist, aber alle echten Erweiterungen von L tabular sind.

Satz 1. $L \in \mathcal{N}^t$ hat nur endlich viele Erweiterungen und diese sind sämtlich tabular. $\mathcal{N}^t$ ist terminaler Subverband von $\mathcal{N}$.

Beweis. $\mathbf{Md}_{s.i.} L$ ist endlich gemäß Satz S. 230. Ist $L' \in \mathcal{E} L$, so ist $\mathbf{Md}_{s.i.} L' \subseteq \mathbf{Md}_{s.i.} L$, also hat L höchstens 2^n Erweiterungen, wobei n die Anzahl der $A \in \mathbf{Md}_{s.i.} L$ ist. $\mathcal{N}^t$ ist damit offensichtlich terminal. ●

Satz 2. Ist $L^0 \in \mathcal{N}$ nicht tabular, so gibt es eine prätabulare Logik $L^1 \in \mathcal{N}$ mit $L^0 \subseteq L^1$.

Beweis. Es bezeichne $\mathcal{E}^\infty L^0$ die Menge aller nichttabularen Erweiterungen von L^0. Sei $\mathcal{K} \subseteq \mathcal{E}^\infty L$ eine Kette und $L^s := \bigcup \mathcal{K}$. Dann gehört $L^s (\in \mathcal{N})$ zu $\mathcal{E}^\infty L^0$. Andernfalls wäre $E_n \in L^s$ für ein $n \in \omega$, gemäß Kriterium, und damit schon $E_n \in L$ für ein $L \in \mathcal{K}$, was nicht angeht. Anwendung des ZORNschen Lemmas ergibt, daß $\mathcal{E}^\infty L$ ein maximales Element L^1 enthält, welches sicher prätabular ist[1]).

Schließlich ergibt Satz 1 noch den (keineswegs für beliebige tabulare Logiken richtigen)

Satz 3. Die tabularen $L \in \mathcal{N}$ sind endlich axiomatisierbar.

Beweis. Sei $E_n \in L$ und $L_n = K(E_n) \in \mathcal{N}^t$. $\mathcal{E} L$ ist endlich, daher sind nach Kap. II alle $L' \in \mathcal{E} L_n$ e.a. Insbesondere gilt dies für L. ●

Die Sprache $\mathcal{L}^+$ liefert auch einfache Verfahren zur expliziten Axiomatisierung der $L \in \mathcal{N}^t$. Doch befassen wir uns damit nicht näher.

$\mathcal{N}^t$ ist distributiv und terminal. Daher besitzt jedes $L \in \mathcal{N}^t$ eine eindeutige unverkürzbare Darstellung $L = L_1 \cap \ldots \cap L_n$, wobei die L_i sämtlich prim (= irreduzibel) sind, siehe S. 220. Wie sehen nun die *primtabularen* L (d.h. die irreduziblen $L \in \mathcal{N}^t$) aus?

---

[1]) Statt mit ZORNschen Lemma kann man auch mit Methoden aus Kap. II argumentieren.

Die Antwort gibt

Satz 4. Für $L \in \mathcal{N}^t$ sind folgende Bedingungen äquivalent:

(i)   **L** hat eine Darstellung **L = LA, A ∈ KBA**$_{f.s.i.}$
(ii)   **L** ist initial, d.h. **L = Lg** mit initialem **g ∈ G**
(iii) **L** ist prim.

Beweis (i) ⇒ (ii): Für **A ∈ KBA**$_{f.s.i.}$ und **A = A⁺g** ist **g** initial (Kap. III/§ 5) und **LA = Lg**.
(ii) ⇒ (iii): Spezialfall von Übung 1, S. 221. (iii) ⇒ (i): **L** hat die Darstellung
L = LA₁ ∩ ... ∩ LAₙ, {A₁, ..., Aₙ} = Md$_{s.i.}$ **L**. Da **L** prim ist, gilt **L = LAᵢ** für gewisses i. ●

Nach diesem Satz ist eine (unverkürzbare) Primzerlegung $L = L^1 \cap ... \cap L^n$ dasselbe wie eine
Darstellung $L = Lg_i \cap ... \cap Lg_n$, wobei die g_i endliche initiale L-Strukturen mit $Lg_i \not\subseteq Lg_j$,
d.h. $g_i \neq g_j$ (i ≠ j) sind. Die Figur zeigt den oberen Teil des Verbandes & S4, und zwar alle
Logiken der Dimension ≤ 3. Darunter ein Ausschnitt vom oberen Teil von $\mathcal{N}$. Von den
unendlich vielen $L \in \mathcal{N}$ der Dimension 2 sind nur einige Beispiele dargestellt, nämlich
die „zyklischen" Logiken Lk_p des Kreises k_p aus p Punkten (p Primzahl).

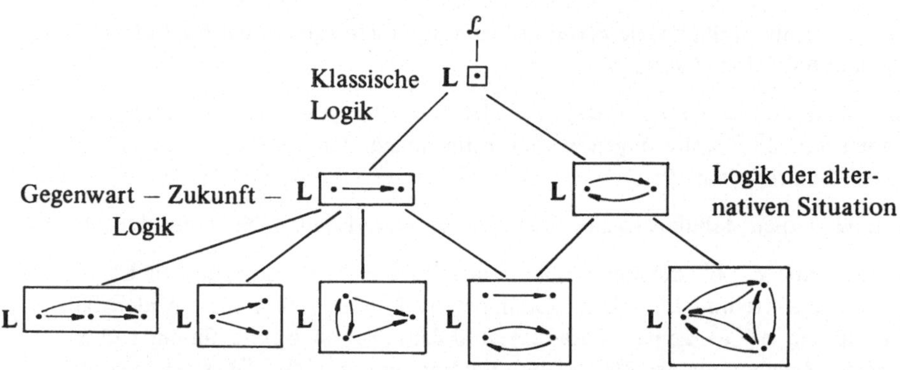

Oberer Teil von & S4 bis zur Dimension 3

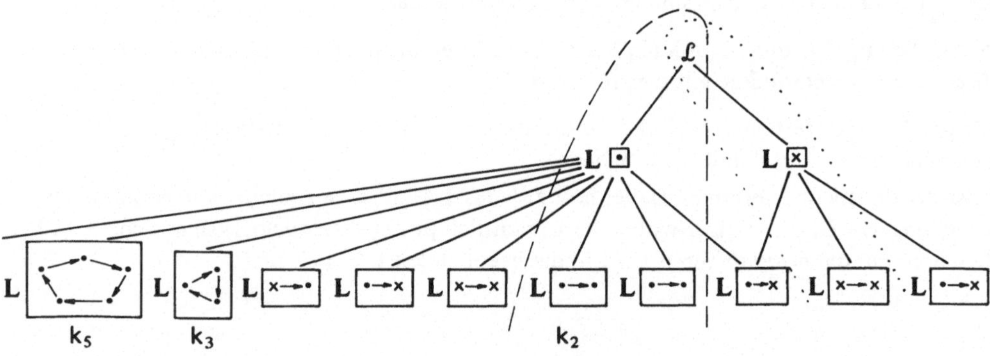

Oberer Teil von $\mathcal{N}$ (gestrichelter Ausschnitt & S4, gepunkteter Ausschnitt & G)

Für den Rest des Abschnitts befassen wir uns vorwiegend mit den Erweiterungen von **S4**.
Der Vorbereitung dient das folgende

Lemma. Ist $L \in \mathcal{N}$ lokal endlich und nicht tabular, so hat **L** unendlich viele (tabulare)
Erweiterungen und **Msif L** ist unendlich.

Beweis. Es genügt zu zeigen, die Klasse **Kf** $:= \textbf{Md}_{\text{f.s.i.}}$ **L** enthält unendlich viele paarweise
nichtisomorphe Algebren. Denn nach Übung 3, S. 230, folgt für A, B $\in$ **Kf** und LA = LB
die Isomorphie von A und B. Angenommen, **Kf** sei endlich. Da **L** nicht tabular ist, enthält
$\textbf{Md}_{\text{s.i.}}$ **L** dann ein unendliches $A \in \textbf{KBA}_{\text{s.i.}}$. Sei $c \in A$ ein nach dem Kriterium für
s.i. **KBA**'s (Kap. III/§ 5, Seite 155) existierendes Element. Für jedes $n \in \omega$ wählen wir
paarweise verschiedene Elemente $a_0, \ldots, a_n$ mit $a_0 = c$, so daß die Subalgebra
$A_n := A \langle a_0, \ldots, a_n \rangle$ nicht von weniger als $n + 1$ Elementen erzeugt wird. A_n ist s.i.
(Kriterium anwenden), und offenbar ist $A_n \in$ **Kf** für alle n. Da auch $A_n \not\cong A_m$ $(n \neq m)$,
gelangen wir so zu einem Widerspruch zu unserer Annahme. ●

S4 ist nicht lokal endlich, denn wir erwähnten schon den Satz von KURATOWSKI, wonach die von einem Element frei erzeugte **TBA** unendlich ist. Standardbeispiele lokal
endlicher Logiken in **&S4** sind die Logiken $\textbf{S4}_n$[1]. Übrigens ist $L \in \textbf{\&S4}$ dann und
nur dann lokal endlich, wenn $L \supseteq \textbf{S4}_n$ für gewisses n (MAXIMOVA [75b]).
Unter Anwendung des Splitting-Theorems erhalten wir folgenden Satz, der eine ziemlich
tiefliegende Eigenschaft von **&S4** ausdrückt.

Satz 5. Ist $L \in \textbf{\&S4}$ nicht tabular, so hat **L** unendlich viele tabulare Erweiterungen.[2]

Beweis. Sei **L** nicht tabular. Fall I. $L \subseteq \textbf{La}_n$ für alle $n \in \omega$, wobei a_n die lineare Ordnung
aus n Elementen ist. Dann ist die Behauptung klar. Fall II. $L \not\subseteq \textbf{La}_n$ für ein $n \in \omega$. Dann
aber ist $\textbf{S4}_{n-1} = L/a_n \subseteq L$. Nun ist $\textbf{S4}_{n-1}$ lokal endlich, also gilt dasselbe für **L**. Folglich
hat **L** nach dem Lemma unendlich viele tabulare Erweiterungen. ●

Damit sind die folgenden Eigenschaften für $L \supseteq \textbf{S4}$ alle äquivalent

(i)   **L** ist tabular
(ii)   **L** hat endlich viele Erweiterungen
(iii) **L** hat endlich viele tabulare Erweiterungen.

Eine Folgerung aus Satz 5 ist das

Korollar. Ist $L \in \textbf{\&S4}$ prätabular, so ist **Msif L** unendlich und **L = LF** für jedes unendliche $\textbf{F} \subseteq \textbf{Msif L}$.

Beweis. **L** hat nach Satz 5 auch unendlich viele primtabulare Erweiterungen, die den
$g \in$ **Msif L** entsprechen. Der Rest folgt, weil **LF** nicht tabular ist, also **L = LF** wegen
$L \subseteq \textbf{LF}$. ●

---

[1] Übung 3, S. 218. Fast dasselbe Argument zeigt auch die lokale Endlichkeit von $\textbf{K4}_n$ (siehe z.B.
BLOK |80|).

[2] Das gilt auch noch für $\textbf{K1}$; jedoch schon nicht mehr für $\textbf{K2}$, denn es gibt prätabulare $L \supseteq \textbf{K2}$ der
Dimension 2 (BLOK |78|).

Dieses Korollar ist ein entscheidender Schritt, um mittels der Relationalsemantik schnell zu einer Charakterisierung der prätabularen Erweiterungen von $S4$ zu gelangen. Dies sei jetzt dargelegt, wobei wir von der schon gewonnenen Einsicht ausgehen, daß L mindestens fünf prätabulare Erweiterungen besitzt, nämlich $La, Lb, Lc (= S5)$, Ld und Le.

Satz 6.[1] $S4a, S4b, S4c, S4d, S4e$ sind die einzigen prätabularen Erweiterungen von $S4$.

Beweis. Sei $L \supseteq S4$ prätabular, $L \neq S4a$. Dann $a_{n+1} \notin \mathsf{Ms}\, L$ für gewisses n, also $L \supseteq S4_n$ (S. 226). Ist $L \supseteq S4_1$, so $L = S5$, da $S4_1 = S4c = S5$ prätabular ist. Sei jetzt $L \in \&S4_n \setminus \&S4_{n-1}$, $n \geqslant 2$. $F := \mathsf{Msif}\, L$. $F^k := \{g \in F \mid t(g) = k\}$. F ist unendlich und $L = LF'$ für jedes unendliche $F' \subseteq F$ (Korollar S. 233). Wegen $L \nsubseteq S4_{n-1}$ ist $F \setminus F^n$ endlich, also F^n unendlich, daher $L = LF^n$. *Fall a:* $I := \{|g^i| \mid g \in F^n\}$ unbeschränkt. g' entstehe aus $g \in F^n$ durch Kontraktion von $g \setminus g^i$. Dann $F' = \{g' \mid g \in F^n\}$ unendlich, also $L = LF' = S4e$. *Fall b:* I beschränkt. Nun sind die Anzahlen der Punkte in den Lokalklassen von $g \setminus g^i$ ($g \in F^n$) beschränkt (sonst wäre $F \setminus F^n$ unendlich). g' entstehe aus $g \in F^n$ durch Kontraktion seiner Lokalklassen. Dann $H := \{g' \mid g \in F^n\}$ unendlich, also $L = LH$, $H \subseteq Or$. $\{|\partial S^g| \mid g \in H\}$ ist unbeschränkt (sonst wäre H endlich, denn $\{|\partial S| \mid S \in g \setminus \{S^g\}, g \in H\}$ ist beschränkt). Sei $\tau g := \{S \in \partial S^g \mid S \text{ Endpunkt}\}$, $\sigma g := \partial S^g \setminus \tau g$, $g \in H$. *Fall b1:* $M := \{|\sigma g| \mid g \in H\}$ beschränkt. Dann ist $\{|\tau g| \mid g \in H\}$ unbeschränkt. g' entstehe aus g durch Kontraktion von $\delta(\sigma g)$. $H' = \{g' \mid g \in H\}$ ist unendlich und offenbar $L = LH' = S4b$. *Fall 2b:* M ist unbeschränkt. g' entstehe aus $g \in H$ durch Kontraktion von $g \setminus (\{S^g\} \cup \sigma g)$. $H' = \{g' \mid g \in H\}$ ist unbeschränkt und $L = LH' = S4d$. Damit sind alle Fälle erschöpfend behandelt. $\bullet$

Da die fünf prätabularen $L \in \&S4$ offenbar alle die Dimension ∞ haben, gilt das

Korollar. Genau die tabularen $L \in \&S4$ haben endliche Dimension.

Letzteres gilt auch noch für K^i und alle Erweiterungen, z.B. $K4$. Aber schon die Hoffnung auf eine Beschreibung der prätabularen $L \in \&K4$ ist vergeblich: Es gibt davon überabzählbar viele, obwohl alle prätabularen $L \supseteq K4$ noch die endliche Modelleigenschaft haben und $K4_n$ nur endlich viele prätabulare Erweiterungen hat (BLOK [80]). Beispiele solcher Erweiterungen enthält Übung 6.

Die bisherigen Ergebnisse zeigen übrigens auch, daß alle prätabularen Erweiterungen von $S4$ strikt vollständig bzgl. $S4$ sind. Denn nach den Ausführungen im Abschnitt über Splittings entstehen diese durch höchstens dreimaliges Splitting aus $S4$. Damit haben wir die recht interessante Einsicht gewonnen, daß unvollständige $L' \supseteq S4$ jedenfalls nicht „unmittelbar hinter den prätabularen $L \supseteq S4$ liegen". Eine genauere Lokalisierung der unvollständigen Erweiterungen von $S4$ wäre sehr aufschlußreich. Wir erwähnen z.B. die Frage, ob für jedes prätabulare $L \supseteq S4$ eine unvollständige Logik L' mit $S4 \subseteq L' \subseteq L$ existiert[2], die in den übrigen nicht enthalten sind.

---

[1] MAXIMOVA [75a]. Siehe auch RAUTENBERG [77].

[2] Es gibt unvollständige $L \in \&S4$ mit $L \subseteq S5$ (K. FINE).

Noch ein ergänzendes Wort die Vollständigkeit betreffend. $L \in \mathcal{N}^t$ ist zwar vollständig, doch ist hieraus noch nicht die Vollständigkeit von **L** im strengeren Sinne ersichtlich. Es gibt i.a. auch keine endliche $\models^L$-adäquate Matrix. Dennoch gilt $\models^L = \not\models^L$ im vorliegenden Fall. Dies ergibt sich aus folgendem sehr einfachen und zugleich sehr allgemeinen

Kriterium. Sei $L \in \mathcal{N}$. Gibt es eine elementare Klasse $K \subseteq G$ mit $L = LK$, so ist **L** vollständig im strengeren Sinne.

Dabei heißt $H \subseteq G$ *elementar*, wenn **H** die Modellklasse eines Axiomensystems in der Sprache $\mathcal{L}^1$ der 1. Stufe für Strukturen aus **G** ist. Zum Beispiel sind $Q = Ms\, S4$ und **Ms S5** elementar und man kann die in § 2 bewiesene Vollständigkeit von **S4** und **S5** im strengeren Sinne auch mit obigem Kriterium erschließen, sofern man sich von der Vollständigkeit dieser Logiken im üblichen Sinne überzeugt hat. Hingegen sind die prätabularen Logiken **S4a** und **Ga** zwar vollständig, doch nachweislich unvollständig im strengeren Sinne (vgl. § 3). Nach dem Kriterium ist daher z.B. **S4a** auf keine Weise in Form **S4a** = **LH** darstellbar, wobei **H** elementar ist (Übung 4).

Der Beweis des Kriteriums beruht auf einer Ultraprodukt-Konstruktion von **K**-Modellen, die in den Übungen am Schluß von § 6 beschrieben wird. Sie gestattet die Konstruktion eines Modells für $X \subseteq \mathcal{L}$ auf einem Ultraprodukt in der Klasse $H \subseteq G$, falls jede endliche Teilmenge von X ein Modell auf einem gewissen $f \in H$ besitzt. Es sei jedoch an dieser Stelle schon darauf aufmerksam gemacht, daß die modale Sprache $\mathcal{L}$, betrachtet als Sprache über **K**-Strukturen, mit $\mathcal{L}^1$ hinsichtlich Ausdrucksfähigkeit unvergleichbar ist. Näheres hierüber wird in § 6 mitgeteilt.

$g \in Gf$ ist bis auf Isomorphie durch eine Aussage der 1. Stufe beschreibbar; also ist die Isomorphieklasse $Ig := \{g' \in G \mid g' \simeq g\}$ elementar und wegen $Lg = L\, Ig$ ist Lg gemäß obigem Kriterium zugleich auch vollständig im strengeren Sinne.

Übungen

1. Man beweise im Detail die Korrektheit des Diagramms über den oberen Teil von $\mathcal{E}\, S4$ und den oberen Teil von $\mathcal{N}$.

   Hinweis. Satz S. 230. Um die $B \in$ **HS** A für endliches $A \in$ **KBA** auszurechnen, genügt es nach § 4 die generierten Substrukturen der Kontraktionen von g zu berechnen, wobei $g \in Gf$ und $A \simeq A^+ g$. Man beachte ferner die Splitting-Resultate über $\mathcal{E}\, S4$, sowie Übung 3, S. 230.

2. Man zeige, daß eine tabulare Logik $L \supseteq S4$ nur endlich viele unmittelbare Vorgänger in $\mathcal{E}\, S4$ hat, die alle tabular sind.

   Hinweis. Ist L' u.V. von $L\, S4_n$, so $t(g) \leqslant n + 1$ für $g \in$ **Msi** L'.

4. Man zeige, **S4b, S4c, S4d, S4e** sind vollständig im strengeren Sinne, nicht aber **S4a**.

   Hinweis. **S4b** = **LH,** **H** die elementare Klasse der $g \in G$, so daß g genau einen Initialpunkt S_0 enthält, jedes $S \neq S_0$ ein u.N. von S_0 ist, und $S \triangleleft S$ für alle $S \in g$ gilt. Analog sind auch **S4c, S4d, S4e** die Logiken elementarer Klassen. Hingegen hat jede endliche Teilmenge von $X = \{(\square\, Or\tau)\} \cup \{\diamondsuit(\square\, p_i \wedge \neg\, p_{i+1})\}$ ein Modell auf gewissem a_n, doch hat X kein Modell auf einem $g \in$ **Msi** **S4a** = $O\ell\tau$.

4. Man zeige die Korrektheit des folgenden Diagramms über die Erweiterungen von **G** bis einschließlich Dimension 4.

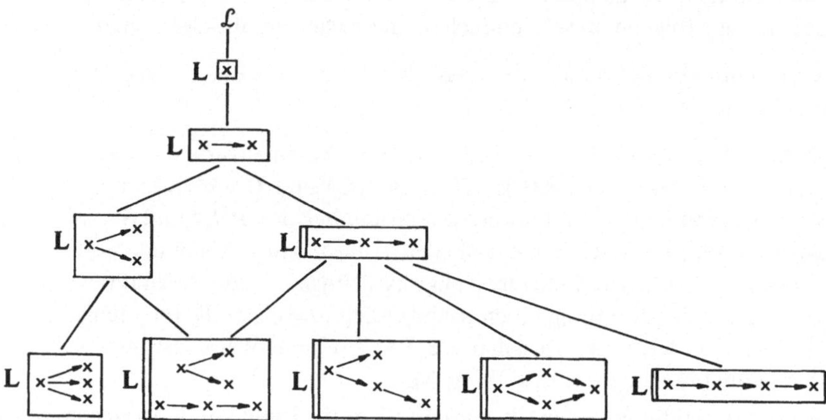

Hinweis. $G/a_{n+1}^x = G_n$ (S. 227). Daher hat jeder u.V. von **L**g, $t(g) < n$, eine Tiefe $\leqslant n$.

5. Sei $L \in \mathcal{N}$ prätabular mit endlicher Modelleigenschaft. Man zeige, es gibt eine Folge $L_0 \supset L_1 \supset \dots$ primtabularer Erweiterungen mit $L = \bigcap_{i \in \omega} L_i$. Also hat **L** Dimension ∞. Daraus schließe man, genau die $L \in \mathcal{E}^t G$ haben endliche Dimension.

Hinweis. Wenn nicht, gibt es unendliche Menge unvergleichbarer $L' \in \mathcal{E}^t L$. Für **G** beachte $G_n = G/a_{n+1}^x$ ist lokal endlich, und Lemma S. 233.

6. Es seien b_i^x, d_i^x die irreflexiven Entsprechungen von a_i bzw. b_i. Man zeige, **G** (damit auch **K4**) hat nebst **G**a wenigstens die prätabularen Erweiterungen $Gb_n := \bigcap_{i \in \omega} Lb_i^{xn}$ und $Gd_n := \bigcap_{i \in \omega} Ld_i^{xn}$. Dabei entstehe b_i^{xn} durch Aufsetzen von a_n^x auf einen Endpunkt von b_i^x, sowie d_i^{xn} durch Aufsetzen von a_n^x auf die Spitze des Drachens d_i^x. Darüberhinaus zeige man, G_n enthält nur endlich viele prätabulare Erweiterungen, also **G** insgesamt nur abzählbar viele (BLOK [80]).

7. Sei $L \in \mathcal{N}^t$. Man zeige, auch $\vdash^L$ ist tabular (d.h. **L** = **L**(L, MP) ist streng tabular). Daraus schließe man, daß $L \in \mathcal{N}^t$ auch nur endlich viele quasinormale Erweiterungen besitzt.

Hinweis. $\vdash^L = \vdash^{A^*}$, wobei A^* die Multimatrix mit endlichem $A \in$ **KBA** ist, deren ausgezeichnete Teilmengen die MP-Filter von A sind. $\mathcal{E}_{MP} L$ ist endlich gemäß Übung 3, S. 130.

§ 6 Zeitlogik und das Konzept der Nachbarschaftssemantik

Wer sich mit den vorangegangenen Ausführungen über Modallogik vertraut gemacht hat, wird mit den Darlegungen im Rest dieses Buches keine Verständnisschwierigkeiten haben. Was die sogenannte Zeitlogik angeht, so fordert sie zwar einige, aber keine wesentlich neuen Aspekte gegenüber der modalen Logik zutage. Wir fassen uns daher relativ kurz.

Anschließend beschreiben wir kurz das KRIPKEsche Konzept der nichtnormalen Welten zur Analyse einiger Standardsysteme, wie z.B. **S2**, die bisher nicht erwähnt werden. Umfassender ist das allgemeine und sehr plausible Konzept der Nachbarschaftssemantik, das auf R. MONTAGUE und D. SCOTT zurückgeht. In den Anwendungen, den Beweisen von Charakterisierungssätzen usw. treten jedoch dieselben Methoden hervor, wie sie für die Relationalsemantik dargelegt wurden. Daher dürfen wir uns auch hier auf die Schilderung der prinzipiellen Ideen beschränken.

Am Schluß werden wir dem Leser einiges über den Vergleich verschiedenartiger Sprachen vom modelltheoretischen Gesichtspunkt mitteilen.

Zeitlogik

Unseren Betrachtungen liegt jetzt eine aussagenlogische Sprache $\mathcal{L}$ zugrunde, deren Formeln nebst $\neg, \wedge, \vee, \rightarrow$ die beiden Modalfunktoren $\boxdot$, $\boxminus$ enthalten, und die daher auch *bimodale Formeln* heißen. Grob gesagt, soll $\boxdot$ den auf die Zukunft, $\boxminus$ den auf die Vergangenheit gerichteten Aspekt des notwendigen beinhalten. $\boxdot P$ bzw. $\boxminus P$ können wie folgt gelesen werden: „P wird immer akzeptiert werden" bzw. „P ist immer akzeptiert worden".

Die kritische Akzeptanzbedingung in der Modallogik ist nunmehr durch zwei Akzeptanzbedingungen zu ersetzen. Dabei sei g eine beliebige K-Struktur, wobei wir uns die Akzeptanzrelation jetzt als eine zeitliche Beziehung vorstellen.

$$S \Vdash \boxdot P \quad \text{gdw} \quad S' \Vdash P \ \text{ für alle } \ S' \rhd S$$
$$S \Vdash \boxminus P \quad \text{gdw} \quad S' \Vdash P \ \text{ für alle } \ S' \lhd S$$

Im übrigen sind die Begriffe des Modells, der Erfüllbarkeit usw. völlig analoge Übertragungen des gewohnten. Die *bimodale Logik* **Lg** von $g \in \mathbf{G}$ ist die Menge aller Formeln aus $\mathcal{L}$, die in allen Situationen bei allen Belegungen $\alpha: V \rightarrow 2^g$ akzeptiert werden.

Es ist ganz klar, daß die Eigenschaften einer Erreichbarkeitsrelation mit temporalem Charakter wesentlich von dem Aspekt abhängen, den man mit der Modellierung erfassen will. So erscheint es natürlich, den objektiven Zeitverlauf, als lineare *Ordnung* aufeinanderfolgender Situationen zu verstehen. Sowie man aber danach fragt, durch welche besonderen Eigenschaften die reale Zeitordnung aufgezeichnet ist, stößt man auf ganz prinzipielle Schwierigkeiten. Weder haben wir zuverlässige Informationen über Anfang oder Ende dieses Verlaufs, noch wissen wir, ob diese kontinuierlich, oder nur dicht, oder gar diskret abläuft. Das Modell einer kontinuierlichen Zeitskala (das im Prinzip auch in der Relativitätstheorie beibehalten wird), ist eine Idealisierung, die ihre Gründe hauptsächlich in der bequemen analytischen Beschreibungsweise physikalischer Gesetze durch den Differentialkalkül hat. Nun ist aber Logik im eigentlichen Sinne des Wortes per definitionem keine empirische Wissenschaft. Wenn sie eine Analyse sprachlicher Strukturen mit empirischen Intensionen unternimmt, so sind die in eine entsprechende Modellierung eingehenden Voraussetzungen ausdrücklich zu explizieren. Die Situation, vor welche der Logiker bei einer Analyse von Aussagen wie z.B. „P wird künftig immer akzeptiert werden" ist bei genauerem Hinsehen recht unklar. Die Formulierung hat außerdem nicht immer einen rein temporalen, sondern auch einen gewissen modalen Aspekt, der in einer ausführlicheren Formulierung deutlich wird: „P wird künftig immer akzeptiert werden, unabhängig vom tatsächlichen, durch Zufall oder Gesetz bestimmten Verlauf der Ereignisse". Gleichzeitig wird stillschweigend unterstellt, daß der tatsächliche Ereignisverlauf eine Auswahl aus einer unbekannten Anzahl von Ereignismöglichkeiten darstellt. Eine diesem Verständnis zugrundeliegende Erreichbarkeitsrelation muß offenbar nicht mehr konnex sein.

Diese Vorbetrachtungen legen die Möglichkeit alternativer Definitionen temporaler Logik offen, so wie man es aus der Modallogik gewöhnt ist. Aufgrund weiterer Plausibilitätsbetrachtungen, die wir ihres banalen Charakters wegen hier nicht im einzelnen ausführen wollen, ergibt sich eine Auszeichnung einiger Zeitlogiken, von denen wir einige wichtige Beispiele nennen.

Kt := **LG**, wobei **G** die Klasse aller **K**-Strukturen ist. Ferner **LOr**; **LOrℓ**; **LOiℓ**; **LOdis**; **LOden**; **LOcon**.

Dabei sei **Or** die Klasse der Ordnungen, **Orℓ** die Klasse der reflexiven, **Oiℓ** die Klasse der irreflexiven, **Odis** die Klasse der diskreten, **Oden** die Klasse der dichten, **Ocon** die Klasse der stetigen linearen Ordnungen.[1] Außerdem kommen noch gewisse Logiken **Lg** für einige ausgezeichnete Modellstrukturen g als Modell eines bestimmten Zeitverlaufs hinzu (z.B. $(\omega, <)$ als Zeitstruktur eines diskret arbeitenden kybernetischen Systems).

Ist **K** irgendeine Klasse von **K**-Strukturen, so sieht man leicht, daß die bimodale Logik **L** = **LK** jedenfalls folgende Eigenschaften hat.

(1)   **L** ist eine konservative Logik, d.h. **Lk** $\subseteq$ **L** und **L** ist abgeschlossen gegenüber MP

(2)   **L** ist abgeschlossen gegenüber den Regeln $MN^+ : \dfrac{P}{G\,P}$ und $MN^- : \dfrac{P}{H\,P}$

(3)   Die folgenden Formeln gehören zu **L**:

$$(\Box\circ^+):\ G(p \to q) \to G\,p \to G\,q \qquad\qquad (\Box\circ^-):\ H(p \to q) \to H\,p \to H\,q$$

$$(+\,-):\ p \to G\,\Diamond\,p \qquad\qquad\qquad\qquad (-\,+):\ p \to H\,\Diamond\,p$$

Es empfiehlt sich, die bimodalen Logiken mit den Eigenschaften (1)–(3) als *(normale) Zeitlogiken* zu bezeichnen. $\mathcal{N}_3$ bezeichne den Verband der normalen Zeitlogiken.

Die **L**-Algebren für Zeitlogiken **L** sind offensichtlich nichts weiter als die in Kap. III definierten Zeitalgebren (**ZBA**'s). Umgekehrt sieht man leicht, daß die bimodale Logik **LA** über A $\in$ **ZBA** eine Zeitlogik im Sinne der Definition ist.

---

[1] g $\in$ **Orℓ** heißt (1) diskret, (2) dicht, (3) stetig, jenachdem ob für jeden Schnitt (a, b) von g folgendes gilt: (1) a hat größtes und b hat kleinstes Element, (2) a hat kein größtes oder b hat kein kleinstes Element, (3) entweder hat a ein größtes oder b hat ein kleinstes Element. Ein *Schnitt* (a, b) ist eine Partition g = a $\cup$ b, so daß S < T für alle S $\in$ a, T $\in$ b.

Eine Logik $L \in \mathcal{N}_3$ heißt *vollständig*, wenn $L = LK$ für eine Klasse **K** von **K**-Strukturen. Natürlich ist dies gleichwertig mit $L = Lg$ für eine einzelne Modellstruktur g. Es ist zu erwarten, daß das Unvollständigkeitsphänomen der Modallogik nunmehr erst recht zu Tage treten wird. Ein instruktives Beispiel geben wir im nächsten Abschnitt.

Alle oben genannten Standard-Zeitlogiken lassen sich nun auch axiomatisch beschreiben. **Kt** ist identisch mit der kleinsten (normalen) Zeitlogik. **LOr** ist die temporale Expansion von **S4**. Andererseits kann man **S4** als das Redukt auf die „positive, d.h. auf die Zukunft gerichtete" Hälfte der Zeitlogik **LOr** ansehen. **LOrℓ** ist die temporale Expansion von **S4.3**, und die umfassendste lineare Zeitlogik. Die Logiken **LOdis** und **LOden** und **LOcon** sind alle voneinander verschiedene Erweiterungen von **LOrℓ**. Dies alles beweist man mit denselben Methoden, wie sie für die Modallogik ausführlich dargelegt worden sind.

Die Arbeitsmethode mit der kanonischen Modellstruktur, den Substitutionslemmas, der Filtration usw. ist dieselbe. Nützliches Hilfsmittel sind auch die verfeinerten Modell-strukturen, $\gamma = (g, B)$, wobei g eine Modellstruktur im üblichen Sinne, B eine Subalgebra der bimonadischen Strukturalgebra $A^{\pm}g$ ist (Kap. III/§ 5).

Man kann sich leicht davon überzeugen, daß die modalen Logiken über den Klassen **Orℓ**, **Oden** und **Ocon** miteinander und mit **S4.3** übereinstimmen; nicht so in der Zeitlogik. Daraus entnehmen wir, daß die bimodalen Formeln stärkere Differenzierungen ermöglichen. Auch der nächste Abschnitt wird dies deutlich machen.

Mit der bimonadischen Zeitlogik lassen sich übrigens nicht alle jene temporalen Aspekte modellieren, für welche die natürliche Sprache Ausdrucksmöglichkeiten hat. Dies aber gelingt weitgehenst durch die Betrachtung konservativer Logiken mit einem binären Zeitfunktor. Eine andere Möglichkeit der Expansion temporaler Logik ist die Hinzufügung eines dritten Modalfunktors □ zur separaten Beschreibung modaler Aspekte, z.B. im Sinne einer **S5**-Semantik. Dementsprechend hätte man Modellstrukturen mit 2 binären Relationen zu betrachten, wobei eine den temporalen, die anderen den modalen Bezug der Situationen untereinander beschreibt. Wir müssen uns jedoch mit diesen Andeutungen begnügen und weisen darauf hin, daß es sich hierbei um ein noch weitgehend offenes Forschungsgebiet handelt.

Übungen

1. Man beweise die Vollständigkeit von **LOr** hinsichtlich folgenden Axiomensystems:
   (a) Die Axiome für normale Zeitlogiken,
   (b) die Axiome für **S4**, formuliert für beide Funktoren ⊟ und ⊟ (es genügt, sie für den Funktor ⊟ oder für ⊟ allein zu fordern).

Hinweis. Bei der Definition der kanonischen Modellstruktur g_L lasse man den Funktor ⊟ zunächst außer acht. Mittels der Axiome $(+\,-)$ und $(-\,+)$ zeige man

$$S \triangleleft T \text{ gdw } \boxminus P \in T \Rightarrow P \in S \text{ für alle } P \quad (S, T \in g_L).$$

2. Man zeige, daß der folgende Tableau-Kalkül für **LOr** vollständig ist (und damit einen Entscheidungsalgorithmus für **LOr** liefert):

 (a) Die Tableauregeln für **S4**, bezogen auf beide Modalfunktoren.

 (b) Die zusätzlichen Regeln

$$\frac{X;\, \boxdot\!\!\rightarrow\! \Diamond\!\!\rightarrow P}{X;P} \qquad\qquad \frac{X;\, \leftarrow\!\!\boxdot\; \Diamond\!\!\leftarrow P}{X;P}$$

3. **L** habe die Axiome von **S4.3t**, sowie zusätzlich ($\boxdot\!\!\rightarrow$ Orτ) und ($\leftarrow\!\!\boxdot$ Orτ). Man zeige, die **L**-Strukturen sind genau die endlichen linearen Ordnungen und **L** ist vollständig.

Hinweis. Die L-Strukturen sind terminale Ordnungen, und zwar in der einen, wie auch in der anderen Richtung.

4. Man zeige **L Odis** = **S4.3t** (($\boxdot\!\!\rightarrow$ Orℓd), ($\leftarrow\!\!\boxdot$ Orℓd)). Diese Logik ist geringfügig schwächer als die Logik in Übung 3.

5. Man zeige, daß die Zeitlogiken **LOden**, **LOcon**, **LOdis**, alle voneinander verschiedene Erweiterungen von **LOrℓ** sind (D. SCOTT).

Beispiel einer unvollständigen Zeitlogik

Dank größerer Ausdrucksfähigkeit bimodaler Formeln kann man auf relativ einfache Weise Beispiele unvollständiger Logiken konstruieren. Das folgende Beispiel, die Logik **Lth**, hat außerdem noch sehr plausiblen Charakter. Es handelt sich um die Logik der wohlgeordneten, nicht abbrechenden Zeit mit letztendlicher Entscheidung über jede Aussage.[1]

Zunächst sei L^0 die Zeitlogik mit den zusätzlichen Axiomen ($\Box\,\ell$x), bezogen auf beide Funktoren $\Box = \boxdot\!\!\rightarrow$ und $\Box = \leftarrow\!\!\boxdot$, sowie dem Axiom ($\boxdot\!\!\rightarrow$ d): $\boxdot\!\!\rightarrow p \rightarrow \Diamond\!\!\rightarrow p$, welches garantiert, daß die L^0-Modellstrukturen definal sind. Das letzte, entscheidende Axiom von L^0 ist ($\leftarrow\!\!\boxdot$ Oiτ): $\leftarrow\!\!\boxdot (\leftarrow\!\!\boxdot p \rightarrow p) \rightarrow \leftarrow\!\!\boxdot p$. Dieses Axiom impliziert nämlich, daß eine L^0-Struktur, weil linear, eine (irreflexive) Wohlordnung darstellt. Dies dürfte dem Leser klar sein, wenn er die Formel ($\Box$ Oiτ) in § 1, § 4 gründlich studiert hat. Nun sieht man umgekehrt leicht, daß jede unbeschränkte Wohlordnung auch L^0-Modellstruktur ist. Damit haben wir die L^0-Modellstrukturen vollkommen gekennzeichnet. Es läßt sich auch leicht zeigen, daß L^0 vollständig ist bzgl. der Klasse **WO**$^\infty$ unbeschränkten Wohlordnungen, d.h. $L^0 = $ **LWO**$^\infty$.

Nun betrachten wir die Logik **Lth** $:= L^0$ ($\boxdot\!\!\rightarrow \Diamond\!\!\rightarrow p \rightarrow \Diamond\!\!\rightarrow \boxdot\!\!\rightarrow p$). Das zusätzliche Axiom ($\boxdot\!\!\rightarrow$ e): $\boxdot\!\!\rightarrow \Diamond\!\!\rightarrow p \rightarrow \Diamond\!\!\rightarrow \boxdot\!\!\rightarrow p$ besagt, daß jede Aussage ab einem gewissen Zeitpunkt „endgültig entschieden" ist. Diese Logik einer letztendlichen Entscheidung für jede Aussage entspricht einer Zeitentwicklung in der „für offene Fragen kein Raum mehr bleibt". Physikalisch entspricht dies in gewissem Sinne einer Entwicklung nach dem 3. Hauptsatz der Thermodynamik.

---

[1] **Lth** ist eine unwesentliche Variante des Beispiels in THOMASON [72].

Wir behaupten nun, daß keine volle **Lth**-Struktur existiert. Eine solche Struktur g muß natürlich auch eine L^0-Struktur sein. Auf einer L^0-Struktur, also einer unbeschränkten Wohlordnung, kann man nun aber die Variable p abwechselnd mit Werten belegen, so daß ($\boxminus$ e) in jeder Situation $S \in$ g falsifiziert werden kann.

Es erhebt sich die Frage, ob durch das Hinzufügen von ($\square$ e) zu $\mathcal{L}^0$ eine inkonsistente Logik entsteht. Dies ist nicht der Fall. **Lth** ist konsistent. Denn betrachtet man die Subalgebra B^* der endlichen und koendlichen Mengen der bimonadischen Strukturalgebra $A^{\pm}(\omega, <)$, so gelten alle Axiome von **Lth** über der **ZBA** B^*. Die Algebra B^* hat die bemerkenswerte Eigenschaft, überhaupt keine echten Subalgebren, und nur triviale Homomorphismen zu besitzen. Hier äußert sich ein beträchtlicher Unterschied zur Modallogik, denn wir hatten gesehen, daß 2_{10} oder 2_1 homomorphes Bild oder Subalgebra jeder nichttrivialen **KBA** ist.

Bemerkenswert ist ferner, daß die Logik **L** B^* bereits eine maximal konsistente (also POSTvollständige) Logik im Verband der Zeitlogiken ist. Wie wir wissen, hat dagegen der Verband $\mathcal{N}$ der normalen Modallogiken überhaupt nur zwei Logiken dieser Art, nämlich $L2_{10}$ und $L2_1$. Anders als $\mathcal{N}$ enthält $\mathcal{N}_3$ daher auch eine unvollständige lineare Logik, die sogar POST-vollständig, insbesondere also prätabular ist.

$\mathcal{N}_3$ ist distributiv und **ZBA** ist darüberhinaus kongruenzdistributiv. Daher lassen sich die in § 5 erörterten Methoden mit geringfügigen Modifikationen auf $\mathcal{N}_3$ übertragen. Dies gilt insbesondere für die Splitting-Techniken. Zum Beispiel ist
$\mathbf{Kt}/\boxtimes = \mathbf{Kt}(\diamondsuit\!\!-\, p \vee \diamondsuit\!\!-\, \neg\, p \vee \diamondsuit p \vee \diamondsuit \neg\, p) = \mathbf{L}(\mathbf{Gf} \setminus \{\boxtimes\})$. Die primtabularen Logiken in haben die einfache Darstellung **Lg**, wobei $g \in$ **Gf** zusammenhängend ist. Genau für diese g ist $A^{\pm}g$ s.i. und zugleich auch simpel. Diese Fakten ermöglichen eine sehr einfache Beschreibung der tabularen POST-vollständigen $L \in \mathcal{N}_3$: Es sind dies genau die Logiken **Lg** mit zusammenhängendem $g \in$ **Gf**, welche keine (nichttriviale) Kontraktion besitzen. Diese unterscheiden sich geringfügig von den modalen Kontraktionen und erhalten jetzt eine symmetrische Gestalt. Für Details siehe RAUTENBERG [79].

Übungen

1. Sei $L \in \mathcal{N}_3$ tabular. Man zeige die Äquivalenz von (i) **L** ist prim in $\mathcal{N}_3$, (ii) **L** = **LA** für gewisses A $\in$ **ZBA**$_{s.i.}$, (iii) **L** = **Lg** für gewisses zusammenhängendes $g \in$ **Gf**.

2. Man zeige, **L** $\boxdot$ ist die einzige POST-vollständige Erweiterung von $\&$ **S4t**. Ferner zeige man, die Zeitlogiken La_n ($n \in \omega_+$) sind allesamt u.V. von **L** $\boxdot$ in $\&$ **S4t**.

3. Sei $L^{\times} := \mathbf{Kt}((\boxminus\!\!-\, \ell x), (\boxminus\, \ell x), (\boxminus\!\!-\, \mathbf{O}i\tau), (\boxminus\, \mathbf{O}i\tau))$. Man zeige $\&\, L^{\times}$ hat folgendes Bild

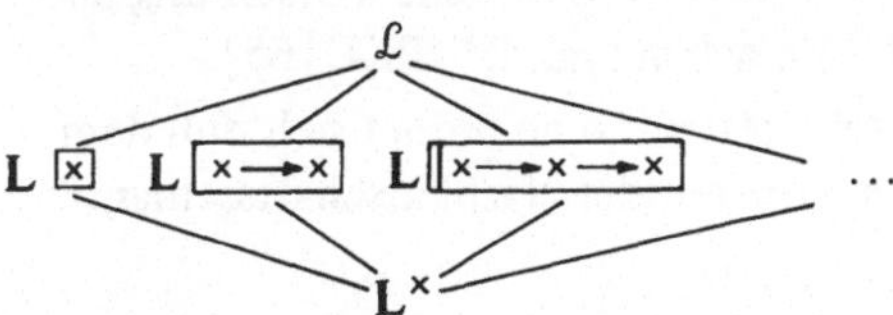

4*. Man zeige, **L** B^* (Text) ist POST-vollständig in $\mathcal{N}_3$.

Hinweis. **Md**$_{s.i.}$ **L** $B^* \subseteq$ **HSP**$_u$ B^* (Satz von JÓNSSON). B^* ist kleinste Subalgebra jeder Ultrapotenz von B^* und B^* hat selbst nur triviale Homomorphismen.

Nichtnormale Modallogik — Aktuelle und normale Welten

Der Einfachheit wegen kehren wir im folgenden auf die Modallogik zurück. Die Betrachtungen haben aber sinngemäße Verallgemeinerungen auch im multimodalen Fall.

Man kann das bislang erörterte Konzept der relationalen Semantik in zweierlei Hinsicht verallgemeinern. Damit erhält man natürliche Semantiken für eine Reihe traditioneller Modalsysteme, wie z.B. S2, S3 und viele andere, die nicht zu den normalen, ja nicht einmal zu den konservativen Modallogiken zählen. Wir erklären den Begriff einer *erweiterten K-Struktur* wie folgt.

(a)   In g ist eine Teilmenge $g^\nu \subseteq g$ ausgezeichnet, und die $S \in g^\nu$ heißen *normale Situationen*.

(b)   In g ist ferner eine zweite Teilmenge g^α ausgezeichnet, und die $S \in g^\alpha$ heißen die *aktuellen Situationen*.

Der Zweck der Unterscheidung zwischen normalen und nichtnormalen Situationen in g ist dieser: In einer nichtnormalen Situation $S \in g \setminus g^\nu$ wird eine Formel der Gestalt $\square P$ nicht akzeptiert, m.a.W. es wird $\lozenge P$ für jedes P akzeptiert. Die entsprechend modifizierte kritische Akzeptanzbedingung lautet wie folgt:

$$S \Vdash \square P \quad \text{gdw} \quad S \text{ ist normal und } S' \Vdash P \text{ für alle } S' \triangleright S.$$

g^α nimmt erst Einfluß bei der Definition der Gültigkeit in g. Wir sagen, P ist eine *Tautologie* in g ($P \in Lg$), wenn $S \Vdash_\alpha P$ für alle $\alpha: V \to 2^g$ und alle *aktuellen* $S \in g^\alpha$. In einem gewissen Sinne üben also die nichtaktuellen $S \in g$ nur einen indirekten Einfluß auf die Gültigkeit in g aus.

Wählt man speziell $g^\alpha = g^\nu = g$, so haben wir offenbar genau die ursprüngliche Semantik vor uns. Schon an einfachen Beispielen kann man sich klarmachen, daß Lg für eine erweiterte K-Struktur weder abgeschlossen sein muß gegenüber MN, noch gegenüber ME. Damit wird durch das erweiterte Konzept also auch der Rahmen konservativer Modallogiken überschritten. Immerhin aber ist $L = Lg$ noch in dem Sinne eine Modallogik, daß (i) $Lk \subseteq L$, (ii) L abgeschlossen ist gegenüber MP und (iii) L ist abgeschlossen gegenüber Substitutionen. Kurz, $L \in \mathscr{A}$ (siehe Kap. III).

Beispiel. Es sei H die Klasse aller erweiterten K-Strukturen g mit folgenden Eigenschaften (a): $g^\nu = \{S \in g \mid S \triangleleft S\}$, d.h. die reflexiven S sind normal, (b): Ist $S \triangleleft S'$, so ist S normal, (c): In g gibt es genau eine aktuelle Situation, und diese ist normal. Dann ist die Logik **LH** identisch mit dem LEWISschen System S2. Fordert man noch zusätzlich, daß $\triangleleft$ transitiv ist, so haben wir eine adäquate Semantik für das System S3 vor uns. Ohne daß sich der Leser mit Formeln langweilt, kann er sich auf diese Weise eine plastische Vorstellung über den inhaltlichen Hintergrund der Logiken S2 und S3 machen (vgl. KRIPKE [65]).

Die erweiterte KRIPKE-Semantik in dem eben geschilderten Sinne ordnet sich nun dem noch allgemeineren, aber dennoch sehr natürlichen Konzept der Nachbarschaftssemantik unter, das wir im nächsten Abschnitt erörtern.

Übungen

1. Es sei **L** die kleinste gegenüber MP abgeschlossene Formelmenge derart, daß $\mathbf{S4} \subseteq \mathbf{L}$ und $\square \lozenge P \to \lozenge \square P \in \mathbf{L}$ für alle Formeln P. Man zeige, **L** ist nicht abgeschlossen gegenüber der Regel MN. Mit anderen Worten, es gibt nichtnormale Erweiterungen von **S4**. Hingegen wurde gezeigt, daß alle Erweiterungen von **S5** nicht nur im Verband der konservativen, sondern überhaupt aller (klassisch fundierten) Modallogiken normal sind

   Hinweis. $g = $ [Diagramm mit Situationen S_0, S_1, S_2] mit $g^\alpha = \{S_0\}$, $g^\nu = g$ ist eine erweiterte L-Struktur.

   Wählt man $\alpha p = \{S_2\}$, so ist $S_0 \Vdash \square \lozenge p \to \lozenge \square p$, $S_0 \nVdash \square (\square \lozenge p \to \lozenge \square p)$.

2. Die LEMMONsche Logik **E2** hat die Axiome $(\square 0)$, $(\square r)$ und die Regeln MP und MM. Man zeige, **E2** ist vollständig bzgl. der Strukturen wie im Beispiel für **S2**, außer daß gefordert wird, die (einzige) aktuelle Situation sei normal.

   Hinweis. Konstruktion der kanonischen Modellstruktur wie üblich. Enthält eine maximale Menge S keine Formel P, wird sie als nichtnormal bezeichnet.

3. Sei g erweiterte **K**-Struktur mit $g^\nu = g$. Man zeige $\mathbf{Lg} \in \mathcal{C}$. Daraus entwickle man ein adäquates Konzept der verallgemeinerten Relationalsemantik für quasinormale Modallogiken.

Nachbarschaftssemantik

Die prinzipielle Idee der Nachbarschaftssemantik ist aus der Topologie abgeleitet. Es ist plausibel, daß in einer Situationsgesamtheit einige Situationen in besonders enger, andere in entfernterer Beziehung miteinander stehen. Anders als in entsprechenden topologisch logischen Relationen kann die gegenseitige Beziehung eine durchaus unsymmetrische sein, wie dies ja in der Relationalsemantik deutlich klar wird. Es empfiehlt sich, eine Nachbarschaftsstruktur im Sinne der folgenden Definition als eine Art „unsymmetrischen" topologischen Raum anzusehen.

> **Definition.** Eine Nachbarschaftsstruktur g, kurz eine **N-***Struktur*, beinhaltet
> (a) eine Grundmenge g, den Situationsbereich;
> (b) Für jedes $S \in g$ ein System N_S von Teilmengen von g, welches in Analogie zu entsprechenden topologischen Bezeichnungen das *Umgebungssystem von* S genannt werde;
> (c) Eine Teilmenge von g^α von g, die Menge der *aktuellen Situationen*.

Weitere Forderungen an das Mengensystem $N_S (S \in g)$ werden nicht erhoben. Weder muß S selbst zu den $a \in N_S$ gehören (wie das bei den topologischen Umgebungsfiltern der Fall ist) noch muß N_S ein sogenannter Mengenfilter sein, d.h. abgeschlossen gegenüber Durchschnitten und Obermengen. N_S kann auch leer sein. Situationen S mit leerem N_S heißen *nichtnormale*, alle übrigen heißen *normale* Situationen.

Für die Akzeptanzrelation bei vorgegebener Belegung $\alpha: V \to 2^g$ ist die kritische Akzeptanzbedingung nunmehr wie folgt zu formulieren

$$S \Vdash_\alpha \square P \quad \text{gdw} \quad \{S \in g \,|\, S \Vdash P\} \in N_S .$$

Mit anderen Worten, $\square P$ wird in einer Situation S dann und nur dann akzeptiert, wenn P in einer gewissen Umgebung von S akzeptiert wird.

Die Formel P heißt *gültig* in g, oder eine g-*Tautologie*, $P \in Lg$, wenn $S \Vdash P$ für jede aktuelle Situation $S \in g$ und jede Belegung. Man zeigt leicht, daß $L = Lg$ (für eine beliebige Nachbarschaftsstruktur g) eine klassisch fundierte Modallogik ist, d.h. $L \in \mathscr{A}$.

Man sieht auch, daß sich die KRIPKE-Semantik, selbst im erweiterten Sinne, diesem Konzept unterordnet. Als Umgebungen von $S \in g$ (g eine K-Struktur) bezeichne man alle $a \subseteq g$, welche alle $S' \rhd S$ enthalten. Dann sieht man unmittelbar, daß die frühere kritische Akzeptanzbedingung mit der jetzigen gleichwertig ist.

Bezeichnet man die einer K-Struktur g auf diese Weise entsprechende N-Struktur mit g^N, so hat g^N folgende speziellen Eigenschaften: (a) N_S ist ein nichtleeres *Mengenfilter* (d.h. (i) $a, b \in N_S \Rightarrow a \cap b \in N_S$, (ii) $g \supseteq b \supseteq a \in N_S \Rightarrow b \in N_S$), (b) $\bigcap N_S \in N_S$. Es ist dann $g \in N_S$ Eigenschaften sei eine N-*Struktur von relationalem Charakter* genannt.

Besondere Eigenschaften der K-Struktur g drücken sich in besonderen Eigenschaften der N-Struktur g^N aus. So ist $S \in g$ reflexiv genau dann, wenn $S \in a$ für alle $a \in N_S$. S ist ein Endpunkt in g genau dann, wenn $\emptyset \in N_S$ usw.

Wie im Falle der normalen Relationalsemantik gibt es nun eine Korrespondenz zwischen gewissen modalen und gewissen strukturellen Eigenschaften einer Nachbarschaftsstruktur g. Unten eine Liste von instruktiven Beispielen. Sie zeigt, daß die Formel ($\square 0$), die noch in allen erweiterten K-Strukturen gilt, gerade der Forderung entspricht, daß die N_S einen (eventuell leeren) Mengenfilter bilden. Wie im Falle der Definition eines topologischen Raumes als Umgebungsraum, definiert man *das Innere* In a von $a \subseteq g$ wie folgt: In $a := \{S \in g \,|\, a \in N_S\}$. In a ist i.a. jedoch weder in a enthalten, noch ist der Operator In monoton bzgl. Inklusion. In der folgenden Tabelle sei g eine beliebige N-Struktur.

Modale Eigenschaften von g	„Topologische" Eigenschaften von g
$\Box p \wedge \Box q \to \Box (p \wedge q) \in Lg$ $\Box (p \wedge q) \to \Box p \wedge \Box q \in Lg$ $\Box p \to p \in Lg$	$a, b \in N_S \Rightarrow a \cap b \in N_S$ $b \supseteq a \in N_S \Rightarrow b \in N_S \quad \Big\} \ (S \in g^\alpha)$ $S \in a$ für alle $a \in N_S$
Lg ist abgeschlossen gegenüber ME, d.h. $Lg \in \mathscr{C}$	$g^\alpha = g$ (d.h. man kann auf die Auszeichnung aktueller Situationen verzichten.
Lg ist abgeschlossen gegenüber MM, d.h. $Lg \in \mathscr{M}$	$g^\alpha = g$ und $a \subseteq b \Rightarrow$ In $a \subseteq$ In b
Lg ist abgeschlossen gegenüber MN	$g^\alpha \subseteq$ In g^α
Lg ist normal, d.h. $L \in \mathscr{N}$	N_S ist nichtleerer Mengenfilter für jedes $S \in g$ und $g^\alpha = g$. (Es ist dann In $g^\alpha =$ In $g = g$.
$Lg \supseteq S4$	Topologische Umgebungsräume: Ist $S' \in \cap N_S$ und $S'' \in \cap N_{S'}$, so $S'' \in \cap N_S$.

Die einfache Aufgabe der Überprüfung dieser Äquivalenzen überlassen wir dem Leser.
Das Konzept der Nachbarschaftssemantik ist demnach allgemeiner als die Relationalsemantik, auch wenn sie auf den Bereich der normalen Modallogiken eingeschränkt wird,
d.h. wenn gefordert wird, daß jedes N_S ein Mengenfilter ist und die Auszeichnung aktu-
eller Welten unterbleibt. Es erhebt sich damit sofort die Frage, ob das neue Konzept —
eingeschränkt etwa auf normale Logiken — mit der algebraischen Semantik gleichwertig
ist, kurz ob $L = Lg$ für eine gewisse Nachbarschaftsstruktur ($L \in \mathscr{N}$). Die Antwort ist
nein (GERSON [75]). Immerhin aber ist die Nachbarschaftssemantik auch im normalen
Falle eine echte Verallgemeinerung der KRIPKE-Semantik (GABBAY [75]). Die Konstruktion entsprechender Beispiele ist jedoch nicht ganz einfach.

Übungen

1. Man beweise die in der Tabelle behaupteten Korrespondenzen zwischen den Eigenschaften von Lg (modale Eigenschaften von g) und den strukturellen Eigenschaften
   der N-Struktur g.

2. Sei L eine konservative Modallogik und $\vdash^L$ das zu L gehörende Dt-System. Die
   kanonische N-Struktur von L ist das System g aller maximalen Mengen S von $\vdash^L$,
   die in folgender Weise zu einer N-Struktur gemacht wird: N_S ($S \in g$) ist die Menge
   aller a_P, so daß $\Box P \in S$, wobei $a_P := \{S \in g \,|\, P \in S\}$ für $P \in \mathcal{L}$. Sei s eine Substitu-
   tion und $\alpha: V \mapsto$ eine Belegung mit $\alpha p = a_{sp}$. Man beweise das
   Menge aller $S \in g$ mit $P \in S$. Man beweise das fundamentale

Substitutionslemma. $S \Vdash_\alpha P \Leftrightarrow sP \in S \quad (P \in \mathcal{L}; \ S \in g)$.

Hinweis. Unwesentliche Verallgemeinerung des Substitutionslemmas § 2.

3. Sei $\mathbf{E}$ die kleinste konservative Modallogik, $\mathbf{C}$ die Klasse aller N-Strukturen g mit
   $g^\alpha = g$. Man zeige $\mathbf{E} = \mathbf{LC}$.

4. Man zeige, es gibt eine nichtnormale Modallogik $\mathbf{L}$ mit $\Box p \wedge \Box q \leftrightarrow \Box (p \wedge q) \in \mathbf{L}$
   und $\mathbf{L}$ ist abgeschlossen gegenüber MN (d.h. also $\Box (p \rightarrow q) \overset{\cdot}{\rightarrow} \Box p \rightarrow \Box q \notin \mathbf{L}$).

5*. (Problem). Es bezeichne $\mathcal{N}^c$ den Verband der vollständigen $\mathbf{L} \in \mathcal{N}$, sowie $\mathcal{N}^v$ den
    Verband der bzgl. Nachbarschaftssemantik vollständigen $\mathbf{L} \in \mathcal{N}$. Es ist $\mathcal{N}^c \subset \mathcal{N}^v \subset \mathcal{N}$
    (aber $\mathcal{N}^c, \mathcal{N}^v$ sind nicht etwa Subverbände von $\mathcal{N}$). Man gebe Strukturanalysen von
    $\mathcal{N}^c$ und $\mathcal{N}^v$.

Vergleichende Modelltheorie

Durch Konstruktion spezieller Modelle wurde gezeigt, daß sich gewisse in der Sprache $\mathcal{L}^1$
der ersten Stufe über die Strukturen $\mathbf{G}$ ausdrückbare Eigenschaften nicht modal beschreiben lassen. Zum Beispiel gibt es keinen adäquaten modalen Ausdruck für die Irreflexivität
von Strukturen. Ebensowenig gilt, daß modale Eigenschaften immer in Eigenschaften der
1. Stufe übersetzt werden können. Fragen dieser Art betreffen die Beziehungen verschiedener Sprachen über die Klasse $\mathbf{G}$, und gehören zu den Zentralthemen der Modelltheorie.
Daher wollen wir einige Informationen hierüber mitteilen.

In diesem Abschnitt sei $\mathcal{L}^\Box$ die modale Sprache und $\mathcal{L}^1$ die Sprache der 1. Stufe für $\mathbf{G}$
(mit den Grundprädikaten $=, \vartriangleleft$). Aus dieser entsteht durch Hinzufügen des Mengenprädi-
kats $\in$ und von Mengenvariablen die (monadische) Sprache $\mathcal{L}^2$ der 2. Stufe für $\mathbf{G}$. Wesentlich für jede Sprache $\mathcal{L}$ über $\mathbf{G}$ ist, daß eine Gültigkeitsrelation $\models^g \varphi$ für Aussagen $\varphi \in \mathcal{L}$
erklärt ist. Damit ist auch in natürlicher Weise eine *Folgerungsrelation*

$$\models^{\mathcal{L}} : X \models^{\mathcal{L}} \varphi \quad \text{gdw} \quad \models^g X \Rightarrow \models^g \varphi \quad \text{für alle } g \in \mathbf{G} \quad (X \subseteq \mathcal{L}; \varphi \in \mathcal{L})$$

gegeben. Die Klassen $\mathbf{Mod}^{\mathcal{L}} \varphi := \{ g \in \mathbf{G} \mid \models^g \varphi \}$ heißen die $\mathcal{L}\mathbf{EC}$-*Klassen*. Eine Eigenschaft $\&$
ist *ausdrückbar in einer Sprache* $\mathcal{L}$, wenn die Klasse $\mathbf{K}$ der $g \in \mathbf{G}$ mit der Eigenschaft $\&$
eine $\mathcal{L}\mathbf{EC}$-Klasse ist, kurz $\mathbf{K} \in \mathcal{L}\mathbf{EC}$. Sind $\mathcal{L}, \mathcal{L}'$ Sprachen über $\mathbf{G}$ mit $\mathbf{K} \in \mathcal{L}\mathbf{EC} \Rightarrow \mathbf{K} \in \mathcal{L}'\mathbf{EC}$
für alle $\mathbf{K} \subseteq \mathbf{G}$, so heißt $\mathcal{L}'$ *ausdrucksfähiger* als $\mathcal{L}$. $\mathbf{K} \subseteq \mathbf{G}$ heißt eine $\mathcal{L}\mathbf{EC}_\Delta$-*Klasse*, wenn $\mathbf{K}$
der Durchschnitt von $\mathcal{L}\mathbf{EC}$-Klassen ist, kurz $\mathbf{K} = \mathbf{Mod}\, X := \underset{\varphi \in X}{\bigcap} \mathbf{Mod}\, \varphi$ für gewisses $X \subseteq \mathcal{L}$.

Die $\mathbf{K} \in \mathcal{L}\mathbf{EC}_\Delta$ entsprechen gerade den Modellklassen für Theorien über $\mathbf{G}$ in der Sprache $\mathcal{L}$.
Vereinigungen von $\mathcal{L}\mathbf{EC}$-Klassen heißen $\mathcal{L}\mathbf{EC}_\Sigma$-*Klassen*, kurz $\mathbf{K} \in \mathcal{L}\mathbf{EC}_\Sigma$. Durchschnitte
von $\mathcal{L}\mathbf{EC}_\Sigma$-Klassen heißen $\mathcal{L}\mathbf{EC}_{\Sigma\Delta}$-Klassen usw. Statt $\mathbf{K} \in \mathcal{L}^1\mathbf{EC}$ schreibt man traditions-
gemäß $\mathbf{K} \in \mathbf{EC}$ ($\mathbf{K}$ ist eine *elementare Klasse*). Nach unseren Feststellungen muß eine
$\mathbf{EC}$-Klasse (z.B. die der irreflexiven Strukturen) weder eine $\mathcal{L}^\Box\mathbf{EC}$-Klasse sein, noch muß
eine $\mathcal{L}^\Box\mathbf{EC}$-Klasse (z.B. die aller terminalen Ordnungen) eine $\mathbf{EC}$-Klasse sein; sie muß nicht
einmal eine $\mathbf{EC}_\Delta$-Klasse sein, vermutlich auch nicht $\mathbf{EC}_{\Delta\Sigma}$ usw. $\mathcal{L}^\Box$ und $\mathcal{L}^1$ sind also hinsichtlich Ausdrucksfähigkeit im angegebenen Sinne unvergleichbar. Die Möglichkeit der
Kennzeichnung gewisser $\mathbf{EC}$-Klassen, z.B. Präordnungen, als $\mathcal{L}^\Box\mathbf{EC}$-Klassen (im vorliegenden Beispiel die Konjunktion aller Axiome von $\mathbf{S4}$) muß demnach als eine zufällige angesehen werden.

Aus der Modelltheorie ist folgende Charakterisierung von **EC**-Klassen bekannt:

K $\in$ **EC**$_\Delta$ gdw **K** ist abgeschlossen gegenüber Isomorphismen und Ultraprodukten,
$\qquad$ kurz $\mathrm{I}\mathbf{K} \subseteq \mathbf{K}$ und $\mathbf{P}_u\,\mathbf{K} \subseteq \mathbf{K}$.

K $\in$ **EC** gdw $\mathrm{I}\mathbf{K} \subseteq \mathbf{K}$, $\mathbf{P}_u\,\mathbf{K} \subseteq \mathbf{K}$ und $\mathbf{P}_u\setminus\mathbf{K} \subseteq \setminus\mathbf{K}$.

Wir erwähnen folgendes interessante Resultat über $\mathcal{L}^\square$**EC**-Klassen[1].
Sei **K** $\in \mathcal{L}^\square$**EC**. Dann sind folgende Eigenschaften alle äquivalent

(i)$\quad$ **K** $\in$ **EC**
(ii)$\quad$ **K** $\in$ **EC**$_\Sigma$
(iii)$\quad$ **K** $\in$ **EC**$_\Delta$
(iv)$\quad$ **K** $\in$ **EC**$_{\Sigma\Delta}$
(v)$\quad$ **K** ist abgeschlossen gegenüber Ultraprodukten
(vi)$\quad$ **K** ist abgeschlossen gegenüber Ultrapotenzen.

Die Äquivalenz von (iii)–(vi) gilt auch noch für $\mathcal{L}^\square$**EC**$_\Delta$-Klassen[2].

Die Sprache $\mathcal{L}^2$ ist ausdrucksfähiger als $\mathcal{L}^\square$. Es gibt nämlich eine Übersetzung $\tau\colon \mathcal{L}^\square \to \mathcal{L}^2$,
so daß **Mod** P = **Mod** P$^\tau$. Wir erklären dies am Beispiel. Sei P := $\square$ p $\to$ p. Die Übersetzung
lautet: „Für alle a $\subseteq$ g ist $\blacksquare$ a $\subseteq$ a", und dies darf man sprachliche Umschreibung der $\mathcal{L}^2$-
Formel P$^\tau$ = $\forall$ S $\forall$ a $\forall$ S' (S $\in$ a $\land$ S $\lhd$ S' $\to$ S' $\in$ a) ansehen. Im vorliegenden Falle ist
Mod P = **Mod** P$^\tau$ = **Gr** zufällig auch eine **EC**-Klasse.

In THOMASON [75] wurde gezeigt, daß die normale modale Semantik in einem speziellen
Sinne nicht weniger kompliziert ist als die Semantik der 2. Stufe. Es gibt nämlich eine
effektive Übersetzung $\sigma\colon \mathcal{L}^2 \to \mathcal{L}^\square$ und eine spezielle Formel Q* $\in \mathcal{L}^\square$, so daß X $\models^{\mathcal{L}^2} \varphi \Leftrightarrow$ X$^\sigma$;
Q* $\models^{\mathcal{L}^\square} \varphi^\sigma$. Insbesondere $\models^{\mathcal{L}^2} \varphi \Leftrightarrow$ Q* $\models^{\mathcal{L}^\square} \varphi^\sigma$. Die modale Theorie **K**(Q*) ist semantisch
so kompliziert wie die Logik der 2. Stufe.

Noch eine nützliche Bemerkung, die ein Spezialfall eines allgemeinen modelltheoretischen
Verständnisses von KRIPKE-Semantiken mit elementar definierbaren Akzeptanzbedingun-
gen nach DAHN [73] ist. Zwar ist i.a. **Md** P $\notin$ **EC** (P $\in \mathcal{L}^\square$), aber in gegebenen KRIPKE-
Modellen μ = (g, α) läßt sich das Prädikat „S $\Vdash_\alpha$ P" dennoch elementar beschreiben. Dazu
erweitere man die Sprache $\mathcal{L}^1$ um die Prädikatenkonstanten **p** (p $\in$ V) zu einer Sprache $\mathcal{L}^1_V$.
„S $\Vdash$ P" werde wie folgt als Formel $\varphi_P = \varphi_P(S) \in \mathcal{L}^1_V$ interpretiert: „S $\Vdash$ p" sei **p**(S) für
p $\in$ V. „S $\Vdash_\alpha \neg$ P" sei $\neg \varphi_P$. „S $\Vdash$ P $\land$ Q" sei $\varphi_P \land \varphi_Q$ usw. „S $\Vdash \square$ P" sei
$\forall$ T (S $\lhd$ T $\to \varphi_P$(T)). Folglich ist z.B. das Prädikat „μ ist Modell für X" (X $\subseteq \mathcal{L}^\square$) gleich-
wertig mit der Erfüllbarkeit von $\{\varphi_P | P \in X\}$. Für die Erfüllungsrelation in $\mathcal{L}^1_V$ gelten nun
die bekannten modelltheoretischen Grundtatsachen für Sprachen 1. Stufe. Das Kriterium
S. 234 erhält man so z.B. als eine simple Anwendung des Satzes von LÖWENHEIM/SKOLEM.
Übung 2 gibt einen direkten Beweis mittels einer Ultraproduktkonstruktion, die sich bei
genauerem Hinsehen auch als Ultraproduktkonstruktion in $\mathcal{L}^1_V$ verstehen läßt.

---

[1]$\quad$ van BENTHEM [76]
[2]$\quad$ GOLDBLATT [77]

Übungen[1])

1. Sei $(\mu_i)_{i \in I}$ eine Familie von **K**-Modellen, $\mu_i = (g_i, \alpha_i)$, $g_i \in \mathbf{G}$, $\alpha_i: V \to 2^{g_i}$ eine Belegung $(i \in I)$. U sei ein Ultrafilter auf 2^I. Das Ultraprodukt $\mu^* := (g^*, \alpha^*) := \prod_{i \in I}^U \mu_i$ wird wie folgt erklärt: $g^* := \prod_{i \in I}^U g_i$ ist das Ultraprodukt der $(g_i)_{i \in I}$. Sei $S_i \in g_i$ $(i \in I)$. Dann bezeichne $[S_i]$ das von $(S_i)_{i \in I}$ in g^* bestimmte Element. $\alpha^*: V \to 2^{g^*}$ sei derart, daß $[S_i] \in \alpha^* p \Leftrightarrow \{i \mid S_i \in \alpha_i p\} \in U$.

   Diese Erklärung von α^* ist repräsentantenunabhängig (beweisen!). Man zeige durch Induktion über P

$$[S_i] \Vdash_{\alpha^*} P \quad \text{gdw.} \quad \{i \mid S_i \Vdash_{\alpha_i} P\} \in U \ .$$

   Daraus schließe man $P \in Lg^* \Rightarrow P \in Lg_i$ für fast alle $i \in I$ (d.h. $\{i \mid P \in Lg_i\} \in U$). Die Umkehrung gilt i.a. nicht!

2. Man beweise das Kriterium in § 5, S. 234.

   Hinweis. Sei $L = LK$, **K** elementar. Dann $\mathbf{P}_u K \subseteq K$. L ist vollständig. Daher genügt Nachweis, daß $\models^L$ kompakt ist. Sei $X = \{P_i \mid i \in \omega\} \subseteq \mathcal{L}$, $\mu_n = (g_n, \alpha_n)$ Modell für $\{P_0,...,P_n\}$, $g_n \in \mathbf{K}$, U Ultrafilter auf ω mit $\{n\} \notin U$ für alle n. Dann ist $\prod_{i \in \omega}^U \mu_i$ Modell für X in **K**.

3. Man zeige

   (a) $\mathbf{K} \in \mathcal{L}^\square EC \Rightarrow \mathbf{P}_u \setminus K \subseteq K$.

   (b)   Ist $\mathbf{K} \in \mathcal{L}^\square EC_\Delta$, dann ist **K** abgeschlossen gegenüber Ultrapotenzen.

   (c)   Ist $\mathbf{K} \in \mathcal{L}^\square EC$, dann $\mathbf{K} \in EC \Leftrightarrow \mathbf{P}_u K \subseteq K$.

   (d)   Ist $\mathbf{K} \in \mathbf{L}^\square EC_\Delta$, dann $\mathbf{K} \in EC_\Delta \Leftrightarrow \mathbf{P}_u K \subseteq K$.

   Hinweis. (a): Sei $\mathbf{K} = \mathbf{Mod}^{\mathcal{L}^\square} P$ und $g_i \in \setminus K$ $(i \in I)$, sowie U Ultrafilter in 2^I. Dann $\{i \mid \models^{g_i} P\} = \emptyset \notin U$, also $\not\models^{g^*} P$, d.h. $g^* \in \setminus K$. (b): Analog zu (a), (c) und (d) sind einfache Folgerungen von (a), (b) und der Charakterisierung von **EC**'s und $\mathbf{EC}_\Delta$'s im Text.

4. Sei $\mathbf{L} \supseteq \mathbf{K}^m$. Man zeige, ist **L** $\dot{\mathrm{V}}$-vollständig (= HALLDEN-vollständig, z.B. **M**, **S4**, **Gr** u.a.), so ist $\mathbf{L} = \mathbf{LA}$ für gewisses $A \in \mathbf{Md}_{s.i.} \mathbf{L}$. (Die Umkehrung gilt nicht; z.B. ist **G** nicht $\dot{\mathrm{V}}$-vollständig, besitzt aber eine adäquate s.i. Algebra.)

   Hinweis. Kriterium S. 155 zeigt $\mathbf{P}_u \mathbf{Md}_{s.i.} \mathbf{L} \subseteq \mathbf{Md}_{s.i.} \mathbf{L}$. Sei $(P_n)_{n \in \omega}$ Aufzählung von $\mathcal{L} \setminus L$, o.B.d.A. $VP_n \cap VP_m = \emptyset$ $(n \neq m)$. Sei $\mathcal{L}^1$ Sprache 1. Stufe für Modalalgebren mit Individuenkonstanten p_i $(i \in \omega)$. Wähle s.i. Gegenmodell A_n für P_n. Familie der $I_n := \{i \in \omega \mid A_i \not\models P_n \neq 1\}$ hat endliche Durchschnittseigenschaft. Wähle Ultrafilter U auf ω mit $I_n \in U$. $\prod_{i \in \omega}^U A_i$ ist L-adäquat.

---

[1]) Für diese Übungen wird Vertrautheit mit dem Ultraprodukt vorausgesetzt.

Kapitel V
Intuitionistische Logik und verwandte logische Systeme

Intuitionismus im Sinne von BROUWER [19] ist eine Auffassung, nach der gedankliche Konstruktionen (mental constructions), wie sie z.B. die Mathematik vornimmt, nur auf der Grundlage unmittelbar konkreter Anschauung einen wirklichen Sinn haben. Besonders kritisch verhält sich der Intuitionismus den Existenzbeweisen nach der Methode der *reductio ad absurdum* gegenüber, wie in § 1 noch etwas näher dargelegt wird.

Die Voraussetzungen für die Begründung einer Logik *aus intuitionistischer Sicht* sind von vornherein andere, als bei klassischem Verständnis von Abstraktion. Wir wollen hier nicht diese Voraussetzungen aus der Sicht eines Intuitionisten im einzelnen darlegen. Unser Ziel ist vielmehr die Präzisierung gewisser Aspekte des Intuitionismus auf dem Boden klassischer Auffassungen.

Vorgegeben ist ein formales System, welches das formale System der intuitionistischen Aussagenlogik heißt. Ziel ist die Entwicklung eines adäquaten semantischen Konzepts, das wesentliche Elemente der intuitionistischen Philosophie in gewohnt abstrakter Weise präzisiert, ähnlich wie das Konzept der relativistischen Semantik für die modalen Logiken es vermocht hat. Diese Aufgabe darf durch die Präzisierung des in § 1 recht ausführlich erörterten Konzepts der *Ergebnisstadien der mental constructions* nach KRIPKE [65] und GRZEGORCZYK [64] als zufriedenstellend gelöst gelten. Hauptergebnis von § 1 ist der Nachweis der Vollständigkeit des formalen Systems der intuitionistischen Aussagenlogik bzgl. dieses Konzepts; ferner behandelt § 1 einige damit zusammenhängende Möglichkeiten der modalen Interpretation der intuitionistischen Logik.

§ 2 enthält die Beschreibung eines vollständigen Tableau-Kalküls der zugleich ein einfaches Entscheidungsverfahren für die intuitionistische Aussagenlogik darstellt. Ein solches gewinnt man allerdings auch durch Reduktion auf das Entscheidungsproblem für **S4**, wie überhaupt viele der modelltheoretischen Untersuchungen intermediärer Systeme als Spezialfälle derjenigen über die Erweiterungen von **S4** verstanden werden können. Den Tableau-Kalkül nutzen wir u.a. zur Erstellung des Ordnungsdiagramms der 1-freien I-Algebra, das für die Untersuchungen in § 4 eine wichtige Rolle spielt.

§ 3 ist der algebraischen und ihrer Beziehung zur relationalen Semantik gewidmet, vor allem im Hinblick auf die Betrachtung intermediärer Logiken. Diese zwischen der klassischen und intuitionistischen Logik gelegenen Logiken widerspiegeln ein mehr oder weniger klassischen Vorstellungen angenähertes Verständnis der üblichen Aussageverknüpfungen. Mit dem Verband dieser Logiken und dem Verband der Erweiterungen der Minimallogik befaßt sich § 4.

Viele der Darlegungen in den §§ 1—4 sind nur leichte Modifikationen entsprechender Untersuchungen über die Modallogik in Kap. IV. Daher werden wir uns gelegentlich kurz fassen. Insbesondere übertragen sich die Techniken der Konstruktion spezieller Modelle ohne jede Änderung; sie vereinfachen sich insofern, als man ja von vornherein nur Präordnungen zu betrachten braucht.

§ 5 schließlich behandelt eine um die strenge oder konstruktive Negation erweiterte Variante der intuitionistischen Logik. Diese ist ausdrucksfähiger und steht in engem Zusammenhang mit gewissen konstruktiven Konzeptionen einer Begründung der Mathematik. Die dort behandelte Logik Lc ist allerdings nur ein Beispiel aus einer Vielzahl möglicher konservativer Erweiterungen der intuitionistischen Logik. In der Literatur sind auch zahlreiche andere Systeme betrachtet worden.

Zentralthema dieses Kapitels ist der Verband $\mathcal{H}$ der intermediären Logiken. Natürlich kann nicht alles behandelt werden, was in den 20 Jahren des Studiums von $\mathcal{H}$ an Einsichten zutage gefördert worden ist. Aber wir hoffen, trotz des Verzichts auf eine straff organisierte mathematische Darstellung dem Leser einen Einblick in die wesentlichen Erkenntnisse und Methoden zu vermitteln. Eines der fundamentalen Ergebnisse war die Entdeckung unendlicher Systeme streng unabhängiger Formeln (JANKOV [68]). Damit war klar, daß die Struktur von $\mathcal{H}$ wesentlich komplizierter ist als vorher angenommen worden war. Diese Einsicht wird bestätigt durch ein weiteres grundlegendes Resultat, nämlich die von SHECHTMAN [77] bewiesene Unvollständigkeit der intermediären KRIPKE-Semantik. Damit befinden wir uns in der intermediären Semantik prinzipiell in der gleichen Situation wie in der Modallogik. Dieser Umstand läßt es natürlich erscheinen, ähnlich wie in der Modallogik zu verfahren, nämlich das anschauliche Konzept der KRIPKE-Semantik mit dem angesichts des Unvollständigkeitsphänomens unverzichtbaren algebraischen Semantik zu verbinden. Dieses Konzept einer „weichen KRIPKE-Semantik" findet seinen Ausdruck in dem in § 3 eingeführten Begriff einer verallgemeinerten I-Struktur, das dem einer verallgemeinerten Struktur in der Modallogik völlig analog ist.

§ 1 Semantik und Vollständigkeit der intuitionistischen und minimalen Logik

Bereits in Kap. II wurden der Si-Kalkül und der Sj-Kalkül als formale deduktive Systeme eingeführt, die gewissen Minimalforderungen bezüglich der Funktoren $\wedge, \vee, \rightarrow, \neg$ entsprechen. Wir sagen zunächst einiges über diese Systeme im Lichte einer Kritik der klassischen Logik und präzisieren sodann das semantische Konzept der Konstruktionsstadien. Anschließend beweisen wir dessen Vollständigkeit, wobei wir uns die Vorarbeit in Kap. II zunutze machen. Die Minimallogik wird am Rande mitbehandelt. Abschließend wird dargelegt, inwieweit die intuitionistische als ein Spezialfall modaler Logik verstanden werden kann.

Das Konzept der Stadien gedanklicher Konstruktionen und seine Präzisierung

Intuitionistische Aussagenlogik (im engeren Sinne) ist die Logik $\mathbf{Li}$, des kleinsten I-Systems $\vdash^i$ in allen Funktoren $\neg, \wedge, \vee, \rightarrow$, das in Kap. II/§ 3 definiert wurde. Als Axiomen-Regel-Kalkül läßt sich $\mathbf{Li}$ als Menge der Formeln erklären, die man mittels MP aus dem Axiomensystem Ai, bestehend aus den Formelschemata (A1), ..., (A6), (A7j), (A7i) herleiten kann (siehe Kap. II). Ai ist gleichwertig mit dem ursprünglich in HEYTING [30] angegebenen Axiomensystem.

Die *Minimallogik* $\mathbf{Lj}$ ist die Logik des kleinsten J-Systems in $\neg, \wedge, \vee, \rightarrow$, das durch den Sj-Kalkül (Kap. II) charakterisiert ist und mit $\vdash^j$ bezeichnet wurde. Ein Axiomensystem Aj für $\mathbf{Lj}$ entsteht aus Ai durch Weglassen von (A7i). $\vdash^i$ bzw. $\vdash^j$ heißen das *intuitionistische* bzw. das *Minimalsystem*.

$\mathbf{Li}$ und $\mathbf{Lj}$ sind positiv implikativ. Daher ist

$$\equiv_i: P \equiv_i Q \ \text{gdw}\ P \vdash^i Q \ \text{und}\ Q \vdash^i P \quad (P, Q \in \mathcal{L})$$

eine $\mathbf{Li}$-Kongruenz, und dasselbe gilt für die analog definierte Relation $\equiv_j$ (vgl. auch Kap. II). Um eine behauptete I-Äquivalenz zu bestätigen (z.B. $\neg (P \vee Q) \equiv_i \neg P \wedge \neg Q$) bedient man sich am einfachsten des Deduktionstheorems. Eine solche zu widerlegen (z.B. $\neg (p \wedge q) \not\equiv_i \neg p \vee \neg q$) ist weniger einfach; entsprechende Methoden, z.B. die Konstruktion von Gegenmodellen, oder der intuitionistische Tableau-Kalkül, werden im Verlaufe der Ausführungen noch behandelt werden.

Sowohl in $\vdash^i$ als auch in $\vdash^j$ gilt die Regel ($\neg$ j): $\dfrac{X; P \vdash Q \mid X; P \vdash \neg Q}{X \vdash \neg P}$. Sie verkörpert eine schwache Form des Prinzips der reductio ad absurdum und sei in diesem Zusammenhang das *1. Negationsprinzip* genannt. Ein zweiter wesentlicher Aspekt der intuitionistischen Negation ist die Kennzeichnung der Inkonsistenz einer Formelmenge durch die Beweisbarkeit einer Aussage und ihrer Negation. Dieser Aspekt wird durch die Regel

($\neg$ i): $\dfrac{X \vdash P \mid X \vdash \neg P}{X \vdash Q}$ *(ex contradictione sequitur quodlibet)* verkörpert und heiße das *2. Negationsprinzip.* Aus beiden Prinzipien folgt noch nicht das *klassische* (oder das 3.) Negationsprinzip, nämlich das Prinzip des indirekten Beweisens. Die dieses Prinzip verkörpernde Regel ($\neg$ k): $\dfrac{X; \neg P \vdash Q, \neg Q}{X \vdash P}$ gilt nicht für $\vdash^i$, wie anhand der dreiwertigen

Matrix D_i gezeigt wurde. Das 1. und 2. Negationsprinzip sind anderseits Konsequenzen des 3. Negationsprinzips, wie bereits in Kap. II/§ 3 dargelegt worden ist.

Um ein instruktives Beispiel für die Rolle des 3. Negationsprinzips in der klassischen Metalogik zu geben, möge sich der Leser davon überzeugen, daß z.B. die Existenzbehauptung im Endlichkeitssatz für Modelle unendlicher Formelmengen (Kap. I) nur durch die Anwendung des 3. Negationsprinzips (in der Metalogik) überhaupt zustande gekommen ist. Bedeutet nun eine Kritik an dem vorgeführten Beweis, daß dieser unzureichend sei? Intuitionistischen Schlußweisen zufolge wäre folgendes gezeigt worden, wobei wir jetzt einmal von der Problematik unendlicher Mengen in der intuitionistischen Mathematik gänzlich absehen: *es ist nicht so, daß das Modell nicht existiert.*

Leider läßt die natürliche Sprache unmißverständlichen Äußerungen in einer vom 3. Negationsprinzip unabhängigen Logik gewissermaßen nur zwangsweisen Spielraum. Dennoch ist ein unterschiedlicher Sinn der Formulierungen nicht zu verkennen. Zurückweisung der Kritik bedeutet also Anerkennung des 3. Negationsprinzips.

Zur intuitionistischen Logik gehört nicht die Formel $p \vee \neg p$, wie bereits in Kap. III nachgewiesen wurde. Sie verkörpert das Prinzip der tertium non datur. Bereits in Kap. II wurde gezeigt, daß $\neg\neg P \in \mathbf{Li}$, falls $P \in \mathbf{Lk}$. Daher ist z.B. $\neg\neg(P \vee \neg P) \in \mathbf{Li}$. Diese Formel ist ein gewisser Ersatz für das fehlende tertium non datur. Dieses Fehlen wird zuweilen als der wesentliche Unterschied zwischen klassischer und intuitionistischer Logik angesehen. Tatsächlich handelt es sich nur um *einen* Aspekt dieses Unterschieds.

Es sollte an dieser Stelle erwähnt werden, daß die Kritik der Intuitionisten nicht nur die klassische Logik in ihrer Anwendung auf unendliche Gesamtheiten betrifft. Schon eine Formalisierung intuitionistischer Logik ist vom Standpunkt eines ernstmeinenden Intuitionisten eine höchst fragwürdige Angelegenheit. Wir müssen es mit diesen Andeutungen genug sein lassen, und verweisen den Leser insbesondere auf die lehrreichen Dialoge in HEYTING [71].

In der Minimallogik wird nun auch das zweite Negationsprinzip aufgegeben. Dies impliziert eine Auffassung über Negation, die an die in Kap. IV diskutierte dialektische Negation erinnert. Wir werden dies später noch erläutern.

In der intuitionistischen Logik ist auch die Auffassung über Implikation eine andere als die klassische. So beinhaltet z.B. die in $\mathbf{Li}$ leicht beweisbare Formel $P \wedge (P \to Q) \to Q$ (die im ursprünglichen Axiomensystem von HEYTING sogar als Axiom erscheint) etwa folgendes: Wenn ein konstruktiver und zweifelsfreier (d.h. von keiner Position her anfechtbarer) Beweis für die Behauptung P vorgelegt wird, und außerdem ein Beweis vorgelegt wird, der einen Beweis von P zu einem solchen von Q ergänzt, dann ist Q bewiesen.

Aus diesen Ausführungen ergibt sich ein inhaltlicher Ansatz einer Semantik, der mit der relativistischen Semantik für die Modallogik eine gewisse, aber keine vollständige Übereinstimmung aufweist. Zunächst einmal ist eine Aussage nicht von vornherein wahr oder falsch, sondern ihre Akzeptanz ist eine *bedingte,* von einer Situation abhängige. Der Unterschied zur Modallogik besteht in drei Punkten:

1. Der Akzeptanzbegriff ist rigoroser Natur. Eine einmal akzeptierte Aussage bleibt in nachfolgenden Situationen akzeptiert. Dabei sind Situationen etwa gleichzusetzen mit Erkenntnisstadien, etwas genauer, mit den *aktuellen oder künftig möglichen Stadien unseres gesicherten Erfahrungsschatzes*. Berücksichtigt man, daß sich die Bedeutung der intuitionistischen Logik gegenwärtig noch auf die Mathematik und ihre philosophischen Grundlagen beschränkt, kann man das Situationsverständnis noch etwas präzisieren: Situationen sind „Stadien eines umfassenden Entwicklungsprogramms gedanklicher Konstruktionen, die jeder Kritik standhalten."

   Es kann nicht von vornherein behauptet werden, daß sich ein solches Entwicklungsprogramm in determinierter Weise verläuft; daher sind Verzweigungen von Erkenntnissituationen durchaus in Rechnung zu stellen. Solche Verzweigungen können u.a. auch dadurch bedingt sein, daß keine unbedingte Übereinkunft über die Zulässigkeit gewisser gedanklicher Konstruktionen erzielt wird. Im übrigen aber ist die Folgebeziehung der Situationen eine Ordnung, d.h. sie ist reflexiv, transitiv und antisymmetrisch[1]).

2. Die Nichtakzeptanz einer Aussage P in einer Situation S bedeutet nicht automatisch dasselbe wie die Akzeptanz von ¬ P. Die Nichtakzeptanz heißt vielmehr, daß ausreichende Gründe *für* die Akzeptanz von P bislang nicht angegeben worden sind. ¬ P wird in S nur dann akzeptiert, wenn weiteres Fortschreiten der Entwicklung die Akzeptanz von P grundsätzlich ausschließt, und zwar dadurch, daß in S ein Beweis dafür vorgelegt wurde, daß P das Absurde impliziert.

3. P → Q wird in einer Situation S nur dann akzeptiert, wenn es grundsätzlich kein fortgeschrittenes Entwicklungsstadium geben kann, in welchem P, nicht aber Q akzeptiert werden. Dies bedeutet nichts anderes, als daß eine zweifelsfreie Bejahung von P unter allen Umständen eine zweifelsfreie Bejahung von Q impliziert.

Wir kommen nun zu einer rigorosen Präzisierung dieses Konzepts.

Definition. Eine Ordnung $g = (g, \leqslant)$ heißt auch eine I-*Struktur*. Die $S \in g$ heißen *Situationen* (oder *Stadien*). $\alpha: V \to 2^g$ heiße *monoton*, wenn $S \in \alpha p \Rightarrow S' \in \alpha p$ für alle S, S' mit $S \leqslant S'$. Monotone β heißen I-*Realisierungen*, kurz *Realisierungen* genannt.

Es bezeichne $A^0 g$ die Menge aller generierten Substrukturen von $g \in \mathbf{G}$. Offenbar ist $\beta: V \to 2^g$ eine I-Realisierung auf $g \in \mathbf{Or}$ genau dann, wenn $\beta p \in A^0 g$ für alle $p \in V$. Kurz, I-Realisierungen sind Abbildungen $\beta: V \to A^0 g$.

Sei nun $g \in \mathbf{Or}$, $\beta: V \to A^0 g$ fest gewählt. Es wird jetzt wie in Kap. IV eine Relation $S \Vdash P$ zwischen Situationen $S \in g$ und Formel P erklärt. (S *akzeptiert* oder *erzwingt* P; im Zweifelsfalle schreiben wir $S \Vdash_\alpha P$) zwischen Elementen $S \in g$ und Formeln in den Funktoren $\neg, \wedge, \vee, \to$. Es sei schon an dieser Stelle gesagt, daß das System dieser Funktoren nicht reduziert werden kann, es ist unabhängig (siehe S. 261).

---

[1]) Die Antisymmetrie ist eine unwesentliche Forderung. Der Verzicht darauf liefert im Endergebnis dasselbe (vgl. den Begriff der erweiterten I-Struktur, Seite 255).

Die Akzeptanzbedingungen für die I-Logik lauten wie folgt:

$$
\begin{array}{lll}
 & S \Vdash p & \text{gdw} \quad S \in \alpha\, p \\
[\neg\, i] & S \Vdash \neg\, P & \text{gdw} \quad S' \nVdash P \ \text{für alle}\ S' \geqslant S \\
[\wedge] & S \Vdash P \wedge Q & \text{gdw} \quad S \Vdash P \ \text{und}\ S \Vdash Q \\
[\vee\, i] & S \Vdash P \vee Q & \text{gdw} \quad S \Vdash P \ \text{oder}\ S \Vdash Q \\
[\rightarrow\, i] & S \Vdash P \rightarrow Q & \text{gdw} \quad S' \Vdash P \Rightarrow S' \Vdash Q \ \text{für alle}\ S' \geqslant S.
\end{array}
$$

Man sieht, die Akzeptanzbedingungen für $\neg$ und $\rightarrow$ nehmen — anders als in der Modallogik — Bezug auf die „künftigen" Situationen. Dies bedingt den prinzipiellen Unterschied zwischen intuitionistischer und klassischer Negation bzw. Implikation.

Eine erste wichtige Eigenschaft der I-Akzeptanzrelation ist, daß sich die Monotonie-Eigenschaft von den Primformeln auf alle Formeln überträgt. Es gilt also für alle Formeln P

$$(\text{Mon}) \quad S \Vdash P \Rightarrow S' \Vdash P \ \text{für}\ S \leqslant S' \quad (S, S' \in g)\,.$$

Der Beweis erfolgt durch Induktion über die Stufe von P. Er ist einfach und sei dem Leser als Übung überlassen. Ferner treffen wir in gewohnter Weise folgende Verabredungen.

Definition. $\vDash^g P$ (P ist *gültig* in $g \in \mathbf{Or}$), wenn $S \Vdash_\alpha P$ für alle $S \in g$, $\alpha\colon V \rightarrow A^0 g$. $Lg := \{P \in \mathcal{L} \mid \vDash^g P\}$ heiße die *Logik* der I-Struktur $g^1)$. P heißt I-*gültig*, symbolisch $\vDash P$, wenn $P \in Lg$ für alle I-Strukturen g.

Ein Tripel $\mu = (S, g, \alpha)$, $S \in g$, $\alpha\colon V \rightarrow A^0 g$ heißt ein I-*Modell für eine Formelmenge* X, wenn $S \Vdash_\alpha Q$ für alle $Q \in X$.$^2)$

Aus X *folgt* P *auf der Basis der intuitionistischen Logik*, symbolisch $X \vDash P$, wenn jedes I-Modell für X auch I-Modell für P ist.

Beispiel $\nVdash^i p \vee \neg\, p$. Man betrachte die Struktur $\boxed{\dot S \longrightarrow \dot T}$ und eine Realisierung α, so daß $S \nVdash p$, $T \Vdash p$. Offenbar ist auch $S \nVdash \neg\, p$, weil andernfalls sowohl $S \nVdash p$ als auch $T \nVdash p$ zu gelten hätte.

Betrachtet man Modelle über der Einpunktstruktur $\boxdot$, so entsprechen diese wieder den Modellen im klassischen Sinne, folglich ist jede I-gültige Formel auch klassisch gültig. Es gilt $\vDash^i \subseteq \vDash^i$. Diese wichtige Tatsache ergibt sich leicht durch den einfachen Nachweis, daß $\vDash^i$ die Eigenschaften $(\wedge\,a) - (\neg\,i)$ aus Kap. II hat, kurz, für $\vDash^i$ gelten alle Regeln des natürlichen Schließens für $\vdash^i$. Wegen der Darstellung $\vdash^i = \vdash^{MP}_{Ai}$ kann man auch so verfahren, alle Axiome von Ai als I-gültig nachzuweisen und sich zu überzeugen, daß die

---

1) Zur deutlicheren Unterscheidung mag die modale Logik von g von jetzt an mit $L^{\square}g$ bezeichnet werden.

2) Ohne Bezugnahme auf eine Formelmenge meint man mit einem I-Modell häufig nur ein Paar (g, α), $\alpha\colon V \rightarrow A^0 g$.

Anwendung von MP die I-Gültigkeit von Formeln bewahrt. Später beweisen wir $\models^i = \models_i$, d.h. die Adäquatheit des soeben definierten semantischen Konzepts.

I-Strukturen g, g' heißen *äquivalent* (hinsichtlich I-Semantik), wenn $Lg = Lg'$. Zum Beispiel ist $L \boxdot = L \boxed{\cdot}$. Analog definiert man die Äquivalenz von Klassen oder Mengen von I-Strukturen.

Ganz wie in der Modallogik beweist man leicht, daß jede Klasse von I-Strukturen einer Klasse initialer I-Strukturen äquivalent ist. Dies ergibt die schon aus der Modallogik bekannte Tatsache, daß die Akzeptanz einer Formel P in einem Stadium S nur abhängt von der Akzeptanz der Subformeln von P in „künftigen" Stadien. Insbesondere ist damit $Lg = \bigcap \{Lh \mid h \in A^0 g\}$.

Übungen

1. Man beweise die Monotonie-Eigenschaft (Mon).

2. Man zeige $\neg \neg p \vee \neg p \notin Li$ und $\neg (p \wedge q) \to \neg p \vee \neg q \notin Li$, also auch
   $\neg (p \wedge q) \not\equiv_i \neg p \vee \neg q$.
   Hinweis. Beide Formeln gehören nicht zu Lf, $f := \boxed{\cdot\!\!\!<^{\textstyle\cdot}_{\textstyle\cdot}}$ die „Forke".

3. Man zeige $\models^i P$ genau dann, wenn $P \in Lg$ für alle initialen I-Strukturen. Allgemeiner zeige man, jede Klasse $\mathbf{K}$ von I-Strukturen ist einer Klasse $\mathbf{K}'$ von initialen I-Strukturen gleichwertig.

4. Eine Präordnung g heiße eine *erweiterte I-Struktur*. Sei $\bar{g}$ die von g induzierte Ordnung der Lokalklassen von g. Man zeige, $Lg = L\bar{g}$. Vom Standpunkt ihrer Logik ist also eine Präordnung — anders als in der Modallogik — äquivalent mit der Ordnung ihrer Lokalklassen.
   Hinweis. Beachte $S \Vdash p \Leftrightarrow S' \Vdash p$ für alle S, S' innerhalb einer Lokalklasse von g.

5. Man füge das Falsum 0 zu den Funktoren und die Akzeptanzklausel $S \not\Vdash 0$ zu den Akzeptanzbedingungen hinzu. Man zeige $S \Vdash \neg P \Leftrightarrow S \Vdash P \to 0$. Mit anderen Worten, die intuitonistische Negation ist mittels $\to$ und 0 definierbar. Dies steht in Übereinstimmung mit dem anfänglich erläuterten Gebrauch der intuitionistischen Negation: Eine negierte Aussage $\neg P$ wird genau dann akzeptiert, wenn P das Falsum (als Verkörperung des Absurden) impliziert. Umgekehrt ist das Falsum auch durch $\neg$, $\to$ definierbar z.B. in der Weise $0 := \neg (p \to p)$.

Relativistische Semantik für die Minimallogik

Der semantische Ansatz für die J-Logik ist nur eine unwesentliche Modifikation des Konzepts der I-Semantik. Der Unterschied läuft auf eine Abschwächung eines Begriffs von *absurd* hinaus. In den J-Strukturen kann es Situationen geben, die z.B. $p \wedge \neg p$ akzeptieren, sogenannte *nichtnormale* Situationen.

Definition. $g \in Or$ heiße eine J-*Struktur*, wenn in g eine generierte Substruktur g^* ausgezeichnet ist (die auch leer sein kann). Die $S \in g \setminus g^*$ heißen die *normalen*, die $S \in g^*$ die *nichtnormalen* Situationen von g. Die Akzeptanzklausel $[\neg\, i]$ wird durch die Klausel

$[\neg\, j]$: $S \Vdash \neg\, P$ gdw $S' \nVdash P$ für alle normalen $S' \geqslant S$

ersetzt. Dabei ist $\Vdash\, = \Vdash_\alpha$ mit $\alpha: V \to A^0\, g$.

Alle übrigen Begriffe werden unverändert übernommen.

Ist $S \in g^*$, so gibt es keine normalen $S' \geqslant S$, mit anderen Worten, die rechte Seite von $[\neg\, j]$ trifft in jedem Falle zu, unabhängig von P. Damit werden in nichtnormalen Situationen alle negierten Formeln akzeptiert. Man kann dies so deuten, daß die nichtnormalen Situationen S gewissen im Lichte gegenwärtiger Anschauungen nihilistischer Entwicklungsmöglichkeiten entsprechen, in denen das (gegenwärtig) Absurde akzeptiert wird. Das heißt jedoch nicht, daß in $S \in g^*$ alle Formeln akzeptiert werden (dies gilt nur für solche α, so daß $S \Vdash_\alpha p$ für alle $p \in V$).

Man kann die Verhältnisse klarer durchschauen, wenn man dem Begriff *absurd* einen neuen, abgeschwächten Sinn gibt: Es sei g eine I-Struktur und A eine gegenwärtig als absurd empfundene Aussage, wobei aber nicht grundsätzlich auszuschließen ist, daß A eines Tages akzeptiert werden wird[1]) (relative Absurdität). Bezeichnet man diejenigen Situationen in g als normal, in denen A akzeptiert wird, erhält man gerade eine J-Struktur. In den nichtnormalen Situationen dieser Struktur wird $\neg\, P = P \to A$ für alle P akzeptiert, was für alle dort akzeptierten Formeln P die gleichzeitige Akzeptanz von P und $\neg\, P$ bedeutet.

Trotz des erheblichen philosophischen Interesses, daß die Minimallogik beansprucht, werden wir uns im folgenden auf die intuitionistische Logik konzentrieren. Das meiste läßt sich allerdings nahezu wörtlich auf die Minimallogik übertragen.

Übungen

1. In dieser Übung betrachten wir die mit den Funktoren $\wedge, \vee, \to, 0$ (Falsum) aufgebauten Formeln. Sei g eine J-Struktur. Die Negationsklausel $[\neg\, j]$ wird durch die Klausel

   $[oj]$ $S \Vdash 0$ gdw $S \in g^*$

   ersetzt. Der Funktor $\neg$ wird definitorisch durch $\neg\, P := P \to 0$ eingeführt. Man beweise die Akzeptanzklausel $[\neg\, j]$.

2. Man zeige $X \nvdash^j P \Rightarrow X \nvDash^j P$.

3. Man zeige, die I-gültigen Formeln $\neg\, p \to p \to q$ und $p \wedge \neg\, p \to q$ sind nicht J-gültig.

   Hinweis. Widerlegung in der einelementigen nichtnormalen Welt.

---

[1]) Beispiel einer solchen Aussage: Das mengentheoretische Axiomensystem ZF ist widerspruchsvoll. Oder aus dem politischen Bereich: Sämtliche Staaten werden unter allen Umständen die elementaren Menschenrechte respektieren.

4. Sei $\bar{g}$ eine Kontraktion einer I-Struktur g (Kap. IV). Man zeige $Lg \subseteq L\bar{g}$. Das analoge beweise man auch für J-Strukturen g, wobei natürlich normale nicht mit nichtnormalen Stadien kontrahiert werden dürfen.

   Hinweis. Zu jedem $\bar{\alpha}$: $V \to A^0\,\bar{g}$ existiert α: $V \to A^0 g$ mit $S \Vdash_{\alpha} P \Leftrightarrow \bar{S} \Vdash_{\bar{\alpha}} P$.

5. Sei g eine J-Struktur und $h \subseteq g^*$ generierte Substruktur g′ entstehe aus g durch Weglassen von h. Man zeige $Lg \subseteq Lg'$. „Weglassen" läßt sich als „Erlaubnis der Kontraktion nichtnormaler Situationen auf die leere Klasse" beschreiben.

   Beispiel: L $\boxed{\cdot\!\!\prec^{\!\!*}_{\cdot}}$ $\subseteq$ L $\boxed{\cdot\!\longrightarrow\!\cdot}$. Dabei bezeichne • normale, ∗ nichtnormale Situationen.

   Hinweis. Erweitere Realisierung α in g′ auf g so, daß $S \Vdash_{\alpha} P$ für alle weggelassenen S und alle $P \in \mathcal{L}$.

6. Sei g eine J-Struktur. Man zeige $Lg(\neg\, p) = Lg^*$.

Vollständigkeit der intuitionistischen und minimalen Logik

Eine strukturelle gegenüber MP abgeschlossene Formelmenge L mit $L \supseteq Lj$ heißt eine J-*Logik*. L ist die Logik des J-Systems $\vdash^L := \vdash^{MP}_L$. Den Verband aller J-Logiken bezeichneten wir auf S. 82 mit $\mathcal{J}$. Wegen der umkehrbaren Korrespondenz zwischen J-Logiken und J-Systemen in allen Funktoren müssen diese nicht strikt voneinander unterschieden werden.

Die J-Logik L heißt eine I-*Logik* oder *intermediäre* Logik, wenn $\vdash^L$ ein I-System ist, mit anderen Worten, wenn $Li \subseteq L$ (siehe Kap. II). Aus Gründen der Übersichtlichkeit beschränken wir die Betrachtungen überwiegend auf den Verband $\mathcal{H}$ der intermediären Logiken, obwohl sich alles sinngemäß auf $\mathcal{J}$ überträgt. Die kleinste Logik in $\mathcal{H}$ ist die intuitionistische **Li**, die größte ist die inkonsistente Logik $\mathcal{L}$, und die zweitgrößte ist nach den Ergebnissen in Kap. II die klassische Logik **Lk**. Dazwischen liegen überabzählbar viele Logiken. Wir werden uns aber erst in § 4 näher mit der Verbandsstruktur von $\mathcal{H}$ befassen. Hier beschränken wir uns zunächst auf eine allgemeine Formulierung des Vollständigkeitsproblems und seine positive Lösung für **Li, Lj** und einige Beispiele intermediärer Logiken.

> **Definition.** Die I-Struktur g heißt eine **L**-*Struktur* ($L \in \mathcal{H}$), wenn $L \subseteq Lg$.
> $P \in \mathcal{L}$ heißt **L**-*gültig*, symbolisch $\vDash^L P$, wenn $P \in Lg$ für alle L-Strukturen g.
> $L \in \mathcal{H}$ heißt *vollständig*, wenn $P \in L \Leftrightarrow \vDash^L P$.
>
> *Aus X folgt P auf der Basis von* **L**, symbolisch $X \vDash^L P$, wenn für jede L-Struktur g und jedes β: $V \to A^0 g$ und jedes $S \in g$ gilt: $S \Vdash_{\beta} X \Rightarrow S \Vdash_{\beta} P$. Ist $\vdash^L = \vDash^L$, so heißt **L** auch *vollständig im strengeren Sinne*.

Diese Festlegungen sind denen der Modallogik völlig analog. Auch das Vollständigkeitsproblem ist von derselben Natur. Erst kürzlich ist es gelungen, ein Beispiel einer unvollständigen intermediären Logik effektiv anzugeben (SHECHTMAN [77]). Der erforderliche Umfang der Beschreibung verbietet es uns, hierauf näher einzugehen.

Um den Vollständigkeitsbeweis nicht nur für **Li**, sondern auch für gewisse intermediäre Logiken führen zu können, formulieren wir die folgenden Begriffe gleich in der erforderlichen Allgemeinheit.

Definition. Sei g_L die Menge aller relativ maximalen Mengen des I-Systems $\vdash^L$ und $\leqslant$ die Inklusionsordnung von g_L, d.h. $S \leqslant T \Leftrightarrow S \subseteq T$ $(S, T \in g_L)$. Dann heißt $\mathfrak{g}_L = (g_L, \leqslant)$ die *kanonische Struktur* von **L**[1]).

Substitutionslemma. Sei $s: V \to \mathcal{L}$ eine Substitution, $g := g_L$ und $a_p := \{S \in g \mid sp \in S\}$. Sei $\sigma: V \to A^0 g$ die Realisierung mit $\sigma p = a_{sp}$. Dann ist $S \Vdash_\sigma P \Leftrightarrow sP \in S$ $(S \in g)$.

Beweis. Durch Induktion über P. Wir beschränken uns auf den Induktionsschritt für den Funktor $\to$:

$$
\begin{aligned}
S \Vdash P \to Q \quad &\text{gdw} \quad S' \Vdash P \Rightarrow S' \Vdash Q \ \text{ für alle } \ S' \geqslant S \\
&\text{gdw} \quad sP \in S' \Rightarrow sQ \in S' \ \text{ für alle } \ S' \geqslant S \ \ \text{(Induktionsvoraussetzung)} \\
&\text{gdw} \quad sP \to sQ \in S \ \ \text{(Eigenschaft } [\mathrm{i} \to], \text{ Kap. II}/\S\ 3, \text{ Seite 84)} \\
&\text{gdw} \quad s(P \to Q) \in S.
\end{aligned}
$$

Die übrigen Induktionsschritte verlaufen analog und verwenden die Eigenschaften $[\mathrm{i}\,\neg]$, $[\mathrm{k}\,\wedge]$, und $[\mathrm{k}\,\vee]$ in Kap. II. ●

Korollar (Vollständigkeit von $\vdash^i$). $X \vdash^i P \Leftrightarrow X \vDash^i P$, insbesondere $P \in \text{Li} \Leftrightarrow\ \vDash^i P$.

Beweis. $X \vdash^i P \Rightarrow X \vDash^i P$ ist klar. Sei $X \nvdash^i P$ und S eine P-maximale Erweiterung von X. Man wähle die kanonische Realisierung $\kappa p = a_p$ in die kanonische Struktur für **Li**, die natürlich eine **Li**-Struktur ist. Dann ist $S \Vdash Q \Leftrightarrow Q \in S$ nach dem Substitutionslemma. Also $S \Vdash X$, aber $S \nVdash P$, und damit $X \nvDash^i P$. ●

Damit ist $P \in \text{Li}$ mit $\vDash^i P$ gleichwertig, und $X \vdash^i P$ mit $X \vDash^i P$. Insbesondere ist damit die Kompaktheit von $\vDash^i$ gezeigt. Dieses Resultat wird in $\S\ 2$ noch in bemerkenswerter Weise verschärft werden.

Der Vollständigkeitsbeweis für die minimale Logik ist nur eine leichte Variation des Themas, die wir nach wenigen Vorbemerkungen gänzlich dem Leser überlassen dürfen. Dabei ist die kanonische Struktur für ein J-System $\vdash^L$ wie oben erklärt; es kommt lediglich die Auszeichnung der nichtnormalen $S \in g_L$ hinzu. Es seien dies diejenigen $S \in g_L$ mit $\neg(p_0 \to p_0) \in S$, oder gleichwertig, $\neg P \in S$ für alle $P \in \mathcal{L}$. Im Substitutionslemma ist die Induktion über $\neg$ mittels der in Kap. II/$\S\ 3$ bewiesenen Eigenschaft $[\neg\,\mathrm{j}]$ zu führen.

---

[1]) Wir sagen nicht **L**-*Struktur*, denn die Frage, ob g_L eine L-Struktur ist, macht den kritischen Punkt des Vollständigkeitsproblems für **L** aus.

Übungen

1. Sei $Li\ell := Li\,(p \to q \lor q \to p)$. Man zeige, die initialen $Li\ell$-Strukturen sind gerade die linear geordneten Mengen. Ferner beweise man die Vollständigkeit von $Li\ell$. Diese Logik heißt auch die *lineare Logik*[1]) und ist eine der drei prätabularen intermediären Logiken (§ 4).

2. Man zeige $Li\ell = L$, $L := Li\,(p \to q \lor (p \to q \mathbin{\dot{\to}} q))$.[2])

   Hinweis. $p \to q \lor q \to p \in L$ durch Substitution von $p \to q \land q \to p$ für q in Axiom von L. Falls man Ableitung von $p \to q \lor (p \to q \mathbin{\dot{\to}} q)$ in $Li\ell$ nicht findet, beachten, daß jede $Li\ell$-Struktur auch L-Struktur ist.

3. Es sei $Q_n := p_0 \lor p_0 \to p_1 \lor \ldots \lor p_{n-1} \to p_n$ $(n \geqslant 1)$ und $Li\ell_n := Li\,(Q_n)$. Man zeige, die initialen $Li\ell_n$-Strukturen sind gerade die linearen Ordnungen aus höchstens n Elementen. Ferner beweise man die Vollständigkeit von $Li\ell_n$[3]). Die $Li\ell_n$ sind tabular. Insbesondere ist $Li\ell_2 = LD_i$ (Kap. III/§ 1).

4. Es sei $Li.2 = Li\,(\neg\neg p \lor \neg p)$. Man kennzeichne die $Li.2$-Strukturen und zeige die Vollständigkeit von $Li.2$. Ferner zeige man $Li.2 = Li\,(\neg (p \land q) \leftrightarrow \neg p \lor \neg q)$.

   Hinweis. Initiale $Li.2$-Strukturen sind konvexe Ordnungen.

5. Man zeige, die Regel $\dfrac{\neg P \to Q \lor R}{\neg P \to Q \lor \neg P \to R}$ ist zulässig für Li, aber unbeweisbar in $\vdash^i$.

   D.h. $\vdash^i$ ist strukturell unvollständig.[4])

   Hinweis. $(\neg p \to q \lor r) \to (\neg p \to q \lor \neg p \to r) \notin L$ $\boxed{\cdot\!\!\prec\!\!:}$

6* (Problem). Gibt es (im engeren Sinne vollständige) aber im strengeren Sinne unvollständige intermediäre Logiken?

Konstruktiver Charakter der intuitionistischen Disjunktion

Die Unterschiede zwischen klassischer und intuitionistischer Logik beschränken sich nicht nur auf Negation und Implikation, sondern es gibt auch einen tieferen Charakterunterschied bzgl. der Disjunktion (obwohl die Akzeptanzbedingung für $\lor$ klassischen Charakter hat). Es gilt nämlich — anders als in der klassischen — der folgende

Satz. Wenn $\vdash^i P \lor Q$, so ist $\vdash^i P$ oder $\vdash^i Q$.

---

[1]) DUMMET/LEMMON [59]. In Analogie zu **S4.3** könnte man $Li\ell$ auch durch **Li.3** bezeichnen.

[2]) Ein einfaches Kriterium für $Li(P) = Li\ell$ wird in § 4, Übung 4, S. 291 angegeben.

[3]) THOMAS [62].

[4]) Auch die Regeln R_n: $\dfrac{\neg P \to \neg Q_0 \lor \ldots \lor \neg Q_n}{\neg P \to \neg Q_0 \lor \ldots \lor \neg P \to \neg Q_n}$ $(n \geqslant 1)$ sind in $\vdash^i$ alle unbeweisbar, obwohl Li (und sogar jedes $L \in H$) gegenüber R_n abgeschlossen ist.

Derselbe Satz gilt auch für die Minimallogik und eine Reihe intermediärer Logiken. Wir nennen die in diesem Satz ausgesprochene Eigenschaft auch die *Disjunktionseigenschaft*[1]. Eine Disjunktion kann demnach in der intuitionistischen oder minimalen Logik nur dann akzeptiert werden, wenn wenigstens ein Disjunktionsglied akzeptiert worden ist. Hierin offenbart sich ein *konstruktiver* Charakter der intuitionistischen Disjunktion.

Nimmt man in dem angegebenen Satz den Spezialfall $P = p$ und $Q = \neg p$ für eine Variable p, so würde das tertium non datur die Behauptung $\models p$ oder $\models \neg p$ implizieren, was natürlich nicht der Fall ist. Wenn man will, kann man das Fehlen des tertium non datur also mit dem konstruktiven Charakter der intuitionistischen Disjunktion erklären.

Der Beweis des Satzes ist nahezu wörtlich derselbe wie der eines entsprechenden Satzes für **S4**; die Methode besteht im „Zusammenfügen der initialen Modelle durch eine neue Initialsituation". Dabei verwendet man wesentlich die Eigenschaft der Monotonie für die I-Akzeptanz und die Äquivalenz $\models^i P \Leftrightarrow \models^i P$.

Eine tabulare intermediäre Logik kann die Disjunktionseigenschaft nicht besitzen (Übung 2). Hieraus folgt u.a. nunmehr, daß **Li** nicht tabular ist. Übung 3 zeigt, es gibt unendlich viele $L \in \mathcal{K}$ mit der Disjunktionseigenschaft (es gibt sogar überabzählbar viele, WROŃSKI [73]). Jedes $L^0 \in \mathcal{K}$ mit dieser Eigenschaft ist in einem maximalen $L \in \mathcal{K}$ mit dieser Eigenschaft enthalten. Eine genauere Beschreibung solcher „maximal disjunktiven" $L \in \mathcal{K}$ liegt bisher nicht vor.

Übungen

1. Man beweise die Disjunktionseigenschaft für $\models^i$ und $\models^j$.

   Hinweis. Analoger Satz für **S4** und (Mon).

2. Man zeige, weder die intuitionistische noch die Minimallogik sind tabular.

   Hinweis. Angenommen $\mathbf{Li} = \mathbf{LM}$, M endliche Matrix. Für $a \in M^+$ existiert o.B.d.A. $P \in \mathbf{Li}$ mit $\mathrm{val}^M_\alpha P = a$ für gewisses $\alpha: V \to M$. Wegen $P \vee q \in \mathbf{Li}$ auch $a \vee_M b \in M^+$ für beliebiges $b \in M$. Ferner offenbar $c \to_M c = M^+$ für alle $c \in M$. Man betrachte nun die Formel $G_n := \bigvee_{i<j\leq n} p_i \leftrightarrow p_j$. Offenbar ist $G_n \in \mathbf{LM} = \mathbf{Li}$. Dann aber ist nach Disjunktionseigenschaft $p_i \leftrightarrow p_j \in \mathbf{Li}$ für gewisse $i < j \leq n$, Widerspruch.[2] Analog für $\mathbf{Lj}$[3].

3. Sei $n \geq 2$ und $\mathbf{Torf}^n$ die Menge der endlichen Bäume, in denen jeder Punkt höchstens n viele u.N. hat, sowie $\mathbf{Li}^n := \mathbf{L\,Torf}^n$. Man zeige, $\mathbf{Li}^n$ hat die Disjunktionseigenschaft. Ferner zeige man $\mathbf{Li}^{n+1} \subset \mathbf{Li}^n$ (GABBAY/DeJONGH [74]).

   Hinweis. $D_n := \bigwedge_{i=0}^{n} (p_i \to \bigvee_{j\neq i} p_i \to \bigvee_{j\neq i} p_i) \to \bigvee_{i=0}^{n} p_i$ gehört zu $\mathbf{Li}^n$, aber nicht zu $\mathbf{Li}^{n+1}$. Mit den Splitting-Techniken in § 4 läßt sich leicht zeigen $\mathbf{Li}^n = \mathbf{Li}(D_n)$.

---

[1] Ein Beweis (für das formale System **Li**) wurde in GENTZEN [34] gegeben; sie wurde aber schon vorher in GÖDEL [33] formuliert.

[2] Originalargument in GÖDEL [32].

[3] Obwohl $\mathbf{Lj} \subseteq \mathbf{Li}$, ist nicht selbstverständlich, daß mit **Li** auch **Lj** nicht tabular ist. Erst § 4 wird zeigen, daß mit $L \in J$ auch $L' \in EL$ tabular ist.

4. Man zeige, jedes konsistente $L \in \mathcal{H}$ mit der Disjunktionseigenschaft ist ein einem maximalen konsistenten $L' \in \mathcal{H}$ mit dieser Eigenschaft enthalten. (Beispiel ist $L = \bigcap_{n \in \omega} Lg_n$, wobei g_n die Ordnung der echten Teilmengen einer n-elementigen Menge ist, GABBAY/DeJONG).

5. Sei $Le := Li\,(\neg\, p \to (q \vee r) \to (\neg\, p \to q) \vee (\neg\, p \to r))$ (KREISEL/PUTNAM [59]). Man zeige, Le ist vollständig. Damit zeige man, Le hat die Disjunktionseigenschaft.

   Hinweis. Man kennzeichne die initialen Le-Strukturen wie folgt:
   Für alle $T, U \in g$ gibt es ein $S \leqslant T, U$, so daß für jedes $S' \geqslant S$, $\delta S' \cap (\delta T \cup \delta U) \neq \emptyset$.

6* (Problem) Ist Li^2 maximale die Disjunktionseigenschaft habende Logik in $\mathcal{H}$?

Unabhängigkeit der intuitionistischen Funktoren

Während in der klassischen Logik die Funktoren $\neg, \wedge, \vee, \to$ durch eine Reihe von Abhängigkeiten gekennzeichnet sind, gilt dies nicht mehr in der intuitionistischen Logik. Zum Beispiel bedeutet die Unabhängigkeit des Funktors $\vee$ von den übrigen, daß keine Formel Q in den Variablen p, q und den Funktoren $\neg, \wedge, \to$ existiert mit $p \vee q \equiv_i Q(p,q)$.

Beweise wurden in McKINSEY [39] mittels 3-, 5- bzw. 9-elementigen Matrizen geführt. Bei Verwendung der I-Strukturen verlieren die „magischen" Matrizen von McKINSEY etwas ihren ad-hoc-Charakter.

Zunächst ist offensichtlich $\neg$ unabhängig von den übrigen Funktoren, denn dies ist ja schon in der klassischen Logik der Fall. Um die Unabhängigkeit von $\vee$ zu zeigen, betrachten wir nun mit zwei festen Variablen p, q und den Funktoren $\neg, \wedge, \to$ aufgebaute

Formeln P, die I-Struktur $f := \boxed{S_0 \overset{\cdot\, S_2}{\underset{\cdot\, S_1}{\diagdown}}}$, sowie außerdem eine Realisierung mit

$\beta p = \{S_1\}$, $\beta q = \{S_2\}$. Durch Induktion über $\neg, \to, \wedge$ beweist man nun

$(*) \quad S_0 \Vdash P \text{ gdw } S_1 \Vdash P \text{ und } S_2 \Vdash P$

Dies ist gemäß Definition trivial für die Primformeln p, q. Ferner ist

$$S_0 \Vdash \neg P \text{ gdw } S_1 \nVdash P \text{ und } S_2 \nVdash P \text{ und } S_0 \nVdash P$$
$$\text{gdw } S_1 \nVdash P \text{ und } S_2 \nVdash P \text{ (Monotonie)}$$
$$\text{gdw } S_1 \Vdash \neg P \text{ und } S_2 \Vdash \neg P \text{ } (S_1, S_2 \text{ sind maximal in } f)$$

$$S_0 \Vdash P \to Q \text{ gdw } S_i \Vdash P \Rightarrow S_i \Vdash Q \text{ } (i = 1, 2), \text{ und } S_0 \Vdash P \Rightarrow S_0 \Vdash Q$$
$$\text{gdw } S_i \Vdash P \Rightarrow S_i \Vdash Q \text{ } (i = 1, 2), \text{ und wenn } S_i \Vdash P \text{ } (i = 1, 2)$$
$$\text{so } S_i \Vdash Q \text{ } (i = 1, 2) \text{ (Induktionsvoraussetzung)}$$
$$\text{gdw } S_i \Vdash P \Rightarrow S_i \Vdash Q \text{ } (i = 1, 2)$$
$$\text{gdw } S_1 \Vdash P \to Q \text{ und } S_2 \Vdash P \to Q$$

Ganz einfach ist der Induktionsschritt für $\wedge$.

Damit kann nun $p \vee q \equiv_i Q(p, q)$ für keine Formel $Q(p, q)$ in $\neg, \rightarrow, \wedge$ gelten. Sonst wäre nämlich $S \Vdash p \vee q \Leftrightarrow S \Vdash Q$ im Modell (f, β), d.h. die Formel $p \vee q$ erfüllt (∗). Dies ist nun aber offensichtlich nicht der Fall. Die Unabhängigkeitsbeweise für $\rightarrow$, sowie $\wedge$ überlassen wir dem Leser in den Übungen.

In diesem Zusammenhang erhebt sich die Frage, ob etwa die intuitionistischen Funktoren in einem näher zu präzisierenden Sinne ein vollständiges Funktorsystem darstellen. Angesichts der funktionalen Unvollständigkeit der einfachsten I-Algebren[1] muß man schon sehr einschränkende Bedingungen formulieren, für die $\neg, \wedge, \vee, \rightarrow$ ein vollständiges Invariantensystem darstellen. Hier gibt es mancherlei offene Fragen, denn es gibt konservative Erweiterungen von **Li** in unübersehbarer Vielfalt. Aus dieser Sicht scheint zunächst eine gewisse Klärung der Struktur dieser konservativen Erweiterungen sehr nützlich. Beispiel einer solchen Erweiterung ist die in § 5 behandelte konstruktive Logik (siehe auch Übung 3).

Übungen

1. Man zeige die Unabhängigkeit von $\rightarrow$ bzw. $\wedge$ in **Li**.

   Hinweis. Man verwende die I-Struktur $\boxed{\begin{matrix} S \; \cdot\!\!\longrightarrow\!\cdot \; S' \\ T \; \cdot\!\!\longrightarrow\!\cdot \; T' \end{matrix}}$ und die Realisierungen

   $\beta p = \{S, S', T'\}$ und $\beta q = \{S', T'\}$ bzw. $\beta p = \{S, S', T'\}$ und $\beta p = \{S, S'\}$.

2. Man kläre die gegenseitigen Abhängigkeiten der Funktoren in der intermediären Logik $L := L \boxed{\cdot\!\longrightarrow\!\cdot}$, die auch mit der in Kap. III betrachteten dreiwertigen Logik LD_i identisch ist.

3. Man füge der intuitionistischen Logik den Funktor $⌑$ hinzu, sowie die Akzeptanzklausel

   $S \Vdash ⌑ P$ gdw $S' \Vdash P$ für alle $S' > S$.

   Zeige, $⌑$ ist durch die übrigen Funktoren nicht definierbar.

4. Sei $\Phi \subseteq \{\neg, \wedge, \vee, \rightarrow\}$ und $\vdash^{i\Phi}$ das in Kap. II definierte fragmentäre intuitionistische System. Ferner sei $\vdash^i_\Phi$ das Redukt von $\vdash^i$ auf Formeln in L_Φ. Man zeige $\vdash^i_\Phi = \vdash^{i\Phi}$. Insbesondere ist damit $Li_\Phi = Li^\Phi$, wobei Li_Φ die Logik von $\vdash^i_\Phi$ und $Li^\Phi := Li \cap \mathcal{L}_\Phi$ ist. Diese Tatsache heiße die *Separationseigenschaft* der intuitionistischen Logik.

   Hinweis. Theorie der relativ maximalen Mengen für I_Φ-Systeme aus Kap. II verwenden, um $\vdash^i_\Phi \subseteq \vdash^{i\Phi}$ zu zeigen. Kurz, man zeige $\vdash^i_\Phi = \vdash^{i\Phi}$.

5. Sei **Or**∗ die Klasse der initialen Ordnungen der Tiefe 2 (d.h. der „Bäumchen" b_n, n Kardinalzahl. Man zeige $\vdash^i_\Phi = \bigcap \{Lg \mid g \in \mathbf{Or}*\}$ für $\Phi = \{\neg, \wedge, \vee\}$.

---

[1] siehe Kap. III, wo dies für die 3-elementige I-Algebra D_i gezeigt wurde.

Optimale Situationsketten

Eine wichtige Folge des Vollständigkeitssatzes ist die Kompaktheit von **Li**: Gibt es für jede endliche Teilmenge $X' \subseteq X$ ein I-Modell, so gibt es auch ein Modell für X. Diese Tatsache kann man auch aus einer anderen Betrachtung gewinnen, nämlich durch Betrachtung von *Situationsketten* in I-Strukturen g. Darunter versteht man Teilmengen $k \subseteq g$, so daß $S \leqslant T$ oder $T \leqslant S$ für alle $S, T \in k$ (siehe Figur). Sei nun β eine fest vorgegebene Realisierung in g, und a_k die Menge aller Formeln P, so daß $S \Vdash P$ für wenigstens ein $S \in k$. a_k ist die Menge aller Formeln, die beim Durchlaufen der Kette k nach und nach akzeptiert werden.

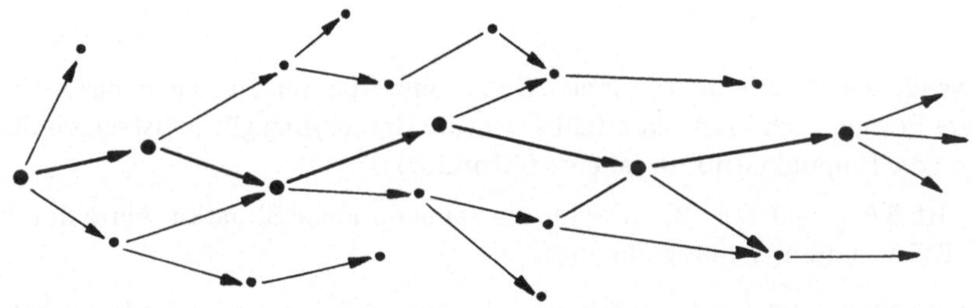

Eine Situationskette $k \subseteq g$ heiße *optimal*, wenn $P \vee \neg P \in a_k$ für alle Formeln P. Dann gilt das folgende

Lemma. (J. P. COHEN). Zu jeder Situation $S \in g$ existiert eine S enthaltende optimale Situationskette $k \subseteq g$.

Beweis. Zunächst überlegen wir, daß zu vorgegebenem P ein $S' \geqslant S$ existiert mit $S' \Vdash P \vee \neg P$. Entweder gibt es ein $S' \geqslant S$ mit $S' \Vdash P$ — womit wir fertig wären, denn dann ist auch $S' \Vdash P \vee \neg P$ — oder es gibt kein derartiges S'. Dann aber ist $S \Vdash \neg P$ und wir wählen $S' = S$. Ist nun $P_1, P_2 \ldots$ eine Abzählung aller Formeln, so existiert ein $S_1 \geqslant S$ mit $S_1 \Vdash P_1 \vee \neg P_1$, sodann ein $S_2 \geqslant S_1$ mit $S_2 \Vdash P_2 \vee \neg P_2$ usw. Die Kette $S_0 \leqslant S_1 \leqslant S_2 \leqslant \ldots$ ist offenbar optimal. •

Satz. Ist k eine optimale Situationskette, so ist a_k eine (klassische) Modellmenge, d.h. es gibt ein $\beta: V \to \{0, 1\}$ mit $P \in a_k \iff \vDash_\beta P$.

Beweis. Man prüft die Eigenschaften $[k \wedge] - [k \neg]$ unmittelbar nach. Sei z.B. $\neg P \in a_k$ vorausgesetzt. Dann gibt es ein $S \in k$ mit $S \Vdash \neg P$. Wäre $P \in a_k$, so wäre $S' \Vdash P$ für ein $S' \in k$. Sei T das größere der beiden Elemente S, S' in k. Dann gilt sowohl $T \Vdash P$ als auch $T \Vdash \neg P$, was ein Widerspruch ist. Folglich ist $P \notin a_k$. Umgekehrt folgt aus $P \notin a_k$ $S \Vdash P \vee \neg P$ für gewisses $S \in k$, also $S \Vdash P$ oder $S \Vdash \neg P$. Der erste Fall tritt nicht ein, also der zweite. Ähnlich, nur einfacher, verlaufen die Beweise der übrigen Eigenschaften. •

Auch dieser Satz ergibt die bereits aus der Vollständigkeit für $\vdash^i$ hervorgehende bemerkenswerte Übereinstimmung der Konsistenz einer Formelmenge im klassischen und im intuitionistischen Sinne. Dasselbe wurde auch in Kap. II schon bewiesen.

Bemerkung. Optimale Situationsketten haben einen interessanten philosophischen Aspekt. Es erscheint plausibel, daß der real-historische Entwicklungsprozeß nicht nur irgendeine, sondern möglicherweise eine optimale Situationskette darstellt. Nach unseren Erfahrungen lassen sich wissenschaftlich präzisierte Fragen, wenn auch nicht immer sofort, in dem einen oder anderen Sinne entscheiden. Andererseits stellt uns die Dynamik der Entwicklung ständig vor neue Probleme. Selbst wenn die Situationskette optimal ist (wofür wir natürlich keine Garantie haben), ist ein Ende des „Durchlaufs" nicht abzusehen.

Übungen

1. Man verwende die Theorie der optimalen Situationsketten um zu zeigen, daß eine I-erfüllbare Formel auch klassisch erfüllbar ist (die Umkehrung gilt selbstverständlich auch, denn die Einpunktstruktur ist eine I-Struktur).

   Hinweis. Ist $S \in g$ und $S \Vdash P$, so wähle man eine optimale Situationskette durch S. Dann ist $P \in a_k$ und a_k ist Modellmenge.

2. Man beweise noch einmal mit den Situationsketten die Sätze von GÖDEL (enthält P nur $\wedge$ und $\neg$, so ist $P \in \mathbf{Li} \Leftrightarrow P \in \mathbf{Lk}$) und GLIVENKO ($X \vdash^i \neg P \Leftrightarrow X \vdash^k \neg P$).

   Hinweis. Ist $X \nvdash^i \neg P$, gibt es eine I-Struktur g und ein $S \in g$ mit $S_0 \Vdash X$, $S_0 \nVdash \neg P$. Also $S_1 \Vdash P$ für gewisse $S_1 \geqslant S_0$. Man wähle eine optimale Situationskette $S_0 \leqslant S_1 \leqslant S_2 \leqslant \ldots$.

3. Man zeige, zu jeder initialen I-Struktur g existiert eine äquivalente terminale I-Struktur. (Dies erklärt, warum jedes $L \in \mathcal{H}$ das intermediäre Redukt einer Logik aus $\&\,\mathbf{Gr}$ ist, wobei $\mathbf{Gr}$ die in Kap. IV diskutierte Logik von GRZEGORCZYK ist, vgl. nächster Abschnitt).

   Hinweis. Sei g^* die Menge der mit einem $S \in g$ beginnenden Ketten, die nicht mehr verlängert oder verfeinert werden können. Zu jedem $S \in g$ existiert eine solche Kette (Satz von HAUSDORFF). g^* ist terminale Ordnung bzgl. Inklusion und $Lg = Lg^*$.

4. Man zeige, ist $L \in \mathcal{H}$ vollständig, so gibt es eine L-adäquate Menge initialer terminaler L-Strukturen.

   Hinweis. Übung 3.

Interpretation der intuitionistischen in der Modallogik

In diesem Abschnitt wird gezeigt, daß der Sinn intuitionistischer Aussagenverknüpfungen im modalen System **S4** verständlich gemacht werden kann. So kann z.B. die I-Ungültigkeit von $\neg p \vee p$ als die **S4**-Ungültigkeit von $\square \lozenge \neg p \vee \square p \, (\equiv_{\mathbf{S4}} \lozenge \square p \rightarrow \square p)$ verstanden werden.

Wir definieren eine Abbildung μ aus der Menge $\mathcal{L}$ der Formeln in $\neg, \wedge, \vee, \rightarrow$ in die Menge $\mathcal{L}^\square$ der modalen Formeln, welche die *GÖDELsche Interpretation* genannt werde. Mit ihrer Hilfe hat GÖDEL bereits 1933 den Sinn intuitionistischer Verknüpfungen in **S4** verständlich gemacht. Statt $\mu(P)$ schreiben wir kürzer P^μ. P^μ sei wie folgt definiert:

$$p^\mu = \square\, p \qquad\qquad (p \in V)$$
$$(\neg P)^\mu = \square \neg P^\mu \qquad (P \wedge Q)^\mu = P^\mu \wedge Q^\mu$$
$$(P \vee Q)^\mu = P^\mu \vee Q^\mu \qquad (P \rightarrow Q)^\mu = \square\,(P^\mu \rightarrow Q^\mu)\,(= P^\mu \twoheadrightarrow Q^\mu).$$

Zum Beispiel ist $(p \rightarrow q \vee q \rightarrow p)^\mu = \square\,(\square\, p \rightarrow \square\, q) \vee \square\,(\square\, q \rightarrow \square\, p)$. Diese modale Formel ist uns in Kap. IV schon im Zusammenhang mit dem System **S4.3** begegnet.

Wir beweisen zunächst einen wichtigen Hilfssatz. Um die unterschiedlichen Akzeptanzbegriffe auseinanderzuhalten, schreiben wir jetzt $S \Vdash^i P$ für die I-Akzeptanz, $\Vdash^m$ für die modale Akzeptanz.

Interpretationslemma. Es sei (g, β) ein erweitertes I-Modell, sowie (g, α) ein **S4**-Modell derselben Modellstruktur, so daß

(a) $\quad S \Vdash^i p \Leftrightarrow S \Vdash^m \square\, p \quad (S \in g; p \in V; \Vdash^i := \Vdash^i_\beta; \Vdash^m := \Vdash^m_\alpha)$

Dann gilt (A) $S \Vdash^i P \Leftrightarrow S \Vdash^m P^\mu$.

Beweis. Durch Induktion über P. (A) ist gemäß Voraussetzung klar für Variable. Ganz einfach sind die Induktionsschritte für $\wedge, \vee$ die wir dem Leser überlassen. Ferner ist

$$S \Vdash^i \neg P \quad \text{gdw} \quad S' \nVdash^i P \text{ für alle } S' \geqslant S$$
$$\text{gdw} \quad S' \nVdash^m P^\mu \text{ für alle } S' \geqslant S \quad \text{(Induktionsvoraussetzung)}$$
$$\text{gdw} \quad S' \Vdash^m \neg P^\mu \text{ für alle } S' \geqslant S$$
$$\text{gdw} \quad S \Vdash^m \square \neg P^\mu = (\neg P)^\mu$$

Schließlich haben wir

$$S \Vdash^i P \rightarrow Q \quad \text{gdw} \quad S' \Vdash^i P \Rightarrow S' \Vdash^i Q \text{ für alle } S' \geqslant S$$
$$\text{gdw} \quad S' \Vdash^m P^\mu \Rightarrow S' \Vdash^m Q^\mu \text{ für alle } S' \geqslant S$$
$$\text{gdw} \quad S' \Vdash^m P^\mu \rightarrow Q^\mu \text{ für alle } S' \geqslant S$$
$$\text{gdw} \quad S \Vdash^m \square\,(p^\mu \rightarrow Q^\mu) = (P \rightarrow Q)^\mu. \quad \bullet$$

Daraus ergibt sich nun leicht folgender

Interpretationssatz. Für alle Formeln P ist

$$\models^i P \Leftrightarrow \models^{S4} P^\mu.$$

Beweis. Wird $\nvDash^i P$ angenommen, so ist $S_0 \nVdash^i_\beta P$ für eine gewisse Situation S_0 einem I-Modell (g, β) und damit auch $S_0 \nVdash^m_\beta P^\mu$ d.h. $\nvDash^{S4} P^\mu$.

Ist umgekehrt $\nvDash^{S4} P^\mu$ so existiert ein **S4**-Modell (S_0, g, α), so daß $S_0 \nVdash_\alpha P$. Man definiere eine Realisierung β durch $\beta p = \{S \in g \mid S \Vdash \square\, p\}$. β erfüllt die Monotoniebedingung, wie man unmittelbar sieht. Es gilt auch (a), und damit (A) im Interpretationslemma. Wegen $S_0 \nVdash^m P^\mu$ ist damit auch $S_0 \nVdash^i P$, also $\nvDash^i P$. $\quad \bullet$

Die GÖDELsche ist nicht die einzig mögliche adäquate Interpretation von **Li** in **S4**. Zum Beispiel behandelt Übung 7 eine Interpretation von **Li** in **S4**, welche die *TARSKIsche Interpretation* heiße (McKINSEY/TARSKI [48]). Durch die TARSKIsche Interpretation wird die intuitionistische Negation in eine modale Negation übersetzt, die wir in Kap. IV als die dialektische bezeichnet hatten. Das bedeutet jedoch nicht, die intuitionistische sei mit dieser identisch. Es kommt nämlich wesentlich auf den Zusammenhang der Funktoren untereinander an. Die intuitionistische Negation spielt bzgl. der übrigen intuitionistischen Verknüpfungen natürlich eine andere Rolle, als die Negation $\lrcorner\,P := \Box\,\Diamond\,\neg\,P$ bzgl. der übrigen Funktoren in **S4**.

Die GÖDELsche (und ebenso die TARSKIsche) Interpretation läßt sich offenkundig zu einer Interpretation der intermediären Logiken in den Verband $\mathcal{E}\mathbf{S4}$ erweitern. In der Tat, ordnet man der Logik $\mathbf{L} = \mathrm{Li}\,(X) \in \mathcal{H}$ die Modallogik $\mathbf{L}^\mu := \mathbf{S4}\,(\mathrm{P}^\mu)_{\mathrm{P}\in X}$ zu, so läßt sich unschwer zeigen, daß $\mu\colon \mathcal{H} \to \mathcal{E}\mathbf{S4}$ eine isomorphe Einbettung von $\mathcal{H}$ in $\mathcal{E}\mathbf{S4}$ darstellt (Übungen). Anderseits kann man jedem $\mathbf{L}\in \mathcal{E}\mathbf{S4}$ „das intermediäre Redukt“ $\mathbf{L}^\rho := \mathrm{Li}\,(\mathrm{P})_{\mathrm{P}^\mu\in\mathbf{L}}$ zuordnen. ρ erweist sich als Homomorphismus. Diejenigen $\mathbf{L}'\in \mathcal{E}\mathbf{S4}$ mit denselben intermediären Redukt $\mathbf{L}\in \mathcal{H}$ bilden ein Intervall in $\mathcal{E}\mathbf{S4}$, dessen größtes Element mit $\mathbf{L}^\epsilon$ bezeichnet sei. Dabei ist $\mathbf{L}^\epsilon \supseteq \mathbf{Gr} = \mathbf{L}^\Box\,\mathbf{Orf}$. Als tieferes Resultat erwähnen wir, daß die Abbildung $\epsilon\colon \mathbf{L} \mapsto \mathbf{L}^\epsilon$ einen Isomorphismus zwischen $\mathcal{H}$ und dem Verband $\mathcal{E}\mathbf{Gr}$ vermittelt.[1])

Die Interpretierbarkeit der intuitionistischen in der modalen Logik **S4** besagt, daß erstere in gewissem Sinne als ein Spezialfall modaler Logik verstanden werden kann. Andererseits haben wir in Kap. II bereits den GÖDELschen Satz erhalten, wonach man klassische Logik als Spezialfall intuitionistischer ansehen kann, indem man die klassischen Formeln durch intuitionistische Formeln darstellt, die allein die Funktoren $\wedge, \neg$ enthalten. Es läßt sich nun vermuten, daß die Potenzen der intuitionistischen Logik stark genug sind um umgekehrt auch die Interpretation modaler und anderer konservativer Erweiterungen der klassischen Logik in **Li** zu ermöglichen. Nach dem GÖDELschen Satz der Übereinstimmung der intuitionistischen mit den klassischen Formeln in $\neg, \wedge$ läßt sich **Li** nämlich selbst als konservative Erweiterung von **Lk** betrachten und mittels der intuitionistischen Funktoren $\to, \vee$ lassen sich eine große Anzahl sinnvoller Modaloperatoren definieren. Es läßt sich allerdings zeigen, daß z.B. **S4** in dieser Weise nicht in **Li** interpretiert werden kann.

Durch Interpretation übertragen sich viele Eigenschaften von $\mathcal{E}\mathbf{S4}$ auf solche von $\mathcal{H}$ und umgekehrt. So erkennt man unschwer, daß die prätabularen $\mathbf{L}\in \mathcal{H}$ unter den intermediären Redukten der fünf prätabularen Erweiterungen von **S4** vorkommen müssen. Genauere Ausführungen hierüber und über weitere Anwendungen der Interpretationsmethode erfolgen in § 4.

---

[1]) BLOK [76]. Weitere interessante Einzelheiten über die Interpretationsbeziehungen und ihre Invarianzeigenschaften findet der Leser in MAXIMOVA/RYBAKOV [77] und RYBAKOV [76]. Vgl. auch die Übungen.

Übungen

1. Man zeige durch Induktion $\Box\, P^{\mu} \equiv_{S4} P^{\mu}$.

2. Man zeige, zu jeder Substitution $s\colon V \to \mathcal{L}$ existiert eine Substitution $s'\colon V \to \mathcal{L}^{\Box}$ mit $(sP)^{\mu} \equiv_{S4} s'\,P^{\mu}$, also $(SbX)^{\mu} \subseteq SbX^{\mu}$. Dabei ist $X^{\mu} = \{P^{\mu}\,|\,P \in X\}$.

   Hinweis. Übung 1.

3. Man zeige $(\mathbf{Li}(X))^{\mu} = \mathbf{S4}(X^{\mu})$. Wegen $\mathbf{Lk} = \mathbf{Li}(p \vee \neg\, p)$ ist hiernach insbesondere $\mathbf{Lk}^{\mu} = \mathbf{S4}(\Box\, p \vee \Box\, \neg\, \Box\, p) = \mathbf{S5}$.

   Hinweis. Aus den Übungen 1, 2 folgt bei Anwendung des Deduktionstheorems $P \in \mathbf{Li}(X) \Rightarrow P^{\mu} \in \mathbf{S4}(X^{\mu})$.

4. Man zeige $\mu\colon \mathbf{L} \to \mathbf{L}^{\mu}$ ist eine isomorphe Einbettung von $\mathcal{H}$ in $\mathcal{E}\mathbf{S4}$.

5. Man zeige,
   (1) $\mathbf{L}^{\rho} = \mathbf{Lk}$ für $\mathbf{S5} \subseteq \mathbf{L} \subseteq \mathbf{L}^{\Box}\,\boxdot$;
   (2) $\mathbf{L}^{\rho} = \mathbf{Li}$ für $\mathbf{S4} \subseteq \mathbf{L} \subseteq \mathbf{Gr}$;
   (3) Für $\mathbf{L}^{0} \in \mathcal{H}$ ist $\{\mathbf{L} \in \mathcal{E}\mathbf{S4}\,|\,\mathbf{L}^{\rho} = \mathbf{L}^{0}\}$ ein Intervall in $\mathcal{E}\mathbf{S4}$;
   (4) Die Abbildung $\rho\colon \mathbf{L} \to \mathbf{L}^{\rho}$ ist ein Homomorphismus von $\mathcal{E}\mathbf{S4}$ auf $\mathcal{H}$.

6. Man definiere in der Logik $\mathbf{G}$ (Kap. IV) einen Funktor $\boxtimes$ durch $\boxtimes P := P \wedge \Box\, P$. Sei $\mathbf{G}^{\boxtimes}$ die Menge aller zu $\mathbf{G}$ gehörenden Formeln in $\neg, \wedge, \vee, \boxtimes$. Man zeige $\mathbf{G}^{\boxtimes} = \mathbf{Gr}$. Damit ist $\mathbf{Gr}$ und folglich auch $\mathbf{Li}$ in $\mathbf{G}$ interpretierbar.

7. Man definiere eine Interpretation τ der intuitionistischen in $\mathbf{S4}$ folgendermaßen

$$p^{\tau} = p \quad (p \in V)$$

$$(\neg P)^{\tau} = \lrcorner P^{\tau} := \Box\, \Diamond\, \neg\, P^{\tau} \qquad\qquad (P \wedge Q)^{\tau} = P^{\tau} \wedge Q^{\tau}$$

$$(P \vee Q)^{\tau} = \Box\, P^{\tau} \vee \Box\, Q^{\tau} \qquad\qquad (P \to Q)^{\tau} = \Box\, P^{\tau} \to \Box\, Q^{\tau}$$

   und zeige deren Adäquatheit, d.h. $\models^{i} P \Longleftrightarrow \models^{S4} P^{\tau}$

   Hinweis. Man formuliere ein Interpretationslemma in der Weise, daß $S \Vdash^{i} P \Longleftrightarrow S \Vdash^{S4} \Box\, P^{\tau}$ gilt.

§ 2 Der intuitionistische Tableau-Kalkül

Die Interpretierbarkeit von **Li** in **S4** impliziert unmittelbar die Entscheidbarkeit von **Li**.
Man braucht ja nur die modale Übersetzung einer vorgegebenen Formel auf Gültigkeit
in **S4** zu testen, und dazu kann man z.B. den Tableau-Kalkül für **S4** verwenden. Aus der
Interpretierbarkeit folgt auch, daß **Li** die endliche Modelleigenschaft hat und daher auch
schon aus diesem Grunde entscheidbar ist, denn **Li** ist endlich axiomatisierbar. Nun lassen
sich jedoch andere, natürlichere Entscheidungsverfahren für **Li** finden. Hier ist in erster
Linie der von BETH entwickelte Tableau-Kalkül zu nennen. Wir wählen eine Variante, die
mit signierten Formelmengen arbeitet und beweisen deren Vollständigkeit. Die Signierun-
gen tragen dem Umstand Rechnung, daß die Nichtakzeptanz einer Formel in einer Situation S nicht dasselbe ist wie die Akzeptanz von $\neg$ P. Dies gilt nur für klassisch fundierte
Logiken, wie z.B. **S4**. Eine direkte Konsequenz eines adäquaten Tableau-Kalküls ist die
endliche Modelleigenschaft von **Li**, woraus mittels der geordneten Ramifikation interessante Einsichten über spezielle Modelle zu folgern sind. (Natürlich ist die endliche Modelleigenschaft auch Konsequenz des Interpretationstheorems in § 1.) Die endliche Modelleigenschaft ist auch wirkungsvolles Instrument in der Lösung des Entscheidungsproblems
auch für eine Reihe intermediärer Logiken.

Neben den Tableau-Kalkülen gibt es zahlreiche andere Varianten formaler Kalküle zur
Behandlung der intuitionistischen Logik. Wir erwähnen z.B. die mit dem Tableau-Kalkül
eng verwandten Bisequenzenkalküle nach GENTZEN [34], die wir im Anschluß kurz
erläutern.

Der Ti-Kalkül nebst Beispielen

Wir betrachten von jetzt an auch *signierte* Formelmengen X in folgendem Sinne: Jeder
Formel P $\in$ X ist entweder das Plus- oder das Minuszeichen zugeordnet. Jenachdem heißt
P *positiv* oder *negativ* signiert, und wir schreiben genauer + P oder − P für P. Durch den
Tableau-Kalkül, kurz der Ti-*Kalkül* genannt, wird ein formaler Begriff von Konsistenz
signierter Formelmengen definiert. Inhaltlich bedeutet dies, daß es eine Situation S gibt,
welche die positiv signierten Formeln aus X akzeptiert, die negativ signierten dagegen
nicht akzeptiert. Alle signierten Formelmengen sind im folgenden endlich.

Grundsätzlich ist die Verwendung des Ti-Kalküls in demselben Sinne zu verstehen, wie
der in Kap. IV/§ 3 ausführlich erörterte TS4-Kalkül. Ein I-*Tableau* ist ein endlicher Baum
aus signierten Formelmengen. Regeln sind Hinzufügungsregeln für Subformeln. Lediglich
der Begriff *geschlossen* ändert sich. Im übrigen ist es nicht erforderlich, die Begriffe Ti-
konsistent usw. neu zu definieren; diese Definitionen können aus Kap. IV/§ 3 unverändert
übernommen werden.

Definition. Eine signierte Formelmenge X heißt *geschlossen,* wenn es eine Formel P
gibt, so daß sowohl + P als auch − P in X liegt.

Das Regelsystem für den Ti-Kalkül sieht wie folgt aus:

$$(\wedge\ +)\ \frac{+(P \wedge Q) \in X}{X;+P;+Q} \qquad\qquad (\wedge\ -)\ \frac{-(P \wedge Q) \in X}{X;-P \mid X;-Q}$$

$$(\vee\ +)\ \frac{+(P \vee Q) \in X}{X;+P \mid X;+Q} \qquad\qquad (\vee\ -)\ \frac{-(P \vee Q) \in X}{X;-P;-Q}$$

$$(\neg\ +)\ \frac{+\neg P \in X}{X;-P} \qquad\qquad\qquad (\neg\ -)\ \frac{-\neg P \in X}{X^+;+P}$$

$$(\rightarrow\ +)\ \frac{+(P \rightarrow Q) \in X}{X;-P \mid X;+Q} \qquad\qquad (\rightarrow\ -)\ \frac{-(P \rightarrow Q) \in X}{X^+;+P;-Q}$$

Hierbei sei X^+ die Menge der positiv signierten Formeln von X.

Hier noch die Festlegungen hinsichtlich der Ti-Konsistenz nicht signierter Formelmengen.

Definition. Die nicht signierte Formelmenge X heißt Ti-*konsistent*, wenn $\{+P \mid P \in X\}$ Ti-konsistent ist. Die nicht signierte Formel P heißt Ti-*beweisbar*, wenn $\{-P\}$ Ti-inkonsistent ist.

Die signierte Formelmenge X heißt I-*erfüllbar*, wenn es ein I-Modell S gibt[1] mit $S \Vdash P$ falls $+P \in X$, und $S \nVdash P$ falls $-P \in X$.

Im folgenden werden der Kürze wegen die Zusätze Ti- weggelassen; Konsistenz meint immer Ti-Konsistenz usw. Um ein inhaltliches Vorverständnis für obige Festlegungen zu erlangen, denke man an die Übereinstimmung von konsistent mit I-erfüllbar. Diese Übereinstimmung ist natürlich erst das Ergebnis einer Analyse des Ti-Kalküls. Aber die Gedankenverbindung macht die angegebenen Definitionen einprägsamer. Ti-Beweisbarkeit von P bedeutet dann die Unerfüllbarkeit von $\{-P\}$ d.h. es gibt keine Situation S mit $S \nVdash P$; also $S \Vdash P$ für alle S, und dies bedeutet ja die I-Gültigkeit von P.

Beispiel 1. Die Formel $\neg P \wedge \neg Q \rightarrow \neg (P \vee Q)$ ist Ti-beweisbar. Man konstruiert ein geschlossenes Tableau wie folgt, wobei wir die Knoten nicht vollständig aufschreiben; denn man sieht klar, wie das geschlossene Tableau zustande kommt.

$$-(\neg P \wedge \neg Q \rightarrow \neg (P \vee Q))$$
$$|$$
$$+(\neg P \wedge \neg Q)\ ;\ -\neg (P \vee Q)$$
$$|$$
$$+(\neg P \wedge \neg Q)\ ;\ +(P \vee Q)$$

$+(\neg P \wedge \neg Q);\ +P$	$+(\neg P \wedge \neg Q);\ +Q$
$+\neg P;\ +\neg Q;\ +P$	$+\neg P;\ +\neg Q;\ +Q$
$-P;\ +\neg Q;\ +P$	$+\neg P;\ -Q;\ +Q$

---

[1] diese ist eine abkürzende Redeweise für: es gibt ein I-Modell (S, g, α).

Beispiel 2. Die Formel $\neg\,\neg\,(P \vee \neg\,P)$ ist Ti-beweisbar.

$$-\neg\,\neg\,(P \vee \neg\,P)$$
$$|$$
$$+\neg\,(P \vee \neg\,P)$$
$$|$$
$$+\neg\,(P \vee \neg\,P);\quad -(P \vee \neg\,P)$$
$$|$$
$$+\neg\,(P \vee \neg\,P);\quad -P;\ -\neg\,P$$
$$|$$
$$+\neg\,(P \vee \neg\,P);\quad +P$$
$$|$$
$$-(P \vee \neg\,P);\quad +P$$
$$|$$
$$-P;\,-\neg\,P;\quad +P$$

Beispiel 3. $\neg\,(p \wedge q) \to \neg\,p \vee \neg\,q$ ist nicht Ti-beweisbar.

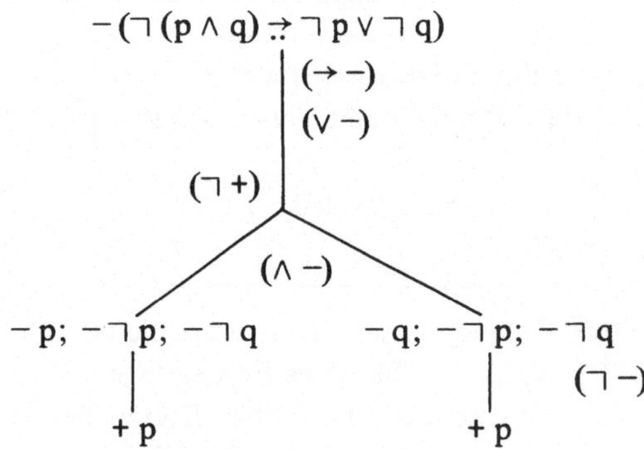

Dies ist ein Beispiel eines nicht geschlossenen Tableaus; auch alle übrigen Tableaus sind nicht geschlossen.

Übungen

1. Es sei die Gleichwertigkeit von $P \in \mathbf{Li}$ und P *ist* Ti-*beweisbar* vorausgesetzt. Man zeige mittels des Ti-Kalküls $p \not\equiv_i \neg\,\neg\,p \equiv_i \neg\,p \to p \equiv_i (p \to \neg\,p) \to p \equiv_i \neg\,p \to \neg\,(p \to p)$.
$\neg\,(P \vee Q) \equiv_j \neg\,P \wedge \neg\,Q$, jedoch $\neg\,(p \wedge q) \not\equiv_i \neg\,p \vee \neg\,q$.

2. Eine beweistheoretische Übung. Man zeige, ist $\neg\,P$ klassisch gültig (also im klassischen T-Kalkül beweisbar), dann ist $\neg\,P$ Ti-beweisbar.

   Hinweis. Man beginne das zu konstruierende geschlossene I-Tableau für $-\neg\,P$ wie folgt:

$$-\neg\,P$$
$$|$$
$$+P$$
$$/\ \backslash$$

und behalte die „Information" $+P$ bei Anwendung der kritischen Induktionsschritte im weiteren Abbau von P. Vorher überlege man, daß auch der klassische T-Kalkül als

ein mit signierten Formeln operierender Kalkül verstanden werden kann: Man schreibt
$+P$ für P und $-P$ für $\neg\, P$.

3. Man bestätige das folgende Ordnungsdiagramm der bzgl. $\equiv\, :=\, \equiv_i$ äquivalenten Formeln in einer einzigen Variablen p. Befindet sich P unterhalb von Q, so heißt dies $P \to Q \in Li$ und $Q \to P \notin Li$[1]).

Sei $F_0 = p \wedge \neg\, p_0$; $F_1 = \neg\, p$; $F_2 = p$; $F_3 = \neg\neg\, p$; $F_4 = p \vee \neg\, p$ und weiter
$F_{2n+5} = F_{2n+3} \to F_{2n+2}$, sowie $F_{2n+6} = F_{2n+3} \vee F_{2n+1}$ $(n \in \omega)$.

Man zeige ferner $F_{2n} \equiv F_{2n+1} \wedge F_{2n+3} \equiv F_{2n+1} \wedge F_{2n+2}$; $F_{2n+3} \equiv F_{2n+1} \to F_{2n+2}$;
$F_{2n+4} \equiv F_{2n+1} \vee F_{2n+2}$.

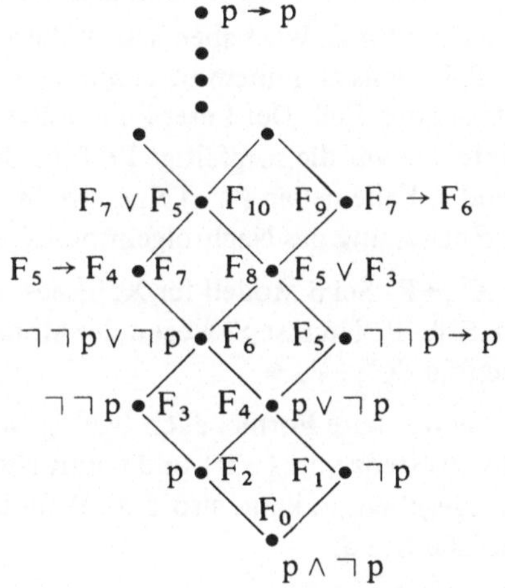

4. Sei $L \in \mathcal{K} \setminus \{\mathcal{L}, \mathbf{Lk}\}$ e.a. mit Axiomen aus nur einer Variablen. Man zeige $L \subseteq Li.2$.

5. Ein Tj-Kalkül sei für die Minimallogik in der Funktorbasis $\wedge, \vee, \to, 0$ (Falsum) entsteht einfach durch Weglassen der beiden Negationsregeln des Ti-Kalküls. Man beweise dessen Adäquatheit.

---

[1]) Es gibt also unendlich paarweise nicht äquivalente Formeln in einer Variablen mod Li, m.a.W. die 1-freie I-Algebra $\Theta_{\mathbf{Li}}^{(1)}$ (Kap. III/§ 4) ist unendlich. Diese Tatsache wurde von GÖDEL erkannt (Mitteilung in McKINSEY/TARSKI [44]). Das Diagramm stammt von RIEGER [49]. Für **Lk** sieht das entsprechende Diagramm wie folgt aus:

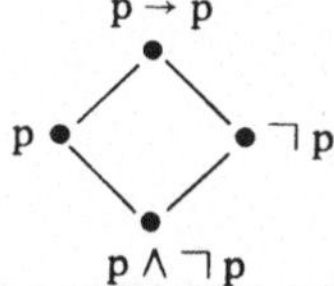

Korrektheit und Adäquatheit des Ti-Kalküls

Das Operieren mit den signierten Formelmengen in Ti-Kalkül hat denselben semantischen Hintergrund wie der TS4-Kalkül. In Analogie zu den bisher bereits betrachteten Tableau-Kalkülen beweist man zunächst den

Korrektheitssatz. Eine endliche signierte I-erfüllbare Formelmenge Z ist Ti-konsistent.

Beweis. Wie früher ist zu zeigen, daß ein I-erfüllbarer Knoten eines I-Tableaus wenigstens einen I-erfüllbaren Nachfolger hat. Denn ist dies gezeigt, so gibt es einen von der als erfüllbar vorausgesetzten Wurzel Z bis an einen Endknoten führenden Weg aus I-erfüllbaren Formelmengen. Offensichtlich kann der Endknoten eines solchen Weges nicht geschlossen sein und damit ist auch das betreffende Tableau nicht geschlossen, d.h. Z ist Ti-konsistent.

Sei also Y ein I-erfüllbarer Knoten eines Tableaus τ für Z. Wir haben acht Fälle zu unterscheiden, jenachdem, welche der Regeln des Ti-Kalküls zu seinem bzw. seinen Nachfolgern geführt hat. Dazu betrachten wir nur einen typischen Fall. Der Leser kann mühelos auch die restlichen Fälle prüfen; insbesondere empfehlen wir die sorgfältige Prüfung des Schrittes gemäß Regel ($\rightarrow$ $-$), die im vorliegenden Falle neben ($\neg$ $-$) eine zweite kritische Regel darstellt. Wir beschränken uns auf die Entstehung des Nachfolgeknotens gemäß ($\neg$ $-$).

Sei also $- \neg P \in X$ und der Nachfolger $X' = X^+; + P$. Sei S Modell für X; insbesondere ist also $S \not\Vdash \neg P$. Dann existiert ein $S' \geq S$ mit $S' \Vdash P$. Nun ist S' wegen der Monotonie der I-Akzeptanz auch Modell für X^+ und auch für $X^+; + P$. ●

Aus der Korrektheit folgt bereits, daß eine Ti-beweisbare Formel auch I-gültig ist. Die Ti-Beweisbarkeit von P bedeutet nämlich die Inkonsistenz von $\{-P\}$ und damit Nichterfüllbarkeit von P. Ist eine I-Struktur g beliebig vorgegeben, so kann also $S \not\Vdash P$ für kein $S \in g$ gelten; mit anderen Worten, es gilt $S \Vdash P$ für alle $S \in g$.

Wie früher gilt die Verschärfung des Korrektheitssatzes zum

Adäquatheitssatz. Eine signierte endliche Formelmenge X ist dann und nur dann Ti-konsistent, wenn sie I-erfüllbar ist.

Dazu ist zu zeigen, wenn X Ti-konsistent ist, so hat X ein Modell. Der Beweis ist nur eine leichte Modifizierung entsprechender Beweise für die modalen Tableau-Kalküle. Er ermöglicht die Konstruktion eines endlichen Modells für X. Wir geben nur eine allgemeine Beschreibung des Konstruktionsverfahrens. Zunächst wird der Begriff *saturierte Menge* wie unten stehend modifiziert. Man zeigt leicht, daß eine konsistente in eine saturierte Menge einbettbar ist.

Definition. Eine signierte Ti-konsistente Formelmenge X heißt I-*saturiert*, wenn

$$+ (P \wedge Q) \in X \Longrightarrow + P, + Q \in X$$
$$- (P \wedge Q) \in X \Longrightarrow - P \in X \text{ oder } - Q \in X$$
$$+ (P \vee Q) \in X \Longrightarrow + P \in X \text{ oder } + Q \in X$$
$$- (P \vee Q) \in X \Longrightarrow - P, - Q \in X$$
$$+ \neg P \in X \Longrightarrow \neg P \in X$$
$$+ (P \rightarrow Q) \in X \Longrightarrow \dot{-} P \in X \text{ oder } + Q \in X .$$

Die Bedingungen (ii), (iii) in der Definition des Modellgraphen Kap. IV/§ 3 werden wie folgt modifiziert:

(ii′): Ist $S \vartriangleleft T$ und $+P \in S$, so $+P \in T$

(iii′): Ist $-(P \to Q) \in S$, so existiert ein $T \vartriangleright S$, so daß $+P, -Q \in T$.

   Ist $- \neg P \in S$, so existiert ein $T \vartriangleright S$ mit $+P \in T$.

Die Relation im Modellgraphen schließlich ist wie in **S4**-Modellgraphen das Transit der ursprünglichen Nachfolgerelation. Auf diese Weise ist klar, daß der Modellgraph selbst eine endliche Präordnung ist. Schließlich wird im Modellgraphen g die Realisierung $\beta: V \to A^0 g$ mit $\beta p = \{S \in g \mid p^+ \in S\}$ betrachtet. Es ist unmittelbar klar, daß β monoton ist. Im Modell (g, β) erweist sich dann der Knoten, in welchem die konsistente Ausgangsmenge X eingebettet ist, als Modell für X, und die angestrebte Modellkonstruktion ist somit gelungen. (g, β) kann nachträglich durch ein geordnetes Modell (g', β') gleichwertig ersetzt werden, denn liegen S, S' in derselben Lokalklasse, so ist offenbar $S \in \beta p \Leftrightarrow S' \in \beta p$.

Damit ist auch die endliche Modelleigenschaft von **Li** gezeigt: Denn hat P überhaupt ein Modell, so ist $\{+P\}$ notwendigerweise Ti-konsistent, hat also nach obiger Modellkonstruktion ein Modell auf einer endlichen Ordnung.

Eine weitere wichtige Bemerkung ist die Tatsache, daß die in Kap. IV/§ 4 beschriebene geordnete Ramifikation ohne Änderung auch im vorliegenden Falle gültig bleibt. Weil der geordnete Ramifikationsbaum einer endlichen Ordnung nun sogar ein endlicher Baum ist, haben wir folgendes wichtige Ergebnis: Jede Formel P, die überhaupt ein **Li**-Modell hat, besitzt sogar ein Modell auf einem endlichen Baum. Daher gilt folgender

Satz   Li = L Torf.

Übungen

1. Man beweise den Modellkonstruktionssatz; die beiden Bedingungen (+) und (−) (Kap. IV/§ 3) sind folgendermaßen zu formulieren:

   (+) $P \in S \Longrightarrow S \Vdash P$ (−) $P \in S \Longrightarrow S \nVdash P$

2. Man übertrage die Technik der geordneten Ramifikation (Kap. VI/§ 3).

3. Man zeige durch Kontraktion, daß die Folge der geordneten Bäume

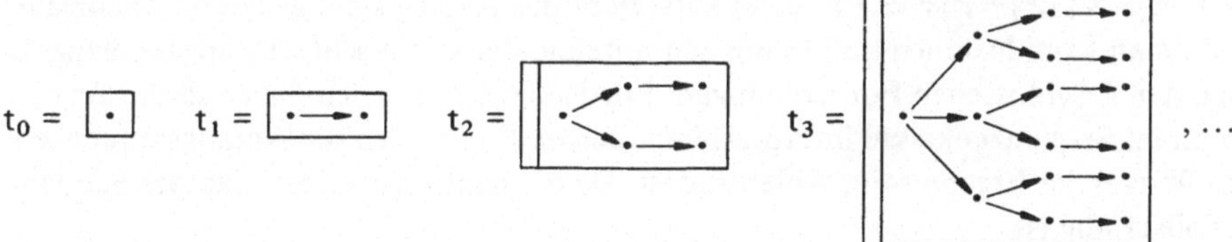

eine **Li**-charakteristische Folge von I-Strukturen darstellt, d.h. $P \in $ **Li** gdw $P \in L\, t_n$ für alle $n \in \omega$. In t_n hat jeder Knoten der Höhe k genau k unmittelbare Nachfolger (Höhe eines Knotens S = Höhe des von S generierten Subbaumes).

Hinweis. Jeder endliche geordnete Baum ist Kontraktion eines t_n mit hinreichend hohem n.

4. Man zeige, $Li = L \, to^2$ (geordneter Baum mit genau zwei u.N. für jeden Punkt).

Hinweis. Jeder endliche Baum ist Kontraktion von to^2. Siehe Übung 4, S. 215.

Der Sequenzenkalkül

Der Tableau-Kalkül ist eigentlich nur eine „Umkehrung" des von GENTZEN [34] entworfenen sogenannten *Sequenzenkalküls*. Grundobjekte des Kalküls sind Paare (X, Y) Formelmengen, welche auch *Sequenzen* heißen[1]. Die folgenden acht Regeln führen von Ausgangssequenzen zu neuen Sequenzen, und die auf diese Weise zu gewinnenden Paare (X, Y) heißen die *beweisbaren Sequenzen*.

Wir schreiben $X \vdash Y$, wenn (X, Y) beweisbar ist. Ausgangssequenzen (Axiome) sind die Sequenzen (X, Y) mit $X \cap Y \neq \emptyset$.[2]

Regelsystem des Sequenzenkalküls für Li

$$\frac{X;P;Q \vdash Y}{X;P \wedge Q \vdash Y} \qquad \frac{X \vdash Y;P \mid X \vdash Y;Q}{X \vdash Y;P \wedge Q}$$

$$\frac{X;P \vdash Y \mid X;Q \vdash Y}{X;P \vee Q \vdash Y} \qquad \frac{X \vdash Y;P;Q}{X \vdash Y;P \vee Q}$$

$$\frac{X;\neg P \vdash Y}{X \vdash Y;P} \qquad \frac{X;P \vdash \emptyset}{X \vdash Y;\neg P}$$

$$\frac{X;Q \vdash Y \mid X \vdash Y;P}{X;P \to Q \vdash Y} \qquad \frac{X;P \vdash Q}{X \vdash Y;P \to Q}$$

Eine einfache Reduktion auf den Tableau-Kalkül liefert sofort den

Vollständigkeitssatz. Es ist $X \vdash Y$ genau dann, wenn jedes Modell für X ein Modell für mindestens ein $P \in Y$ ist. Insbesondere ist $\vdash P$ (d.h. $\emptyset \vdash \{P\}$) genau dann, wenn P I-gültig ist.

Beweis. Ordnet man der Sequenz (X, Y) die signierte Formelmenge
$X/Y := \{+P \mid P \in X\} \cup \{-P \mid P \in Y\}$ zu, so entspricht das Regelsystem genau den Tableauregeln, wenn man Konklusionen und Prämissen miteinander vertauscht. Anfangssequenzen entsprechen den geschlossenen Formelmengen. Ein Tableau τ läßt sich daher als ein Ableitungsbaum im Sequenzenkalkül interpretieren, dessen Endknoten die Anfangssequenzen, und dessen Wurzel das Ergebnis der Ableitung ist. Damit sieht man sofort, daß der Sequenzenkalkül vollständig ist.

---

[1] Man kann sich diese endlichen Mengen auch in Folgen angeordnet denken. Daher der Name.

[2] Es genügt auch, als Axiome diejenigen Sequenzen (X, Y) zu wählen, so daß X und Y nur aus Primformeln bestehen.

Denn wir haben

$X \vdash Y$ gdw X/Y ist Ti-inkonsistent

  gdw es gibt kein I-Modell S mit $S \Vdash X$ und $S \nVdash Q$ für alle $Q \in Y$
       (Vollständigkeit des Ti-Kalküls)

  gdw für alle I-Modelle S, wenn $S \Vdash X$, so $S \Vdash Q$ für wenigstens ein $Q \in Y$. •

Der Sequenzenkalkül ist Anlaß für eine allgemeine Betrachtungsweise, die über die Theorie der deduktiven Systeme hinausführt und die wir wenigstens kurz erörtern wollen, weil wir damit ein verschärftes Vollständigkeitsresultat für die intuitionistische Logik erhalten.

Definition. Eine Relation $\vdash$ zwischen (beliebigen) Formelmengen (fest vorgegebener Funktorbasis) heißt eine *deduktive Bisequenzrelation*, wenn folgende Axiome gelten:

Axiom 1 Es ist $X \vdash Y$, falls $X \cap Y \neq \emptyset$.
Axiom 2 Ist $X \vdash Y$, so ist $X' \vdash Y'$ für $X \subseteq X', Y \subseteq Y'$.
Axiom 3 Ist $X;P \vdash Y$ und $X \vdash Y;P$, so ist $X \vdash Y$.
Axiom 4 Ist $X \vdash Y$, so ist $X' \vdash Y'$ für gewisse endliche Teilmengen
    $X' \subseteq X$ und $Y' \subseteq Y$.

Paare (X, Y) von Formelmengen X, Y heißen (in diesem Zusammenhang) *Bimengen*. Die Bimenge (X, Y) heißt *konsistent* bzgl. $\vdash$, wenn $X \nvdash Y$.
(X, Y) heißt *maximal*, wenn $P \in X$ oder $P \in Y$ für jede Formel P und wenn (X, Y) konsistent ist.

Der Sequenzenkalkül liefert auf natürliche Weise eine deduktive Bisequenzrelation $\vdash^i$, indem man die Voraussetzung fallen läßt, daß die betrachteten Formelmengen endlich sind. Diese Annahme ist aber nur wichtig in der sogenannten Beweistheorie, die sich auf eine finitistische Betrachtungsweise beschränkt. Uns gab sie eine bequeme Reduktionsmöglichkeit auf den Ti-Kalkül.

Sei also $\vdash^i$ als ein mit beliebigen Bimengen operierender Kalkül gemäß den anfänglich angegebenen Regeln verstanden. Aus dem Vollständigkeitssatz (für den engeren Kalkül oben) folgt sehr einfach, daß $\vdash^i$ die Axiome 1–4 erfüllt.[1]

Der folgende Satz ist eine Verallgemeinerung des Existenzsatzes relativ maximaler Mengen in deduktiven Systemen, und gewissermaßen der Fundamentalsatz über deduktive Bisequenzrelationen.

---

[1] Ohne Rückgriff auf die Vollständigkeit tritt eine eigentümliche Schwierigkeit zutage. Während die Axiome 1, 2, 4 einfache Folgerungen aus der Definition des Kalküls sind, gilt für Axiom 3, welches auch das *Schnittaxiom* heißt, kein direktes Argument. Man kann jedoch einen rein strukturellen Beweis durch Induktion über die Ableitungsstufe im Sequenzenkalkül führen. Es handelt sich um den (auf den aussagenlogischen Teil eingeschränkten) sogenannten *Hauptsatz* von GENTZEN. Dieser Satz und seine Variationen sind ein wichtiges Thema der Beweistheorie.

Satz über maximale Erweiterungen in deduktiven Bisequenzrelationen. Ist $\vdash$ eine Bisequenzrelation und ist (X, Y) konsistent bzgl. $\vdash$, so existiert eine maximale konsistente Bimenge (X', Y') mit $X' \supseteq X$ und $Y' \supseteq Y$.

Dem Beweis liegt die gleiche Idee zugrunde wie dem entsprechenden Satz für deduktive Systeme. Man „füllt (X, Y) schrittweise auf", indem eine neue Formel entweder zu X oder zu Y hinzugefügt wird. Daß dies in der einen oder anderen Weise konsistent geschehen kann, wird durch Axiom 3 gesichert. Der Beweis sei dem Leser überlassen (Übung 2).

Nunmehr definieren wir auf neue Weise eine kanonische I-Struktur g_i: Es sei g_i die Menge aller maximalen Bimengen im Sequenzenkalkül. Ferner sei $(X, Y) \leqslant (X', Y')$ für (X, Y), $(X', Y') \in g_i$, wenn $X \subseteq X'$. g_i ist leicht als **Li**-adäquate I-Struktur nachzuweisen.[1] Darüberhinaus erhält man einen Vollständigkeitssatz bzgl. einer entsprechenden semantischen Bisequenzrelation (Übung 3).

Als Korollar erhält man folgende Verschärfung des Kompaktheitssatzes:

Satz. Es sei (X, Y) gegeben. Gibt es für jedes endliche Paar (X', Y') mit $X' \subseteq X$, $Y' \subseteq Y$ ein I-Modell μ und ein $S \in \mu$, so daß $S \Vdash P$ für alle $P \in X'$ und $S \not\Vdash P$ für alle $P \notin Y'$, so hat auch die Bimenge (X, Y) ein Modell, d.h. $S \Vdash P$ für alle $P \in X$ und $S \not\Vdash P$ für alle $P \in Y$.

Es ist klar, daß dieser Bikompaktheitssatz mehr aussagt als der Endlichkeitssatz in üblicher Formulierung. Für Bisequenzrelationen, denen die klassische Logik zugrundeliegt, liefert der Satz indes nichts neues gegenüber dem üblichen Kompaktheitssatz, weil ja die Nichtakzeptanz von P in S immer gleichwertig mit der Akzeptanz von $\neg$ P in S.

Übungen

1. Man beweise den Satz dieses Abschnitts.

   Hinweis. Sei $(X, Y) = (X_0, Y_0)$, und $P_1, P_2, \ldots$ eine Aufzählung aller Formeln. Ferner sei für $n \in \omega$

$$(X_{n+1}, Y_{n+1}) = \begin{cases} (X_n; P, Y) & \text{falls } (X_n; P, Y) \text{ konsistent ist} \\ (X_n; Y_n; P) & \text{andernfalls} \end{cases}$$

   Schließlich sei $(X', Y') = (\bigcup_{i \in \omega} X_i, \bigcup_{i \in \omega} Y_i)$.

2. Man beweise das Schnittaxiom für den Sequenzenkalkül für **Li**.

   Hinweis. Ist $X \not\vdash Y$, so gibt es ein S mit $S \Vdash Q$ für alle $Q \in X$, und $S \not\Vdash Q'$ für alle $Q' \in Y$. Weil entweder $S \Vdash P$ oder $S \not\Vdash P$ folgt Widerspruch zur Voraussetzung.

---

[1]) Diese Konstruktion entspricht im wesentlichen dem Vorgehen in SCHÜTTE [68].

3. Es sei g_i die im Text definierte kanonische Modellstruktur. Man definiere eine semantische Bisequenzrelation $\not\models$ wie folgt:

   $X \not\models Y$ gdw für jedes $\alpha\colon V \to g_i$, und alle $S \in g_i$: wenn $S \Vdash P$ für alle $P \in X$, dann $S \Vdash Q$ für mindestens ein $Q \in Y$.

   Man zeige den verschärften Vollständigkeitssatz $X \not\vdash^i Y \Leftrightarrow X \not\models^i Y$. Insbesondere ist damit $X \vdash^i P \Leftrightarrow X \models^i P$.

4. Beweistheoretische Übung. Man beweise das Schnittaxiom durch Induktion über die Beweisbarkeitsstufe im Sequenzenkalkül und gebe damit einen neuen Adäquatheitsbeweis für den Sequenzen- und den Tableau-Kalkül.

5. Man zeige, ist $X \not\vdash^i Y$, so existiert eine Formelmenge Z mit $VZ \subseteq VX \cap VY$, so daß $X \not\vdash^i Z$ und $Z \not\vdash^i Y$. Daraus schließe man, wenn $\vdash^i P \to Q$, so existiert eine Formel R, $VR \subseteq VP \cap VQ$ mit $\vdash^i P \to R, R \to Q$ (Interpolationstheorem für **Li**).

   Hinweis. Induktion über die Ableitungsstufe der Sequenz (X, Y).

§ 3 Algebraische Semantik und verallgemeinerte KRIPKE-Semantik

Nachdem intuitionistische und einige mit ihr verwandte Logiken, z.B. die Minimallogik, in den 30-iger Jahren formal präzisiert worden waren, folgte sehr bald der zweite Schritt der Schaffung eines geeigneten und adäquaten Konzepts algebraischer Semantik. Unter dem Gesichtspunkt einer Verallgemeinerung der einfachen Semantik der klassischen Aussagenlogik ergab sich dabei folgende Erkenntnis: Klassische Logik entspricht den Gleichungen über allen Booleschen Algebren und intuitionistische Logik entspricht den Gleichungen über allen I-Algebren (HEYTING-Algebren, vgl. Anhang). Angesichts dieses Umstandes ist es gleichgültig, ob man z.B. intuitionistische Tautologien aus einem Axiomensystem formal beweist, oder sie dadurch als solche ausweist, daß man sie über allen I-Algebren (oder auch geeigneten Teilklassen solcher Algebren) verifiziert. Hier zeigt sich die enge Verbindung von Algebra und Logik, die von LEIBNIZ erahnt, von BOOLE mit partiellem Erfolg und schließlich vor allem durch A. TARSKI in restlos klarer und vollendeter Weise dargelegt wurde.

Für die intuitionistische und Minimallogik, sowie eine Reihe intermediärer Logiken erwies sich die KRIPKE-Semantik als adäquat und auch philosophisch befriedigend. Aber ähnlich wie in der Modallogik liefert sie leider nicht für alle intermediären Logiken eine adäquate Beschreibung. Unter dem Gesichtspunkt einer eingehenden Analyse intermediärer Logik bleibt algebraische Semantik unverzichtbar.

Durch Verbindung der algebraischen mit der relativistischen Semantik entsteht das Konzept der verallgemeinerten I-Strukturen, das sich dann für alle intermediären Systeme nicht nur als adäquat erweist, sondern wegen seiner großen Anschaulichkeit auch sonst ein höchst nützliches Hilfsmittel darstellt.

J- und I-Algebren

Die Logiken **Li** und **Lj** sind positiv implikativ im Sinne von Kap. III. Daher hat der Begriff **Li**-Algebra bzw. **Lj**-Algebra einen wohlerklärten Sinn. Wir wollen uns zunächst vergegenwärtigen, daß die **Li**- bzw. **Lj**-Algebren mit dem im Anhang sogenannten I- bzw. J-Algebren übereinstimmen.

Das Beispiel in Kap. III, S. 135 zeigt, daß eine **Lj**-Algebra A bzgl. der Funktionen $\cap = \wedge_A$, $\cup = \vee_A$, $\ni = \to_A$ einen implementierten Verband darstellt, d.h. es gilt

$$(*) \qquad a \leqslant b \ni c \Longleftrightarrow a \cap b \leqslant c\,;$$

Für $\sim = \neg_A$ gilt

$$(**) \qquad a \ni \sim b = b \ni \sim a.$$

Außerdem ist das ausgezeichnete Element 1 von A größtes Element von A in deren Werteordnung, die ja mit der Verbandordnung von A übereinstimmt. Kurz, A ist eine J-Algebra (Anhang). Eine **Li**-Algebra A ist dann natürlich auch J-Algebra. Wegen $\neg\,p \wedge p \to q \in \mathbf{Li}$ gilt in A $\sim a \cap a \leqslant b$ (a, b $\in$ A). Da $o := \sim 1$ in A die Gleichung $o = \sim a \cap a$ erfüllt (Anhang, S. 333), ist o kleinstes Element in A, was nichts anderes bedeutet als daß A eine

I-Algebra ist. Umgekehrt, ist $A \in \mathbf{IA}$, so gilt wegen $\sim a \cap a \leqslant b$ auch $\sim a \leqslant a \dashv b$, d.h.
$\neg p \rightarrow p \rightarrow q \in \mathbf{LA}$, und damit ist A Li-Algebra.

Wir erinnern insbesondere an die in Kap. III in allgemeinerem Zusammenhang bewiesene
Tatsache, daß jedes $L \in \mathscr{J}$ eine adäquate J-Algebra A besitzt, d.h. es gilt $L = LA$. Speziell
hat jedes $L \in \mathscr{H}$ eine adäquate I-Algebra.

Im Hinblick auf die Ausführungen dieses Kapitels wurden im Anhang die Kongruenzen
und Filter der J- und I-Algebren schon näher untersucht. Vergleicht man diese Ausführungen mit denen in Kap. III, so erkennt man leicht, daß die $F \in F\mathscr{L}A$ ($A \in \mathbf{JA}$) mit den
regulären Filtern von A übereinstimmen. Dies ist kein Zufall, denn in Kap. III wurde dargelegt, daß die regulären Filter einer L-Algebra für eine beliebige positiv implikative Logik
mit deren Kongruenzfilter übereinstimmen. In Kap. III wurde gezeigt, daß $\mathbf{Md}_{\mathrm{s.i.}} L^0$ für
eine positiv implikative Logik L^0 adäquat ist, d.h. $L^0 = L\,\mathbf{Md}_{\mathrm{s.i.}} L^0$ [1]). Daher ist eine
Kennzeichnung der s.i. J- und I-Algebren nützlich. Hat $A \in \mathbf{JA}$ ein größtes Element $d \neq 1$,
so heiße d das *Opremum* von A.

Satz. Eine J-Algebra A ist s.i. genau dann, wenn A eine Opremum besitzt.

Beweis. Gemäß Anhang ist $C\mathscr{L}A \simeq F\mathscr{L}A$, so daß $A \in \mathbf{JA}_{\mathrm{s.i.}}$ genau dann, wenn $F\mathscr{L}A$ ein
kleinstes Filter $F^* \neq \{1\}$ enthält. Sei nun $A \in \mathbf{JA}_{\mathrm{s.i.}}$ und F^* kleinstes Filter $\neq \{1\}$.
F^* muß Hauptfilter sein, d.h. $F^* = F\langle d \rangle$ für gewisses $d \in A$; denn ist $d \in F^* \setminus \{1\}$,
so ist $F\langle d \rangle \subseteq F^*$ und daher $F\langle d \rangle = F^*$. Offenbar ist $d \geqslant a$ für alle $a \neq 1$, denn
$F\langle a \rangle \supseteq F\langle d \rangle$ also $d \in F\langle a \rangle$. Umgekehrt, hat A ein Opremum d, so ist $d \in F$ für jedes
$F \neq \{1\}$, denn für $a \in F \setminus \{1\}$ ist $a \leqslant d$, also $d \in F$, und damit $F \supseteq F\langle d \rangle$. $\bullet$

Nebenstehende Figur zeigt das schematische Diagramm
einer s.i. I-Algebra. Es unterscheidet sich von dem einer
s.i. J-Algebra A nur insofern, daß A eventuell kein kleinstes
Element besitzt.

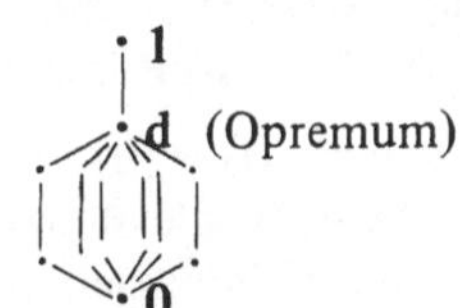

Übungen

1. Man zeige, wenigstens eine der beiden zweielementigen J-Algebren $\mathbf{2}, \mathbf{2}'$ (Anhang) ist
   Subalgebra einer beliebig vorgegebenen nichttrivialen J-Algebra D. Daraus schließe man:
   $\mathbf{L2}$ ($= \mathbf{Lk}$) und $\mathbf{L2}'$ sind die beiden einzigen POST-vollständigen J-Logiken, d.h.
   $L \subseteq \mathbf{L2}$ oder $L \subseteq \mathbf{L2}'$ für jede $L \in \mathscr{J}_0 := \mathscr{J} \setminus \{\mathscr{L}\}$.

   Hinweis. Für $o := \sim 1$ ist $\{1, 0\}$ Subalgebra von D. Diese ist isomorph zu $\mathbf{2}$, falls
   $o \neq 1$. Ist $o = 1$, wähle man ein beliebiges $a \neq 1$ und zeige, $\{1, a\}$ ist eine zu $\mathbf{2}'$
   isomorphe Subalgebra von D.

2. Man verschärfe Übung 1 wie folgt: Ist $L \in \mathscr{J}_0$, so ist *entweder* $L \supseteq \mathbf{Li}$, *oder* $L \subseteq \mathbf{L2}'$
   (im Falle $L \supseteq \mathbf{Li}$ ist damit insbesondere $L \subseteq \mathbf{L2}$). Ferner zeige man, für alle $L \in \mathscr{J}$

---

[1]) Für $L^0 \in \mathscr{J}$ wird sich im folgenden dafür auch ein einfacher „geometrischer" Beweis ergeben.

gilt *entweder* $L \subseteq L2$ (= **Lk**) *oder* $L \supseteq \textbf{Ln}$, wobei **Ln** := **Lj** ($\neg$ p) die „nihilistische" Logik genannt sei, weil in **Ln** und allen Erweiterungen jede negierte Formel gilt [1]).

Hinweis. Sei $A \in \textbf{JA}$ L-adäquat. Entweder ist o kleinstes Element, dann ist $L \supseteq \textbf{Li}$, oder aber A^0 ist nichttrivial, wobei A^0 die Faktoralgebra von A nach der zu $F\langle o \rangle$ gehörenden Kongruenz sei. $L \subseteq LA^0$ und $\neg p \in LA^0$. Ferner: Ist $L \not\subseteq \textbf{Lk}$ so in A notwendigerweise $o = 1$, sonst $\{1, o\}$ Subalgebra von A.

3. Man erkläre eine „Summe" $A + B$ von I-Algebren, indem man „A auf B setzt und das Einzelelement von B mit dem Nullelement von A verschmilzt".

Beispiel

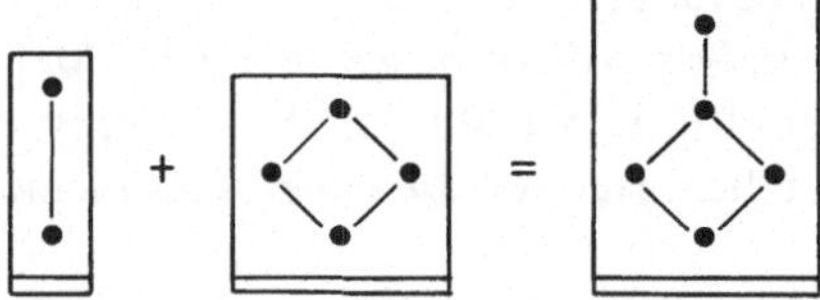

Man zeige, $A + B$ läßt sich in eindeutiger Weise als I-Algebra auffassen (TROELSTRA [65]). Ferner zeige man, $2 + A \simeq 2 + B \Longrightarrow A \simeq B$.

Hinweis. Isomorphismus $\varphi: 2 + A \to 2 + B$ überführt Opremum in Opremum.

4. Sei $A \in \textbf{JA}$. $e \in A$ heiße $\cup$-irreduzibel, wenn $e = a \cup b$ impliziert, daß $e = a$ oder $e = b$. Man zeige die Äquivalenz von (i), (ii), (iii) für $e \in A$:

(i)   e ist $\cup$-irreduzibel
(ii) $e \leqslant a \cup b$ impliziert $e \leqslant a$ oder $e \leqslant b$
(iii) $F\langle e \rangle$ ist Primfilter, d.h. prim im Verband $F\mathcal{l}A$.

Hinweis. (i) $\Rightarrow$ (ii): $e = e \cap a \cup e \cap b$. (ii) $\Rightarrow$ (iii): $F\langle e \rangle$ (das von e erzeugte Filter in $F\mathcal{l}A$) ist die Menge $\{x \in A \mid x \geqslant e\}$ (iii) $\Rightarrow$ (ii): $F \in F\mathcal{l}A$ ist Primfilter gdw $a \vee b \in F$ impliziert $a \in F$ oder $b \in F$.

Beispiele von I-Algebren und der Zusammenhang mit I-Strukturen

Im Hinblick auf eine eingehendere Analyse von **Li** und deren Erweiterungen besteht unser Ziel darin, eine möglichst anschauliche Vorstellung über I-Algebren zu gewinnen. Zunächst sei daran erinnert, daß die Strukturalgebra A^+g einer Präordnung eine **TBA** ist. Die offenen Elemente von A^+g, auch die *offenen Teilmengen* von g genannt, sind durch die Eigenschaft $\blacksquare a = a$ gekennzeichnet. Es sind dies gerade die generierten Substrukturen von g.

---

[1]) Diese Aussagen bedeuten, $(2', \textbf{Li})$ und $(2, \textbf{Ln})$ sind Splittings von $\mathcal{J}$, siehe § 4. Es ist schon bemerkenswert, daß es in $\mathcal{J}$ überhaupt eine kleinste Logik L mit $L \not\subseteq L2'$ gibt; ebenso bemerkenswert ist, daß dies gerade die intuitionistische Logik ist. Hierin darf man eine gewisse „verbandstheoretische" Erklärung für die die Bevorzugung von **Li** unter den unübersehbar vielen Erweiterungen von **Lj** erblicken.

In Kap. III/§ 5 wurde bereits festgestellt, daß die Menge A^0 der offenen Elemente von $A \in$ **TBA** hinsichtlich der Operationen ein Subverband von A ist. Mehr noch, A^0 läßt sich bei geeigneter Erklärung zweier Funktionen ⊰ und $\sim$ sogar zu einer I-Algebra machen.

Satz. Die Menge A^0 der offenen Elemente einer **TBA** A bildet hinsichtlich der Operationen $\cap, \cup$ sowie der Operationen ⊰: a ⊰ $b = \blacksquare\,(a \to b)$ und $\sim$: $\sim a = a$ ⊰ 0 $(= \blacksquare \setminus a)$ eine I-Algebra, die mit A^0 bezeichnete I-*Algebra von* A^1).

Beweis. Es ist lediglich noch (*): $a \cap b \leqslant c \Leftrightarrow a \leqslant b$ ⊰ c nachzurechnen, denn (**) ist dann aufgrund der Erklärung von $\sim$ schon von selbst erfüllt (siehe Anhang, S.323). Sei $a \cap b \leqslant c$. Dann ist $a \leqslant b \to c$ und wegen der Monotonie von $\blacksquare$ ist $a = \blacksquare\,a \leqslant \blacksquare\,(b \to c) = a$ ⊰ b. Sei jetzt $a \leqslant b$ ⊰ $c := \blacksquare\,(b \to c)$ vorausgesetzt. Wegen $\blacksquare\,(b \to c) \leqslant b \to c$ ist $a \leqslant b \to c$, also $a \cap b \leqslant c$. $\bullet$

Die I-Algebra A^0 von $A = A^+g$ wurde schon früher mit A^0g bezeichnet und heißt auch die *Algebra der offenen Teilmengen von* g $(g \in \mathbf{Q})$.

Beispiel 1. Wir betrachten die Ordnung $g = \boxed{\begin{smallmatrix} \bullet \to \bullet \\ S \quad T \end{smallmatrix}}$. Von den vier Elementen $1 := \{S, T\}$, $2 := \{T\}$, $3 := \{S\}$, $0 = \emptyset$ der **TBA** A^+g sind nur die drei Elemente $0, 1$ und 2 offen, wie man unmittelbar sieht. Diese bilden die dreielementige linear geordnete I-Algebra in der Figur links. Rechts daneben sind die Tabellen für die Funktion ⊰ und $\sim$ angegeben. Zum Beispiel ist 1 ⊰ $2 = \blacksquare\,(\setminus 1 \cup 2) = \blacksquare\,2 = 2$.

A^0g entpuppt sich damit als die dreiwertige Matrix D_i in Kap. III, wenn man den Wahrheitswert „unbestimmt" mit 2 statt mit $\frac{1}{2}$ bezeichnet.

⊰	1	2	0
1	1	2	0
2	1	1	0
0	1	1	1

$\sim$	
1	0
2	0
0	1

Wer seinerseits versäumt haben sollte nachzurechnen, daß D_i tatsächlich eine Matrix für die intuitionistische Logik **Li** ist, braucht es jetzt nicht mehr zu tun, denn wir haben den allgemeinen Satz, daß A^0g für $g \in \mathbf{Q}$ eine I-Algebra, also Matrix für **Li** ist.

Beispiel 2. In Verallgemeinerung von Beispiel 1 betrachte man lineare Ordnung $a_n := \boxed{\begin{smallmatrix} \bullet \to \bullet \to \cdots \to \bullet \\ S_1 \quad S_2 \qquad\quad S_n \end{smallmatrix}}$ und die 2^n-elementige **TBA** A^+a_n von a_n $(n \in \omega; a_0 = \emptyset)$.

Die Teilmengen $1 := a_n$ $2 := \{S_2, \ldots, S_n\}, \ldots, n := \{S_n\}, 0 := \emptyset$ sind die sämtlichen offenen Elemente von A^+a_n. $A^0 a_n$ ist die $(n + 1)$-elementige linear geordnete I-Algebra

---

^{1}) Die auf $A^0 \subseteq A$ erklärte Funktion ⊰ ist wohl zu unterscheiden von der Booleschen Funktion $\to$: $a \to b = \setminus a \cup b$. Sie hat mit dieser einige, aber nicht alle Eigenschaften gemeinsam. Außerdem ist ⊰ nur auf A^0, nicht auf ganz A erklärt. Hier liegt der Grund für die unterschiedliche Bezeichnung des Implements in I-Algebren und Booleschen Algebren.

und heißt *die n-te GÖDEL-Matrix.* GÖDEL hat (1932) diese Algebren als I-Matrizen ausgewiesen.

Die folgende Figur zeigt in der oberen Reihe die Diagramme einiger einfacher Ordnungen g. Darunter sind die Diagramme ihrer I-Algebren A^0 g gezeichnet; in einigen Graphen wurden die Knoten der Übersicht wegen mit Zahlen durchnumeriert.

In der schematischen Darstellung der I-Algebren haben wir üblichen Gepflogenheiten folgend die Pfeilspitzen weggelassen; die Kanten sind von unten nach oben gerichtet.

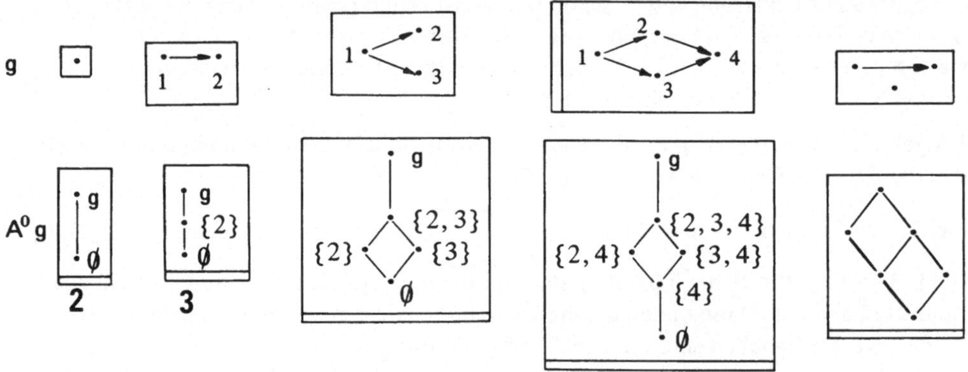

Die in der Figur oben rechts gezeigte Ordnung ist disjunkt zerlegbar, d.h. als disjunkte Vereinigung zweier Ordnungen darstellbar. Die von ihnen herrührenden I-Algebren sind das direkte Produkt der I-Algebren der Summanden dieser Zerlegung.

Dies folgt unmittelbar aus $A^+(g_1 \,\dot\cup\, g_2) = A^+g \times A^+g_2$, sowie der leicht beweisbaren Gleichung $(A \times B)^0 = A^0 \times B^0$ (A, B $\in$ **TBA**).

Es ist eine bemerkenswerte Tatsache, daß sich die I-Algebra A^0 g nicht von $A^0\,\bar{g}$ unterscheidet, wobei $\bar{g}$ die von g $\in$ **Q** induzierte Ordnung der Lokalklassen ist. Zum Beispiel ist

A^0 ⟨Figur⟩ $\simeq A^0$ ⟨Figur⟩ $\simeq$ **3**. Dies läßt sich zu dem später erwähnten Repräsentationssatz erweitern, wonach jedes A $\in$ **IA** in der Form A = B^0 für gewisses B $\in$ **T$_0$BA** darstellbar ist.

Vier der fünf Ordnungen in der Figur oben sind initial, und es fällt auf, daß gerade die zu ihnen gehörenden I-Algebren s.i. sind. Dies ist kein Zufall; es läßt sich vielmehr beweisen, daß $g \in \mathbf{Or}$ genau dann initial ist, wenn $A^0 g$ s.i. ist (Übung 2). Dies läßt sich auch leicht der Tatsache $C\ell\, A^0 g \simeq C\ell\, A^+ g$ entnehmen (Übung 4).

Es liegt nun schon fast auf der Hand, daß $\mathbf{L}g = \mathbf{L}A^0 g$, d.h. g und die I-Struktur von g bestimmen dieselbe intermediäre Logik. In der Tat zunächst einmal ist klar, daß eine Realisierung im Sinne von § 2 zugleich eine Belegung in die I-Algebra $A^0 g$ darstellt, und umgekehrt, $\alpha: V \to A^0 g$ ist eine Realisierung in g im Sinne von § 2. Durch Induktion über P zeigt man nun mühelos, daß

$$(1) \quad S \Vdash_\alpha P \;\; \text{gdw} \;\; S \in \mathrm{val}_\alpha^{A^0 g} P \quad (S \in g;\; \alpha: V \to A^0 g) \,.$$

Damit erhält man aber sofort die Behauptung

$$(2) \quad \mathbf{L}g = \mathbf{L}A^0 g \,.$$

Der Zusammenhang zwischen algebraischer und relationaler Semantik ist also völlig analog zu Verhältnissen, wie wir sie in der Modallogik vorfinden.

Auf S. 273 wurde eine Folge t_n von geordneten Bäumen definiert und dargelegt, daß $\mathbf{Li} = \mathbf{L}\{t_n \mid n \in \omega\}$. Damit haben wir auch $\mathbf{Li} = \mathbf{L}\{A_n \mid n \in \omega\}$ mit $A_n = A^0 t_n$.

Offenbar ist $A_0 = \mathbf{2}$, $A_1 = \mathbf{3}$ sowie $A_2 =$ [Figur] . Die Algebra A_n heißt die

n-te JAŚKOWSKI-Matrix und wir haben gezeigt, die Gesamtheit dieser Matrizen ist eine **Li**-adäquate Matrizenmenge. Diese Behauptung ist mit traditionellen Methoden wohl nur recht mühsam zu beweisen (vgl. SURMA [73]).

Übungen

1. Es sei $\bar g = (\bar g, \leqslant)$ die Ordnung der Lokalklassen einer Präordnung $g = (g, \leqslant)$.
   Man zeige, $A^0 g \simeq A^0 \bar g$. (Das gilt nicht für $A^+ g$ und $A^+ \bar g$).
   Angesichts des Repräsentationssatzes heißt dies, grob gesprochen, es gibt weniger I-Algebren als **TBA**'s; die I-Algebren stammen bereits von den $\mathbf{T}_0\mathbf{BA}$'s.

2. Man zeige, für alle $g \in \mathbf{Or}$ die Äquivalenz von

   (i) g ist initial   (ii) $A^0 g$ ist s.i.

   Hinweis. Ist g initial, so $g \setminus \{S_0\}$ Opremum von $A^0 g$. Ist g nicht initial, existieren generierte Substrukturen $a, b \neq g$, mit $a \cup b = g$.

3. Man zeige, für die JAŚKOWSKIschen Matrizen A_n gilt

$$A_{n+1} = \mathbf{2} + \underbrace{(A_n \times \ldots \times A_n)}_{n} \,.$$

4. Sei A^0 die I-Algebra von $A \in$ **TBA**. Man zeige $C\ell A^0 \simeq C\ell A$. Folglich ist auch jede I-Algebra kongruenz-distributiv.

   Hinweis. Dem Filter $F \in F\ell A$ entspricht das Filter $F \cap A^0 \in F\ell A^0$. Dem Filter $F \in F\ell A^0$ das Filter $\{x \in A \,|\, x \geqslant a$ für gewisses $a \in A^0\} \in F\ell A$.

5. Sei $A \in$ **JA**. $e \in A$ heiße *voll* $\cup$-*irreduzibel*, wenn $e = \underset{i \in I}{\cup} a_i$ impliziert $e = a_i$ für gewisses $i \in I$ (I beliebige Indexmenge, $a_i \in A$).

   Man zeige, $e \subseteq A^0 g$ $(g \in$ **Or**$)$ ist voll $\cup$-irreduzibel gdw $e = e_S$ für gewisses $S \in g$. Dabei sei $e_S := \{S' \in g \,|\, S \leqslant S'\}$. Man zeige ferner, $a \in A^0 g$ ist voll $(\cap -)$ irreduzibel gdw a ist S-maximal für gewisses $S \in g$. Dabei heiße $b \subseteq A^0 g$ S-maximal, wenn $S \not\in b$, aber $S \in b'$ für jedes $b' \supset b$.

6. Sei g eine J-Struktur mit der Menge g^* der nichtnormalen Situationen von g. $A^0 g$ bezeichne die *zu g gehörende J-Algebra,* die erklärt ist als der implementierte Verband der offenen Mengen von g, versehen mit der Funktion $\sim$: $\sim a = a \dashv g^*$ $(a \in A^0 g)$. $A^0 g$ enthält stets ein kleinstes Element, obwohl ein beliebiges $A \in$ **JA** ein solches nicht enthalten muß. Man zeige $\mathbf{L}g = \mathbf{L}A^0 g$. Ferner zeige man, ist $g^* = \emptyset$, so ist $A^0 g$ die zu g gehörende I-Algebra.

Repräsentationssätze für I-Algebren

Es gibt eine Reihe von Repräsentationssätzen für I-Algebren. Meist spielen Primfilter hierbei die Hauptrolle (vgl. z.B. RASIOWA/SIKORSKI [68]). Wir arbeiten im folgenden mit der hinsichtlich Inklusion geordneten Menge g_A der relativ maximalen Mengen des Filtersystems $f := f_A^{MP}$ $(A \in$ **IA**$)$. g_A heiße die *kanonische Struktur* für A. f hat die Eigenschaften $(\cap \text{ a}) \dots (\sim \text{i})$, die den Eigenschaften $(\wedge \text{ a}), \dots, (\neg \text{ i})$ der I-Systeme (Kap. II, S. 81) entsprechen. Daher hat g_A auch die den Eigenschaften $[\text{k} \wedge], [\text{k} \vee], [\text{i} \rightarrow], [\text{i} \neg]$ (Kap. II, S. 84)i analogen Eigenschaften $[\text{k} \cap] [\text{k} \cup] [\text{i} \dashv] [\text{i} \sim]$. Zum Beispiel lautet

$[\text{k} \dashv]$: $a \dashv b \in S$ gdw $a \in S' \Rightarrow b \in S'$ für alle $S' \geqslant S$ $(S \in g_A$; $a, b \in A$; $\leqslant$ Inklusion$)$

Es gilt $X f\, a$ gdw $x_1 \cap \dots \cap x_n \leqslant a$ für gewisses $n \in \omega$ und $x_i \in X$, $i < n$ $(X \subseteq A; a \in A)$.

Eine Einbettung $': A \rightarrow A^0 g$ $(A \in$ **IA**; $g \in$ **Or**$)$ heiße *separiert,* wenn

(i) $S \leqslant T$ gdw $S \in a' \Rightarrow T \in a'$ für alle $a \in A$ $(S, T \in g)$

(ii)   Zu jedem $S \in g$ existiert ein $a \in A$ mit $S \not\in a'$ aber $T \in a'$ für alle $T > S$.

Analog wie bei Modalalgebren nennen wir eine Einbettung $'$ mit der Eigenschaft (i) *verfeinert.* (ii) hat für Modalalgebren i.a. keine Entsprechung.

Eine verfeinerte Einbettung $': A \rightarrow A^0 g$ heiße *kompakt,* wenn

(iii)   für alle $D \subseteq A$, $a \in A$: wenn $\cap D' \subseteq a'$, so $\cap E' \subseteq a'$ für gewisses endliches $E \subseteq D$ (dabei sei $X' := \{x' \,|\, x \in X\}$ für $X \subseteq A$).

Sei $A \in$ **IA**, $g := g_A$. $': A \rightarrow 2^g$ mit $a' = \{S \in g \,|\, a \in S\}$ ist offenbar Abbildung in $A^0 g$ und heiße die *kanonische Abbildung* von A.

Repräsentationssatz. Die kanonische Abbildung $':A \to A^0g$ $(A \in \mathsf{IA}; g = g_A)$ ist eine separierte kompakte Einbettung von A in A^0g.

Beweis. Es ist $a \in S \Leftrightarrow S \in a'$ gemäß Definition von $'$. Ganz wie im Repräsentationssatz für **KBA**'s beweist man zuerst, daß $'$ ein Homomorphismus ist. Dabei benötigt man gerade die Eigenschaften $[k \cap]$, $[k \cup]$, $[i \ni]$, $[i \sim]$ der relativ maximalen Mengen. $'$ ist injektiv, denn ist $a \neq b$, so $a \nleq b$ o.B.d.A. Ist S b-maximale Erweiterung von a, so ist $a \in S, b \notin S$, also $S \in a'$, $S \notin b'$ gemäß Definition von $'$.

(i) ist unmittelbar klar, denn $S \in a' \Leftrightarrow a \in S$.

(ii): ist $S \in g$, S a-maximal, so ist $S \notin a'$, aber $T \in a'$ für alle $T > S$.

(iii): $\cap\ E' \nsubseteq a'$ für alle endlichen $E' \subseteq D$ heißt nichts anderes als $D \nmid a$. Also existiert ein a-maximales $S \supseteq D$. Offenbar ist $S \in \cap D'$, $S \notin a'$, also $\cap D' \nsubseteq a'$. ●

Ist $g \in \mathsf{Or}$ endlich und $':A \to A^0g$ eine kompakte Einbettung, so ist $'$ bereits surjektiv, also ein Isomorphismus zwischen A und A^0g (Übung 1). Damit erweist sich auch die Konstruktionsmethode endlicher $A \in \mathsf{IA}$ mittels endlicher geordneter Strukturen als eine universelle. Außerdem kann man diesem Satz einen anderen wichtigen Repräsentationssatz entnehmen, nämlich, daß A die I-Algebra der offenen Elemente einer gewissen **TBA** ist (McKINSEY/TARSKI [44], Übung 4).

Übungen

1. Sei $A \in \mathsf{IA}$ endlich. Man zeige $A \simeq A^0g_A$.

   Hinweis. $e_S = \{T \in g_A \mid T \geq S\}$ $(S \in g_A)$ ist Bild bei der kanonischen Einbettung $':A \to A^0g_A$ nämlich von $a := \cap\ S$. $T \in a' \Leftrightarrow a \in T \Leftrightarrow S \subseteq T \Leftrightarrow S \leq T \Leftrightarrow T \in e_S$ $(T \in g_A)$

2. Sei $A \in \mathsf{IA}_{s.i.}$. Man zeige, $A \in \mathsf{IA}_{s.i.}$ gdw g_A ist initial.

   Hinweis. Sei **d** Opremum von A, $\mathbf{d}'$ die **d** in g_A entsprechende offene Menge. Sei $S \in g \setminus \mathbf{d}'$ und $a \in A$ so gewählt, daß $S \notin a$, aber $S' \in a$ für alle $S' > S$. Dann $a = \mathbf{d}'$.

3. Sei $A \in \mathsf{TBA}$ und D Subalgebra der I-Algebra A^0 (insbesondere 0_A, $1_A \in D$). Sei ferner $B \subseteq A$ die Menge aller $(a_1 \to b_1) \cap \ldots \cap (a_n \to b_n)$ für $a_i, b_i \in D$. Man zeige B ist die von D in A erzeugte Subalgebra, d.h. B ist abgeschlossen gegenüber $\cap, \setminus, \blacksquare$ (damit auch bzgl. $\cup$).

   Hinweis. $\blacksquare((a_1 \to b_1) \cap \ldots \cap (a_n \to b_n)) = (a_1 \ni b_1) \cap \ldots \cap (a_1 \ni b_n)$.

4. Man beweise mittels des Repräsentationssatzes im Abschnitt und Übung 3 den Repräsentationssatz von McKINSEY/TARSKI: Jede I-Algebra D ist die I-Algebra der offenen Elemente einer gewissen **TBA**.

5. In Analogie zur Beziehung der I-Algebren und I-Strukturen untersuche man die Beziehung zwischen J-Algebren und J-Strukturen. Man beweise einen entsprechenden Repräsentationssatz über die Darstellung von J-Algebren.

   Hinweis. Sei $A \in \mathsf{JA}$. Man bezeichne die $S \in g_A$ als unnormal, die $o = \sim 1$ enthalten. Beachte, daß $\emptyset \subseteq g_A$ nicht zu A gehören muß.

Verallgemeinerte I-Strukturen

Ganz wie in der Modallogik lassen sich auch jetzt die beiden semantischen Konzepte miteinander verschmelzen. Auf diese Weise entsteht eine voll adäquate Semantik für die intermediäre Logik.

> **Definition.** Sei g eine I-Struktur und A Subalgebra von $A^0 g$. Dann heißt das Paar $\gamma = (g, A)$ eine *verallgemeinerte I-Struktur*. Aus X *folgt* P *auf der Basis von* γ, symbolisch $X \models^\gamma P$, wenn $S \Vdash_\alpha X \Rightarrow S \Vdash_\alpha P$ ($S \in g$; $\alpha: V \to A$). P heißt *gültig* über γ, symbolisch $\models^\gamma P$ (oder $P \in L\gamma$), wenn $\emptyset \models^\gamma P$. γ ist *adäquat für das I-System* $\vdash$, wenn $\vdash \, = \, \models^\gamma$. Ist $L \subseteq L\gamma$, so heißt γ auch eine *verallgemeinerte L-Struktur*.
>
> γ heißt *separiert*, wenn die beiden folgenden Bedingungen gelten:
>
> (i) $S \leqslant T$ gdw $S \in a \Rightarrow T \in a$ für alle $a \in A$,
>
> (ii)   Zu jedem $S \in g$ gibt es ein $a \in A$, so daß $S \notin a$, aber $S' \in a$ für alle $S' > S$.

Wie im modalen Falle zeigt man $L\gamma = LA_\gamma \in \mathcal{H}$, wobei $\gamma = (g_\gamma, A_\gamma)$.

Sei $L \in \mathcal{H}$ und g_L die kanonische Struktur für L (S. 258). Für $P \in \mathcal{L}$ sei $a_P := \{S \in g_L | P \in S\}$. Die Menge der a_P ($P \in \mathcal{L}$) bildet eine Subalgebra A_L von $A^0 g$ wie man leicht nachweist. $\nu_L = (g_L, A_L)$ ist eine separable I-Struktur und heiße die *natürliche Modellstruktur* für L. Ganz wie in der Modallogik beweist man mittels des Substitutionslemmas S. 258 den

Adäquatheitssatz. Sei $L \in \mathcal{H}$ und ν die natürliche Modellstruktur für L. Dann ist $\models^L = \models^\nu$. Insbesondere ist $L = L\nu$.

Daß $L \in \mathcal{H}$ eine adäquate separable Modellstruktur hat, ist ein Indiz dafür, daß man in der intermediären Logik mit der vollen Relationalsemantik „nahe an die Adäquatheit herankommt". Hierin ist auch die Ursache für die Schwierigkeit zu erblicken, Beispiele unvollständiger intermediärer Logiken effektiv anzugeben.

Für $L \in \mathcal{J}$ gilt ein ganz analoges Resultat. Dabei seien diejenigen $S \in g$ nichtnormal genannt, für die $\neg (p_0 \to p_0) \in S$ (S. 258). Dann gilt $g_L^0 \in A_L$; dies ist die natürliche Verallgemeinerung der Tatsache $\emptyset \in A_L$ für $L \in \mathcal{H}$.

Analog wie in der Modallogik sei eine *generierte Substruktur* einer I-Struktur $\gamma = (g, A)$ ein Paar (g', A'), wobei g' generierte Substruktur von g ist, und $B' = \{a \cap g' | a \in A\}$. Man rechnet unschwer nach, daß B' Subalgebra von $A^0 g'$ und zugleich homomorphes Bild von A ist. $\gamma = (g, A)$ heiße *separiert* bzw. *kompakt*, wenn die identische Abbildung von A eine separierte bzw. kompakte Einbettung in $A^0 g$ darstellt. Man sieht leicht, mit γ ist auch jede generierte Substruktur separiert. Daher sind z.B. alle initial generierten Substrukturen der natürlichen Modellstruktur ν_L ($L \in \mathcal{H}$) separiert. Also hat L eine Darstellung $L = L\Gamma$, Γ eine Menge separierter L-Strukturen. Da für eine initiale separierte I-Struktur (g, A) offenbar $A \in IA_{s.i.}$, haben wir hiermit gewissermaßen auch einen geometrischen Beweis dafür, daß $L \in \mathcal{H}$ eine adäquate Menge s.i. L-Algebren besitzt.

Es folgt leicht aus den Definitionen, daß ν_L ($L \in \mathcal{H}$) mit der zu A_L ($\simeq \Theta_L$) gehörenden kanonischen Struktur übereinstimmt. Damit ist ν_L auch kompakt, was natürlich auch direkt nachgewiesen werden kann. Bemerkenswerterweise sind auch die generierten Substrukturen kompakter I-Strukturen kompakt (Übung 1). Also darf, falls gewünscht, in einer Darstellung $L = L\Gamma$ vorausgesetzt werden, daß die $\gamma \in \Gamma$ alle initial, separiert und sogar kompakt sind. Häufig ist es bequem, gleich mit der natürlichen L-Struktur und ihren generierten Substrukturen zu arbeiten (vgl. Übung 2).

Übungen

1. Sei $\gamma' = (g', A')$ initial generierte Substruktur von $\gamma = (g, A)$. Man zeige, mit γ ist auch γ' separiert bzw. kompakt.

2. Man erkläre analog wie in der Modallogik den Begriff der Kontraktion γ' einer verallgemeinerten L-Struktur γ und zeige $L\gamma \subseteq L\gamma'$. Sei $L \in \mathcal{H}$ und $\neg P \vee \neg\neg P \notin L$ für

gewisses P. Man zeige, g_L enthält $f :=$ [Diagramm: S_0 mit Pfeilen zu $\cdot S_1$ und $\cdot S_2$] als Substruktur und $a \cap f = \{S_1\}$,

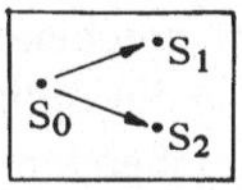

$b \cap f = \{S_2\}$, $a \cap b = \emptyset$ für gewisse $a, b \in A_L$. Ferner zeige man, es gibt eine Kontraktion der von S_0 in ν_L generierten verallgemeinerten Modellstruktur auf f, also $L \subseteq Lf$.

Hinweis. Wähle für S_0 ($\neg P \vee \neg\neg P$)-maximale Erweiterung; $a = a_P$; $b = a_{\neg P}$. Beachte $T \in a \cup b$ für alle $T > S_0$.

3. Ein strukturelles deduktives System in $\wedge, \vee, \rightarrow$, das die Eigenschaften der I-Systeme bzgl. der vorkommenden Funktoren hat, heiße ein *P-System*. Deren Logiken heißen *positive Logiken*. Diese bilden einen Verband $\mathcal{P}$ mit dem kleinsten Element Lp. Unter einer P-Struktur verstehe man eine konvexe Ordnung. Man zeige, $L \in \mathcal{P}$ hat eine adäquate separable P-Struktur. Daraus schließe man, jedes $L \in \mathcal{P}$ ist Redukt einer Logik $L' \in \& Li.2$ (S. 259). Insbesondere ist Lp das positive Redukt von $Li.2$.[1]

Hinweis. Die kanonische Struktur g_L für $L \in P$ bestehe aus den relativ maximalen Mengen plus $F := \mathcal{L}_{\wedge, \vee, \rightarrow}$, wobei g_L bzgl. Inklusion geordnet wird.[2] A_L werde wie üblich erklärt. Zeige $\vdash^L = \vdash^\nu$ mit $\nu = (g_L, A_L)$. Beachte ferner, $Li.2$-Strukturen sind konvex.

4. Man zeige, ist $L \in \mathcal{J} \setminus \mathcal{H}$, so gibt es eine L-adäquate separable J-Struktur (g, A) mit nichtnormaler Finalsituation F (s.h. $S \leqslant F$ für alle $S \in g$). Daraus schließe man, jedes $L \in \mathcal{P}$ ist auch das positive Redukt einer Logik $L' \in \& Ln$, Ln die nihilistische Logik.

Hinweis. Konstruktion der natürlichen Modellstruktur für L wie in Übung 2.

5. Sei A_r die **TBA** aller Teilmengen reeller Zahlen. Man zeige A_r ist S4-adäquat. Daraus schließe man, die I-Algebra A_r^0 der offenen Mengen reeller Zahlen ist Li-adäquat (TARSKI/McKINSEY [48]).

Hinweis. Jede endliche **TBA** ist einbettbar in A_r, siehe RASIOWA/SIKORSKI [63].

---

[1] Damit haben z. B. **Li** und **Li.2** bemerkenswerterweise dasselbe positive Redukt.

[2] Die Konstruktion ist deswegen sinnvoll, weil im vorliegenden Falle die Menge aller Formeln konsistent in $\vdash^L$ ist.

§ 4 Der Verband der intermediären Logiken

Das Studium der Struktur des bereits mehrfach erwähnten Verbandes $\mathcal{H}$ ist nicht nur aus Gründen der Systematik interessant, sondern wirft Licht auf zahlreiche Aspekte des weitreichenden Unterschieds zwischen klassischer und intuitionistischer Logik. Es können dabei nicht alle bekannten Einzelheiten diskutiert werden, doch kann sich der Leser anhand der aufgeführten Themen hinlänglich über den Stand der Dinge informieren.

Die systematische Untersuchung von $\mathcal{H}$ begann Mitter 60-iger Jahre[1]), wobei inzwischen soviel an einfachen aber auch tiefliegenden Einsichten zusammengetragen wurden, daß man sich heute einigermaßen in diesem komplizierten Verband auskennt.

Die Verhältnisse entsprechen in grober Näherung etwa denen des Verbandes $\mathcal{E}\,\mathbf{S4}$. Nur sind sie durchweg überschaubarer und entsprechende Fakten sind häufig einfacher herzuleiten. Wir beginnen mit der Untersuchung der Splittings von $\mathcal{H}$, weil diese Methodik schon im Verband $\mathcal{N}$, $\mathcal{E}\,\mathbf{S4}$ usw. zu weitreichenden Einsichten geführt hat. Sodann studieren wir näher den oberen Teil von $\mathcal{H}$. Hinausgehend über die bereits für $\mathcal{N}$ behandelten Fragestellungen beweisen wir sodann die Existenz von Folgen streng unabhängiger Formeln. Dies darf als eines der Hauptresultate über $\mathcal{H}$ angesehen werden. Damit ergibt sich u.a. leicht die Überabzählbarkeit von $\mathcal{H}$. Schließlich wird ein Verfahren zur Konstruktion intermediärer Logiken ohne endliche Modelleigenschaft angegeben. Hieraus ergeben sich nachträglich weiterer Folgerungen für den in Kap. IV studierten Verband der normalen Modallogiken.

Wir erwähnen ferner den erst kürzlich erbrachten Nachweis, daß nur sieben konsistente $\mathbf{L} \in \mathcal{H}$ die Interpolationseigenschaft haben. Dazu gehören neben $\mathbf{Li}$ und $\mathbf{Lk}$ die Logiken $\mathbf{Li.2}$ und $\mathbf{Li}\ell$ (MAXIMOVA [78]).

Auf die Existenz unvollständiger intermediärer Logiken hatten wir schon hingewiesen. Eine systematische Untersuchung damit zusammenhängender Fragen, z.B. über die Lokalisierung dieser Logiken, liegt jedoch noch nicht vor.

Schließlich erwähnen wir ein kürzlich gewonnenes Resultat das Entscheidungsproblem betreffend: Es gibt endlich axiomatisierbare intermediäre Logiken mit unlösbarem Entscheidungsproblem (SHECHTMAN [78]). Beispiele solcher Logiken sind allerdings ebenso wie Beispiele unvollständiger intermediärer Logiken recht verwickelt und ihre explizite Behandlung würde den Rahmen dieses Buches sprengen.

Der Übersichtlichkeit wegen behandeln wir den Verband $\mathcal{I}$ nur am Rande, obwohl dieser Verband noch um ein beträchtliches reicher ist als $\mathcal{H}$, auch was den oberen Teil betrifft (vgl. die Figuren auf S. 294, 295). Abgesehen von interessanten neuen Einzelproblemen ergeben sich hierbei jedoch keine grundsätzlich neuen Probleme oder Ansätze ihrer Lösung, so daß auf Ausführungen im einzelnen verzichtet werden kann.

Allgemeine Eigenschaften von $\mathcal{H}$

Bereits in Kap. II wurde gezeigt, daß $\mathcal{H}$ distributiv ist. Als algebraischer Verband kann $\mathcal{H}$ somit selbst als eine HEYTING-Algebra betrachtet werden, indem man den Verbands-

---

1) UMEZAWA [55] zeigt erstmals, daß $\mathcal{H}$ unendlich ist.

operationen die Implementfunktion $\ni$ (Übung 1) und $\sim$: $\sim L = L \ni Li$ hinzufügt[1]).
In Kap. II wurde auch darauf hingewiesen, daß die e.a. $L \in \mathcal{H}$ einen Subverband bilden.
Dazu gehören alle tabularen und prätabularen Logiken von $\mathcal{H}$. Diese werden wir im folgenden genau beschreiben. Dabei wird sich auch ergeben, daß genau die tabularen $L \in \mathcal{H}$ diejenigen von endlicher Dimension sind. Alle diese Eigenschaften gelten gleichermaßen für $\mathcal{J}$.

Übungen

1. Man zeige $L_1 \ni L_2 = L(X)$ mit $X = \{Q \in L \,|\, P \vee Q \in L_2 \text{ für alle } P \in L_1\}$.

2. Man zeige, $L \in \mathcal{H}$ ist irreduzibel in $\mathcal{H}$ gdw $L = LA$ für gewisses $A \in IA_{s.i.}$.

   Hinweis. $\Leftarrow$: A hat Opremum. $\Rightarrow$: Analog wie Übung 4, S. 248.

3. Sei $P^1 := (p_1 \to p_0) \to p_1 \,\dot{\to}\, p_1$ und $P^{n+1} := (p_{n+1} \to P^n) \to p_{n+1} \,\dot{\to}\, p_{n+1}$ $(n \geq 1)$ sowie $Li_n := Li(P^n)$ $(n \in \omega_+)$. Man zeige, die Li_n-Strukturen sind gerade diejenigen $g \in Or$, in denen jeder Weg eine Länge $< n$ hat. Insbesondere ist $Li_1 = Lk$, und Li_2 ist die prätabulare Logik Lib (Seite 294). Die Logik Li_n heißt auch die *Basislogik der Tiefe* n. Sie ist das Splitting von $\mathcal{H}$ nach der linearen Ordnung a_{n+1} (nächster Abschnitt) und lokal endlich, analog zu $S4/a_n$.

4. Sei P eine positive nur eine Variable enthaltende Formel und $L := Li(P) \neq \mathcal{L}$. Man zeige, entweder $L = Li$ oder $L = Lk$.

   Hinweis. $L \neq Lk \Rightarrow L \subseteq Li.2$. Alle $L \in \& Li.2$ haben dasselbe positive Redukt.

5*. Sei N die Menge aller Formeln, in denen vor jeder Variablen ein Negationszeichen steht. **Lf** sei die intermediäre Logik aller Formeln P, so daß $sP \in Le$ für alle Substitutionen s: $\mathcal{L} \to N$. **Lf** ist die „Logik der endlichen Probleme" (siehe LEVIN [69]). Man zeige, **Lf** hat die Disjunktionseigenschaft und ist außerdem strukturell vollständig[2]).

JANKOVs Lemma und das Splitting-Theorem

Nicht nur die folgenden Formulierungen, sondern auch deren Beweise sind nahezu wörtliche Übertragungen entsprechender Darlegungen in Kap. IV/§ 5, so daß wir auf ihre Ausführung gänzlich verzichten können. Wegen ihrer hervorragenden Bedeutung formulieren wir sie jedoch gleich für den größeren Verband $\mathcal{J}$.

Ist $C \in Md_{f.s.i.}$ L^0 $(L^0 \in \mathcal{J})$, so sei das Diagramm ΔC die Konjunktion aller Formeln

$$p_{a \cap b} \leftrightarrow p_a \wedge p_b; \quad p_{a \cup b} \leftrightarrow p_a \vee p_b$$
$$p_{\sim a} \leftrightarrow \neg p_a; \quad p_{a \ni b} \leftrightarrow p_a \to p_b \qquad (a, b \in C)$$

---

[1]) Es ist eine interessante offene Frage, ob $\mathcal{H}$ eine **Li**-adäquate Matrix ist.

[2]) PRUCNAL [76], Lösung des 76. FRIEDMANschen Problems in JSL 40. Eine endliche Axiomatisierung von **Le** scheint bislang nicht angegeben worden zu sein. Für neuere Ergebnisse über strukturell vollständige $L \in \mathcal{H}$ siehe CITKIN [78].

Dabei wird vorher jedem $a \in C$ eine Variable p_a fest zugeordnet; den Elementen $1, d$ insbesondere die Variablen p_1, p_d, wobei d das Opremum von C bezeichne. Die Formel $\mathcal{A}C := \Delta C \rightarrow p_d$ heiße die *JANKOV-Formel* von C.

Lemma (JANKOV [63]). Für $C \in JA_{f.s.i.}$ und beliebiges $A \in JA$ sind folgende Bedingungen äquivalent.

(i) $C \in \mathbf{SH}\, A$ (d.h. C ist Subalgebra eines homomorphen Bildes von A)

(ii) $LA \subseteq LC$

(iii) $\mathcal{A}C \notin LA$.

Damit zeigt man in fast wörtlicher Übertragung des Beweises in Kap. IV/§ 5 das

Splitting-Theorem für J. Sei $L^0 \in \mathcal{J}$ und $C \in \mathbf{Md}_{f.s.i.}\, L^0$. Dann wird $\&L^0$ von C gespalten, d.h. es gibt (genau) eine mit L^0/C bezeichnete Logik in $\&L^0$, so daß für jedes $L \in \&L^0$ *entweder* $L \subseteq LC$ *oder* $L \supseteq L^0/C$. Ferner ist $L^0/C = L^0(Q)$ gdw $Q \notin LC$ und $Q \notin LA \Rightarrow$ $\Rightarrow C \in \mathbf{SH}\, A$ für jedes $A \in \mathbf{Md}\, L^0$. Insbesondere ist $L^0/C = L^0(\mathcal{A}C)$.

Für L^0/C schreiben wir auch L^0/L oder L^0/g, falls $L = LC = Lg$.

Beispiel 1. Sei $a_2 = \boxed{\begin{smallmatrix} \bullet \longrightarrow \bullet \\ S_0 \quad S_1 \end{smallmatrix}}$. Wir behaupten $Li/a_2 = Lk$. Sei nämlich $Li/a_2 = L\Gamma$,

Γ eine Klasse initialer separierter I-Strukturen γ. Angenommen, in Γ befindet sich ein $\gamma = (g, D)$, so daß a_2 Substruktur von g ist, wobei o.B.d.A. S_0 auch Initialknoten von g ist. Es gibt eine Kontraktion von g auf a_2, so daß alle Knoten $S \neq S_0$ auf S_1 kontrahiert werden. Weil γ separiert ist, gilt $L\gamma \subseteq La_2$. Folglich ist $Li/a_2 \subseteq L\gamma \subseteq La_2$, was aber ein Widerspruch ist. Daher sind alle $\gamma \in \Gamma$ Einpunktstrukturen, mit anderen Worten, $Li/a_2 = Lk$.[1])

Dieses Beispiel liefert folgendes einfache Kriterium dafür, wann die Hinzufügung einer Formel zu Li gerade die klassische Logik ergibt.

Kriterium (JANKOV [63]). $Li(P) = Lk$ gdw $P \in Lk$ und $P \notin L \boxed{\bullet \longrightarrow \bullet}$.

Beweis. Sei $Li(P) = Lk$. Dann ist $P \in Lk$ und auch $P \notin La_2$, $a_2 := \boxed{\bullet \longrightarrow \bullet}$, denn a_2 ist keine Lk-Modellstruktur. Sei umgekehrt $P \in Lk$, $P \notin La_2$. Dann ist $Li/a_2 \subseteq L(P)$ nach dem Splitting-Theorem, also $Lk \subseteq L(P)$ und damit $Lk = L(P)$ wegen $P \in Lk$. $\bullet$

Nach diesem Kriterium ist z.B. $Lk = Li\,(p \vee \neg p) = Li\,(\neg \neg p \rightarrow p) = Li\,((p \rightarrow q) \rightarrow p \rightarrow p)$, aber z.B. $Li \subseteq Li\,(\neg p \vee \neg \neg p) \subset Lk$, usw.

In der graphischen Darstellung einer J-Struktur bedeute $*$ eine nichtnormale Situation. Dann gilt folgendes dem obigen ähnliche

Kriterium. $Lj\,(P) = Li$ gdw $P \in Li$ und $P \notin L \boxed{\bullet}$.

---

[1]) Dieses Argument wäre erheblich kürzer, wüßte man von vornherein, daß Li/a_2 vollständig ist. Die Frage, ob Li/A für alle $A \in IA_{f.s.i.}$ vollständig ist, ist offen.

Der Beweis ist dem vorigen völlig analog. Er beruht auf der Tatsache $Lj/2' = Lk$ (Übung 2, S. 279), wobei zu beachten ist, daß $L2' = L$ ⊡. Hiernach kann z.B. niemals in der Form $Li = Lj\,(\neg P)$ dargestellt werden, obwohl z.B. $Lj\,(\neg\neg(p \wedge \neg p \to q))$ echte Erweiterung von Li ist.

Man kann eine ganze Reihe ähnlicher Kriterien herleiten (Übungen). Es kommt immer darauf an, die Splittings für gewisse $A \in JA_{f.s.i.}$ auszurechnen. Dies ist allerdings nicht immer so einfach wie oben. Gelegentlich sind umfangreiche Rechnungen unumgänglich.

Beispiel 2. Sei $C^0, C^1, \ldots$ die Folge der I-Algebren gemäß Figur

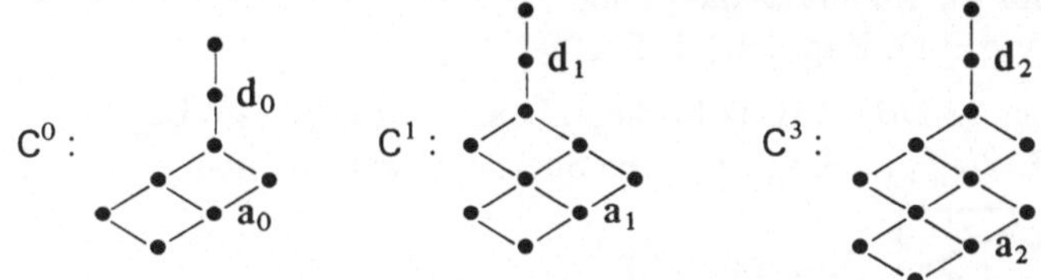

Die Berechnung der Splittings Li/C^n ist nützlich für die Fragen des übernächsten Abschnitts. Es sei F_n die Folge der Formeln § 2, S. 271 sowie $G_n := F_{2n+7} \to (q \vee p \to F_{2n+6})$. Wir behaupten $Li/C_n = Li(G_n)$. G_n enthält die Variablen p, q. Wählt man $\beta p = a_n$, $\beta q = d_n$, so ist $\beta F_n = 1$, $\beta F_{2n+6} < d_n$, $\beta G_n = d_n \neq 1$, also $G_n \not\in LC^n (\beta P := \mathrm{val}^{C^n}_\beta P)$. Sei $G_n \not\in LD$, etwa $\beta G_n \neq 1$. Setzt man $a := \beta F_{2n+7}$, $\overline{D} := D/\equiv_{F\langle a\rangle}$, $\alpha p := \overline{\beta p}$ $(p \in V)$, so ist $\alpha F_{2n+7} = 1$ und $\alpha(q \veebar q \to F_{2n+6}) \neq 1$. Die umfangreiche Durchrechnung aller Möglichkeiten zeigt, daß die Elemente $\alpha F_0, \ldots, \alpha F_{2n+6}, \alpha q, 1$ eine Subalgebra von $\overline{D}$ bilden. Damit ist die Behauptung nach dem Splitting-Theorem gezeigt. ●

Übungen

1. Man zeige $Li/a_n = Li_{n-1}$ mit $a_n = $ ▮ (S. 289; $Li_0 = \mathcal{L}$).

   Hinweis. Geringfügige Verallgemeinerung des Beispiels im Abschnitt. Ist γ separiert, a_n Substruktur von γ, so $L\gamma \subseteq La_n$.

2. Sei $Li.2 := Li\,(\neg p \vee \neg\neg p)$. Man zeige $Li/f = Li.2$ mit $f :=$ ▮

   Hinweis. Übung 2, S. 287.

3. Man zeige $Li.2/d = Li\ell$, wo $d :=$ ▮ der Drachen und $Li\ell$ die lineare Logik ist.

   Hinweis. Vorgehen wie in Übung 2, S. 287.

4. Man beweise folgendes

   Kriterium. $Li\,(P) = Li\ell$ gdw $P \in Li\ell$ und $P \not\in L$ ▮ und $P \in L$ ▮

   Hinweis. Einfache Folgerung aus Übung 2 und 3.

5. Man beweise folgendes Axiomatisierungskriterium für $L(P) = La_n$[1]:

$Li(P) = La_n$ gdw $P \in La_n$ und $P \notin La_{n+1}$ und $P \notin L$ ⟨Forke⟩ und $P \notin L$ ⟨Drache⟩ .

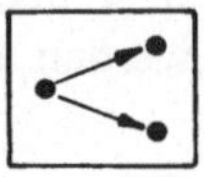

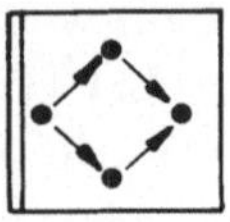

Ferner spezialisiere man dieses Kriterium für $n = 2$ wie folgt:

$L(P) = La_2$ gdw $P \in L$ ⟨•→•⟩ und $P \notin L$ ⟨Forke⟩ und $P \notin L$ ⟨•→•→•⟩ .

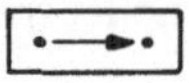

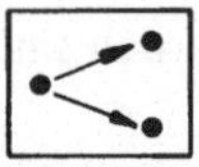

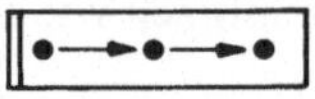

Damit bestätigt man mühelos die frühere Behauptung
$LD_i = La_2 = Li\,(p \veebar p \to q \veebar q \to r)$, Kap. III/§ 1, S. 109.

Hinweis. $Li/f = Li.2$. Ferner $Li.2/d = Li\ell$ (f Forke, d Drachen, $Li\ell$ lineare Logik).
Schließlich offensichtlich $Li\ell/a_{n+1} = La_n$. Für den Spezialfall beachte man

L ⟨•→•→•⟩ $\supseteq L$ ⟨Drache⟩ (Kontraktion).

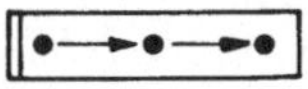

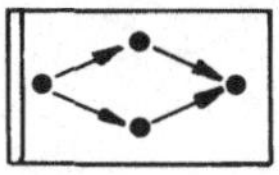

6. Man beweise folgendes Axiomatisierungskriterium

$Lj(P) = Lk$ gdw $P \in L$ ⊡ und $P \notin L$ ⊡ und $P \notin L$ ⟨•→•⟩

Daraus schließe man, es gibt keine Darstellung $Lk = Lj(P)$ mit einer Formel P ohne
Negationszeichen. Aber z.B. $Lk = Lj(\neg\,\neg\,p \to p)$.

7. Man zeige $Lj/$ ⟨•→•⟩ $= Lj(p \vee \neg p)$, $Lj/$ ⟨•→∗⟩ $= Li \cap Ln$ und
$Lj/$ ⟨∗→∗⟩ $= Lj(0 \to ((p \to q) \to p) \to p)$. Damit zeige man für positives P:
$Li(P) = Lk$ gdw $Lj(P) = L$ ⟨∗⟩ .

Tabulare und prätabulare intermediäre Logiken

So wie für Modalalgebren, läßt sich auch für I-Algebren eine reichere Sprache $\mathcal{L}^+$ definieren, die sich in bestimmter Weise in $\mathcal{L}$ interpretieren läßt. Die Formeln von $\mathcal{L}^+$ sind
mittels $\bigwedge, \bigvee$ aus Grundformeln der Gestalt $\pi \leqslant \sigma$ aufgebaut, wobei π, σ Terme sind,
die aus den Variablen x_i $(i \in \omega)$ und den Operationszeichen $\cap, \cup, \sim, \ominus$ aufgebaut sind
(o.B.d.A. enthalte $\mathcal{L}^+$ auch die Symbole $\mathbf{1}, \mathbf{0}$). Die Übersetzung $\tau: \mathcal{L}^+ \to \mathcal{L}$ geschieht nach
der Tabelle

$\varphi \in \mathcal{L}^+$	$\varphi^\tau \in \mathcal{L}$
$\pi \leqslant \sigma$	$P_\pi \to P_\sigma$
$\varphi \bigwedge \psi$	$\varphi^\tau \wedge \psi^\tau$
$\varphi \bigvee \psi$	$\varphi^\tau \vee \psi^\tau$

---

[1]) ANDERSON [69]. Eine konkrete Axiomatisierung von La_n wird im nächsten Abschnitt angegeben.

Dabei sei P_π die dem Term π entsprechende Formel aus $\mathcal{L}$. Dann gilt wie früher der Interpretationssatz $\models^A \varphi \Leftrightarrow \varphi^\tau \in LA$ für alle $A \in IA_{s.i.}$.

Beispiel. Sei $\lambda_n := 1 = x_0 \,\underline{\vee}\, x_0 \leqslant x_1 \,\underline{\vee}\, x_1 \leqslant x_2 \,\underline{\vee}\,\ldots\,\underline{\vee}\, x_{n-1} \leqslant x_n$. Es ist $\models^A \lambda_n$ gdw A enthält höchstens n Elemente, die zudem linear angeordnet sind, d.h. λ_n gilt genau über den Gödelmatrizen $A^0 a_0, \ldots, A^0 a_n$. Offenbar ist $\lambda_n \equiv_i T_n := p_0 \,\underline{\vee}\, p_0 \to p_1 \,\underline{\vee}\,\ldots\,\underline{\vee}\, p_{n-1} \to p_n$. Damit erhält man nach dem Kriterium für die Axiomatisierung von La_n offensichtlich $La_n = Li(T_n)$, denn $T_n \in La_n$ und $T_n \notin La_{n+1} \cup Lf \cup Ld$.

$\eta_n := \bigvee_{i<j<n} x_i = x_j$ besagt, daß eine I-Algebra höchstens n-Elemente enthält. Offenbar ist η_n^τ äquivalent zu $E_n := \bigvee_{i<j<n} p_i \leftrightarrow p_j$.

Kriterium (McKAY [68]). $L \in \mathcal{H}$ ist genau dann tabular, wenn $E_n \in L$ für gewisses $n \geqslant 1$.

Der Beweis verläuft völlig analog zu dem entsprechenden Satz in Kap. IV/§ 5, S. 230 und braucht daher nicht ausgeführt zu werden. Aus diesem Satz ergeben sich wie im Falle $\mathcal{E}S4$ eine Reihe von Konsequenzen, die sich wie folgt zusammenfassen lassen. Hierbei bezeichne $\mathcal{H}^t$ die Menge der tabularen $L \in \mathcal{H}$.

Ist $L \in \mathcal{H}^t$, so hat L nur endlich viele Erweiterungen, die selbst alle tabular sind. Jedes $L \in \mathcal{H}^t$ ist endlich axiomatisierbar. Schließlich ist jedes nichttabulare $L \in \mathcal{H}$ in einer prätabularen Logik aus $\mathcal{H}$ enthalten.

Für die Logiken $L \in \mathcal{H}^t$ beweist man außerdem die Gleichwertigkeit folgender Eigenschaften:

(i)$\qquad$L ist prim (im Verband $\mathcal{H}$)[1]),

(ii)$\qquad$L = Lg mit initial generiertem $g \in Or$,

(iii)$\qquad$L = LD mit s.i. I-Algebra D.

Ferner hat jedes $L \in \mathcal{H}^t$ eine eindeutige unverkürzbare Darstellung $L = L_1 \cap \ldots \cap L_n$, wobei die L_i (i = 1, …, n) prim sind. Schließlich wird eine initiale Struktur $g \in Orf$ bereits eindeutig durch ihre Logik bestimmt, d.h. $Lg = Lg' \Rightarrow g \simeq g'$ für initiale $g, g' \in Orf$.

Die Erweiterungen von $L \in \mathcal{H}^t$ erhält man am einfachsten durch Ausrechnen sämtlicher Kontraktionen und generierten Substrukturen von g in einer Darstellung $L = Lg$ (Übungen 1, 2).

Wie für S4 beweist man den folgenden auf dem Splitting-Theorem und der lokalen Endlichkeit von Li/a_n beruhenden tieferliegenden

Satz. $L \in \mathcal{H}$ ist genau dann nichttabular, wenn L unendlich viele tabulare Erweiterungen hat.

Damit sind wie in $\mathcal{E}S4$ die tabularen $L \in \mathcal{H}$ die einzigen Logiken endlicher Dimension. Die Figur vermittelt ein Bild vom oberen Teil von $\mathcal{H}$ bis zur Dimension 4. Die Figur läßt sich nach unten in konstruktiver Weise fortsetzen. Es gibt nur endlich viele $L \in \mathcal{H}$ gegebener Dimension $n \in \omega$.

---

[1]) (i), (iii) sind auch für beliebige $L \in \mathcal{H}$ äquivalent, S. 289. In $\mathcal{H}$ gilt dies i.a. nicht.

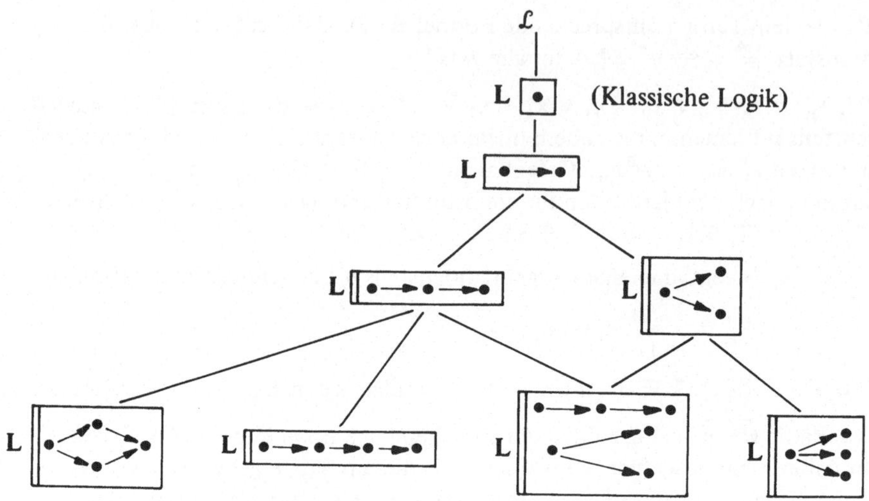

Oberer Teil des Verbandes $\mathcal{H}$ bis Dimension 4.

Auch sind analog wie in $\&\,S4$ alle prätabularen $L \in \mathcal{H}$ vollständig. Man kann die prätabularen $L \in \mathcal{H}$ zwar direkt bestimmen, aber es läßt sich auch die Methode der Interpretation in $\&\,S4$ verwenden. Bei der Einbettung $\mu: \mathcal{H} \to \&\,S4$ (§ 1) werden prätabulare auf prätabulare Logiken abgebildet. Folglich kann es überhaupt nur höchstens fünf prätabulare $L \in \mathcal{H}$ geben. Tatsächlich aber gibt es nur drei, denn $S5^{p} = Lk$, $S4e^{p} = La_2$; daher sind S5 und S4e nicht Bilder prätabularer Logiken bei μ. Mit anderen Worten

sind die drei einzigen prätabularen intermediären Logiken von $\mathcal{H}$ (MAXIMOVA [72]). Zum Beweis braucht nur noch nachgewiesen zu werden, daß diese drei Logiken wirklich prätabular in $\mathcal{H}$ sind (Übung 4).

Die folgende Figur zeigt den oberen Teil von $\mathcal{I}$, und zwar alle Logiken bis einschließlich Dimension 3. Der zu $\mathcal{H}$ gehörende Teil ist gestrichelt umrandet. Man sollte nicht fälschlicherweise den Schluß ziehen, daß $\mathcal{H}$ zum Verband $\&\,Ln$ isomorph ist (Ln-Strukturen bestehen ausschließlich aus nichtnormalen Situationen). Vielmehr ist $\&\,Ln$ isomorph zum Verband $\mathcal{P}$ der positiven Logiken.

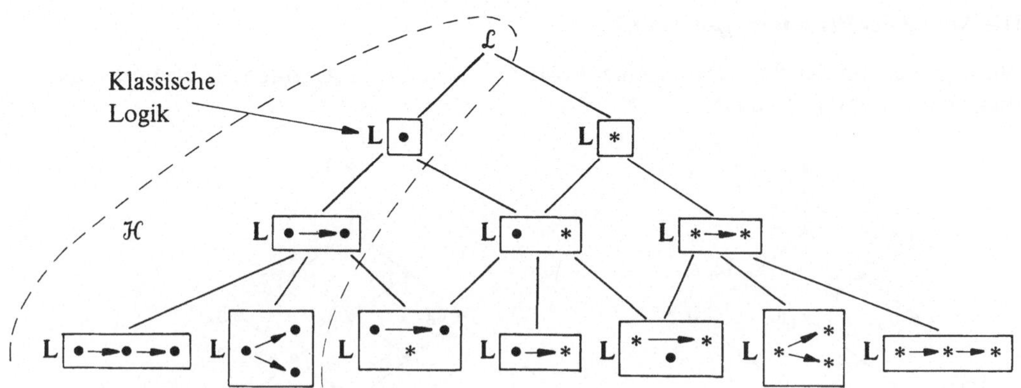

Oberer Teil des Verbandes der Erweiterungen der Minimallogik.

Übungen

1. Man beweise, $C \in \mathbf{Md}_{\text{f.s.i.}} \ \mathbf{L}A \Rightarrow C \in \mathbf{HS}\,A$ $(A \in \mathbf{J}A)$.

   Hinweis. Lemma von JANKOV.

2. Man zeige, ist $g \in \mathbf{Orf}$ und $\mathbf{L}g \subseteq \mathbf{L}g'$, g' initial, so ist g' generierte Substruktur von g oder von einer Kontraktion von g.

   Hinweis. Übung 1.

3. Man bestätige das Diagramm über den oberen Teil von $\mathcal{H}$.

   Hinweis. Übung 1 und 2. Ein u.V. von $L \in \mathcal{H}^t$ gehört wieder zu $\mathcal{H}^t$ (warum?).

4. Man zeige, $\mathbf{Lia} = \bigcap_{n \in \omega} \mathbf{L}a_n$, $\mathbf{Lib} = \bigcap_{n \in \omega} \mathbf{L}b_n$ und $\mathbf{Lid} = \bigcap_{n \in \omega} \mathbf{L}d_n$, und $\mathbf{Lia}, \mathbf{Lib}, \mathbf{Lid}$ sind prätabulare Logiken in $\mathcal{H}$. Die I-Strukturen a_n, b_n und d_n sind definiert wie in Kap. IV/§ 5, S. 218.

5. Man zeige, sind g, k endliche J-Strukturen, k initial, $\mathbf{L}g \subseteq \mathbf{L}k$, so ist k Substruktur einer Kontraktion von g', wobei g' aus g durch eventuelles Weglassen eines generierten $k \subseteq g^*$ entsteht. Damit bestätige man die Richtigkeit des Diagramms über den oberen Teil von $\mathcal{H}$.

   Hinweis. $A^0 k \in \mathbf{HS}\,A, A := A^0 g$ (Lemma S. 290). Beachte $\{x \in A \mid x \geqslant a\} \in \mathbf{S}A$ für $a \leqslant 0_A$.

6*. Man zeige, $\mathcal{H}$ enthält 7 prätabulare Logiken.

   Hinweis. Zeige ähnlich wie für $\&$S4 zunächst, alle prätabularen $L \in \mathcal{H}$ sind vollständig.

Die Anzahl der Erweiterungen von Li

Wir beginnen mit der Betrachtung einer Folge $C_0, C_1, \ldots$ s.i. I-Algebren, deren Verbands-diagramme wie folgt aussehen.

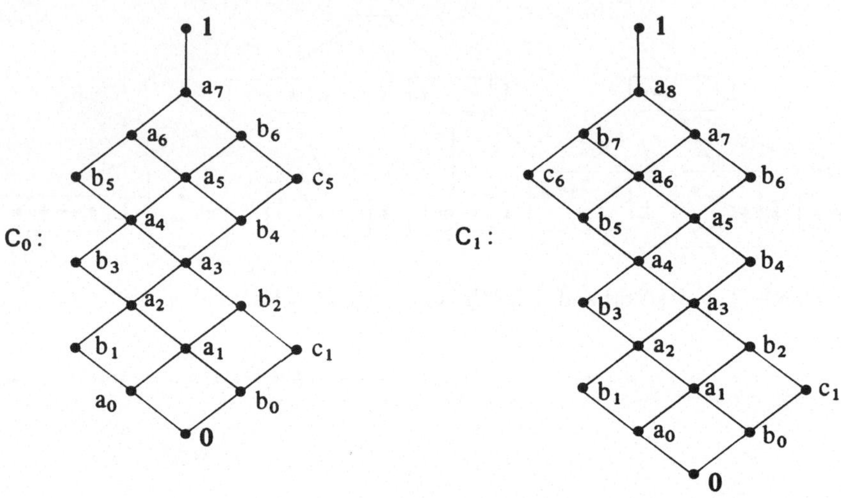

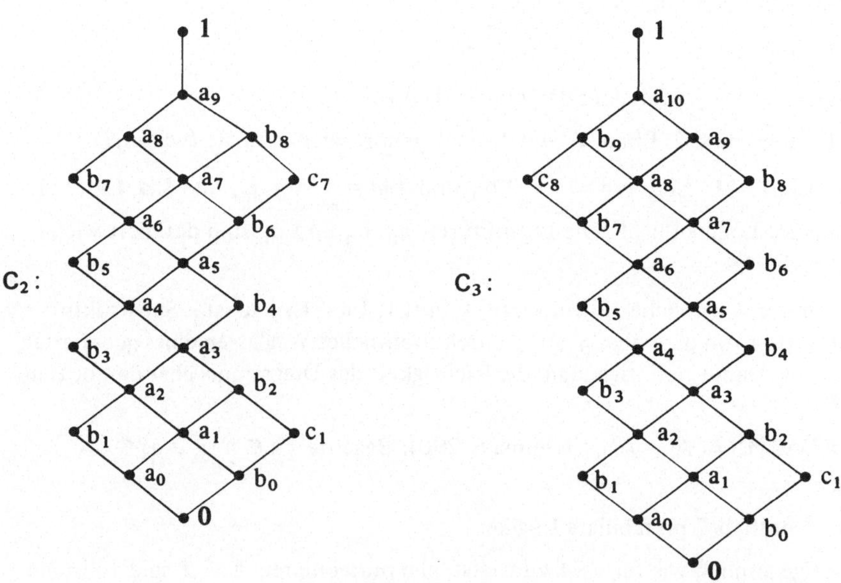

Die folgenden Betrachtungen werden von vornherein so angelegt, daß sich damit auch sämtliche $\to$ enthaltende Reduktverbände von $\mathcal{H}$ behandeln lassen. C_n hat folgende Eigenschaften, wobei es schließlich nur auf (7) ankommen wird:

(1) Es gibt genau zwei Tripel paarweise unvergleichbarer Elemente, nämlich a_1, b_1, c_1 und $a_{n+5}, b_{n+5}, c_{n+5}$.

(2) Es gibt genau ein Element $\neq 1$ in C_n (nämlich a_{n+7}, welches $\geqslant a_{n+5}, b_{n+5}, c_{n+5}$ ist.

(3) Außer $0, 1$ gibt es genau ein Element in C_n (nämlich a_{n+7}), welches in C_n keine unvergleichbaren Elemente hat.

(4) Für $3 \leqslant i \leqslant n + 3$ ist b_i das einzige mit a_i unvergleichbare Element.

(5) C_n wird erzeugt von
$$E_n := \{a_1, b_1, c_1\} \cup \{a_{n+5}, b_{n+5}, c_{n+5}\} \cup \{b_3, \ldots, b_{n+3}\} \cup \{a_{n+7}\}$$
(und zwar allein mit den Operationen $\cap$ und $\ni$).

(6) Wenn $n \neq m$, dann ist C_n nicht in C_m einbettbar.

(7) Für $n \neq m$ ist $C_n \not\in \mathbf{SH} C_m$.

(1) – (4) liest man unmittelbar an den Figuren ab. Zum Beweis von (5) bezeichne B die von E_n in C_n erzeugte Subalgebra. Wegen $c_1 \cap a_1 = b_0$, $b_1 \ni a_1 = b_2$, $c_{n+5} \cap a_{n+5} = b_{n+4}$ und $b_{n+5} \ni a_{n+5} = b_{n+6}$ ist $b_0, \ldots, b_{n+6} \in B$. Es ist weiter $c_{n+5} \ni a_{n+5} = a_{n+6}$ und $b_{i+2} \cap b_{i+1} = a_i$; damit gehören die a_i alle zu B. Mit anderen Worten $B = C_n$. Um (6) zu zeigen, sei angenommen, C_n sei isomorph zu einer Subalgebra B von C_m $(m > n)$. $a' \in B$ bezeichne das Bild von $a \in C_n$. Aus (1) und (2) folgt $\{a_1', b_1', c_1'\} \cup \{a_{n+5}', b_{n+5}',c_{n+5}'\} \cup \{a_{n+7}'\} \subseteq B$. Wegen (5) ist $E_m \not\subseteq B$, daher ist $b_i \not\in B$ für gewisses i mit $3 \leqslant i \leqslant m + 3$. Gemäß (4) ist dann jedes Element von B mit a_i vergleichbar. Sei $e := \cap \{x \in B \,|\, a_i \leqslant x\}$. Jedes $a \in B$ ist vergleichbar mit e und $e \in B$. e ist ein Element $\neq 0, 1, a_{m+7}'$, das kein unvergleichbares Element hat. Dies aber widerspricht (3). Um schließlich (7) einzusehen, sei das Gegenteil angenommen, $B \in \mathbf{SH} C_m$ und $B \simeq C_n$ $(n \neq m)$. Die Elemente von B seien mit $\bar{a}, \ldots$ $(a, \ldots \in C_m)$ bezeichnet. In B gibt es zwei unvergleichbare Tripel von Elementen, und nur $\bar{a}_1, \bar{b}_1, \bar{c}_1$ und $\bar{a}_{m+5}, \bar{b}_{m+5}, \bar{c}_{m+5}$ können diese Eigenschaft haben. Daraus ergibt sich $\bar{a}_{m+7} \neq 1$, denn in B muß es ein Element $\bar{x} \neq 1$ oberhalb von $\bar{a}_{m+5}, \bar{b}_{m+5}, \bar{c}_{m+5}$ geben. Dies aber kann nur $\bar{a}_{m+7}$ leisten. Nun bedeutet $\bar{a}_{m+7} \neq 1$ aber $B \in \mathbf{S} C_m$, denn a_{m+7} ist das Opremum von C_m. Folglich ist C_n einbettbar in C_m, was aber (6) widerspricht. Damit ist alles gezeigt.

Es sei nun Q_n die JANKOV-Formel von C_n und M eine gegebene Menge natürlicher Zahlen. Ferner sei $L_M := \mathbf{Li} (Q_i)_{i \in M}$. Dann gilt

Satz 1. Es ist $Q_m \in L_M \Longleftrightarrow m \in M$. Daher gibt es nicht weniger Logiken $L \in \mathcal{H}$ als Teilmengen natürlicher Zahlen, d.h. überabzählbar viele.[1]

---

[1] JANKOV |68|.

Beweis. Für $m \in M$ ist $Q_m \in L_M$ nach Definition. Sei $n \notin M$. Dann ist $C_m \notin \mathbf{SH}\, C_n$ für alle $m \in M$. Nach dem Lemma von JANKOV ist $Q_m \in LC_n$ für alle $m \in M$. Folglich ist $L_M \subseteq LC_n$ und damit $Q_n \notin L_M$, denn andernfalls würde der Widerspruch $Q_n \in LC_n$ folgen. ●

Wir erwähnen noch folgendes hieraus sich ergebendes

Korollar. Es gibt nicht endlich axiomatisierbare $L \in \mathcal{H}$. Ferner gibt es zu jedem Unlösbarkeitsgrad eine Logik $L \in \mathcal{H}$, deren Entscheidungsproblem von wenigstens diesem Unlösbarkeitsgrad ist.

Der erste Teil ist klar, weil es nur abzählbar viele endlich axiomatisierbare Logiken gibt. Ohne daß wir den Begriff des Unlösbarkeitsgrades hier definieren, sei gesagt, daß es ein Maß für die Kompliziertheit einer Menge natürlicher Zahlen für das Problem ist, über die Zugehörigkeit einer beliebig vorgegebenen Zahl zu M zu entscheiden. Weil man zu jeder natürlichen Zahl n die Formel Q_n effektiv bestimmen kann, hat das Entscheidungsproblem von L_M einen mindestens so hohen Unlösbarkeitsgrad wie M selbst, denn
$$Q_n \in L_M \iff n \in M.$$
Eine Folge $(Q_n)_{n \in \omega}$ von Formeln heiße *streng unabhängig,* wenn $\mathbf{Li}\,(Q_i)_{i \in M} = \mathbf{Li}\,(Q_i)_{i \in N} \iff M = N$. Das Hauptresultat dieses Abschnittes kann daher auch so ausgedrückt werden: es gibt Folgen streng unabhängiger Formeln. Es wird sich später herausstellen, daß solche Formeln alle allein schon in dem Funktor $\to$ existieren. In der Tat ist es so, daß $\to$ wesentlich für die Komplexität von $\mathcal{H}$ verantwortlich ist. Bei Abwesenheit dieses Funktors ändern sich die Verhältnisse beträchtlich.
Die Existenz streng unabhängiger Folgen hat weitere Konsequenzen. Erwähnt sei vor allem, daß $\mathcal{H}$ nicht terminal ist. Es gibt echt aufsteigende Folgen intermediärer Logiken, z.B. die Folge $\mathbf{Li}, \mathbf{Li}\,(Q_0), \mathbf{Li}\,(Q_0, Q_1), \ldots$
Alle Resultate dieses (wie auch des nächsten) Abschnitts übertragen sich vermittels der Einbettung μ von $\mathcal{H}$ in $\mathcal{E}\,\mathbf{S4}$ auch in diesen Verband. Insbesondere ist $\mathcal{E}\,\mathbf{S4}$ und damit auch $\mathcal{A}$ überabzählbar. Im Gegensatz zu $\mathcal{E}\,\mathbf{S5}$ ist $\mathcal{E}\,\mathbf{S4}$ nicht terminal. Eine vollständige strukturelle Beschreibung der Verbände $\mathcal{H}$ und $\mathcal{E}\,\mathbf{S4}$ steht noch aus. Allerdings dürfte eine solche Beschreibung ein äußerst schwieriges Problem sein.

Übungen

1. Man zeige, die Logik $L_\omega = \mathbf{L}\,(Q_n)_{n \in \omega}$ ist nicht endlich axiomatisierbar. Die Q_n sind die Formeln im Text.

2. Sei $\Phi \subseteq \{\neg, \wedge, \vee, \to\}$. Eine Injektion $h: A \to B$ einer I-Algebra A in eine I-Algebra B heißt eine Φ-*Einbettung,* wenn h eine Einbettung des Φ-Redukts von A in das Φ-Redukt von B darstellt. Sei $h: A \to B$ eine $\to$-Einbettung von A in B. Man zeige, h ist auch eine $\{\to, \wedge\}$-Einbettung. Sei ferner $\mathbf{CA} = \mathbf{Md}\,\mathbf{Li}_\to$ und $C_n^{\to}$ das $\to$-Redukt der C_n im Text, also $C_n^{\to} \in \mathbf{Md}\,\mathbf{Li}_\to$. Man zeige durch Analyse der Betrachtungen des Abschnitts, daß auch $C_m^{\to} \notin \mathbf{HS}\, C_n^{\to}$ $(m \neq n)$ in $\mathbf{CA}$.

Hinweis. $a \leqslant b \implies ha \leqslant hb$, weil $h1 = 1$. Daraus folgt $h(a \cap b) \leqslant h(a) \cap h(b)$.
$(ha \cap hb) \to h(a \cap b) = ha \to (hb \to h(a \cap b)) = h(a \to b \to a \cap b) = h1 = 1$.

3. Man zeige, die Formeln G_n S. 291 sind streng unabhängig.

   Hinweis. Vorgehen wie im Text. Zeige $C^n \notin HS\, C^m$ $(n \neq m)$.

4. $IA_{d.s.i.}$ bezeichne die Klasse der abzählbaren s.i. I-Algebren. Sei $A \in IA_{d.s.i.}$.
   Jedem $a \in A$ sei genau eine Variable p_a zugeordnet und das Diagramm ΔA sei als
   Formelmenge analog erklärt wie auf S. 289. Sei $B \in IA$. Man zeige die Äquivalenz von

   (a) $A \in SB$,

   (b) $\Delta A \not\models^B p_d$ (d Opremum von A)

5. Man zeige, eine $\models^i$-adäquate Matrix A ist überabzählbar (WROŃSKI [74]).

   Hinweis. O.B.d.A ist A I-Algebra (Kap. III/§ 3). Man beweise nacheinander

   (a) $\models^i = \models^A$ gdw $C \in IA_{d.s.i.} \Rightarrow C \in SA$ (Übung 4).

   (b) Sei $LM := Li\,(G_n)_{n \in M}$. Dann gilt $\mathcal{L}^2 / \equiv_{LM} \simeq \mathcal{L}^2 / \equiv_{LN} \Rightarrow M = N$. Daraus
   schließe, es gibt überabzählbar viele von zwei Elementen erzeugte I-Algebren.

   (c) Es gibt überabzählbar viele von drei Elementen erzeugte s.i. I-Algebren[1] (jeder
   I-Algebra A ordne man die s.i. I-Algebra $A' = 2 + A$ zu. Wird A von $E \subseteq A$ erzeugt,
   so wird A' von $E \cup \{d_{A'}\}$ erzeugt). Daraus folgt die Behauptung gemäß (b).

   (d) Die Annahme $\models^i = \models^A$ mit abzählbarem A führt gemäß (a) und (c) zum Widerspruch, denn A kann höchstens abzählbar viele aus drei Elementen erzeugte Subalgebren enthalten.

Beispiele für Logiken ohne endliche Modelleigenschaft

Obgleich alle bislang näher betrachteten modalen und intermediären Logiken alle die endliche Modelleigenschaft haben (darauf beruht ja u. a. die Existenz eines adäquaten Tableau-
Kalküls), ist die Verletzung dieser Eigenschaft nicht etwa die Ausnahme, sondern gewissermaßen die Regel. Wir werden gleich zeigen, daß überabzählbar viele Logiken in $\mathcal{H}$ die endliche Modelleigenschaft nicht haben[2]. Dies überträgt sich dann auch auf $\mathcal{E}\,S4$, denn es
läßt sich unschwer zeigen, daß $L \in \mathcal{H}$ genau dann die endliche Modelleigenschaft hat,
wenn dies für $L^\mu \in \mathcal{E}\,S4$ zutrifft.

Man betrachte die Algebra D in der Figur unten. Ihr „unterer Teil" ist die in § 2 schon in
Erscheinung getretene I-Algebra $C = \Theta^1_{Li}$ der Formeln in einer Variablen. Der Algebra C
ist die I-Algebra $2 + 3^2$ aufgesetzt, also $D = 2 + 3^2 + C$. Ein Vergleich mit der Figur S. 271

---

[1] Es gibt auch überabzählbar viele von zwei Elementen erzeugte s.i. I-Algebren, nur ist die Konstruktion etwas komplizierter. Hingegen gibt es nur abzählbar viele von einem Element erzeugte
I-Algebren. Bemerkenswerterweise gibt es hingegen schon überabzählbar viele von einem Element
erzeugte **TBA**'s (BLOK [76]).

[2] Der folgende Beweis entspricht in Grundzügen einer Konstruktion von WRONSKI.

macht deutlich, daß die von **e** (Figur) erzeugte Subalgebra $D\langle e\rangle$ jedenfalls alle Elemente von C umfaßt [1]). Ferner ist **e** das einzige Element in D mit der Eigenschaft

$Gn(x)$: „$\sim x \neq 0$ und $\sim\sim x \neq x$".

Damit gilt in C offenbar folgende Aussage

φ_n: „$Gn(x)$ impliziert $y = \sigma_0(x)$ oder $y = \sigma_1(x)$ oder ... oder $y = \sigma_n(x)$

oder $y \geqslant \sigma_{n+1}$."

Dabei entspricht der Term $\sigma_n(x)$ der Formel F_n Seite 271.
Der Leser überzeugt sich leicht davon, daß φ_n sich als Formel aus $\mathcal{L}^+$ verstehen läßt.

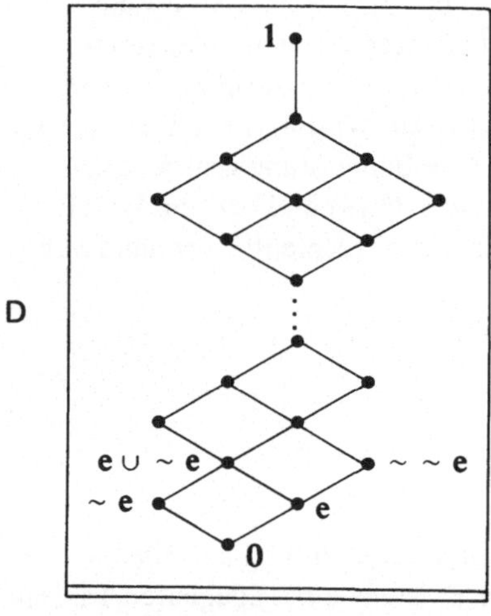

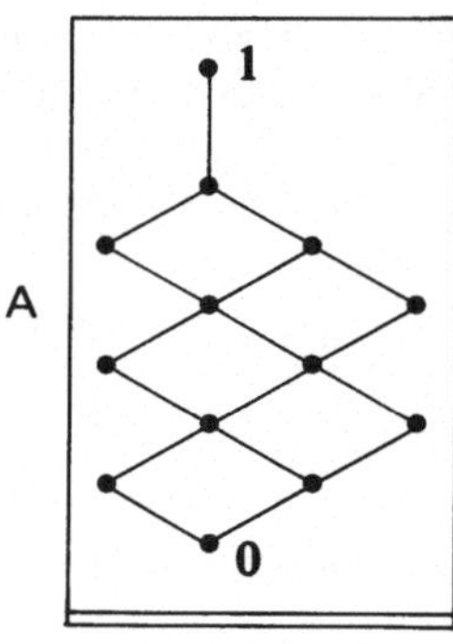

Satz LD hat nicht die endliche Modelleigenschaft.

Beweis. Sei $LA \supseteq L := LD$, A endlich s.i. Es ist $\varphi_n^\tau \in L$, denn D ist s.i. Folglich gilt auch $\models^A \varphi_n$. Nun behaupten wir, in A gilt auch die $\mathcal{L}^+$-Formel
Ψ: „Wenn $Gn(x)$ für gewisses x, so $y_1 \leqslant y_2$ oder $y_1 \leqslant y_3$ oder $y_2 \leqslant y_3$." Denn sei $a \in A$ so gewählt, daß $Gn(a)$. Da A endlich ist, läßt sich aufgrund der Konstruktion der σ_n leicht erschließen, daß $\sigma_{n+1}(a) = 1$ für gewisses $n \in \omega$. Wegen $\models^A \varphi_m$ ($m \leqslant n$) entnimmt man hieraus, daß A durch die Elemente $\sigma_0(a), ..., \sigma_{n+1}(a)$ schon ausgeschöpft wird. Hieraus folgt sodann, daß A nicht drei unvergleichbare Elemente enthält. Mehr noch, man kann erschließen, daß A von der Gestalt in der Figur rechts sein muß.

---

[1]) Das Argument beruht natürlich darauf, daß C die 1-freie I-Algebra ist. Es ist bekanntlich $C\langle e\rangle = C$. Daraus folgt leicht $D\langle e\rangle = C \setminus \{1_C\} \cup \{1_D\}$.

Hätte nun **L** die endliche Modelleigenschaft, so müßte ψ^τ in **LD** liegen, denn **L** ist gemäß Annahme bestimmt durch die Logik der endlichen s.i. **L**-Algebren A, in denen ψ ja gilt. $\psi^\tau \in$ **L** aber impliziert $\models^D \psi$, denn auch D ist s.i. Dies nun aber ist ein offenbarer Widerspruch. •

Korollar. Es gibt überabzählbar viele Logiken in $\mathcal{H}$, die nicht die endliche Modelleigenschaft haben.

Diese einfache Schlußfolgerung sei dem Leser überlassen. Falls ihm dieses Resultat Enttäuschung bereitet, sei als Trost mitgeteilt, daß es auch überabzählbar viele Logiken in $\mathcal{H}$ *mit* der endlichen Modelleigenschaft gibt (Übung 1).

Übungen

1. Man zeige, es gibt überabzählbar viele Logiken in $\mathcal{H}$, die die endliche Modelleigenschaft haben.

   Hinweis. Sei $M \subseteq \omega$ und $L^M = L\,\{\,C^m\,|\,m \in M\,\}$, C^m die I-Algebra Seite 291. Man überlege $L^M \neq L^N$ für $M \neq N$.

2. Man beweise das Korollar.

   Hinweis. Sei $L'_M = L_M \sqcup LD$ (Übung 1). Die endlichen s.i. in **Md** L'_M sind die C^m, sowie die A's im Text (beweisen!). Daher gilt ψ in L'_M, was zu einem Widerspruch führt.

3. Man zeige, $L \in \mathcal{H}$ hat die endliche Modelleigenschaft genau dann, wenn dies für $L^\mu \in \&\,\mathbf{S4}$ zutrifft.

   Hinweis. Interpretationslemma in § 1.

4*. Sei $\mathbf{Li}_\rightarrow$ das $\rightarrow$-Fragment von **Li**. Man zeige, $\mathbf{Li}_\rightarrow$ ist lokal endlich. Dasselbe gilt für alle $\Phi \subseteq \{\neg, \wedge, \vee, \rightarrow\}$ mit $\rightarrow \in \Phi$, $\vee \notin \Phi$ (DIEGO [66]).

   Hinweis. Die n-freie Algebra in **CA** ist endlich.

Intermediäre Fragmente und Redukte

Abschließend wollen wir einige Einsichten in die Verhältnisse gewinnen, die sich bei Weglassung einzelner der Funktoren $\neg, \wedge, \vee, \rightarrow$ den bisherigen Untersuchungen entnehmen lassen. Ein fragmentäres I-System ergibt sich durch Beschränkung der Bedingungen für I-Systeme auf eine Funktorbasis $\Phi \subseteq \{\neg, \wedge, \vee, \rightarrow\}$. Die Logiken der fragmentären I_Φ-Systeme bilden insgesamt einen mit $\mathcal{H}_\Phi$ bezeichneten Verband mit der kleinsten Logik $\mathbf{Li}_\Phi$. Der Verband $\mathcal{H}_\Phi$ ist in allen Fällen von Φ distributiv. Denn dies ist gemäß Kap. II klar für $\vee \in \Phi$ oder $\rightarrow \in \Phi$. In allen restlichen Fällen von Φ gilt dies aus trivialen Gründen.

$H_{\wedge, \vee, \rightarrow}$ ist identisch mit dem Verband $\mathcal{P}$ der positiven Logiken (S. 287). Im Unterschied zu $\mathcal{H}$ hat $\mathcal{P}$ z.B. nur zwei prätabulare Logiken, ist aber insgesamt gesehen von ähnlicher Komplexität wie $\mathcal{H}$.

H_Φ hat im Falle $\to \notin \Phi$ eine einfachere Struktur als H. Zum Beispiel haben alle (konsistenten) $\{\neg, \wedge\}$-Systeme sogar dieselbe Logik, nämlich $\mathbf{Li}_{\neg,\wedge} = \mathbf{Lk}_{\neg,\wedge}$ (Satz von GÖDEL). Für $\Phi = \{\neg, \wedge, \vee\}$ erhält man einen Verband von derselben Struktur wie $\mathcal{E}\,S5$, der dem Subvarietätenverband der pseudokomplementierten distributiven Verbände (siehe GRÄTZER [71]) isomorph ist. Die Struktur von $H_{\neg,\wedge,\vee}$ läßt sich mit den bisher erarbeiteten Mitteln der relativistischen Semantik relativ einfach ermitteln (Übung 4).

Bemerkenswert ist die Tatsache, daß die Logiken $L \in H_\Phi$ für $\vee \notin \Phi$ sämtlich lokal endlich sind und daher auch alle die endliche Modelleigenschaft haben (DIEGO [66]). Dennoch sind diese Verbände für den Fall $\to \in \Phi$ sehr kompliziert, obwohl sie nur vollständige Logiken enthalten. Diese Verbände sind sämtlich überabzählbar, wie weiter unten bewiesen wird. Das bedeutet also, daß die Komplexität von $\mathcal{H}$ nicht allein in der Tatsache einer komplizierten Struktur der endlich erzeugten I-Algebren begründet liegt.

Die Logiken in $\mathcal{H}_\Phi$ sind wohl zu unterscheiden von den *Redukten* $L^\Phi := L \cap \mathcal{L}_\Phi$ für $L \in \mathcal{H}$. L^Φ gehört in allen Fällen von Φ zu $\mathcal{H}_\Phi$, weil das Φ-Redukt eines I-Systems zugleich ein Φ-fragmentäres I-System ist. Auch ist in allen Fällen von Φ das kleinste Element in $\mathcal{H}_\Phi$, die Φ-fragmentäre Logik $\mathbf{Li}_\Phi$, mit dem Redukt $\mathbf{Li} \cap \mathcal{L}_\Phi$ identisch, denn $\vdash^{i\Phi} = \vdash^i_\Phi$ (S. 262). Doch sind die $L \in \mathcal{H}_\Phi$ für einige Φ leider nicht immer Reduktlogiken, d.h. als Redukte intermediärer Logiken darstellbar.

Beispiel: Sei $\Phi = \{\to, \vee\}$, $P := p \to q \veebar q \to p$ und $Q := p \to q \veebar (p \to q \to q)$. Es ist $P \in \mathbf{Li}(Q)$ (§ 1, S. 259), also $Q \in L^\Phi \Rightarrow P \in L^\Phi$ für alle $L \in \mathcal{H}$. Es bezeichne nun B die Subalgebra $\{a, b, d, 1\}$ des $\{\ominus, \cup\}$-Redukts der I-Algebra

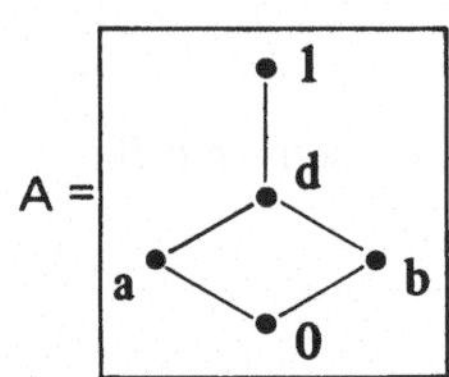

B ist Matrix für $L^0 := \mathbf{Li}_{\to,\vee}(Q) \in \mathcal{H}_\Phi$, wie man leicht sieht. Doch ist $P \notin LB$, also $P \notin L^0$. Folglich kann L^0 nicht das $\{\to, \vee\}$-Redukt einer Logik $L \in \mathcal{H}$ sein. •

Die Verhältnisse stellen sich im einzelnen wie folgt dar:

Fall I. $\to \in \Phi$. Dann ist jedes $L \in \mathcal{H}_\Phi$ Reduktlogik genau dann, wenn auch $\wedge \in \Phi$ (Übungen 1, 2).

Fall II. $\to \notin \Phi$. Jedes $L \in \mathcal{H}_\Phi$ ist Reduktlogik. Denn für $\Phi = \{\neg\}, \{\wedge\}, \{\vee\}, \{\wedge, \vee\}, \{\wedge, \neg\}$ hat $\mathcal{H}_\Phi$ die triviale 2-elementige Struktur, und für $\Phi = \{\wedge, \vee, \neg\}$ hat $\mathcal{H}_\Phi$ die Struktur $1 + \omega^*$ (das ist gerade die Struktur von $\mathcal{E}\,S5$). Dem Beweis (Übung 4) entnimmt man auch, daß jedes $L \in \mathcal{H}_{\neg,\wedge,\vee}$ Reduktlogik ist. Völlig analog sind die Verhältnisse für $\mathcal{H}_{\neg,\vee}$.

Wir beweisen nun die Überabzählbarkeit von $\mathcal{H}_\to$ durch Relativierung der Betrachtungen des Abschnitts S. 297 auf den Fragmentverband $\mathcal{H}_\to$, der dem Verband der Subvarietäten von $\mathbf{CA} = \mathbf{Md}\ \mathbf{Li}_\to$ entspricht. Das Splitting-Theorem gilt auch für $\mathcal{H}_\to$ (Übung 3). Wegen $C_m^\to \notin \mathbf{HS}\ C_n^\to$ ($n \neq m$, Übung 2, S. 299) sind die entsprechenden JANKOV-Formeln $\mathcal{K}\ C_n^\to$

auch streng unabhängig bzgl. **Li$_\rightarrow$**. Dies zeigt man völlig analog zu den Überlegungen im Abschnitt S. 298. Folglich ist in der Tat $\mathcal{H}_\rightarrow$ überabzählbar; wir haben sogar gezeigt, daß es überabzählbar viele $\rightarrow$-Redukte intermediärer Logiken gibt.

Die vorstehenden Ausführungen gelten auch für alle $\rightarrow$ enthaltenden Fragmentverbände. Sie werden klares Licht auf die entscheidende Rolle des Funktors $\rightarrow$ in der intuitionistischen Logik.

Ein anderes sehr bemerkenswertes Fragment ist **Li$_\leftrightarrow$**, d.h. die Menge der intuitionistisch gültigen Formeln in $\leftrightarrow$ allein. Eine Axiomatisierung des entsprechenden klassischen Fragments **Lk$_\leftrightarrow$** und seiner Expansionen allein mit der Regel MP$_\leftrightarrow$: $\dfrac{p\,|\,p \leftrightarrow q}{q}$ geht auf LESNIEWSKI zurück (vgl. SURMA [73] für einen historischen Überblick). Schreiben wir kürzer pq für $p \leftrightarrow q$ und $p_1 \ldots p_n$ für $((\ldots(p_1 \leftrightarrow p_2)\ldots) \leftrightarrow p_n$, so erhält man eine Axiomatisierung von **Li$_\leftrightarrow$** durch das Axiomensystem

$$(\leftrightarrow 1)\ pp \qquad (\leftrightarrow 2)\ pqrr\ (pr\ (qr)) \qquad (\leftrightarrow 3)\ pq\ (prr)\ (prr)\ (pq),$$

mit den beiden Regeln MP$_\leftrightarrow$ und MX: $\dfrac{p}{pqq}$ (TAX [72]). Das auf diesen Axiomen und Regeln basierende deduktive System $\vdash^{Ei}$ axiomatisiert darüberhinaus gerade das Redukt $\vdash^{i}$ (KABZIŃSKI/WROŃSKI [75]). Der Vollständigkeitsbeweis beruht wesentlich auf dem Deduktionstheorem Dt$_\leftrightarrow$: $X \vdash^{Ei} P \leftrightarrow Q$ gdw $X;P \vdash^{Ei} Q$ und $X;Q \vdash^{Ei} P$, dessen Beweis allerdings ungleich schwieriger ist als der von Dt (S. 73).

$\mathcal{H}_\leftrightarrow$ ist ein überraschend komplizierter modularer Verband. Trotz Abwesenheit von $\rightarrow$ gelten für $\mathcal{H}_\leftrightarrow$ dieselben Splitting-Resultate wie für $\mathcal{H}_\rightarrow$ oder $\mathcal{H}$. Es sei erwähnt, daß die (in $\leftrightarrow$ formulierten!) JANKOV-Formeln der $\{\leftrightarrow\}$-Redukte der C^n (S. 296) streng unabhängig sind (WROŃSKI [80]). Folglich ist $\mathcal{H}_\leftrightarrow$ überabzählbar.

Übungen

1. Man zeige, ist $\rightarrow, \wedge \in \Phi$, so ist jedes $L \in \mathcal{H}_\Phi$ Reduktlogik.

   Hinweis. Für $\Phi = \{\rightarrow, \wedge\}$. L hat adäquate Menge endlich erzeugter $A \in$ **CKA** $:=$ **Md Li**$_{\rightarrow,\wedge}$. Daher genügt zu zeigen, jedes endlich frei erzeugte $A \in$ **CKA** läßt sich zu I-Algebra expandieren. Ist $A = A\langle c_0, \ldots, c_n \rangle$, so $0 := \bigcap_{i \leqslant n} c_i$ kleinstes Element in A. Dann ist $(A, \sim, \cup) \in$ **IA**, wobei $\sim x = x \dashv 0$ und $x \cup y := \bigcap_{i \leqslant n} (x \dashv c_i \cap y \dashv c_i) \dashv c_i$. Zum Nachweis, daß $\cup$ Supremum zeige man $b, c \leqslant a \Rightarrow b \cup c \leqslant a$ durch Induktion über Erzeugungsgrad von a. Beachte $x \leqslant y \dashv z \Leftrightarrow x \cap y \leqslant z$ und beweise vorher $x \cap y \cup z \leqslant x \cap y \cup x \cap z$ $(x, y, z \in A)$.

2. Sei $P := ((p \rightarrow q \dashv q) \rightarrow r) \rightarrow (p \rightarrow q \dashv r) \rightarrow r, \rightarrow \in \Phi, \wedge \notin \Phi$ und $L := \mathrm{Li}_\Phi(P)$. Man zeige, L ist keine Reduktlogik.

   Hinweis. $Q := (p \rightarrow q \dashv r) \rightarrow ((q \rightarrow p) \rightarrow r \dashv r) \notin L$, denn $L \subseteq LA$ und $Q \notin LA$ für die

Φ-Subalgebra der dicken Punkte der I-Algebra 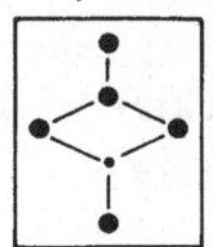 Anderseits ist $Q \in \mathrm{Li}(P)$.

Denn sei s Substitution mit $sp = p \to q$ und $sq = p \to q \land q \to p$. Eine umfangreichere Rechnung zeigt $sP \equiv_i Q$. Beachte dabei $p \to q \mathrel{\dot{\to}} q \to p \equiv_i q \to p$.

3. Man beweise, ist $C \in CA_{f.s.i.}$, so wird $\mathcal{H}_\to$ von **LC** gespalten.

Hinweis. Man definiere die JANKOV-Formel von C allein mittels geschachtelter Prämissen. Beschreibung der Filter von Kongruenzen in $\mathbf{Li}_\to$-Algebren ist denen implementierter Verbände völlig analog.

4. Sei $\Phi = \{\neg, \land, \lor\}$, $b_n = \left. \raisebox{-1ex}{$\vcenter{}$} \right\} n$ $\quad$ ($n \in Kc := $ Menge der Kardinalzahlen $\leqslant 2^{\aleph_0}$),

sowie $\mathbf{L}_n := \mathbf{L}_\Phi\, b_n$ $(= Lb_n \cap \mathcal{L}_\Phi)$. Man zeige $\mathbf{Li}_\Phi = \bigcap_{n \in \omega} \mathcal{L}_n$ und $\mathcal{H}_\Phi$ hat die Gestalt

$$\mathbf{Li}_\Phi = \mathbf{L}_{\aleph_0} \subset \ldots \subset \mathbf{L}_2 \subset \mathbf{L}_1 \subset \mathbf{L}_0 = \mathbf{Lk}_\Phi \subset \mathcal{L}_\Phi{}^{1)} \,.$$

Insbesondere haben **Li** und **Lib** damit dasselbe $\{\neg, \land, \lor\}$-Redukt.

Hinweis. $\vdash_n := \models^{b_n}$ ($n \in Kc$). Beachte $\vdash_n \in I_\Phi^0$ (= Menge der konsistenten I_Φ-Systeme) für $n \in \omega$; also $\mathbf{L}_n = \mathbf{L}_{\vdash_n} \in \mathcal{H}_\Phi$. $p \lor \neg p \in \mathbf{L}_0 \setminus \mathbf{L}_1$; ferner

$$\neg\neg \bigvee_{i < j \leqslant 2^n} (\neg p_i \lor p_j \land \neg p_j \lor p_i) \in \mathbf{L}_n \setminus \mathbf{L}_{n+1} \quad (n \in \omega_+).$$

Jedes System $\vdash \in I_\Phi^0$ hat Darstellung $\vdash = \bigcap \{\models^\gamma \mid \gamma \in \Gamma\}$ mit $g_\gamma \simeq b_n$ für gewisses $n \in Kc$; denn ist $X \nvdash Q$, $S_0 \supseteq X$ Q-maximal, $b := \{S_0\} \cup \{T \supseteq S_0 \mid T$ maximal konsistent in $\vdash\}$, so bei kanonischer Realisierung $S \Vdash P \Leftrightarrow P \in S$ ($S \in b$; $P \in \mathcal{L}_\Phi$). Zeige $L\gamma = L_n$ für $g_\gamma \simeq b_n$, und $\mathbf{L}_m = \bigcap_{n \in \omega} \mathbf{L}_n$ für unendliches $m \in Kc$ mittels Partitionstechnik.

5. Sei $\Phi = \{\neg, \land, \lor\}$, $\vdash_n = \models^{b_n}$ ($n \in Kc$, siehe Übung 4). Man zeige $I_\Phi^0 = \{\vdash_n \mid n \in \omega\}$. Folglich gibt es zu jedem $L \in \mathcal{H}_\Phi$ auch nur genau ein I_Φ-System$^{2)}$. Ein völlig analoges Resultat gilt auch für $\Phi = \{\neg, \lor\}$.

Hinweis. Sei $\vdash = \{\models^\gamma \mid \gamma \in \Gamma\}$. Zeige nacheinander

(i) $\vdash_n \subseteq \vdash_m$ für $m \leqslant n$ (Kontraktion).

(ii) $\vdash^{i\Phi} = \vdash_{2^{\aleph_0}}$;

(iii) $\vdash_{2^{\aleph_0}} = \vdash_m$ für alle unendlichen $m \in Kc$ (LÖWENHEIM-SKOLEM Argument);

(iv) $X \models^\gamma P \Leftrightarrow X \vdash_n P$ für endliches X und $g_\gamma \simeq b_n$, $n \in Kc$.

6* (Problem). Läßt sich $\mathbf{Li}_\leftrightarrow$ allein mit $MP_\leftrightarrow$ und endlich vielen $\leftrightarrow$-Axiomen axiomatisieren? Gilt dasselbe für $\vdash_\leftrightarrow^i$?

$^{1})$ Dies steht in Analogie zu einem Resultat aus LEE [70], wonach der Varietätenverband der pseudokomplementären Verbände die Struktur $1 + \omega^*$ besitzt, ebenso wie $\mathbf{Li}_\Phi$.

$^{2})$ E. CAPIŃSKA, Dissertation Krakau 1979.

§ 5 Konstruktive Logik

Die intuitionistische Negation hat insofern einen nichtkonstruktiven Aspekt, als ein Beweis von $\neg (P \wedge Q)$ nicht vorher einen Beweis von $\neg P$ oder einen Beweis von $\neg Q$ erfordert. Von einer *strikten* oder *konstruktiven* Negation $\ulcorner$ in einer Logik **L** wird man in Analogie zur Eigenschaft

(1) $P \vee Q \in \mathbf{L}$ impliziert $P \in \mathbf{L}$ oder $Q \in \mathbf{L}$

eine duale Eigenschaft erwarten dürfen, nämlich

(2) $\ulcorner (P \wedge Q) \in \mathbf{L}$ impliziert $\ulcorner P \in \mathbf{L}$ oder $\ulcorner Q \in \mathbf{L}$.

Dies gilt für die intuitionistische Negation für $\mathbf{L} = \mathbf{Li}$ nicht. In NELSON [49] und MARKOV [50] wurde jedoch gezeigt, daß sich **Li** unter Hinzufügung einer weiteren Negation in konservativer Weise so erweitern läßt, daß (2) erfüllt ist.

Wir erwähnten bereits, daß es konservative Erweiterungen von **Li** in unübersehbarer Fülle gibt, darunter auch besonders symmetrische, z.B. die in RAUSZER [72] betrachtete dort sogenannte H-B-Logik; diese enthält zur intuitionistischen Implikation und Negation duale Funktoren, welche den in endlichen distributiven Verbänden zu $\exists$ und $\sim$ dualen Operationen entsprechen.

Natürlich ist bei der Betrachtung eventuell unterschiedlicher konservativer Erweiterungen von **Li** weniger der formale, als vielmehr der Aspekt inhaltlicher Motivation maßgebend, es sei denn, formale Konstruktionen führen zu vertieften Einsichten über das Ursprüngliche, so wie projektive Geometrie zu vertieften Einsichten in die Euklidische Geometrie führt. Für die im folgenden semantisch definierte Logik **Lc** ist diese inhaltliche Motivation eine plausible Erweiterung des Konzepts der gedanklichen Konstruktionsstadien, welches der Logik **Li** zugrundeliegt. Diese Erweiterung ermöglicht es, Sinn und Zweck einer konstruktiven Negation auch ohne Bezug auf spezifische Aufgabenstellungen der konstruktiven Mathematik hinreichend zu verdeutlichen. Es sei aber darauf hingewiesen, daß **Lc** nur ein Beispiel aus einer Vielzahl ähnlich gearteter konservativer Erweiterungen von **Li** darstellt. Wir nennen **Lc** eine konstruktive Logik, ohne damit jedoch ausdrücken zu wollen, daß **Lc** eine ausreichende aussagenlogische Basis für eine Mathematik und Logik mit konstruktiven Grundauffassungen darstellt. Dazu sind auch diese Auffassungen selbst nicht einheitlich genug.

Eine Erweiterung des Konzepts der Stadien gedanklicher Konstruktionen

Dem Konzept der gedanklichen Konstruktionsstadien für **Li** liegt die Vorstellung zugrunde, daß in einem Stadium S eine Behauptung p entweder akzeptiert oder aber nicht akzeptiert ist. Dabei bedeutet $S \Vdash p$ in der Regel Ungewißheit über den weiteren Verlauf der Dinge, es sei denn $S \Vdash \neg p$. Letzteres ist gleichbedeutend mit $S \Vdash p \rightarrow 0$, also mit einem im Stadium S vorgelegten konstruktiven „reductio ad absurdum" aus der Annahme p. Dies hängt mit einem gewissen Aspekt intuitionistischen Denkens zusammen, der sich (etwas überspitzt) wie folgt formulieren läßt: In intuitionistischen Überlegungen ergeben sich zusammengesetzte Aussagen ausschließlich durch gedankliche Aktionen, nicht durch direkte Experimente ("we see that the lemon is yellow, we do not see that it is not blue", GRZEGORCZYK [64]).

Dieser Standpunkt läßt sich dahingehend erweitern, daß eine Aussage p in einem gegebenen Stadium S nicht nur verifiziert oder nicht verifiziert, sondern in einem direkten Sinne eventuell falsifiziert werden kann, symbolisch S ⊣∣ p. Dabei schließen sich S ∥⊢ p und S ⊣∣ p natürlich aus. Außerdem ist Falsifikation in dem Sinne zweifelsfrei, daß S ⊣∣ p auch S′ ⊣∣ p für alle S′ ⩾ S zur Folge hat, insbesondere also S ∥⊢ ¬ p. Doch ist S ∥⊢ ¬ p, (d.h. die reduction von p ad absurdum) nicht gleichzusetzen mit S ⊣∣ p, vielmehr soll letzteres einen unmittelbar anschaulichen Sinn direkter Überprüfbarkeit haben. Dies motiviert die Hinzufügung eines zusätzlichen Negationsfunktors ⌐ (der strikten Negation), für den S ∥⊢⌐ p per definitionem dasselbe bedeuten soll wie S ⊣∣ p. Anders ausgedrückt, die Akzeptanz von ⌐ p kommt nicht durch ein Gedankenexperiment zustande, sondern durch direkte Verifikation des strikten Negats von p. Wie sich Falsifikation (d.h. Verifikation des strikten Negats) auf zusammengesetzte Formeln fortpflanzt, wird anschließend erklärt.

Von jetzt an bezeichne $\mathcal{L}$ die Menge der Formeln, welche nebst den Funktoren ¬, ∧, ∨, → zusätzlich den einstelligen Funktor ⌐ enthalten dürfen. Wie in der I-Logik ist ein Situationsbereich eine geordnete Struktur g, deren Elemente S man sich als Stadien gedanklicher Konstruktionen vorstellt. Als Wahrheitswerte in einer speziellen Situation S kommen jetzt drei Werte in Frage: **1** (für *Verifikation*); **0** (für *Ungewißheit*); **−1** (für *Falsifikation*). Hat eine Aussage in S den Wert **1** oder den Wert **−1** erhalten, so behält sie diesen Wert in jeder darauffolgenden Situation. Damit gelangen wir zu folgender Präzisierung

Definition. Ein **Lc**-*Modell* $\mu = (g, \alpha)$ besteht aus einer Ordnung g, der *Modellstruktur* von g, sowie der *Realisierung* α von μ. α besteht aus einem Paar (α^+, α^-) von Funktionen $\alpha^+: V \to 2^g$, $\alpha^-: V \to 2^g$, so daß

(0) $\alpha^+ p \cap \alpha^- p = \emptyset$

(+) $S \in \alpha^+ p \Rightarrow S' \in \alpha^+ p$ für alle $S' \geqslant S$ $(S, S' \in g)$

(−) $S \in \alpha^- p \Rightarrow S' \in \alpha^- p$ für alle $S' \geqslant S$

Die Realisierung α läßt sich offensichtlich auch durch eine einzige Funktion β beschreiben, welche jedem Paar (S, p) $(S \in g; p \in V)$ einen von den drei Werten $+1, 0, -1$ zuordnet, und zwar ist $\beta(S, p) = 1$, wenn $S \in \alpha^+ p$; $\beta(S, p) = -1$, wenn $S \in \alpha^- p$ und $\beta(S, p) = 0$, wenn weder $S \in \alpha^+ p$ noch $S \in \alpha^- p$.

Bemerkung: Statt von einer 3-wertigen Funktion $\beta: g \times V \to \{1, 0, -1\}$ kann man auch von einer partiellen Funktion $\gamma: g \times V \to \{1, 0\}$ ausgehen, die nicht für alle Paare (S, p) erklärt ist, (nämlich dann nicht, wenn p in S weder verifiziert noch falsifiziert wird. Dieser Ansatz ist mit dem hier beschriebenen äquivalent.

Entsprechend den inhaltlichen Vorstellungen werden nun *zwei* Relationen S ∥⊢ P (S *verifiziert* P) und S ⊣∣ P (S *falsifiziert* P) erklärt. Dabei ist $\mu = (g, \alpha)$ ein gegebenes Modell.

Die Verifikationsbedingungen für **Lc** werden genauso wie diejenigen für **Li** formuliert, mit der Anfangsklausel S ∥⊢ p gdw $S \in \alpha^+ p$, und der zusätzlichen Klausel S ∥⊢⌐ P gdw S ⊣∣ P.

Parallel dazu werden in Übereinstimmung mit der Intuition folgende Falsifikationsklauseln formuliert

$$
\begin{array}{lll}
S \dashv\mid p & \text{gdw} & S \in \alpha^- p \quad (p \in V) \\
S \dashv\mid P \wedge Q & \text{gdw} & S \dashv\mid P \text{ oder } S \dashv\mid Q \\
S \dashv\mid P \vee Q & \text{gdw} & S \dashv\mid P \text{ und } S \dashv\mid Q \\
S \dashv\mid P \rightarrow Q & \text{gdw} & S \Vdash P \text{ und } S \dashv\mid Q \\
S \dashv\mid \neg P & \text{gdw} & S \Vdash P \\
S \dashv\mid \ulcorner P & \text{gdw} & S \Vdash P
\end{array}
$$

P heiße *gültig* in g, symbolisch $\vDash^g P$, wenn $S \Vdash P$ für alle $S \in g$ und alle Realisierungen α in g. P heißt eine **Lc**-*Tautologie*, wenn $\vDash^g P$ für alle $g \in$ **Or**. **Lc** bezeichnet zugleich die Menge der **Lc**-Tautologien.

Bevor wir uns näher mit einer formalen Charakterisierung von **Lc** befassen, wollen wir uns zunächst davon überzeugen, daß **Lc** zwei wesentliche von uns gewünschte Bedingungen erfüllt. **Lc** hat nämlich beide Disjunktionseigenschaften (1) und (2), S. 305.

Dies folgt sehr einfach aus dem

Monotoniesatz. $\quad S \Vdash P \Rightarrow S' \Vdash P \quad$ für alle $S' \geqslant S$
$\qquad\qquad\qquad S \dashv\mid P \Rightarrow S' \dashv\mid P \quad$ für alle $S' \geqslant S$

Der Beweis verläuft in gewohnter Weise durch Induktion über P und sei hier übergangen.

Damit ergibt sich die erste Disjunktionseigenschaft ganz genau so wie für **Li**. Aber auch die zweite folgt analog: Sei $S_1 \not\Vdash \ulcorner P$, $S_2 \not\Vdash \ulcorner Q$, wobei S_1, S_2 o.B.d.A. Initialstadien zweier Modelle $\mu_i = (g_i, \alpha_i)$ $(i = 1, 2)$ sind. Man definiert das zusammengesetzte Modell $\mu_0 = (g_0, \alpha_0)$ mit $g_0 = g_1 * g_2$ und setzt $\alpha_0^+ p = \alpha_1^+ p \cup \alpha_2^+ p$, $\alpha_0^- p = \alpha_1^- p \cup \alpha_2^- p$. Es ist $S_1 \not\dashv\mid P$ und $S_2 \not\dashv\mid Q$, und wegen der Monotonieeigenschaft ergibt sich $S_0 \not\dashv\mid P \wedge Q$, mit anderen Worten $S_0 \not\Vdash \ulcorner (P \wedge Q)$. Dabei ist S_0 das neue Initialstadium von g_0.

Es liegt ferner auf der Hand, daß **Lc** konservative Erweiterung von **Li** ist, denn jedes **Li**-Modell läßt sich als **Lc**-Modell betrachten, und umgekehrt, jedes **Lc**-Modell liefert ein **Li**-Modell.

Ist S Stadium eines Modells μ, so schreiben wir $P \equiv_S P'$ $(P, P' \in \mathcal{L})$, wenn $S \Vdash P \Leftrightarrow S \Vdash P'$ und $S \dashv\mid P \Leftrightarrow S \dashv\mid P'$. Setzt man

$$
\mathrm{val}_S^\mu P = \begin{cases} 1, & \text{wenn } S \Vdash P \\ -1, & \text{wenn } S \dashv\mid P, \text{ so ist} \\ 0, & \text{sonst} \end{cases}
$$

$P \equiv_S^\mu P'$ auch gleichwertig mit $\mathrm{val}_S^\mu P = \mathrm{val}_S^\mu P'$.

Definition. $P \equiv_c P'$ (P und P' sind **Lc**-*äquivalent*), wenn $P \equiv_S^\mu P'$ für jedes **Lc**-Modell μ und jedes $S \in \mu$.

$\equiv_c$ ist eine **Lc**-Kongruenz, was bedeutet, es gilt das Ersetzungstheorem und **Lc** bildet eine Kongruenzklasse.

Obige Definition erweist man leicht als gleichwertig mit $P \leftrightarrow P' \in Lc$ und $\ulcorner P \leftrightarrow \ulcorner P' \in Lc$. Dabei steht wie üblich $P \leftrightarrow P'$ für $P \to P' \underset{\wedge}{} P' \to P$. Anhand von Beispielen kann man zeigen, daß für die „schwache" Äquivalenz von P, P' im Sinne von $P \leftrightarrow P' \in Lc$ das Ersetzungstheorem nicht gilt. Lc ist nämlich nicht abgeschlossen gegenüber der Regel $\dfrac{P \to P' \mid P' \to P}{\ulcorner P \to \ulcorner P'}$, und daher ist Lc keine implikative Logik im Sinne von Kap. III. Es läßt sich jedoch ein Funktor $\twoheadrightarrow$ so erklären, daß für diesen wieder die Bedingungen für implikative Logiken gelten. Man setze $P \twoheadrightarrow Q := P \to Q \wedge \ulcorner Q \to \ulcorner P$. Dann lassen sich die Bedingungen für implikative Logiken leicht überprüfen.

Folglich kann man auch von Lc-Algebren im Sinne von Kap. III reden und eine algebraische Semantik in Verallgemeinerung der algebraischen Semantik für Li entwickeln. Für die von uns erörterten Fragen indes genügt der obige semantische Ansatz.

Was die gegenseitigen Beziehungen der Funktoren in Lc betrifft, so gehen wir darauf in einem gesonderten Abschnitt ein. Hier sei nur soviel gesagt, daß $\ulcorner$ durch die übrigen nicht definiert werden kann. Anderseits aber erweist sich der intuitionistische Funktor $\neg$ im Prinzip als entbehrlich, denn man prüft mühelos nach, daß $\neg P \equiv_c P \to \ulcorner P$.

Übungen

1. Man beweise, Lc ist abgeschlossen gegenüber MP. Ferner zeige man, daß $\equiv_c$ eine Lc-Kongruenz ist. Daraus folgere man, daß für $\equiv_c$ das Ersetzungstheorem gilt.

2. Man beweise
$$\neg P \equiv_c P \to \ulcorner P; \ulcorner \ulcorner P \equiv_c P$$
$$\ulcorner (P \wedge Q) \equiv_c \ulcorner P \vee \ulcorner Q; \ulcorner (P \vee Q) \equiv_c \ulcorner P \wedge \ulcorner Q$$
$$\ulcorner (P \to Q) \leftrightarrow P \wedge \ulcorner Q \in Lc, \text{ aber } \ulcorner (p \to q) \not\equiv_c p \wedge \ulcorner q.$$

   Hinweis. $\ulcorner (p \to q) \equiv p \wedge \ulcorner q$ anhand eines Einpunktmodells widerlegen.

3. Eine Formel $P \in \mathcal{L}$ heißt *reduziert*, wenn $\ulcorner$ nur unmittelbar vor Variablen steht. Es sei eine Reduktionsoperation $\rho: \mathcal{L} \to \mathcal{L}$ wie folgt erklärt:

   $$\rho p = p; \; \rho \ulcorner p = \ulcorner p$$
   $$\rho (P \wedge Q) = \rho P \wedge \rho Q \text{ und analog für } \vee, \to$$
   $$\rho \ulcorner (P \wedge Q) = \rho \ulcorner P \vee \rho \ulcorner Q; \; \rho \ulcorner (P \vee Q) = \rho \ulcorner P \wedge \rho \ulcorner Q$$
   $$\rho \ulcorner (P \to Q) = \rho P \wedge \rho \ulcorner Q; \quad \rho \ulcorner \neg P = \rho \ulcorner \ulcorner P = P$$

   Man zeige
   (a) ρP ist reduziert,
   (b) $P \leftrightarrow \rho P \in Lc$.

4. Man zeige, folgende Systeme von Funktoren sind (funktional) vollständig für Lc: $\{\ulcorner, \wedge, \to\}; \{\ulcorner, \vee, \to\}$. Dies bedeutet z.B. für $\{\ulcorner, \wedge, \to\}$: es gibt ein $P \in \mathcal{L}_{\ulcorner, \wedge, \to}$ in den Variablen p, q, so daß $p \vee q \equiv_c P$. Hingegen ist $\ulcorner, \neg, \wedge, \vee$ in diesem Sinne unvollständig (siehe S. 313).

Adäquatheit eines formalen Systems für Lc

Wir präsentieren jetzt einen Axiom-Regel-Kalkül für **Lc**, dessen Vollständigkeit wir auf die bereits bewiesene Vollständigkeit eines analogen Systems für **Li** reduzieren werden. Diesem Vorgehen ist auch die Auswahl der Axiome angepaßt. Unser Vorgehen ist zwar mit einigem Rechnen verbunden (Lemma 2, 3), gibt dafür aber mehr Information über die engen Beziehungen der Beweise in **Li** und **Lc**.

Axiomensystem Ac für Lc

I. Alle Axiome für **Li** (Schemata (A1)–(A7i), Kap. II).

II. $\ulcorner (P \wedge Q) \leftrightarrow \ulcorner P \vee \ulcorner Q; \quad \ulcorner (P \vee Q) \leftrightarrow \ulcorner P \wedge \ulcorner Q$
$\ulcorner (P \to Q) \leftrightarrow P \wedge \ulcorner Q; \quad \ulcorner \neg P \leftrightarrow P; \quad \ulcorner \ulcorner P \leftrightarrow P$
$$\ulcorner P \to \neg P$$

Es sei $\vdash^{\underline{c}}$ das folgendermaßen definierte deduktive System: $X \vdash^{\underline{c}} P$ gdw P ist mittels MP aus $X \cup Ac$ herleitbar.

Wie üblich schreiben wir $\vdash^{\underline{c}} P$ für $\emptyset \vdash^{\underline{c}} P$. Ziel ist der

Vollständigkeitssatz $\vdash^{\underline{c}} P \Leftrightarrow P \in \mathbf{Lc}$.

Die Richtung von links nach rechts folgt auf übliche Weise durch Induktion über die Beweisbarkeitsstufe von $\vdash^{\underline{c}} P$. Die andere Richtung beruht auf folgenden Hilfssätzen.

ρP ist die im letzten Abschnitt definierte Reduzierte (in ρP steht $\ulcorner$ nur vor Primformeln).

Lemma 1. $\vdash^{\underline{c}} P \leftrightarrow \rho P$.

Der Beweis erfolgt durch Induktion über P, völlig analog einer Übung des letzten Abschnitts, und sei dem Leser überlassen.

Neben den Variablen p_i ($i \in \omega$) betrachten wir jetzt vorübergehend eine zweite Variablenreihe q_i ($i \in \omega$). $\rho^* p$ bezeichne die aus der *reduzierten* Formel ρP dadurch entstehende Formel, daß man alle Subformeln der Gestalt $\ulcorner p_i$ durch q_i ersetzt. In $\rho^* P$ kommt $\ulcorner$ nicht mehr vor. Es ist $\rho^*(P \wedge Q) = \rho^* P \wedge \rho^* Q$, und analog für $\vee, \to, \neg$. Ferner ist
$\rho^* \ulcorner (P \wedge Q) = \rho^* \ulcorner P \vee \rho^* \ulcorner Q, \ \rho^* \ulcorner (P \vee Q) = \rho^* \ulcorner P \wedge \rho^* \ulcorner Q, \ \rho^* \ulcorner \neg P = \rho^* \ulcorner \ulcorner P = \rho^* P,$
und $\rho^* \ulcorner p_i = q_i, \ \rho^* p_i = p_i$.

Lemma 2. Es sei $Z := \{q_i \to \neg p_i \mid i \in \omega\}$. Dann ist $Z \vdash^{\underline{i}} \rho^* \ulcorner P \to \neg \rho^* P$.

Beweis. $\rho^* \ulcorner p_i \to \neg \rho^* p_i = q_i \to \neg p_i \in Z$, also stimmt die Behauptung für Primformeln (aus $\mathcal{L}$). Ferner ist $\rho^* \ulcorner (P \wedge Q) \to \neg \rho^*(P \wedge Q) = \rho^* \ulcorner P \vee \rho^* \ulcorner Q \to \neg (\rho^* P \wedge \rho^* Q)$. Nach Induktionsvoraussetzung ist $Z \vdash^{\underline{i}} \rho^* \ulcorner P \to \neg \rho^* P$ und analog für Q, also $Z \vdash^{\underline{i}} \rho^* \ulcorner P \vee \rho^* \ulcorner Q \to \neg \rho^* P \vee \neg \rho^* Q$. Wegen $\vdash^{\underline{i}} \neg P' \vee \neg Q' \to \neg (P' \wedge Q')$ folgt mit MT die Behauptung $Z \vdash^{\underline{i}} \rho^* \ulcorner P \vee \rho^* \ulcorner Q \to \neg (\rho^* P \wedge \rho^* Q)$. Analog verläuft die Rechnung für $\vee, \to \neg$ und $\ulcorner$. ●

Lemma 3. $\vdash^c P \Leftrightarrow Z \vdash^i \rho^* P$.

Beweis. Von links nach rechts durch Induktion über $\vdash^c P$ wie folgt:
Die Behauptung ist zuerst für alle Axiome von Ac durchzurechnen. Sei $P = Q \rightarrow R \rightarrow Q$.
Dann ist $\rho^* P = \rho^* Q \rightarrow \rho^* R \rightarrow \rho^* Q \in \mathbf{Li}$, also $Z \vdash^i \rho^* P$. Analog bis (A7i). Ferner ist
$\rho^* (\ulcorner (P \wedge Q) \leftrightarrow \ulcorner P \vee \ulcorner Q) = \rho^* (\ulcorner P \wedge \ulcorner Q) \leftrightarrow \rho^* \ulcorner P \vee \rho^* \ulcorner Q =$
$\rho^* \ulcorner P \vee \rho^* \ulcorner Q \leftrightarrow \rho^* \ulcorner P \vee \rho^* \ulcorner Q \in \mathbf{Li}$.

Analog verläuft die Rechnung bis einschließlich zum vorletzten Axiom von Ac. Die Behauptung für das letzte Axiom ist wegen $\rho^* (\ulcorner P \rightarrow \neg P) = \rho^* \ulcorner P \rightarrow \rho^* \neg P = \rho^* \ulcorner P \rightarrow \neg \rho^* P$
gerade der Inhalt von Lemma 2.

Nun der Induktionsschritt. Sei $\vdash^c P \rightarrow Q$ und $\vdash^c P$, sowie $Z \vdash^i \rho^* (P \rightarrow Q)$, $\rho^* P$ gemäß
Induktionsvoraussetzung. Wegen $\rho^* (P \rightarrow Q) = \rho^* P \rightarrow \rho^* Q$ folgt dann auch $Z \vdash^i \rho^* Q$.
Schließlich beweist man die Richtung von rechts nach links wie folgt. Wenn $Z \vdash^i P^*$, ist
natürlich auch $Z \vdash^c P^*$. Substituiert man $\ulcorner p_i$ für q_i in Z und P^*, erhält man $\vdash^c \rho P$,
denn nach der Substitution werden die Prämissen Z in $\mathbf{Lc}$ beweisbar. Mit Lemma 1 folgt
dann auch $\vdash^c P$. •

Nun zum Beweis des Vollständigkeitssatzes. Sei $\nvdash^c P$. Dann ist $Z \nvdash^i \rho^* P$. Folglich existiert ein I-Modell $\mu = (g, \beta)$ und ein $S_0 \in g$ mit $S_0 \Vdash_\beta Z$, aber $S_0 \nVdash_\beta P$. Man definiere
eine Realisierung α auf g wie folgt: $\alpha^+ p_i = \beta p_i$ und $\alpha^- p_i = \beta q_i$ ($i \in \omega$). Durch Induktion
über die reduzierten Formeln $Q \in L$ zeigt man leicht $S \Vdash_\alpha Q \Leftrightarrow S \Vdash_\beta \rho^* Q$ für alle $S \in g$.
Also $S_0 \nVdash_\alpha \rho P$, und wegen $P \equiv_c \rho P$ ist $S_0 \nVdash P$. Damit ist in $\mu' = (g, \alpha)$ ein Gegenmodell
für P gefunden.

Das Argument zeigt zugleich, daß $\mathbf{Lc}$ die endliche Modelleigenschaft hat, denn μ darf
nach den vorliegenden Resultaten über $\mathbf{Li}$ ja o.B.d.A. als endlich angenommen werden.

Wir wollen abschließend auch einen Tableau-Kalkül für $\mathbf{Lc}$ angeben, den Tc-*Kalkül*, überlassen es aber dem Leser, dessen Adäquatheit zu beweisen. Der Tc Kalkül arbeitet wie der
Ti-Kalkül mit signierten Formeln, und zwar aus analogen Gründen, wie sie seinerzeit
für $\mathbf{Li}$ ausführlich dargelegt wurden.

Die frühere Definition einer geschlossenen Formelmenge wird wie folgt modifiziert.

Definition. Eine signierte Formelmenge X heißt *geschlossen* (bzgl. des Tc-Kalküls),
wenn $+P \in X$ und $-P \in X$ für eine gewisse Formel P, oder wenn $+P \in X$ und
$+ \ulcorner P \in X$ für eine gewisse Formel P.

Diese Modifikation ist erforderlich, weil die Abbauregeln des Tc-Kalküls den Funktor $\ulcorner$
nicht beseitigen, sondern „nach innen treiben". Man beachte, daß nach dieser Definition
z.B. die Menge $X = \{ + p, - \ulcorner p, - q, - \ulcorner q, - \neg r \}$ nicht geschlossen ist. Dies stimmt mit
der intuitiven Erweiterung überein, daß X erfüllbar ist, nämlich in einem Stadium S,
welches p akzeptiert, q hingegen unentschieden läßt.

Liste der Regeln des Tc-Kalküls

Alle Regeln des Ti-Kalküls. Ferner

$$\frac{X; + \ulcorner (P \to Q)}{X; + P; + \ulcorner Q} \qquad \frac{X; - \ulcorner (P \to Q)}{X; - P \mid X; - \ulcorner Q}$$

$$\frac{X; + \ulcorner (P \wedge Q)}{X; + \ulcorner P \mid X; + \ulcorner Q} \qquad \frac{X; - \ulcorner (P \wedge Q)}{X; - \ulcorner P; - \ulcorner Q}$$

$$\frac{X; + \ulcorner (P \vee Q)}{X; + \ulcorner P; + \ulcorner Q} \qquad \frac{X; - \ulcorner (P \vee Q)}{X; - \ulcorner P \mid X; - \ulcorner Q}$$

$$\frac{X; + \ulcorner \neg P}{X; + P} \qquad \frac{X; - \ulcorner \neg P}{X; - P}$$

$$\frac{X; + \ulcorner \ulcorner P}{X; + P} \qquad \frac{X; - \ulcorner \ulcorner P}{X; - P}$$

Nach demselben Muster wie für **Li** läßt sich der Tc-Kalkül auch in einen Sequenzenkalkül verwandeln. Ebenso wie der Tc-Kalkül eignet sich dieser besonders für gewisse beweistheoretische Untersuchungen, vor allem bei Erweiterung des Kalküls zu einem prädikatenlogischen. Mittels des Sequenzenkalküls läßt sich — ebenso einfach wie für **Li** — auch das Interpolationstheorem für **Lc** beweisen.

Übungen

1. Sei $\rho * P$ $(P \in \mathcal{L})$ erklärt wie im Text. ρ^0 entstehe aus $\rho *$, indem man die Variablen q_i durch $\neg p_i$ ersetzt (d.h. $\rho^0 P$ entsteht aus der Reduzierten ρP, indem man $\ulcorner$ überall in ρP durch $\neg$ ersetzt). Man zeige $\vdash^c P \Leftrightarrow \vdash^i \rho^0 P$.

   Hinweis. Lemma 3.

2. Man definiere eine Folgerungsrelation $\vDash^c$ analog wie für **Li** und zeige, $\vdash^c = \vDash^c$. Das deduktionstheoretische **Lc**-System ist also das natürliche, zu **Lc** gehörende System.

3. Man beweise die Vollständigkeit des Tc-Kalküls.

4. Man gebe eine Interpretation von **Lc** in **S4** an und zeige deren Adäquatheit.

   Hinweis. Anfangsschritt $\rho p = \square p$; $\rho \ulcorner p = \square \neg p$. Es ist ein Interpretationslemma für Modelle zu formulieren. Einem **Lc**-Modell $\mu = (g, \alpha)$ ordne man ein **S4**-Modell wie folgt zu: Sei g' ein Duplikat von g. Setze $S \leqslant S' \leqslant S$ für $S \in g$ und das entsprechende $S' \in g'$ (Figur). Die so entstehende Struktur g* ist eine Art „Situationsverdopplung" von g.

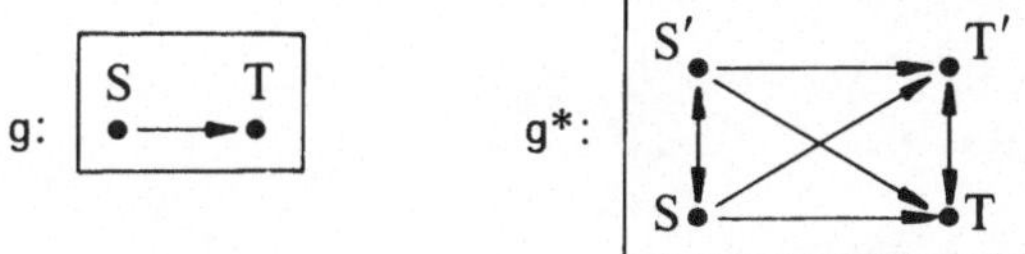

β wie folgt erklären: Falls $S \notin \alpha^+ p \cup \alpha^- p$ sei $S \in \beta p$ und $S' \notin \beta p$. Falls $S \in \alpha^+ p$ sei $S, S' \in \beta p$. Falls $S \in \alpha^- p$ sei $S, S' \notin \beta p$. Dann ist $S \Vdash_\mu P$ gdw $S \Vdash_{\mu^*} \square \rho P$.

5. Sei $\mathbf{Lc}' := \mathbf{Lc}\,(\neg\,\neg\,(p \vee \ulcorner p))$. Man zeige, $\mathbf{Lc}'$ ist vollständig bzgl. der $\mathbf{Lc}$-Modelle (g, α) mit folgender Eigenschaft: Zu jedem $p \in V$, $S \in g$ existiert ein $S' \geqslant S$ mit $S' \in \alpha^+ p \cup \alpha^- p$. Ferner zeige man, auch $\mathbf{Lc}'$ ist in $\mathbf{S4}$ interpretierbar ($\rho p = p$;
$\rho \ulcorner p = \neg\, p$; $\rho\,(P \wedge Q) = \rho P \wedge \rho Q$; $\rho \ulcorner (P \wedge Q) = \square\,\rho \ulcorner P \vee \square\,\rho \ulcorner Q$; $\rho\,(P \to Q) = \rho P \to \rho Q$;
$\rho \ulcorner (P \to Q) = \rho P \wedge \rho \ulcorner Q$).

Über Beziehungen der Funktoren in Lc

Es ist bereits darauf hingewiesen worden, daß in $\mathbf{Lc}$ — anders als in $\mathbf{Li}$ — gewisse Abhängigkeiten zwischen den Funktoren bestehen. So ist die intuitionistische Negation $\neg$ wegen $\neg\, p \equiv_c p \to \ulcorner p$ entbehrlich, und ebenso kann aufgrund der in $\mathbf{Lc}$ gültigen Gesetze von DeMorgan (für $\ulcorner, \wedge, \vee$) jeweils einer der Funktoren $\vee$ bzw. $\wedge$ weggelassen werden.

Die erste Frage in diesem Zusammenhang ist natürlich die, ob $\ulcorner$ nicht etwa schon durch $\neg, \wedge, \vee, \to$ definierbar, d.h. ob $\mathbf{L}$ nicht etwa $\mathbf{Lc}$ nur eine unwesentliche Erweiterung von $\mathbf{Li}$ ist. Dies ist nicht der Fall, wie folgende Überlegung zeigt.

Es sei M die Menge der Formeln in der einzigen Variablen p und den Funktoren $\neg, \wedge, \vee, \to$. Zu zeigen ist, daß kein $Q \in M$ existiert mit $\ulcorner p \equiv_c Q$. Betrachten wir ein beliebiges Modell μ mit dem einzigen Stadium S. Durch Induktion über die Formeln aus M zeigt man leicht, daß für jedes $P \in M$ eine der folgenden Äquivalenzen gilt $Q \equiv p$; $Q \equiv \neg\, p$; $Q \equiv p \vee \neg\, p$; $Q \equiv p \wedge \neg\, p$ mit $\equiv := \equiv_S^\mu$. Damit führt die Annahme $\ulcorner p \equiv_c Q$ zu einem der folgenden Fälle: $\ulcorner p \equiv p$; $\ulcorner p \equiv p \vee \neg\, p$; $p \equiv \neg\, p$; $p \equiv p \wedge \neg\, p$. Wählt man $\alpha^+ p = S$ (und damit $\alpha^- p = \emptyset$), so scheiden die beiden ersten schon aus. Wählt man $\alpha^+ p = \alpha^- p = \emptyset$, so scheiden auch die beiden restlichen Möglichkeiten aus.

Angesichts der funktionalen Vollständigkeit von $\{\neg, \to\}$ für $\mathbf{Lc}$ könnte man auf die Idee kommen, daß ähnlich wie in $\mathbf{Lk}$ bereits $\{\ulcorner, \to\}$ als Funktoren für $\mathbf{Lc}$ genügen. Dies aber ist nicht der Fall, wie folgende Betrachtung zeigt.

Man wähle $\mu = (f, \alpha)$, wobei f die Forke ist (Figur), und $\alpha^+ p = \{S_1\}$ $\alpha^- p = \{S_2\}$. M sei die Menge der Formeln in $\to, \ulcorner$ und der Variablen p.

Durch Induktion über M läßt sich nun zeigen, daß $\mathrm{val}_2 P = \mathrm{val}_3 P \implies \mathrm{val}_1 P = \mathrm{val}_2 P$. Dabei ist $\mathrm{val}_i P := \mathrm{val}_{S_i}^\mu P$. Damit kann $\vee$ nicht definierbar sein, denn es ist $\mathrm{val}_2\,(p \vee \ulcorner p) = \mathrm{val}_3\,(p \vee \ulcorner p) = 1$, aber $\mathrm{val}_1\,(p \vee \ulcorner p) = 0$. Einige weitere Eigenschaften der Funktoren von $\mathbf{Lc}$ diskutieren wir in den Übungen.

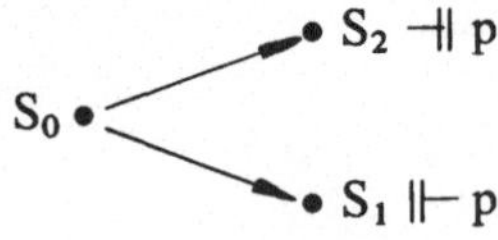

Übungen

1. Man zeige, $\{\Gamma, \neg, \wedge, \vee\}$ ist funktional unvollständig für **Lc**.

   Hinweis. Annahme $p \to q \equiv_c P$, wobei P nur $\Gamma, \neg, \wedge, \vee$ enthält. Dann ist $p \to q \leftrightarrow P \in \mathbf{Lc}$. Ferner ist nach Übung 1 letzter Abschnitt $p \to q \leftrightarrow \rho^0 P = \rho^0 (p \to q \leftrightarrow P) \in \mathbf{Li}$. Widerspruch, denn $\to$ ist in **Li** nicht durch $\neg, \wedge, \vee$ definierbar.

2. Man fasse die Ergebnisse über Funktoren in **Lc** wie folgt zusammen: $\{\Gamma, \wedge, \to\}$ und $\{\Gamma, \vee, \to\}$ sind die einzigen funktional vollständigen unabhängigen Funktorsysteme für **Lc**.

3. Man definiere zwei neue Funktoren $\llcorner$ und $\leftrightarrowtail$ in **Lc** durch $\llcorner P := \Gamma \neg \Gamma P$; $P \leftrightarrowtail Q := \Gamma (\Gamma P \to \Gamma Q)$ und erkläre:

   $\wedge$ ist dual zu $\vee$ und umgekehrt;
   $\neg$ ist dual zu $\llcorner$ und umgekehrt;
   $\to$ ist dual zu $\leftrightarrowtail$ und umgekehrt;
   Γ ist zu sich selbst dual.

   Sei P' die dadurch aus P entstehende Formel, indem man jeden Funktor durch seinen dualen ersetzt. P^* entsteht aus P', indem man dort jede Primformel durch ihre strenge Negation ersetzt. P^* heißt die *zu* P *duale Formel*. Man zeige

   (a) $P \equiv_c \Gamma P^*$,   (b) $P \equiv Q \Longrightarrow P' \equiv Q'$

   (GUREVICH [78]).

   Hinweis. (a) durch Induktion. Für (b) zeige man vorher $\vdash^c P \leftrightarrowtail Q \Longrightarrow \vdash^c Q' \leftrightarrowtail P'$.

4* (Problem). Man kläre die Struktur des Verbandes $\&_{\mathrm{MP}} \mathbf{Lc}$.

VI Anhang
Zusammenstellung von Grundbegriffen

Die theoretische Analyse der Logik erfordert einige elementare Hilfsmittel abstrakter Natur, ohne die in präziser (nicht nur oberflächlicher) Weise über Logik nichts wesentliches mitgeteilt werden kann. Wir sehen diese Hilfsmittel als gegeben an. Es ist also nicht unsere Aufgabe, deren Verwendbarkeit im einzelnen zu diskutieren, vielmehr betrachten wir sie als unser natürliches Handwerkszeug.

Dementsprechend behandeln wir Mengen und Abbildungen in § 1 in naiv anschaulicher Weise. § 2 befaßt sich mit den geometrisch sehr anschaulichen Graphen und Strukturen, die in der relativistischen Semantik eine fundamentale Rolle spielen. Wie in § 1, handelt es sich auch hier im wesentlichen nur darum, gewisse Vereinbarungen über die Grundbegriffe und Terminologie zu treffen.

§ 3 befaßt sich mit einigen Grundtatsachen über Verbände und Boolesche Algebren, die bekanntlich nicht nur für die Logik, sondern für zahlreiche andere abstrakte Disziplinen grundlegend sind. In § 4 schließlich führen wir einige wichtige Begriffe der Universellen Algebra ein. Was darüberhinaus benötigt wird, findet der Leser an Ort und Stelle im Text.

Um das Nachschlagen zu erleichtern, sind die vier Paragraphen in einzelne, thematisch abgegrenzte Abschnitte eingeteilt.

Hier und im Text des Buches tauchen gelegentlich folgende Abkürzungen auf: gdw, $\Leftrightarrow$ (beides für *genau dann, wenn*) und $\Rightarrow$ (für *wenn, so*). Der Unterschied bei der Verwendung von gdw und $\Leftrightarrow$ ist dieser: $\Leftrightarrow$ wird nur verwendet, wenn die Aussageformen A, B in der Äquivalenz $A \Leftrightarrow B$ keinen sprachlichen Text enthalten, wie z.B. in „$x \in M \cap N \Leftrightarrow x \in N \cap M$". Analoges gilt für $\Rightarrow$. Die Abkürzung gdw trennt stärker als alle logisch-sprachlichen Partikel (z.B. *und, wenn, so* u.a.), die ihrerseits stärker trennen als $\Leftrightarrow$ und $\Rightarrow$. So ist z.B.

Wenn $a \leqslant b$, *so* $a = b \Leftrightarrow b \leqslant a$

zu lesen wie folgt: *Wenn* $a \leqslant b$, *so gilt:* $a = b$ *genau dann, wenn* $b \leqslant a$. Hingegen ist der Sinn von

Wenn $a \leqslant b$, *so* $a = b$ gdw $b \leqslant a$

dieser: *Wenn* $a \leqslant b$, *so* $a = b$ *ist äquivalent mit* $b \leqslant a$, oder gleichwertig: $a \leqslant b \Rightarrow a = b$ gdw $b \leqslant a$.

§ 1 Mengen und Abbildungen

Eine *Menge* ist eine Zusammenfassung von Objekten. Die in einer Menge M zusammengefaßten Objekte heißen auch deren *Elemente*. Man schreibt a $\in$ M, wenn das Objekt a zur Menge M gehört, und a $\notin$ M, falls dies nicht der Fall ist. Um sogenannte mengentheoretische Antinomien zu vermeiden, unterliegt die Zusammenfassung von Objekten zu Mengen gewissen Beschränkungen. So spricht man z.B. von der *Klasse aller Mengen,* nicht von der Menge aller Mengen, oder der Klasse (nicht der Menge) aller Booleschen Algebren usw.

$\omega = \{0, 1, \ldots\}$ ist die *Menge der natürlichen Zahlen* und Beispiel einer *abzählbar unendlichen Menge.* So heißen Mengen A, für die eine Bijektion α: $\omega \to$ A existiert. Zu den abzählbaren Mengen zählen wir auch die endlichen Mengen. Neben den abzählbar unendlichen Mengen gibt es auch *überabzählbare* (d.h. nicht abzählbare) Mengen, z.B. die Menge aller reellen Zahlen.

ω_+ bezeichnet die Menge der positiven natürlichen Zahlen.

Teilmengen und Mengensysteme

Die Menge B heißt *Teilmenge* der Menge A, symbolisch B $\subseteq$ A, wenn jedes Element von B auch Element von A ist. Nach Definition ist im besonderen A $\subseteq$ A, d.h. eine Menge ist Teilmenge von sich selbst. Wenn B $\subseteq$ A und A $\subseteq$ B, so enthalten A, B die gleichen Elemente. Der Mengenbegriff wird so präzisiert, daß A und B in diesem Falle identisch sind, symbolisch A = B. Wenn B $\subseteq$ A und B $\neq$ A, so heißt B eine *echte Teilmenge* von A, symbolisch B $\subset$ A.

Mengen werden in der Regel durch Eigenschaften definiert, z.B. läßt sich die Menge aller (lebenden) Menschen betrachten, die älter als 150 Jahre sind. Es ist ziemlich ungewiß, ob M überhaupt Elemente enthält. Daher ist es bequem, eine *leere Menge* anzunehmen, die man mit dem Symbol $\emptyset$ zu bezeichnen pflegt.

Ist *E* eine Eigenschaft, M eine Menge, so hat a $\in$ M entweder die Eigenschaft *E* (dann schreiben wir *E*(a) als Abkürzung für „*E* trifft auf das Objekt a zu"), oder a hat die Eigenschaft *E* nicht.

$\{a \in M \,|\, E(a)\}$ bezeichnet die Menge aller a $\in$ M, welche die Eigenschaft *E* haben. Diese Menge kann natürlich gegebenenfalls leer sein. *E* wird in der Regel durch einen sprachlichen Ausdruck gegeben. Zum Beispiel ist $\{n \in \omega \,|\, n = 2m + 1$ für gewisses $m \in \omega\}$ die Menge aller ungeraden natürlichen Zahlen.

Ist M eine Menge, so läßt sich insbesondere die Menge aller Teilmengen von M betrachten, welche die *Potenzmenge* von M heißt und mit 2^M bezeichnet wird. Eine endliche Menge M der Anzahl n hat 2^n Teilmengen. Ist S $\subseteq 2^M$, so sind die Elemente von S Teilmengen von M. Eine solche Menge S heißt aus traditionellen Gründen ein *Mengensystem* (über der Grundmenge M).

Mengenalgebraische Operationen

A $\cap$ B bezeichnet die Menge aller Objekte, die zugleich Elemente von A und von B sind, der *Durchschnitt* von A und B.

$A \cup B$ ist die Menge aller Objekte, die Elemente von A oder von B sind und heißt die *Vereinigung* der Mengen A und B. Es gilt u.a.:

$A \cap B = B \cap A$; $A \cup B = B \cup A$ (Kommutativgesetze).
$A \cap (B \cup C) = (A \cap B) \cup (A \cap C)$; $A \cup (B \cap C) = (A \cup B) \cap (A \cup C)$ (Distributivgesetze).
$A \cap (B \cup A) = A$; $A \cup (B \cap A) = A$ (Verschmelzungsgesetze).
$A \subseteq B \Leftrightarrow A \cap B = B$.

Durch letztgenannte Äquivalenz wird die Inklusion auf Identität und Durchschnittsverknüpfung reduziert.

In 2^M lassen sich weitere Operationen definieren. Die für unsere Zwecke wichtigsten sind:

(a) Das *Komplement*. Ist $A \subseteq M$, so heißt $\{b \in M \mid b \notin A\}$ das *Komplement* von A im M. Dieses wird mit $M \setminus A$, oder, wenn der Zusammenhang klar ist, einfach nur mit $\setminus A$ bezeichnet. Von den Gleichungen unter Einbeziehung der Komplementoperation erwähnen wir insbesondere

$$\setminus \setminus A = A$$
$$\left. \begin{array}{l} \setminus (A \cap B) = \setminus A \cup \setminus B \\ \setminus (A \cup B) = \setminus A \cap \setminus B \end{array} \right\} \quad \text{(DeMORGANsche Formeln)}.$$

$A \subseteq M$ heiße *koendlich* in M, wenn $\setminus A$ endlich ist. Man sieht leicht, das Mengensystem S der endlichen und koendlichen Teilmengen von M ist abgeschlossen gegenüber den Operationen $\cap, \cup, \setminus$, d.h. $A, B \in S \Rightarrow A \cap B \in S$ usw. S stellt demnach eine Boolesche Algebra dar (vgl. § 3).

(b) Das *relative Komplement* $A \rightarrowtail B$. Es ist $A \rightarrowtail B = \{a \in M \mid a \in A \Rightarrow a \in B\}$. Offenbar ist auch $A \rightarrowtail B = \{a \in M \mid a \in \setminus A \text{ oder } a \in B\} = \{a \in M \mid a \in \setminus A \cup B\}$. Das wichtigste Gesetz für $\rightarrowtail$ ist die folgende Äquivalenz (1); aus ihr ergeben sich alle übrigen Eigenschaften von $\rightarrowtail$.

(1) $A \subseteq B \rightarrowtail C \Leftrightarrow A \cap B \subseteq C$ $(A, B, C \subseteq A)$.

Hiernach ist insbesondere $A \cap (B \rightarrowtail C) \subseteq C$, und (1) läßt sich auch so ausdrücken: $B \rightarrowtail C$ ist die größte aller Mengen $X \subseteq M$, so daß $A \cap X \subseteq C$. Als Beispiel für ein in diesem Buch häufig verwendetes beweistechnisches Arrangement zeigen wir (1) wie folgt:

$A \subseteq B \rightarrowtail C$ gdw wenn $a \in A$, so $a \in B \rightarrowtail C$ (Definition von $\subseteq$)
     gdw wenn $a \in A$, so gilt $a \in B \Rightarrow a \in C$ (Definition von $\rightarrowtail$)
     gdw wenn $a \in A$ und $a \in B$, so $a \in C$ (logische Umformung)
     gdw $a \in A \cap B \Rightarrow a \in C$ (Definition von $\cap$)
     gdw $A \cap B \subseteq C$.

Wir erhalten das Ergebnis also direkt durch eine Kette äquivalenter Umformungen. Am Schluß einer Zeile steht eine Erläuterung darüber, wie die betreffende Beweiszeile zustandegekommen ist. Von den zahlreichen $\rightarrowtail$ enthaltenden Gleichungen erwähnen wir z.B.

$$A \rightarrowtail \emptyset = \setminus A \text{ und } (A \cap B) \rightarrowtail C = A \rightarrowtail (B \rightarrowtail C), \text{ also } A \rightarrowtail (B \rightarrowtail C) = B \rightarrowtail (A \rightarrowtail C).$$

Die Operation $\rightarrowtail$ entspricht der (klassischen) Implikation (Kap. I/§ 1) in demselben Sinne, wie $\cap, \cup, \setminus$ der Konjunktion, Disjunktion bzw. der Negation entsprechen.

Durchschnitts- und Vereinigungsoperator

Die Operationen $\cap, \cup$ lassen sich wie folgt verallgemeinern. Sei $S \subseteq 2^M$ ein Mengensystem. Der *Durchschnitt von* S, $\cap S$, ist erklärt als $\cap S := \{a \in M \,|\, a \in A$ für alle $A \in S\}$. Insbesondere ist $A \cap B = \cap \{A, B\}$. Für $S = \emptyset$ ergibt sich $\cap S = M$. Es sei ausdrücklich darauf hingewiesen, daß der Ausdruck $\cap \emptyset$ ohne Bezug auf eine vorgegebene Grundmenge M keinen Sinn hat.

In analoger Weise ist die Vereinigung von S, $\cup S$, erklärt: $\cup S := \{a \in M \,|\, a \in S$ für ein gewisses $A \in S\}$. Häufig wird auch die Schreibweise $\underset{A \in S}{\cap} A$ für $\cap S$ verwendet, bzw. $\underset{A \in S}{\cup} A$ für $\cup S$.

Die vorhin erwähnten mengenalgebraischen Gleichungen, z.B. die Distributivgesetze besitzen unter Einbeziehung von $\cap, \cup$ eine Reihe von Verallgemeinerungen. Wir erwähnen z.B.

$$A \cap \underset{B \in S}{\cup} B = \underset{B \in S}{\cup} A \cap B \quad (A \subseteq M; \; S \subseteq 2^M).$$

Dabei ist der Term auf der rechten Seite die Vereinigung des Mengensystems $\{A \cap B \,|\, B \in S\}$.

Ein Mengensystem $\Pi \subseteq 2^M$ heißt eine *Partition* (oder Klasseneinteilung) von M, wenn

(i) $\cup \Pi = M$; (ii) $A \cap B = \emptyset$ für $A, B \in \Pi, A \neq B$; (iii) $\emptyset \notin S$.

Partitionen begegnen uns überall im Alltag: Einteilung der Menge M aller Menschen nach Altersgruppen, nach Geschlecht, in soziale Klassen usw.

Gelegentlich werden auch Durchschnitte und Vereinigungen von Klassen (statt von Mengen) gebildet. Dabei verfährt man so, als wären Klassen Mengen. Häufig sind sie es sogar. Zumindest in diesem Buch ließe sich alles so darstellen, daß Klassen gänzlich entbehrlich sind; ein Nachteil wären gewisse Umständlichkeiten in den Formulierungen.

Abbildungen

Der Abbildungs- oder Funktionsbegriff läßt sich zwar auf den Mengenbegriff reduzieren, doch folgen wir ganz den anschaulichen Vorstellungen. Unter einer *Abbildung von der Menge* A *in die Menge* B versteht man ein Objekt f, welches jedem Element $a \in A$ genau ein Element $b \in B$ zuordnet. Statt Abbildung sagt man auch *Funktion*, mitunter auch *Operator*. Das dem Element $a \in A$ durch f zugeordnete Element in B heißt auch das *Bild von* a *bei* f und wird mit fa oder f(a) oder f_a oder af oder a^f bezeichnet (je nach Bequemlichkeit). Eine Abbildung f von A in B werde durch f: $A \rightarrow B$ bezeichnet. Damit hat man alle wesentlichen Informationen kurz beisammen: Die Menge A, *von* der abgebildet wird und die der *Definitionsbereich* von f heißt, sowie die Menge B, *in* die abgebildet wird, den *Bildbereich* (oder *Zielbereich*) von f. In der Regel wird der Bildbereich B durch f: $A \rightarrow B$ nicht voll ausgeschöpft, d.h. es muß nicht jedes $b \in B$ ein Bild bei f sein. Die Menge $\{b \in B \,|\, b = fa$ für ein gewisses $a \in A\}$ heißt im Unterschied zum Zielbereich von f auch kurz das *Bild* von f und wird häufig mit $\{fa \,|\, a \in A\}$ bezeichnet. Ist tatsächlich $\{fa \,|\, a \in A\} = B$, so heißt f eine *Abbildung von* A *auf* B oder *surjektiv* oder eine *Surjektion*. Die Menge aller Abbildungen f: $A \rightarrow B$ werde mit $^A B$ bezeichnet. Im besonderen ist $^A \emptyset = \emptyset$ sowie $^\emptyset B = \{\emptyset\}$ für $B \neq \emptyset$. $\epsilon: A \rightarrow A$ mit $\epsilon x = x \; (x \in A)$ heißt die *identische Abbildung* von A.

Eine surjektive Abbildung $f: I \to A$ von einer Menge I (der *Indexmenge*) auf eine Menge A heißt eine *Indizierung von* A. Ist $f(i) = a_i$, wird f häufig auch durch $(a_i)_{i \in I}$ bezeichnet. Wenn $a_i \subseteq g$ für alle $i \in I$ (d.h. wenn die a_i Teilmengen einer Grundmenge g sind), so heißt $(a_i)_{i \in I}$ auch eine *Familie* von Teilmengen von g. Ist z.B. Π eine Partition von M und ordnet man jedem $a \in M$ die Partitionsklasse A_a zu, in welcher a liegt, so stellt die Familie $(A_a)_{a \in M}$ eine Indizierung von Π dar. Für eine Familie $(a_i)_{i \in I}$ von Teilmengen von g erklärt man $\bigcup_{i \in I} a_i := \{x \in a \mid x \in a_i \text{ für gewisses } i \in I\}$, $\bigcap_{i \in I} a_i := \{x \in a \mid x \in a_i \text{ für alle } i \in I\}$.

$f: A \to B$ heißt *injektiv* (oder eine *Injektion*), wenn zu jedem $b \in B$ höchstens ein $a \in A$ mit $fa = b$ existiert. Eine Injektion f von A *auf* B heißt auch *bijektiv* oder eine *Bijektion*.

Mengen A, B heißen *gleichmächtig* (oder *von gleicher Kardinalzahl*), wenn eine Bijektion $f: A \to B$ existiert. Es ist nützlich, sich Kardinalzahlen als die Klassen jeweils gleichmächtiger Mengen vorzustellen. $\aleph_0$ bezeichnet die Kardinalzahl der abzählbar unendlichen Mengen, $2^{\aleph_0}$ die Kardinalzahl der Menge aller Teilmengen von ω. So ist z.B. die Kardinalzahl der Menge aller reellen Zahlen gerade $2^{\aleph_0}$. Die Kardinalzahl der Menge M werde mit $|M|$ bezeichnet. Es ist $|M| \in \omega$ genau für die endlichen Mengen M.

n-tupel und Produkte

Die natürlichen Zahlen seien so erklärt, daß $n \in \omega$ mit der Menge $\{i \in \omega \mid i < n\}$ identisch ist, also $0 = \emptyset$, $1 = \{0\}$, $2 = \{0, 1\}$, $3 = \{0, 1, 2\}$ usw. $t \in {}^nA$ $(n \in \omega)$ ist daher als eine Abbildung der ersten n natürlichen Zahlen in A zu verstehen und heißt auch ein *n-tupel* oder eine *Folge der Länge* n. Ein n-tupel t wird häufig als $(a_0, \ldots, a_{n-1})$ oder als $(a_i)_{i < n}$ notiert, wobei $a_i = t(i)$ für alle $i < n$. $\emptyset$ ist das einzige 0-tupel. (a) bezeichnet das 1-tupel $t \in {}^1A$ mit $t(0) = a$.

Beispiel. Es sei A eine Menge, deren Elemente *Symbole* genannt seien. Die Elemente von ${}^0A \cup {}^1A \cup \ldots (:= \bigcup_{n \in \omega} {}^nA)$ heißen auch die *Zeichenreihen* oder *Worte über dem Alphabet* A.

Es sei nun $(A_i)_{i \in I}$ eine Familie von Teilmengen von M. Die Menge aller Abbildungen $f: I \to M$ mit $f(i) \in A_i$ für alle $i \in I$ werde mit $\prod_{i \in I} A_i$ bezeichnet und heißt das *Produkt der* A_i *über* I. Dafür schreibt man im Falle $I = n = \{0, 1, \ldots, n-1\}$ auch $\prod_{i < n} A_i$ oder $A_0 \times A_1 \times \ldots \times A_{n-1}$. Die Elemente aus $A_0 \times A_1$ heißen auch *geordnete Paare*, häufig einfach Paare genannt.

Operationen und Algebren

Eine Abbildung $f: {}^mA \to A$ heißt eine m-stellige *Operation über* (oder *in*) der Menge A. Eine Operation über A ist also eine *Funktion mit Argumenten und Werten aus* A. Häufig spricht man auch von einer *Verknüpfung*, vornehmlich im Falle $m = 2$. Im besonderen ist eine nullstellige Operation f in A eine Abbildung von ${}^0A = \{\emptyset\}$ in A. Weil f durch den Wert $c := f(\emptyset)$ bereits eindeutig festgelegt ist, bezeichnet man f häufig einfach durch c, spricht aber dann nicht vom Element c, sondern von der *Konstanten* c. Konstanten dürfen nicht mit ein- oder mehrstelligen Funktionen verwechselt werden, die einen konstanten Wert annehmen.

Eine Teilmenge $B \subseteq A$ heißt *abgeschlossen gegenüber* $f: {}^mA \to A$, wenn $f(a_1, \ldots, a_m) \in B$ für alle $a_1, \ldots, a_m \in B$ ($m > 0$), und wenn $c \in B$, falls c eine Konstante ist.

Häufig werden neue Funktionen über A durch Terme definiert. *Terme* sind formale Objekte (Zeichenreihen), die in bestimmter Weise aus Symbolen für wohlbekannte Funktionen über A, Variablen für Elemente aus A und eventuell technischen Hilfssymbolen aufgebaut sind, ähnlich den Formeln der Aussagenlogik. Ohne dies hier im einzelnen zu präzisieren, ist klar, daß z.B. ein Term $t(x)$ mit einer Variablen x eine Funktion $f: A \to A$ bestimmt. Diese wird im Text entweder mit f oder $f: x \mapsto t(x)$ oder $f: f(x) = t(x)$ ($x \in A$), oder mit $\lambda x\,[t(x)]$ bezeichnet, nicht aber durch den Term $t(x)$.

Eine Algebra besteht nun grob gesprochen — aus einer Menge und gewissen Operationen über A. In der Regel sind aber nicht einzelne, konkrete Algebren, sondern *Klassen von Algebren* der Gegenstand der Betrachtung in Mathematik und Logik. Diesen Gesichtspunkt berücksichtigt die folgende

Definition. Es sei Φ eine Menge von Operationszeichen; jedem $\varphi \in \Phi$ sei eine Stellenzahl $m \in \omega$ zugeordnet. Eine *Φ-Algebra* A besteht aus

(a) einer nichtleeren Menge A, der *Grundmenge von* A.
(b) einem System $\Phi_A = \{\varphi_A \mid \varphi \in \Phi\}$ von Operationen über A, den *Grundfunktionen* von A, wobei die Funktion φ_A von derselben Stellenzahl wie $\varphi \in \Phi$ ist.

Ein eventuell vorhandenes nullstelliges Symbol $\varphi \in \Phi$ heißt ein *Konstantensymbol;* φ_A ist nichts weiter als ein Element von A und wird häufig auch eine *Konstante von* A genannt. Ist $\Phi = \{\varphi^1, \ldots, \varphi^n\}$, wird A auch durch das $(n+1)$-tupel $(A, \varphi_A^1, \ldots, \varphi_A^n)$ bezeichnet.

Typisches Beispiel einer Algebra (genauer, einer Φ-Algebra für $\Phi = \{+, \cdot, 0, 1\}$) ist der Zahlbereich $\mathbb{N} = (\omega, +, \cdot, 0, 1)$ mit den bekannten Bedeutungen der Symbole $+, \cdot, 0, 1$.[1] Die Algebra $\mathbb{Z} = (Z, +, \cdot, 0, 1)$ ist bekannt als der *Ring der ganzen Zahlen* ($Z := $ Menge der ganzen Zahlen). Ferner ist jede logische Matrix (siehe Kap. III) Beispiel einer Algebra, wenn man von der Auszeichnung einer Teilmenge absieht.

Üblichen Gepflogenheiten folgend bezeichnen wir eine Algebra und ihre Grundmenge meistens mit demselben Symbol, vorwiegend mit A, B, C, D. Dies ist bequem und führt bei umsichtiger Handhabung auch nicht zu Mißverständnissen. $a \in A$ bedeutet, daß a Element der Grundmenge A von A ist.

Sei $\Phi \subseteq \Phi'$, A eine Φ-Algebra und A' eine Φ'-Algebra derselben Grundmenge. Ist $\varphi_A = \varphi_{A'}$ für alle $\varphi \in \Phi$, so heißt A' auch eine *Expansion* von A und A heißt ein *Redukt* von A'. Eine Expansion von A entsteht demnach durch Hinzufügung neuer Funktionen bei gleichbleibendem Grundbereich, ein Redukt von A durch Weglassen von Funktionen von A. Zum Beispiel ist die Gruppe $(Z, +, 0)$ ein Redukt des Ringes $\mathbb{Z}$.

---

[1] Man könnte präziser schreiben $\mathbb{N} = (\omega, +_\omega, \cdot_\omega, 0_\omega, 1_\omega)$, doch unterläßt man die Indizierung in Fällen, wo die Bedeutung der Symbole klar ist.

Der Begriff des Redukts ist von dem der Subalgebra zu unterscheiden. Eine nichtleere Teilmenge $B \subseteq A$ einer Φ-Algebra A (genauer, deren Grundmenge) heißt eine *Subalgebra von* A, wenn B gegenüber allen Funktionen von A abgeschlossen ist. Die Teilmenge B läßt sich offenbar in unmißverständlicher Weise als Φ-Algebra auffassen. In diesem Sinne ist z.B. $\mathbb{N}$ Subalgebra des Ringes $\mathbb{Z}$ der ganzen Zahlen.

Relationen

Eine Teilmenge $R \subseteq {}^nM$ heißt eine n-stellige *Relation* in (oder über) der Menge M. Wir betrachten hier nur *binäre* (= zweistellige) Relationen, die in allgemeiner Weise mit $\lhd$ bezeichnet seien. Statt $(a, b) \in \lhd$ schreiben wir einfacher $a \lhd b$ und für $(a, b) \notin \lhd$ schreiben wir $a \not\lhd b$.

Ist E eine Eigenschaft von Paaren (a, b) von Elementen von M, so ist

$$\lhd : a \lhd b \quad \text{gdw} \quad E(a, b) \quad (a, b \in M)$$

eine andere Schreibweise für die Relation $\{(a, b) \in {}^2A \mid E(a, b)\}$.

Ist $\lhd \subseteq {}^2M$ und $N \subseteq M$, so heißt die Relation $\lhd_N := \lhd \cap {}^2N$ die *Einschränkung* von $\lhd$ auf N. Meist bezeichnet man diese Relation auch einfach wieder nur mit $\lhd$. So ist z.B. die übliche Anordnung der natürlichen Zahlen die Einschränkung der Anordnung ganzer Zahlen. Beide Relationen bezeichnet man bekanntlich mit $\leqslant$.

$\lhd \subseteq {}^2M$ heißt *reflexiv*, wenn $a \lhd a$ für alle $a \in M$. heißt *symmetrisch*, wenn $a \lhd b \Rightarrow b \lhd a$ für alle $a, b \in M$. $\lhd$ heißt *transitiv*, wenn $a \lhd b \lhd c^{1)} \Rightarrow a \lhd c$ für alle $a, b, c \in M$.

In jeder Hinsicht wichtig sind diejenigen Relationen über M, die zugleich reflexiv, symmetrisch und transitiv sind. Solche Relationen heißen *Äquivalenzrelationen*. Wir bezeichnen diese in allgemeiner Weise mit $\approx$.

Es sei $\approx$ eine Äquivalenzrelation über M, $a \in M$ und $E_a := \{x \in M \mid x \approx a\}$. Die Teilmengen E_a von M $(a \in M)$ heißen auch *Äquivalenzklassen* von $\approx$. Man zeigt leicht, die Familie $(E_a)_{a \in M}$ von Teilmengen von M ist eine Partition von M (genauer, $\Pi_\approx = \{E_a \mid a \in M\}$ ist eine Partition). $\Pi_\approx$ heißt *die von* $\approx$ *induzierte Partition* von M. Von grundlegender Bedeutung ist folgende einfach beweisbare Aussage: Zu jeder Partition Π von M gibt es genau eine Äquivalenzrelation $\approx$ von M, so daß $\Pi = \Pi_\approx$, nämlich

$$\approx : a \approx b \quad \text{gdw} \quad a, b \in A \text{ für gewisses } A \in \Pi \quad (a, b \in M).$$

Beispiel einer Äquivalenzrelation ist: Mensch A ist im selben Jahr geboren wie Mensch B. Die zugehörigen Äquivalenzklassen, auch Jahrgänge genannt, liefern eine Partition der Menschheit nach dem Geburtsjahr eines Menschen.

---

1) Abkürzende Schreibweise für „$a \lhd b$ und $b \lhd c$". In einem solchen Fall verwenden wir $\Rightarrow$, als ob $a \lhd b \lhd c$ eine Primformel wäre.

§ 2 Graphen und Strukturen

Ab Kap. IV stehen die Strukturen als Grundobjekte der KRIPKE-Semantik im Mittelpunkt der Betrachtungen. Die Elemente einer Struktur oder eines Graphen sind die möglichen Welten, die durch eine Relation der Erreichbarkeit, Einflußnahme, einer zeitlichen Reihenfolge oder andere Relationen miteinander in Beziehung stehen. Dabei sind vom Standpunkt gewisser Plausibilitätsbetrachtungen einige Strukturklassen besonders ausgezeichnet, über die wir unten eine tabellarische Übersicht geben.

Grundbegriffe und Bezeichnungen

Eine Menge g mit einer Relation $\lhd$ auf g heißt eine *Struktur*. g heißt auch deren *Grundmenge*, und die Struktur selbst kann durch $(g, \lhd)$ bezeichnet werden. Wie bei den Algebren machen wir in der Regel jedoch keinen Unterschied in der Bezeichnung der Struktur und ihrer Grundmenge. Im Text dieses Buches sind Strukturen vorwiegend durch g (gelegentlich durch k, f) bezeichnet, während ihre Elemente (genauer, die Elemente ihrer Grundmenge) meist durch Großbuchstaben bezeichnet werden und deren *Punkte* heißen.[1] Falls zweckdienlich, schreiben wir $\lhd_g$ für $\lhd$. Für „S $\lhd$ T und T $\ntriangleleft$ S" schreiben wir kürzer S $<$ T. Die Relation $<$ ist irreflexiv, und offenbar ist $< = \lhd$ genau dann, wenn $\lhd$ *asymmetrisch* ist, d.h. wenn S $\lhd$ T $\Rightarrow$ T $\ntriangleleft$ S für alle S, T $\in$ g.

Ist S, T $\in$ g und S $<$ T, so heißt S ein *Vorgänger* von T und T ein *Nachfolger* von S. T heißt u.N. *(unmittelbarer Nachfolger)* von S und S heißt u.V. *(unmittelbarer Vorgänger)* von T, wenn S $<$ T, und kein R $\in$ g mit S $<$ R $<$ T existiert. $\partial S := \{T \in g \mid T$ ist u.N. von S$\}$.

Typisches Beispiel einer Struktur ist $(\omega, \leqslant)$; das ist die Menge ω versehen mit ihrer natürlichen Anordnung $\leqslant$. Gelegentlich wird auch diese Struktur einfach wieder mit ω bezeichnet. ω^* bezeichnet die Struktur mit der Grundmenge ω und der Relation

$$\leqslant^*: n \leqslant^* m \Leftrightarrow m \leqslant n \quad (n, m \in \omega).$$

ω^* läßt sich auch als die Anordnung der negativen bzw. auch der nicht positiven ganzen Zahlen verstehen.

Jede Teilmenge k $\subseteq$ g läßt sich in natürlicher Weise als eine *Substruktur* von g auffassen. Darunter versteht man die Struktur mit der Grundmenge k und der Einschränkung von $\lhd_g$ auf k.

Eine Struktur mit endlicher Grundmenge heißt *endlich* oder ein *Graph*, und deren Punkte werden gelegentlich *Knoten* genannt. **G** bezeichnet die Klasse aller Strukturen, während **Gf** die Klasse aller endlichen g $\in$ **G** bezeichnet.

Ein Graph kann wie folgt durch ein Diagramm dargestellt werden. Die Elemente S, T, ... von g denkt man sich durch Punkte in der Ebene repräsentiert, die miteinander so durch Pfeile verbunden werden, wie es die Relation von g angibt: Es führt genau dann ein Pfeil

---

[1] Anders als bei Algebren wird auch g = $\emptyset$, die „leere Struktur", zugelassen.

von S zu T $(S, T \in g)$, wenn $S \lhd T$. Der Fall $S = T$ ist dabei nicht ausgeschlossen. Die Pfeile heißen auch *Kanten.*

Wenn $S \lhd S$, so heißt $S \in g$ ein *reflexiver* Punkt. Die Kante von S nach S ist eine Schleife. Wir verzichten aber auf das Zeichnen von Schleifen und markieren die reflexiven Punkte statt dessen durch runde Punkte. Hingegen werden die *irreflexiven* Punkte S (d.h. $S \ntriangleleft S$) durch kleine Kreuzchen markiert. Das ganze Diagramm wird umrahmt, um es vom darauf bezogenen Text deutlich abzuheben.

Beispiel. Sei $g = \{S_0, S_1, S_2\}$ und $\lhd$ die Relation auf g mit $S_0 \lhd S_0$, $S_0 \lhd S_1$, $S_0 \lhd S_2$, $S_1 \lhd S_2$, $S_2 \lhd S_1$ und $S_1 \lhd S_1$. S_2 ist der einzige irreflexive Punkt von g. Demzufolge

beinhaltet [Diagramm: S_0 mit Kanten zu $\times\, S_2$ und S_1] genau die Information, die in der expliziten Definition von

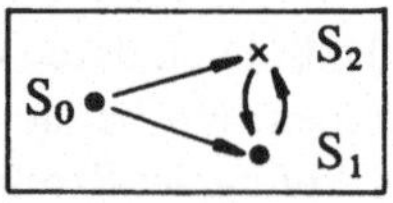

$g = (g, \lhd)$ steckt. Nur ist die „optische Definition" viel einprägsamer.

Gelegentlich kann man auch unendliche Strukturen durch Diagramme darstellen. Zum Beispiel läßt sich schreiben $(\omega, \lhd) = \boxed{\times \to \times \to \times \to \dots}$, wobei $\lhd$ die Nachfolgerelation auf dem Zahlbereich ω sei, d.h.

$$n \lhd m \quad \text{gdw} \quad n + 1 = m \quad (n, m \in \omega) \,.$$

Es sei $\sigma = (S_i)_{i \leqslant n}$ eine Folge von Punkten $S_i \in g$, $g \in \mathbf{G}$. Wenn $S_i \lhd S_{i+1}$ für alle $i < n$, sowie $S_i \neq S_j$ für alle $i < j \leqslant n$, so heißt σ ein *von S_0 nach S_n führender Weg der Länge* n $(n \in \omega)$. Die Folge σ heißt ein *Kreis der Länge* n $(n \in \omega_+)$, wenn $S_i \lhd S_{i+1}$, $S_i \neq S_j$ für $i < j < n$ und $S_n = S_0$. Das 1-tupel (S) ist ein Weg der Länge 0, und genau dann ein Kreis der Länge 1, wenn S reflexiv ist.

Eine Folge $(S_i)_{i \in \omega}$ mit $S_i \lhd S_{i+1}$ $(i \in \omega)$ und $S_i \neq S_j$, für $i < j$ heißt ein *ω-Weg*, während eine Folge $(S_i)_{i \in \omega}$ mit $S_{i+1} \lhd S_i$ ein *ω^*-Weg* heißt. Ein ω-Weg hat einen Anfang und kein Ende. Ein ω^*-Weg hat ein Ende, aber keinen Anfang.

Wir treffen noch einige weitere Verabredungen. $S \rhd T$ steht für $T \lhd S$. Ferner schreiben wir $S \trianglelefteq T$, wenn $S \lhd T$ oder $S = T$. Dies entspricht den bekannten Konventionen über den Gebrauch der Symbole $<$ und $\leqslant$. Für $S, T \in g \in \mathbf{G}$ bedeuten $S \trianglelefteq T$ bzw. $S < T$ jedoch stets die hier und zu Beginn festgelegten Abkürzungen, solange nichts anderes gesagt wird.

Ferner sei für $g = (g, \lhd)$, $a \subseteq g$ $\delta_n a := \{S \in g \mid T \lhd^i S$ für gewisses $T \in a$, $i \leqslant n\}$ mit

$\lhd^0$: $S \lhd^0 T$ gdw $S = T$

$\lhd^{n+1}$: $S \lhd^{n+1} T$ gdw $S \lhd^n S'$ und $S' \lhd T$ für gewisses $S' \in g$.

$\delta_n a$ bestehe aus allen denjenigen $S \in g$, in denen ein Weg der Länge $\leqslant n$ endet, der in einem Punkt von $a \subseteq g$ beginnt. $\delta a := \bigcup_{i \in \omega} \delta_i a$ umfaßt alle Punkte, die überhaupt auf Wegen mit Anfangspunkt in a erreichbar sind. Daher heißt δa (zusammen mit der auf δa eingeschränkten Relation von g) auch *die von* a *in* g *generierte* Substruktur. Für eine generierte Substruktur $k \subseteq g$ (d.h. $k = \delta a$ für gewisses $a \subseteq g$) ist kennzeichnend die Forderung $S' \rhd S \in k \Rightarrow S' \in k$ für alle $S, S' \in g$. Die generierten Strukturen spielen in der relationalen Semantik eine wichtige Rolle. δS steht für $\delta \{S\}$.

Ist $T \in \delta S$ und $S \in \delta T$, heiße das kleinste n mit $S \in \delta_n T$ die *Regressionsordnung* von T

bzgl. S. Diese ist 0 gdw S = T. Für g = $\boxed{S \bullet \overset{\bullet}{\underset{\longrightarrow}{\longrightarrow}} \bullet T}$ ist die Regressionsordnung von T

bzgl. S gleich 2.

Wir definieren jetzt eine Äquivalenzrelation wie folgt:

> **Definition.** S, $S' \in$ g heißen *äquilokal,* wenn $\delta S = \delta S'$. Die Äquivalenzklassen
> dieser Relation heißen auch die *Lokalklassen* von g.

Ist $\triangleleft$ selbst eine Äquivalenzrelation auf g, so stimmen die Lokalklassen von g gerade mit den Äquivalenzklassen von $\triangleleft$ überein. Ist g eine Ordnung (Seite 325), so sind die Lokalklassen mit den Einermengen $\{S\}$ identisch.

Für $(g, \triangleleft) \in \mathbf{G}$ ist die Relation

$$\diamond: \ S \diamond T \ \text{gdw} \ S \triangleleft T \ \text{oder} \ S \triangleright T \quad (S, T \in g)$$

offenbar symmetrisch. $g^s := (g, \diamond)$ heißt auch die *symmetrische Hülle* von g. Die Lokalklassen der symmetrischen Hülle von g heißen auch die *Zusammenhangskomponenten* von g. Es ist anschaulich völlig klar, daß jede Struktur g in disjunkte Zusammenhangskomponenten zerfällt.

Eine wichtige Operation ist die *disjunkte Summe* $g \dot\cup k$ $(g, k \in \mathbf{G})$, die wir zuerst für den Fall $g \cap k = \emptyset$ erklären, und zwar wie folgt: Man versehe die Menge $g \cup k$ mit der Relation $\triangleleft = \triangleleft_g \cup \triangleleft_k$, d.h. es ist

$$S \triangleleft T \ \text{gdw} \ S \triangleleft_g T \ \text{oder} \ S \triangleleft_k T \quad (S, T \in g \cup k).$$

Die so definierte disjunkte Summe $g \dot\cup k$ bedeutet in geometrischer Veranschaulichung nichts weiter als ein „Nebeneinanderlegen der Strukturen g, k, wobei keine neuen Kanten gezogen werden". Sind g, k nicht disjunkt, so wähle man zur Definition der disjunkten Summe zuerst zwei Kopien g' von g, bzw. k' von k, so daß $g' \cap k' = \emptyset$ ist. Man erreicht dies z.B. dadurch, daß man die Elemente $S \in g$ durch geordnete Paare (S, 0) die Elemente $T \in k$ durch (T, 1) ersetzt. Dann ist immer $(S, 0) \neq (T, 1)$, auch wenn S = T ist. Sodann sei $g \dot\cup k$ die disjunkte Summe von g' und k' (siehe Figur). Man sagt auch jetzt, g sei Substruktur von $g \dot\cup k$, obwohl genau genommen g in $g \dot\cup k$ lediglich eingebettet ist.

Dabei heißt allgemein eine Struktur g in eine Struktur h (isomorph) *einbettbar,* wenn es eine Injektion $\beta: g \to h$ gibt, so daß $S \triangleleft_g T \Leftrightarrow \beta S \triangleleft_h \beta T$ für alle $S, T \in g$.[1]

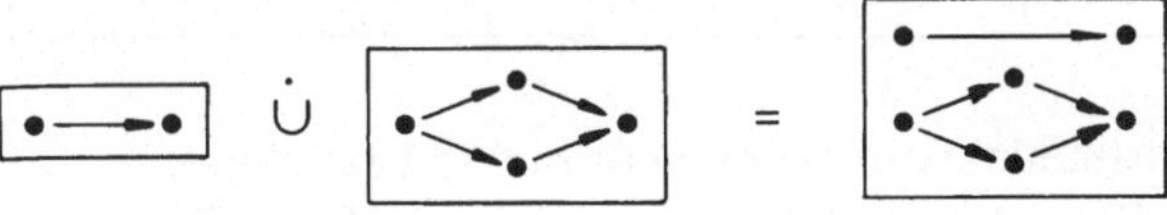

---

[1] Wird davon gesprochen, g sei in h eingebettet, bedeutet dies stets, daß eine Einbettung $\beta: g \to h$ gegeben ist, auch wenn β nicht explizit benannt ist; *eingebettet sein* ist also nicht genau dasselbe wie *Substruktur sein*. Dieselbe Bemerkung bezieht sich auf Einbettung von Algebren in Algebren, siehe S. 319.

Eine Folge $(S_i)_{i < n}$ heiße *asymmetrisch,* wenn n = 1, oder sonst $S_i \lhd S_{i+1} \not\lhd S_i$ für alle i < n. Gibt es ein m, so daß n < m für alle asymmetrischen Folgen in g, so heißt das kleinste m dieser Art die *Tiefe* t (g) von g. Es sei t (g) = ∞, wenn die Längen asymmetrischer Folgen unbeschränkt ist. Genau die symmetrischen g ($\neq \emptyset$) haben die Tiefe 1. $\emptyset$ hat die Tiefe 0.

Wir empfehlen dem Leser, sich die technischen Begriffe des vorstehenden Abschnitts anhand von selbst gezeichneten Graphen zu verdeutlichen. Auf diese Weise macht man sich schnell mit ihnen vertraut.

Wichtige Struktureigenschaften und Strukturklassen

Wir stellen nun in einer Tabelle die für Kap. IV und V wichtigsten Eigenschaften von Strukturen zusammen. Links befindet sich der Name, den wir einer Struktur dann erteilen, wenn sie die rechts gegenüberstehenden Eigenschaften hat.

Name	Eigenschaft
definal	Für alle $S \in g$ gibt es ein $S' \in g$ mit $S \lhd S'$.
antisymmetrisch	$S \lhd T \lhd S \Rightarrow S = T$ ($S, T \in g$).
konnex	$S \lhd T$ oder $T \lhd S$ oder $S = T$ ($S, T \in g$).
lokal konnex	Für alle $S_0, S, T \in g$, $S_0 \lhd S, T$: $S \lhd T$ oder $T \lhd S$ oder $S = T$.
konvex	Für alle $S, T \in g$ gibt es ein $U \in g$ mit $S \lhd U$, $T \lhd U$.
lokal konvex	Für alle $S_0, S, T \in g$, $S_0 \lhd S, T$ gibt es am $U \rhd S, T$.
kantenvollständig	Für alle $S, T \in g$ ist $S \lhd T$.
initial	$g = \delta S_0$ für gewisses $S_0 \in g$. Ein derartiges S_0 heißt auch ein *Initialpunkt* von g. $g^i := $ Menge der Initialpunkte.
final	Es gibt ein $S_1 \in g$, und von jedem $S \in g$ einen in S_1 endenden Weg. S_1 heißt ein *Finalpunkt* von g.
terminal	Es gibt keinen ω-Weg in g.
fundiert	Es gibt keinen ω*-Weg in g.
regressiv	Für alle $S, S' \in g$ mit $S \lhd S'$ und $S \neq S'$ gibt es einen Kreis $S \lhd S' \lhd \ldots \lhd S$.
n-transitiv	Ist $T \in \delta S$, gibt es einen Weg einer Länge $\leq$ n von S nach T ($S, T \in g$).

Hat ein initiales $g \in \mathbf{G}$ nur einen Initialpunkt, wird dieser meist mit S^g bezeichnet.

In einer zweiten Tabelle werden nun die wichtigsten Strukturen genannt, deren Eigenschaften eine Kombination der oben angegebenen sind. Links steht der Name der Struktur mit den Eigenschaften in der rechten Spalte. Die Mittelspalte enthält den Namen der Klasse aus diesen Strukturen. Statt g *ist geordnet* (d.h. g ist eine Ordnung), läßt sich auch kürzer schreiben $g \in \mathbf{Or}$.

Name der Struktur (g, ◁)	Klasse	Eigenschaft
Präordnung	**Q**	reflexiv und transitiv
Ordnung	**Or**	reflexiv, transitiv, antisymmetrisch
Irreflexive Ordnung	**Oi**	irreflexiv und transitiv
Lineare Präordnung	**Qℓ**	reflexiv, transitiv und konnex
Lineare Ordnung	**Oℓ**	geordnet und konnex
Irreflexive lineare Ordnung	**Oiℓ**	irreflexiv und transitiv und konnex
Fundierte Ordnung		Ordnung ohne ω^*-Wege (gleichwertig: jedes $a \subseteq g, a \neq \emptyset$ hat minimales Element).
Irreflexiv fundierte Ordnung		Irreflexive Ordnung ohne ω^*-Wege
Wohlordnung	**WO**	lineare fundierte Ordnung
Irreflexive Wohlordnung	**WOi**	lineare fundierte irreflexive Ordnung
Terminale Ordnung	**Orτ**	Ordnung ohne ω-Wege (gleichwertig: jedes $a \subseteq g, a \neq \emptyset$ hat maximales Element).
Irreflexiv terminale Ordnung	**Oiτ**	irreflexive Ordnung ohne ω-Wege
Baum	**Tr**	reflexiv mit genau einem Initialknoten W (die „Wurzel") und jedes $S \neq W$ hat genau einen Vorgänger
Irreflexiver Baum	**Ti**	irreflexiv, sonst wie Baum
Geordneter Baum	**Tor**	g ist das Transit [1] eines Baumes

Außerdem bezeichne **Gr** die Klasse der reflexiven, $g \in$ **G**, ferner **Grs** die Klasse der reflexiv-symmetrischen $g \in$ **G** und **Grst** die Klasse der $g \in$ **G**, deren Relation eine Äquivalenzrelation auf g darstellt. Schließlich bezeichne **Hf** für **H** $\subseteq$ **G** die Klasse der endlichen $g \in$ **H**.

In der relationalen Semantik spielen zahlreiche Abschwächungen üblicher Ordnungen eine wichtige Rolle. Eine zentrale Rolle spielen z.B. die Präordnungen, die im nächsten Abschnitt behandelt werden. Von den in der Liste angegebenen Eigenschaften von Strukturen sind die meisten *von 1. Stufe,* d.h. sie benötigen einige in der Definition nur Quantifizierungen über Variable für die Elemente aus g (für alle $S \in$ g ..." bzw. „es gibt ein $S \in$ g ..."). In der Definition fundierter Ordnungen kommen hingegen Quantifizierungen über kompliziertere Objekte (Folgen) vor, und dann natürlich in den darauf aufbauenden Begriffen *terminal* und *wohlgeordnet.* Diese heißen von *zweiter Stufe.* Wir befassen uns hier nicht systematisch mit der Unterscheidung zwischen Eigenschaften 1. und 2. Stufe, sondern erwähnen sie nur im Hinblick auf die Darlegung am Schluß von Kap. IV/§ 6.

---

[1]) siehe Definition Seite 326.

Eine Teilmenge $k \subseteq g$ einer Ordnung g heißt *beschränkt*, wenn ein $S \in g$ mit $T \leqslant S$ für alle $T \in k$ existiert. $k \subseteq g$ heißt eine *Kette von* g, wenn k linear geordnet ist. Überaus wichtig ist das folgende mit dem Auswahlaxiom der Mengenlehre gleichwertige

Lemma von ZORN. Ist g eine Ordnung und ist jede Kette von g beschränkt, so enthält g ein maximales Element S, d.h. $S' \geqslant S \Rightarrow S' = S$ für alle $S' \in g$.

Wir verwenden diesen Satz jedoch kaum, weil viele mit ihm geführte Beweise auch mit einer LINDENBAUM-HENKIN-Konstruktion (Kap. II/§ 3) ausgeführt werden können, die im abzählbaren Falle das Auswahlaxiom nicht voraussetzt.

Präordnungen

Präordnungen, die wie Ordnungen in allgemeiner Weise mit $\leqslant$ bezeichnet seien, sind im Alltag häufig anzutreffen.

Beispiele. (a) Es bedeutet $S \leqslant T$: Mensch S ist nicht älter als Mensch T. $\leqslant$ ist offenbar reflexiv und transitiv. $\leqslant$ ist sogar eine lineare Präordnung, denn die Abstufung in Altersklassen ist linear.

(b) Es bedeutet $S \leqslant T$: Mensch S ist nicht besser informiert als Mensch T. $S \leqslant T \leqslant S$ heißt, daß S und T den gleichen Grad von Informiertheit haben. Anders als in (a) können Informiertheitsgrade auch unvergleichbar sein.

(c) Es sei g eine Menge möglicher Welten im Sinne räumlich und zeitlich abgegrenzter Kultureinheiten. Außer den uns bekannten irdischen Zivilisationen (der Gegenwart und Vergangenheit) enthält g unter Umständen zur Zeit unbekannte mögliche Welten der Vergangenheit, Gegenwart und Zukunft im irdischen oder außerirdischen Bereich. Für $S, T \in g$ bedeute $S \leqslant T$, daß der moralische, wissenschaftliche und technische Entwicklungsstand von T mindestens von derselben Qualität ist wie der von S (wobei unterstellt sei, daß objektive Maßstäbe des Vergleichs existieren). Hier handelt es sich um eine nicht notwendig lineare Präordnung. Wird zusätzlich angenommen, daß der 3. Hauptsatz der Thermodynamik universelle Gültigkeit hat, so wird von jeder dieser möglichen Welten aus gesehen die Entwicklung zwangsläufig enden, gleichgültig welche Phasen der Weiterentwicklung sie immer durchläuft. Mit anderen Worten, eine solche Präordnung wäre terminal.

Wichtiges Beispiel einer Präordnung ist auch die für eine Struktur $g = (g, \lhd)$ definierte Struktur $g^t = (g, \leqslant)$ mit

$$\leqslant: S \leqslant T \text{ gdw es führt ein Weg von } S \text{ nach } T \quad (S, T \in g).$$

g^t heiße das *Transit* von g. $\leqslant$ ist die kleinste Präordnung auf g, so daß $S \lhd T \Rightarrow S \leqslant T$ für alle $S, T \in g$. Die Lokalklassen von g und g^t stimmen überein. g^t ist genau dann eine Ordnung, wenn es in g keine Kreise einer Länge > 1 gibt.

Das System $\bar{g}$ der Lokalklassen einer Präordnung g ist auf natürliche Weise geordnet. Bezeichnet $\bar{S}$ die Lokalklasse zu welcher $S \in g$ gehört, setze man

$$\bar{\leqslant}: \bar{S} \bar{\leqslant} \bar{T} \text{ gdw } S \leqslant T \ (S, T \in g).$$

$\bar{\leqslant}$ ist korrekt (oder, wie man auch sagt, repräsentantenunabhängig) definiert. Reflexivität und Transitivität von $\bar{\leqslant}$ sind offensichtlich. Auch die Antisymmetrie von $\bar{\leqslant}$ ist leicht zu prüfen. Die Figur zeigt rechts die Ordnung der Lokalklassen von g links daneben. Da die Lokalklassen eines beliebigen $g \in \mathbf{G}$ mit den Lokalklassen des Transits g^t von g übereinstimmen, sind also auch die Lokalklassen von g in natürlicher Weise geordnet. Offenbar ist g genau dann initial, wenn die Ordnung der Lokalklassen von g ein kleinstes Element hat, die dann auch die *initiale Lokalklasse* heißt. Die Ordnung $\bar{g}$ der Lokalklassen von $g \in \mathbf{G}$ heißt auch die *von g induzierte Ordnung*. Diese ist genau dann linear, wenn g^t linear ist.

Ist n die Tiefe einer Ordnung, so haben alle Wege eine Länge $< n$. Offenbar hat eine Präordnung dieselbe Tiefe wie die von ihr induzierte Ordnung der Lokalklassen. Eine Präordnung der Tiefe 1 ist die disjunkte Vereinigung ihrer Lokalklassen und demnach nichts anderes als eine Äquivalenzrelation.

Um die figürliche Darstellung einer Präordnung zu erleichtern, wird verabredet, im Falle $S \lhd T$ die Kante von S nach T wegzulassen, falls $S \not\lhd T$ und $\bar{S}$ kein u.V. von $\bar{T}$ in der Ordnung der Lokalklassen von g ist. Diese Darstellung heiße ein *HASSE-Diagramm* von $g \in \mathbf{Q}$. In HASSE-Diagrammen zeichnen wir einen der Ränder doppelt; er deutet darauf hin, daß die gemeinte Relation das Transit der gezeichneten Relation ist und kennzeichnet die Progressionsrichtung der Lokalklassen. Verdopplung des linken Randes heißt, daß die Kanten überwiegend (bei Ordnungen gänzlich) von links nach rechts gerichtet sind. Die Figur zeigt links ein HASSE-Diagramm der Präordnung g in der Mitte. $\bullet\!\!-\!\!-\!\!\bullet$ steht für $\bullet\!\!\subset$ wobei die Pfeilspitzen des Doppelpfeils i.a. weggelassen werden.

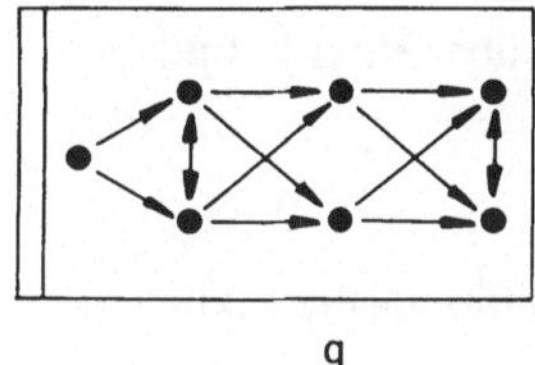

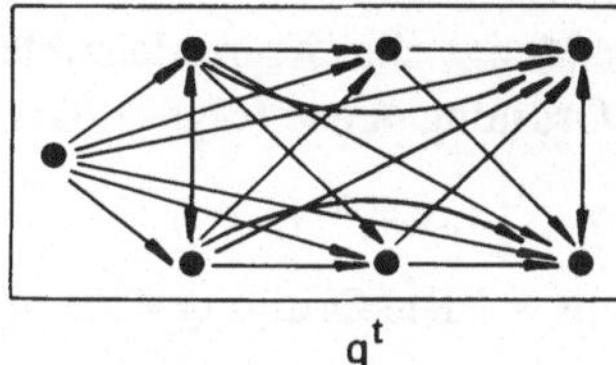

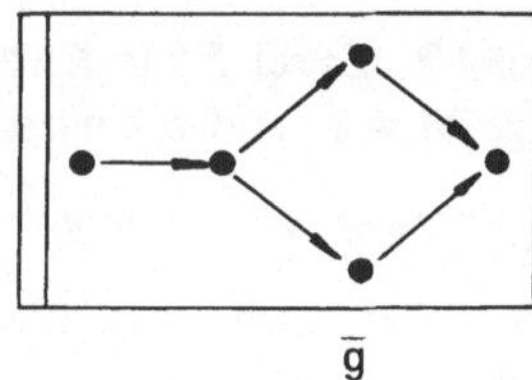

g g^t $\bar{g}$

Präordnungen sind speziell *transitive* Strukturen; dort kann es reflexive und irreflexive Elemente geben. Enthält eine Lokalklasse k einer transitiven Struktur mehr als ein Element, so sind alle Elemente von k jedenfalls reflexiv.

Allgemeiner noch als transitive Strukturen sind die n-*transitiven* Strukturen ($n \in \omega$); in ihnen gilt $\delta S = \delta_n S$ für alle $S \in g$. Insbesondere sind die 1-transitiven Strukturen wie folgt gekennzeichnet: $S \lhd T \lhd U \Rightarrow S \unlhd U$ (S, T, U $\in$ g). Diese sind insofern allgemeiner als transitive Strukturen, als die Elemente in den mehrelementigen Lokalklassen nicht mehr reflexiv sein müssen. $\boxed{\times\!\subset\!\supset\!\bullet}$ ist nicht transitiv, aber 1-transitiv, und damit auch m̈-transitiv für alle $m \geq 1$.

§ 3 Verbände

Verbände spielen in der Logik (und Mathematik) eine zentrale Rolle. Wir stellen im folgenden einige elementare Tatsachen zusammen. Endliche Verbände sind (anders als z.B. endliche Gruppen) mit Schreibstift und Papier leicht zu produzieren, denn sie sind nur unwesentlich spezieller als geordnete Strukturen.

Definition und Beispiele von Verbänden

Sei $A = (A, \leqslant)$ eine geordnete Menge und $S \subseteq A$ eine Teilmenge. $a \in A$ heißt *Infimum von* S, wenn

(i) $a \leqslant x$ für alle $x \in S$ (a ist *untere Schranke* von S),
(ii) Ist $b \leqslant s$ für alle $x \in S$, so ist $b \leqslant a$ (a ist größte untere Schranke).

Es ist gemäß (ii) klar, daß höchstens ein Infimum von S existiert. Daher darf von *dem* Infimum von S gesprochen werden, vorausgesetzt, es existiert. Es wird dann durch inf S bezeichnet.

Analog erklärt man das *Supremum,* sup S von S; man muß in der Definition nur $\leqslant$ überall durch $\geqslant$ ersetzen.

Beispiel 1. Ist A die Potenzmenge einer Grundmenge M, so ist A bzgl. der Inklusion auf natürliche Weise geordnet. Für $S \subseteq A$ ergibt sich $\inf S = \bigcap S$ und $\sup S = \bigcup S$, denn man prüft die Bedingungen (i) und (ii) mühelos nach. ●

Beispiel 2. Es sei $E\ell\ (= E\ell M)$ die Menge aller Äquivalenzrelationen über einer Grundmenge $M \neq \emptyset$. Auf $E\ell$ wird eine Ordnung $\leqslant$ wie folgt erklärt:

$$\leqslant :\ \approx\ \leqslant\ \approx'\ \text{gdw}\ x \approx y \Rightarrow x \approx' y \quad (x, y \in M).$$

Falls $\approx\ \leqslant\ \approx'$ heißt $\approx$ auch *feiner* als $\approx'$. Die Ordnung $\leqslant$ ist nichts weiter als die Inklusion in $E\ell$.

Für $S \subseteq E\ell\ (S \neq \emptyset)$ sei nun $\approx^0 := \bigcap S$ oder ausführlicher

$$\approx^0 :\ x \approx^0 y \ \text{gdw}\ x \approx y \ \text{für alle}\ \approx\ \in S \quad (x, y \in M).$$

Man sieht leicht, daß $\approx^0$ eine Äquivalenzrelation ist, und zwar gerade das Infimum von S bzgl. der Ordnung von $E\ell$. Ferner sei $\approx^1 := \inf E$, wobei E die Menge aller $\approx\ \in E\ell$ ist, die gröber sind als alle $\approx\ \in S$. Dann ist $\approx^1$ gerade mit sup S identisch. Es läßt sich leicht zeigen, daß $a \approx^1 b$ genau dann, wenn es ein $n \geqslant 1$ und Elemente $x_0, x_1, \ldots, x_n \in M$ und Relationen $\approx_1, \ldots, \approx_n \in S$ gibt, derart, daß $a = x_0 \approx_1 x_1 \approx_2 x_2 \approx_3 \ldots x_{n-1} \approx_n x_n = b$. Das feinste Element in $E\ell$ ist die Identitätsrelation, die gröbste ist die Allrelation.

In den Beispielen existieren beliebige Infima und Suprema. Ist aber z.B. A die Menge aller offenen Mengen reeller Zahlen (im Sinne der üblichen Topologie), so ist $\inf E = \bigcap E$ zwar für endliche Systeme $E \subseteq A$ wieder offen und gehört damit zu A, jedoch ist dies für unendliche $S \subseteq A$ i.a. nicht der Fall.

Definition. Eine geordnete Menge A, in der inf E und sup E für alle endlichen Teilmengen $E \subseteq A$ existieren, heißt ein *Verband.* A heißt *vollständig,* wenn inf S, sup S für alle $S \subseteq A$ existiert.

Für die graphische Darstellung von Verbänden bevorzugen wir HASSE-Diagramme von unten nach oben. Die Figur zeigt einige Beispiele. Üblichen Gepflogenheiten folgend wurden die Pfeilspitzen weggelassen.

2: 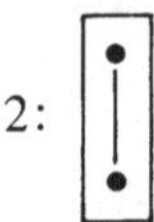 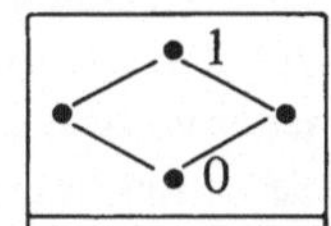 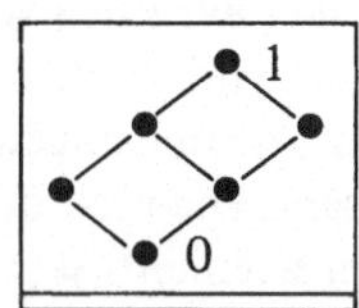 n_5: 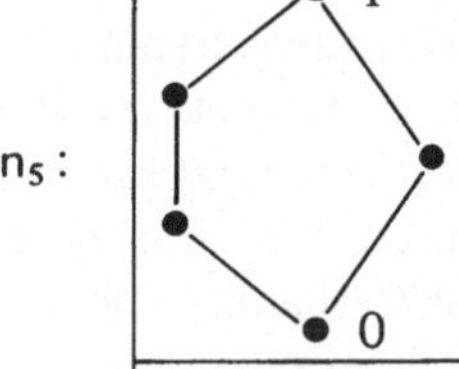

Eine wichtige Bemerkung ist, daß eine geordnete Menge A schon dann ein Verband ist, wenn nur $\inf\{a, b\}$ und $\sup\{a, b\}$ für alle $a, b \in A$ existieren. Denn es ist $\inf\{a_1, a_2, a_3\} = \inf\{\inf\{a_1, a_2\}, a_3\}$, usw. In einem Verband A stellen inf und sup daher gewisse zweistellige Operationen dar, und man schreibt auch $a \cap b$ bzw. $a \cup b$ für $\inf\{a, b\}$ bzw. $\sup\{a, b\}$. Oft wird auch $a \sqcap b$ bzw. $a \sqcup b$ geschrieben, vornehmlich, wenn die Elemente von A Mengen sind, und es darauf ankommt, inf und sup von den mengentheoretischen Operationen $\cup$, $\cap$ zu unterscheiden.

Die Operationen des Infimums und Supremums in einem Verband A haben folgende Grundeigenschaften, die sich leicht aus ihren Definitionen ergeben. Sie heißen in der angegebenen Reihenfolge die *Idempotenz-*, die *Kommutativ-*, die *Assoziativ-* und die *Verschmelzungsgesetze*

$$(B0^{\cap})\ a \cap a = a \qquad\qquad (B0^{\cup})\ a \cup a = a$$
$$(B1^{\cap})\ a \cap b = b \cap a \qquad\qquad (B1^{\cup})\ a \cup b = b \cup a$$
$$(B2^{\cap})\ a \cap (b \cap c) = (a \cap b) \cap c \qquad\qquad (B2^{\cup})\ a \cup (b \cup c) = (a \cup b) \cup c$$
$$(B3^{\cap})\ a \cap (a \cup b) = a \qquad\qquad (B3^{\cup})\ a \cup (a \cap b) = a\,.$$

Es ist nun eine bemerkenswerte Tatsache, daß eine Menge A, in welcher zwei Operationen $\cap: {}^2A \to A$ und $\cup: {}^2A \to A$ mit den Eigenschaften (B0)–(B3) gegeben ist, immer auch als ein Verband angesehen werden kann, in welchem gerade $a \cap b = \inf\{a, b\}$ und $a \cup b = \sup\{a, b\}$ für alle $a, b \in A$. Dies sieht man wie folgt. Zunächst erkläre man eine Ordnung $\leqslant$ auf A durch $a \leqslant b \Leftrightarrow a \cap b = a$ $(a, b \in A)$. Wegen $a \cap a = a$ ist $a \leqslant a$, d.h. ist $\leqslant$ reflexiv. Ist $a \leqslant b \leqslant c$, also $a \cap b = a$, $b \cap c = b$, so ist $a \cap c = (a \cap b) \cap c = a \cap (b \cap c) = a \cap b = a$, d.h. $a \leqslant c$, und damit ist $\leqslant$ auch transitiv. Ferner ist $\leqslant$ offensichtlich auch antisymmetrisch. Schließlich ist auch leicht nachzuprüfen, daß $a \cap b$ und $a \cup b$ tatsächlich Infimum bzw. Supremum bzgl. der angegebenen Ordnung von A sind.

Angesichts dieses Umstandes hat ein Verband gewissermaßen zwei Aspekte: Einerseits den einer geordneten Menge in der Infima und Suprema für endliche Teilmengen existieren, andererseits den einer *Algebra* mit zwei Operationen $\cap$, $\cup$ welche die Eigenschaften (B0)–(B3) haben. Es ist nützlich, einmal diesen, einmal jenen Aspekt in den Vordergrund zu rücken. In der Regel ist es der letztere.

Aus den Axiomen folgen weitere Rechenregeln für Verbände. Wir erwähnen insbesondere die Monotoniegesetze $a \leqslant b \Rightarrow a \cap c \leqslant b \cap c$ und $a \leqslant b \Rightarrow a \cup c \leqslant b \cup c$. Nebenbei sei bemerkt, daß die Idempotenzgesetze schon eine Folgerung der übrigen Axiome sind. Sie können daher aus dem verbandstheoretischen Axiomensystem gestrichen werden.

Ein Verband A kann ein größtes Element (auch *Einselement* genannt) enthalten, das dann meist mit **1** bezeichnet wird. Ist das Einselement auch Konstante in der Algebra A, so sprechen wir von einem *Verband mit Eins.*

Analoge Bemerkungen gelten hinsichtlich eines eventuell vorhandenen kleinsten Elements oder *Nullelements,* das stets mit **0** bezeichnet wird. In diesem Buch betrachten wir ausnahmslos nur Verbände mit Eins. Jeder endliche und allgemeiner jeder vollständige Verband C hat stets ein Null- und ein Einselement. Die u.N. des Nullelementes heißen auch die *Atome* eines Verbandes, die u.V. des Einselements seine *Koatome.*

Der Verband B heißt *Subverband* des Verbandes A, wenn B eine bzgl. $\cap, \cup$ abgeschlossene

Teilmenge von A ist. So ist z.B. n_5 (S. 329) nicht Subverband von A $:=$ weil wir

nur Verbände mit Eins betrachten. Verzichtet man auf die Auszeichnung von **1** als Konstante, ist n_5 Subverband von A.

Bemerkung: Eine Teilmenge $B \subseteq A$ ist natürlich bzgl. der auf B eingeschränkten Relation von A auch geordnet, und es kann sehr wohl sein, daß B sogar bzgl. der eingeschränkten Ordnung ein Verband ist, ohne aber Subverband von A zu sein! Dies ist der Fall, wenn die Infima oder Suprema von B andere sind als in A. Man spricht in diesem Falle von einem *Subverbund,* nicht von einem Subverband. Ist A vollständig, B Subverband von A und inf S, sup S $\in$ B für *alle* $S \subseteq B$, heißt B *vollständiger Subverband* von A. Es kommt vor, daß B Subverband, aber nicht vollständiger Subverband von A ist, obwohl B selbst wiederum vollständiger Verband ist. Beispiel hierfür liefern gewisse in Kap. II betrachtete Verbände von Konsequenzrelationen.

Hüllenverbände und algebraische Verbände

Häufig werden wir mit vollständigen Verbänden folgender Art zu tun haben. Sei C ein System von Teilmengen einer Menge g, so daß $\cap S \in C$ für alle $S \subseteq C$; insbesondere ist $g = \cap \emptyset \in C$. Jeder Teilmenge $x \subseteq g$ entspricht ihre *Hülle* $C x = \cap \{c \in C \mid x \subseteq c\} \in C$. Für $S \subseteq C$ ist $\cap S = \inf S$ und $C \cup S = \sup S$, wie man leicht prüft. Daher ist C vollständiger Verband hinsichtlich Inklusion, auch ein *Hüllenverband* über g genannt. Im vorliegenden Falle bezeichnen wir die Verbandsoperationen in C mit $\cap$ und $\sqcup$. $c \cap d$ ist Durchschnitt, doch ist $c \sqcup d$ i.a. nicht die Vereinigung von $c, d \in C$. Es gilt $\underset{x \in T}{\sqcup} C x = C(\cup T)\,(T \subseteq 2^g)$.

Zwischen Hüllen- und vollständigen Verbänden besteht im Prinzip kein Unterschied. Man zeigt nämlich unschwer, jeder vollständige Verband A ist als Hüllenverband darstellbar. Zum Beispiel vermittelt $\delta : A \to 2^A$ mit $\delta a = \{x \in A \mid x \leqslant a\}$ eine Darstellung von A als Hüllenverband über A. Daher darf man sich einen vollständigen Verband stets als Hüllenverband vorstellen. Es ist aber zu beachten, daß ein für Hüllenverbände definierter Begriff nicht ohne weiteres auf vollständige Verbände übertragbar ist, weil letztere in unterschiedlicher Weise als Hüllenverbände darstellbar sind.

Definition. Ein Hüllenverband C über g heiße *algebraisch,* wenn für alle $S \subseteq C$, $P \in \sqcup S$ ein endliches $S' \subseteq S$ existiert mit $P \in \sqcup S'$.

Beispiel. Sei $E\ell$ der Verband der Äquivalenzrelationen über A. $E\ell$ ist Hüllenverband über $g = {}^2A$. Sei $S \subseteq E\ell$, $\approx\,=\sup S$ und $a \approx b$. Dann $a \approx_1 a_1 \approx_2 a_2 \ldots \approx_n \approx_n a_n \approx b$ für gewisse $\approx_i \in S$ und $a_i \in A$. Offenbar ist dann auch $a \approx' b$, wobei $\approx'\,=\sup\{\approx_1, \ldots, \approx_n\}$. $E\ell$ ist daher algebraisch.

Der Begriff „algebraischer Verband" läßt sich auch ohne Bezugnahme auf eine Darstellung als Hüllenverband erklären (siehe z.B. GRÄTZER [68]).

Wegen $Cx = \bigsqcup_{P \in x} C\{P\}$ hat ein algebraischer Hüllenverband die Eigenschaft

(e) $P \in Cx$ impliziert $P \in Cx'$ für gewisses endliches $x' \subseteq x$.

Umgekehrt ist ein Hüllenverband C, in dem (e) gilt, auch algebraisch, wie man leicht sieht. Es gibt eine Anzahl kennzeichnender Eigenschaften für algebraische Verbände C. Zum Beispiel $\bigsqcup K = \bigcup K$ für jede Kette $K \subseteq C$, siehe Kap. II. Eine besonders wichtige Eigenschaft algebraischer Hüllenverbände C über g ist, daß zu jedem $P \in g$, $P \not\in a \in C$ ein $a' \supseteq a$, $a' \in C$ existiert, das maximal mit der Eigenschaft $P \not\in a'$ ist (a' ist P-*maximal*). Dies wird sich aus den Darlegungen in Kap. II leicht folgern lassen.

Distributive Verbände

Wegen $b \leqslant b \cup c$ ist $a \cap b \leqslant a \cap (b \cup c)$ und analog ist $a \cap c \leqslant a \cap (b \cup c)$, also $(a \cap b) \cup (a \cap c) \leqslant a \cap (b \cup c)$. Nun sieht man am Beispiel des Verbandes n_5 leicht, daß aus den Axiomen (B0–B3)

(d) $a \cap (b \cup c) \leqslant (a \cap b) \cup (a \cap c)$

nicht beweisbar ist, also auch nicht das Distributivgesetz

(D) $a \cap (b \cup c) = (a \cap b) \cup (a \cap c)$.

Verbände, in denen (d) und damit auch (D) gilt, heißen *distributiv*.

Typische Beispiele distributiver Verbände sind die Mengenverbände. A heißt ein *Mengenverband*, wenn die Elemente von A Teilmengen einer Grundmenge M sind, und die Verbandsoperationen in A gerade die mengentheoretischen Operationen in A sind.

In den Betrachtungen des Kap. V spielt gelegentlich der Verband n eine Rolle, bestehend aus der Grundmenge $\{0, \ldots, n-1\}$ mit ihrer natürlichen Anordnung. Es ist $i \cap j = \min\{i,j\}$ und $i \cup j = \max\{i,j\}$. n ist distributiv, wie man leicht nachrechnet. 2 ist der einzige zweielementige Verband.

Irreduzible Elemente

Ein Element $a \in A$ des Verbandes A heiße *irreduzibel* oder *prim*, wenn aus einer Darstellung $a = b \cap c$ folgt, daß $a = b$ oder $a = c$.

a heiße *voll irreduzibel*, wenn eine Darstellung $a = \inf S$, $S \subseteq A$ ergibt, daß $a = b$ für gewisses $b \in S$. Man sieht leicht, ist a prim, so hat a höchstens einen u.N. In einem vollständigen Verband A ist $a \neq 1$ voll irreduzibel genau dann, wenn a genau einen u.N. hat, nämlich $a' = \inf\{x \in A \mid a < x\}$, wobei $b \geqslant a'$ für alle $b > a$.

Offenbar ist ein Verband genau dann *terminal*, wenn für jede Folge $a_0 \leqslant a_1 \leqslant \ldots$ ein $n \in \omega$ existiert, so daß $a_i = a_j$ für alle $i, j \geqslant n$. Es läßt sich nun (in völliger Analogie zu entsprechenden Überlegungen in der Arithmetik) sehr einfach zeigen, daß in einem terminalen distributiven Verband jedes Element $a \in A$ eine eindeutige unverkürzbare Darstellung $a = c_1 \cap \ldots \cap c_n$ besitzt, wobei die c_i alle prim sind.[1] *Unverkürzbar* meint, daß keine Darstellung $a = d_1 \cap \ldots \cap d_m$ existiert, wobei $m < n$ und die d_i prim sind.

Implementäre Verbände

In der Logik spielen Verbände A mit folgender Eigenschaft eine zentrale Rolle: Zu beliebigen $a, b \in A$ gibt es unter den Elementen x mit $a \cap x \leqslant b$ ein größtes. A heiße in diesem Falle ein *implementärer*[2] Verband; das größte der Elemente x mit $a \cap x \leqslant b$ heiße das *Implement von* a *zu* b und werde mit $a \dashv b$ bezeichnet. $\dashv$ ist eindeutig charakterisiert durch

$(*)$: $x \leqslant a \dashv b \Leftrightarrow a \cap x \leqslant b$ für alle $x \in A$.

Ist A ein Mengenverband aus Teilmengen einer Grundmenge M, der mit jedem $a \in A$ auch das Komplement $\setminus a$ enthält, so ist $a \rightarrow b \; (= \setminus a \cup b)$ das größte $x \in A$, so daß $a \cap x \subseteq b$, wie in § 1 schon bemerkt worden ist. Im allgemeinen aber ist $a \dashv b$ nicht mit $\setminus a \cup b$ identisch, selbst wenn A ein Mengenverband ist; daher die symbolische Unterscheidung.

Ein implementärer Verband A ist distributiv. Denn sei $a, b, c \in A$ beliebig gewählt und $d := (a \cap b) \cup (a \cap c)$. Wegen $b \cap a \leqslant d$ und $c \cap a \leqslant d$ ist $b, c \leqslant a \dashv d$ also $b \cup c \leqslant a \dashv d$ und folglich ist $a \cap (b \cup c) \leqslant d$. Daher ist A distributiv. Wegen $a \cap x \leqslant a$ für alle $x \in A$ gilt $x \leqslant a \dashv a$, d.h. A enthält ein Einselement, und es ist $1 = a \dashv a$ für beliebiges $a \in A$. Allerdings braucht A i.a. kein Nullelement haben, wie das Beispiel des Verbandes der Ordnung ω^* zeigt, von den man leicht sieht, daß er implementär ist. Wir erwähnen ferner die Gleichungen $1 \dashv a = a$ und $a \dashv 1 = 1$. Denn $1 \cap x \leqslant a \Rightarrow x \leqslant a$, sowie $a \cap 1 \leqslant a$, also ist a das größte der Elemente x mit $1 \cap x \leqslant a$, d.h. $1 \dashv a = a$. Analog zeigt man $a \dashv 1 = 1$.

Setzt man $x = 1$ in $(*)$, erhält man die nützliche Äquivalenz $a \leqslant b \Leftrightarrow a \dashv b = 1$. $x = a \dashv b$ in $(*)$ ergibt $a \cap (a \dashv b) \leqslant b$. Hieraus ergibt sich mittels der Monotoniegesetze $a \cap (a \dashv b) \cap (b \dashv c) \leqslant b \cap (b \dashv c) \leqslant c$, also $(a \dashv b) \cap (b \dashv c) \leqslant a \dashv c$. Auf ähnliche Weise mag der Leser folgende Ungleichungen beweisen:

$$a \dashv a' \leqslant (a \cap b) \dashv (a' \cap b); \quad b \dashv b' \leqslant (a \cap b) \dashv (a \cap b')$$
$$a \dashv a' \leqslant (a \cup b) \dashv (a' \cup b); \quad b \dashv b' \leqslant (a \cup b) \dashv (a \cup b')$$
$$a \dashv a' \leqslant (a' \dashv b) \dashv (a \dashv b); \quad b \dashv b' \leqslant (a \dashv b) \dashv (a \dashv b')$$

Eine wichtige Bemerkung ist, daß jeder endliche distributive Verband implementär ist. Denn man sieht leicht, $a \dashv b = \sup\{x \mid x \cap a \leqslant b\}$ erfüllt $(*)$.

Unter einem *implementierten Verband* A verstehen wir die aus einem implementären Verband durch Hinzufügung der Implementfunktion entstehende Algebra. Grundfunktionen von A sind $1, \cap, \cup, \dashv$.

---

[1] siehe z.B. Grundzüge der Mathematik I (Göttingen 1966), S. 513.

[2] Zwecks der Vermeidung der etwas länglichen Bezeichnung *relativ pseudokomplementer Verband.*

Die Unterscheidung zwischen *implementär* und *implementiert* ist häufig wichtig, denn ein implementierter Verband hat i.a. weniger Subalgebren und Homomorphismen als sein durch Weglassen von ∍ entstehendes Verbandsredukt.

Sowohl ein implementärer als ein implementierter Verband ist durch sein Ordnungsdiagramm (bis auf Isomorphie) eindeutig bestimmt. So wird durch nebenstehendes HASSE-

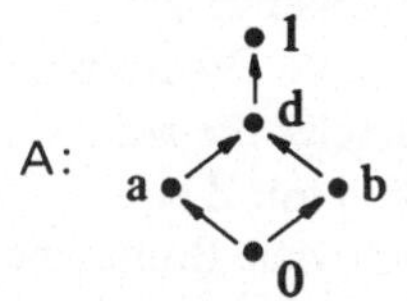

Diagramm ein implementierter Verband A definiert. Zum Beispiel ist $d ∍ a = b$, denn b ist das größte der Elemente x mit $a \cap x \leqslant b$, wovon man sich durch Prüfen aller Möglichkeiten überzeugt. Hieraus folgt, daß $B = \{1, d, a, 0\}$ nicht Subalgebra von A ist. Wohl aber ist B Subverband des zu dieser Figur gehörenden Verbandes A^0, des *Verbandsredukts* von A. $\{1, d\}$ ist Beispiel einer von und $\{1\}$ verschiedenen Subalgebra von A.

Wir vermerken insbesondere, daß jeder distributive Hüllenverband C über g implementär ist. Denn es existiert $c := \sup \{x \in C \mid a \cap x \leqslant b\}$ für $a, b \in C$. Wir behaupten, c ist Implement von a zu b. Der Nachweis von (∗) läuft auf die Behauptung $a \cap c \subseteq b$ hinaus. Sei $P \in a \cap c$. Dann ist $P \in x_1 \sqcup \ldots \sqcup x_n$ für gewisse $x_1, \ldots, x_n \in C$ mit $a \cap x_i \subseteq b$. Also $P \in a \cap (x_1 \sqcup \ldots \sqcup x_n) = (a \cap x_1) \sqcup \ldots \sqcup (a \cap x_n) \subseteq b \sqcup \ldots \sqcup b = b$. Daher $P \in b$, folglich $a \cap c \subseteq b$.

J-Algebren und I-Algebren

Ein implementierter Verband A mit zusätzlicher Funktion $\sim : A \to A$, so daß

$$(\ast\ast) \quad a ∍ \sim b = b ∍ \sim a \quad (a, b \in A)$$

heiße eine J-*Algebra*[1]. Das Element $o_A := \sim 1$ spielt eine wichtige Rolle. In A gelten nämlich die Gleichungen

$$(a) \quad \sim a = a ∍ o; \qquad (b) \quad \sim a \cap a = o \qquad (o = o_A).$$

Denn wegen $1 ∍ x = x$ ist $\sim a = 1 ∍ \sim a = a ∍ \sim 1 = a ∍ o$. (b) ist gemäß (∗) im letzten Abschnitt gleichwertig mit $\sim a \leqslant a ∍ o$, was wegen (a) sicher gilt. (a) besagt, daß die Funktion $\sim$ durch ∍ und o definiert werden kann, so daß statt $\sim$ auch die Konstante o als zusätzliche Operation in A ausgezeichnet werden kann. Darüberhinaus gilt: Wählt man $o \in A$ in einem implementierten Verband A beliebig, so erfüllt $\sim : \sim a = a ∍ o$ auch die Gleichung (∗∗), denn $a ∍ \sim b = a ∍ b ∍ o = b ∍ a ∍ o = b ∍ \sim a$. Offenbar gibt es genau zwei 2-elementige J-Algebren, nämlich **2** und **2′**, wobei $o_2 = 0$ und $o_{2'} = 1$.

Ist o_A kleinstes Element in A, so heiße A eine I-*Algebra*, auch *HEYTING-Algebra* genannt. Die J- bzw. I-Algebren erweisen sich gerade als die Algebren für die Minimal- bzw. intuitionistische Logik, wobei $\sim$ der Negation entspricht. Doch hat $\sim$ nur wenige Eigenschaften mit dem Komplement in Booleschen Algebren gemeinsam. Es bezeichne **JA** bzw. **IA** die Klasse aller J- bzw. aller I-Algebren. Eine anschauliche Beschreibung dieser Algebren als implementierte Verbände offener Teilmengen von Ordnungen befindet sich in Kap. V/§ 4.

---

[1] In RASIOWA [75] auch *contrapositionally complemented lattice* genannt.

Boolesche Algebren

Ein distributiver Verband B mit Eins und Null sowie einer Funktion$\setminus$: B $\to$ B heißt eine *Boolesche Algebra*, wenn $\setminus$ a $\cap$ a $= 0$ und $\setminus$ a $\cup$ a $= 1$ für alle a $\in$ B. $\setminus$ heißt auch die *Komplementfunktion* von B.

Typische Beispiele Boolescher Algebren sind solche Teilmengen der Potenzmenge 2^M, die $\emptyset$ und M enthalten und abgeschlossen sind bzgl. der Operationen $\cap, \cup, \setminus$. Die Boolesche Algebra sämtlicher Teilmengen von M wird auch mit 2^M bezeichnet und heißt die *volle Mengenalgebra* von M. 2^1 ($1 = \{\emptyset\}$) hat zwei Elemente und wird wie oben mit 2 bezeichnet.[1]) Die Algebra $2^\emptyset$ hat nur ein Element (nämlich $\emptyset$) und heißt die triviale Boolesche Algebra.

Der Fundamentalsatz über Boolesche Algebren besagt, daß jede Boolesche Algebra als Mengenalgebra aufgefaßt werden kann (STONEscher Repräsentationssatz). In Kap. IV wird sich dieser Satz als ein Nebenprodukt eines allgemeineren Repräsentationssatzes normaler Modalalgebren ergeben. Danach ist eine Eigenschaft Boolescher Algebren immer dann schon aus den Axiomen herleitbar, wenn sie über allen Mengenalgebren gilt.

Für die Zwecke dieses Buches ist es bequem, für eine Boolesche Algebra B statt der Grundfunktionen $\cap, \cup, \setminus, 1, 0$ die Grundfunktionen $\cap, \cup, \to, \setminus, 1$ zu wählen, wobei $\to$: a $\to$ b $= \setminus$ a $\cup$ b die *Implementfunktion* von B heiße. Beide Systeme von Grundfunktionen sind gegenseitig durch Gleichungen definierbar, so daß diese Modifikation nichts an den Homomorphismen und Subalgebren ändert. Der Name Implement rührt daher, weil B bzgl. $\to$ implementär ist. Denn man beweist leicht $(*)$: a $\leqslant$ b $\to$ c $\iff$ a $\cap$ b $\leqslant$ c entweder direkt, oder unter Verwendung des Repräsentationssatzes mittels der Äquivalenz (1), S. 316. Darüberhinaus ist B bzgl. $\cap, \cup, \to, \setminus, 1$ sogar eine I-Algebra, denn $\setminus$ a $= \setminus$ a $\cup$ 0 $=$ a $\to$ 0. Damit ist auch klar, daß A $\in$ **IA** genau dann Boolesche Algebra mit der Komplementfunktion $\sim$ ist, wenn $\sim$ a $\cup$ a $= 1$.

Statt „B ist eine Boolesche Algebra" sagen wir auch „B ist eine **BA**", oder wir schreiben B $\in$ **BA**. Es bezeichnet **BA** also auch die Klasse der Booleschen Algebren. Analoge Redeweisen werden auch für andere in diesem Buch betrachtete Klassen von Algebren verwendet.

Es ist **BA** $\subseteq$ **IA** $\subseteq$ **JA**. Daher gilt alles, was im folgenden über J- und I-Algebren gesagt wird, im besonderen auch für Boolesche Algebren. Die symbolische Unterscheidung zwischen $\to$ und $\dashv$ hat bestimmte technische Gründe, die sich aus den Darlegungen in Kap. V erklären werden. Dasselbe gilt hinsichtlich der Bezeichnungen $\sim$ und$\setminus$; in A $\in$ **IA** darf $\sim$ nur dann mit $\setminus$ bezeichnet werden, wenn $\sim$ wirklich Komplementoperation darstellt, d.h. wenn A $\in$ **BA** gilt.

---

[1]) es geht stets aus dem Zusammenhang hervor, ob 2 den 2-elementigen Verband oder die 2-elementige Boolesche Algebra bedeutet.

§ 4 Subalgebren und Kongruenzen

Logische Matrizen sind im wesentlichen Algebren. Will man daher etwas tiefer in die
Semantik logischer Systeme eindringen, so sind einige Grundbegriffe der Universellen
Algebra die hierfür geeignete Basis. Lesern, die mit dem allgemeinen Begriff der Algebra
noch nicht vertraut sind, sei empfohlen, z.B. an Zahlbereiche zu denken, besonders aber
an Verbände, bei denen sich die Begriffsbildungen gewissermaßen zeichnerisch verfolgen
lassen.

Der Verband der Subalgebren

In diesem Buch werden fast ausschließlich nur Algebren A betrachtet, die eine mit 1 bezeichnete Konstante enthalten. Wir beschränken die nachfolgenden Betrachtungen daher
auf diesen Fall, der übrigens keine wesentliche Einschränkung der Allgemeinheit ist.

Sei also eine Φ-Algebra A gegeben, $1 \in \Phi$. Enthält A nur das Element $1 = 1_A$, so heiße A
trivial. Die triviale Algebra bezeichnet man häufig auch einfach mit 1, unabhängig von
den Grundfunktionen.

Die Menge $\mathsf{S}\,A$ aller Subalgebren von A ist ein gewisses Mengensystem von Teilmengen
von A. Ist $\mathsf{T} \subseteq \mathsf{S}\,A$, so ist auch $D = \bigcap \mathsf{T}$ Subalgebra von A, wie man mühelos nachprüft[1]).
Folglich ist $\mathsf{S}\,A$ ein Hüllenverband (sogar ein algebraischer Verband), der *Verband der
Subalgebren von* A.

Ist $E \subseteq A$ eine beliebige Teilmenge, so heißt die Subalgebra $\bigcap_{E \subseteq B \in \mathsf{S}\,A} B$ *die von E erzeugte
Subalgebra von* A. Diese werde mit $A\langle E \rangle$ bezeichnet. Ist $B \in \mathsf{S}\,A$ und $B = A\langle E \rangle$ für end-
liches $E \subseteq A$, so heißt B *endlich erzeugt*. $A\langle E \rangle$ kann unendlich sein, auch wenn E nur ein
Element enthält oder gar leer ist. Für Boolesche Algebren ist jedoch $A\langle E \rangle$ immer endlich,
wenn E endlich ist (Kap. I). Algebren mit dieser Eigenschaft heißen auch *lokal endlich*.
Expandierte Boolesche Algebren sind i.a. nicht lokal endlich.

In einer nicht ganz korrekten Sprechweise bezeichnet man eine Algebra B häufig dann
schon als Subalgebra von A, wenn B in A *einbettbar* ist. Dies soll heißen, daß A eine zu B
isomorphe Subalgebra B' enthält (der Isomorphiebegriff wird im nächsten Abschnitt genau
präzisiert). Eine typische Situation dieser Art liegt bei den Zahlbereichen vor. $\mathbb{N}$ ist Subalgebra von $\mathbb{Z}$. Gleichwohl ist $\mathbb{N}$ nach den üblichen Konstruktionen im Zahlbereich Z nur
isomorph eingebettet.

Wir vermerken insbesondere, daß eine Subalgebra von $A \in \mathbf{BA}$ wieder zu $\mathbf{BA}$ gehört. Dasselbe gilt für $A \in \mathbf{IA}$ und $A \in \mathbf{JA}$.

Kongruenzen und Kongruenzfilter

Eine Äquivalenzrelation $\equiv$ in einer Algebra A heißt eine *Kongruenz*, wenn für alle $m \in \omega$
und alle $f \in \Phi_A$ die folgenden *Kongruenzbedingungen* alle erfüllt sind, wobei m die Stellenzahl von f sei:

$$a_i \equiv a_i' \Rightarrow f(a_1, \ldots, a_i, \ldots, a_m) \equiv f(a_1, \ldots, a_i', \ldots, a_m) \quad (1 \leqslant i \leqslant m; \; a_i \in A).$$

---

[1]) D ist nichtleer, weil z.B. $1 \in D$. In konstantenlosen Algebren muß man an dieser Stelle $D \neq \emptyset$
voraussetzen.

Die Äquivalenzklassen von $\equiv$ heißen auch die *Kongruenzklassen* mod $\equiv$. Die das Element **1** enthaltende Kongruenzklasse heiße der *Kern* von $\equiv$, auch das *Kongruenzfilter* von $\equiv$ genannt. Beispiele für Kongruenzen sind die Identitätsrelation und die Allrelation. Diese heißen die *trivialen* Kongruenzen. Zu ihnen gehören die *trivialen* Kongruenzfilter $\{1\}$ bzw. A. $C\ell$ A bezeichne die Menge aller Kongruenzen, $F\ell$ A die Menge aller Kongruenzfilter von A.

Eine Kongruenz $\equiv \in C\ell$ A gibt Anlaß zur Betrachtung einer neuen Algebra $\overline{A}$, deren Elemente die Kongruenzklassen von A sind $\overline{a}$ oder $a/\equiv$ bezeichne die durch $a \in A$ bestimmte Kongruenzklasse. Es heiße dann

$$\overline{f}: \overline{f}(\overline{a}_1, \ldots, \overline{a}_m) = \overline{f(a_1, \ldots, a_m)} \quad (a_1, \ldots, a_m \in A)$$

die der Funktion $f \in \Phi_A$ *entsprechende* Funktion in $\overline{A}$. Die angegebene Definition ist korrekt, weil nämlich $\overline{f(a_1, \ldots, a_m)} = \overline{f(a'_1, \ldots, a'_m)}$, falls $\overline{a}_i = \overline{a'_i}$ für $i = 1, \ldots, m$. Dies ist gerade der Inhalt der Kongruenzbedingungen. Die Menge $\overline{A}$, zusammen mit den Funktionen $\overline{f}$ für $f \in \Phi_A$ heißt die *Faktoralgebra von* A mod $\equiv$. Die Faktoralgebren nach den trivialen Kongruenzen sind A selbst, bzw. **1**.

Im allgemeinen gibt es zu gegebenem $F \in F\ell$ A mehrere Kongruenzen in A mit dem Kern F. Doch in fast allen für die Logik wichtigen Klassen von Algebren bestimmen sich Kongruenzen und ihre Kerne umkehrbar eindeutig. Wenn es dann auch noch gelingt, die Kongruenzfilter zu charakterisieren, so gewinnt man einen Überblick über die Kongruenzen durch das Studium der Kongruenzfilter. Dies wird durch folgenden Satz deutlich, der in wörtlich identischer Formulierung auch für I- und J-Algebren, insbesondere auch für Boolesche Algebren gilt.

Satz. Sei A implementierter Verband. Für $F \subseteq A$ sind (a), (b), (c) äquivalent:

(a) $F \in F\ell$ A

(b)   F hat die Eigenschaften
     (i) $1 \in F$;   (ii) $a, a \dashv b \in F \Rightarrow b \in F$ $(a, b \in A)$

(c)   F hat die Eigenschaften
     (i) $1 \in F$;   (ii)$^{\cap}$ $a, b \in F \Rightarrow a \cap b \in F$;   (ii)$^{\leqslant}$ $b \geqslant a \in F \Rightarrow b \in F$ $(a, b \in A)$.

Darüberhinaus gibt es zu jedem $F \in F\ell$ A nur genau eine Kongruenz.

Beweis. (a) $\Rightarrow$ (b): (i) ist klar, denn **1** gehört gemäß Definition zum Kern einer Kongruenz. Wegen $a \equiv 1 \equiv a \dashv b \Rightarrow 1 \equiv 1 \dashv b = b$ gilt auch (ii).

(b) $\Rightarrow$ (c): (ii)$^{\leqslant}$ erhält man wegen $b \geqslant a \Leftrightarrow a \dashv b = 1$ aus (i) und (ii). Hieraus ergibt sich wegen $a \leqslant b \dashv (a \cap b)$ auch (ii)$^{\cap}$.

(c) $\Rightarrow$ (a): $F \subseteq A$ habe die Eigenschaften (i), (ii)$^{\cap}$, (ii)$^{\leqslant}$. Es sei

$$\equiv_F: a \equiv_F b \text{ gdw } a \dashv b, b \dashv a \in F \quad (a, b \in A).$$

Wir behaupten, $\equiv_F$ ist eine Kongruenz in A und darüberhinaus die einzige Kongruenz in A mit dem Kern F. Wegen $a \dashv a = 1 \in F$ ist $a \equiv_F a$. Auch ist $\equiv_F$ symmetrisch. Sei $a \equiv_F b \equiv_F c$. Dann $a \dashv b, b \dashv c \in F$ und wegen $(a \dashv b) \cap (b \dashv c) \leqslant a \dashv c$ ist gemäß (ii)$^{\leqslant}$ auch $a \dashv c \in F$. Ebenso zeigt man $c \dashv a \in F$, also ist $\equiv_F$ transitiv. Nun zu den Kongruenz-

bedingungen. Sei $a \equiv_F a'$. Zu zeigen ist $a \cap b \equiv_F a' \cap b$. Wegen $a \mathbin{\ominus} a' \in F$ und
$a \mathbin{\ominus} a' \leqslant (a \cap b) \mathbin{\ominus} (a' \cap b)$ (Seite 332) ist auch $(a \cap b) \mathbin{\ominus} (a' \cap b) \in F$ gemäß (ii)$^{\leqslant}$.
Analog zeigt man $(a' \cap b) \mathbin{\ominus} (a \mathbin{\ominus} b) \in F$. Also $a \cap b \equiv_F a' \cap b$. Entsprechend verläuft
der Nachweis der Behauptung $b \equiv_F b' \Rightarrow a \cap b \equiv_F a \cap b'$. Wir ersparen uns die Durchrechnung der übrigen Bedingungen auch bezüglich der Funktionen $\cup$, $\mathbin{\ominus}$. Man benötigt
dazu gerade die Ungleichungen auf Seite 332.

Ferner: Ist $x \in F$, so $1 \mathbin{\ominus} x = x \in F$. Ebenso $x \mathbin{\ominus} 1 = 1 \in F$, also $x \equiv_F 1$. Ist andererseits
$x \equiv_F 1$, so $x = 1 \mathbin{\ominus} x \in F$, also $x \in F$. Also ist F Kern von $\equiv_F$.

Sei nun $\equiv$ eine beliebige Kongruenz mit dem Kern F. Dann ergibt $a \equiv b$, daß
$a \mathbin{\ominus} b \equiv b \mathbin{\ominus} b = 1 = a \mathbin{\ominus} a \equiv b \mathbin{\ominus} a$, also $a \mathbin{\ominus} b, b \mathbin{\ominus} a \in F$, d.h. $a \equiv_F b$. Umgekehrt, ist
$a \equiv_F b$, so erhält man $a = a \cap 1 \equiv a \cap (a \mathbin{\ominus} b) = a \cap b = b \cap a = b \cap (b \mathbin{\ominus} a) \equiv b \cap 1 = b$,
also $a \equiv b$. Damit ist alles bewiesen. ●

Beispiel. Es sei 2^3 die 8-elementige Boolesche Algebra aller Teilmengen einer dreielementigen Grundmenge $\{S, T, U\}$, deren Ordnungsdiagramm in der Figur dargestellt ist. Dabei
sei $\mathbf{1} := \{S, T, U\}$, $\mathbf{2} := \{S, T\}$, $\mathbf{3} := \{S, U\}$, $\mathbf{4} := \{T, U\}$, $\mathbf{5} := \{S\}$, $\mathbf{6} := \{T\}$, $\mathbf{7} := \{U\}$
und $\mathbf{0} := \emptyset$. $F = \{\mathbf{1}, \mathbf{3}\}$ erfüllt die Bedingungen (i), (ii)$^{\cap}$ (ii)$^{\leqslant}$ im Satz. Daher ist $\equiv_F$ eine
Kongruenz. Die Figur zeigt die Kongruenzklassen mod $\equiv_F$ und rechts daneben das HASSE-
Diagramm der Faktoralgebra.

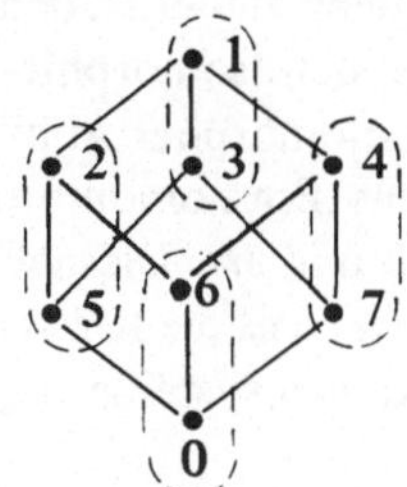
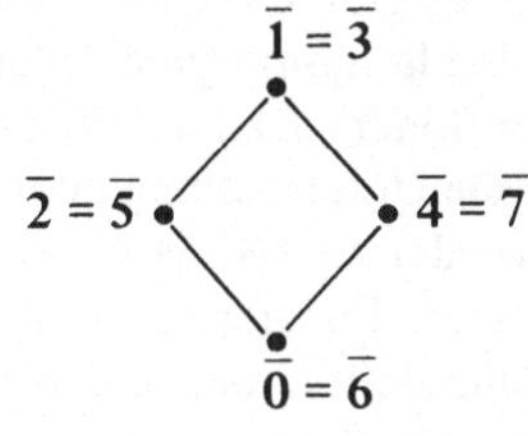

$A \in \mathbf{IA}$ entsteht aus einem implementierten Verband A^0 (mit kleinstem Element) durch
Hinzufügung von $\sim$. Daher ist bemerkenswert, daß die Kongruenzfilter von A durch dieselben Bedingungen charakterisiert sind wie diejenigen von A^0. Dies bedeutet nach obigem
Satz nämlich, daß eine Kongruenz von A^0 zugleich auch Kongruenz von A ist. Dies ist jedoch ein auf (a), S. 333 beruhender Sonderfall, denn i.a. hat eine Expansion eines implementierten Verbandes A^0 viel weniger Kongruenzen als A^0, und dies hat einschränkende
Bedingungen für die Kongruenzfilter der Expansion zur Folge. Wir werden dies in Kap. III
am Beispiel der Modalalgebren deutlich erkennen.

Homomorphismen

Sei A eine Algebra und $\overline{A}$ eine Faktoralgebra von A. Die Abbildung $h: A \to \overline{A}$ mit $ha = \overline{a}$
hat offenbar die Eigenschaft

(σ) $\quad hf(a_1, \ldots, a_m) = \overline{f}(ha_1, \ldots, ha_m)$ $\quad (f \in \Phi_A; a_1, \ldots, a_m \in A)$.

Um die erforderliche Allgemeinheit der Betrachtung von vornherein zu gewährleisten,
sein A und B Φ-Algebren mit den Grundfunktionen f $:= \varphi_A$ bzw. $\bar{f} := \varphi_B$ $(\varphi \in \Phi)$.
Dann heißt eine Abbildung h: A $\rightarrow$ B ein *Homomorphismus* von A in B, wenn sie die
Eigenschaft (σ) hat. Homomorphismen sind in der Logik — und natürlich nicht nur dort —
von prinzipieller Bedeutung, weil die Beziehungen zwischen formalen (linguistischen oder
syntaktischen) und semantischen Strukturen (den Bedeutungen) in der Regel homomorphen
Charakter haben.

Ist h: A $\rightarrow$ B ein Homomorphismus von A *auf* B, so heißt B auch ein *homomorphes Bild*
von A. Ist h eine Bijektion, so heißt h auch ein *Isomorphismus,* und A, B heißen *isomorph.*
Diese Beziehung ist symmetrisch, denn die Umkehrung eines Isomorphismus h: A $\rightarrow$ B
erweist sich als Homomorphismus von B auf A. Ein injektiver Homomorphismus h: A $\rightarrow$ B
heißt eine *Einbettung* von A in B.

Es gibt demnach einen Homomorphismus von A auf eine vorgegebene Faktoralgebra von A.
Nun gilt ferner, daß ein beliebiger Homomorphismus h: A $\rightarrow$ B stets auch eine Kongruenz
in A erzeugt, und zwar ist

$$\equiv_h : \; a \equiv_h b \Leftrightarrow ha = hb \quad (a, b \in A)$$

eine Kongruenz. Dabei erweist sich die Faktoralgebra nach dieser Kongruenz als isomorph
zum homomorphen Bild von A bei h. Den Beweis dieses Satzes findet der Leser in allgemeinerer Form in Kap. III. Es gibt also eine umkehrbare Korrespondenz zwischen den
Kongruenzen von A und den homomorphen Bildern von A (genauer, den Isomorphie-
klassen der homomorphen Bilder). Daher läuft die Untersuchung homomorpher Abbildungen einer Algebra auf die Untersuchung ihrer Kongruenzen hinaus. Ein homomorphes
Bild von A $\in$ **BA** gehört wieder zu **BA**; das entsprechende gilt für **IA** und **JA**. Dies läßt
sich leicht direkt nachrechnen. Ein allgemeiner Grund ist die Tatsache, daß die Klassen
BA, IA, JA jeweils gleichungsdefinierbar sind, d.h. es lassen sich Axiomensysteme angeben,
die gänzlich aus Gleichungen bestehen.

Der Kongruenzenverband

Es sei A eine Algebra. Man sieht leicht, daß $C\ell$ A durchschnittsabgeschlossen ist, d.h. es
ist $\cap$ E $\in C\ell$ A, für E $\subseteq C\ell$ A. Damit ist $C\ell$ A ein Hüllenverband, ja sogar ein algebraischer
Verband. Dies erkennt man wie folgt: $C\ell$ A ist vollständiger Subverband von $E\ell$ A, dem
algebraischen Verband der Äquivalenzrelationen von A. Denn für S $\subseteq C\ell$ A ist das Supremum von S in $E\ell$ auch eine Kongruenz von A, wie man sehr leicht nachrechnet. Nun ist
ein vollständiger Subverband eines algebraischen Verbandes aber selbst algebraisch.

Eine wichtige Konsequenz von $C\ell$ A $\subseteq E\ell$ A ist, daß $C\ell$ A auch vollständiger Subverband
von $C\ell$ A^0 ist, wobei A^0 irgendein Redukt von A bezeichnet. Ist daher z.B. $C\ell$ A^0 für ein
gewisses Redukt A^0 von A distributiv, so gilt dies auch für $C\ell$ A.

Auch $F\ell$ A bildet einen algebraischen Verband, und zwar ist $F\ell$ A homomorphes Bild
von $C\ell$ A. Wenn nun jedes F $\in F\ell$ A eindeutig eine zugehörige Kongruenz bestimmt, so
sind $F\ell$ A und $C\ell$ A sogar isomorph, wie man unschwer nachprüft. Dies gilt insbesondere
für A $\in$ **JA** und jede Expansion von A (ebenso für A $\in$ **IA** und A $\in$ **BA**). Um also die Kon-

gruenzen in A zu studieren, genügt es, sich die $F \in F\ell\, A$ anzuschauen, im folgenden kurz Filter genannt. Betrachten wir diese Aufgabe näher für $A \in \mathbf{JA}$.

Für $X \subseteq A$ bezeichne $F\langle X\rangle$ des kleinste X enthaltende Filter. $F\langle X\rangle$ hat die explizite Darstellung $F\langle X\rangle = \{x \in A \mid x \geqslant a_1 \cap \ldots \cap a_n$ für gewisses $n \in \omega$ und $a_i \in X\}$. Dies ergibt der Satz, S. 336. Auf diese Weise erhält man sämtliche Filter und damit sämtliche Kongruenzen. Die trivialen Filter $\{1\}$, A entsprechen dabei gerade den trivialen Kongruenzen.

Ist nun A auch noch endlich, so kann man alle Filter explizit hinschreiben. Denn ist $F \in F\ell\, A$, $E = \{a_1, \ldots, a_n\}$ und $a := a_1 \cap \ldots \cap a_n$, so ist gerade $F = \{x \in A \mid x \geqslant a\} = F\langle a\rangle$. Kurz, alle Filter in A sind sogenannte *Hauptfilter*, sie werden jeweils von einem einzigen Element erzeugt.

Die Figur am Schluß zeigt links oben eine I-Algebra A und daneben den Verband sämtlicher Kongruenzfilter, der dann auch eine Darstellung des Kongruenzenverbandes $C\ell\, A$ (rechts oben) liefert. Ferner zeigt sie in der unteren Reihe die sämtlichen Faktoralgebren von A nach den nichttrivialen Kongruenzen. Wir empfehlen dem Leser die gründliche Nachrechnung aller Details dieses Beispiels. $\equiv_x$ steht abkürzend für $\equiv_{F\langle x\rangle}$ $(x \in A)$. Bei den Darstellungen handelt es sich um von unten nach oben gerichtete HASSE-Diagramme.

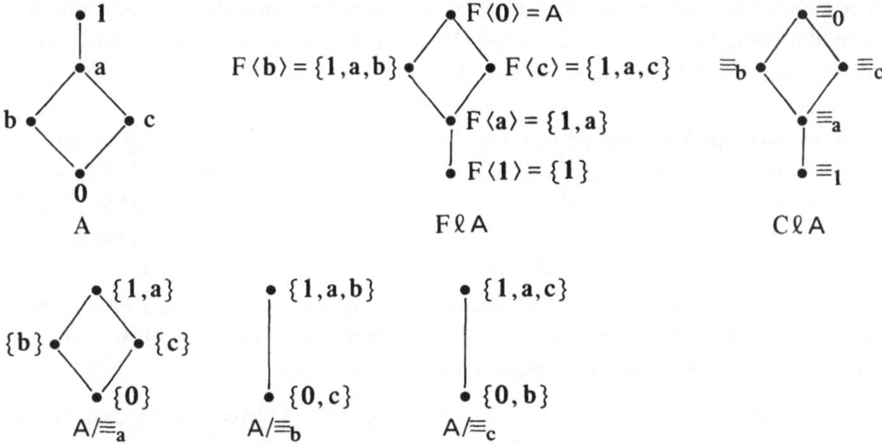

Im vorliegenden Fall hat das kleinste Element in $C\ell\, A$, die Identität, genau einen u.N. Darüberhinaus ist = voll irreduzibel in $C\ell\, A$ (siehe S. 331). Allgemein heißen Algebren A mit dieser Eigenschaft s.i. *(subdirekt irreduzibel)*. Die Kenntnis der s.i. Matrizen einer Logik ist sehr wichtig für deren gründliches Studium.

Bemerkenswert ist die Distributivität des Kongruenzenverbandes eines ganz beliebigen Verbandes[1]. Damit ist auch der Kongruenzenverband eines beliebig expandierten Verbandes, z.B. einer J-Algebra, distributiv. Dies deutet darauf hin, daß die meisten wichtigen Verbände von Logiken distributiv sind. Wir beweisen dies im Text für alle dort betrachteten Logikverbände jedoch direkt und ohne Rückgriff auf die algebraische Semantik, teils auch ohne die Voraussetzung, daß die entsprechenden Algebren eine Verbandsstruktur tragen. Allgemein heißen Algebren A mit distributivem $C\ell\, A$ *kongruenzdistributiv*.

---

[1] Satz von FUNAYAMA/NAKAYAMA, siehe GRÄTZER [71].

Maximale Kongruenzen und Filter

Es sei $A \neq \mathbf{1}$, $C\ell_0\, A := C\ell\, A \setminus \{\equiv_A\}$ und $F\ell_0\, A = F\ell\, A \setminus \{A\}$, wobei $\equiv_A$ die triviale Kongruenz mit dem Kern A ist. Die $\equiv\, \in C\ell_0\, A$ bzw. $F \in F\ell_0\, A$ heißen *echt*.

Unter einer *maximalen Kongruenz* bzw. einem *maximalen Kongruenzfilter* von A versteht man ein maximales Element in $C\ell_0\, A$ bzw. $F\ell_0\, A$. Ist $\equiv$ maximal, so hat $A/\equiv$ die bemerkenswerte Eigenschaft, überhaupt keine nichttrivialen Kongruenzen zu besitzen. Eine Algebra $B \neq \mathbf{1}$ mit dieser Eigenschaft heißt *simpel*. Daß $B := A/\equiv$ in diesem Sinne simpel ist, leuchtet ein, denn jede Kongruenz $\equiv\, \in C\ell\, B$ bestimmt eine Kongruenz in A, nämlich

$$\equiv_0:\ a \equiv_0 b \Leftrightarrow \bar{a} \equiv \bar{b} \quad (a, b \in A;\ \bar{a}, \bar{b} \in B)\,.$$

Dies läßt sich anschaulich verfolgen anhand der Figuren auf Seite 339. Eine simple Algebra ist insbesondere subdirekt irreduzibel. Ist A eine Algebra mit Konstante 1 und $C\ell\, A \simeq F\ell\, A$, wie in implementierten Verbänden, dann entsprechen die maximalen Kongruenzen gerade den maximalen Filtern.

Für den Rest des Abschnitts sei nun $A \in \mathsf{IA} \setminus \{\mathbf{1}\}$. $F \in F\ell\, A$ ist dann und nur dann echt, wenn $0 \notin F$. Der Hüllenverband $F\ell\, A$ ist algebraisch. Daher kann ein echtes Filter zu einem 0-maximalen Filter erweitert werden. Diese sind nun aber offenbar mit den maximalen Filtern identisch, kurz, jedes echte Filter läßt sich zu einem maximalen erweitern. Insbesondere gilt dies für $\{1\} \in F\ell_0\, A$, womit im vorliegenden Falle überhaupt ein maximales $F \in F\ell_0\, A$ existiert.

Für $F \in F\ell\, A$ sei A/F die Faktoralgebra $A/\equiv_F$, wobei $\equiv_F$ die $F \in F\ell\, A$ entsprechende Kongruenz ist. Es läßt sich unschwer nachrechnen, daß A/F für maximales $F \in F\ell_0\, A$ genau zwei Elemente enthält, m.a.W. $\mathbf{2}$ ist die einzige simple I-Algebra, insbesondere auch die einzige simple **BA**. Die Verhältnisse ändern sich allerdings wesentlich in expandierten HEYTING- bzw. Booleschen Algebren. **JA** hat zwei simple Algebren, $\mathbf{2}$ und $\mathbf{2}'$.

Maximale Filter in Booleschen Algebren heißen auch *Ultrafilter*. Jedes echte Filter in einer Booleschen Algebra läßt sich zu einem Ultrafilter erweitern, denn $\mathbf{BA} \subseteq \mathsf{IA}$. Ein Ultrafilter $U \subseteq B \in \mathbf{BA}$ ist durch folgende Eigenschaften charakterisiert:

$[k\setminus]:\ \setminus a \in U$ gdw $a \notin U$ $\qquad\qquad$ $[k\cap]:\ a \cap b \in U$ gdw $a \in U$ und $b \in U$

$[k\cup]:\ a \cup b \in U$ gdw $a \in U$ oder $b \in U$ $\qquad$ $[k\to]:\ a \to b \in U$ gdw $a \in U \Rightarrow b \in U\,.$

Es genügt übrigens, $[k\setminus]$ und $[k\cap]$ zu fordern, denn $[k\cup]$, $[k\to]$ sind schon Konsequenzen aus $[k\setminus]$, $[k\cap]$.

Ist $a \notin F_0 \in F\ell\, A$, so existiert ein a-maximales $F \supseteq F_0$, $F \in F\ell\, A$, d.h. F ist maximal mit der Eigenschaft $a \notin F$ (F ist *relativ maximal*, siehe Kap. II für Konstruktion). Für $A \in \mathbf{BA}$ ist F auch maximales Kongruenzfilter. Dies gilt nun i.a. nicht mehr für $A \in \mathsf{IA}$ und auch nicht für expandierte **BA**'s. F ist jedoch voll irreduzibel in $F\ell\, A$ (denn ist $F = \bigcap\limits_{i \in I} F_i$ und wäre $F_i \supset F$ für alle $i \in I$, so folgt $a \in F_i$ für alle $i \in I$, also $a \in F$ im Widerspruch zu $a \notin F$). Hieraus folgt nun wiederum leicht A/F ist, wenn schon nicht simpel, so doch immerhin s.i. Diesem Umstand entspringt die besondere Bedeutung der s.i. Algebren für die in diesem Buch näher untersuchten Logiken.

VII Verzeichnisse

Literaturverzeichnis

Abkürzungen für häufig zitierte Zeitschriften

BSL – Bulletin of Section Logic (Polnische Akademie der Wiss.)
Dokl. – Doklady (Sowjetische Akademie der Wiss.)
FM – Fundamenta Mathematicae
IM – Indagationes Mathematicae
JPhL – Journal of Philosophical Logic
JSL – Journal of Symbolic Logic
NJFL – Notre Dame Journal of Formal Logic
RML – Reports on Mathematical Logic
SL – Studia Logica
ZML – Zeitschrift für Mathematische Logik und Grundlagen der Mathematik

ACKERMANN, W.
[56] Begründung einer strengen Implikation, JSL 21 (1956), 113–128.

ANDERSON, J. G.
[72] Superconstructive propositional calculi with extra axiom schemes, ZML 18 (1972), 113–130.

ANDERSON, A. R. / BELNAP, N. D.
[75] Entailment, PRINCETON 1975.

ASSER, G. / RAUTENBERG, W.
[60] Ein Verfahren zur Axiomatisierung der Kontradiktionen gewisser zweiwertiger Aussagenkalküle, ZML 6 (1960) 303–318.

BALBES, R. / DWINGER, P.
[74] Distributive lattices, Missouri 1974.

BECKER, O.
[30] Zur Logik der Modalitäten, Jahrbuch f. Philosophie u. Phänomenologie XI (1930), 497–548.

van BENTHEM, J. K.
[76a] Modal formulas are either elementary or not Σ Δ-elementary, JSL 41 (1976), 436–438.
[76b] Modal reduction principles, JSL 41 (1976), 301–312.
[78] Two simple examples of incomplete modal logics, Theoria 44 (1978), 25–37.

BETH, E. W.
[53] On PADOA's method in the theory of definition, IM 15 (1953), 330–339.

BLOK, W. J.
[76] Varieties of interior algebras, Dissertation Universität Amsterdam, 1976.
[77] The lattice of modal logics, BSL 6 (1977), 112–115.
[78] On the degree of incompleteness of modal logics and the covering relation in the lattice of modal logics, Report 78–07, Dep. of Math., University of Amsterdam 1978.
[79] The lattice of normal modal logics, an algebraic investigation, erscheint in JSL.
[80] Pretabular varieties of modal logics, Manuskript.

BLOK, W. J. / DWINGER, P.
[75]   Equational classes of closure algebras, IM 37 (1975), 189–198.

BLOOM, S. L.
[75]   Some theorems on structural consequence operations, SL 34 (1975), 1–9.

BULL, R. A.
[66]   That all normal extensions of S4.3 have the finite model property, ZML 12 (1966), 341–344.
[68]   An algebraic study of tense logics with linear time, JSL 33 (1968), 27–38.

BYRD, M.
[76]   Single variable formulas in S4$_\rightarrow$, JPhL 5 (1976), 439–456.

CARNAP, R. S.
[47]   Meaning and Necessity, New York 1947.

CITKIN, A. I.
[78]   On structurally complete superintuitionistic logics, Soviet Dokl. 19 (1978), 816–819.

DAHN, B. I.
[73]   Generalized KRIPKE models, Bull. Ac. Pol. 21 (1973), 1073–1077.
[75]   Eine Anwendung des Basistheorems in der nichtklassischen Logik, Wiss. Zeitschrift Humboldt-Universität 24 (1975), 794–796.

DIEGO, A.
[66]   Sur les algebres der Hilbert, Collection de logique mathematique, Paris 1966.

DUGUNDJI, J.
[40]   Note on a property of sentences for LEWIS and LANGFORD calculi, JSL 5 (1940), 151–152.

DUMMET, M.
[77]   Elements of Intuitionism, Oxford 1977.

DUMMET, M. / LEMMON, E. J.
[59]   Modal logics between S4 and S5, ZML 5 (1959), 250–264.

DZIK, W. / WROŃSKI, A.
[73]   Structural completeness of GÖDEL's and DUMMETT's propositional calculi, SL 34 (1973), 69–73.

DZIOBIAK, W.
[79]   An example of strongly finite consequence operation with $2^{\aleph_0}$ standard strengthenings, BSL 8 (1979), 95–98.

FINE, K.
[71]   The logics containing S4.3, ZML 17 (1971), 371–376.
[74a] An incomplete logic containing S4, Theoria 40 (1974), 23–29.
[74b] Logics containing K4, JSL 39 (1974), 31–42.
[75]   Normal forms in modal logic, NDJFL (1975), 229–234.

FITTING, M. C.
[69]   Intuitionistic logic, model theory and forcing, North-Holland Amsterdam 1969.

FREGE, G.
[62]   Funktion, Begriff, Bedeutung. Fünf logische Studien, (Herausgeber G. PATZIG), Göttingen 1962.
[1892] Über Sinn und Bedeutung, Zeitschrift für Philosophie und Philosophische Kritik (N.S.) 100 (1892), 25–50.
[1897] Begriffsschrift, eine dem Arithmetischen nachgebildete Formelsprache des reinen Denkens, Halle 1897.

GABBAY, D.
[72] Tense systems with discrete moments of time, JPhL 1 (1972), 35–45.
[75] A normal logic that is complete for neighbourhood frames but not for KRIPKE frames, Theoria 41, (1975), 148–153.
[75a] Model theory for tense logics, Annals of Math. Logic 8 (1975), 185–236.
[75b] Decidability results in non-classical logics, Annals of Math. Logic 8 (1975), 237–295.
[76] Modal and tense logic with application to philosophy and linguistics, DORDRECHT 1976.

GABBAY, D. / DeJONGH, D.
[74] A sequence of decidable finitely axiomatizable intermediate logics with the disjunction property, JSL 39 (1974), 67–78.

GALLIN, D.
[75] Intensional and higher order modal logic, Amsterdam 1975.

GENTZEN, G.
[34] Untersuchungen über das logische Schließen, Math. Zeitschrift 39 (1934), 176–210, 405–431.

GERČIU, V. Y. / KUZNETZOV, A. V.
[70a] On superintuitionistic logics and finite approximability, Dokl. 195 (1970), 1029–1032.
[70b] On finitely axiomatizable superintuitionistical logics Dokl. 195 (1970), 1263–1266.

GERSON, M. S.
[75a] The inadequacy of the neighbourhood semantics for modal logics, JSL 40 (1975), 141–148.
[75b] An extension of **S4** complete for the neighbourhood semantics but incomplete for the relational semantics, SL 34 (1976), 333–342.

GLIVENKO, V.
[29] Sur quelques points de la logique de M. BROUWER, Bull. Acad. Royale Belgique 15 (1929), 183–188.

GÖDEL, K.
[32] Zum intuitionistischen Aussagenkalkül, Ergebnisse eines math. Koll. 4 (1932), 40.

GOLDBLATT, R.
[74] Semantic analysis of orthologic, JPhL 3 (1974), 19–35.
[75] First order definability, JSL 40 (1975), 35–40.
[76] Metamathematics of modal logic, RML 6 (1976), 41–78.

GOLDBLATT, R. / THOMASON, S. K.
[75] Axiomatic classes in proportional modal logic, Lecture Notes in Math. 450 (1975), 163–173.

GRÄTZER, G.
[68] Universal Algebra, Princeton 1968.
[71] Lattice Theory, San Francisco 1971.

GRZEGORCZYK, A.
[64] A philosophically plausible formal interpretation of intuitionistic logic, SL 26 (1964), 596–601.
[67] Some relational systems and the associated topological spaces, FM 60 (1967), 223–231.
[72] An approach to logical calculus, SL 30 (1972), 33–43.

GUREVICH, J.
[77] Intuitionistic logic with strong negation, SL 36 (1977), 49–59.

HALLDÉN, S.
[51] On the semantic non-completeness of certain LEWIS calculi, JSL 16 (1951), 127–129.

HALMOS, R. P.
[62] Algebraic Logic, New York 1962.

HARROP, R.
[58] On the existence of finite models and decision procedures for propositional calculi, Proceedings of the Cambridge Philosophical Society 54 (1958), 1–3.
[65] Some structure results of propositional calculi, JSL 30 (1965), 271–292.
[76] Some results concerning the finite model separability of propositional calculi, SL 35 (1976), 179–189.

HENKIN, L.
[63] A class of non-normal models for classical sentential logic, JSL 28 (1963), 300.

HERRE, H. / RAUTENBERG, W.
[70] Das Basistheorem und einige Anwendungen in der Modelltheorie, Wiss. Zeitschr. Humboldt-Univ. XIX (1970), 579–583.

HEYTING, A.
[30] Die formalen Regeln der intuitionistischen Logik, Sitzungsberichte Preuss. Ak. Wiss. (1930), 42–56.
[56] Intuitionism, an introduction, North-Holland Amsterdam, 1956.

HIŻ, H.
[59] Extendible sentential calculus, JSL 24 (1959), 193–202.

HORN, A.
[62] The seperation theorem of intuitionistic propositional calculus, JSL 27 (1962), 391–399.
[69] Logic with true values in a linearly ordered HEYTING-Algebra, JSL 34 (1969), 395–408.

HUGHES, G. E. / CRESSWELL, M. J.
[68] An introduction to modal logic, London 1968.

ISARD, S.
[77] A finitely axiomatizable undecidable extension of K, Theoria 43 (1977), 195–198.

JABLONSKI / GAWRILOW / KUDRJAWZEW
[70] Boolesche Funktionen und POSTsche Klassen, Berlin 1970.

JANKOV, V. A.
[63] The relationship between deducibility in the intuitionistic propositional calculi, Soviet Math. 4 (1963), 1203–1204.
[68] The construction of a sequence of strongly independent superintuitionistic propositional calculi, Soviet Math. 9 (1968), 806–807.
[69] Conjunctively indecomposable formulas in propositional calculi, Izv. Akad. Nauk. SSSR 33 (1969), 18–33.

JOHANSSON, I.
[37] Der Minimalkalkül, ein reduzierter intuitionistischer Formalismus, Compositio Mathematica 4 (1937), 119–136.

JÓNSSON, B.
[67] Algebras whose congruence lattice are distributive, Math. Scand. 21 (1967), 110–121.

JÓNSSON, B. / TARSKI, A.
[51] Boolean algebras with operators, American Journal of Mathematics 73 (1951), 891–939.

KABZIŃSKI/WROŃSKI
[75] On Equivalential Algebras, Proc. Int. Symp. Multiple-Valued Logics, Indiana Univ. 1975, 419–428.

KREISEL, G. / PUTNAM, H.
[57] Eine Unableitbarkeitsbeweismethode für den intuitionistischen Aussagenkalkül, Arch. f. Math. Logik 3 (1957), 74–78.

KREISEL, G. / KRIVINE, J. L.
[72]   Modelltheorie. Eine Einführung in die mathematische Logik und Grundlagentheorie, Berlin 1972.

KRIPKE, S. A.
[59]   A completeness theorem in modal logic, JSL 24 (1959), 1–14.
[63]   Semantical analysis of modal logic I, ZML 9 (1963), 67–96.
[65]   Semantical analysis of modal logic II, "The theory of models", Amsterdam 1965, 206–220.

KURATOWSKI, C.
[22]   Sur l'operation A de l'analysis situs, FM 3 (1922), 182–199.

KUZNETZOV, A. V.
[74]   On superintuitionistic logics, Proc. Int. Congr. Math., Vancouver 1974.

LACHLAN, A. H.
[74]   A note on THOMASON's refined structures for tense logic Theoria 40 (1974), 117–120.

LEE, K. B.
[70]   Equational classes of distributive pseudo-complemented lattices, Canad. Journ. Math. 22 (1970),
       881–891.

LEMMON, E. J.
[66]   Algebraic semantics for modal logics I, II, JSL 31 (1966), 46–65, 191–218.

LEMMON, E. J. / SCOTT, D.
[66]   Intensional logic, preliminary draft of initial chapters by E. J. LEMMON, (1966) (mimeographed).

LEVIN, L. A.
[69]   Some syntactic theorems on the calculus of MEDVEDEV's finite problems, Dokl. 185 (1969),
       32–33.

LEWIS, C. I.
[20]   Strict implication. An emendation, Journal of Philosophy 17 (1920), 300–302.

LEWIS, D.
[74]   Semantic analysis for dyadic deontic logic, "Logical theory and semantic analysis",
       Dordrecht 1974, 1–14.

LEWIS / LANGFORD
[59]   Symbolic logic, 2nd ed. New York 1959 (1st ed. New York 1932).

LÖB, M. H.
[66]   Extensional interpretations of modal logics, JSL 31 (1966), 23–45.

LÓS, J. / SUZSKO, R.
[58]   Remarks on sentential logics, IM 20 (1958), 177–183.

ŁUKASIEWICZ, J.
[20]   Über dreiwertige Logik (poln.), Ruch Filosoficzny 5 (1920), 169–170.
[35]   Zur Geschichte der Aussagenlogik, Erkenntnis 5 (1935), 111–131.

ŁUKASIEWICZ J. / TARSKI, A.
[30]   Untersuchungen über den Aussagenkalkül. Comptes Rendus des Seances de la Societe des
       Sciences et des Lettres de Varsovie 23 (1930).

MAKINSON, D.
[66]   On some completeness theorems in modal logic, ZML 12 (1966), 379–384.
[70]   A generalization of the concept of a relational model for modal logic, Theoria 36 (1970),
       330–335.
[71]   Some embedding theorems for modal logic, NJFL 12 (1971), 252–254.

MAKINSON, D. / SEGERBERG, K.
[74]   POST-completeness and ultrafilters ZML 20 (1974), 385–388.

MALCEV, A. I.
[73]   Algebraic Systems, Berlin 1973.

MAXIMOWA, L. L.
[72]   Pretabular superintuitionistic logics, Algebra i Logika 11 (1972), 558–570.
[75a] Pretabular extensions of LEWIS S4, Algebra i Logika 14 (1975), 28–55.
[75b] Modal logics of finite layers, Algebra i Logika 14 (1975), 304–319.
[77]   CRAIG's Interpolation theorem and almagamable varieties, Dokl. 237 (1977) No. 6.

MAXIMOVA, L. L. / RYBAKOV, V. V.
[74]   The lattice of normal modal logics, Algebra i Logika 13 (1974), 188–216.

McKAY, C. C.
[67]   On finite logics, IM 29 (1967), 363–365.
[68]   The non-separability of certain finite extension of Heyting Propositional logics, IM 30 (1968),
       312–315.

McKENZIE, R.
[72]   Equational bases and non modular lattice varieties, Trans. Am. Math. Soc. 174 (1972), 1–43.

McKINSEY, J. C. C.
[39]   Proof of the independence of the primitive symbols of HEYTING's calculus of propositions,
       JSL 4 (1939), 155–158.

McKINSEY, J. / TARSKI, A.
[41]   A solution of the decision problem for the LEWIS systems S2 and S4, JSL 6 (1941), 117–134.
[46]   On closed elements in closure algebras, Annales of Math. 47 (1946), 122–162.
[48]   Some theorems about the sentential calculi of LEWIS and HEYTING, JSL 13 (1948), 1–14.

McNULTY, G. F.
[76]   Undecidable properties of finite sets of equations, JSL 41 (1976), 598–604.

MESKHI, V.
[77]   Fuzzy propositional logic, SL 36 (1977), 189–194.

MONK, L. D.
[76]   Mathematical logic, New York 1976.

NELSON, D.
[49]   Constructible falsity, JSL 14 (1949), 16–26.

PERZANOWSKI, J.
[73]   A linguistic criterion of structural incompleteness, RML 1 (1973), 13–14.
[75]   On M-fragments and L-fragments of normal modal propositional logics, RML 5 (1975), 63–72.

PARRY, W.
[39]   Modalities in the Survey systems of strict implication, JSL 4 (1939), 131–154.

POGORZELSKI, W. A.
[68]   On the scope of the classical deduction theorem, JSL 33 (1968), 77–81.
[71]   Structurell completeness of the propositional calculus, Bull. Acad. Pol. XIX/5 (1971), 349–351.
[74]   Concerning the notion of completeness of invariant propositional calculi, SL 33 (1974), 69–72.

POST, E. L.
[21]   Introduction to a general theory of elementary propositions, Am. Journ. Math. 43 (1921),
       163–185.
[41]   Two-valued iterative systems, Princeton 1941.

PRUCNAL, T.
[76]   Structural completeness of MEDVEDEV's propositional calculus RML 6 (1976), 103–105.

RASIOWA, H.
[59] Algebraische Charakterisierung der intuitionistischen Logik mit starker Negation, "Constructivity in mathematics", Amsterdam 1959, 234–240.
[74] An algebraic approach to non-classical logics, North Holland, Amsterdam 1974.

RASIOWA, H. / SIKORSKI, R.
[53] Algebraic treatment of the notion of satisfiability, FM 40 (1953), 62–95.
[68] The mathematics of metamathematics, Warszawa 1968 (erste Aufl. Warszawa 1963).

RAUSZER, C.
[74] Semi-Boolean algebras and their applications, FM 83 (1974), 219–249.

RAUTENBERG, W.
[76] Some properties of the hierarchy of modal logics, BSL 5 (1976), 103–105.
[77] Der Verband der normalen und verzweigten Modallogiken, Math. Zeitschrift 156 (1977), 123–140.
[78] Splitting lattices of logics, erscheint in Archiv Math. Logik.
[79] More about the lattice of tense logics, BSL 8 (1979), 21–29.
[80] Splittings of minimal logic, Preprint 46, Freie Universität Berlin.

RECKHOFF, R. A.
[75] On the length of proofs in the propositional calculus, Univ. of Toronto, Technical Report 1975.

RESCHER, N.
[69] Many-valued logic, New York 1969.

RESCHER, N. / URQUHART, A.
[71] Temporal Logic, New York 1971.

RICHTER, M.
[78] Logikkalküle, Stuttgart 1978.

RIEGER, L.
[49] On the lattice of Brouwerian propositional logic, Acta Fac. Rer. Math. Univ. Carolina 189 (1949), 1–40.

ROSSER / TURQUETTE
[52] Many valued logics, Amsterdam 1952.

RYBAKOV, V. V.
[76] Hereditarily finitary axiomatizable extensions of logic S4, Algebra i Logika 15/2 (1976), 185–204.

SAMBIN, G. / VALENTINI, S.
[79] Post-completeness and free algebras, ersch. in ZML.

SCHÜTTE, K.
[68] Vollständige Systeme modaler und intuitionistischer Logik, Berlin 1968.

SCHWABHÄUSER, W.
[72] Modelltheorie, Mannheim 1972.

SCOTT, D.
[74] Rules and derived rules, "Logical theory and semantic analysis", Reidel P. C., Dordrecht 1974, 147–162.
[75] Completeness and axiomatizability in many-valued logic, TARSKI-Symposium (1975).

SCROGGS, S.
[51] Extensions of LEWIS system S5, JSL 16 (1951), 112–120.

SEGERBERG, K.
[68]   Propositional logics related to HEYTING's and JOHANSSON's, Theoria 34 (1968), 26–61.
[71]   An essay in classical modal logic, Philosophical Studies, Uppsala Schweden (1971).
[76]   The truth about some Post-numbers, JSL 41 (1976), 239–244.

SHECHTMAN, W. B.
[77]   Über unvollständige Aussagenlogiken (russ.), Dokl. 235 (1977), 542–545.
[78]   Ein unentscheidbarer intermediärer Aussagenkalkül (russ.), Dokl. 240 (1978), 549–552.

SHOESMITH, D. / SMILEY, T.
[78]   Multiple-conclusion logic, Cambridge 1978.

SOBOCIŃSKI, B.
[64a] Remarks about the axiomatization of certain model systems, NJFL 5 (1964), 71–80.
[64b] Family K of the non-Lewis modal systems, NJFL 5 (1964), 313–318.

SOLOVAY, R. M.
[76]   Provability interpretation of modal logic, Israel Journ. Math. 25 (1976), 287–304.

SMORYŃSKI, C.
[78]   Beth's Theorem and Self-Referential Sentences, "Logic-Colloquium, 77", Amsterdam 1978.

SURMA, S. (Herausgeber)
[73]   Studies in the history of mathematical logic, WROCŁAW 1973.

TARSKI, A.
[30]   Fundamentale Begriffe der Methodologie der deduktiven Wissenschaften I, Monatshefte Math.
       u. Physik (1930), 361–404.
[32]   Untersuchungen über den Aussagenkalkül, Ergebn. Math. Koll. 2 (1932), 13–14.
[35]   Grundzüge des Systemkalküls I, FM 25 (1935), 503–526.
[36]   Grundzüge des Systemkalküls II, FM 26 (1936), 283–301.
[68]   Equational logic and equational theories of algebras, in "Contributions to Mathematical Logic",
       Amsterdam 1968.

TAX, R. E.
[73]   On the intuitionistic equivalential calculus, NJFL 14 (1973), 448–456.

THOMAS, I.
[62]   Finite limitations on DUMMETT's LC, NJFL 3 (1962), 170–174.

THOMASON, R. H.
[69]   A semantical study of constructible falsity, ZML 15 (1969), 247–257.

THOMASON, S. K.
[72]   Semantic analysis of tense logics, JSL 37 (1972), 150–158.
[74a] Reduction of tense to modal logic I, JSL 39 (1974), pp. 549–551.
[74b] An incompleteness theorem in modal logic, Theoria 40 (1974), 30–34.
[75a] Reduction of second order logic to modal logic, ZML 21 (1975), 107–114.
[75b] Categories of frames for modal logic, JSL 40 (1975), 439–442.
[75c] Reduction of tense logic to modal logic II, Theoria 41 (1975), 154–169.

TOKARZ, M.
[73]   Connections between some notions of completeness of structural propositional calculi, SL 32
       (1973), 77–79.

TROELSTRA, A. S.
[65]   On intermediate propositional logics, IM 27 (1965), 141–152.

TSAO–CHEN, T.
[38]   Algebraic postulates and a geometric interpretation for the LEWIS calculus of strict implication,
       Bull. Am. Math. Soc. (1938), 737–744.

UMEZAWA, T.
[55]   Über die Zwischensysteme der Aussagenlogik, Nagoya Math. I. G. (1955), 181–189.
[59]   On intermediate propositional logics, JSL 24 (1959), 20–36.

VOROBIOV, N. N.
[64]   Constructive propositional calculus with strong negation, Transaction Steklov Inst. 72 (1964), 195–227.

WAJSBERG, M.
[31]   Axiomatisierung der dreiwertigen Aussagenlogik (poln.), Comp. Rendue Soc. Sc. Varsovie 24 (1931), 126–148.

WANG, H.
[65]   Note on rules of inference, ZML 11 (1965), 193–196.

WÓJCICKI, R.
[70]   Some remarks on the consequence operation in sentential logics, FM 68 (1970), 269–279.
[73]   Matrix approach in methodology of sentential calculi, SL 32 (1973), 7–37.
[77]   (Herausgeber), Selected papers on Łukasiewicz sentential calculi, Warszawa 1977.

von WRIGHT, G. H.
[68]   "Always", Theoria 34 (1968), 209–221.

WOJTYLAK, P.
[79]   Strongly finite logics: Finite axiomatizability and the problem of supremum, BSL 8 (1979), 99–111.

WROŃSKI, A.
[73]   Intermediate logics and the disjunction property, RML 1 (1973), 39–51.
[74a] On cardinalities of matrices strongly adequate for the intuitionistic propositional logic, RML 3 (1974), 67–72.
[74b] The degree of completeness of some fragments of the intuitionistic propositional logic, RML 2 (1974), 55–62.
[76]   On finitely based consequence operations, SL 5 (1976), 453–458.
[77]   On the depth of a consequence operation, BSL 6 (1977), 96–101.
[79]   A 3-valued matrix whose consequence is not finitely based, BSL 8 (1979), 68–71.
[80]   On varieties of equivalential algebras, Manuscript.

Symbolverzeichnis

Hinweis: Mit lateinischen Buchstaben beginnende Symbole befinden sich im anschließenden Sachverzeichnis.

Kapitel I

1 7, 330
0 7, 330
$\diagdown$ 13, 334
$\cap$ 14, 329
$\vee$ 14
$\cup$ 14, 328
$\dotplus$ 14, 334
$\to$ 14, 17
$\leftrightarrow$ 14
2 15, 331, 333, 334
$\neg$ 17
$\wedge$ 17
1 18
0 18
$\lambda_n[P]$ 23
$\vDash_\beta$ 24
$\vDash$ 27, 39
$\nrightarrow$ 30, 316
$\equiv$ 30
$\Subset$ 32
Θ 33
Θ^n 34

Kapitel II

$\vdash, \vdash^S$ 61
$(\to a)$ 62
$(\wedge a)$ 62
$(\vee a)$ 62
$(\to b)$ 62
$(\wedge b)$ 62
$(\vee b)$ 62
$(\neg k)$ 62
$(\neg j)$ 65
$(\neg i)$ 65
(A1)–(A6) 68

(A7k) 68
(A7i), (A7j) 74
$\vdash$ 76
Ω, Σ 76
Ω^s 76
$\overset{\circ}{\Sigma}, \overset{\circ}{\Delta}, \overset{\circ}{\Omega}$ 77
$\vdash^i, \vdash^j$ 77
$\vdash_*$ 77
$\vdash^\Delta$ 77
$\dashv\vdash$ 78
Δ^{Dt} 78
$\vdash^{i\Phi}$ 81
$\equiv_i, \equiv_j$ 83
$\vdash^k, \vdash^k_\Phi$ 85
$\vdash^e_\Phi$ 87
$\vdash^R, \vdash^R_A$ 89
$\Vdash$ 91
$\vdash^i_\Phi$ 94
$\Delta L, \Sigma L$ 96
$\vdash^s$ 101

Kapitel III

$\equiv_D$ 107
Φ 114, 319
$\vdash^M_\alpha$ 114
$\vdash^M$ 115
$\equiv_M$ 130
$\blacksquare, \square$ 144
$\mathbf{2}_1, \mathbf{2}_0$ 144
$\mathbf{2}_{10}, \mathbf{2}_{01}$ 144

Kapitel IV

$\square, \square^n$ 163

$\lozenge$ 163

$(\square \vec{0}), (\square\, \ell v), (\square\, d), (\square\, \ell x), (\square\, r), (\square\, 0 i \tau),$
$(\square\, s), (\square\, 0 r \tau), (\square\, t), (\square\, t^m)$ 164

$1, 0$ 164

$\vdash^{\mathbf{L}}$ 164

$(\square\, k)$ 165

$\equiv_{\mathbf{L}}$ 165

$\dashv^{\mathbf{L}}$ 166

$\textcircled{n}$ 167

$\Vdash, \Vdash_{\mu}, \Vdash_{\alpha}$ 169

$\vDash^{\mathbf{L}}$ 170

$\twoheadrightarrow$ 177

$\lrcorner$ 178

$\twoheadleftarrow\!\!\twoheadrightarrow$ 179

$\approx^{\mathbf{L}}_{*}$ 181

κ 182

$(\square\, \vee)$ 183

$\dot{\vee}$-vollständig 183

$\nu_{\mathbf{L}}$ 189

$(\square\, \vee)$ 220

$\Delta \mathbf{C}$ 223

$\mathfrak{A}\mathbf{C}$ 223

$\mathbf{L}/A, \mathbf{L}/g$ 223

$\square\!\!-$ 237

$-\!\!\square$ 237

Kapitel V

$\Vdash_i, \Vdash_{\alpha}$ 253

$\vDash^i$ 254

$\vDash^{\mathbf{L}}$ 257

$\vdash$ 275

$\nvDash$ 277

$\nu_{\mathbf{L}}$ 286

$\Delta \mathbf{C}$ 289

$\mathfrak{A}\mathbf{C}$ 290

$\ulcorner$ 305

$\dashv\!\!\vert$ 306

$\vdash^{\mathbf{c}}$ 309

Kapitel VI (Anhang)

$\Leftrightarrow$ 314

$\Rightarrow$ 314

$\in$ 315

ω 315

ω_{+} 315

$\subseteq$ 315

$\subset$ 315

$\emptyset$ 315

2^M 315

$\cap$ 315

$\cup$ 316

$\setminus$ 316

$\nrightarrow$ 316

$\bigcap$ 317

$\bigcup$ 317

^{A}B 317

$(A_i)_{i \in I}$ 318

$\aleph_0$ 318

$2^{\aleph_0}$ 318

$\displaystyle\prod_{i \in I} A_i$ 318

$\times$ 318

Φ_A, φ_A 319

$\lhd$ 320

∂ 321

ω^* 321

δ, δ_n 322

$\lhd^n$ 322

$\dot{\cup}$ 323

$\sqcap$ 329

$\sqcup$ 329

$\mathbf{n}$ 331

$\ni$ 332

$\sim$ 333

$o\; (= o_A)$ 333

$\rightarrow$ 334

$\setminus$ 334

$\mathbf{1}$ 335

$\mathbf{1}_A$ 335

$\mathbf{1}$ 335

$\mathbf{2}'$ 340

$[k \setminus]$ 340

$[k \cap]$ 340

$[k \cup]$ 340

$[k \rightarrow]$ 340

Sach- und Namensverzeichnis

$\mathscr{A}$ 144
Ai, Aj 90
AK 71
Ak 72
A^0, A^0g 281
A^+g 150
Abbildung 317
abgeschlossen 76, 88, 149, 151
absolut 80
absurd 255
abzählbar 315
ACKERMANN 12, 178
adäquat 61, 115
aeq 14
aktuelle Situation 242
Akzeptanzrelation 169
akzeptieren 168, 253
Akzessibilitätsrelation 169
Algebra 319
algebraischer (Hüllen-)Verband 330
allgemeingültig 27
Alternative 6
a-maximal 340
ANDERSON 178, 292
anormal 177
antisymmetrisch 324
Antivalenz 14
ARISTOTELES 6
asymmetrisch 324
ausgezeichnet 114
Aussage 6
Aussagenkalkül 53
aussagenlogische Formel 17
aussagenlogische Tautologie 27
Aussagenvariable 14
Aussageverknüpfungen 6
aut 14
axiomatische Logik 89
axiomatisches System 89

Axiomensystem 45
Axiom-Regel-Kalkül 71
äquilokal 323
Äquivalenz 6, 14
Äquivalenzklasse 320
Äquivalenzrelation 320

B 164
BA 334
Baum 325
BECKER 196
Belegung 22, 114
BELNAP 178
beschränkt 326
BETH 48, 53
beweisbar 67, 88
Bewertung 22
BLOK 186, 226, 233, 236
Bijektion, bijektiv 318
Bijunktion 6
Bild 317
Bimatrix 126
bimodale Logik 237
bimonadische Strukturalgebra 159
BIRKHOFF 132, 155
Bisequenzenrelation 63, 127
BOLZANO 39
Boolesche Algebra 334
Boolesche Funktion 9
Boolesche Matrix 116
BROUWER 249
BULL 218
bzgl. (bezüglich)
bzw. (beziehungsweise)

$\mathscr{C}$ 144
$C_\vdash$ 76
C_Φ 142
CAPIŃSKA 304

CARNAP 218
charakteristische Formel 206
CITKIN 289
CRAIG 46
$C\ell$ 336

D 164
D_h 112
D_s 111
D_i 106
D_ϱ 105
DAHN 247
DBA 149
DEDEKIND 219
Deduktionstheorem 40, 65
deduktionstheoretisches System 78
deduktives System 76
definal 324
definierbar 47, 119, 141
DeJONGH 260
Deontische Modalalgebren 149
Diagramm 223
dialektische Negation 179
dicht 238
DIEGO 302
differenziert 190
$D\ell_\vdash$ 76
Dimension 220
direktes Produkt 131
disjunkte Summe 323
Disjunktion 6, 14
Disjunktionseigenschaft 157, 260
disjunktive Normalform 34
diskret 238
distributiv 331
Dt-System 78
dual 147
DUMMET 162
Durchschnitt 315
DZIOBIAK 131

$E_\rightarrow$ 178
e.a. (endlich axiomatisierbar) 45
e.a. im strengen Sinne 115

e.b. (endlich basiert) 91
EBA 149
EC_Δ-Klasse 246
echt 18, 315, 340
efm 202
eigentliche Regel 88
einbettbar 323, 335
Einbettung 338
Einselement 330
Einsetzung 28
$\&L$ 92, 216
Element 315
elementar 234
elementare Klasse 246
$\&^\infty L$ 231
$E\ell M$ 328
endlich erzeugt 335
endliche Modelleigenschaft 120
Endlichkeitssatz 42, 90
erfüllbar 24, 114
Erreichbarkeitsrelation 169
Ersetzung 31
erste Stufe 325
Erweiterungen der Tiefe n 172
erzeugte Subalgebra 335
et 9
$\&^t L$ 231
Exklusion 14
expandierte Boolesche Algebra 140
Expansion 319
explizit definierbar 47
extensional 80
extensionale Implikation 10
Extensionalitätsprinzip 7
Extensionssystem 77

Faktoralgebra 336
falsch 7
falsizieren 24
Familie 318
feiner 328
FEYS 162
Filter 138
Filtration 203

Filtrierungsrelation 204
filtrierte Struktur 204
$F\ell$ 336
final 324
FINE 173, 180, 218
FINE-Spektrum 185
Folge 318
Folgerungserblichkeit 64
Formel 17, 228
Formelalgebra 20, 55
Formelbaum 28, 55
Formelschema 28
Fragment 302
fragmentär 81
FREGE 1, 7, 13, 72
FREGEsche Kettenschlußformel 72
frei 20, 124, 134
f.s.i. (endlich und subdirekt irreduzibel) 156
Fs **L** 185
fundiert 324
Funktion 317
funktionale Unvollständigkeit 37
funktionale Vollständigkeit 35
Funktor 17
Funktorbasis 18, 114
F ⟨X⟩ 339

G 164
G 321
Ga 208
g_A 152
g^i 324
g_L 181, 258
g^α 242
g^ν 242
GABBAY 161, 245, 206, 260
gdw 314
Gegenmodell 171
generiertes Submodell 175
generierte Substruktur 322
GENTZEN 53, 61, 268, 274
geordnet 324
geordnete Ramifikation 211

GERSON 245
geschlossen 56, 268, 310
Gf 321
gleichmächtig 318
GLIVENKO 87
GOLDBLATT 191, 247
GÖDEL 86, 162, 168, 265, 271
GÖDEL-Matrix 282
Gr 164, 325
Graph 321
GRÄTZER 339
Grundfunktion 114, 319
Grundmenge 321
Grundschlußregeln 61
Grs, Grst 325
GRZEGORCZYK 249, 305
GUREVICH 313
gültig 88, 106

$\mathcal{H}$ 82
H, H$_i^{-1}$ 131
HALLDEN-vollständig 83
HALMOS 149, 218
HARROP 118
HASSE-Diagramm 327
Hauptfilter 339
HAUSDORFF 264
HERRE 52
HENKIN 75
HEYTING 252
HEYTING-Algebra 333
HILBERT 72
HIŻ 112
homomorphes Bild 128, 338
Homomorphiesatz 129
Homomorphismus 128, 338
HSP 131
$\mathcal{H}^t$ 293
Hülle 330
Hüllenoperator 76, 147
Hüllenverband 330
hyperklassisch 102

I 247
I^0_Φ 95
i.a. (im allgemeinen)
IA 333
I-Algebra 333
identische Abbildung 317
inkonsistentes System 77
I-Logik 82
I-Modell 254
Implement 332
implementärer Verband 332
implementierter Verband 332
Implikation 14
implikativ 133
implikative Algebren 134
implizit definierbar 47
In 244
Index 223
Indizierung 318
inf (Infimum) 328
initial 324
initiale Lokalklasse 327
Initialpunkt 324
injektiv 318
inkonsistent 69, 77, 164
intermediäre Logik 82, 257
Interpoland 46
Interpolation 46, 49
Interpretation 264
Intuitionismus 249
intuitionistische Logik 68, 255
intuitionistische Tautologie 68
intuitionistisches System 77, 251
invariant 128
invarianter Homomorphismus 128
I-Realisierungen 253
irreduzibel 220, 284, 325, 331
irreflexiver Punkt 322
isoliert 91
Isomorphismus, isomorph 128, 338
I-Struktur 253
I-System 81
I_Φ-System 81
iterierte Modalität 195

$\mathcal{J}$ 82
$\mathcal{J}_\Phi$ 83
JA 333
JANKOV 120, 223, 250, 289
JANKOV-Formel 223, 290
JAŚKOWSKI-Matrix 283
JÓNSSON 153, 156, 241
J-Logik 82
JOHANSSON 66, 75, 81
J-System, J_Φ-System 81

K 164
K_n 172
K^m 164
K4 164
$K4_n$ 172
Kalkül des natürlichen Schließens 61
kanonische Abbildung 152, 284
kanonische Belegung 124
kanonische Einbettung 152
kanonische Struktur 152, 258, 284
kanonischer Homomorphismus 129
kantenvollständig 324
KBA 147
K_rBA 160
K_0BA 151
K^mBA 149
Kern 150, 336
Kernoperator 147
Kette 326
Klasse 315
klassisch fundiert 140
klassische Matrix 15
K-Modell 169
Knoten 321
Koatom 330
koendlich 316
KOLMOGOROFF 168
kompakt 42, 125, 154, 284, 286
Komplement 316
komplett 24
Komplexität 19
Kongruenz 128, 335
kongruenzdistributiv 339

Kongruenz-Erweiterungseigenschaft 215
Kongruenzfilter 336
Kongruenzklasse 336
Kongruenzenverband 338
konjugiert 158
Konjunktion 6, 14
konjunktive Normalform 34
Konklusion 70, 88
Konnex 324
Konsequenz 76
konsequenzerblich 88
Konsequenzoperation 76
Konsequenzrelation 76
Konsequenzsystem 76
konservativ 139
konsistent 69, 76
Konstante 114, 318
konstantenvollständig 119
konstruktive Logik 305
Kontradiktion 76
Kontraktion 213
Kontraposition 41
Konvex 324
korrekt 58, 64
KÖNIG 43
Kreis 322
KREISEL 261
KRIPKE 2, 162, 245, 249
KRIPKE-Modell 169
KRIPKE-Struktur 169
K-Struktur 169
Kt 238
KURATOWSKI 169

$\mathcal{L}$ (Symbol für Sprachen)
$\mathcal{L}_\Phi$ 114
L (Symbol für Logiken)
$L_\vdash$ 76
$\mathcal{L}^+$ 228
$\mathcal{L}^1$ 246
$\mathcal{L}^\square$ 228
L^* 185
$\mathcal{L}^n$ 117
$\mathcal{L}^r$ 88

$\mathcal{L}_p^r$ 89
$\mathcal{L}^s$ 89
L/C 223, 290
L/g 223
L-adäquat 115
L-Algebra 134
LANGFORD 141
Lc 307
Le 261
$\mathcal{L}$EC-Klasse 246
LEIBNIZ 53, 168
LEMMON 162, 203
LEMMON-Filtrierung 206
LEŚNIEWSKI 303
LEVIN 289
LEWIS 12, 141, 161, 162
Li 68
Li_Φ 81
Li^Φ 262
Li.2 259
Li_n 289
$Li\ell$ 259
$Li\ell_n$ 259
LINDENBAUM 34, 123
LINDENBAUM-HENKIN-Konstruktion 79
LINDENBAUM-Matrix 124
lineare Ordnung 325
lineare Präordnung 325
Lj 68
Lk 27
L-Kongruenz 130
LM 115
L-Matrix 115
L-maximal 181
Ln 280
Logik 76, 96
logisch äquivalent 30
logisch gültig 27
logische Matrix 114
logisches System im engeren Sinne 96
logisches System im weiteren Sinne 96
Lokalklasse 323
lokal endlich 202
lokal konnex 324

lokal konvex 324
LÓS 76, 124
LÖB 161
LÖWENHEIM 247
L-Struktur 170, 257
L-System 76
Lth 240

$\mathcal{M}$ 145
M 164
M$^+$ 114
MAKINSON 142, 162
MALCEV 132, 202
materielle Implikation 11
m.a.W. (mit anderen Worten)
Matrix 114
Matrix-Konsequenz 115
maximal 76, 91, 340
MAXIMOVA 51, 218, 220, 234, 288, 294
MBA 145
MC (Abschlußregel) 62
Mc ⊢ 125
McKAY 293
McKENZIE 220
McKINSEY 119, 161, 261
Md L 134
Md$_{\text{s.i.}}$**L** 155
Md^n**L** 136
mehrwertige Logik 113
Menge 315
Mengenfilter 244
Mengensystem 315
Mengenverband 331
MI 94
Minimallogik 66, 251
Minimalsystem 77, 251
ML 167
MM 145
MN 118
Mod 22
Mod P (= Mod {P}) 24
Modalalgebra 144
modal beschreibbar 175
modale Formel 144

modale Komplexität 210
Modalfunktor 97
Modalität 161
Modallogik 144
Modalsystem 164
Modell 24, 126, 170
Modellmenge 24
Modellstruktur 169
Modus Ponens 27
monadische Algebra 149
MONK 86
monoton 33, 145, 253
MONTAGNA 208
MONTAGUE 162, 208, 237
mögliche Welt 168
MP (Modus Ponens) 27
monoton 33, 145, 253
MONTAGUE 162, 208, 237
MP (Modus Ponens) 27
MONTAGNA 208
MQ 67
MS (Substitutionsregel) 67
Ms L 174
Msi L, Msif L 175
MT 67
Mt L 115
m-transitiv 221
Multimatrix 115
multimodal 160
MURSKI 109

$\mathcal{N}$ 146, 164
$\mathcal{N}^c$ 246
$\mathcal{N}^v$ 246
N$_S$ 243
$\mathcal{N}^t$ 234
$\mathcal{N}$ 238
Nachbarschaftssemantik 243
natürliche Modellstruktur 189, 286
Negat 6
Negation 6
Negationsprinzip 251
n-frei 124, 136
ni (PEIRCE-Funktion) 14

nichtnormal 82, 256
Nihilition 14
normal 82, 146, 164, 242, 256
normiert 114
N-Struktur 243
n-stufig 63
n-transitiv 324
n-tupel 318
Nullelement 330
n-vollständig 91

OBA 144
o.B.d.A. (ohne Beschränkung der
   Allgemeinheit)
offen 149, 151
Oi 325
Oiℓ 325
Oir 325
Oℓ 325
Operation 318
Opremum 156, 279
Or 325
Orτ 325

P 131
P$_u$ 157
Pc**L** 142
PEIRCE 84
PEIRCE-Regel 86
P-maximal 331
POGORZELSKI 92
Polnische Notation 20
positiv 24, 111, 133
POST 38
POST-Algebra 117
POST-Klasse 38
POSTscher Graph 38
POST-stabil 143
POST-vollständig 91, 92
POST-Zahl 142
Potenzmenge 315
Prämisse 70, 88
Prämissenbelastung 41
Präordnung 325

prätabular 231
prim 331
Primärformeln 18
Primformel 18
primtabular 231
Prinzip vom ausgeschlossenen Widerspruch 8
Produkt 318
PRUCNAL 100, 289
Punkt 321
PUTNAM 261

$\mathcal{Q}$ 166
Q 325
Qℓ 325
quasiklassisch 101
quasinormal 166
QUINE 178

R$_\rightarrow$ 178
Ramifikation 209
Ramifikationsbaum 209
Ramifikationsmodell 210
RASIOWA 109, 133
RAUSZER 305
RAUTENBERG 224, 241
RBA 149
R^e 134
Realisierung 169, 253
RECKHOFF 60
reductio ad absurdum 41
Redukt 78, 302, 319
Reduzierte 136
reflexiv 320
reflexive Ramifikation 211
reflexiver Punkt 322
Regel 57, 62, 88
regelvollständig 89
Regressionsordnung 323
regressiv 324
regular 137
regulär 136
R-Filter 138
R-Filtersystem 138
R-Folgerung 138

Relation 320
relationale Regel 88
relativ maximal 76, 340
relatives Komplement 316
relativistische Semantik 168
relevante Implikation 178
Repräsentationssatz 153, 285
repräsentierbar 131
RESCHER 113
Rezessionsstruktur 187
RIEGER 271
ŧ-vollständig 220

S 335
S^g 324
$S2, S3$ 242
$S4$ 97, 164
$S4.1$ 164
$S4.2$ 164
$S4.3$ 164
$S4.4$ 208
$S4a$ 218
$S4b$ 218
$S4d$ 218
$S4e$ 218
$S4_n$ 172
$S5$ 164
SAMBIN 143
saturiert 93, 198, 272
saturierte Hülle 198
Sb X 164
schärfer 32
SCHWABHÄUSER 157
schwach-transitiv 221
schwächer 32
SCHÜTTE 276
SCOTT 162, 203, 237, 240
SCROGGS 216
SEGERBERG 140, 142, 162, 203, 208
Semantik 17
separiert 191, 284, 286
seq 14
sequentiell 89
sequentielle Regel 89

Sequenz 274
Sequenzenkalkül 274
sh (Sheffer-Funktion) 14
SHECHTMAN 120, 250, 288
SHOESMITH 63
s.i. (subdirekt irreduzibel) 339
si-Kalkül 66
SIKORSKI 287
simpel 340
Sinngleichheit 13
Situation 168, 253
Situationskette 263
sj-Kalkül 66
S-Kalkül 61
s-Kalkül 101
sk-Kalkül 66
Skelett 89
SKOLEM 247
SMA 149
SMILEY 63
SMORYŃSKI 208
SOBOCINSKI 208
SOLOVAY 162, 208
Splitlogik 223
Splitting 223
Standardsystem 76, 162
stetig 238
streng saturiert 94
streng tabular 122
streng unabhängig 298
strikt vollständig 185
strikte Äquivalenz 179
strikte Implikation 177
STONE 334
Struktur 321
Strukturalgebra 150
strukturell 76, 88, 142
strukturell vollständig 99
Stufe 19
Subalgebra 320
subdirektes Produkt 132
Subformel 18
Subjunktion 6
Submatrix 116

Substitution 28
Substitutionslemma 182
Substruktur 321
Subverband 330
Subverbund 330
sup (Supremum) 328
SURMA 283
SUSZKO 76, 124
symmetrisch 320
synonym 44
Syntax 17
System 76

Tableau 57, 192, 268
Tableau-Kalkül 55, 192
tabular 113
TARSKI 34, 78, 123, 155, 161, 266
TARSKI-Algebra 33, 134
Tautologie 76, 114, 170
TAX 303
TBA 148
T₀BA 151
Teilmenge 315
temporale Logik 158
Term 319
terminal 324
tertium non datur 8
t(g) (Tiefe von g) 324
THOMAS 259
THOMASON 180, 190, 240
Ti 325
Tiefe 324
TL-Kalkül 193
to² 215
TOKARZ 100
topologischer Hüllenoperator 148
topologischer Raum 151
Tor 325
Teilmenge 315
temporale Logik 158
tertium non datur 8
Term 319
terminal 324

Tr 325
Transit 326
transitiv 320
trivial 87, 114, 336
TROELSTRA 280

u.a. (unter anderem)
Ultrafilter 340
Ultrapotenz 247
Ultraprodukt 247
UMEZAWA 288
Umgebungssystem 243
u.N. (unmittelbarer Nachfolger) 321
uneigentliche Regel 88
uniform 124
unverkürzbar 332
usw. (und so weiter)
u.V. (unmittelbarer Vorgänger) 321
überabzählbar 315

V 17
Vₙ 23
V(P) 23
val 22
VALENTINI 143
Van BENTHEM 186, 188, 213, 247
Variable 17
vel 10
verallgemeinerte I-Struktur 286
verallgemeinerte Modellstruktur 189
Verband 328
Verband mit Eins 330
Verbandsredukt 333
verfeinert 154, 190, 284
Verknüpfung 318
verifizieren 24
voll 154, 220, 334
voll irreduzibel 220, 331
vollregulär 136
vollständig 61, 64, 180, 257, 338
vollständig im strengeren Sinne 180, 257
vollständiger Subverband 330

Wahr 7
Wahrheitswerte 114
Weg 322
Wert 22
Wertematrix 9
wesentliche Vollständigkeit 202
WO$^\infty$ 240
Wohlordnung 325
WOi 325
WÓICICKI 113, 131
WOJTYLAK 109
WROŃSKI 115, 124, 260, 299

z.B. (zum Beispiel)
ZBA 158
Zeichenreihe 17
Zeitalgebra 158
Zeitlogik 237
ZORN 326
zulässig 88, 98, 116, 214
Zusammenhangskomponente 323
zweite Stufe 325
Zweiwertigkeit 7
Zweiwertigkeitsprinzip 7